Real and Complex Analysis

(Third Edition)

实分析与复分析

（原书第3版）

（美） Walter Rudin 著

戴牧民 张更容 郑顶伟 李世余 译

机械工业出版社
China Machine Press

本书是分析领域内的一部经典著作．主要内容包括：抽象积分、正博雷尔测度、L^p-空间、希尔伯特空间的初等理论、巴拿赫空间技巧的例子、复测度、微分、积空间上的积分、傅里叶变换、全纯函数的初等性质、调和函数、最大模原理、有理函数逼近、共形映射、全纯函数的零点、解析延拓、H^p-空间、巴拿赫代数的初等理论、全纯傅里叶变换、用多项式一致逼近等．另外，书中还附有大量设计巧妙的习题．

本书体例优美，实用性很强，列举的实例简明精彩，基本上对所有给出的命题都进行了论证，适合作为高等院校数学专业高年级本科生和研究生的教材．

北京市版权局著作权合同登记　图字：01-2003-7219 号。

图书在版编目（CIP）数据

实分析与复分析（原书第 3 版）/（美）鲁丁（Rudin，W.）著；戴牧民等译．-北京：机械工业出版社，2006.1（2024.5 重印）

（华章数学译丛）

书名原文：Real and Complex Analysis，Third Edition

ISBN 978-7-111-17103-4

Ⅰ．实…　Ⅱ．①鲁…　②戴…　Ⅲ．①实分析-高等学校-教材②复分析-高等学校-教材　Ⅳ．①O174.1②O174.5

中国版本图书馆 CIP 数据核字（2005）第 088553 号

机械工业出版社（北京市西城区百万庄大街 22 号　邮政编码　100037）

责任编辑：迟振春

北京捷迅佳彩印刷有限公司印刷

2024 年 5 月第 1 版第 17 次印刷

186mm×240mm・21.5 印张

定价：79.00 元

客服电话：（010）88361066　68326294

译者序

Walter Rudin 著的这本书是一本蜚声国际的名著；它先后被译成多种文字出版，成为众多国家研究生教学使用的经典教材．我们曾在 20 世纪 80 年代初翻译过该书第 2 版并由人民教育出版社出版发行，迄今已 20 多年．现在承机械工业出版社之邀，再由我们翻译该书第 3 版，除少部分修改外，大体上是在原译稿的基础上进行翻译的．

20 余年过去，当初参加翻译的六位同志中，陈庆祺、张耀勋两位已经辞世，李奕华于 20 世纪 80 年代初移居加拿大，仇焕章、李世余均届耄耋之年，我亦垂垂老矣．星移物换，不胜唏嘘．此次翻译，除我和李世余外，还邀约了张更容、郑顶伟两位同志共 4 人参与，具体分工如下：

第 1、3、4、5、6 章，由郑顶伟承担；

第 7、8、10、11、12、13 章，由张更容承担；

第 2、9 章，由李世余承担；

第 14、15、16、17、18、19、20 章以及前言、注释和索引部分，由戴牧民承担．

戴牧民

于广西大学

关于作者

除《实分析与复分析》㊀(Real and Complex Analysis)之外，Walter Rudin 还是《数学分析原理》㊁(Principles of Mathematical Analysis)和《泛函分析》㊂(Functional Analysis)两本教科书的作者．这三本书已被翻译成13种语言，在世界各地广泛使用．其中，第一本书是他1949年于杜克大学获得博士学位之后两年，在麻省理工学院做 C. L. E. Moore 讲师时编著的．后来他曾在罗切斯特大学任教，而从1959年起直到现在则是威斯康星大学麦迪逊分校的 Vilas 研究教授．㊃

他还曾在耶鲁大学、位于拉霍亚的加利福尼亚大学和夏威夷大学做过假期学术访问．

他的研究领域主要集中在调和分析和复变函数上．有关这些主题，他写有《Fourier Analysis on Groups》(群上的傅里叶分析)、《Function Theory in Polydiscs》(多圆柱中的函数论)和《Function Theory in the Unit Ball of C^n》(C^n 单位球中的函数论)三本专著．

㊀、㊁、㊂ 这三本书的中文版、英文影印版已由机械工业出版社引进出版．——编辑注

㊃ 这则介绍写于1987年本书第3版出版之时，Rudin 教授已于1991年退休．——编辑注

前　　言

这本书包含了研究生第一学年一年的课程，其中分析学的基本技巧和定理是通过着重强调各个分支之间的密切联系来体现的. 传统上彼此分离的“实分析”与“复分析”这两门课程就这样统一起来；另外，还包含泛函分析的一些基本思想.

下面就是这种方法的一些例子，它们论证和利用了这些联系. 有了里斯表示定理和哈恩-巴拿赫定理，人们就可以去“猜测”泊松积分公式. 它们在龙格定理的证明中协调起来了. 它们和关于有界全纯函数零点的布拉施克定理结合起来，就给出了 Müntz-Szasz 定理的一个证明，而后者与在一个区间上的逼近有关. L^2 是一个希尔伯特空间这一事实被应用到拉东-尼柯迪姆定理的证明中，并引出了一个关于不定积分的微分的定理，而后者又产生了有界调和函数的径向极限的存在性. Plancherel 定理与柯西定理一起给出了 Paley 和 Wiener 定理，这一定理又用于关于实线上无限次可微函数的当茹瓦-卡尔曼定理之中. 最大模定理则给出了 L^p-空间上线性变换的信息.

由于这里提供的结果大多是经典的(新颖之处在于它的编排，但某些论证则是新的)，所以我并不打算列举出每个结果的来源. 参考资料收集在书末的“注释”中. 它们也不都是原始文献，而往往取自近期的著作，从中可以找到进一步的参考资料. 没有列出参考资料的地方决不意味着那些结果是属于我的.

学习本书的必备知识是一本高等微积分教程(包含集论操作、度量空间、一致连续性和一致收敛性)，我早先那本《数学分析原理》的前七章就提供了足够的预备知识.

本书第 1 版的经验表明，一年级研究生可以在两个学期内学完前 15 章，再加上其余五章的一两章中的某些内容. 后面五章的内容是彼此不相关的. 前 15 章中，除第 9 章可以挪后一些外，其余各章都应当按编排的顺序来教学.

第 3 版与前一版最重要的差别在于关于微分那一章是全新的. 关于微分的基本事实现在是从勒贝格点的存在性导出的，而它又是一个所谓“弱型”不等式的容易的推论，欧几里得空间上的测度的极大函数是满足该不等式的. 采用这种处理方式，花很少的努力却产生了强大的定理. 更为重要的是，这种处理方式使学生们通晓了极大函数，它们在分析学的许多领域中变得越来越有用.

其中的一个是研究泊松积分的边界表现. 相关的一个涉及 H^p-空间. 因此，第 11 章和第 17 章的大部分内容都重写了，我希望它能简化处理.

为了改进某些细节，我也作了一些小的改动. 例如，第 4 章部分作了简化；等度连续性和弱收敛性的概念更为详细；共形映射的边界表现是通过关于圆盘上有界全纯函数渐近赋值的林德勒夫定理来研究的.

20 多年来，很多学生和同事就这本书的内容提出了许多建议和批评. 我衷心感谢所有这些意见，并且试图采纳其中一些. 至于现在这一版，感谢 Richard Rochberg 给我提出的一些关键性意见，还要特别感谢 Robert Burckel 精心地校阅了全部手稿.

Walter Rudin

目　录

引言 指数函数

在数学中这是一个最重要的函数. 它是用公式来定义的，对每个复数 z，规定

$$\exp(z) = \sum_{n=0}^{\infty} \frac{z^n}{n!}. \tag{1}$$

级数(1)对每个 z 绝对收敛，对复平面的每个有界子集一致收敛.

因此，exp 是连续函数. (1)的绝对收敛指出了算式

$$\sum_{k=0}^{\infty} \frac{a^k}{k!} \sum_{m=0}^{\infty} \frac{b^m}{m!} = \sum_{n=0}^{\infty} \frac{1}{n!} \sum_{k=0}^{n} \frac{n!}{k!(n-k)!} a^k b^{n-k} = \sum_{n=0}^{\infty} \frac{(a+b)^n}{n!}$$

是正确的. 它给出了重要的加法公式

$$\exp(a)\exp(b) = \exp(a+b), \tag{2}$$

此公式对所有复数 a 和 b 是正确的.

我们规定数 e 是 exp(1)，习惯上常用较短的表达式 e^z 代替 $\exp(z)$. 注意，由(1)可得

$$\mathrm{e}^0 = \exp(0) = 1.$$

定理

(a) 对每一个复数 z，$\mathrm{e}^z \neq 0$.

(b) exp 的导数是它自己：$\exp'(z) = \exp(z)$. 1

(c) exp 限制在实轴上是单调增加的正函数，且当 $x \to \infty$ 时，$\mathrm{e}^x \to \infty$；当 $x \to -\infty$ 时，$\mathrm{e}^x \to 0$.

(d) 存在一个正数 π 使得 $\mathrm{e}^{\pi \mathrm{i}/2} = \mathrm{i}$，并使得 $\mathrm{e}^z = 1$ 当且仅当 $z/(2\pi\mathrm{i})$ 是整数.

(e) exp 是周期函数，其周期是 $2\pi\mathrm{i}$.

(f) 映射 $t \to \mathrm{e}^{\mathrm{i}t}$ 将实轴映到单位圆上.

(g) 若 w 是复数且 $w \neq 0$，则存在某个 z 使 $w = \mathrm{e}^z$.

证明 由(2)，$\mathrm{e}^z \cdot \mathrm{e}^{-z} = \mathrm{e}^{z-z} = \mathrm{e}^0 = 1$. 由此得到(a). 其次，

$$\begin{aligned}\exp'(z) &= \lim_{h \to 0} \frac{\exp(z+h) - \exp(z)}{h} \\ &= \exp(z) \lim_{h \to 0} \frac{\exp(h) - 1}{h} \\ &= \exp(z).\end{aligned}$$

在上述等式中，第一个是定义，第二个从(2)得到，而第三个从(1)得到，因此证明了(b).

由于(1)，显然 exp 在正实轴上是单调增加的，而且当 $x \to \infty$ 时，$\mathrm{e}^x \to \infty$. (c)的另一个断言是 $\mathrm{e}^x \cdot \mathrm{e}^{-x} = 1$ 的推论.

对于任何实数 t，(1)表示 $\mathrm{e}^{-\mathrm{i}t}$ 是 $\mathrm{e}^{\mathrm{i}t}$ 的共轭复数. 因此

$$|\mathrm{e}^{\mathrm{i}t}|^2 = \mathrm{e}^{\mathrm{i}t} \cdot \overline{\mathrm{e}^{\mathrm{i}t}} = \mathrm{e}^{\mathrm{i}t} \cdot \mathrm{e}^{-\mathrm{i}t} = \mathrm{e}^{\mathrm{i}t-\mathrm{i}t} = \mathrm{e}^0 = 1,$$

或

$$|\mathrm{e}^{\mathrm{i}t}| = 1 \quad (t \text{ 是实数}). \tag{3}$$

换句话说，若 t 为实数，则 $\mathrm{e}^{\mathrm{i}t}$ 位于单位圆上. 我们定义 $\cos t$，$\sin t$ 为 $\mathrm{e}^{\mathrm{i}t}$ 的实部和虚部：

$$\cos t = \text{Re}[e^{it}], \quad \sin t = \text{Im}[e^{it}] \quad (t\text{ 是实数}). \tag{4}$$

若对等价于(4)的欧拉恒等式

$$e^{it} = \cos t + i\sin t \tag{5}$$

两边微分，并且应用(b)，则得

$$\cos' t + i\sin' t = ie^{it} = -\sin t + i\cos t,$$

于是

$$\cos' = -\sin, \quad \sin' = \cos. \tag{6}$$

幂级数(1)给出表示式

2 $$\cos t = 1 - \frac{t^2}{2!} + \frac{t^4}{4!} - \frac{t^6}{6!} + \cdots. \tag{7}$$

取 $t=2$，则级数(7)的各项按绝对值减少(除首项外)，而且它们的符号是交错的，因此 $\cos 2$ 小于级数(7)的前三项之和；于是 $\cos 2 < -\frac{1}{3}$. 由于 $\cos 0 = 1$ 且 cos 是实轴上的实连续函数，故可断定存在一个最小的正数 t_0 使得 $\cos t_0 = 0$. 我们定义

$$\pi = 2t_0. \tag{8}$$

从(3)及(5)得到 $\sin t_0 = \pm 1$. 由于在开区间 $(0, t_0)$ 上，有

$$\sin' t = \cos t > 0,$$

又 $\sin 0 = 0$，故有 $\sin t_0 > 0$，因此 $\sin t_0 = 1$，而且

$$e^{\pi i/2} = i. \tag{9}$$

由此可见，$e^{\pi i} = i^2 = -1$，$e^{2\pi i} = (-1)^2 = 1$，并且对每个正整数 n，$e^{2\pi in} = 1$. 同样立即得到(e)：

$$e^{z+2\pi i} = e^z \cdot e^{2\pi i} = e^z \tag{10}$$

若 $z = x + iy$，x 和 y 为实数，则 $e^z = e^x e^{iy}$；因此 $|e^z| = e^x$. 若 $e^z = 1$，则必须有 $e^x = 1$，从而 $x = 0$；根据(10)，为了证明 $y/2\pi$ 一定是整数，只要证明当 $0 < y < 2\pi$ 时，$e^{iy} \neq 1$ 就足够了.

设 $0 < y < 2\pi$，且

$$e^{iy/4} = u + iv(u\text{ 和 }v\text{ 是实数}). \tag{11}$$

由于 $0 < y/4 < \pi/2$，故有 $u > 0$，$v > 0$. 同样

$$e^{iy} = (u + iv)^4 = u^4 - 6u^2v^2 + v^4 + 4iuv(u^2 - v^2) \tag{12}$$

仅当 $u^2 = v^2$ 时，(12)的右边才是实数；由于 $u^2 + v^2 = 1$ 仅当 $u^2 = v^2 = \frac{1}{2}$ 时才成立，因此(12)表明

$$e^{iy} = -1 \neq 1.$$

这就证明了(d).

我们已经知道，$t \to e^{it}$ 将实轴映入单位圆内. 为了证明(f)，现固定 w 使得 $|w| = 1$；我们将要证明，存在某个实数 t 使 $w = e^{it}$. 记 $w = u + iv$，u 和 v 为实数，而且首先假定 $u \geqslant 0$ 及 $v \geqslant 0$. 由于 $u \leqslant 1$，则 π 的定义表明存在一个 t，$0 \leqslant t \leqslant \pi/2$，使得 $\cos t = u$；因而 $\sin^2 t = 1 - u^2 = v^2$，又由于当 $0 \leqslant t \leqslant \pi/2$ 时有 $\sin t \geqslant 0$，故 $\sin t = v$. 因此 $w = e^{it}$.

若 $u < 0$ 而 $v \geqslant 0$，则 $-iw$ 满足上述条件. 因此，存在某个实数 t 使 $-iw = e^{it}$，而且 $w =$

$e^{i(t+\pi/2)}$. 最后，若 $v<0$，则上述两种情况证明了，存在某些实数 t 使 $-w=e^{it}$，因此 $w=e^{i(t+\pi)}$. 这就证明了(f).

若 $w\neq0$，令 $\alpha=w/|w|$，因而 $w=|w|\alpha$. 根据(c)，有一个实数 x 使得 $|w|=e^{x}$. 由于 $|\alpha|=1$，则(f)证明了，对于某些实数 y 有 $\alpha=e^{iy}$. 因此 $w=e^{x+iy}$. 这就证明了(g)，并且完成了定理的证明. ■ 3

我们将遇到 $(1+x^2)^{-1}$ 在实线上的积分. 为了求它的值，在 $(-\pi/2,\pi/2)$ 内，令 $\varphi(t)=\sin t/\cos t$. 根据(6)有 $\varphi'=1+\varphi^2$. 因此，φ 是一个 $(-\pi/2,\pi/2)$ 到 $(-\infty,\infty)$ 上的单调增加的映射，而且得到

$$\int_{-\infty}^{\infty}\frac{dx}{1+x^2}=\int_{-\pi/2}^{\pi/2}\frac{\varphi'(t)\,dt}{1+\varphi^2(t)}=\int_{-\pi/2}^{\pi/2}dt=\pi.$$ 4

第1章 抽象积分

大约 19 世纪末，许多数学家逐渐认识到 Riemann(黎曼)积分(微积分学教程中学习的内容之一)应当由另外一种类型更广泛、更灵活、更适合处理极限过程的积分来代替. 在这方面所作努力之中，最著名的有 Jordan(若尔当)，Borel(博雷尔)，W. H. Young 及 Lebesgue(勒贝格)，而勒贝格的构造被证明是最成功的.

简要说来，其主要的思想是：函数 f 在闭区间 $[a, b]$ 上的黎曼积分可以用和式

$$\sum_{i=1}^{n} f(t_i)m(E_i)$$

逼近，其中 E_1，…，E_n 为不相交的闭区间，它们的并为 $[a, b]$，$m(E_i)$ 表示 E_i 的长度，而 $t_i \in E_i (i=1, 2, \cdots, n)$. 勒贝格发现，当上面和式中的集 E_i 属于直线上较大的一类子集，即所谓“可测集”，而且把所考虑的函数类扩大到所谓“可测函数”时，可以得出一种完全令人满意的积分理论. 涉及决定性的集论的性质如下：任何可数个可测集族的并和交是可测的；每一个可测集的余集也是可测的；而且，最重要的是“长度”的概念(现称为“测度”)可按这样的方法推广：对于两两不相交的可测集的每一个可数集族 $\{E_i\}$，都有

$$m(E_1 \cup E_2 \cup E_3 \cup \cdots) = m(E_1) + m(E_2) + m(E_3) + \cdots,$$ 5

m 的这个性质称为**可数可加性**.

从黎曼积分理论过渡到勒贝格(Lebesgue)积分理论是一个完备化的过程(其意义以后将更加精确地叙述). 它在分析上如同从有理数系构造实数系那样具有同样根本的重要性.

上面提到的测度 m 当然与实线的几何性质是密切相关的. 在本章中，将介绍关于在任意集上任何可数可加测度的勒贝格积分的一种抽象的叙述(精确定义见后). 这个抽象理论无论从哪方面看都不比实线上的特殊情形更加困难；它说明，积分理论中的大部分与基础空间的任何几何(或拓扑)是无关的；而且，它当然也向我们提供了一个广泛有用的工具. 我们将在第 2 章中证实包括勒贝格测度在内的一大类测度的存在.

集论的记号和术语

1.1 某些集可以通过列出它们的元素来描述，例如 $\{x_1, \cdots, x_n\}$ 是元素为 x_1，…，x_n 的集；而 $\{x\}$ 是仅有一个元素 x 的集. 更为常见的是用性质来描述集. 对于具有性质 P 的所有元素 x 的集，记为

$$\{x: P\},$$

符号 $\varnothing$ 表示空集. **集族**(collection)、**族**(family)及**类**(class)这些词在使用时与**集**(set)是同义的.

若 x 为集 A 的元素，记 $x \in A$；否则记 $x \notin A$. 若 B 是 A 的子集，即若 $x \in B$ 蕴涵着 $x \in A$，就记 $B \subset A$. 若 $B \subset A$ 且 $A \subset B$，则 $A = B$. 若 $B \subset A$ 且 $A \neq B$，则称 B 是 A 的**真子集**. 注意，对于任何一个集 A 有 $\varnothing \subset A$.

$A \cup B$ 及 $A \cap B$ 分别称为 A 与 B 的并及交. 若 $\{A_\alpha\}$ 是集族，其中 α 取遍某个指标集 I，则

$\{A_\alpha\}$的并及交记作

$$\bigcup_{\alpha\in I} A_\alpha \quad 及 \quad \bigcap_{\alpha\in I} A_\alpha,$$

即

$$\bigcup_{\alpha\in I} A_\alpha = \{x: x\in A_\alpha, 对至少一个 \alpha\in I\},$$

$$\bigcap_{\alpha\in I} A_\alpha = \{x: x\in A_\alpha, 对每一个 \alpha\in I\}.$$

若 I 是所有正整数的集，习惯的记号是

6

$$\bigcup_{n=1}^{\infty} A_n \quad 及 \quad \bigcap_{n=1}^{\infty} A_n.$$

若$\{A_\alpha\}$的任何两个集没有公共元素，则称$\{A_\alpha\}$是一个不相交的集族.

记 $A-B=\{x: x\in A, x\notin B\}$. 当从上下文能清楚地知道是对哪一个比较大的集取余集时，A 的余集就用 A^c 来表示.

集 $A_1, \cdots, A_n$ 的笛卡儿乘积 $A_1\times A_2\times\cdots\times A_n$ 是全部 n 元序组$(a_1, \cdots, a_n)$构成的集，其中 $a_i\in A_i$，$i=1, \cdots, n$.

实线(或实数系)记作 R^1，且

$$R^k = R^1\times\cdots\times R^1 \quad (k 个因子).$$

广义实数系是 R^1 加上两个符号∞及$-\infty$，并且具有明显的顺序. 若$-\infty\leqslant a\leqslant b\leqslant\infty$，则闭区间$[a, b]$及开区间$(a, b)$定义为

$$[a,b]=\{x: a\leqslant x\leqslant b\}, (a,b)=\{x: a<x<b\}.$$

同样，记

$$[a,b)=\{x: a\leqslant x<b\}, (a,b]=\{x: a<x\leqslant b\}.$$

若 $E\subset[-\infty, \infty]$且 $E\neq\varnothing$，则在$[-\infty, \infty]$内，E 的最小上界(上确界)及最大下界(下确界)存在，并记为 $\sup E$ 及 $\inf E$.

有时(仅当 $\sup E\in E$ 时)用 $\max E$ 来表示 $\sup E$.

记号

$$f: X\to Y$$

表示 f 是从集 X 到集 Y 的一个函数(或映射，或变换)；即对每个 $x\in X$，f 确定一个元素 $f(x)\in Y$. 若 $A\subset X$ 及 $B\subset Y$，则 A 的象及 B 的逆象(或原象)是

$$f(A)=\{y: y=f(x), 对某个 x\in A\},$$

$$f^{-1}(B)=\{x: f(x)\in B\}.$$

要注意的是，虽然 $B\neq\varnothing$，但 $f^{-1}(B)$可能是空的.

f 的定义域是 X，f 的值域是 $f(X)$.

若 $f(X)=Y$，则称 f 把 X 映射到 Y 上.

对每一个 $y\in Y$，用 $f^{-1}(y)$代替 $f^{-1}(\{y\})$. 对每个 $y\in Y$，若 $f^{-1}(y)$至多由一点组成，则 f 称为一对一的. 若 f 是一对一的，则 f^{-1} 也是一个函数，其定义域是 $f(X)$，而值域是 X.

若 $f: X\to[-\infty, \infty]$且 $E\subset X$，则习惯上记作$\sup\limits_{x\in E} f(x)$而不是 $\sup f(E)$.

若 $f: X\to Y$ 及 $g: Y\to Z$，则复合函数 $g\circ f: X\to Z$ 用公式

$$(g\circ f)(x)=g(f(x))\quad(x\in X)$$

定义. [7]

若 f 的值域是实线(或复平面)的一部分或全部，则 f 称为实函数(或复函数)，对复函数 f 来说，“$f\geqslant 0$”表示 f 的所有取值 $f(x)$ 都是非负实数.

可测性概念

可测函数类在积分理论中起着基础性的作用. 它与另一个最重要的函数类，即连续函数类有一些共同的基本性质. 记住这些相似的地方是有益的. 因此，我们的表述是按这样一种方式组织的，即特别强调拓扑空间、开集和连续函数这些概念与可测空间、可测集和可测函数等概念之间的类似性. 从而，当这种处理方式十分抽象时，这些概念之间的关系就显得最清楚不过了. 正是这一点(而不只是为了追求一般性)，促使我们来探讨这个课题.

1.2 定义

(a) 集 X 的子集族 τ 称为 X 上的一个*拓扑*，若 τ 具有如下三个性质：

(i) $\varnothing\in\tau$ 及 $X\in\tau$.

(ii) 若 $V_i\in\tau$，$i=1$，…，n，则 $V_1\cap V_2\cap\cdots\cap V_n\in\tau$.

(iii) 若 $\{V_\alpha\}$ 是由 τ 的元素构成的集族(有限、可数或不可数)，则 $\bigcup_\alpha V_\alpha\in\tau$.

(b) 若 τ 是 X 上的拓扑，则称 X 为一个*拓扑空间*，且 τ 的元素称为 X 的*开集*.

(c) 若 X 和 Y 为拓扑空间，且 f 是 X 到 Y 内的映射，而对 Y 的每一个开集 V，$f^{-1}(V)$ 是 X 的开集，则称 f 为*连续的*.

1.3 定义

(a) 集 X 的子集族 $\mathfrak{M}$ 称为 X 的一个 *σ-代数*，若 $\mathfrak{M}$ 具有如下性质：

(i) $X\in\mathfrak{M}$.

(ii) 若 $A\in\mathfrak{M}$，则 $A^c\in\mathfrak{M}$，其中 A^c 是 A 关于 X 的余集.

(iii) 若 $A=\bigcup_{n=1}^{\infty}A_n$ 且 $A_n\in\mathfrak{M}$，$n=1$，2，3，…，则 $A\in\mathfrak{M}$.

(b) 若 $\mathfrak{M}$ 是 X 的 σ-代数，则称 X 为一个*可测空间*，且 $\mathfrak{M}$ 的元素称为 X 的*可测集*.

(c) 若 X 是可测空间，Y 是拓扑空间，f 是 X 到 Y 内的映射，而对 Y 的每一个开集 V，$f^{-1}(V)$ 是 X 的可测集，则 f 称为*可测的*. [8]

把术语“可测空间”应用到序对 $(X,\mathfrak{M})$ 而不是 X 上也许更合适些. 毕竟 X 是一个集，并且 X 也不会由于我们心目中同时有一个由其子集构成的 σ-代数而有任何形式的改变. 类似地，一个拓扑空间是一个序对 (X,τ). 但如果这类事情在全部数学内系统地去做的话，则术语就会变得非常不方便. 我们将于 1.21 节中在一些较大的范围内再讨论这个问题.

1.4 关于定义 1.2 的注释 最熟悉的拓扑空间是度量空间. 我们假定读者对度量空间已有所了解，但为了完整起见，还是给出基本的定义.

*度量空间*是一个集 X，在此集上定义了一个具有如下性质的*距离函数*(或*度量*)ρ：

(a) 对所有 x，$y\in X$，$0\leqslant\rho(x,y)<\infty$.

(b) 当且仅当 $x=y$ 时，$\rho(x,y)=0$.

(c) 对所有 x，$y\in X$，$\rho(x, y)=\rho(y, x)$.

(d) 对所有 x，y，$z\in X$，$\rho(x, y)\leqslant\rho(x, z)+\rho(z, y)$.

性质(d)称为三角不等式.

若 $x\in X$ 且 $r\geqslant 0$，则以 x 为中心，r 为半径的开球是指集$\{y\in X: \rho(x, y)<r\}$.

若 X 是度量空间，且 τ 是所有集 $E\subset X$ 的集族，E 是开球的任意并，则 τ 是 X 的一个拓扑．不难证明，交的性质依赖于这样的事实：若 $x\in B_1\cap B_2$，其中 B_1 及 B_2 为开球，则 x 是一个开球 $B\subset B_1\cap B_2$ 的中心．我们把它留作练习.

例如，在实线 R^1 上，一个集是开集当且仅当它是开区间(a, b)的并．在平面 R^2 上，开集是开圆盘的并.

我们将常常碰到的另一个拓扑空间是广义实线$[-\infty, \infty]$；它的拓扑是通过规定如下的集为开集来定义的，即规定(a, b)，$[-\infty, a)$，$(a, \infty]$以及这种类型开区间的任何并为开集.

在 1.2 节定义(c)中给出的连续性定义是对整体而言的．通常需要定义局部的连续性，即若对 $f(x_0)$的每一个邻域 V，对应有 x_0 的一个邻域 W，使得 $f(W)\subset V$，则称 X 到 Y 内的映射 f 在点 $x_0\in X$ 连续.

(根据定义，点 x 的邻域是一个包含点 x 的开集.)

当 X 和 Y 是度量空间时，此局部性定义当然与习惯上的 $\varepsilon-\delta$ 定义是相同的，等价于只要 $\lim x_n=x_0$ 在 X 内，就有 $\lim f(x_n)=f(x_0)$在 Y 内.

下面的简易命题将这两个连续性定义按预期的方式联系起来了.

1.5 命题 *设 X 和 Y 是拓扑空间，f 是 X 到 Y 内的映射．当且仅当 f 在 X 的每一点连续*
9 *时，映射 f 是连续的.*

证明 若 f 连续且 $x_0\in X$，则对 $f(x_0)$的每一个邻域 V，$f^{-1}(V)$是 x_0 的一个邻域．因为 $f(f^{-1}(V))\subset V$，故 f 在 x_0 连续.

若 f 在 X 的每一点连续，且 V 是 Y 的开集，则每一点 $x\in f^{-1}(V)$有一个邻域 W_x，使得 $f(W_x)\subset V$. 因此 $W_x\subset f^{-1}(V)$．由此可见 $f^{-1}(V)$是开集 W_x 的并，所以 $f^{-1}(V)$本身是开集，因而 f 是连续的. ∎

1.6 关于定义 1.3 的注释 设$\mathfrak{M}$是集 X 内的 σ-代数，由定义 1.3 的性质(ⅰ)至(ⅲ)立即得出如下事实.

(a) 由于$\varnothing=X^c$，故(ⅰ)和(ⅱ)蕴涵着$\varnothing\in\mathfrak{M}$.

(b) 在(ⅲ)中取 $A_{n+1}=A_{n+2}=\cdots=\varnothing$，我们看出，若 $A_i\in\mathfrak{M}$，$i=1$，$\cdots$，n，则 $A_1\cup A_2\cup\cdots\cup A_n\in\mathfrak{M}$.

(c) 由于

$$\bigcap_{n=1}^{\infty} A_n=\left(\bigcup_{n=1}^{\infty} A_n^c\right)^c,$$

故$\mathfrak{M}$对可数交(当然对有限交)是封闭的.

(d) 由于 $A-B=B^c\cap A$，若 $A\in\mathfrak{M}$及 $B\in\mathfrak{M}$，就有 $A-B\in\mathfrak{M}$.

前缀 σ 是考虑到这样的事实：(ⅲ)要求对于$\mathfrak{M}$的元素的所有可数并成立．若(ⅲ)只要求对有限并成立，则$\mathfrak{M}$称为集的一个代数.

1.7 定理 设 Y 和 Z 为拓扑空间，且 $g: Y \to Z$ 是连续的.

(a) 若 X 是拓扑空间，$f: X \to Y$ 是连续的，且 $h = g \circ f$，则 $h: X \to Z$ 是连续的.

(b) 若 X 是可测空间，$f: X \to Y$ 是可测的，且 $h = g \circ f$，则 $h: X \to Z$ 是可测的.

简言之，连续函数的连续函数是连续的；可测函数的连续函数是可测的.

证明 若 V 是 Z 内的开集，则 $g^{-1}(V)$ 是 Y 内的开集，且

$$h^{-1}(V) = f^{-1}(g^{-1}(V)).$$

若 f 是连续的，则 $h^{-1}(V)$ 是开集，因而证明了(a).

若 f 是可测的，则 $h^{-1}(V)$ 是可测的，因而证明了(b). ■ 10

1.8 定理 设 u 和 v 是可测空间 X 上的实可测函数，设 Φ 是平面到拓扑空间 Y 内的连续映射，且对 $x \in X$ 定义

$$h(x) = \Phi(u(x), v(x)),$$

则 $h: X \to Y$ 是可测的.

证明 令 $f(x) = (u(x), v(x))$，则 f 将 X 映射到平面内. 由于 $h = \Phi \circ f$，定理 1.7 指出，只要证明 f 的可测性就足够了.

若 R 是平面上任一个其边平行于坐标轴的开矩形，则 R 是两个开区间 I_1 及 I_2 的笛卡儿乘积，并根据关于 u 和 v 的假设，

$$f^{-1}(R) = u^{-1}(I_1) \cap v^{-1}(I_2)$$

是可测的. 在平面上的每一个开集 V 是这样的矩形 R_i 的可数并，且由于

$$f^{-1}(V) = f^{-1}\left(\bigcup_{i=1}^{\infty} R_i\right) = \bigcup_{i=1}^{\infty} f^{-1}(R_i),$$

因此，$f^{-1}(V)$ 是可测的. ■

1.9 设 X 是可测空间. 下面的命题是定理 1.7 和定理 1.8 的推论：

(a) 若 u 和 v 是 X 上的实可测函数，$f = u + iv$，则 f 为 X 上的复可测函数.

这个结论可以由定理 1.8，令 $\Phi(z) = z$ 得出.

(b) 若 $f = u + iv$ 是 X 上的复可测函数，则 u，v，$|f|$ 都是 X 上的实可测函数.

这个结论可以由定理 1.7，令 $g(z) = \mathrm{Re}(z)$，$\mathrm{Im}(z)$，$|z|$ 得出.

(c) 若 f 及 g 是 X 上的复可测函数，则 $f+g$ 及 fg 亦然.

对实的 f，g，由定理 1.8，令

$$\Phi(s,t) = s + t$$

和 $\Phi(s, t) = st$ 得出. 对复的情形即由(a)及(b)得出.

(d) 若 E 是 X 上的可测集，且

$$\chi_E(x) = \begin{cases} 1 & \text{当 } x \in E, \\ 0 & \text{当 } x \notin E, \end{cases}$$

则 χ_E 是可测函数.

这是明显的. 我们称 χ_E 为集 E 的特征函数. 整本书中，字母 χ 将专用于表示特征函数.

(e) 若 f 为 X 上的复可测函数，则存在 X 上的复可测函数 α，使得 $|\alpha| = 1$，且 $f = \alpha |f|$. 11

证明 令 $E=\{x: f(x)=0\}$，Y 为除去原点的复平面．对 $z\in Y$，定义 $\varphi(z)=z/|z|$ 且令

$$\alpha(x)=\varphi(f(x)+\chi_E(x)) \quad (x\in X),$$

若 $x\in E$，$\alpha(x)=1$；若 $x\notin E$，$\alpha(x)=f(x)/|f(x)|$．由于 φ 在 Y 上连续且 E 可测(为什么?)，从而 α 的可测性由(c)，(d)及定理 1.7 得出． ■

现在指出存在大量的 σ-代数．

1.10 定理 若 $\mathscr{F}$ 为 X 的任意子集族，则在 X 内存在一个最小的 σ-代数 $\mathfrak{M}^*$，使得 $\mathscr{F}\subset\mathfrak{M}^*$．

$\mathfrak{M}^*$ 有时称为由 $\mathscr{F}$ 生成的 σ-代数．

证明 令 Ω 为 X 内所有包含 $\mathscr{F}$ 的 σ-代数 $\mathfrak{M}$ 的族．因为由 X 的全体子集构成的集族是具有这种性质的 σ-代数，故 Ω 非空．设 $\mathfrak{M}^*$ 为所有 $\mathfrak{M}\in\Omega$ 的交．显然 $\mathscr{F}\subset\mathfrak{M}^*$，且 $\mathfrak{M}^*$ 含于每一个包含 $\mathscr{F}$ 的 σ-代数中．为完成此证明，必须证明 $\mathfrak{M}^*$ 本身是 σ-代数．

若对 $n=1, 2, 3, \cdots$，$A_n\in\mathfrak{M}^*$，且 $\mathfrak{M}\in\Omega$，则 $A_n\in\mathfrak{M}$，因为 $\mathfrak{M}$ 是 σ-代数，所以 $\bigcup A_n\in\mathfrak{M}$，因为对每一个 $\mathfrak{M}\in\Omega$，有 $\bigcup A_n\in\mathfrak{M}$，故得出 $\bigcup A_n\in\mathfrak{M}^*$．$\sigma$-代数定义的其余两个性质可用同样方法验证． ■

1.11 博雷尔集 设 X 为拓扑空间．由定理 1.10，在 X 内存在一个最小的 σ-代数 $\mathscr{B}$，使得 X 内每一个开集都属于 $\mathscr{B}$．称 $\mathscr{B}$ 的元素为 X 的*博雷尔集*．

特别地，闭集是博雷尔集(由定义，它是开集的余集)，且闭集的一切可数并及开集的一切可数交都是博雷尔集．后两者分别称为 F_σ 集及 G_δ 集，并且起着重要的作用．该记号来源于豪斯多夫(Hausdorff)．字母 F 及 G 分别用于闭集及开集，而 σ 用于并(Summe)，δ 用于交(Durchschnitt)．例如，每个半开区间 $[a, b)$ 是 R^1 内的一个 G_δ 集和一个 F_σ 集．

因为 $\mathscr{B}$ 是 σ-代数，我们现在可以把 X 看做一个可测空间，而博雷尔集则起着可测集的作用．更简洁地，考虑可测空间 $(X, \mathscr{B})$．若 $f: X\to Y$ 是 X 的连续映射，其中 Y 为任意拓扑空间．由定义，显然对 Y 内每个开集 V，$f^{-1}(V)\in\mathscr{B}$．换句话说，X 的每个连续映射是*博雷尔可测的*．

12 博雷尔可测映射通常称为*博雷尔映射*或*博雷尔函数*．

1.12 定理 *假设 $\mathfrak{M}$ 是 X 内的 σ-代数，Y 为拓扑空间，f 是从 X 到 Y 的一个映射．*

(a) 若 Ω 为所有集 $E\subset Y$ 使得 $f^{-1}(E)\in\mathfrak{M}$ 的集族，则 Ω 为 Y 内的 σ-代数．

(b) 若 f 可测且 E 为 Y 内的博雷尔集，则 $f^{-1}(E)\in\mathfrak{M}$．

(c) 若 $Y=[-\infty, \infty]$，且对每一个实数 α，$f^{-1}((\alpha, \infty])\in\mathfrak{M}$，则 f 可测．

(d) 若 f 可测，Z 为拓扑空间，$g: Y\to Z$ 为博雷尔映射，且 $h=g\circ f$，则 $h: X\to Z$ 可测．

(c)常用来作为实值函数可测性的判别准则(见习题 3)．注意，(d)推广了定理 1.7(b)．

证明 从关系式

$$f^{-1}(Y)=X,$$
$$f^{-1}(Y-A)=X-f^{-1}(A),$$
$$f^{-1}(A_1\cup A_2\cup\cdots)=f^{-1}(A_1)\cup f^{-1}(A_2)\cup\cdots$$

可得出(a)．

现在证明(b)，设 Ω 如(a)所规定；f 的可测性蕴涵着 Ω 包含 Y 内的所有开集，且因 Ω 为 σ-代数，Ω 包含 Y 内所有博雷尔集．

现在证明(c)，令 Ω 为所有 $E\subset[-\infty,\ +\infty]$，使得 $f^{-1}(E)\in\mathfrak{M}$ 的集族. 选取一实数 α，并选取 $\alpha_n<\alpha$，使得当 $n\to\infty$ 时，$\alpha_n\to\alpha$. 因为对于每个 n，$(\alpha_n,\ \infty]\in\Omega$，由于

$$[-\infty,\alpha)=\bigcup_{n=1}^{\infty}[-\infty,\alpha_n]=\bigcup_{n=1}^{\infty}(\alpha_n,\infty]^c$$

而(a)已证明了 Ω 为 σ-代数，可以看出 $[-\infty,\ \alpha)\in\Omega$. 而

$$(\alpha,\beta)=[-\infty,\beta)\cap(\alpha,\infty]$$

也有相同的结论. 因为 $[-\infty,\ \infty]$ 内的每个开集都是可数个上述类型开区间的并，故 Ω 包含每一个开集，于是 f 可测.

现在证明(d)，令 $V\subset Z$ 为开集，则 $g^{-1}(V)$ 为 Y 的博雷尔集，且因

$$h^{-1}(V)=f^{-1}(g^{-1}(V)),$$

(b) 表明 $h^{-1}(V)\in\mathfrak{M}$. ■

1.13 定义 设 $\{a_n\}$ 为 $[-\infty,\ \infty]$ 内的一个序列，令

$$b_k=\sup\{a_k,a_{k+1},a_{k+2},\cdots\}(k=1,2,3,\cdots) \tag{1}$$ 13

且

$$\beta=\inf\{b_1,b_2,b_3,\cdots\}, \tag{2}$$

我们称 β 为 $\{a_n\}$ 的*上极限*，记作

$$\beta=\lim_{n\to\infty}\sup a_n. \tag{3}$$

容易验证下列性质：首先，$b_1\geqslant b_2\geqslant b_3\geqslant\cdots$，所以当 $k\to\infty$ 时，$b_k\to\beta$；其次，存在 $\{a_n\}$ 的子序列 $\{a_{n_i}\}$ 使得当 $i\to\infty$ 时，$a_{n_i}\to\beta$，且 β 为具有此性质的最大数.

类似地定义*下极限*：简单交换(1)及(2)中的 sup 及 inf. 注意

$$\lim_{n\to\infty}\inf a_n=-\lim_{n\to\infty}\sup(-a_n), \tag{4}$$

如果 $\{a_n\}$ 收敛，则显然有

$$\lim_{n\to\infty}\sup a_n=\lim_{n\to\infty}\inf a_n=\lim_{n\to\infty}a_n. \tag{5}$$

设 $\{f_n\}$ 为集 X 上的广义实值函数序列，则用

$$\left(\sup_n f_n\right)(x)=\sup_n(f_n(x)), \tag{6}$$

$$\left(\lim_{n\to\infty}\sup f_n\right)(x)=\lim_{n\to\infty}\sup(f_n(x)) \tag{7}$$

来定义在 X 上的函数 $\sup\limits_n f_n$ 及 $\lim\limits_{n\to\infty}\sup f_n$.

若

$$f(x)=\lim_{n\to\infty}f_n(x), \tag{8}$$

在每一点 $x\in X$ 处此极限都存在，则称 f 为序列 $\{f_n\}$ 的*点态极限*.

1.14 定理 *如果对 $n=1,\ 2,\ 3,\ \cdots$，f_n：$X\to[-\infty,\ \infty]$ 是可测的，且*

$$g=\sup_{n\geqslant 1}f_n,\ h=\lim_{n\to\infty}\sup f_n,$$

则 g 及 h 都是可测的.

证明 $g^{-1}((\alpha,\ \infty])=\bigcup\limits_{n=1}^{\infty}f_n^{-1}((\alpha,\ \infty])$. 因此由定理 1.12(c)推出 g 可测. 当然，以 inf 代替 sup，同样的结论仍然成立.

因为

$$h=\inf_{k\geqslant 1}\left\{\sup_{i\geqslant k} f_i\right\},$$

14 由此得出 h 可测. ■

推论

(a) 每个点态收敛的复可测函数序列的极限是可测的.

(b) 若 f 及 g 可测(值域在$[-\infty,+\infty]$内)，则 $\max\{f,g\}$及 $\min\{f,g\}$也可测，特别地，函数 $f^+=\max\{f,0\}$及 $f^-=-\min\{f,0\}$是可测的.

1.15 上述函数 f^+及 f^-称为 f 的正部和负部. 我们有 $|f|=f^+ + f^-$和 $f=f^+ - f^-$，而后者是一种将 f 表示为具有某种极小性质的、两个非负函数之差的典型形式：

命题 若 $f=g-h$，$g\geqslant 0$ 及 $h\geqslant 0$，则 $f^+\leqslant g$ 且 $f^-\leqslant h$.

证明 由 $f\leqslant g$ 及 $0\leqslant g$，显然有 $\max\{f,0\}\leqslant g$. ■

简单函数

1.16 定义 在可测空间 X 上. 值域仅由有限个点组成的复函数 s 称为简单函数. 这里是指非负简单函数，其值域为$[0,\infty)$的有限子集. 注意，我们从简单函数的值中明显地排除了∞.

如果 $\alpha_1,\cdots,\alpha_n$ 为简单函数 s 不同的值，且令 $A_i=\{x: s(x)=\alpha_i\}$，显然

$$s=\sum_{i=1}^{n}\alpha_i\chi_{A_i},$$

在这里 χ_{A_i} 按照1.9(d)所定义，是 A_i 的特征函数.

同样显然的是，当且仅当每个 A_i 可测时，s 是可测的.

1.17 定理 设 $f: X\to[0,\infty]$可测，则存在 X 上的简单可测函数s_n 使得

(a) $0\leqslant s_1\leqslant s_2\leqslant\cdots\leqslant f$.

(b) 对每个 $x\in X$，当 $n\to\infty$时，$s_n(x)\to f(x)$.

证明 令 $\delta_n=2^{-n}$，对每个正整数 n 和每个实数 t 对应唯一个整数 $k=k_n(t)$，使得 $k\delta_n\leqslant t<(k+1)\delta_n$. 定义

15

$$\varphi_n(t)=\begin{cases}k_n(t)\delta_n & 若\ 0\leqslant t<n\\ n & 若\ n\leqslant t\leqslant\infty.\end{cases}\tag{1}$$

那么每个 φ_n 是$[0,\infty]$上的一个博雷尔函数

$$当\ 0\leqslant t\leqslant n\ 时, t-\delta_n<\varphi_n(t)\leqslant t,\tag{2}$$

$0\leqslant\varphi_1\leqslant\varphi_2\leqslant\cdots\leqslant t$，且当 $n\to\infty$时，对每个 $t\in[0,\infty]$有 $\varphi_n(t)\to t$，从而可知函数

$$s_n=\varphi_n\circ f\tag{3}$$

满足(a)和(b)，由定理1.12(d)，它们都是可测的. ■

测度的初等性质

1.18 定义

(a) 正测度为一个定义在 σ-代数$\mathfrak{M}$上的函数 μ，其值域在$[0,\infty]$内，并且是可数可加的.

即若$\{A_i\}$为$\mathfrak{M}$中互不相交的可数集族，则

$$\mu\Big(\bigcup_{i=1}^{\infty} A_i\Big) = \sum_{i=1}^{\infty}\mu(A_i). \tag{1}$$

为避免麻烦，我们假设至少对一个$A\in\mathfrak{M}$，$\mu(A)<\infty$.

(b) 测度空间是一个可测空间，具有定义在其可测集的σ-代数上的正测度.

(c) 复测度是定义在一个σ-代数上的复值可数可加函数.

注 我们称作正测度的正好是通常的测度，为了强调起见，我们才加上“正”字. 若对每个$E\in\mathfrak{M}$, $\mu(E)=0$，则根据我们的定义，μ是正测度. 对正测度取∞值是允许的，但当我们谈到复测度μ时，对每个$E\in\mathfrak{M}$，$\mu(E)$要理解为复数. 当然，实测度构成了复测度的一个子类.

1.19 定理 设μ为σ-代数$\mathfrak{M}$上的正测度，则

(a) $\mu(\varnothing)=0$.

(b) 若A_1，…，A_n均为$\mathfrak{M}$的两两不相交的元素，则

$$\mu(A_1\cup\cdots\cup A_n)=\mu(A_1)+\cdots+\mu(A_n).$$

(c) 若$A\in\mathfrak{M}$，$B\in\mathfrak{M}$，则$A\subset B$蕴涵着$\mu(A)\leqslant\mu(B)$.

(d) 若$A=\bigcup_{n=1}^{\infty}A_n$，$A_n\in\mathfrak{M}$，且

$$A_1\subset A_2\subset A_3\subset\cdots,$$

则当$n\to\infty$时，$\mu(A_n)\to\mu(A)$.

(e) 若$A=\bigcap_{n=1}^{\infty}A_n$，$A_n\in\mathfrak{M}$，

$$A_1\supset A_2\supset A_3\supset\cdots,$$

且$\mu(A_1)$有限，则当$n\to\infty$时，$\mu(A_n)\to\mu(A)$. 16

在证明中将看到，这些性质除(c)外，对复测度也成立；(b)称为有限可加性；(c)称为单调性.

证明

(a) 取$A\in\mathfrak{M}$，使得$\mu(A)<\infty$，在1.18(1)中，取$A_1=A$，及$A_2=A_3=\cdots=\varnothing$.

(b) 在1.18(1)中取$A_{n+1}=A_{n+2}=\cdots=\varnothing$.

(c) 由于$B=A\cup(B-A)$及$A\cap(B-A)=\varnothing$，可看出(b)蕴涵着$\mu(B)=\mu(A)+\mu(B-A)\geqslant\mu(A)$.

(d) 令$B_1=A_1$，且对$n=2, 3, 4, \cdots$，令$B_n=A_n-A_{n-1}$，则$B_n\in\mathfrak{M}$，$i\neq j$时，$B_i\cap B_j=\varnothing$，$A_n=B_1\cup\cdots\cup B_n$，且$A=\bigcup_{i=1}^{\infty}B_i$. 因此

$$\mu(A_n)=\sum_{i=1}^{n}\mu(B_i) \quad 而 \quad \mu(A)=\sum_{i=1}^{\infty}\mu(B_i).$$

根据无穷级数和的定义得出(d).

(e) 令$C_n=A_1-A_n$，则$C_1\subset C_2\subset C_3\subset\cdots$，

$$\mu(C_n)=\mu(A_1)-\mu(A_n),$$

$A_1 - A = \bigcup C_n$，于是由(d)得出

$$\mu(A_1) - \mu(A) = \mu(A_1 - A) = \lim_{n\to\infty}\mu(C_n) = \mu(A_1) - \lim_{n\to\infty}\mu(A_n),$$

这就推出(e). ■

1.20 例子 如我们将看到的，有趣的测度空间的构造要求做些艰苦的工作. 然而，可以立即给出少数浅显的例子.

(a) X 为任意集，对任意 $E \subset X$，若 E 为无穷集，定义 $\mu(E)=\infty$，当 E 为有限集时，令 $\mu(E)$ 为 E 的点数. 这个 μ 称为 X 上的计数测度.

(b) 固定 $x_0 \in X$，对任意 $E \subset X$，若 $x_0 \in E$，定义 $\mu(E)=1$；若 $x_0 \notin E$，定义 $\mu(E)=0$. 这个 μ 称为集中在 x_0 的单位质量.

(c) 令 μ 是集$\{1, 2, 3, \cdots\}$上的计数测度，令 $A_n=\{n, n+1, n+2, \cdots\}$，则$\bigcap A_n=\varnothing$，但对 $n=1, 2, 3, \cdots$，$\mu(A_n)=\infty$. 这表明定理 1.19(e)中的假设

$$\mu(A_1) < \infty$$

并非多余的.

1.21 关于术语的注释 人们经常看到把测度空间看成是"三元序组"$(X, \mathfrak{M}, \mu)$，其中 X 为集，$\mathfrak{M}$为 X 内的 σ-代数，而 μ 为定义在$\mathfrak{M}$上的测度. 类似地，可测空间是"序对"$(X,$
17 $\mathfrak{M})$. 这虽然有点多余，但在逻辑上完全正确，通常也是便利的. 例如在$(X, \mathfrak{M})$中，集 X 仅是$\mathfrak{M}$的最大元素. 因此我们若知道$\mathfrak{M}$，也就知道了 X. 类似地，根据定义，每个测度都有一个 σ-代数作为它的定义域，于是我们若知道测度 μ，也就知道作为 μ 的定义域的 σ-代数$\mathfrak{M}$，那么作为 σ-代数$\mathfrak{M}$的最大元素集 X 也就知道了.

因此，使用像"设 μ 为一个测度"，或者当我们在问题中希望强调 σ-代数或集的时候说"设 μ 为$\mathfrak{M}$上的测度"或"设 μ 为 X 上的测度"这类表达语，是完全合理的.

虽然在逻辑上不大有意义但在习惯上(我们通常都是顺从数学上的习惯而不是逻辑)总是说"设 X 为测度空间"；这里强调的并不是集，而是测度. 当然，在使用这种说法时，我们总是默认有一个定义在 X 的某个 σ-代数上的测度，而它正好是我们实际上要讨论的.

类似地，一个拓扑空间是一个序对(X, τ)，此处 τ 为集 X 上的拓扑，并且有意义的东西是在 τ 中而不是在 X 中，但叙述时仍说成"拓扑空间 X".

全部数学中均使用这种默示的约定. 大多数数学系统都是由一些集，连同某些特定的子集类或者某些二元运算或者某些关系(要求它们具有某些性质)组成的. 根据需要，人们可以列举出它们，然后把这个系统作为序对、三元序组等等来描述. 例如实线可描述为四元序组$(R^1, +, \cdot, <)$，此处$+$、$\cdot$及$<$满足完备阿基米德(Archimedes)有序域的公理. 然而，我敢打赌，只有极少数数学家才想把实数域看成四元序组.

$[0, \infty]$中的算术运算

1.22 在整个积分论中，不可避免地要遇到∞. 一个理由是希望在无限测度的集上能够积分；毕竟，实线有无限长. 另一个理由是，即使最初只对实值函数感兴趣，但是一个正实函数序列的上极限或一个正实函数序列的和在某些点却很可能是∞. 而当这种情况发生时，人们不

得不作出一些特殊规定，这将在很大程度上丧失如定理 1.26 及定理 1.27 那样的优美性.

我们定义，若 $0\leqslant a\leqslant\infty$，则 $a+\infty=\infty+a=\infty$，且

$$a\cdot\infty=\infty\cdot a=\begin{cases}\infty & \text{当 } 0<a\leqslant\infty\\ 0 & \text{当 } a=0,\end{cases}$$

实数的和及积则用通常方法定义.

定义 $0\cdot\infty=0$ 似乎很奇怪，然而，用该定义不难验证，在$[0,\infty]$内交换律、结合律及分配律都是无条件成立的.

18

对消去律则要小心处理：仅当 $a<\infty$ 时，$a+b=a+c$ 才蕴涵着 $b=c$；仅当 $0<a<\infty$时，$ab=ac$才蕴涵着 $b=c$.

注意，下面这个有用的命题成立：

若 $0\leqslant a_1\leqslant a_2\leqslant\cdots$，$0\leqslant b_1\leqslant b_2\leqslant\cdots$，$a_n\to a$ 且 $b_n\to b$，则 $a_nb_n\to ab$.

把这个命题和定理 1.17 及定理 1.14 结合起来，可以看出到$[0,\infty]$内的可测函数的和及积是可测函数.

正函数的积分

本节中，$\mathfrak{M}$为集 X 的 σ -代数，μ 为$\mathfrak{M}$上的正测度.

1.23 定义 如果 s：$X\to[0,\infty)$为可测简单函数，形如

$$s=\sum_{i=1}^{n}\alpha_i\chi_{A_i},\tag{1}$$

其中 $\alpha_1,\cdots,\alpha_n$ 为 s 的不同的值(与定义 1.16 比较)，且如果 $E\in\mathfrak{M}$，定义

$$\int_E s\,\mathrm{d}\mu=\sum_{i=1}^{n}\alpha_i\mu(A_i\cap E).\tag{2}$$

因可能对某个 i，$\alpha_i=0$ 且 $\mu(A_i\cap E)=\infty$，所以此处用到约定 $0\cdot\infty=0$.

如果 f：$X\to[0,\infty]$为可测，且 $E\in\mathfrak{M}$，定义

$$\int_E f\,\mathrm{d}\mu=\sup\int_E s\,\mathrm{d}\mu,\tag{3}$$

该上确界取遍所有使得 $0\leqslant s\leqslant f$ 的简单可测函数 s.

(3) 的左边称为 f 在 E 上关于测度 μ 的勒贝格积分. 它是$[0,\infty]$内的一个数.

注意，当 f 是简单函数的时候，表面上得到了$\int_E f\,\mathrm{d}\mu$ 的两个定义，即(2) 和(3). 然而，它们得到的积分值是相同的. 因为在这种情况下，出现在(3) 右边的函数 s 中，f 是最大的.

1.24 下列命题是定义的直接推论. 其中出现的函数和集，都假定是可测的：

(a) 若 $0\leqslant f\leqslant g$，则$\int_E f\,\mathrm{d}\mu\leqslant\int_E g\,\mathrm{d}\mu$.

(b) 若 $A\subset B$ 而 $f\geqslant 0$，则$\int_A f\,\mathrm{d}\mu\leqslant\int_B f\,\mathrm{d}\mu$. 19

(c) 若 $f\geqslant 0$ 而 c 为常数，$0\leqslant c<\infty$，则

$$\int_E cf\,\mathrm{d}\mu=c\int_E f\,\mathrm{d}\mu.$$

(d) 若对所有 $x\in E$，$f(x)=0$，即使 $\mu(E)=\infty$，也有 $\int_E f\mathrm{d}\mu=0$.

(e) 若 $\mu(E)=0$，即使对每个 $x\in E$，$f(x)=\infty$，也有 $\int_E f\mathrm{d}\mu=0$.

(f) 若 $f\geqslant 0$，则 $\int_E f\mathrm{d}\mu=\int_X \chi_E f\mathrm{d}\mu$.

最后的结果表明，可以把积分定义限制为在全部 X 上的积分而不失一般性. 若要在子集上积分，可以用(f)作为定义. 选择哪一个定义，纯粹是一种个人偏好.

在此要注明，测度空间 X 的每个可测子集 E 可以用完全自然的方法重新构成一个测度空间：简单地说，新的可测集就是含在 E 内的 X 的可测子集，除了其定义域受限制之外，测度并不改变. 这再次表明，一旦我们在每个测度空间上定义积分之后，就自动地定义了每个可测空间的每个可测子集上的积分.

1.25 命题 设 s 和 t 为 X 上的非负可测简单函数. 对 $E\in\mathfrak{M}$，定义

$$\varphi(E)=\int_E s\mathrm{d}\mu, \tag{1}$$

则 φ 为 $\mathfrak{M}$ 上的测度，同时

$$\int_X (s+t)\mathrm{d}\mu=\int_X s\mathrm{d}\mu+\int_X t\mathrm{d}\mu. \tag{2}$$

(这个命题包括定理 1.27 及定理 1.29 的特殊形式.)

证明 如果 s 像在定义 1.23 中一样，且 E_1，E_2，…为 $\mathfrak{M}$ 的互不相交元素，其并为 E，则 μ 的可数可加性指出

$$\varphi(E)=\sum_{i=1}^{n}\alpha_i\mu(A_i\cap E)=\sum_{i=1}^{n}\alpha_i\sum_{r=1}^{\infty}\mu(A_i\cap E_r)$$

$$=\sum_{r=1}^{\infty}\sum_{i=1}^{n}\alpha_i\mu(A_i\cap E_r)=\sum_{r=1}^{\infty}\varphi(E_r).$$

20 同样，$\varphi(\varnothing)=0$，因此 φ 不恒等于∞.

其次，设 s 同前面一样，β_1，…，β_m 是 t 的不同的值，且令 $B_j=\{x:t(x)=\beta_j\}$. 若 $E_{ij}=A_i\cap B_j$，则

$$\int_{E_{ij}}(s+t)\mathrm{d}\mu=(\alpha_i+\beta_j)\mu(E_{ij}),$$

且

$$\int_{E_{ij}}s\mathrm{d}\mu+\int_{E_{ij}}t\mathrm{d}\mu=\alpha_i\mu(E_{ij})+\beta_j\mu(E_{ij}).$$

于是用 E_{ij} 代替 X 时，(2)成立. 因为 X 是不相交的集 E_{ij} $(1\leqslant i\leqslant n,1\leqslant j\leqslant m)$ 的并，所以命题的前半部分蕴涵着(2)成立. ■

现在进入到理论的有趣的部分，其最显著的特点之一是可以利用它来处理极限运算.

1.26 勒贝格单调收敛定理 设 $\{f_n\}$ 是一个 X 上的可测函数序列，且假定

(a) 对每一个 $x\in X$，$0\leqslant f_1(x)\leqslant f_2(x)\leqslant\cdots\leqslant\infty$.

(b) 对每一个 $x\in X$，当 $n\to\infty$ 时，$f_n(x)\to f(x)$. 于是 f 是可测的，且当 $n\to\infty$ 时，

$$\int_X f_n \mathrm{d}\mu \to \int_X f \mathrm{d}\mu.$$

证明 因为 $\int f_n \leqslant \int f_{n+1}$，所以存在一个 $\alpha \in [0, \infty]$ 使得当 $n \to \infty$ 时

$$\int_X f_n \mathrm{d}\mu \to \alpha. \tag{1}$$

根据定理 1.14，f 是可测的．因为 $f_n \leqslant f$，故对每个 n，有 $\int f_n \leqslant \int f$，因此(1)蕴涵

$$\alpha \leqslant \int_X f \mathrm{d}\mu. \tag{2}$$

设 s 是使得 $0 \leqslant s \leqslant f$ 的任意简单可测函数，c 是一个常数，$0<c<1$，且定义

$$E_n = \{x: f_n(x) \geqslant cs(x)\} \qquad (n = 1,2,3,\cdots), \tag{3}$$

则每一个 E_n 是可测的，$E_1 \subset E_2 \subset E_3 \subset \cdots$，且 $X = \bigcup E_n$．为了看出这个等式，考虑 $x \in X$；若 $f(x)=0$，则 $x \in E_1$；若 $f(x)>0$，因为 $c<1$，则 $cs(x)<f(x)$；因此对某个 n，$x \in E_n$．同样有

$$\int_X f_n \mathrm{d}\mu \geqslant \int_{E_n} f_n \mathrm{d}\mu \geqslant c\int_{E_n} s \mathrm{d}\mu \qquad (n = 1,2,3,\cdots). \tag{4}$$ 21

令 $n \to \infty$，应用命题 1.25 和定理 1.19(d) 于(4)的最后一个积分．结果是

$$\alpha \geqslant c\int_X s \mathrm{d}\mu. \tag{5}$$

因为(5)对每一个 $c<1$ 成立，故

$$\alpha \geqslant \int_X s \mathrm{d}\mu \tag{6}$$

对满足 $0 \leqslant s \leqslant f$ 的每一个简单可测函数 s 成立．因此，

$$\alpha \geqslant \int_X f \mathrm{d}\mu. \tag{7}$$

此定理从(1)，(2)，(7)得出． ■

1.27 定理 若对 $n=1, 2, 3, \cdots$，$f_n: X \to [0, \infty]$ 是可测的，并设

$$f(x) = \sum_{n=1}^{\infty} f_n(x) \qquad (x \in X), \tag{1}$$

则

$$\int_X f \mathrm{d}\mu = \sum_{n=1}^{\infty} \int_X f_n \mathrm{d}\mu. \tag{2}$$

证明 首先，像在定理 1.17 中一样，存在简单可测函数序列 $\{s_i'\}$，$\{s_i''\}$，使得 $s_i' \to f_1$，$s_i'' \to f_2$．若 $s_i = s_i' + s_i''$，则 $s_i \to f_1 + f_2$，单调收敛定理连同命题 1.25 一起指出

$$\int_X (f_1 + f_2) \mathrm{d}\mu = \int_X f_1 \mathrm{d}\mu + \int_X f_2 \mathrm{d}\mu. \tag{3}$$

其次，令 $g_N = f_1 + \cdots + f_N$，序列 $\{g_N\}$ 单调地收敛于 f，若我们应用归纳法于(3)，可以看出

$$\int_X g_N \mathrm{d}\mu = \sum_{n=1}^{N} \int_X f_n \mathrm{d}\mu. \tag{4}$$

再一次应用单调收敛定理，得到(2)．这就完成了定理的证明．■

若设 μ 是可数集上的计数测度，则定理 1.27 是一个关于非负实数的二重级数的结论(它当
22 然能用初等方法证明)：

推论 若 $a_{ij}\geqslant 0$ 对 i 和 $j=1, 2, 3, \cdots$ 成立，则

$$\sum_{i=1}^{\infty}\sum_{j=1}^{\infty}a_{ij}=\sum_{j=1}^{\infty}\sum_{i=1}^{\infty}a_{ij}.$$

1.28 法图引理 若对每一个正整数 n，$f_n: X\to[0, \infty]$是可测的，则

$$\int_X (\liminf_{n\to\infty} f_n)\mathrm{d}\mu\leqslant \liminf_{n\to\infty}\int_X f_n\mathrm{d}\mu. \tag{1}$$

(1)中严格不等式是可能出现的，见习题 8．

证明 令

$$g_k(x)=\inf_{i\geqslant k} f_i(x)\quad (k=1,2,3,\cdots;\ x\in X), \tag{2}$$

则 $g_k\leqslant f_k$，所以

$$\int_X g_k\mathrm{d}\mu\leqslant\int_X f_k\mathrm{d}\mu\quad (k=1,2,3,\cdots). \tag{3}$$

同时，$0\leqslant g_1\leqslant g_2\leqslant\cdots$，根据定理 1.14，每一个 g_k 是可测的，且由定义 1.13，当 $k\to\infty$ 时，$g_k(x)\to\liminf f_n(x)$．所以单调收敛定理指出，当 $k\to\infty$ 时，(3)的左边趋于(1)的左边．因此从(3)得到(1)．■

1.29 定理 设 $f: X\to[0, \infty]$是可测的，且

$$\varphi(E)=\int_E f\mathrm{d}\mu\quad (E\in\mathfrak{M}), \tag{1}$$

则 φ 是 $\mathfrak{M}$ 上的一个测度，且

$$\int_X g\,\mathrm{d}\varphi=\int_X gf\,\mathrm{d}\mu \tag{2}$$

对其值域在$[0, \infty]$内的 X 上的每一个可测函数 g 成立．

证明 设 E_1，E_2，E_3，…是 $\mathfrak{M}$ 的不相交的元素，它们的并是 E．考察

$$\chi_E f=\sum_{j=1}^{\infty}\chi_{E_j}f \tag{3}$$

和

23 $$\varphi(E)=\int_X\chi_E f\mathrm{d}\mu,\varphi(E_j)=\int_X\chi_{E_j}f\mathrm{d}\mu. \tag{4}$$

于是从定理 1.27 得到

$$\varphi(E)=\sum_{j=1}^{\infty}\varphi(E_j). \tag{5}$$

因为 $\varphi(\varnothing)=0$，(5)证明了 φ 是一个测度．

其次，(1)指出对 $E\in\mathfrak{M}$，当 $g=\chi_E$ 时(2)总是成立的．因此(2)对每一个简单函数 g 成立，而一般情况则从单调收敛定理可以得出．■

评注 定理 1.29 的第二个断言有时写成

$$d\varphi = f d\mu \tag{6}$$

的形式. 我们不给符号 $d\varphi$ 和 $d\mu$ 以独立意义，(6)仅仅意味着(2)对每一个可测的 $g \geqslant 0$ 成立.

定理 1.29 有一个非常重要的逆定理，即拉东-尼柯迪姆定理，将在第 6 章给出证明.

复函数的积分

像以前一样，在本节里 μ 是在任意可测空间 X 上的正测度.

1.30 定义 我们定义 $L^1(\mu)$是所有使得

$$\int_X |f| d\mu < \infty$$

的、X 上的复可测函数 f 的集族.

注意，像在命题 1.9(b)所见到的一样，f 的可测性蕴涵着 $|f|$ 的可测性. 因此上面的积分是确定的.

$L^1(\mu)$的元素称为(关于 μ 的)勒贝格可积函数或称为可求和函数. 指数 1 的含义将在第 3 章阐明.

1.31 定义 若 $f=u+iv$，这里 u 和 v 是 X 上的实可测函数，且 $f\in L^1(\mu)$，则对每一个可测集 E 定义

$$\int_E f d\mu = \int_E u^+ d\mu - \int_E u^- d\mu + i\int_E v^+ d\mu - i\int_E v^- d\mu \tag{1}$$

像在 1.15 节定义的一样，这里 u^+ 和 u^- 是 u 的正部和负部，v^+ 和 v^- 从 v 类似地得到. 这四个函数都是实的、可测的和非负的. 因此，根据定义 1.23，(1)右边的四个积分存在. 而且有 $u^+ \leqslant |u| < |f|$ 等等，所以这四个积分的每一个都是有限的. 于是(1)定义了左边的积分为一个复数. 24

有时候，定义一个值域在$[-\infty, \infty]$中的可测函数 f 的积分为

$$\int_E f d\mu = \int_E f^+ d\mu - \int_E f^- d\mu \tag{2}$$

也是合情合理的，只要(2)的右边的积分至少有一个是有限的，这时(2)的左边则是在$[-\infty, \infty]$内的一个数.

1.32 定理 设 f 和 $g\in L^1(\mu)$，且 α 和 β 是复数，则 $\alpha f+\beta g\in L^1(\mu)$，且

$$\int_X (\alpha f + \beta g) d\mu = \alpha\int_X f d\mu + \beta\int_X g d\mu. \tag{1}$$

证明 $\alpha f+\beta g$ 的可测性从命题 1.9(c)得出. 根据 1.24 节和定理 1.27，有

$$\begin{aligned}\int_X |\alpha f + \beta g| d\mu &\leqslant \int_X (|\alpha||f|+|\beta||g|) d\mu \\ &= |\alpha|\int_X |f| d\mu + |\beta|\int_X |g| d\mu < \infty,\end{aligned}$$

于是 $\alpha f+\beta g\in L^1(\mu)$.

为证明(1)，显然只要证明

$$\int_X (f + g) d\mu = \int_X f d\mu + \int_X g d\mu \tag{2}$$

和

$$\int_X (\alpha f)\,d\mu = \alpha\int_X f\,d\mu \tag{3}$$

即可. 并且若(2)对 $L^1(\mu)$ 内实的 f 和 g 成立，则(2)的一般情形也即得出.

假定这一点之后，令 $h=f+g$，就有

$$h^+ - h^- = f^+ - f^- + g^+ - g^-$$

或

$$h^+ + f^- + g^- = f^+ + g^+ + h^-. \tag{4}$$

根据定理 1.27，有

$$\int h^+ + \int f^- + \int g^- = \int f^+ + \int g^+ + \int h^-, \tag{5}$$

25 因为这些积分的每一个是有限的，通过移项就可以得到(2).

当 $\alpha \geqslant 0$ 时，从命题 1.24(c)可得到(3). 利用关系式 $(-u)^+ = u^-$，容易验证当 $\alpha=-1$ 时，(3)也成立. 对 $\alpha=\mathrm{i}$ 的情况也是容易证明的：若 $f=u+\mathrm{i}v$，则

$$\int(\mathrm{i}f) = \int(\mathrm{i}u - v) = \int(-v) + \mathrm{i}\int u = -\int v + \mathrm{i}\int u = \mathrm{i}\left(\int u + i\int v\right) = \mathrm{i}\int f.$$

这些情况同(2)合在一起，得到对任意复数 α，(3)成立. ■

1.33 定理 若 $f\in L^1(\mu)$，则

$$\left|\int_X f\,d\mu\right| \leqslant \int_X |f|\,d\mu.$$

证明 令 $z=\int_X f\,d\mu$，因为 z 是一个复数，存在一个复数 α，$|\alpha|=1$，使得 $\alpha z=|z|$. 设 u 是 αf 的实部，则 $u\leqslant|\alpha f|=|f|$. 因此

$$\left|\int_X f\,d\mu\right| = \alpha\int_X f\,d\mu = \int_X \alpha f\,d\mu = \int_X u\,d\mu \leqslant \int_X |f|\,d\mu.$$

因为前面已指出 $\int \alpha f\,d\mu$ 是实数，故上面等式的第三个等号成立. ■

我们用另一个重要的收敛定理结束这一节.

1.34 勒贝格控制收敛定理 设 $\{f_n\}$ 是 X 上的复可测函数序列，使得

$$f(x) = \lim_{n\to\infty} f_n(x) \tag{1}$$

对每一个 $x\in X$ 成立. 若存在一个函数 $g\in L^1(\mu)$ 使得

$$|f_n(x)| \leqslant g(x) \quad (n=1,2,3,\cdots;\ x\in X), \tag{2}$$

则 $f\in L^1(\mu)$，

$$\lim_{n\to\infty}\int_X |f_n - f|\,d\mu = 0, \tag{3}$$

并且

26

$$\lim_{n\to\infty}\int_X f_n\,d\mu = \int_X f\,d\mu. \tag{4}$$

证明 因为 $|f|\leqslant g$ 且 f 是可测的，故 $f\in L^1(\mu)$. 因为 $|f_n - f|\leqslant 2g$，把法图引理应

用于函数 $2g-|f_n-f|$ 得到

$$\begin{aligned}\int_X 2g\mathrm{d}\mu &\leqslant \liminf_{n\to\infty}\int_X(2g-|f_n-f|)\mathrm{d}\mu \\ &= \int_X 2g\mathrm{d}\mu + \liminf_{n\to\infty}\left(-\int_X |f_n-f|\mathrm{d}\mu\right) \\ &= \int_X 2g\mathrm{d}\mu - \limsup_{n\to\infty}\int_X |f_n-f|\mathrm{d}\mu.\end{aligned}$$

因为 $\int 2g\mathrm{d}\mu$ 是有限的，从两边减去它，便得

$$\limsup_{n\to\infty}\int_X |f_n-f|\mathrm{d}\mu \leqslant 0. \tag{5}$$

若一个非负的实数序列不收敛于 0，则它的上极限是正的，于是(5)蕴涵着(3)．把定理1.33应用于 f_n-f，(3)便蕴涵着(4)． ■

零测度集所起的作用

1.35 定义 设 P 是对于点 x 可以具有或者不具有的一种性质．譬如，若 f 是一个给定的函数，P 可以是性质“$f(x)>0$”，若 $\{f_n\}$ 是给定的函数序列，P 可以是性质“$\{f_n(x)\}$ 收敛”．

如果 μ 是一个 σ-代数 $\mathfrak{M}$ 上的测度，$E\in\mathfrak{M}$，“P 在 E 上几乎处处成立”(简记为“P 在 E 上 a.e. 成立”)这句话意味着：存在一个 $N\in\mathfrak{M}$，使得 $\mu(N)=0$，$N\subset E$，并且 P 在 $E-N$ 的每一点上成立．当然“几乎处处”这个概念非常强烈地依赖于所给定的测度．当明确要求指出测度的时候，我们将记作“a. e. $[\mu]$”．

例如，如果 f 和 g 是可测函数，并且

$$\mu(\{x:f(x)\neq g(x)\})=0, \tag{1}$$

我们说 $f=g$ a. e. $[\mu]$ 于 X 上，并记为 $f\sim g$．容易看出这是一个等价关系．传递性($f\sim g$ 和 $g\sim h$ 蕴涵着 $f\sim h$)是“两个零测度集的并是一个零测度集”这一事实的推论．

注意，若 $f\sim g$，则对每一个 $E\in\mathfrak{M}$，

$$\int_E f\mathrm{d}\mu=\int_E g\mathrm{d}\mu. \tag{2}$$

为了看出这点，设 N 是满足(1)式的集；则 E 是 $E-N$ 和 $E\cap N$ 这两个不相交的集的并，在 $E-N$ 上 $f=g$，而 $\mu(E\cap N)=0$． 27

于是，一般来说，零测度集在积分中是可以忽略的．“可忽略集的每一个子集是可忽略的”这个结论应当是正确的，但是可能遇到一些集 $N\in\mathfrak{M}$，$\mu(N)=0$，而它有子集 E 不是 $\mathfrak{M}$ 的元素．当然在这种情况下，可以定义 $\mu(E)=0$，但是 μ 的这种扩充还是一个测度吗？即，它还是定义在一个 σ-代数上吗？所幸的是，回答是肯定的．

1.36 定理 *设 $(X,\mathfrak{M},\mu)$ 是一个测度空间，$\mathfrak{M}^*$ 是所有这样的 $E\subset X$ 的集族，对于 E 存在集 A 和 $B\in\mathfrak{M}$，使得 $A\subset E\subset B$，且 $\mu(B-A)=0$，在这种情况下，定义 $\mu(E)=\mu(A)$，则 $\mathfrak{M}^*$ 是一个 σ-代数，且 μ 是 $\mathfrak{M}^*$ 上的一个测度．*

因为零测度集的所有子集现在都是可测的，这个扩充了的测度 μ 称为完备测度．σ-代数

$\mathfrak{M}^*$ 称为 $\mathfrak{M}$ 的 μ 完备化．这个定理说每一个测度都能完备化．所以为了方便起见，总可以假定任何给定的测度是完备的；这恰好给出更多的可测集，因此，给出更多的可测函数．通常讨论中所遇到的大多数测度都已经是完备化的．但也有些例外；其中之一将在第 8 章的富比尼定理的证明中遇到．

证明 首先我们来验证 μ 对每个 $E\in\mathfrak{M}^*$ 是完全确定的．

假设 $A\subset E\subset B$，$A_1\subset E\subset B_1$，且 $\mu(B-A)=\mu(B_1-A_1)=0$（在这个证明中，字母 A 和 B 表示 $\mathfrak{M}$ 的元）．因为 $A-A_1\subset E-A_1\subset B_1-A_1$，所以有 $\mu(A-A_1)=0$，从而 $\mu(A)=\mu(A\cap A_1)$．类似地，$\mu(A_1)=\mu(A_1\cap A)$．故可得 $\mu(A_1)=\mu(A)$．

其次，我们验证 $\mathfrak{M}^*$ 具有 σ-代数的三个规定性质．

（ⅰ）因为 $X\in\mathfrak{M}$ 且 $\mathfrak{M}\subset\mathfrak{M}^*$，所以 $X\in\mathfrak{M}^*$．

（ⅱ）若 $A\subset E\subset B$，则 $B^c\subset E^c\subset A^c$．因为 $A^c-B^c=A^c\cap B=B-A$，所以 $E\in\mathfrak{M}^*$ 蕴涵 $E^c\in\mathfrak{M}^*$．

（ⅲ）若 $A_i\subset E_i\subset B_i$，$E=\bigcup E_i$，$A=\bigcup A_i$，$B=\bigcup B_i$，则 $A\subset E\subset B$，并且

$$B-A=\bigcup_1^\infty (B_i-A)\subset\bigcup_1^\infty (B_i-A_i).$$

因为可数个零测度集的并还是零测度集，所以当 $E_i\in\mathfrak{M}^*$ 时就有 $E\in\mathfrak{M}^*$，其中 $i=1, 2, 3, \cdots$．

最后，如果在（ⅲ）步中的 E_i 是不相交的，则集 A_i 也是不相交的，从而可得出

$$\mu(E)=\mu(A)=\sum_1^\infty\mu(A_i)=\sum_1^\infty\mu(E_i).$$

28 这就证明了在 $\mathfrak{M}^*$ 上 μ 是可数可加的． ■

1.37 就积分来说，a.e. 相等的函数可以不加区别，这个事实启发我们，扩大可测函数的定义是有益的．如果 $\mu(E^c)=0$，并且对每一个开集 V，$f^{-1}(V)\cap E$ 是可测的，我们称定义在 $E\in\mathfrak{M}$ 上的函数 f 为在 X 上可测．若对 $x\in E^c$，定义 $f(x)=0$，就得到在旧的意义下的 X 的可测函数．假如测度是完备的，在 E^c 上依照完全任意的方式定义 f，仍可得到一个可测函数．在任何 $A\in\mathfrak{M}$ 上 f 的积分与 E^c 上 f 的定义无关，所以 f 在 E^c 上的定义甚至完全不需要指定．

有许多自然会遇到的情况，譬如，在实线上的一个函数 f 可以仅仅是几乎处处可微的（关于勒贝格测度），但是在一定的条件下，f 是其导数的积分仍然正确，这将在第 7 章讨论．或者 X 上的可测函数序列 $\{f_n\}$ 可以仅仅是几乎处处收敛；用可测性的新定义，这个极限仍是 X 上的可测函数，我们没有必要非得把它缩减到实际收敛的点集上不可．

为了说明问题，我们叙述勒贝格控制收敛定理的一个推论，其叙述方式容许一些测度为零的例外集．

1.38 定理 设 $\{f_n\}$ 是一个在 X 上几乎处处有定义的复可测函数序列，满足

$$\sum_{n=1}^\infty\int_X |f_n|\,d\mu<\infty, \tag{1}$$

则级数

$$f(x)=\sum_{n=1}^{\infty} f_n(x) \tag{2}$$

对几乎所有的 x 收敛，$f\in L^1(\mu)$，并且

$$\int_X f\mathrm{d}\mu=\sum_{n=1}^{\infty}\int_X f_n\mathrm{d}\mu. \tag{3}$$

证明 设 S_n 是 f_n 有定义的点集，因此 $\mu(S_n^c)=0$. 对 $x\in S=\bigcap S_n$，令 $\varphi(x)=\sum|f_n(x)|$，则 $\mu(S^c)=0$. 根据(1)和定理 1.27，

$$\int_S \varphi\mathrm{d}\mu<\infty. \tag{4}$$

若 $E=\{x\in S: \varphi(x)<\infty\}$，从(4)得出 $\mu(E^c)=0$. 对于每一个 $x\in E$，级数(2)绝对收敛. 若对 $x\in E$，$f(x)$用(2)定义，则在 E 上 $|f(x)|\leqslant\varphi(x)$. 所以根据(4)，在 E 上 $f\in L^1(\mu)$. 若 $g_n=f_1+\cdots+f_n$，则 $|g_n|\leqslant\varphi$，对所有的 $x\in E$，$g_n(x)\to f(x)$，并且定理 1.34 给出了用 E 代替 X 时的(3)式. 因为 $\mu(E^c)=0$，此结果等价于(3). ■ 29

注意，即使当 f_n 在 X 的每一点均有定义时，由(1)也只能得出(2)几乎处处收敛. 下面是另外一些情况，在这些情况中，我们只能引出几乎处处成立的结论.

1.39 定理

(a) 设 $f: X\to[0,\infty]$ 是可测的，$E\in\mathfrak{M}$ 并且 $\int_E f\mathrm{d}\mu=0$，则 $f=0$ a.e. 于 E 上.

(b) 设 $f\in L^1(\mu)$ 并且对每一个 $E\in\mathfrak{M}$，有 $\int_E f\mathrm{d}\mu=0$，则 $f=0$ a.e. 于 X 上.

(c) 设 $f\in L^1(\mu)$ 并且

$$\left|\int_X f\mathrm{d}\mu\right|=\int_X|f|\mathrm{d}\mu,$$

则存在一个常数 α，使得 $\alpha f=|f|$ a.e. 于 X 上.

注意，(c)叙述了这样的条件，在这个条件下，定理 1.33 的等号成立.

证明

(a) 若 $A_n=\left\{x\in E: f(x)>\dfrac{1}{n}\right\}$，$n=1, 2, 3, \cdots$，则

$$\frac{1}{n}\mu(A_n)\leqslant\int_{A_n} f\mathrm{d}\mu\leqslant\int_E f\mathrm{d}\mu=0,$$

所以 $\mu(A_n)=0$. 因为 $\{x\in E: f(x)>0\}=\bigcup A_n$，便得出(a).

(b) 令 $f=u+\mathrm{i}v$，设 $E=\{x: u(x)\geqslant 0\}$，则 $\int_E f\mathrm{d}\mu$ 的实部是 $\int_E u^+\mathrm{d}\mu$. 因此 $\int_E u^+\mathrm{d}\mu=0$，(a)蕴涵着 $u^+=0$ a.e. 类似地得出

$$u^-=v^+=v^-=0 \quad \text{a.e.}$$

(c) 考察定理 1.33 的证明，我们现在的假定蕴涵着在定理 1.33 的证明中最后一个不等号实际上必须是等号. 因此 $\int(|f|-u)\mathrm{d}\mu=0$. 因为 $|f|-u\geqslant 0$，(a)表明了 $|f|=u$ a.e. 这就是说，$\mathrm{Re}\,\alpha f=|\alpha f|$ a.e. 因此，$\alpha f=|\alpha f|=|f|$ a.e.，这就是所要的结论. ■

1.40 定理 假设 $\mu(X)<\infty$，$f\in L^1(\mu)$，S 是复平面上的一个闭集，且对于每一个 $E\in\mathfrak{M}$，$\mu(E)>0$，平均值

$$A_E(f)=\frac{1}{\mu(E)}\int_E f\,\mathrm{d}\mu$$

30 在 S 内，则对于几乎所有的 $x\in X$，$f(x)\in S$.

证明 设 Δ 是在 S 的余集内的闭圆盘(譬如说中心在 α 且半径 $r>0$)，因 S^c 是可数个这样的圆盘的并，故只需证明对 $E=f^{-1}(\Delta)$，$\mu(E)=0$ 就足够了.

假设 $\mu(E)>0$，则

$$|A_E(f)-\alpha|=\frac{1}{\mu(E)}\left|\int_E(f-\alpha)\mathrm{d}\mu\right|$$
$$\leqslant\frac{1}{\mu(E)}\int_E|f-\alpha|\,\mathrm{d}\mu\leqslant r,$$

由于 $A_E(f)\in S$，上述结果是不可能的. 因此 $\mu(E)=0$. ■

1.41 定理 设 $\{E_k\}$ 是在 X 内的可测集序列，满足

$$\sum_{k=1}^{\infty}\mu(E_k)<\infty, \tag{1}$$

则几乎所有的 $x\in X$，至多属于有限个集 E_k.

证明 若 A 是所有属于无限个 E_k 的 x 的集，我们要证明 $\mu(A)=0$. 令

$$g(x)=\sum_{k=1}^{\infty}\chi_{E_k}(x)\qquad(x\in X), \tag{2}$$

对每一个 x，这个级数的每一项或是 0 或是 1. 因此，$x\in A$，当且仅当 $g(x)=\infty$. 根据定理 1.27，g 在 X 上的积分等于(1)的和. 于是 $g\in L^1(\mu)$. 所以 $g(x)<\infty$ a. e. ■

习题

1. 是否存在一个仅具有可数个元素的无限 σ-代数?
2. 对 n 个函数证明类似定理 1.8 的结果.
3. 若 f 是在可测空间 X 上的实函数，使得对每一个有理数 r，

$$\{x: f(x)\geqslant r\}$$

是可测集，证明 f 是可测的.

4. 设 $\{a_n\}$ 和 $\{b_n\}$ 是 $[-\infty,\infty]$ 内的序列，证明下列结论：

(a) $\limsup\limits_{n\to\infty}(-a_n)=-\liminf\limits_{n\to\infty}a_n$.

(b) $\limsup\limits_{n\to\infty}(a_n+b_n)\leqslant\limsup\limits_{n\to\infty}a_n+\limsup\limits_{n\to\infty}b_n$.

假定这些和中没有 $\infty-\infty$ 的形式.

(c) 对所有的 n，$a_n\leqslant b_n$，则

$$\liminf_{n\to\infty}a_n\leqslant\liminf_{n\to\infty}b_n.$$

31 举例说明在(b)内严格不等式能成立.

5. (a) 设 $f: X\to[-\infty,\infty]$ 和 $g: X\to[-\infty,\infty]$ 都是可测的，证明集

$$\{x: f(x)<g(x)\},\{x: f(x)=g(x)\}$$

是可测的.

(b) 证明实可测函数序列的收敛(具有有限极限)点集是可测集.

6. 设 X 是一个不可数集，$\mathfrak{M}$是所有使得 E 或 E^c 至多是可数的集 $E\subset X$ 所组成的集族. 在第一种情形下定义 $\mu(E)=0$，在第二种情形下定义 $\mu(E)=1$. 证明$\mathfrak{M}$是 X 内的 σ-代数，μ 是$\mathfrak{M}$上的一个测度. 描述对应的可测函数及其积分.

7. 假设对 $n=1，2，3，\cdots$，$f_n: X\to[0, \infty]$是可测的. 对每一个 $x\in X$，$f_1\geqslant f_2\geqslant f_3\geqslant\cdots\geqslant 0$，当 $n\to\infty$时 $f_n(x)\to f(x)$，且 $f_1\in L^1(\mu)$. 证明

$$\lim_{n\to\infty}\int_X f_n \mathrm{d}\mu=\int_X f \mathrm{d}\mu,$$

并且指出若省去条件"$f_1\in L^1(\mu)$"，就得不出这个结论来.

8. 若 n 是奇数，令 $f_n=\chi_E$，若 n 是偶数，令 $f_n=1-\chi_E$，这个例子与法图引理有什么关系？

9. 假设 μ 是 X 上的正测度，$f: X\to[0, \infty]$是可测的，$\int_X f\mathrm{d}\mu=c$，其中 $0<c<\infty$，α 是一个常数. 证明

$$\lim_{n\to\infty}\int_X n\log[1+(f/n)^\alpha]\mathrm{d}\mu=\begin{cases}\infty & 若\ 0<\alpha<1, \\ c & 若\ \alpha=1, \\ 0 & 若\ 1<\alpha<\infty.\end{cases}$$

提示：若 $\alpha\geqslant 1$，被积函数受 αf 控制. 若 $\alpha<1$，可以应用法图引理.

10. 假设 $\mu(X)<\infty$，$\{f_n\}$是 X 上的一个有界复可测函数序列，且 $f_n\to f$ 在 X 上是一致的. 证明

$$\lim_{n\to\infty}\int_X f_n \mathrm{d}\mu=\int_X f \mathrm{d}\mu,$$

并且指明假设"$\mu(X)<\infty$"不能省略.

11. 证明在定理 1.41 中

$$A=\bigcap_{n=1}^{\infty}\bigcup_{k=n}^{\infty}E_k,$$

因此，证明此定理无需涉及积分.

12. 假设 $f\in L^1(\mu)$. 证明对每一个 $\varepsilon>0$，存在一个 $\delta>0$ 使得当 $\mu(E)<\delta$ 时，$\int_E |f|\mathrm{d}\mu<\varepsilon$.

13. 证明命题 1.24(c)在 $c=\infty$时也成立. 32

第2章 正博雷尔测度

向量空间

2.1 定义 复向量空间(或复数域上的向量空间)是一个集 V，它的元素称为向量，在元素间定义了两种运算，一种称为*加法*，一种称为*标量乘法*，并满足下列熟知的代数性质：

对于一对向量 $\boldsymbol{x}$ 和 $\boldsymbol{y}$ 对应着一个向量 $\boldsymbol{x}+\boldsymbol{y}$，并满足 $\boldsymbol{x}+\boldsymbol{y}=\boldsymbol{y}+\boldsymbol{x}$ 和 $\boldsymbol{x}+(\boldsymbol{y}+\boldsymbol{z})=(\boldsymbol{x}+\boldsymbol{y})+\boldsymbol{z}$；$V$ 包含唯一的向量 0(*零向量*或 V 的*原点*)，使得对每个 $\boldsymbol{x}\in V$，$\boldsymbol{x}+0=\boldsymbol{x}$；并且对每个 $\boldsymbol{x}\in V$，对应着唯一的向量 $-\boldsymbol{x}$，使得 $\boldsymbol{x}+(-\boldsymbol{x})=0$.

对于每一对$(\alpha, \boldsymbol{x})$，$\boldsymbol{x}\in V$，α 是一个标量(在这个上下文中，*标量*的意思就是*复数*)，对应着一个向量 $\alpha\boldsymbol{x}\in V$，满足 $1\boldsymbol{x}=\boldsymbol{x}$，$\alpha(\beta\boldsymbol{x})=(\alpha\beta)\boldsymbol{x}$，以及两个分配律：

$$\alpha(\boldsymbol{x}+\boldsymbol{y})=\alpha\boldsymbol{x}+\alpha\boldsymbol{y},(\alpha+\beta)\boldsymbol{x}=\alpha\boldsymbol{x}+\beta\boldsymbol{x}. \tag{1}$$

向量空间 V 到向量空间 V_1 的*线性变换*是 V 到 V_1 的一个映射 Λ，使得对所有 $\boldsymbol{x}$，$\boldsymbol{y}\in V$ 和一切的标量 α，β，有

$$\Lambda(\alpha\boldsymbol{x}+\beta\boldsymbol{y})=\alpha\Lambda\boldsymbol{x}+\beta\Lambda\boldsymbol{y}. \tag{2}$$

在 V_1 是标量域的特殊情况下(除了仅由 0 组成的平凡场合之外，这是最简单的向量空间的例子)，Λ 称为*线性泛函*. 因此，线性泛函是 V 上的、满足(2)的一个复函数.

注意，若 Λ 是线性的，我们常常用记号 $\Lambda\boldsymbol{x}$，而不用 $\Lambda(\boldsymbol{x})$.

当然，上述定义无论用任何一个域代替复数域都是适用的. 除非明确地指出是相反的情形，否则本书中的向量空间均是指复向量空间. 然而，有一个值得注意的例外：欧氏空间 R^k 是实数域上的向量空间.

2.2 作为线性泛函的积分 分析学充满了向量空间和线性变换，并在以积分为一方、以线性泛函为另一方之间有一种特别密切的关系.

例如，定理 1.32 证明了 $L^1(\mu)$对任何正测度 μ 都是一个向量空间，而映射

$$f\to\int_X f\,\mathrm{d}\mu \tag{1}$$

是 $L^1(\mu)$上的一个线性泛函. 类似地，如果 g 是任何有界可测函数，则映射

$$f\to\int_X fg\,\mathrm{d}\mu \tag{2}$$

也是 $L^1(\mu)$上的一个线性泛函；在第 6 章中，我们将看到，在某种意义上，泛函(2)是 $L^1(\mu)$上我们唯一感兴趣的一种泛函.

另一个例子是，设 C 是单位区间 $I=[0, 1]$上一切连续复函数的集. 两个连续函数的和是连续的，一个连续函数的任何标量积也是连续的. 因此，C 是一个向量空间. 如果

$$\Lambda f=\int_0^1 f(x)\,\mathrm{d}x \qquad (f\in C) \tag{3}$$

是通常的黎曼积分，则 Λ 显然是 C 上的线性泛函；Λ 有一个附带的有趣的性质：它是一个*正的*

33

线性泛函．也就是说，当 $f\geqslant 0$ 时，有 $\Lambda f\geqslant 0$．

我们当前的任务之一仍然是构造勒贝格测度．根据下述观察得知，此构造可以建立在线性泛函(3)的基础之上：考虑开区间$(a, b)\subset I$ 和定义在 I 上的这样一类函数 $f\in C$，它满足 $0\leqslant f\leqslant 1$，而对所有不在(a, b)中的 x，$f(x)=0$．对所有这样的 f，有 $\Lambda f<b-a$，然而，我们可以选择 f，使得 Λf 如所希望的接近 $b-a$．因此，(a, b)的长度(或测度)是和泛函 Λ 的值密切相关的．

从更一般的观点看，上述观察引出著名的并且极为重要的里斯(F. Riesz)定理：

对 C 上的每一个正线性泛函 Λ，都对应 I 上的一个有限正博雷尔测度 μ，使得

34

$$\Lambda f = \int_I f\mathrm{d}\mu \qquad (f\in C). \tag{4}$$

(逆定理是显然的：若 μ 是 I 上的正有限博雷尔测度，Λ 由(4)式定义，则 Λ 是 C 上的一个正线性泛函．)

显然，用 R^1 代替有界区间 I 是有趣的．如果我们只考虑 R^1 上的那些在某些有界区间外取值为零的连续函数(例如，这些函数是黎曼可积的)，就能做到这一点．其次，多个变量的函数常常出现在分析中．因此，我们应该由 R^1 扩充到 R^n．结果是里斯定理的证明几乎不需作任何修改仍然成立．而且，它表明 R^n 的欧氏性质(坐标、正交性等等)在证明中并不起什么作用；事实上，如果对它们考虑得太多，反而会造成妨碍．对于证明来说，实质性的东西是 R^n 的一些拓扑性质(这是自然的，因为现在我们讨论的是连续函数)．起决定作用的性质是*局部紧性*：R^n 的每一点有一个邻域，它的闭包是紧的．

因此，我们将在很一般的情况下建立里斯定理(定理 2.14)．勒贝格测度的存在性于是就作为一种特殊情况而得到．希望关注更加具体情况的人，可以轻松地跳过下述关于拓扑学预备知识的那一节(其中最有趣的一段是乌雷松引理；参看习题 3)，也可以用局部紧度量空间甚至用欧氏空间来取代局部紧豪斯多夫空间，而不至于失去其主要思想．

还应该提及的是，存在一些情况，特别是在概率论中，测度是在没有拓扑结构的空间上出现，或者是在非局部紧的拓扑空间上出现的．一个例子就是所谓的维纳测度，它将某些连续函数的集对应于数并且是研究布朗运动的基本工具．有关这方面的论题将不在本书中讨论．

拓扑学预备知识

2.3 定义 设 X 是像 1.2 节所定义的拓扑空间．

(a) 集 $E\subset X$ 是*闭的*，如果它的余集 E^c 是开的．(因此，$\varnothing$和 X 是闭集，闭集的有限并是闭集，闭集的任意交是闭集．)

(b) 集 $E\subset X$ 的*闭包* $\overline{E}$ 是 X 中包含 E 的最小闭集．(下述推理证明了 $\overline{E}$ 存在：X 中包含 E 的所有闭子集的集族 Ω 是非空的，因为 $X\in\Omega$．令 $\overline{E}$ 是 Ω 的一切元素的交．)

(c) 集 $K\subset X$ 是*紧的*，如果 K 的每个开覆盖包含有限子覆盖．更明确些，此要求是：如果$\{V_\alpha\}$是开集的集族，它们的并包含 K，则$\{V_\alpha\}$的某个有限子族的并也包含 K．

特别地，如果 X 本身是紧的，则 X 称为*紧空间*．

35 (d) 点 $p\in X$ 的一个*邻域*是 X 的任意一个包含 p 的开子集．(使用这个词并不是十分标准；

有些人对任意包含一个含 p 的开集的集使用“p 的邻域”这个词.)

(e) X 是一个豪斯多夫空间，如果下述条件成立：若 $p\in X$，$q\in X$，且 $p\neq q$，则 p 有一个邻域 U，q 有一个邻域 V，使得 $U\cap V=\varnothing$.

(f) X 是局部紧的，如果 X 的每一点有一个邻域，它的闭包是紧的.

显然，每个紧空间是局部紧的.

我们回顾一下海涅-博雷尔定理：*欧氏空间 R^n 的紧子集恰好是那些闭的而且有界的集*（[26][⊖]，定理 2.41）. 由此定理容易得到：R^n是局部紧的豪斯多夫空间. 而且，每个度量空间也是豪斯多夫空间.

2.4 定理 *在拓扑空间 X 中，设 K 是紧的而 F 是闭集. 如果 $F\subset K$，则 F 是紧的.*

证明 如果$\{V_\alpha\}$是 F 的开覆盖，$W=F^c$，则$\{W\}\cup\{V_\alpha\}$覆盖 X；因此，存在有限集族$\{V_{\alpha_i}\}$使得

$$K\subset W\cup V_{\alpha_1}\cup\cdots\cup V_{\alpha_n},$$

于是

$$F\subset V_{\alpha_1}\cup\cdots\cup V_{\alpha_n}. \qquad \blacksquare$$

推论 *若 $A\subset B$，而 B 有紧闭包，则 A 也有.*

2.5 定理 *设 X 是豪斯多夫空间. $K\subset X$，K 是紧的，且 $p\in K^c$，则存在开集 U 和 W，使得 $p\in U$，$K\subset W$，并且 $U\cap W=\varnothing$.*

证明 设 $q\in K$，由豪斯多夫分离公理推出存在不相交的开集 U_q 和 V_q，使得 $p\in U_q$，$q\in V_q$. 因为 K 是紧的，存在点 q_1，…，$q_n\in K$，使得

$$K\subset V_{q_1}\cup\cdots\cup V_{q_n}.$$

通过集

$$U=U_{q_1}\cap\cdots\cap U_{q_n} \text{ 和 } W=V_{q_1}\cup\cdots\cup V_{q_n},$$

定理的要求得到满足. $\blacksquare$

推论

(a) 豪斯多夫空间的紧子集是闭集.

(b) 在豪斯多夫空间中，如果 F 是闭集，K 是紧的，则 $F\cap K$ 是紧的.

由推论(a)和定理 2.4 就得到推论(b). 36

2.6 定理 *设$\{K_\alpha\}$是豪斯多夫空间紧子集的集族，$\bigcap_\alpha K_\alpha=\varnothing$，则$\{K_\alpha\}$族中存在有限个集，它们的交也是空的.*

证明 令 $V_\alpha=K_\alpha^c$. 固定$\{K_\alpha\}$的一个元素 K_1. 由于 K_1 没有点属于每个 K_α，$\{V_\alpha\}$是 K_1 的一个开覆盖. 因此，对某个有限集族$\{V_{\alpha_i}\}$，有 $K_1\subset V_{\alpha_1}\cup\cdots\cup V_{\alpha_n}$. 由此得到

$$K_1\cap K_{\alpha_1}\cap\cdots\cap K_{\alpha_n}=\varnothing. \qquad \blacksquare$$

2.7 定理 *设 U 是局部紧豪斯多夫空间 X 的开集，$K\subset U$，K 是紧的，则存在一个具有紧闭包的开集 V，使得*

⊖ 括号中的数字请看参考书目.

$$K \subset V \subset \overline{V} \subset U.$$

证明 由于 K 的每个点有一个闭包是紧的邻域，而且 K 被这些邻域的有限并所覆盖，因此 K 便位于一个闭包是紧的开集 G 内. 如果 $U=X$，则取 $V=G$.

否则，令 C 是 U 的余集. 定理 2.5 表明，对每个 $p\in C$ 对应一个开集 W_p，使得 $K\subset W_p$ 和 $p\notin \overline{W}_p$. 因此，p 取遍 C 时，$\{C\cap\overline{G}\cap\overline{W}_p\}$ 是一个紧集的集族，其交是空集. 由定理 2.6，存在点 p_1，…，$p_n\in C$，使得

$$C \cap \overline{G} \cap \overline{W}_{p_1} \cap \cdots \cap \overline{W}_{p_n} = \varnothing.$$

因为

$$\overline{V} \subset \overline{G} \cap \overline{W}_{p_1} \cap \cdots \cap \overline{W}_{p_n},$$

这时集

$$V = G \cap W_{p_1} \cap \cdots \cap W_{p_n}$$

具有所要求的性质. ■

2.8 定义 设 f 是拓扑空间上的实函数(或广义实函数). 如果对每个实数 α，$\{x: f(x)>\alpha\}$ 是开的，则称 f 为下半连续的. 如果对每个实数 α，$\{x: f(x)<\alpha\}$ 是开的，则称 f 为上半连续的.

显然，一个实函数是连续的，当且仅当它同时是上半连续和下半连续的. 特征函数提供了
37 半连续函数的最简单的例子：

(a) 开集的特征函数是下半连续的.

(b) 闭集的特征函数是上半连续的.

下述性质几乎是定义的直接推论：

(c) 任意下半连续函数的集族的上确界还是下半连续的. 任意上半连续函数的集族的下确界还是上半连续的.

2.9 定义 拓扑空间 X 上的复函数 f 的支集是集

$$\{x: f(x) \neq 0\}$$

的闭包. 记 X 上支集是紧的所有连续复函数的集族为 $C_c(X)$.

可以看出，$C_c(X)$ 是向量空间. 这是基于以下两个事实：

(a) $f+g$ 的支集位于 f 的支集和 g 的支集的并内，而紧集的任意有限并是紧的.

(b) 像连续函数的标量倍数一样，两个连续复函数的和也是连续的.

(定理 1.8 的叙述和证明当用"连续函数"代替"可测函数"，用"拓扑空间"代替"可测空间"时仍是成立的；取 $\Phi(s, t)=s+t$ 或 $\Phi(s, t)=st$，证明连续函数的和与积是连续的.)

2.10 定理 设 X 和 Y 是拓扑空间，并设 $f: X\to Y$ 是连续的. 若 K 是 X 的紧子集，则 $f(K)$ 是紧的.

证明 若 $\{V_\alpha\}$ 为 $f(K)$ 的一个开覆盖，则 $\{f^{-1}(V_\alpha)\}$ 是 K 的一个开覆盖. 于是，对某些 α_1，…，α_n，有 $K\subset f^{-1}(V_{\alpha_1})\cup\cdots\cup f^{-1}(V_{\alpha_n})$，因此，$f(K)\subset V_{\alpha_1}\cup\cdots\cup V_{\alpha_n}$. ■

推论 任何 $f\in C_c(X)$ 的值域是复平面的一个紧子集.

事实上，若 K 是 $f\in C_c(X)$ 的支集，则 $f(X)\subset f(K)\cup\{0\}$. 若 X 不是紧的，则 $0\in$

$f(X)$. 但0不一定属于 $f(K)$，这由简单例子即可看出.

2.11 记号 在本章，将使用下述约定. 记号

$$K \prec f \tag{1}$$ 38

表示 K 是 X 的紧子集，$f \in C_c(X)$，对一切 $x \in X$，$0 \leqslant f(x) \leqslant 1$，并对一切 $x \in K$，$f(x)=1$. 记号

$$f \prec V \tag{2}$$

表示 V 是开集，$f \in C_c(X)$，$0 \leqslant f \leqslant 1$，并且 f 的支集含于 V. 记号

$$K \prec f \prec V \tag{3}$$

表示(1)和(2)都成立.

2.12 乌雷松引理 设 X 是局部紧的豪斯多夫空间，V 是 X 中的开集，$K \subset V$，而 K 是紧集，则存在一个 $f \in C_c(X)$，使得

$$K \prec f \prec V. \tag{1}$$

按特征函数的说法，这个结论断言存在一个连续函数 f，满足不等式 $\chi_K \leqslant f \leqslant \chi_V$. 注意，容易找到半连续函数满足此不等式. 例如，χ_K 和 χ_V.

证明 令 $r_1=0$，$r_2=1$，而 r_3，r_4，r_5，…是(0，1)内的全体有理数的一种排列. 由定理2.7，可以找到开集 V_0 和 V_1 使得 $\overline{V}_0$ 是紧的，并且

$$K \subset V_1 \subset \overline{V}_1 \subset V_0 \subset \overline{V}_0 \subset V. \tag{2}$$

设 $n \geqslant 2$，并且 V_{r_1}，…，V_{r_n} 已按这样一种方式选择好，使当 $r_i < r_j$ 时，有 $\overline{V}_{r_j} \subset V_{r_i}$. 数 r_1，…，r_n 中的一个(例如 r_i)将是小于 r_{n+1} 的诸数中最大的那一个，另外，例如 r_j 将是大于 r_{n+1} 的诸数中最小的那一个. 再由定理2.7，可以找到 $V_{r_{n+1}}$，使得 $\overline{V}_{r_j} \subset V_{r_{n+1}} \subset \overline{V}_{r_{n+1}} \subset V_{r_i}$.

继续下去，我们得到一个开集族 $\{V_r\}$，对 $[0,1]$ 中的每个有理数 r，都有如下的性质：$K \subset V_1$，$\overline{V}_0 \subset V$，每个 $\overline{V}_r$ 是紧的，并且

$$\text{当 } s > r \text{ 时}, \overline{V}_s \subset V_r. \tag{3}$$

定义

$$f_r(x) = \begin{cases} r & \text{若 } x \in V_r \\ 0 & \text{若 } x \notin V_r \end{cases} \qquad g_s(x) = \begin{cases} 1 & \text{若 } x \in \overline{V}_s \\ s & \text{若 } x \notin \overline{V}_s \end{cases} \tag{4}$$

和

$$f = \sup_r f_r, \quad g = \inf_s g_s. \tag{5}$$

定义2.8的评注表明 f 是下半连续的，而 g 是上半连续的. 显然有 $0 \leqslant f \leqslant 1$，当 $x \in K$ 时，$f(x)=1$，并且 f 的支集在 $\overline{V}_0$ 中. 下面证明 $f=g$ 以完成本证明. 39

仅当 $r>s$，$x \in V_r$，$x \notin \overline{V}_s$ 时，不等式 $f_r(x) > g_s(x)$ 才可能成立. 但是 $r>s$ 蕴涵着 $V_r \subset V_s$. 因此，对一切 r 和 s，有 $f_r \leqslant g_s$，于是 $f \leqslant g$.

设对某个 x，$f(x)<g(x)$，则存在有理数 r 和 s，使得 $f(x)<r<s<g(x)$. 因为 $f(x)<r$，我们有 $x \notin V_r$；因为 $g(x)>s$，我们有 $x \in \overline{V}_s$. 由(3)，这是矛盾的. 因此，$f=g$. ■

2.13 定理 设 V_1，…，V_n 是局部紧豪斯多夫空间 X 的开子集，K 是紧的，并且

$$K \subset V_1 \cup \cdots \cup V_n,$$

则存在函数 $h_i \prec V_i (i=1, 2, \cdots, n)$，使得

$$h_1(x) + \cdots + h_n(x) = 1 \qquad (x \in K). \tag{1}$$

因为(1)，集族$\{h_1, \cdots, h_n\}$称为 K 上的从属于覆盖$\{V_1, \cdots, V_n\}$的单位分解.

证明 由定理 2.7，每个 $x \in K$ 有一个邻域 W_x，具有紧闭包，$\overline{W}_x \subset V_i$ 对某个 i(依赖于 x)成立. 存在点 $x_1, \cdots, x_m$，使得 $W_{x_1} \cup \cdots \cup W_{x_m} \supset K$. 对 $1 \leqslant i \leqslant n$，令 H_i 是含于 V_i 的 $\overline{W}_{x_j}$ 的并. 由乌雷松引理，存在函数 g_i，使得 $H_i \prec g_i \prec V_i$. 定义

$$\begin{aligned} h_1 &= g_1, \\ h_2 &= (1-g_1)g_2, \\ &\cdots \\ h_n &= (1-g_1)(1-g_2)\cdots(1-g_{n-1})g_n, \end{aligned} \tag{2}$$

则 $h_i \prec V_i$. 由归纳法，容易验证

$$h_1 + h_2 + \cdots + h_n = 1 - (1-g_1)(1-g_2)\cdots(1-g_n). \tag{3}$$

因为 $K \subset H_1 \cup \cdots \cup H_n$，故对每一点 $x \in K$，至少有一个 $g_i(x)=1$，因此，(3)证明了(1)成立. ■

里斯表示定理

2.14 定理 设 X 是局部紧的豪斯多夫空间，Λ 是 $C_c(X)$上的正线性泛函，则在 X 内存在一个包含 X 的全体博雷尔集的 σ-代数 $\mathfrak{M}$，并存在 $\mathfrak{M}$上的唯一一个正测度 μ，μ 在下述意义上表示了 Λ：

(a) 对每个 $f \in C_c(X)$，$\Lambda f = \int_X f \mathrm{d}\mu$.

40 并有下述的附加性质：

(b) 对每个紧集 $K \subset X$，$\mu(K) < \infty$.

(c) 对每个 $E \in \mathfrak{M}$，有

$$\mu(E) = \inf\{\mu(V): E \subset V, V \text{ 是开集}\}.$$

(d) 对每个开集 E 或每个 $E \in \mathfrak{M}$ 而 $\mu(E) < \infty$，有

$$\mu(E) = \sup\{\mu(K): K \subset E, K \text{ 是紧集}\}.$$

(e) 若 $E \in \mathfrak{M}$，$A \subset E$，并且 $\mu(E)=0$，则 $A \in \mathfrak{M}$.

为清晰起见，让我们进一步明确一下假设中“正”字的含义：Λ 被假定是复向量空间 $C_c(X)$ 上的一个线性泛函，具有如下的附加性质，即对每一个取值为非负实数的函数 f，Λf 也是非负实数. 简言之，若 $f(X) \subset [0, \infty)$，则 $\Lambda f \in [0, \infty)$.

当然，(a)是最感兴趣的一个性质. 定义 $\mathfrak{M}$ 和 μ 之后，在证明 $\mathfrak{M}$ 是 σ-代数、μ 是可数可加的过程中，(b)到(d)也就会建立起来. 我们稍后将看到(定理 2.18)，在“合理的”空间 X 内，每一个满足(b)的博雷尔测度也满足(c)和(d)，并且在那些情况下，实际上对每个 $E \in \mathfrak{M}$，(d)一定成立. 性质(e)仅说明，在定理 1.36 的意义下，$(X, \mathfrak{M}, \mu)$是一个完备测度空间.

在这个定理的整个证明中，字母 K 表示 X 的紧子集，V 表示 X 内的开集.

我们从证明 μ 的唯一性开始. 如果 μ 满足(c)和(d)，那么显然 μ 在 $\mathfrak{M}$ 上由它在紧集上的值所决定. 因此，当 μ_1 和 μ_2 是满足定理的测度时，只要对一切 K，证明 $\mu_1(K)=\mu_2(K)$ 就够了. 于是，固定 K 和 $\varepsilon>0$. 由(b)和(c)，存在 $V\supset K$，使 $\mu_2(V)<\mu_2(K)+\varepsilon$；由乌雷松引理，存在 f，使得 $K\prec f\prec V$；因此，

$$\mu_1(K)=\int_X \chi_K \mathrm{d}\mu_1 \leqslant \int_X f\mathrm{d}\mu_1 = \Lambda f = \int_X f\mathrm{d}\mu_2$$
$$\leqslant \int_X \chi_V \mathrm{d}\mu_2 = \mu_2(V) < \mu_2(K)+\varepsilon.$$

这样，$\mu_1(K)\leqslant\mu_2(K)$. μ_1 和 μ_2 互换，就会得到相反的不等式，从而证明了 μ 的唯一性.

上述计算还附带地证明了由(a)可推得(b).

μ 和 $\mathfrak{M}$ 的构造

对 X 中的每个开集 V，定义

$$\mu(V) = \sup\{\Lambda f: f \prec V\}, \tag{1}$$ 41

若 $V_1\subset V_2$，显然(1)蕴涵着 $\mu(V_1)\leqslant\mu(V_2)$. 因此，若 E 是一个开集，则

$$\mu(E) = \inf\{\mu(V): E\subset V, V\text{ 是开集}\}, \tag{2}$$

并且对每个 $E\subset X$，由(2)来定义 $\mu(E)$ 和(1)是一致的.

注意，尽管对每个 $E\subset X$ 定义了 $\mu(E)$，但 μ 的可数可加性将仅对 X 中某个 σ-代数 $\mathfrak{M}$ 证明.

令 $\mathfrak{M}_F$ 是一切 $E\subset X$ 的类，这里 E 满足两个条件，$\mu(E)<\infty$，以及

$$\mu(E) = \sup\{\mu(K): K\subset E, K\text{ 是紧的}\}. \tag{3}$$

最后，令 $\mathfrak{M}$ 是一切 $E\subset X$ 的类，这里 E 对每个紧集 K 有 $E\cap K\in\mathfrak{M}_F$.

证明 μ 和 $\mathfrak{M}$ 具有所要求的性质

显然 μ 是单调的，即 $A\subset B$ 时，有 $\mu(A)\leqslant\mu(B)$，而且 $\mu(E)=0$ 蕴涵着 $E\in\mathfrak{M}_F$ 和 $E\in\mathfrak{M}$. 因此，(e)成立，且根据定义(c)也成立.

因为其他结论的证明相当长，把它分成若干个步骤来证比较方便.

可以看出，Λ 的正性蕴涵着 Λ 是单调的：$f\leqslant g$ 蕴涵着 $\Lambda f\leqslant\Lambda g$. 这是显然的，因为 $\Lambda g=\Lambda f+\Lambda(g-f)$ 且 $g-f\geqslant 0$. 此单调性将用于步骤Ⅱ和步骤Ⅹ.

步骤Ⅰ 若 E_1，E_2，E_3，…是 X 的任意子集，则

$$\mu\Big(\bigcup_{i=1}^{\infty} E_i\Big) \leqslant \sum_{i=1}^{\infty}\mu(E_i). \tag{4}$$

证明 首先证明若 V_1 和 V_2 是开集，则

$$\mu(V_1\cup V_2)\leqslant\mu(V_1)+\mu(V_2). \tag{5}$$

选择 $g\prec V_1\cup V_2$. 由定理 2.13，存在函数 h_1 和 h_2，使得 $h_i\prec V_i$，并且对 g 的支集内的一切 x，有 $h_1(x)+h_2(x)=1$. 因此，$h_ig\prec V_i$，$g=h_1g+h_2g$，从而

$$\Lambda g = \Lambda(h_1 g)+\Lambda(h_2 g)\leqslant\mu(V_1)+\mu(V_2). \tag{6}$$

因为(6)对每个 $g\prec V_1\cup V_2$ 都成立，由此得到(5).

若对某个 i，有 $\mu(E_i)=\infty$，则(4)显然为真. 因此，设对每个 i，有 $\mu(E_i)<\infty$. 取 $\varepsilon>0$. 由(2)，存在开集 $V_i\supset E_i$，使得

42 $$\mu(V_i) < \mu(E_i) + 2^{-i}\varepsilon \qquad (i = 1,2,3,\cdots).$$

令 $V = \bigcup_1^\infty V_i$ 并选择 $f \prec V$. 因为 f 有紧的支集，可以看出对某个 n，有 $f \prec V_1 \cup \cdots \cup V_n$. 对(5)应用归纳法，于是得到

$$\Lambda f \leqslant \mu(V_1 \cup \cdots \cup V_n) \leqslant \mu(V_1) + \cdots + \mu(V_n) \leqslant \sum_{i=1}^{\infty}\mu(E_i) + \varepsilon.$$

因为对每个 $f \prec V$，此不等式成立，且 $\bigcup E_i \subset V$，由此得到

$$\mu\Big(\bigcup_{i=1}^{\infty} E_i\Big) \leqslant \mu(V) \leqslant \sum_{i=1}^{\infty}\mu(E_i) + \varepsilon,$$

由于 ε 是任意的，故证明了(4). ■

步骤Ⅱ　若 K 是紧的，则 $K \in \mathfrak{M}_F$，并且

$$\mu(K) = \inf\{\Lambda f: K \prec f\}. \tag{7}$$

由此就得到定理中的(b).

证明　若 $K \prec f$，$0 < \alpha < 1$，令 $V_\alpha = \{x: f(x) > \alpha\}$，则 $K \subset V_\alpha$，并且当 $g \prec V_\alpha$ 时，$\alpha g \leqslant f$. 因此

$$\mu(K) \leqslant \mu(V_\alpha) = \sup\{\Lambda g: g \prec V_\alpha\} \leqslant \alpha^{-1}\Lambda f.$$

令 $\alpha \to 1$，最终得到

$$\mu(K) \leqslant \Lambda f. \tag{8}$$

因此，$\mu(K) < \infty$. 由于 K 显然满足(3)，$K \in \mathfrak{M}_F$.

若 $\varepsilon > 0$，则存在 $V \supset K$，使 $\mu(V) < \mu(K) + \varepsilon$. 由乌雷松引理，存在 f，使 $K \prec f \prec V$. 因此

$$\Lambda f \leqslant \mu(V) < \mu(K) + \varepsilon,$$

由此式并结合(8)式，就得到(7). ■

步骤Ⅲ　每个开集都满足(3). 因此，$\mathfrak{M}_F$ 包含每个满足 $\mu(V) < \infty$ 的开集 V.

证明　令 α 是一个实数，使得 $\alpha < \mu(V)$. 存在一个使 $\alpha < \Lambda f$ 的 $f \prec V$. 若 W 是包含 f 的支集 K 的任意一个开集，则 $f \prec W$，从而 $\Lambda f \leqslant \mu(W)$. 因此，$\Lambda f \leqslant \mu(K)$. 这就表示有满足 $\alpha < \mu(K)$ 的紧集 $K \subset V$，于是对于 V，(3)式成立. ■

步骤Ⅳ　设 $E = \bigcup_{i=1}^{\infty} E_i$，其中 E_1，E_2，E_3，$\cdots$ 是 $\mathfrak{M}_F$ 的互不相交的元素，则

$$\mu(E) = \sum_{i=1}^{\infty}\mu(E_i). \tag{9}$$

43 并且，若 $\mu(E) < \infty$，则 $E \in \mathfrak{M}_F$.

证明　我们首先指出，若 K_1 和 K_2 是不相交的紧集，则

$$\mu(K_1 \cup K_2) = \mu(K_1) + \mu(K_2). \tag{10}$$

取 $\varepsilon > 0$. 由乌雷松引理，存在 $f \in C_c(X)$，使得在 K_1 上 $f(x) = 1$，在 K_2 上 $f(x) = 0$，并且 $0 \leqslant f \leqslant 1$. 由步骤Ⅱ，存在 g 使得

$$K_1 \cup K_2 \prec g \text{ 和 } \Lambda g < \mu(K_1 \cup K_2) + \varepsilon.$$

注意 $K_1 \prec fg$ 和 $K_2 \prec (1-f)g$. 因为 Λ 是线性的，由(8)式得到

$$\mu(K_1) + \mu(K_2) \leqslant \Lambda(fg) + \Lambda(g - fg) = \Lambda g < \mu(K_1 \cup K_2) + \varepsilon$$

由于 ε 是任意的，因此由步骤Ⅰ得到(10).

若 $\mu(E)=\infty$，则由步骤Ⅰ得到(9). 因此，设 $\mu(E)<\infty$，并取 $\varepsilon>0$. 因为 $E_i\in\mathfrak{M}_F$，存在紧集 $H_i\subset E_i$，有

$$\mu(H_i)>\mu(E_i)-2^{-i}\varepsilon\quad(i=1,2,3,\cdots).\tag{11}$$

令 $K_n=H_1\cup\cdots\cup H_n$，并对(10)应用归纳法，得到

$$\mu(E)\geqslant\mu(K_n)=\sum_{i=1}^{n}\mu(H_i)>\sum_{i=1}^{n}\mu(E_i)-\varepsilon.\tag{12}$$

由于对每个 n 和每个 $\varepsilon>0$，(12)成立，所以(9)的左边不小于右边. 于是从步骤Ⅰ得到(9).

但是，当 $\mu(E)<\infty$ 而 $\varepsilon>0$ 时，(9)表明，存在某个 N 使

$$\mu(E)\leqslant\sum_{i=1}^{N}\mu(E_i)+\varepsilon.\tag{13}$$

由(12)，就得到 $\mu(E)\leqslant\mu(K_N)+2\varepsilon$，这就证明了 E 满足(3)；因此，$E\in\mathfrak{M}_F$. ■

步骤Ⅴ *若 $E\in\mathfrak{M}_F$ 和 $\varepsilon>0$，则存在紧集 K 和开集 V，使得 $K\subset E\subset V$ 而 $\mu(V-K)<\varepsilon$.*

证明 我们的定义表明，存在 $K\subset E$ 和 $V\supset E$，使得

$$\mu(V)-\frac{\varepsilon}{2}<\mu(E)<\mu(K)+\frac{\varepsilon}{2}.$$

因为 $V-K$ 是开集，由步骤Ⅲ，$V-K\in\mathfrak{M}_F$. 于是步骤Ⅳ蕴涵着

$$\mu(K)+\mu(V-K)=\mu(V)<\mu(K)+\varepsilon.$$ ■

步骤Ⅵ *如果 $A\in\mathfrak{M}_F$ 和 $B\in\mathfrak{M}_F$，则 $A-B$、$A\cup B$ 和 $A\cap B$ 均属于 $\mathfrak{M}_F$.*

证明 如果 $\varepsilon>0$，步骤Ⅴ表明，对 $i=1$，2，存在集 K_i 和 V_i 使得 $K_1\subset A\subset V_1$，$K_2\subset B\subset V_2$，并且 $\mu(V_i-K_i)<\varepsilon$. 由于

$$A-B\subset V_1-K_2\subset(V_1-K_1)\cup(K_1-V_2)\cup(V_2-K_2),$$

步骤Ⅰ表明

$$\mu(A-B)\leqslant\varepsilon+\mu(K_1-V_2)+\varepsilon.\tag{14}$$

因为 K_1-V_2 是 $A-B$ 的紧子集，(14)表明 $A-B$ 满足(3)，所以 $A-B\in\mathfrak{M}_F$.

由于 $A\cup B=(A-B)\cup B$，应用步骤Ⅳ，可证明 $A\cup B\in\mathfrak{M}_F$. 因为 $A\cap B=A-(A-B)$，也有 $A\cap B\in\mathfrak{M}_F$. ■

步骤Ⅶ *$\mathfrak{M}$ 是 X 中包含所有博雷尔集的 σ-代数.* 44

证明 令 K 是 X 内的任一个紧集.

如果 $A\in\mathfrak{M}$，则 $A^c\cap K=K-(A\cap K)$，于是 $A^c\cap K$ 是 $\mathfrak{M}_F$ 的两个元素之差. 因此，$A^c\cap K\in\mathfrak{M}_F$，于是可以得出结论：$A\in\mathfrak{M}$ 蕴涵着 $A^c\in\mathfrak{M}$.

其次，设 $A=\bigcup_{1}^{\infty}A_i$，这里每个 $A_i\in\mathfrak{M}$. 令 $B_1=A_1\cap K$，且

$$B_n=(A_n\cap K)-(B_1\cup\cdots\cup B_{n-1})\quad(n=2,3,4,\cdots),\tag{15}$$

那么，由步骤Ⅵ知 $\{B_n\}$ 是 $\mathfrak{M}_F$ 中的互不相交元素的序列，且 $A\cap K=\bigcup_{1}^{\infty}B_n$. 由步骤Ⅳ得到 $A\cap K\in\mathfrak{M}_F$. 因此，$A\in\mathfrak{M}$.

最后，若 C 是闭集，则 $C\cap K$ 是紧的. 因此 $C\cap K\in\mathfrak{M}_F$，于是 $C\in\mathfrak{M}$. 特别地，$X\in\mathfrak{M}$.

这样，我们证明了 $\mathfrak{M}$ 是 X 中的一个 σ-代数，它包含有 X 的全体闭子集. 故 $\mathfrak{M}$ 包含 X 内的全体博雷尔集. ■

步骤Ⅷ $\mathfrak{M}_F$ 恰好由那些使 $\mu(E)<\infty$ 的集 $E\in\mathfrak{M}$ 所组成.

这蕴涵着定理中的(d).

证明 设 $E\in\mathfrak{M}_F$，步骤Ⅱ和Ⅵ蕴涵着对每个紧集 K，$E\cap K\in\mathfrak{M}_F$，因此，$E\in\mathfrak{M}$.

反之，设 $E\in\mathfrak{M}$，$\mu(E)<\infty$，并取 $\varepsilon>0$. 这时，存在开集 $V\supset E$，而 $\mu(V)<\infty$；由步骤Ⅲ和步骤Ⅴ，存在紧集 $K\subset V$，而 $\mu(V-K)<\varepsilon$. 因为 $E\cap K\in\mathfrak{M}_F$，存在紧集 $H\subset E\cap K$，而

$$\mu(E\cap K)<\mu(H)+\varepsilon.$$

因为 $E\subset(E\cap K)\cup(V-K)$，由此得到

$$\mu(E)\leqslant\mu(E\cap K)+\mu(V-K)<\mu(H)+2\varepsilon,$$

这就蕴涵着 $E\in\mathfrak{M}_F$. ■

45 **步骤Ⅸ** μ 是 $\mathfrak{M}$ 上的一个测度.

证明 直接由步骤Ⅳ和步骤Ⅷ得到 μ 的可数可加性. ■

步骤Ⅹ 对每个 $f\in C_c(X)$，$\Lambda f=\int_X f\,\mathrm{d}\mu$.

这就证明了(a)并完成本定理.

证明 显然，对实的 f 证明就够了. 而且，对每个实 $f\in C_c(X)$，只要证明不等式

$$\Lambda f\leqslant\int_X f\,\mathrm{d}\mu \tag{16}$$

也就够了. 因为，一旦(16)成立，Λ 的线性表明

$$-\Lambda f=\Lambda(-f)\leqslant\int_X(-f)\,\mathrm{d}\mu=-\int_X f\,\mathrm{d}\mu,$$

此不等式和(16)一起说明(16)的等号成立.

令 K 是实 $f\in C_c(X)$ 的支集，$[a,b]$ 是一个包含 f 的值域的区间(注意定理 2.10 的推论)，取 $\varepsilon>0$，并对 $i=0,1,\cdots,n$ 选择 y_i，使得 $y_i-y_{i-1}<\varepsilon$ 和

$$y_0<a<y_1<\cdots<y_n=b. \tag{17}$$

令

$$E_i=\{x\colon y_{i-1}<f(x)\leqslant y_i\}\cap K\qquad(i=1,2,\cdots,n). \tag{18}$$

由于 f 连续，f 是博雷尔可测的，因此集 E_i 是不相交的博雷尔集，它们的并是 K. 于是存在开集 $V_i\supset E_i$，使得

$$\mu(V_i)<\mu(E_i)+\frac{\varepsilon}{n}\qquad(i=1,2,\cdots,n), \tag{19}$$

并对一切 $x\in V_i$，有 $f(x)<y_i+\varepsilon$. 由定理 2.13，存在函数 $h_i\prec V_i$，使得在 K 上有 $\sum h_i=1$. 因此 $f=\sum h_i f$，并且步骤Ⅱ表明

$$\mu(K)\leqslant\Lambda\left(\sum h_i\right)=\sum\Lambda h_i.$$

46 由于 $h_i f\leqslant(y_i+\varepsilon)h_i$，在 E_i 上 $y_i-\varepsilon<f(x)$，我们有

$$
\begin{aligned}
\Lambda f &= \sum_{i=1}^{n} \Lambda(h_i f) \leqslant \sum_{i=1}^{n} (y_i + \varepsilon) \Lambda h_i \\
&= \sum_{i=1}^{n} (|a| + y_i + \varepsilon) \Lambda h_i - |a| \sum_{i=1}^{n} \Lambda h_i \\
&\leqslant \sum_{i=1}^{n} (|a| + y_i + \varepsilon)[\mu(E_i) + \varepsilon/n] - |a| \mu(K) \\
&= \sum_{i=1}^{n} (y_i - \varepsilon)\mu(E_i) + 2\varepsilon\mu(K) + \frac{\varepsilon}{n} \sum_{i=1}^{n} (|a| + y_i + \varepsilon) \\
&\leqslant \int_X f \mathrm{d}\mu + \varepsilon[2\mu(K) + |a| + b + \varepsilon].
\end{aligned}
$$

因为 ε 是任意的，故(16)成立．定理证明完毕．■

博雷尔测度的正则性

2.15 定义　定义在局部紧的豪斯多夫空间 X 的全体博雷尔集组成的 σ-代数上的测度 μ 称为 X 上的博雷尔测度．如果 μ 是正的，并且一个博雷尔集 $E\subset X$ 具有定理 2.14 的性质(c)或(d)，我们就分别称 E 为外正则或内正则的．如果 X 内的每个博雷尔集同时是外正则和内正则的，则称 μ 为正则的．

在里斯定理的证明中，每个集 E 的外正则性是在构造的过程中建立的，而内正则性则仅就开集和 $\mu(E)<\infty$ 的 $E\in\mathfrak{M}$ 作过证明．产生这一缺陷是自然的．在定理 2.14 的假设下，我们无法证明 μ 的正则性；习题 17 中介绍了一个例子．

然而，稍强的假设确实能给出一个正则测度．定理 2.17 指明了这一点．定理 2.18 说明，如果我们把假设更特殊化一些，一切正则性的问题都会消失干净．

2.16 定义　拓扑空间中的一个集 E 称为 σ-紧的，如果 E 是紧集的可数并．

对于测度空间(测度为 μ)中的一个集 E，如果 E 是集 E_i 的可数并，而 $\mu(E_i)<\infty$，那么称 E 有 σ-有限测度．

例如，在定理 2.14 所述的情况下，每个 σ-紧集有 σ-有限测度．另外容易看出，如果 $E\in\mathfrak{M}$，E 有 σ-有限测度，则 E 是内正则的． 47

2.17 定理　设 X 是局部紧、σ-紧的豪斯多夫空间．若 $\mathfrak{M}$ 和 μ 都像定理 2.14 所叙述的那样，则 $\mathfrak{M}$ 和 μ 有下述性质：

(a) 若 $E\in\mathfrak{M}$ 和 $\varepsilon>0$，则存在闭集 F 和开集 V 使得 $F\subset E\subset V$ 且 $\mu(V-F)<\varepsilon$．

(b) μ 是 X 上的一个正则博雷尔测度．

(c) 若 $E\in\mathfrak{M}$，则存在集 A 和 B 使得 A 是一个 F_σ 集，B 是一个 G_δ 集，$A\subset E\subset B$ 且 $\mu(B-A)=0$．

作为(c)的推论，我们看出每个 $E\in\mathfrak{M}$ 是一个 F_σ 集和一个测度为 0 的集的并．

证明　令 $X=K_1\cup K_2\cup K_3\cup\cdots$，其中 K_n 是紧的．若 $E\in\mathfrak{M}$ 且 $\varepsilon>0$，则 $\mu(K_n\cap E)<\infty$，并存在开集 $V_n\supset K_n\cap E$，使得

$$\mu(V_n-(K_n\cap E))<\frac{\varepsilon}{2^{n+1}}\quad(n=1,2,3,\cdots).\tag{1}$$

若 $V=\bigcup V_n$，则 $V-E\subset\bigcup(V_n-(K_n\cap E))$，于是

$$\mu(V-E)<\frac{\varepsilon}{2}.$$

用 E^c 代替 E，并把此结果用到 E^c 上：存在开集 $W\supset E^c$ 使得 $\mu(W-E^c)<\frac{\varepsilon}{2}$. 若 $F=W^c$，则 $F\subset E$ 并且 $E-F=W-E^c$. 于是得到(a).

因为 $F=\bigcup(F\cap K_n)$，每个闭集 $F\subset X$ 是 σ-紧的，因此，(a)蕴涵着每一个集 $E\in\mathfrak{M}$ 是内正则的. 这就证明了(b).

对 $\varepsilon=1/j(j=1,2,3,\cdots)$ 应用(a)，就得到闭集 F_j 和开集 V_j，使得 $F_j\subset E\subset V_j$ 并且 $\mu(V_j-F_j)<1/j$. 令 $A=\bigcup F_j$ 和 $B=\bigcap V_j$. 则 $A\subset E\subset B$，A 是一个 F_σ 集，B 是一个 G_δ 集，并且由于 $B-A\subset V_j-F_j$，$j=1,2,3,\cdots$，可得 $\mu(B-A)=0$. 这就证明了(c). ■

2.18 定理 设 X 是局部紧的豪斯多夫空间. 其每个开集是 σ-紧的. 设 λ 是 X 上的任一个正博雷尔测度，对每个紧集 K，有 $\lambda(K)<\infty$. 则 λ 是正则的.

48 注意，每个欧氏空间 R^k 满足现在的假设，因为 R^k 中的每个开集是闭球的可数并.

证明 对 $f\in C_c(X)$，令 $\Lambda f=\int_X f\,\mathrm{d}\lambda$. 因为对每个紧集 K，$\lambda(K)<\infty$，Λ 是 $C_c(X)$ 上的正线性泛函，并且存在正则测度 μ 满足定理 2.17 的结论，于是

$$\int_X f\,\mathrm{d}\lambda=\int_X f\,\mathrm{d}\mu\quad(f\in C_c(X)).\tag{1}$$

我们将指出 $\lambda=\mu$.

设 V 是 X 中的开集，则 $V=\bigcup K_i$，其中 K_i 是紧集，$i=1,2,3,\cdots$. 由乌雷松引理，我们可以选择 f_i，使得 $K_i\prec f_i\prec V$. 设 $g_n=\max(f_1,\cdots,f_n)$，则 $g_n\in C_c(X)$，并且对每个 $x\in X$，$g_n(x)$ 递增到 $\chi_V(x)$ 因此由(1)和单调收敛定理推出

$$\lambda(V)=\lim_{n\to\infty}\int_X g_n\,\mathrm{d}\lambda=\lim_{n\to\infty}\int_X g_n\,\mathrm{d}\mu=\mu(V).\tag{2}$$

现在设 E 是 X 中的一个博雷尔集并选择 $\varepsilon>0$. 因为 μ 满足定理 2.17，存在闭集 F 和开集 V，使得 $F\subset E\subset V$ 并且 $\mu(V-F)<\varepsilon$，因此 $\mu(V)\leqslant\mu(F)+\varepsilon\leqslant\mu(E)+\varepsilon$.

因为 $V-F$ 是开集，(2)式表明 $\lambda(V-F)<\varepsilon$，于是 $\lambda(V)\leqslant\lambda(E)+\varepsilon$，从而

$$\lambda(E)\leqslant\lambda(V)=\mu(V)\leqslant\mu(E)+\varepsilon,$$

$$\mu(E)\leqslant\mu(V)=\lambda(V)\leqslant\lambda(E)+\varepsilon.$$

这样对任意 $\varepsilon>0$，有 $|\lambda(E)-\mu(E)|<\varepsilon$，因此 $\lambda(E)=\mu(E)$. ■

习题 18 中描述了一个紧豪斯多夫空间，其中某个点的余集不是 σ-紧的，并使上述定理的结论不成立.

勒贝格测度

2.19 欧氏空间 k 维欧氏空间 R^k 是所有点 $x=(\xi_1,\xi_2,\cdots,\xi_k)$ 的集，它的坐标 ξ_i 是实数，并有下述代数结构和拓扑结构：

设 $x=(\xi_1,\cdots,\xi_k)$，$y=(\eta_1,\cdots,\eta_k)$，α 为实数，定义 $x+y$ 和 αx 如下：

$$x+y=(\xi_1+\eta_1,\cdots,\xi_k+\eta_k), \quad \alpha x=(\alpha\xi_1,\cdots,\alpha\xi_k). \tag{1}$$

这使 R^k 成为一个实向量空间. 若 $x\cdot y=\sum\xi_i\eta_i$, $|x|=(x\cdot x)^{\frac{1}{2}}$, 则由施瓦茨不等式 $|x\cdot y|\leqslant|x|\ |y|$ 导出三角不等式

$$|x-y|\leqslant|x-z|+|z-y|, \tag{2}$$

因此得到一个由 $\rho(x, y)=|x-y|$ 定义的度量. 我们假定这些事实是熟悉的, 并将在第 4 章中以更一般的形式加以证明. 49

如果 $E\subset R^k$ 和 $x\in R^k$, 则 E 对于 x 的平移是集

$$E+x=\{y+x: y\in E\}. \tag{3}$$

我们称形如

$$W=\{x:\alpha_i<\xi_i<\beta_i, 1\leqslant i\leqslant k\} \tag{4}$$

的集或者用"$\leqslant$"代替(4)中的任一个或所有的"$<$"符号而得的集为 k-胞腔; 它的体积定义为

$$\operatorname{vol}(W)=\prod_{i=1}^{k}(\beta_i-\alpha_i). \tag{5}$$

设 $a\in R^k$, $\delta>0$, 我们称集

$$Q(a;\delta)=\{x: \alpha_i\leqslant\xi_i<\alpha_i+\delta, 1\leqslant i\leqslant k\} \tag{6}$$

为以 a 为顶点的 δ-单元. 这里 $a=(\alpha_1, \cdots, \alpha_k)$.

对 $n=1, 2, 3, \cdots$, 我们令 P_n 是所有坐标是 2^{-n} 的整数倍的 $x\in R^k$ 的集, 令 Ω_n 是所有以 P_n 的点为顶点的 2^{-n} 单元组成的集族. 我们需要 $\{\Omega_n\}$ 的下述四个性质. 其中前三个性质是显而易见的.

(a) 若固定 n, 则每个 $x\in R^k$ 属于且仅属于 Ω_n 的一个元素.

(b) 若 $Q'\in\Omega_n$, $Q''\in\Omega_r$, 而 $r<n$, 则 $Q'\subset Q''$ 或者 $Q'\cap Q''=\varnothing$.

(c) 若 $Q\in\Omega_r$, 则 $\operatorname{vol}(Q)=2^{-rk}$; 若 $n>r$, 则集 P_n 恰好有 $2^{(n-r)k}$ 个点属于 Q.

(d) R^k 中的每个非空开集是属于 $\Omega_1\cup\Omega_2\cup\Omega_3\cup\cdots$ 中不相交单元的可数并.

(d) 的证明 V 是开集, 这时每个 $x\in V$ 属于含于 V 内的一个开球; 因此, 存在属于某个 Ω_n 的 Q, 使 $x\in Q\subset V$. 换句话说, V 是所有那些含于 V 内且属于某个 Ω_n 的单元之并. 从此单元的集族中, 选出那些属于 Ω_1 的单元, 并从 Ω_2, Ω_3, Ω_4, $\cdots$ 中去掉包含在已选单元之内的单元. 从余下的集族中, 选出属于 Ω_2 且含于 V 的单元, 并从 Ω_3, Ω_4, Ω_5, $\cdots$ 中去掉包含在已选单元之内的单元. 如果我们按这种方法继续进行下去, 由(a)和(b)就可证明(d)成立. ■

2.20 定理 在 R^k 中, 存在定义在 σ-代数 $\mathfrak{M}$ 上的正完备测度 m, 具有下列性质:

(a) $m(W)=\operatorname{vol}(W)$, 对每个 k-胞腔 W 成立.

(b) $\mathfrak{M}$ 包含 R^k 中的所有博雷尔集; 更确切些, $E\in\mathfrak{M}$ 当且仅当存在集 $A\subset R^k$ 和 $B\subset R^k$, 使得 $A\subset E\subset B$, A 是一个 F_σ 集, B 是一个 G_δ 集, 并且 $m(B-A)=0$. m 也是正则的. 50

(c) m 是平移不变的, 即对每个 $E\in\mathfrak{M}$ 和每个 $x\in R^k$, 有

$$m(E+x)=m(E).$$

(d) 如果 μ 是 R^k 上任意一个正的平移不变博雷尔测度, 使得对每个紧集 K 有 $\mu(K)<\infty$, 则存在常数 c, 使得对所有博雷尔集 $E\subset R^k$, $\mu(E)=cm(E)$.

(e) 对每个 R^k 到 R^k 的线性变换 T，对应有实数 $\Delta(T)$ 使得对任意 $E\in\mathfrak{M}$，有

$$m(T(E))=\Delta(T)m(E).$$

特别是，当 T 是一个旋转时，有 $m(T(E))=m(E)$.

$\mathfrak{M}$ 的元素是 R^k 中的勒贝格可测集；m 是勒贝格测度. 当需要明确这一点时，我们将记为 m_k，用以代替 m.

证明 设 f 是 R^k 上任一个具有紧支集的复函数，定义

$$\Lambda_n f=2^{-nk}\sum_{x\in P_n}f(x)\quad(n=1,2,3,\cdots),\tag{1}$$

这里的 P_n 与 2.19 节中的一样.

现设 $f\in C_c(R^k)$，f 是实的. W 是一个开的 k -胞腔，它包含 f 的支集，并且 $\varepsilon>0$. f 的一致连续性([26]，定理 4.19)表明存在一个整数 N 及支集位于 W 内的函数 g 和 h，使得：(i)g 和 h 在属于 Ω_N 的每个单元上是常数，(ii)$g\leqslant f\leqslant h$，(iii)$h-g<\varepsilon$. 当 $n>N$ 时，性质 2.19 (c)表明

$$\Lambda_N g=\Lambda_n g\leqslant\Lambda_n f\leqslant\Lambda_n h=\Lambda_N h.\tag{2}$$

因此，$\{\Lambda_n f\}$ 的上、下极限至多相差 $\varepsilon\operatorname{vol}(W)$，并由于 ε 是任意的，我们证明了极限

$$\Lambda f=\lim_{n\to\infty}\Lambda_n f\quad(f\in C_c(R^k))\tag{3}$$

的存在性.

可以直接得出 Λ 是 $C_c(R^k)$ 上的正线性泛函.（事实上，Λf 正好是 f 在 R^k 上的黎曼积分. 为了不至于依赖多元黎曼积分的任何一个定理，我们才讨论上述构造.）

我们定义 m 和 $\mathfrak{M}$ 为定理 2.14 中与 Λ 相对应的测度和 σ -代数.

由于定理 2.14 给出了一个完备测度而 R^k 是 σ -紧的，根据定理 2.17 即推出定理 2.20 的

51 断言(b).

为了证明(a)，设 W 是 2.19(4)中的开胞腔，E_r 是闭包位于 W 内的属于 Ω_r 的单元之并. 选择 f_r 使得 $E_r\prec f_r\prec W$，又令 $g_r=\max\{f_1,\cdots,f_r\}$，$\Lambda$ 的构造表明

$$\operatorname{vol}(E_r)\leqslant\Lambda f_r\leqslant\Lambda g_r\leqslant\operatorname{vol}(W).\tag{4}$$

当 $r\to\infty$ 时，$\operatorname{vol}(E_r)\to\operatorname{vol}(W)$，并且因为对所有的 $x\in R^k$，$g_r(x)\to\chi_W(x)$，由单调收敛定理，有

$$\Lambda g_r=\int g_r\,\mathrm{d}m\to m(W).\tag{5}$$

这样，对每个开胞腔 W，$m(W)=\operatorname{vol}(W)$，又因为每个 k -胞腔都是一个开的 k -胞腔的递减序列之交，所以我们得到(a).

(c)、(d)和(e)的证明将用到下列观察：若 λ 是 R^k 上的一个正博雷尔测度并且对所有的单元 E 有 $\lambda(E)=m(E)$，所以由性质 2.19(d)，对所有的开集 E 等式也成立，再由 λ 和 m 的正则性(定理 2.18)，对所有的博雷尔集等式也都成立.

现在证明(c)，固定 $x\in R^k$，定义 $\lambda(E)=m(E+x)$. 显然 λ 是一个测度；由(a)，对所有的单元有 $\lambda(E)=m(E)$，因此对所有的博雷尔集 E，有 $m(E+x)=m(E)$. 由于(b)，等式同样对每一个 $E\in\mathfrak{M}$ 成立.

其次，假定 μ 满足(d)的假设．设 Q_0 是一个 1-单元，令 $c=\mu(Q_0)$．因为 Q_0 是 2^{nk} 个不相交的、彼此相邻的 2^{-n} 单元之并，对每个 2^{-n} 单元 Q 我们有

$$2^{nk}\mu(Q)=\mu(Q_0)=cm(Q_0)=c\cdot 2^{nk}m(Q).$$

性质 2.19(d)蕴涵着对所有的开集 $E\subset R^k$ 有 $\mu(E)=cm(E)$，这就证明了(d).

现在证明(e)，设 T：$R^k\to R^k$ 是线性的．若 T 的值域是一个低维的子空间 Y，则 $m(Y)=0$ 且 $\Delta(T)=0$，所期望的结论成立．在另一种情况下，初等线性代数告诉我们 T 是一个 R^k 到 R^k 上的一一映射，并且其逆映射也是线性的．这样 T 是一个 R^k 到 R^k 上的同胚，对于每一个博雷尔集 E，$T(E)$ 也是博雷尔集，并且可以由

$$\mu(E)=m(T(E))$$

在 R^k 上定义一个正博雷尔测度 μ．利用 T 的线性和 m 的平移不变性得出

$$\mu(E+x)=m(T(E+x))=m(T(E)+Tx)=m(T(E))=\mu(E).$$

这样 μ 是平移不变的，(e)的第一个论断可从(d)得出，首先对博雷尔集 E，然后由(b)对所有的 $E\in\mathfrak{M}$.

为了求出 $\Delta(T)$，只需对一个满足 $0<m(E)<\infty$ 的集 E 求出 $m(T(E))/m(E)$ 的值就够了．若 T 是旋转，设 E 是 R^k 中的单位球，则 $T(E)=E$，$\Delta(T)=1$. ■ 52

2.21 评注 若 m 是 R^k 上的勒贝格测度，习惯上用记号 $L^1(R^k)$ 来代替 $L^1(m)$．若 E 是 R^k 的勒贝格可测子集，并把 m 限制在 E 的可测子集上，显然可得到一个新的测度空间．术语"在 E 上，$f\in L^1$"或"$f\in L^1(E)$"用来指明 f 在这个测度空间上是可积的.

如果 $k=1$，I 是集 (a,b)，$(a,b]$，$[a,b)$，$[a,b]$ 中的任一个，$f\in L^1(I)$，习惯上用记号

$$\int_a^b f(x)\mathrm{d}x \text{ 来代替} \int_I f\mathrm{d}m.$$

由于任意单个点的勒贝格测度为 0，这就使在上述四个集上进行积分没有什么差别.

在初等微积分课程中学到的关于积分的所有知识在这里仍然是有效的．因为若 f 是 $[a,b]$ 上的连续复函数，则 f 在 $[a,b]$ 上的黎曼积分和勒贝格积分一致．当 $f(a)=f(b)=0$，并且对 $x<a$ 和 $x>b$，定义 $f(x)$ 是 0 时，这是很明显的．推广到一般的情形也没有什么困难．实际上，对 $[a,b]$ 上每个黎曼可积的 f，这一事实都成立．由于以后没有机会讨论黎曼可积函数，我们省略了证明，请参阅[26]的定理 11.33.

至此，某些读者可能会产生两个自然的问题：是否每个勒贝格可测集都是博雷尔集吗？是否 R^k 的每个子集都是勒贝格可测的？即使 $k=1$，这两种情形的答案也都是否定的.

通过一种势的推理能够解决第一个问题，我们简述如下．令 c 是连续统（实线，或者等价地说，整数的所有子集族）的势．我们知道，R^k 有可数基（中心在 R^k 的某个可数稠密子集，带有有理数半径的开球），$\mathscr{B}_k$（R^k 的所有博雷尔集的集族）是由这个基生成的 σ-代数．由此得到（我们略去证明）$\mathscr{B}_k$ 有势 c．另一方面，存在康托集 $E\subset R^1$，而 $m(E)=0$（习题 5）．m 的完备性蕴涵着 E 的 2^c 个子集中的每一个都是勒贝格可测的．由于 $2^c>c$，大部分 E 的子集不是博雷尔集.

下面的定理回答了第二个问题.

2.22 定理 若 $A\subset R^1$，并且 A 的每个子集都是勒贝格可测的，则 $m(A)=0$.

推论 每个正测度集都有不可测的子集.

证明 我们将利用 R^1 关于加法是一个群的事实. 设 Q 是由有理数组成的子群，又设 E 是
53 一个集，它与 Q 在 R^1 的每一个陪集恰好有一个公共点.（存在这样一个集的断言是选择公理的直接应用.）这时，E 有下列两个性质.

(a) 当 $r\in Q$，$s\in Q$，$r\neq s$ 时，$(E+r)\cap(E+s)=\varnothing$.

(b) 对每个 $x\in R^1$，存在 $r\in Q$ 使 $x\in E+r$.

现在证明(a)，假设 $x\in(E+r)\cap(E+s)$，则对于 $y\in E$，$z\in E$，$y\neq z$ 有 $x=y+r=z+s$. 但是 $y-z=s-r\in Q$，所以 y，z 属于 Q 的同一个陪集，这是矛盾的.

现在证明(b)，设 y 是与 x 属于同一个陪集的 E 的点，$r=x-y$.

暂时固定 $t\in Q$ 并令 $A_t=A\cap(E+t)$. 由假设，A_t 是可测的. 设 $K\subset A_t$ 是紧集，H 是 r 取遍 $Q\cap[0,1]$时平移 $K+r$ 的并. 则 H 是有界的，因而 $m(H)<\infty$. 因为 $K\subset E+t$，(a)表明这些 $K+r$ 的集是互不相交的. 于是有 $m(H)=\sum_r m(K+r)$. 但是 $m(K+r)=m(K)$. 于是得出$m(K)=0$. 这对每个紧集 $K\subset A_t$ 都成立，因此 $m(A_t)=0$.

最后，(b)表明 $A=\bigcup A_t$，其中 t 取遍 Q. 因为 Q 是可数的，所以 $m(A)=0$. ■

2.23 行列式 在定理 2.20(e)中出现的比例因子 $\Delta(T)$可以用行列式来进行代数的解释. 设$\{e_1, \cdots, e_k\}$是 R^k 的一个标准基：当 $i=j$ 时 e_j 的第 i 个坐标为 1，当 $i\neq j$ 时 e_j 的第 i 个坐标为 0. 若 $T: R^k\to R^k$ 是线性的并且

$$Te_j=\sum_{i=1}^{k}\alpha_{ij}e_i \quad (1\leqslant j\leqslant k), \tag{1}$$

则由定义，$\det T$ 是矩阵$[T]$的行列式，其中第 i 行、第 j 列的元素为 α_{ij}.

我们断言

$$\Delta(T)=|\det T|. \tag{2}$$

若 $T=T_1T_2$，显然有 $\Delta(T)=\Delta(T_1)\Delta(T_2)$. 行列式的乘法定理表明，若(2)式对 T_1 和 T_2 成立，则(2)式对 T 也成立. 因为每个 R^k 上的线性算子都是有限个下列三种类型的线性算子的乘积，所以只需对其中每一个证明(2)式成立即可.

(Ⅰ) $\{Te_1, \cdots, Te_k\}$是$\{e_1, \cdots, e_k\}$的一个置换.

(Ⅱ) $Te_1=\alpha e_1$，$Te_i=e_i$，$i=2, \cdots, k$.

(Ⅲ) $Te_1=e_1+e_2$，$Te_i=e_i$，$i=2, \cdots, k$.

设 Q 是由满足 $0\leqslant\xi_i<1(i=1, \cdots, k)$的所有 $x=(\xi_1, \cdots, \xi_k)$组成的立方体.

若 T 是(Ⅰ)型的，则$[T]$的每一行和每一列都恰好有一个位置其元素为 1，而其他位置元
54 素为 0. 这样 $\det T=\pm1$，同时 $T(Q)=Q$，所以 $\Delta(T)=1=|\det T|$.

若 T 是(Ⅱ)型的，则显然有 $\Delta(T)=|\alpha|=|\det T|$.

若 T 是(Ⅲ)型的，则 $\det T=1$，并且 $T(Q)$是所有那些坐标满足

$$\xi_1\leqslant\xi_2<\xi_1+1, \quad 0\leqslant\xi_i<1 \quad (\text{对 } i\neq 2) \tag{3}$$

的点$\sum\xi_ie_i$ 构成的集. 若 S_1 是 $T(Q)$中满足 $\xi_2<1$ 的点的集，S_2 是 $T(Q)$中余下的点的

集，则

$$S_1 \cup (S_2 - e_2) = Q, \tag{4}$$

并且 $S_1 \cap (S_2 - e_2)$ 是空集．于是 $\Delta(T) = m(S_1 \cup S_2) = m(S_1) + m(S_2 - e_2) = m(Q) = 1$，因此再次有 $\Delta(T) = |\det T|$．

可测函数的连续性

由于连续函数在博雷尔测度特别是在勒贝格测度的构造中占有突出的地位，似乎有理由相信在连续函数和可测函数之间存在着某些有趣的联系．本节将给出两个这种类型的定理．

在这两个定理中，我们将设 μ 是局部紧豪斯多夫空间 X 上的一个测度，它有定理 2.14 中所述及的性质．特别是，μ 可以是某个 R^k 上的勒贝格测度．

2.24 鲁金定理 设 f 是 X 上的复可测函数，$\mu(A) < \infty$，若 $x \notin A$ 时，$f(x) = 0$，并且 $\varepsilon > 0$，则存在一个 $g \in C_c(X)$，使得

$$\mu(\{x: f(x) \neq g(x)\}) < \varepsilon. \tag{1}$$

并且，还可以做到

$$\sup_{x \in X} |g(x)| \leqslant \sup_{x \in X} |f(x)|. \tag{2}$$

证明 首先设 $0 \leqslant f < 1$，并且 A 是紧的．如定理 1.17 中的证明一样，作出一个收敛于 f 的序列 $\{s_n\}$．并且令 $t_1 = s_1$，对 $n = 2, 3, 4, \cdots$，令 $t_n = s_n - s_{n-1}$，则 $2^n t_n$ 是一个集 $T_n \subset A$ 的特征函数，而且

$$f(x) = \sum_{n=1}^{\infty} t_n(x) \qquad (x \in X). \tag{3}$$

固定开集 V 使得 $A \subset V$，而且 $\overline{V}$ 是紧的，则存在紧集 K_n 和开集 V_n 使得 $K_n \subset T_n \subset V_n \subset V$，且 $\mu(V_n - K_n) < 2^{-n}\varepsilon$．由乌雷松引理，存在函数 h_n 使得 $K_n \prec h_n \prec V_n$．定义

$$g(x) = \sum_{n=1}^{\infty} 2^{-n} h_n(x) \qquad (x \in X). \tag{4}$$

这个级数在 X 上一致收敛，因而 g 是连续的．并且，g 的支集含于 $\overline{V}$ 中．由于除 $V_n - K_n$ 中的点外，$2^{-n} h_n(x) = t_n(x)$，所以除 $\bigcup (V_n - K_n)$ 中的点以外，$g(x) = f(x)$，并且后一个集有比 ε 55
小的测度．这样，当 A 是紧集且 $0 \leqslant f \leqslant 1$ 时，(1)式成立．

由此得到，当 A 是紧的、f 是有界可测函数时，(1)式成立．A 的紧性容易去掉，因为，若 $\mu(A) < \infty$，则 A 包含一个紧集 K，使 $\mu(A - K)$ 小于事先给定的任意正数．再者，若 f 是一个复可测函数，$B_n = \{x: |f(x)| > n\}$，则 $\bigcap B_n = \varnothing$，于是由定理 1.19(e)，$\mu(B_n) \to 0$．由于除在 B_n 上以外，f 同有界函数 $(1 - \chi_{B_n}) \cdot f$ 一致，故在一般情形下(1)也成立．

最后，令 $R = \sup\{|f(x)| : x \in X\}$，并定义，若 $|z| \leqslant R$，$\varphi(z) = z$，若 $|z| > R$，$\varphi(z) = Rz/|z|$．则 φ 是复平面到半径为 R 的圆盘上的连续映射．若 g 满足(1)，$g_1 = \varphi \circ g$，则 g_1 满足(1)和(2)． ■

推论 设满足鲁金定理的条件，且 $|f| \leqslant 1$，则存在序列 $\{g_n\}$，使得 $g_n \in C_c(X)$，$|g_n| \leqslant 1$，且

$$f(x)=\lim_{n\to\infty}g_n(x) \text{ a. e.} \tag{5}$$

证明 由定理得出，对每个 n 对应有一个 $g_n\in C_c(X)$，使得 $|g_n|\leqslant 1$，而 $\mu(E_n)\leqslant 2^{-n}$. 这里的 E_n 是使 $f(x)\neq g_n(x)$ 的所有 x 的集. 对几乎每个 x，它至多属于有限多个集 E_n（定理 1.41）. 对任意一个这样的 x 和充分大的 n 都有 $f(x)=g_n(x)$. 这就得到(5). ■

2.25 维塔利-卡拉泰奥多里定理 *设 $f\in L^1(\mu)$，f 是实值的，并且 $\varepsilon>0$. 则在 X 上存在函数 u 和 v，u 是上半连续且有上界的，v 是下半连续且有下界的，使得 $u\leqslant f\leqslant v$，且*

$$\int_X(v-u)\mathrm{d}\mu<\varepsilon. \tag{1}$$

证明 首先假定 $f\geqslant 0$，并且 f 不恒等于 0. 由于 f 是一个简单函数 s_n 的递增序列的点态极限，所以 f 就是简单函数 $t_n=s_n-s_{n-1}$（取 $s_0=0$）的和. 又由于 t_n 是特征函数的线性组合，所以就存在可测集 E_i（不一定要互不相交）和常数 $c_i>0$，使得

56 $$f(x)=\sum_{i=1}^{\infty}c_i\chi_{E_i}(x)\qquad(x\in X). \tag{2}$$

由于

$$\int_X f\mathrm{d}\mu=\sum_{i=1}^{\infty}c_i\mu(E_i), \tag{3}$$

(3)中的级数是收敛的. 存在紧集 K_i 和开集 V_i 使得 $K_i\subset E_i\subset V_i$，且

$$c_i\mu(V_i-K_i)<2^{-i-1}\varepsilon\qquad(i=1,2,3,\cdots). \tag{4}$$

令

$$v=\sum_{i=1}^{\infty}c_i\chi_{V_i},\quad u=\sum_{i=1}^{N}c_i\chi_{K_i}, \tag{5}$$

其中 N 是这样选择的，使得

$$\sum_{N+1}^{\infty}c_i\mu(E_i)<\frac{\varepsilon}{2}. \tag{6}$$

因此，v 是下半连续的，u 是上半连续的，$u\leqslant f\leqslant v$，并且

$$v-u=\sum_{i=1}^{N}c_i(\chi_{V_i}-\chi_{K_i})+\sum_{N+1}^{\infty}c_i\chi_{V_i}$$

$$\leqslant\sum_{i=1}^{\infty}c_i(\chi_{V_i}-\chi_{K_i})+\sum_{N+1}^{\infty}c_i\chi_{E_i},$$

于是由(4)和(6)得到(1).

在一般情况下，记 $f=f^+-f^-$，如上面一样，对 f^+ 作出 u_1 和 v_1，对 f^- 作出 u_2 和 v_2，并令 $u=u_1-v_2$，$v=v_1-u_2$. 由于 $-v_2$ 是上半连续的，而两个上半连续函数之和是上半连续的（对下半连续也类似；我们把证明留作习题），故 u 和 v 有所要求的性质. ■

习题

1. 设 $\{f_n\}$ 是 R^1 上的非负实函数的序列，考虑下述四个命题：

(a) 若 f_1 和 f_2 是上半连续的，则 f_1+f_2 是上半连续的.

(b) 若 f_1 和 f_2 是下半连续的，则 f_1+f_2 是下半连续的.

(c) 若每个 f_n 是上半连续的，则 $\sum_1^\infty f_n$ 是上半连续的.

(d) 若每个 f_n 是下半连续的，则 $\sum_1^\infty f_n$ 是下半连续的.

证明其中的三个是正确的，但有一个是错误的. 如果省去"非负"一词会产生什么结果？如果用一般的拓扑空间代替 R^1 会影响命题的真实性吗？

2. 设 f 是 R^1 上的任意复函数，定义

$$\varphi(x,\delta) = \sup\{|f(s)-f(t)|: s,t \in (x-\delta, x+\delta)\},$$
$$\varphi(x) = \inf\{\varphi(x,\delta): \delta > 0\}.$$

证明 φ 是上半连续的，并且当且仅当 $\varphi(x)=0$ 时 f 在点 x 处连续，因此任何复函数连续点的集都是一个 G_δ 集.

用一般拓扑空间代替 R^1 后，表述并证明类似的命题. 57

3. 设 X 是一个度量空间，其度量为 ρ. 对任意非空集 $E\subset X$，定义

$$\rho_E(x) = \inf\{\rho(x,y): y \in E\}.$$

证明 ρ_E 是 X 上的一致连续函数. 如果 A 和 B 是 X 的不相交非空闭子集，检验函数

$$f(x) = \frac{\rho_A(x)}{\rho_A(x)+\rho_B(x)}$$

是否满足乌雷松引理.

4. 检验里斯定理的证明，并证明下述两个命题：

(a) 若 $E_1\subset V_1$ 和 $E_2\subset V_2$，而 V_1、V_2 是不相交的开集，则 $\mu(E_1\cup E_2)=\mu(E_1)+\mu(E_2)$ 即使 E_1 和 E_2 不属于 $\mathfrak{M}$ 时也成立.

(b) 若 $E\in\mathfrak{M}_F$，则 $E=N\cup K_1\cup K_2\cup\cdots$，其中 $\{K_i\}$ 是不相交的可数紧集族，并且 $\mu(N)=0$.

在习题 5 到 8 中，m 表示 R^1 上的勒贝格测度.

5. 令 E 是熟知的康托三分(middle thirds)集. 证明 $m(E)=0$，即使 E 和 R^1 有相同的势.

6. 构造一个完全不连通的紧集 $K\subset R^1$，使得 $m(K)>0$(K 没有多于一点的连通子集).

若 V 是下半连续的，$v\leqslant\chi_K$，证明确实有 $v\leqslant 0$. 因此 χ_K 不能在维塔利–卡拉泰奥多里定理的意义下，用下半连续函数从下面逼近.

7. 给定 $0<\varepsilon<1$，构造一个开集 $E\subset[0,1]$，它在 $[0,1]$ 中是稠密的，使得 $m(E)=\varepsilon$(A 在 B 中稠密是指 A 的闭包包含 B).

8. 构造一个博雷尔集 $E\subset R^1$，使得对每个非空开区间 I 有

$$0 < m(E\cap I) < m(I).$$

对这样一个集 E，有 $m(E)<\infty$ 的可能吗？

9. 在 $[0,1]$ 上构造一个连续函数序列 f_n 使得 $0\leqslant f_n\leqslant 1$，且

$$\lim_{n\to\infty}\int_0^1 f_n(x)\,\mathrm{d}x = 0.$$

然而，却没有一个 $x\in[0,1]$ 能使序列 $\{f_n(x)\}$ 收敛.

10. 若 $\{f_n\}$ 是 $[0,1]$ 上的连续函数序列，使得 $0\leqslant f_n\leqslant 1$，且当 $n\to\infty$ 时，对每个 $x\in[0,1]$，$f_n(x)\to 0$，则

$$\lim_{n\to\infty}\int_0^1 f_n(x)\,\mathrm{d}x = 0.$$

试一试，不用任何测度理论和有关勒贝格积分的定理来证明它.（这是为了使你对勒贝格积分的能力有个

印象．W. F. Eberlein 在 1957 年 Communications on Pure and Applied Mathematics，vol. X，pp. 357－360 中给出了一个漂亮的证明．）

11. 设 μ 是紧豪斯多夫空间 X 上的一个正则博雷尔测度；假定 $\mu(X)=1$．证明存在一个紧集 $K\subset X$（μ 的承载集或支集）使得 $\mu(K)=1$．但对 K 的每个紧的真子集 H 有 $\mu(H)<1$．

提示：令 K 是满足 $\mu(K_\alpha)=1$ 的一切紧集 K_α 的交，证明每个包含 K 的开集 V 也包含某个 K_α．这需要 μ 的正则性；比较习题 18．证明 K^c 是 X 中测度为 0 的最大开集．

58 12. 证明 R^1 的每个紧子集是一个博雷尔测度的支集．

13. R^1 的每个紧子集是一个连续函数的支集，对吗？如果不对，你能把 R^1 中是连续函数支集的所有紧集的类描述出来吗？在其他拓扑空间你的描述也正确吗？

14. 设 f 是 R^k 上的勒贝格可测实值函数，证明在 R^k 上存在博雷尔函数 g 和 h，使得 $f=g$ a. e. $[m]$，并且对每个 $x\in R^k$，$g(x)\leqslant f(x)\leqslant h(x)$．

15. 当 $n\to\infty$ 时，很容易推测出

$$\int_0^n\left(1-\frac{x}{n}\right)^n e^{x/2}\,dx \text{ 和 } \int_0^n\left(1+\frac{x}{n}\right)^n e^{-2x}\,dx$$

的极限．证明你的推测是正确的．

16. 在定理 2.20(e)的证明中，为什么会有 $m(Y)=0$？

17. 在平面上定义点 (x_1, y_1) 与 (x_2, y_2) 之间的距离为

$$|y_1-y_2|, \text{若 } x_1=x_2;\ 1+|y_1-y_2|, \text{若 } x_1\neq x_2.$$

证明它实际上是一个度量，并且所得出的度量空间 X 是局部紧的．

若 $f\in C_c(X)$，设 $x_1, \cdots, x_n$ 是那些使得至少有一个 y 使 $f(x, y)\neq 0$ 的 x（这样的 x 只有有限多个！），定义

$$\Lambda f=\sum_{j=1}^{n}\int_{-\infty}^{\infty} f(x_j, y)\,dy.$$

设 μ 是由定理 2.14 所确定的与 Λ 对应的测度，若 E 是 x 轴，证明：尽管对每个紧集 $K\subset E$ 有 $\mu(K)=0$，然而 $\mu(E)=\infty$．

18. 此题较前面任一题都需要较多的集论技巧．令 X 是良序的不可数集，有最后元素 ω_1，使得 ω_1 的每个先行元素至多有可数多个先行元素（"构造"：取任何一个良序集，使它有元素，其先行元素是不可数的，令 ω_1 是这些元素的第一个；称 ω_1 为第一个不可数序数）．对 $\alpha\in X$，令 $P_\alpha[S_\alpha]$ 是 α 的所有先行元素（后继元素）的集．如果 X 的一个子集是 P_α 或 S_β 或 $P_\alpha\cap S_\beta$ 或这种子集的并，则称它为开集．证明 X 因此是一个紧豪斯多夫空间（提示：没有一个良序集含有一个无限递减序列）．

证明，点 ω_1 的余集是一个开集，但不是 σ-紧集．

证明，对每个 $f\in C(X)$ 对应一个 $\alpha\neq\omega_1$，使得 f 在 S_α 上是常数．

证明，X 的不可数紧子集的每个可数集族 $\{K_n\}$ 的交是不可数的（提示：在 X 内考虑递增可数序列的极限，它与每个 K_n 相交于无限多个点）．

令 $\mathfrak{M}$ 是所有 $E\subset X$ 的集族，使得或者 $E\cup\{\omega_1\}$ 或者 $E^c\cup\{\omega_1\}$ 包含一个不可数紧集；在第一种情况下，定义 $\lambda(E)=1$；在第二种情况下，定义 $\lambda(E)=0$．证明 $\mathfrak{M}$ 是一个包含 X 内所有博雷尔集的 σ-代数，λ 是 $\mathfrak{M}$ 上的测度，但不是正则的（ω_1 的每个邻域有测度 1），而且对每个 $f\in C(X)$，

$$f(\omega_1)=\int_X f\,d\lambda.$$

试描述定理 2.14 中与这个线性泛函对应的正则的 μ．

19. 在假定 X 是紧空间（甚至是紧度量空间）而不只是局部紧空间的情况下，仔细检查定理 2.14 的证明，看一

看哪些地方是可以简化的.

20. 找出连续函数 f_n：$[0,1]\to[0,\infty)$ 使得对所有的 $x\in[0,1]$，当 $n\to\infty$ 时，有 $\int_0^1 f_n(x)\mathrm{d}x\to 0$，然而 $\sup_n f_n$ 不属于 L^1.（这就表明即使在定理的某些条件被破坏时控制收敛定理的结论也可能成立.）

21. 若 X 是紧的并且 f：$X\to(-\infty,\infty)$ 是上半连续的，证明 f 能在 X 的某个点取到它的最大值. 59

22. 设 X 是度量空间，具有度量 d，又设 f：$X\to[0,\infty]$ 是下半连续的，并且至少有一个点 $p\in X$ 使 $f(p)<\infty$. 对 $n=1,2,3,\cdots$，$x\in X$，定义

$$g_n(x)=\inf\{f(p)+nd(x,p):p\in X\},$$

并证明

（ⅰ）$|g_n(x)-g_n(y)|\leqslant nd(x,y)$，

（ⅱ）$0\leqslant g_1\leqslant g_2\leqslant\cdots\leqslant f$，

（ⅲ）对所有 $x\in X$，当 $n\to\infty$ 时，有 $g_n(x)\to f(x)$.

这样，f 是一个递增的连续函数序列的点态收敛极限.（注意其逆命题几乎是显而易见的.）

23. 设 V 是 R^k 中的开集而 μ 是 R^k 上的一个有限的正博雷尔测度. 试问，将 x 对应于 $\mu(x+V)$ 的函数是否一定连续？是否一定下半连续？是否一定上半连续？

24. 根据定义，阶梯函数指的是 R^1 中有限个有界区间的特征函数的线性组合. 设 $f\in L^1(R^1)$，证明存在阶梯函数的序列 $\{g_n\}$ 使得

$$\lim_{n\to\infty}\int_{-\infty}^{\infty}|f(x)-g_n(x)|\mathrm{d}x=0.$$

25. （ⅰ）找出最小的常数 c 使得

$$\log(1+\mathrm{e}^t)<c+t\qquad(0<t<\infty).$$

（ⅱ）是否对任意的实函数 $f\in L^1$，

$$\lim_{n\to\infty}\frac{1}{n}\int_0^1\log\{1+\mathrm{e}^{nf(x)}\}\mathrm{d}x$$

都存在？如果存在，那么它是多少？ 60

第3章 L^p-空间

凸函数和不等式

分析中许多最常见的不等式都有其凸性概念方面的起源.

3.1 定义 设 φ 是定义在开区间(a,b)上的实函数，其中$-\infty\leqslant a<b\leqslant\infty$. 如果对任意 $a<x<b$，$a<y<b$ 和 $0\leqslant\lambda\leqslant 1$，恒有不等式

$$\varphi((1-\lambda)x+\lambda y)\leqslant(1-\lambda)\varphi(x)+\lambda\varphi(y), \tag{1}$$

那么称 φ 是凸的.

从图形上看，条件就是"当 $x<t<y$ 时，点$(t,\varphi(t))$应该在平面内的两点$(x,\varphi(x))$和$(y,\varphi(y))$的连线上或者在它的下方."同时(1)等价于要求

$$\frac{\varphi(t)-\varphi(s)}{t-s}\leqslant\frac{\varphi(u)-\varphi(t)}{u-t} \tag{2}$$

对 $a<s<t<u<b$ 成立.

微分中值定理和(2)一起可直接证明实的可微函数 φ 在(a,b)上是凸的，当且仅当 $a<s<t<b$时，$\varphi'(s)\leqslant\varphi'(t)$，即当且仅当导函数 φ'是单调递增函数.

例如，指数函数在$(-\infty,\infty)$上就是凸的.

3.2 定理 若 φ 在(a,b)上是凸的，则 φ 在(a,b)上连续.

证明 证明的思想很容易用几何的语言表达. 担心不"严格"的读者可把它改编为 ε 和 δ 的说法.

假定 $a<s<x<y<t<b$. 把平面内的点$(s,\varphi(s))$记为 S，类似地处理 x，y，t. 则 X 在 SY 直线上或它的下方，Y 在过 S 和 X 的直线上或它的上方；同时 Y 在 XT 上或它的下方. 当 $y\to x$ 时，得出 $Y\to X$，即 $\varphi(y)\to\varphi(x)$. 用同样的方法处理左极限便得出 φ 的连续性. ■

注意，这个定理依赖于我们的讨论是在开区间上进行的这一事实. 比如说，若在$[0,1)$上 $\varphi(x)=0$且 $\varphi(1)=1$，则 φ 在$[0,1]$上不是连续的，但它满足 3.1(1).

3.3 定理(詹森不等式) 设 μ 是在集 Ω 内的 σ-代数 $\mathfrak{M}$ 上的正测度，使得 $\mu(\Omega)=1$. 若 f 是在 $L^1(\mu)$内的实函数，对所有的 $x\in\Omega$，$a<f(x)<b$，且 φ 在(a,b)上是凸的，则

$$\varphi\left(\int_\Omega f\,\mathrm{d}\mu\right)\leqslant\int_\Omega(\varphi\circ f)\,\mathrm{d}\mu. \tag{1}$$

注 不排除 $a=-\infty$ 和 $b=\infty$ 的情况；可能会出现 $\varphi\circ f$ 不在 $L^1(\mu)$内的情况，在这种情况下，从定理证明中会看到，在 1.31 节中介绍的扩充意义下，$\varphi\circ f$ 的积分存在并且其值是$+\infty$.

证明 令 $t=\int_\Omega f\,\mathrm{d}\mu$，则 $a<t<b$. 若 β 是 3.1(2)左边的商的上确界，这里 $a<s<t$，则对任一 $u\in(t,b)$，β 不大于 3.1(2)右边的商. 由此得出

$$\varphi(s)\geqslant\varphi(t)+\beta(s-t)\qquad(a<s<b). \tag{2}$$

因此

$$\varphi(f(x))-\varphi(t)-\beta(f(x)-t)\geqslant 0 \tag{3}$$

对每一个 $x\in\Omega$ 成立. 因为 φ 是连续的，$\varphi\circ f$ 便是可测的. 若在(3)式的两边对 μ 积分，从我们关于 t 的选择和假定 $\mu(\Omega)=1$ 便得出(1)式. ■

为给出一个例子，取 $\varphi(x)=e^x$. 则(1)式变成

$$\exp\left\{\int_\Omega f\,d\mu\right\}\leqslant\int_\Omega e^f\,d\mu. \tag{4}$$

如果 Ω 是一个有限集，比如说由点 p_1，…，p_n 组成，且若

62 $$\mu(\{p_i\})=\frac{1}{n},\quad f(p_i)=x_i,$$

对于实的 x_i，(4)式变成

$$\exp\left\{\frac{1}{n}(x_1+\cdots+x_n)\right\}\leqslant\frac{1}{n}(e^{x_1}+\cdots+e^{x_n}). \tag{5}$$

令 $y_i=e^{x_i}$，我们得到关于 n 个正数的算术平均与几何平均之间的熟悉的不等式：

$$(y_1y_2\cdots y_n)^{1/n}\leqslant\frac{1}{n}(y_1+y_2+\cdots+y_n). \tag{6}$$

从这里回到(4)式，那么

$$\exp\left\{\int_\Omega \log g\,d\mu\right\}\leqslant\int_\Omega g\,d\mu \tag{7}$$

的左边和右边为什么经常地被分别称为正函数 g 的几何平均值和算术平均值应该变得比较清楚了.

如果取 $\mu(\{p_i\})=\alpha_i>0$，这里 $\sum\alpha_i=1$. 用它们来代替(6)式，我们得到

$$y_1^{\alpha_1}y_2^{\alpha_2}\cdots y_n^{\alpha_n}\leqslant\alpha_1y_1+\alpha_2y_2+\cdots+\alpha_ny_n. \tag{8}$$

这些恰好是定理 3.3 中所包含的少数几个范例.

其逆命题见习题 20.

3.4 定义 若 p 和 q 都是正实数，使得 $p+q=pq$，或等价地

$$\frac{1}{p}+\frac{1}{q}=1, \tag{1}$$

则称 p 和 q 为一对共轭指数. 显然(1)蕴涵着 $1<p<\infty$ 和 $1<q<\infty$. 一个重要的特殊情况是 $p=q=2$.

当 $p\to 1$ 时，(1)迫使 $q\to\infty$. 因而也可以把 1 和 ∞ 看成是一对共轭指数. 许多分析学家通常不明确指出而把共轭指数记为 p 和 p'.

3.5 定理 设 p 和 q 是共轭指数，$1<p<\infty$. X 是一个具有测度 μ 的测度空间. 设 f 和 g 是 X 上的可测函数，其值域为 $[0,\infty]$，则

$$\int_X fg\,d\mu\leqslant\left\{\int_X f^p\,d\mu\right\}^{1/p}\left\{\int_X g^q\,d\mu\right\}^{1/q} \tag{1}$$

和

$$\left\{\int_X (f+g)^p\,d\mu\right\}^{1/p}\leqslant\left\{\int_X f^p\,d\mu\right\}^{1/p}+\left\{\int_X g^p\,d\mu\right\}^{1/p} \tag{2}$$

成立.

不等式(1)是霍尔德不等式；(2)是闵可夫斯基不等式．若 $p=q=2$，(1)就是众所周知的施瓦茨不等式． 63

证明 设 A 和 B 是(1)式右边的两个因子．若 $A=0$，则 $f=0$ a.e.（由定理 1.39）；因此 $fg=0$ a.e.，所以(1)成立．若 $A>0$ 且 $B=\infty$，(1)也是平凡的．所以只需要考虑 $0<A<\infty$，$0<B<\infty$ 的情况．令

$$F=\frac{f}{A},\quad G=\frac{g}{B},\tag{3}$$

这给出了

$$\int_X F^p\mathrm{d}\mu=\int_X G^q\mathrm{d}\mu=1.\tag{4}$$

若 $x\in X$ 是使得 $0<F(x)<\infty$ 和 $0<G(x)<\infty$ 的点，则存在实数 s 和 t 使得 $F(x)=\mathrm{e}^{s/p}$，$G(x)=\mathrm{e}^{t/q}$．因为 $1/p+1/q=1$，指数函数的凸性蕴涵着

$$\mathrm{e}^{s/p+t/q}\leqslant p^{-1}\mathrm{e}^s+q^{-1}\mathrm{e}^t.\tag{5}$$

由此得出

$$F(x)G(x)\leqslant p^{-1}F(x)^p+q^{-1}G(x)^q\tag{6}$$

对每一个 $x\in X$ 成立，根据(4)，(6)式的积分产生

$$\int_X FG\mathrm{d}\mu\leqslant p^{-1}+q^{-1}=1,\tag{7}$$

把(3)代入(7)式，便得(1)．

注意，(6)也可以作为不等式 3.3(8)的特殊情况得出．

为了证明(2)，记

$$(f+g)^p=f\cdot(f+g)^{p-1}+g\cdot(f+g)^{p-1}.\tag{8}$$

霍尔德不等式给出

$$\int f\cdot(f+g)^{p-1}\leqslant\left\{\int f^p\right\}^{1/p}\left\{\int(f+g)^{(p-1)q}\right\}^{1/q}.\tag{9}$$

设(9′)是在(9)内交换 f 和 g 的位置而得到的不等式．因为 $(p-1)q=p$，(9)和(9′)相加给出

$$\int(f+g)^p\leqslant\left\{\int(f+g)^p\right\}^{1/q}\left[\left\{\int f^p\right\}^{1/p}+\left\{\int g^p\right\}^{1/p}\right].\tag{10}$$

显然，只要证明(2)式在左边大于 0 而右边小于∞的情形成立就足够了．函数 t^p 在 $0<t<\infty$ 上的凸性表明

$$\left(\frac{f+g}{2}\right)^p\leqslant\frac{1}{2}(f^p+g^p),$$

64

因此(2)的左边小于∞，这样，若用(10)右边的第一个因式除(10)的两边，并记住 $1-1/q=1/p$，从(10)式就可得出(2)．于是完成了证明． ■

知道在不等式中等号能够成立的条件有时是有用的．在许多情况下，这方面的信息可通过考察不等式的证明得到．

比如，在(7)式中等号成立当且仅当(6)式的等号对几乎每一个 x 成立．在(5)中，当且仅当 $s=t$ 时等号成立．因此，若假定(4)成立，则“$F^p=G^q$ a.e.”是(7)式的等号成立的充要条件．根据原来的函数 f 和 g，则获得下列结论：

设 $A<\infty$ 和 $B<\infty$，(1)的等号成立当且仅当存在两个不同时为 0 的常数 α 和 β，使得 $\alpha f^p=\beta g^q$ a. e.

我们把(2)式等号成立的类似讨论留作习题.

L^p -空间

在这一节里，X 是任意一个具有正测度 μ 的测度空间.

3.6 定义 若 $0<p<\infty$ 且 f 是 X 上的一个复可测函数，定义

$$\|f\|_p=\left\{\int_X |f|^p d\mu\right\}^{1/p}, \tag{1}$$

且设 $L^p(\mu)$ 由所有满足

$$\|f\|_p<\infty \tag{2}$$

的 f 组成，称 $\|f\|_p$ 为 f 的 L^p -范数.

若 μ 是 R^k 上的勒贝格测度，像在 2.21 节一样，记 $L^p(R^k)$ 以代替 $L^p(\mu)$. 若 μ 是集 A 上的计数测度，习惯上用 $\ell^p(A)$ 记对应的 L^p -空间. 当 A 可数时，便简记为 ℓ^p. ℓ^p 的一个元素可以看成是一个复序列 $x=\{\xi_n\}$，并且

$$\|x\|_p=\left\{\sum_{n=1}^{\infty}|\xi_n|^p\right\}^{1/p}.$$

3.7 定义 设 $g: X\to[0,\infty]$ 是可测的，且 S 是所有使得

$$\mu(g^{-1}((\alpha,\infty]))=0 \tag{1}$$

的实数 α 的集. 若 $S=\varnothing$，令 $\beta=\infty$. 若 $S\neq\varnothing$，令 $\beta=\inf S$. 因为

65 $$g^{-1}((\beta,\infty])=\bigcup_{n=1}^{\infty}g^{-1}\left(\left(\beta+\frac{1}{n},\infty\right]\right) \tag{2}$$

并且因为零测度集的可数并有测度 0，可以看出 $\beta\in S$. 我们称 β 为 g 的本性上确界.

如果 f 是 X 上的复可测函数，定义 $\|f\|_\infty$ 为 $|f|$ 的本性上确界，并设 $L^\infty(\mu)$ 由所有满足 $\|f\|_\infty<\infty$ 的 f 所组成. $L^\infty(\mu)$ 的元素有时称为 X 上的本性有界可测函数.

从这个定义得出，当且仅当 $\lambda\geqslant\|f\|_\infty$ 时，不等式 $|f(x)|\leqslant\lambda$ 对几乎所有 x 成立.

像定义 3.6 一样，$L^\infty(R^k)$ 表示所有在 R^k 上(关于勒贝格测度)本性有界函数的类，$\ell^\infty(A)$ 是所有 A 上有界函数的类.（因为这里每一个非空集具有正测度，所以有界与本性有界的含义相同!）

3.8 定理 若 p 和 q 是共轭指数，$1\leqslant p\leqslant\infty$，$f\in L^p(\mu)$ 和 $g\in L^q(\mu)$，则 $fg\in L^1(\mu)$，并且

$$\|fg\|_1\leqslant\|f\|_p\|g\|_q \tag{1}$$

成立.

证明 对于 $1<p<\infty$，简单地说(1)就是应用于 $|f|$ 和 $|g|$ 的霍尔德不等式；$p=\infty$ 时，注意

$$|f(x)g(x)|\leqslant\|f\|_\infty|g(x)| \tag{2}$$

对几乎所有 x 成立. 积分(2)式，即得(1)式. 若 $p=1$，则 $q=\infty$，可以采用同样的推理. ■

3.9 定理 假定 $1\leqslant p\leqslant\infty$，并且 $f\in L^p(\mu)$，$g\in L^p(\mu)$，则 $f+g\in L^p(\mu)$，且

$$\|f+g\|_p \leqslant \|f\|_p + \|g\|_p \tag{1}$$

成立.

证明 因为

$$\int_X |f+g|^p \mathrm{d}\mu \leqslant \int_X (|f|+|g|)^p \mathrm{d}\mu$$

对 $1<p<\infty$，从闵可夫斯基不等式得出(1)．对 $p=1$ 或 $p=\infty$，(1)是不等式 $|f+g| \leqslant |f|+|g|$ 的平凡的推论. ■

3.10 评注 固定 p，$1\leqslant p\leqslant\infty$．如果 $f\in L^p(\mu)$ 并且 α 是复数，则显然有 $\alpha f\in L^p(\mu)$．事实上，

$$\|\alpha f\|_p = |\alpha|\,\|f\|_p. \tag{1}$$

与定理 3.9 合起来说明 $L^p(\mu)$ 是一个复向量空间. 66

假定 f，g 和 h 都在 $L^p(\mu)$ 内，在定理 3.9 中用 $f-g$ 代替 f，用 $g-h$ 代替 g，得到

$$\|f-h\|_p \leqslant \|f-g\|_p + \|g-h\|_p. \tag{2}$$

这就启发我们，可以通过定义 f 和 g 之间的距离为 $\|f-g\|_p$，而在 $L^p(\mu)$ 内引入度量．暂时称这个距离为 $d(f, g)$．那么 $0\leqslant d(f, g)<\infty$，$d(f, f)=0$，$d(g, f)=d(f, g)$，并且(2)式指出三角不等式 $d(f, h)\leqslant d(f, g)+d(g, h)$ 也成立．确定一个度量空间的 d 所应该具备的最后一个性质是，$d(f, g)=0$ 应该蕴涵着 $f=g$．在我们现在的情况下，这一点并非如此；确切地说，当 $f(x)=g(x)$ 对几乎所有的 x 成立时，就有 $d(f, g)=0$.

让我们记 $f\sim g$ 当且仅当 $d(f, g)=0$，显然这是一个在 $L^p(\mu)$ 内的等价关系，它把 $L^p(\mu)$ 分成各个等价类；每一类都由所有与给定的一个函数等价的那些函数组成．如果 F 和 G 是两个等价类，选取 $f\in F$ 和 $g\in G$，定义 $d(F, G)=d(f, g)$；注意 $f\sim f_1$ 和 $g\sim g_1$ 蕴涵着

$$d(f,g) = d(f_1,g_1),$$

所以 $d(F, G)$ 是明确定义的.

在这个定义下，等价类的集现在是一个度量空间．注意，因为 $f\sim f_1$ 和 $g\sim g_1$ 蕴涵着 $f+g\sim f_1+g_1$ 和 $\alpha f\sim \alpha f_1$，所以它也是一个向量空间.

当 $L^p(\mu)$ 被看做度量空间时，实际上所考虑的空间不是*以函数为元素的空间*，而是*一个以函数的等价类为元素的空间*．不过为了语言的简洁起见，习惯上把这种差别降低到心照不宣的地位，并且继续说 $L^p(\mu)$ 是一个函数空间．我们将遵循这种习惯.

如果 $\{f_n\}$ 是 $L^p(\mu)$ 的一个序列，$f\in L^p(\mu)$，且 $\lim\limits_{n\to\infty}\|f_n-f\|_p=0$，我们就说 $\{f_n\}$ *在* $L^p(\mu)$ *内收敛于* f(或 $\{f_n\}$ *p 次平均收敛于* f，或 $\{f_n\}$ *是* L^p*-收敛于* f)．若对每一个 $\varepsilon>0$，都对应有一个整数 N，使得当 $n>N$，$m>N$ 时有 $\|f_n-f_m\|_p<\varepsilon$，我们就称 $\{f_n\}$ 是 $L^p(\mu)$ *内的柯西序列*．这些定义完全像在任何一个度量空间中的定义一样.

一个极为重要的事实是，$L^p(\mu)$ 是一个*完备的度量空间*，即每一个 $L^p(\mu)$ 内的柯西序列收敛于 $L^p(\mu)$ 的一个元素.

3.11 定理 *对于 $1\leqslant p\leqslant\infty$ 和每一个正测度 μ，$L^p(\mu)$ 是一个完备的度量空间.*

证明 首先假定 $1\leqslant p<\infty$．设 $\{f_n\}$ 是在 $L^p(\mu)$ 内的一个柯西序列，则存在一个子序列

$\{f_{n_i}\}$，$n_1<n_2<\cdots$，使得

67 $$\| f_{n_{i+1}} - f_{n_i} \|_p < 2^{-i} \qquad (i=1,2,3,\cdots). \tag{1}$$

令

$$g_k = \sum_{i=1}^{k} | f_{n_{i+1}} - f_{n_i} |, \quad g = \sum_{i=1}^{\infty} | f_{n_{i+1}} - f_{n_i} |. \tag{2}$$

因为(1)成立，闵可夫斯基不等式指出 $\| g_k \|_p < 1$，$k=1, 2, 3, \cdots$. 因此将法图引理应用于$\{g_k^p\}$，得出 $\| g \|_p \leqslant 1$. 特别是 $g(x)<\infty$ a.e. 成立，所以级数

$$f_{n_1}(x) + \sum_{i=1}^{\infty} (f_{n_{i+1}}(x) - f_{n_i}(x)) \tag{3}$$

对几乎所有的 $x\in X$ 是绝对收敛的. 对于在(3)式中收敛的那些点 x，记(3)的和为 $f(x)$，在余下的零测度集上，令 $f(x)=0$. 因为

$$f_{n_1} + \sum_{i=1}^{k-1} (f_{n_{i+1}} - f_{n_i}) = f_{n_k}, \tag{4}$$

可以看出

$$f(x) = \lim_{i\to\infty} f_{n_i}(x) \text{ a.e.} \tag{5}$$

在已经找到一个函数 f，它是$\{f_{n_i}\}$a.e. 点态收敛的极限以后，现在还要证明这个 f 是$\{f_n\}$的 L^p-极限. 选取 $\varepsilon>0$，这时存在一个 N，使得 $n>N$，$m>N$ 时有 $\| f_m - f_n \|_p < \varepsilon$ 成立. 于是法图引理指出，对每一个 $m>N$，有

$$\int_X | f - f_m |^p \mathrm{d}\mu \leqslant \liminf_{i\to\infty} \int_X | f_{n_i} - f_m |^p \mathrm{d}\mu \leqslant \varepsilon^p. \tag{6}$$

从(6)得出 $f-f_m \in L^p(\mu)$，因此 $f\in L^p(\mu)$(因为 $f=(f-f_m)+f_m$). 最后，当 $m\to\infty$ 时 $\| f - f_m \|_p \to 0$. 这就完成了对 $1\leqslant p<\infty$ 情况的证明.

在 $L^\infty(\mu)$ 中的证明容易得多. 假定$\{f_n\}$是 $L^p(\mu)$ 内的柯西序列，设 A_k 和 $B_{m,n}$ 是使 $| f_k(x) | > \| f_k \|_\infty$ 和 $| f_n(x) - f_m(x) | > \| f_n - f_m \|_\infty$ 的集，并设 E 是 A_k 和 $B_{m,n}$(k, m, $n=1, 2, 3, \cdots$)的并. 那么 $\mu(E)=0$，并且在 E 的余集上序列$\{f_n\}$一致收敛于有界函数 f. 对 $x\in E$，定义 $f(x)=0$，则 $f\in L^\infty(\mu)$且当 $n\to\infty$ 时 $\| f_n - f \|_\infty \to 0$. ■

上面的证明包含了一个足以单独叙述的有趣的结果.

3.12 定理 若 $1\leqslant p\leqslant\infty$，$\{f_n\}$是在 $L^p(\mu)$ 内的柯西序列，它的极限为 f，则$\{f_n\}$存在一
68 个子序列，它几乎处处点态收敛于 $f(x)$.

简单函数在 $L^p(\mu)$内起着一个有趣的作用.

3.13 定理 设 S 是所有使得

$$\mu(\{x: s(x)\neq 0\}) < \infty \tag{1}$$

的 X 上的复可测简单函数 s 的类. 若 $1\leqslant p<\infty$，则 S 在 $L^p(\mu)$ 中是稠密的.

证明 首先，$S\subset L^p(\mu)$是很明显的. 假定 $f\geqslant 0$，$f\in L^p(\mu)$，并设$\{s_n\}$是与定理 1.17 中一样的序列. 因为 $0\leqslant s_n\leqslant f$，有 $s_n\in L^p(\mu)$，因此 $s_n\in S$. 因为 $| f - s_n |^p \leqslant f^p$，控制收敛定理表明当$n\to\infty$ 时 $\| f - s_n \|_p \to 0$. 于是 f 位于 S 的 L^p-闭包内. 由此也可以得出一般情况(f 是复的). ■

连续函数逼近

至此我们已经讨论了在任何测度空间上的 $L^p(\mu)$. 现在设 X 是一个局部紧的豪斯多夫空间，并设 μ 是 X 的 σ-代数 $\mathfrak{M}$ 上的测度，它具有定理 2.14 所述的性质. 例如，X 可以是 R^k，μ 可以是 R^k 上的勒贝格测度.

在这些情况下，我们有下列类似于定理 3.13 的结论.

3.14 定理 对 $1\leqslant p<\infty$，$C_c(X)$ 在 $L^p(\mu)$ 中稠密.

证明 像定理 3.13 一样定义 S. 若 $s\in S$ 且 $\varepsilon>0$，则存在一个 $g\in C_c(X)$，使得除一个测度小于 ε 的集外 $g(x)=s(x)$ 都成立. 并且 $|g|\leqslant\|s\|_\infty$（鲁金定理）. 因此

$$\|g-s\|_p\leqslant 2\varepsilon^{1/p}\|s\|_\infty. \tag{1}$$

因为 S 在 $L^p(\mu)$ 内稠密，这就完成了证明. ■

3.15 评注 让我们稍微详细地讨论一下 $L^p(R^k)$（R^k 上的勒贝格测度的 L^p-空间）和空间 $C_c(R^k)$ 之间的关系. 我们考虑一个固定的维数 k.

对于每一个 $p\in[1,\infty]$，在 $C_c(R^k)$ 上有一个度量；f 和 g 之间的距离是 $\|f-g\|_p$. 注意这是一个真正的度量，而不必通过等价类. 关键在于，如果 R^k 上的两个连续函数是不相等的，则它们在某个非空开集 V 上不同，且 $m(V)>0$，因为 V 包含一个 k-胞腔. 于是，若 $C_c(R^k)$ 的两个元素是 a. e. 相等的，它们就是相等的，注意到 $C_c(R^k)$ 的元素的本性上确界和真实的上确界相同也是有趣的：对于 $f\in C_c(R^k)$，

$$\|f\|_\infty=\sup_{x\in R^k}|f(x)|. \tag{1}$$ 69

若 $1\leqslant p<\infty$，定理 3.14 说明 $C_c(R^k)$ 在 $L^p(R^k)$ 内稠密，定理 3.11 指出 $L^p(R^k)$ 是完备的. 于是 $L^p(R^k)$ 是赋予 $C_c(R^k)$ 以 L^p-度量所得的度量空间的完备化.

$p=1$ 和 $p=2$ 是最重要的两种情况. 让我们再一次用不同的语言来叙述上面所说的当 $p=1$ 和 $k=1$ 时的结论；这种说法表明勒贝格积分确实是黎曼积分的"正确"的推广.

若在 R^1 内具有紧支集的两个连续函数 f 和 g 之间的距离定义为

$$\int_{-\infty}^{\infty}|f(t)-g(t)|\,\mathrm{d}t, \tag{2}$$

则这样所得度量空间的完备化恰好由 R^1 上的勒贝格可积函数所组成. 这里假定把任何两个几乎处处相等的函数都看成是同一的.

当然，每一个度量空间 S 有一个完备化 S^*，它的每一个元素可以抽象地看成是 S 内的柯西序列的等价类（见[26]p. 82）. 现在，重要之处在于 $C_c(R^k)$ 的各种 L^p-完备化再一次得出是 R^k 上的函数空间.

$p=\infty$ 的情形与 $p<\infty$ 的情形不同. $C_c(R^k)$ 的 L^∞-完备化不是 $L^\infty(R^k)$，而是 $C_0(R^k)$，即所有 R^k 上"在无穷远点为 0"的连续函数的空间. 这个概念将在 3.16 节内定义. 因为(1)指出 L^∞-范数与 $C_c(R^k)$ 上的上确界范数重合，上面关于 $C_0(R^k)$ 的结论就是定理 3.17 的一个特殊情况.

3.16 定义 一个局部紧豪斯多夫空间 X 上的复函数 f，若对每一个 $\varepsilon>0$，存在一个紧集

$K\subset X$，使得对所有不在 K 内的 x，$|f(x)|<\varepsilon$ 成立，则称 f 在无穷远点为 0.

所有在无穷远点为 0 的 X 上的连续函数的类称为 $C_0(X)$.

显然 $C_c(X)\subset C_0(X)$，并且若 X 是紧的，这两个类就是重合的，在这种情况下对它们中的任何一个记以 $C(X)$.

3.17 定理 若 X 是一个局部紧豪斯多夫空间，则 $C_0(X)$ 是 $C_c(X)$ 相对于由上确界范数

$$\|f\| = \sup_{x\in X}|f(x)| \tag{1}$$

所定义的度量的完备化.

证明 若将 f 和 g 之间的距离取作 $\|f-g\|$，初等的验证指出 $C_0(X)$ 满足度量空间的公

70 理. 下面必须证明：(a) $C_c(X)$ 在 $C_0(X)$ 内稠密，(b) $C_0(X)$ 是完备的度量空间.

给定 $f\in C_0(X)$ 和 $\varepsilon>0$，存在一个紧集 K 使得在 K 的外面 $|f(x)|<\varepsilon$，乌雷松引理给出了一个 $g\in C_c(X)$，使得 $0\leqslant g\leqslant 1$，且在 K 上 $g(x)=1$. 令 $h=fg$，则 $h\in C_c(X)$ 且 $\|f-h\|<\varepsilon$. 这就证明了(a).

为了证明(b)，设 $\{f_n\}$ 是 $C_0(X)$ 内的柯西序列，即假定 $\{f_n\}$ 一致收敛，则它的点态收敛的极限函数 f 是连续的. 给定 $\varepsilon>0$，存在一个 n，使得 $\|f_n-f\|<\varepsilon/2$，并存在一个紧集 K 使得在 K 的外面 $|f_n(x)|<\varepsilon/2$. 因此在 K 的外面 $|f(x)|<\varepsilon$，这就证明了 f 在无穷远点为 0，于是 $C_0(X)$ 是完备的. ■

习题

1. 证明任意一族 (a,b) 上的凸函数的上确界在 (a,b) 上是凸的(如果它是有穷的)，并证明凸函数序列的点态极限是凸的. 关于凸函数序列的上极限和下极限如何？
2. 若 φ 在 (a,b) 上是凸的，而 ψ 在 φ 的值域上是凸的且是非递减的，证明 $\psi\circ\varphi$ 在 (a,b) 上是凸的. 对于 $\varphi>0$，证明 $\log\varphi$ 的凸性蕴涵着 φ 的凸性，但反之不真.
3. 设 φ 是 (a,b) 上的连续实函数，使得
$$\varphi\left(\frac{x+y}{2}\right)\leqslant\frac{1}{2}\varphi(x)+\frac{1}{2}\varphi(y)$$
对所有的 x 及 $y\in(a,b)$ 成立. 证明 φ 是凸的(如果从假设中省略了连续性，就得不到这个结论).
4. 设 f 是 X 上的复可测函数，μ 是 X 上的正测度，并且
$$\varphi(p)=\int_X|f|^p\mathrm{d}\mu=\|f\|_p^p\quad(0<p<\infty).$$
设 $E=\{p:\varphi(p)<\infty\}$. 假定 $\|f\|_\infty>0$.
(a) 若 $r<p<s$，$r\in E$，$s\in E$，证明 $p\in E$.
(b) 证明 $\log\varphi$ 在 E 的内部是凸的且 φ 在 E 上是连续的.
(c) 根据(a)，E 是连通的. E 一定是开的吗？一定是闭的吗？E 能由单点组成吗？E 能是 $(0,\infty)$ 的任何连通子集吗？
(d) 若 $r<p<s$，证明 $\|f\|_p\leqslant\max(\|f\|_r,\|f\|_s)$. 指出这一结果蕴涵着 $L^r(\mu)\cap L^s(\mu)\subset L^p(\mu)$.
(e) 假定对某个 $r<\infty$，$\|f\|_r<\infty$ 成立. 证明当 $p\to\infty$ 时，
$$\|f\|_p\to\|f\|_\infty.$$
5. 在习题 4 的假设中再加上假定
$$\mu(X)=1.$$

(a) 证明，若 $0<r<s\leqslant\infty$，则 $\|f\|_r\leqslant\|f\|_s$.

(b) 在什么条件之下，会出现 $0<r<s\leqslant\infty$ 而 $\|f\|_r=\|f\|_s<\infty$ 的情况？

(c) 若 $0<r<s$，证明 $L^r(\mu)\supset L^s(\mu)$. 在什么条件之下，这两个空间所包含的函数相同？

(d) 设对某个 $r>0$，$\|f\|_r<\infty$. 若 $\exp\{-\infty\}$ 定义为 0，证明

$$\lim_{p\to 0}\|f\|_p=\exp\left\{\int_X\log|f|\,\mathrm{d}\mu\right\}.$$

71

6. 设 m 是 $[0,1]$ 上的勒贝格测度，关于 m 定义 $\|f\|_p$，找出所有在 $[0,\infty)$ 上的函数 Φ，使关系式

$$\Phi(\lim_{p\to 0}\|f\|_p)=\int_0^1(\Phi\circ f)\,\mathrm{d}m$$

对每一个有界的可测正函数 f 成立. 首先证明

$$c\Phi(x)+(1-c)\Phi(1)=\Phi(x^c)\qquad(x>0,0\leqslant c\leqslant 1).$$

试与习题 5(d) 比较.

7. 对某些测度，关系式 $r<s$ 蕴涵 $L^r(\mu)\subset L^s(\mu)$；对另一些测度，这个包含关系相反；还存在一些测度，当 $r\neq s$ 时 $L^r(\mu)$ 不包含 $L^s(\mu)$. 试给出这些情形的例子，并找出使得这些情形出现的关于 μ 的条件.

8. 若 g 是在 $(0,1)$ 上的正函数，使得当 $x\to 0$ 时 $g(x)\to\infty$，则存在一个 $(0,1)$ 上的凸函数 h，使得 $h\leqslant g$ 且当 $x\to 0$ 时 $h(x)\to\infty$. 这对不对？若用 $(0,\infty)$ 代替 $(0,1)$，用 $x\to\infty$ 代替 $x\to 0$，这个问题会变化吗？

9. 设 f 是 $(0,1)$ 上的勒贝格可测函数，并且不是本性有界的. 根据习题 4(e)，当 $p\to\infty$ 时，$\|f\|_p\to\infty$. $\|f\|_p$ 能任意缓慢地趋于 ∞ 吗？更确切地说，对在 $(0,\infty)$ 上每一个满足当 $p\to\infty$ 时 $\Phi(p)\to\infty$ 的正函数 Φ，能找到一个 f，使得当 $p\to\infty$ 时 $\|f\|_p\to\infty$，但对所有充分大的 p，$\|f\|_p\leqslant\Phi(p)$ 成立. 这个结论正确吗？

10. 设 $f_n\in L^p(\mu)$，$n=1,2,3,\cdots$，当 $n\to\infty$ 时 $\|f_n-f\|_p\to 0$ 和 $f_n\to g$ a.e. 成立，问 f 和 g 之间存在什么关系？

11. 设 $\mu(\Omega)=1$，f 和 g 是 Ω 上的正可测函数，使得 $fg\geqslant 1$. 证明

$$\int_\Omega f\,\mathrm{d}\mu\cdot\int_\Omega g\,\mathrm{d}\mu\geqslant 1.$$

12. 设 $\mu(\Omega)=1$，且 $h:\Omega\to[0,\infty]$ 是可测的. 若

$$A=\int_\Omega h\,\mathrm{d}\mu$$

证明

$$\sqrt{1+A^2}\leqslant\int_\Omega\sqrt{1+h^2}\,\mathrm{d}\mu\leqslant 1+A.$$

若 μ 是 $[0,1]$ 上的勒贝格测度并且 h 是连续的，$h=f'$，则上面的不等式有一个简单的几何解释，试从这点推测(对一般的 Ω)关于 h 在什么条件下，上面不等式之一的等号能够成立，并且证明你的推测.

13. 关于 f 和 g，在什么条件下，定理 3.8 和 3.9 的结论中的等号能够成立？可以先分别处理 $p=1$ 和 $p=\infty$ 的情况.

14. 设 $1<p<\infty$，就勒贝格测度而言 $f\in L^p=L^p((0,\infty))$，并且

$$F(x)=\frac{1}{x}\int_0^x f(t)\,\mathrm{d}t\qquad(0<x<\infty).$$

(a) 证明哈代不等式

$$\|F\|_p\leqslant\frac{p}{p-1}\|f\|_p,$$

这表明映射 $f\to F$ 映 L^p 到 L^p 内.

72

(b) 证明仅当 $f=0$ a.e. 时，等号成立.

(c) 证明常数 $p/(p-1)$不能用一个比它小的数代替.

(d) 若 $f>0$ 且 $f\in L^1$. 证明 $F\notin L^1$.

提示：(a)首先假定 $f\geqslant 0$ 且 $f\in C_c((0,\infty))$. 用分部积分给出

$$\int_0^\infty F^p(x)\mathrm{d}x=-p\int_0^\infty F^{p-1}(x)xF'(x)\mathrm{d}x,$$

注意 $xF'=f-F$. 应用霍尔德不等式于 $\int F^{p-1}f$，然后导出一般情况. (c)对于充分大的 A，在$[1, A]$上取$f(x)=x^{-1/p}$，在其他点上取 $f(x)=0$. 可参看第 8 章习题 14.

15. 设$\{a_n\}$是正数序列. 当 $1<p<\infty$时证明

$$\sum_{N=1}^{\infty}\left\{\frac{1}{N}\sum_{n=1}^{N}a_n\right\}^p\leqslant\left\{\frac{p}{p-1}\right\}^p\sum_{n=1}^{\infty}a_n^p.$$

提示：若 $a_n\geqslant a_{n+1}$，这个结果能从习题 14 得出. 这个特殊情况蕴涵着一般情况.

16. 证明叶果洛夫定理：若$\mu(X)<\infty$，$\{f_n\}$是一个复的可测函数序列，它在 X 的每一点上点态收敛，并且如果 $\varepsilon>0$，则存在一个可测集 $E\subset X$，具有 $\mu(X-E)<\varepsilon$，使得$\{f_n\}$在 E 上一致收敛.

(这个结论是说通过在测度任意小的集上重新定义 f_n，我们能使点态收敛的序列转化为一致收敛序列；注意与鲁金定理的类似性.)

提示：令

$$S(n,k)=\bigcap_{i,j>n}\left\{x:|f_i(x)-f_j(x)|<\frac{1}{k}\right\},$$

证明当 $n\to\infty$时对每一个 k，$\mu(S(n,k))\to\mu(X)$，因此存在一个适当的递增的序列$\{n_k\}$使得 $E=\bigcap S(n_k,k)$具有所要求的性质.

证明定理不能扩张到σ-有限的空间.

证明定理能扩张到用函数族$\{f_t\}$代替序列$\{f_n\}$时的情况(用同一种证法)，这里 t 在正实数内变化，并且假定对每一个 $x\in X$，

(i) $\lim\limits_{t\to\infty}f_t(x)=f(x)$.

(ii) $t\to f_t(x)$是连续的.

17. (a) 若 $0<p<\infty$，令 $\gamma_p=\max(1,2^{p-1})$，证明对任意的复数 α 和 β，

$$|\alpha-\beta|^p\leqslant\gamma_p(|\alpha|^p+|\beta|^p).$$

(b) 设 μ 是 X 上的正测度，$0<p<\infty$，$f\in L^p(\mu)$，$f_n\in L^p(\mu)$. 当 $n\to\infty$时，$f_n(x)\to f(x)$ a. e. 并且 $\|f_n\|_p\to\|f\|_p$. 通过完成略述如下的两个证明来证明 $\lim\|f-f_n\|_p=0$.

(i) 根据叶果洛夫定理，作出 $X=A\cup B$，使得$\int_A|f|^p<\varepsilon$，$\mu(B)<\infty$而 $f_n\to f$ 在 B 上一致收敛，

应用法图引理于$\int_B|f_n|^p$上，得出

$$\limsup\int_A|f_n|^p\mathrm{d}\mu\leqslant\varepsilon.$$

(ii) 令 $h_n=\gamma_p(|f|^p+|f_n|^p)-|f-f_n|^p$，并且像定理 1.34 的证明一样运用法图引理.

73 (c) 证明，若去掉$\|f_n\|_p\to\|f\|_p$的假设，则甚至在 $\mu(X)<\infty$的情况下(b)的结论也不成立.

18. 设 μ 是 X 上的正测度，X 上的复可测函数序列$\{f_n\}$称为依测度收敛于可测函数 f，如果对每一个$\varepsilon>0$,存在一个对应的 N，使得

$$\mu(\{x:|f_n(x)-f(x)|>\varepsilon\})<\varepsilon$$

对所有 $n>N$ 成立(这个概念在概率论中是很重要的). 假定 $\mu(X)<\infty$，证明下列命题：

(a) 若 $f_n(x)\to f(x)$ a. e. 成立，则 $f_n\xrightarrow{\text{依测度}}f$.

(b) 若 $f_n\in L^p(\mu)$，且 $\|f_n-f\|_p\to 0$，则 $f_n\xrightarrow{\text{依测度}}f$，这里 $1\leqslant p\leqslant\infty$.

(c) 若 $f_n\xrightarrow{\text{依测度}}f$，则$\{f_n\}$具有一个 a. e. 收敛于 f 的子序列.

审查(a)和(b)的逆定理. 若 $\mu(X)=\infty$，如果 μ 是 R^1 上的勒贝格测度，(a)、(b)、(c)会发生什么变化?

19. 定义函数 $f\in L^\infty(\mu)$的本性值域为集合 R_f，它由所有使得

$$\mu(\{x:|f(x)-w|<\varepsilon\})>0$$

对每一个 $\varepsilon>0$ 成立的复数 w 所组成. 证明 R_f 是紧的. 集 R_f 和数 $\|f\|_\infty$之间存在什么关系?

设 A_f 是所有平均值

$$\frac{1}{\mu(E)}\int_E f\mathrm{d}\mu$$

的集合，这里 $E\in\mathfrak{M}$且 $\mu(E)>0$. A_f 和 R_f 之间存在什么关系? A_f 总是闭的吗? 是否存在这样的测度 μ 使得对每一个 $f\in L^\infty(\mu)$，A_f 是凸集? 是否存在这样的测度 μ，使得对某一个 $f\in L^\infty(\mu)$，A_f 不是凸集? 比如说，用 $L^1(\mu)$代替 $L^\infty(\mu)$，结论怎样?

20. 设 φ 是 R^1 上的实函数，使得

$$\varphi\left(\int_0^1 f(x)\mathrm{d}x\right)\leqslant\int_0^1\varphi(f)\mathrm{d}x$$

对每一个实的有界可测函数 f 成立. 证明 φ 是凸的.

21. 称度量空间 Y 是度量空间 X 的一个完备化，如果 X 在 Y 内稠密，且 Y 是完备的. 在 3.15 节中曾经提到过度量空间的这种完备化. 试叙述并证明一个说明上面术语是合理的唯一性定理.

22. 设 X 是一个度量空间，其中每一个柯西序列有收敛子序列. 能得出 X 是完备的吗(见定理 3.11 的证明)?

23. 设 μ 是 X 上的正测度，$\mu(X)<\infty$，$f\in L^\infty(\mu)$，$\|f\|_\infty>0$，且

$$\alpha_n=\int_X|f|^n\mathrm{d}\mu\qquad(n=1,2,3,\cdots),$$

证明

$$\lim_{n\to\infty}\frac{\alpha_{n+1}}{\alpha_n}=\|f\|_\infty.$$

24. 设 μ 是正测度，$f\in L^p(\mu)$，$g\in L^p(\mu)$.

(a) 若 $0<p<1$，证明

$$\int\Big||f|^p-|g|^p\Big|\mathrm{d}\mu\leqslant\int|f-g|^p\mathrm{d}\mu.$$

并证明 $\Delta(f,g)=\int|f-g|^p\mathrm{d}\mu$ 定义 $L^p(\mu)$上的一个度量. 74

(b) 若 $1\leqslant p<\infty$并且 $\|f\|_p\leqslant R$，$\|g\|_p\leqslant R$，证明

$$\int||f|^p-|g|^p|\mathrm{d}\mu\leqslant 2pR^{p-1}\|f-g\|_p.$$

提示：首先对 $x\geqslant 0$，$y\geqslant 0$，证明

$$|x^p-y^p|\leqslant\begin{cases}|x-y|^p & 0<p<1,\\ p|x-y|(x^{p-1}+y^{p-1}) & 1\leqslant p<\infty.\end{cases}$$

注意(a)和(b)建立起映 $L^p(\mu)$到 $L^1(\mu)$的映射 $f\to|f|^p$ 的连续性.

25. 假设 μ 是 X 上的正测度，且 $f:X\to(0,\infty)$满足

$$\int_X f\mathrm{d}\mu=1.$$

证明：对任意 $E\subset X$，若 $0<\mu(E)<\infty$，则

$$\int_E(\log f)\mathrm{d}\mu\leqslant\mu(E)\log\frac{1}{\mu(E)},$$

并且当 $0<p<1$ 时，有

$$\int_E f^p\mathrm{d}\mu\leqslant\mu(E)^{1-p}.$$

75 26. 若 f 是[0，1]上的正可测函数，试比较 $\int_0^1 f(x)\log f(x)\mathrm{d}x$ 与 $\int_0^1 f(s)\mathrm{d}s\int_0^1\log f(t)\mathrm{d}t$ 哪个大？

第4章　希尔伯特空间的初等理论

内积和线性泛函

4.1 定义　复向量空间 H 称为内积空间(或 U 空间)，如果向量 x 和 $y\in H$ 的每个序对都对应一个复数 (x, y)，即所谓 x 和 y 的内积(或标量积)，使得下面的法则成立.

(a) $(y, x)=\overline{(x, y)}$(横线表示取共轭复数).

(b) 当 x，y 和 $z\in H$ 时，$(x+y, z)=(x, z)+(y, z)$.

(c) 当 x 和 $y\in H$，α 是标量时，$(\alpha x, y)=\alpha(x, y)$.

(d) 对所有 $x\in H$，$(x, x)\geqslant 0$.

(e) $(x, x)=0$ 当且仅当 $x=0$.

(f) $\|x\|^2=(x, x)$.

下面列出这些公理的某些直接推论：

法则(c)蕴涵着对所有的 $y\in H$，$(0, y)=0$.

法则(b)和(c)可以合并为下述说法：对每个 $y\in H$，映射 $x\to(x, y)$ 是 H 上的一个线性泛函.

法则(a)和(c)表明 $(x, \alpha y)=\bar{\alpha}(x, y)$.

法则(a)和(b)蕴涵着第二分配律：

$$(z,x+y)=(z,x)+(z,y).$$

由(d)，可以定义向量 $x\in H$ 的范数 $\|x\|$ 为 (x, x) 的非负平方根. 这样 76

4.2 施瓦茨不等式　性质 4.1(a)～(d)蕴涵着

$$|(x,y)|\leqslant\|x\|\,\|y\|$$

对所有 x，$y\in H$ 成立.

证明　令 $A=\|x\|^2$，$B=|(x, y)|$，$C=\|y\|^2$. 存在一个复数 α 使得 $|\alpha|=1$ 而 $\alpha(y, x)=B$. 对任意实数 r，便有

$$(x-r\alpha y,x-r\alpha y)=(x,x)-r\alpha(y,x)-r\bar{\alpha}(x,y)+r^2(y,y),\tag{1}$$

(1)式的左边是实的和非负的. 因此，对每个实数 r，

$$A-2Br+Cr^2\geqslant 0.\tag{2}$$

若 $C=0$，则必有 $B=0$；否则当 r 是很大的正数时(2)式不成立. 若 $C>0$，在(2)式中取 $r=B/C$，便得 $B^2\leqslant AC$. ■

4.3 三角不等式　对任意 x 和 $y\in H$，都有

$$\|x+y\|\leqslant\|x\|+\|y\|.$$

证明　由施瓦茨不等式

$$\begin{aligned}\|x+y\|^2&=(x+y,x+y)=(x,x)+(x,y)+(y,x)+(y,y)\\&\leqslant\|x\|^2+2\|x\|\,\|y\|+\|y\|^2=(\|x\|+\|y\|)^2.\end{aligned}$$ ■

4.4 定义　由三角不等式得

$$\|x-z\| \leqslant \|x-y\| + \|y-z\| \qquad (x,y,z \in H). \tag{1}$$

如果我们定义 x 与 y 之间的距离为 $\|x-y\|$，则度量空间的全部公理都能满足．在这里，我们第一次用上定义 4.1 的(e)．

这样，H 就成了一个度量空间．如果这个度量空间是完备的，就是说，H 中的每一个柯西序列都收敛，那么 H 就称为希尔伯特空间．

在本章的余下部分，字母 H 都表示希尔伯特空间．

4.5 例子

(a) 对任一固定的 n，所有 n 元序组

$$x=(\xi_1,\cdots,\xi_n)$$

的集 C^n，这里 ξ_1，…，ξ_n 是复数．当我们像通常一样按分量定义加法和标量乘法，并定义

$$(x,y)=\sum_{j=1}^{n}\xi_j\bar{\eta}_j \qquad (y=(\eta_1,\cdots,\eta_n))$$

77 就成为一个希尔伯特空间．

(b) 如果 μ 是一个正测度，$L^2(\mu)$就是一个具有内积

$$(f,g)=\int_X f\bar{g}\,\mathrm{d}\mu$$

的希尔伯特空间．这里右端的被积函数由定理 3.8，是属于 $L^1(\mu)$的．因此(f,g)有确定的意义．注意

$$\|f\|=(f,f)^{1/2}=\left\{\int_X|f|^2\mathrm{d}\mu\right\}^{1/2}=\|f\|_2.$$

$L^2(\mu)$的完备性(定理 3.11)表明 $L^2(\mu)$的确是一个希尔伯特空间(要记住 $L^2(\mu)$是看做函数的等价类的空间的；比较 3.10 节的讨论)．

当 $H=L^2(\mu)$时，不等式 4.2 和 4.3 转化为霍尔德和闵可夫斯基不等式的特例．

注意，例(a)是例(b)的特殊情况．在(a)中的测度是什么？

(c) $[0,1]$上全体连续复函数的向量空间是一个内积空间，如果

$$(f,g)=\int_0^1 f(t)\,\overline{g(t)}\,\mathrm{d}t,$$

但它不是希尔伯特空间．

4.6 定理 对任意固定的 $y\in H$，映射

$$x\to(x,y),\quad x\to(y,x),\quad x\to\|x\|$$

都是 H 上的连续函数．

证明 施瓦茨不等式蕴涵着

$$|(x_1,y)-(x_2,y)|=|(x_1-x_2,y)|\leqslant\|x_1-x_2\|\,\|y\|,$$

这就证明了 $x\to(x,y)$事实上是一致连续的．对 $x\to(y,x)$也一样是正确的．由三角不等式 $\|x_1\|\leqslant\|x_1-x_2\|+\|x_2\|$得出

$$\|x_1\|-\|x_2\|\leqslant\|x_1-x_2\|.$$

若交换 x_1 与 x_2，可以看出

$$|\,\|x_1\|-\|x_2\|\,|\leqslant\|x_1-x_2\|$$

对所有 x_1 和 $x_2\in H$ 成立. 这样 $x\to\|x\|$ 也是一致连续的. ■

4.7 子空间 向量空间 V 的一个子集 M 称为 V 的子空间，如果 M 本身关于 V 中所定义的加法和标量乘法是一个向量空间. 对于集 $M\subset V$ 成为一个子空间的充要条件是当 x，$y\in M$，α 是一个标量时 $x+y\in M$，$\alpha x\in M$. 78

在谈及向量空间的时候，"子空间"一词将总是赋予上述的含义. 有时为了强调，我们也可以用"线性子空间"一词来代替子空间.

例如，设 V 为集 S 上全体复函数的向量空间，S 上全体有界复函数的集就是 V 的一个子空间. 但是所有那些 $f\in V$，使对每个 $x\in S$，$|f(x)|\leqslant 1$ 的函数的集则不是一个子空间. 实向量空间 R^3 除了如下的子空间，而不再有其他的子空间：(a)R^3，(b)所有通过原点的平面，(c)所有通过原点的直线，(d)$\{0\}$.

H 的一个闭子空间是这样的一个子空间，它相对于由 H 的度量引出的拓扑是一个闭集.

注意，若 M 是 H 的一个子空间，则它的闭包 $\overline{M}$ 也是 H 的一个子空间. 为此，选取 $\overline{M}$ 中的 x 和 y，设 α 是一个标量，那么存在 M 中的序列 $\{x_n\}$ 和 $\{y_n\}$ 分别收敛到 x 和 y. 容易验证 x_n+y_n 和 αx_n 分别收敛到 $x+y$ 和 αx，从而 $x+y\in\overline{M}$ 和 $\alpha x\in\overline{M}$.

4.8 凸集 向量空间 V 中的集 E 称为*凸的*，如果它有下面的几何性质：当 $x\in E$，$y\in E$，且 $0<t<1$ 时，点

$$z_t=(1-t)x+ty$$

也属于 E. 当 t 从 0 变到 1 时，我们可以设想点 z_t 在 V 中描出一条从 x 到 y 的直线段. 凸性要求 E 包含它的任意两点之间的线段.

显然，V 的每个子空间都是凸的.

同样，如果 E 是凸的，那么它的每一个平移

$$E+x=\{y+x:\ y\in E\}$$

也一定是凸的.

4.9 正交性 若对某个 x 和 $y\in H$，$(x,y)=0$，我们就说 x *正交于* y，有时记作 $x\perp y$. 由于 $(x,y)=0$ 蕴涵着 $(y,x)=0$，关系"$\perp$"是对称的.

设 $x^\perp$ 表示所有正交于 x 的 $y\in H$ 的集；而当 M 是 H 的子空间时，设 $M^\perp$ 是所有正交于每个 $x\in M$ 的那些 $y\in H$ 的集.

注意 $x^\perp$ 是 H 的一个子空间，因为 $x\perp y$ 和 $x\perp y'$ 蕴涵着 $x\perp(y+y')$ 和 $x\perp\alpha y$. $x^\perp$ 也恰好是那些使连续函数 $y\to(x,y)$ 等于 0 的那些点的集. 因此，$x^\perp$ 是 H 的闭子空间. 由于

$$M^\perp=\bigcap_{x\in M}x^\perp,$$

$M^\perp$ 是闭子空间的交，于是得知 *$M^\perp$ 是 H 的闭子空间*.

4.10 定理 *在希尔伯特空间 H 中，每一个非空闭凸集 E 都包含唯一的一个具有最小范数的元素.* 79

换句话说，存在唯一的一个 $x_0\in E$，使得对每个 $x\in E$，$\|x_0\|\leqslant\|x\|$.

证明 通过仅仅用到定义 4.1 所列举的性质的简单计算，可得到恒等式

$$\|x+y\|^2+\|x-y\|^2=2\|x\|^2+2\|y\|^2\qquad(x,y\in H).\tag{1}$$

这就是熟知的*平行四边形法则*：如果把 $\|x\|$ 解释为向量 x 的长度，(1)式就等于说一个平行四

边形对角线的平方和等于各边的平方和．这是平面几何中一个熟悉的命题．

设 $\delta=\inf\{\|x\|: x\in E\}$．对任意的 x 和 $y\in E$，应用(1)于 $\frac{1}{2}x$ 和 $\frac{1}{2}y$，得到

$$\frac{1}{4}\|x-y\|^2=\frac{1}{2}\|x\|^2+\frac{1}{2}\|y\|^2-\left\|\frac{x+y}{2}\right\|^2. \tag{2}$$

因为 E 是凸的，$(x+y)/2\in E$．因此

$$\|x-y\|^2\leqslant 2\|x\|^2+2\|y\|^2-4\delta^2 \qquad (x,y\in E). \tag{3}$$

若还有 $\|x\|=\|y\|=\delta$，则(3)蕴涵着 $x=y$，这就证明了定理的唯一性断言．δ 的定义表明 E 中存在一个序列 $\{y_n\}$，使 $n\to\infty$ 时，$\|y_n\|\to\delta$．在(3)中用 y_n 和 y_m 代替 x 和 y，那么，当 $n\to\infty$ 和 $m\to\infty$ 时，(3)的右边趋于 0．这表明 $\{y_n\}$ 是柯西序列．由于 H 是完备的，存在 $x_0\in H$，使得当 $n\to\infty$ 时 $y_n\to x_0$，即 $\|y_n-x_0\|\to 0$，因 $y_n\in E$ 而 E 是闭的，$x_0\in E$．由于范数是 H 上的连续函数(定理4.6)，故有

$$\|x_0\|=\lim_{n\to\infty}\|y_n\|=\delta. \qquad ■$$

4.11 定理 设 M 是希尔伯特空间 H 的闭子空间．

(a) 对每个 $x\in H$，有唯一的分解

$$x=Px+Qx,$$

其中 $Px\in M$，$Qx\in M^\perp$．

(b) Px 和 Qx 分别是 M 和 $M^\perp$ 中距 x 最近的点．

(c) 映射 $P: H\to M$ 和 $Q: H\to M^\perp$ 都是线性的．

(d) $\|x\|^2=\|Px\|^2+\|Qx\|^2$．

推论 若 $M\neq H$，则存在 $y\in H(y\neq 0)$ 使得 $y\perp M$．

80 P 和 Q 称为 H 到 M 和 $M^\perp$ 上的正交投影．

证明 关于(a)中的唯一性，可设对于 M 中的向量 x'，x'' 和 $M^\perp$ 中的向量 y'，y''，有 $x'+y'=x''+y''$．那么

$$x'-x''=y''-y'.$$

因为 $x'-x''\in M$，$y''-y'\in M^\perp$，且 $M\cap M^\perp=\{0\}$（$(x,x)=0$ 蕴涵着 $x=0$ 这一事实的直接结果)，所以 $x''=x'$，$y''=y'$．

为证明分解的存在性，注意到集

$$x+M=\{x+y: y\in M\}$$

是闭的和凸的．定义 Qx 为 $x+M$ 中具有最小范数的元素，根据定理4.10，它是存在的．现在定义 $Px=x-Qx$．

因为 $Qx\in x+M$，很明显 $Px\in M$，所以 P 将 H 映到 M．

为证明 Q 将 H 映到 $M^\perp$，我们先证明对所有的 $y\in M$，$(Qx,y)=0$．不失一般性，假设 $\|y\|=1$，并令 $z=Qx$，Qx 的极小性质表明对每个标量 α，

$$(z,z)=\|z\|^2\leqslant\|z-\alpha y\|^2=(z-\alpha y,z-\alpha y).$$

简化之，得

$$0\leqslant-\alpha(y,z)-\bar{\alpha}(z,y)+\alpha\bar{\alpha}.$$

令 $\alpha=(z, y)$，就给出 $0\leqslant-|(z, y)|^2$，从而 $(z, y)=0$，因此 $Qx\in M^{\perp}$.

我们已知 $Px\in M$，如果 $y\in M$，那么只有当 $y=Px$ 时，

$$\|x-y\|^2=\|Qx+(Px-y)\|^2=\|Qx\|^2+\|Px-y\|^2$$

值最小.

我们已经证明了(a)和(b). 应用(a)到 x，y，$\alpha x+\beta y$ 上，我们得到

$$P(\alpha x+\beta y)-\alpha Px-\beta Py=\alpha Qx+\beta Qy-Q(\alpha x+\beta y).$$

左边属于 M，右边属于 $M^{\perp}$，因此二者都是 0，于是 P 和 Q 都是线性的.
因为 $Px\perp Qx$，由(a)可得(d).

要证明推论，我们取 $x\in H$，$x\notin M$，并令 $y=Qx$. 因为 $Px\in M$，$x\neq Px$，所以 $y=x-Px\neq 0$. ■

我们已经观察到对每个 $y\in H$，$x\to(x, y)$ 是 H 上的一个连续的线性泛函. 一个极为重要的事实是：H 上所有的连续线性泛函都是这种形式.

4.12 定理 *若 L 是 H 上的一个连续线性泛函，则存在唯一的一个 $y\in H$，使得*

$$Lx=(x,y) \qquad (x\in H). \tag{1}$$ 81

证明 若对所有 x 有 $Lx=0$，则取 $y=0$；否则的话，定义

$$M=\{x: Lx=0\}, \tag{2}$$

L 的线性表明 M 是个子空间. L 的连续性表明 M 是闭的. 因为存在 $x\in H$，$Lx\neq 0$. 定理 4.11 表明 $M^{\perp}$ 并不由单独一个 0 组成.

因此，存在 $z\in M^{\perp}$，$\|z\|=1$. 令

$$u=(Lx)z-(Lz)x. \tag{3}$$

由于 $Lu=(Lx)(Lz)-(Lz)(Lx)=0$，便有 $u\in M$. 于是 $(u, z)=0$，这就给出

$$Lx=(Lx)(z,z)=(Lz)(x,z). \tag{4}$$

取 $\bar{\alpha}=Lz$，$y=\alpha z$，则(1)就成立了.

y 的唯一性是容易证明的. 因为，如果对所有 $x\in H$，$(x, y)=(x\ y')$，令 $z=y-y'$，则对所有 $x\in H$，$(x, z)=0$，特别 $(z, z)=0$. 因而 $z=0$. ■

规范正交集

4.13 定义 若 V 是一个向量空间，x_1，…，$x_k\in V$，而 c_1，…，c_k 是标量，则 $c_1x_1+\cdots+c_kx_k$ 称为 x_1，…，x_k 的一个线性组合. 集 $\{x_1, \cdots, x_k\}$ 称为独立的，如果 $c_1x_1+\cdots+c_kx_k=0$ 蕴涵着 $c_1=c_2=\cdots=c_k=0$. 集 $S\subset V$ 是独立的，如果 S 的每个有限子集都是独立的，由 S 的所有有限子集的所有的线性组合所成的集 $[S]$（也称为 S 的元素的全体有限线性组合的集），很清楚是一个向量空间. $[S]$ 是 V 中包含 S 的最小的子空间；$[S]$ 称为 S 的张成空间，或称由 S 张成的空间.

希尔伯特空间中向量 u_α 组成的集，这里 α 取遍某个指标集 A，称为规范正交的，如果对所有的 $\alpha\in A$，$\beta\in A$，$\alpha\neq\beta$ 都满足正交性关系 $(u_\alpha, u_\beta)=0$，并且它被规范化，使得对每个 $\alpha\in A$，$\|u_\alpha\|=1$. 换句话说，$\{u_\alpha\}$ 是规范正交的，即规定

$$(u_\alpha, u_\beta) = \begin{cases} 1 & \alpha = \beta, \\ 0 & \alpha \neq \beta. \end{cases} \tag{1}$$

如果$\{u_\alpha: \alpha \in A\}$是规范正交的，对于每个$x \in H$，我们都对应于指标$A$上的一个复函数$\hat{x}$，它定义为

$$\hat{x}(\alpha) = (x, u_\alpha) \quad (\alpha \in A). \tag{2}$$

有时，称这些数$\hat{x}(\alpha)$为关于集$\{u_\alpha\}$的傅里叶系数.

82 我们首先由有限正交规范集叙述一些简单的事实.

4.14 定理 设$\{u_\alpha: \alpha \in A\}$是$H$中的规范正交集，且$F$是$A$的一个有限子集，设$M_F$是由$\{u_\alpha: \alpha \in F\}$张成的空间.

(a) 若φ是A上的一个复函数且在F外取值为0，则存在一个向量$y \in M_F$，即

$$y = \sum_{\alpha \in F} \varphi(\alpha) u_\alpha \tag{1}$$

使得$\hat{y}(\alpha) = \varphi(\alpha)$对每个$\alpha \in A$成立. 同时，

$$\|y\|^2 = \sum_{\alpha \in F} |\varphi(\alpha)|^2. \tag{2}$$

(b) 若$x \in H$且

$$s_F(x) = \sum_{\alpha \in F} \hat{x}(\alpha) u_\alpha, \tag{3}$$

则

$$\|x - s_F(x)\| < \|x - s\| \tag{4}$$

对除$s = s_F(x)$外的所有$s \in M_F$，有

$$\sum_{\alpha \in F} |\hat{x}(\alpha)|^2 \leqslant \|x\|^2. \tag{5}$$

证明 (a)是4.13节(1)规范正交关系的直接结果. 现证明(b)，我们用s_F代替$s_F(x)$，并且注意到对所有$\alpha \in F$，$\hat{s}_F(\alpha) = \hat{x}(\alpha)$. 这就是说若$\alpha \in F$，则$(x - s_F) \perp u_\alpha$，从而对所有$s \in M_F$，$(x - s_F) \perp (s_F - s)$，继而

$$\|x - s\|^2 = \|(x - s_F) + (s_F - s)\|^2 = \|x - s_F\|^2 + \|s_F - s\|^2. \tag{6}$$

这就证明了(4). 令$s = 0$，由(6)得到$\|s_F\|^2 \leqslant \|x\|^2$，根据(2)可知这与(5)是相同的，定理得证. ■

4.15 我们希望去掉定理4.14中出现的有限条件(即可得到定理4.17和定理4.18)，同时不限制集必须是可数的条件，因此清楚符号$\sum_{\alpha \in A} \varphi(\alpha)$的意义看来是必要的，其中$\alpha$在任何一个集$A$中变动.

设对$\alpha \in A$，$0 \leqslant \varphi(\alpha) \leqslant \infty$，那么

$$\sum_{\alpha \in A} \varphi(\alpha) \tag{1}$$

83 表示所有的有限和$\varphi(\alpha_1) + \cdots + \varphi(\alpha_n)$的集的上确界，其中$\alpha_1, \cdots, \alpha_n$是$A$中互不相同的元素.

立刻可以看到，和(1)恰好是φ关于A上的计数测度μ的勒贝格积分.

在这里，我们用$\ell^p(A)$代替$L^p(\mu)$，以A为定义域的复函数φ属于$\ell^2(A)$当且仅当

$$\sum_{\alpha \in A} |\varphi(\alpha)|^2 < \infty. \tag{2}$$

例 4.5(b)证明了 $\ell^2(A)$是希尔伯特空间，其中内积定义为

$$(\varphi,\psi)=\sum_{\alpha\in A}\varphi(\alpha)\,\overline{\psi(\alpha)}. \tag{3}$$

这里，在 A 上求和表示关于 $\varphi\bar{\psi}$上的计数测度进行积分；注意 $\varphi\bar{\psi}\in\ell^1(A)$，这是因为 φ 和 ψ 都属于 $\ell^2(A)$.

定理 3.13 表明，所有那些只在 A 中有限个点取值不为 0 的函数 φ 的集是 $\ell^2(A)$的一个稠密集.

此外，若 $\varphi\in\ell^2(A)$，则$\{\alpha\in A:\varphi(\alpha)\neq 0\}$至多可数，这是因为如果 A_n 是使得 $|\varphi(\alpha)|>1/n$ 的所有 α 构成的集，那么 A 中的元素个数至多是

$$\sum_{\alpha\in A_n}|n\varphi(\alpha)|^2\leqslant n^2\sum_{\alpha\in A}|\varphi(\alpha)|^2.$$

其中，每个 $A_n(n=1,2,3,\cdots)$是有限集.

下面关于完备度量空间的引理将使我们更容易把有限规范正交集推广到无限的情况.

4.16 引理 设

(a) X 和 Y 都是度量空间，且 X 是完备的.

(b) f：$X\to Y$ 是连续的.

(c) f 在 X 的一个稠密子集 X_0 上是等距映射.

(d) $f(X_0)$在 Y 上稠密.

则 f 是从 X 到 Y 上的等距映射.

此结论最重要的内容是 f 把 X 映射到整个 Y 上.

回忆一下，等距映射只是保持距离的一种简单映射. 所以由假设可知，对所有 X_0 中的点 x_1，x_2，$f(x_1)$与 $f(x_2)$在 Y 中的距离刚好等于 x_1 和 x_2 在 X 中的距离.

证明 由于 X_0 在 X 中稠密，且 f 是连续的，从而立即可知 f 是 X 上的等距映射.

选取 $y\in Y$，因为 $f(X_0)$在 Y 中稠密，所以存在 X_0 中的序列$\{x_n\}$使得当 $n\to\infty$ 时 $f(x_n)\to y$，从而$\{f(x_n)\}$是 Y 中的柯西序列. 而由于 f 是 X_0 上的等距映射，可知$\{x_n\}$也是柯西序列. 由 X 的完备性，$\{x_n\}$收敛到某个 $x\in X$，再由 f 的连续性可得

$$f(x)=\lim f(x_n)=y.$$

■ 84

4.17 定理 设$\{u_\alpha:\alpha\in A\}$是 H 中的一个规范正交集，P 是向量 u_α 的所有有限线性组合构成的空间.

不等式

$$\sum_{\alpha\in A}|\hat{x}(\alpha)|^2\leqslant\|x\|^2 \tag{1}$$

对所有的 $x\in H$ 都成立，且 $x\to\hat{x}$是 H 到 $\ell^2(A)$上的连续线性映射，其限制于 P 的闭包 $\overline{P}$ 是 $\overline{P}$ 到 $\ell^2(A)$上的等距映射.

证明 由于不等式 4.14(5)对每个有限集 $F\subset A$ 成立，从而可得(1)，即所谓的贝塞尔不等式.

通过 $f(x)=\hat{x}$来定义 H 上的映射 f，由(1)很明确地表明 f 将 H 映射到 $\ell^2(A)$，很明显 f 是线性的，把(1)式应用到 $x-y$ 上，则有

$$\|f(y)-f(x)\|_2=\|\hat{y}-\hat{x}\|_2\leqslant\|y-x\|,$$

从而 f 是连续的. 定理 4.14(a)表明 f 是从 P 到 $\ell^2(A)$的一个稠密子空间上的等距映射，

$\ell^2(A)$由支集为有限集 $F\subset A$ 的函数组成. 令 $X=\overline{P}$, $X_0=P$ 和 $Y=\ell^2(A)$, 由引理 4.16 即得本定理; 其中要注意的是, $\overline{P}$ 作为完备度量空间 H 的闭子集, 其本身也是完备的. ■

映射 $x\to\hat{x}$从 H 传送到$\ell^2(A)$称为里斯-费希尔定理.

4.18 定理 设$\{u_\alpha: \alpha\in A\}$是 H 中的规范正交集. 下面关于$\{u_\alpha\}$的四个条件中的每一个都蕴涵着另外三个:

(ⅰ) $\{u_\alpha\}$是 H 的极大规范正交集.

(ⅱ) $\{u_\alpha\}$的全体有限线性组合 P 在 H 中稠密.

(ⅲ) 对每个 $x\in H$, 有 $\sum_{\alpha\in A} |\hat{x}(\alpha)|^2=\|x\|^2$.

(ⅳ) 若 $x\in H$, $y\in H$, 则 $\sum_{\alpha\in A}\hat{x}(\alpha)\overline{\hat{y}(\alpha)}=(x, y)$.

最后一个公式就是熟知的帕塞瓦尔恒等式. 注意$\hat{x}\in\ell^2(A)$, $\hat{y}\in\ell^2(A)$, 所以$\hat{x}\overline{\hat{y}}\in\ell^1(A)$. 从而(ⅳ)中的和式的意义是明确的. 当然, (ⅲ)是(ⅳ)当 $x=y$ 时的特例. 极大规范正交集通
85 常叫做完备规范正交集或者规范正交基.

证明 简单说来, $\{u_\alpha\}$是极大的就是意味着 H 中再也没有向量能附加到$\{u_\alpha\}$上, 使所得到的集还是规范正交的. 当 H 中不存在 $x\neq 0$ 能与每个 u_α 都正交时, 上述情况确实是会出现的.

我们将证明(ⅰ)→(ⅱ)→(ⅲ)→(ⅳ)→(ⅰ).

若 P 不在 H 中稠密, 则 $\overline{P}\neq H$, 由定理 4.11 的推论可知, 在 $P^\perp$ 中存在一个非零向量. 这样$\{u_\alpha\}$在 P 不稠密时不是极大的, 即(ⅰ)推出(ⅱ).

若(ⅱ)成立, 由定理 4.17, (ⅲ)成立.

(ⅲ)→(ⅳ)的蕴涵关系要用到希尔伯特空间中的恒等式(有时称为极化恒等式)

$$4(x,y)=\|x+y\|^2-\|x-y\|^2+i\|x+iy\|^2-i\|x-iy\|^2.$$

上式表示由范数确定的内积, 用$\hat{x}$, $\hat{y}$ 分别替代 x, y 同样成立, 这是因为 $\ell^2(A)$也是希尔伯特空间(参看习题 19 的其他恒等式). 注意到(ⅲ)和(ⅳ)中的和分别是 $\|\hat{x}\|_2^2$ 和$(\hat{x}, \hat{y})$.

最后, 若(ⅰ)不真, 则在 H 内存在$u\neq 0$, 使$(u, u_\alpha)=0$ 对所有的 $\alpha\in A$ 成立, 若 $x=y=u$, 则$(x, y)=\|u\|^2\neq 0$. 然而对所有的 $\alpha\in A$, $\hat{x}(\alpha)=0$, 所以(ⅳ)也不成立. 从而(ⅳ)蕴涵着(ⅰ), 证明完毕. ■

4.19 同构 非正式地说, 两个具有相同性质的代数系统被认为是同构的, 意思是指存在从一个系统到另一系统上的一一映射, 它保持全部有关性质. 比如说, 我们可以问两个群是不是同构, 或者两个域是不是同构. 两个向量空间是同构的, 如果有一个从一个空间到另一个空间上的一一的线性映射. 线性映射是那种保持向量空间的有关概念, 即加法和标量乘法的映射.

同样地, 两个希尔伯特空间是同构的, 如果存在一个从 H_1 到 H_2 上的一一线性映射 Λ, 使它同时也保持内积: 对所有的 x 与 $y\in H$, $(\Lambda x, \Lambda y)=(x, y)$成立. 这样的一个 Λ 就是 H_1 到 H_2 上的一个同构(或者更确切地说, 一个希尔伯特空间同构). 利用这一术语, 定理 4.17 和定理 4.18 可以得出下列命题.

若$\{u_\alpha: \alpha\in A\}$是希尔伯特空间 H 中的极大规范正交集, $\hat{x}(\alpha)=(x, u_\alpha)$, 则映射 $x\to\hat{x}$是

H 到 $\ell^2(A)$ 上的希尔伯特空间同构.

可以证明(我们予以省略)，$\ell^2(A)$ 与 $\ell^2(B)$ 当且仅当 A 与 B 有相同的基数时才是同构的. 然而，我们将证明每一个非平凡的希尔伯特空间(这意味着空间并非由单独一个 0 组成)都有一个极大规范正交集(定理 4.22)，从而每一个这样的空间都同构于某个 $\ell^2(A)$. 这一证明有赖于偏序集的一个性质，该性质与选择公理等价.

4.20 偏序集 集 $\mathscr{P}$ 称为由二元关系"$\leqslant$"所偏序化，如果 86

(a) $a\leqslant b$ 和 $b\leqslant c$ 蕴涵着 $a\leqslant c$.

(b) 对每个 $a\in\mathscr{P}$，$a\leqslant a$.

(c) $a\leqslant b$ 和 $b\leqslant a$ 蕴涵着 $a=b$.

偏序集 $\mathscr{P}$ 的子集 $\mathscr{Q}$ 称为全序的(或线性序的)，如果每一对 a，$b\in\mathscr{Q}$ 满足 $a\leqslant b$ 或者 $b\leqslant a$.

例如，一个给定集的每一个子集族由包含关系"$\subset$"所偏序化.

为给出一个更特殊的例子，设 $\mathscr{P}$ 是平面全体开集族，由集的包含关系所偏序化. 而设 $\mathscr{Q}$ 是所有中心在原点的开圆盘族，则 $\mathscr{Q}\subset\mathscr{P}$. $\mathscr{Q}$ 由"$\subset$"全序化，并且 $\mathscr{Q}$ 是 $\mathscr{P}$ 的一个极大的全序子集. 这意味着当把不属于 $\mathscr{Q}$ 的任意一个 $\mathscr{P}$ 的元加到 $\mathscr{Q}$ 中以后，所得到的集族就再不能由"$\subset$"全序化了.

4.21 豪斯多夫极大性定理 *每一个非空偏序集都含有极大的全序子集.*

这是选择公理的一个推论，并且事实上也是等价于选择公理的. 它的另一种(很相似)形式是所谓佐恩引理. 我们将在附录中给出证明.

现在设 H 是一个非平凡的希尔伯特空间，则存在 $u\in H$，$\|u\|=1$. 因而 H 存在非空的规范正交集. 极大规范正交集的存在性就成了下述定理的一个推论.

4.22 定理 *希尔伯特空间 H 中的每一个规范正交集 B 都包含在 H 的一个极大规范正交集中.*

证明 设 $\mathscr{P}$ 是 H 的包含给定集 B 的全体规范正交集的类. 由集的包含关系将 $\mathscr{P}$ 偏序化. 因为 $B\in\mathscr{P}$，$\mathscr{P}\neq\varnothing$. 因此 $\mathscr{P}$ 包含一个极大全序类 Ω. 设 S 是全体 Ω 的元素之并. 显然 $B\subset S$. 我们断言 S 是极大规范正交集：

若 u_1 和 $u_2\in S$，则存在 A_1 和 $A_2\in\Omega$，$u_1\in A_1$，$u_2\in A_2$，因为 Ω 是全序的，$A_1\subset A_2$(或 $A_2\subset A_1$)，故 $u_1\in A_2$ 且 $u_2\in A_2$. 因为 A_2 是规范正交的，当 $u_1\neq u_2$ 时，$(u_1, u_2)=0$，当 $u_1=u_2$ 时 $(u_1, u_2)=1$. 于是 S 是规范正交集.

假设 S 不是极大，则 S 是一个规范正交集 S^* 的真子集. 显然 $S^*\notin\Omega$，且 S^* 包含 Ω 的每个元素. 因此我们可以把 S^* 加到 Ω 中而仍然保持全序. 这却与 Ω 的极大性相矛盾. ■ 87

三角级数

4.23 定义 设 T 是复平面上单位圆周，即所有绝对值为 1 的复数集. 若 F 是 T 上任意一个函数，而 f 在 R^1 上由

$$f(t)=F(e^{it}) \tag{1}$$

所定义，则 f 是一个周期为 2π 的周期函数．这表示对所有的 t，$f(t+2\pi)=f(t)$．反之，如果 f 是 R^1 上的周期为 2π 的函数，则存在一个 T 上的函数 F 使(1)式成立，这样一来，就可以把 T 上的函数与 R^1 上周期为 2π 的函数看做同一回事；并且我们尽管考虑 f 是定义在 T 上的，为了记号的简单，我们有时候宁愿写 $f(t)$ 而不写 $f(e^{it})$．

记住了这个约定以后，对于 $1\leqslant p<\infty$ 定义 $L^p(T)$ 为所有 R^1 上的、勒贝格可测的、周期为 2π 的，并使得范数

$$\|f\|_p=\left\{\frac{1}{2\pi}\int_{-\pi}^{\pi}|f(t)|^p\mathrm{d}t\right\}^{1/p} \tag{2}$$

为有限的复函数类．

换言之，我们考察的是 $L^p(\mu)$，这里的 μ 是 $[0,2\pi]$ 上（或 T 上）的勒贝格测度除以 2π．$L^\infty(T)$ 是所有 $L^\infty(R^1)$ 中的周期为 2π 的元素的类，以其本性上确界为范数．而 $C(T)$ 由 T 上全体连续复函数组成（或者，等价地，由全体 R^1 上的周期为 2π 的连续复函数组成），并具有范数

$$\|f\|_\infty=\sup_t|f(t)|. \tag{3}$$

(2)式中的因子 $\frac{1}{2\pi}$ 简化了我们讨论时所涉及的形式．例如，常数函数 1 的 L^p-范数是 1．

三角多项式是形如

$$f(t)=a_0+\sum_{n=1}^{N}(a_n\cos nt+b_n\sin nt)\qquad(t\in R^1) \tag{4}$$

的有限和式，这里 a_0，a_1，…，a_N 和 b_1，…，b_N 是复数．根据欧拉恒等式，(4)也可以写成

$$f(t)=\sum_{n=-N}^{N}c_n e^{int} \tag{5}$$

88 的形式，这对大多数目的来说显得更方便些．很清楚，每一个三角多项式都有周期 2π．

我们用 Z 表示全体整数（正数、零和负数）的集，并且令

$$u_n(t)=e^{int}\qquad(n\in Z). \tag{6}$$

如果在 $L^2(T)$ 中用

$$(f,g)=\frac{1}{2\pi}\int_{-\pi}^{\pi}f(t)\,\overline{g(t)}\,\mathrm{d}t \tag{7}$$

来定义内积（注意，这与(2)是相协调的）．那么，简单的计算表明

$$(u_n,u_m)=\frac{1}{2\pi}\int_{-\pi}^{\pi}e^{i(n-m)t}\mathrm{d}t \tag{8}$$

$$=\begin{cases}1 & n=m,\\ 0 & n\neq m.\end{cases}$$

这样，$\{u_n;\ n\in Z\}$ 是 $L^2(T)$ 的一个规范正交集，通常称之为*三角系*．现在我们来证明这个系是极大的，并从而导出原先在希尔伯特空间那一部分所得出的抽象定理的具体形式．

4.24 三角系的完备性 定理 4.18 表明，一旦能证明全体三角多项式在 $L^2(T)$ 中稠密，就立刻可以证明三角函数系的极大性（或完备性）．因为由定理 3.14（注意 T 是紧的），$C(T)$ 在 $L^2(T)$ 内是稠密的，所以只需证明对每个 $f\in C(T)$ 和 $\varepsilon>0$，存在一个三角多项式 P 使 $\|f-P\|_2<\varepsilon$，因为对每个 $g\in C(T)$，$\|g\|_2\leqslant\|g\|_\infty$，估值 $\|f-P\|_2<\varepsilon$ 可由 $\|f-P\|_\infty<\varepsilon$ 得到，而这一估

值就是我们要证明的.

假设我们有具有下列性质的三角多项式 Q_1，Q_2，Q_3，…：

(a) 当 $t\in R^1$ 时，$Q_k(t)\geqslant 0$.

(b) $\frac{1}{2\pi}\int_{-\pi}^{\pi} Q_k(t)\mathrm{d}t=1$.

(c) 若 $\eta_k(\delta)=\sup\{Q_k(t): \delta\leqslant |t|\leqslant\pi\}$，则对每个 $\delta>0$，

$$\lim_{k\to\infty}\eta_k(\delta)=0.$$

(c) 的另一种说法是：对每个 $\delta>0$，$Q_k(t)$在$[-\pi, -\delta]\cup[\delta, \pi]$上一致地趋于 0.

对每个 $f\in C(T)$，我们对应一个由

$$P_k(t)=\frac{1}{2\pi}\int_{-\pi}^{\pi} f(t-s)Q_k(s)\mathrm{d}s \qquad (k=1,2,3,\cdots) \tag{1}$$ 89

定义的函数 P_k，如果我们用$-s$ 代换 s，然后再用 $s-t$ 代换，这时 f 和 Q_k 的周期性表明积分值将不会改变. 因此

$$P_k(t)=\frac{1}{2\pi}\int_{-\pi}^{\pi} f(s)Q_k(t-s)\mathrm{d}s \qquad (k=1,2,3,\cdots). \tag{2}$$

因为每个 Q_k 是三角多项式，Q_k 形如

$$Q_k(t)=\sum_{n=-N_k}^{N_k} a_{n,k}\mathrm{e}^{int}. \tag{3}$$

如果用 $t-s$ 代换(3)式中的 t，并且代入(2)，我们即可看出每个 P_k 都是三角多项式.

给定 $\varepsilon>0$，由于 f 在 T 上一致连续，存在 $\delta>0$，当 $|t-s|<\delta$ 时，$|f(t)-f(s)|<\varepsilon$. 由(b)，有

$$P_k(t)-f(t)=\frac{1}{2\pi}\int_{-\pi}^{\pi}\{f(t-s)-f(t)\}Q_k(s)\mathrm{d}s.$$

而(a)蕴涵着对所有 t，

$$|P_k(t)-f(t)|\leqslant\frac{1}{2\pi}\int_{-\pi}^{\pi}|f(t-s)-f(t)|Q_k(s)\mathrm{d}s$$
$$=A_1+A_2.$$

这里 A_1 是$[-\delta, \delta]$上的积分而 A_2 是$[-\pi, -\delta]\cup[\delta, \pi]$上的积分. 在 A_1 中，被积函数小于 $\varepsilon Q_k(s)$，故由(b)得 $A_1<\varepsilon$. 在 A_2 中，有 $Q_k(s)\leqslant\eta_k(\delta)$，故由(c)，对充分大的 k，有

$$A_2\leqslant 2\|f\|_\infty\cdot\eta_k(\delta)<\varepsilon. \tag{4}$$

因为这些估值与 t 无关，我们便证明了

$$\lim_{k\to\infty}\|f-P_k\|_\infty=0. \tag{5}$$

剩下来就是构造 Q_k 了. 这可使用多种方法，下面是一种简单的方法. 令

$$Q_k(t)=c_k\left\{\frac{1+\cos t}{2}\right\}^k, \tag{6}$$

这里 c_k 选得使(b)成立. 由于(a)是明显的，我们只需证明(c). 因为 Q_k 是偶函数，(b)表明

$$1=\frac{c_k}{\pi}\int_0^{\pi}\left\{\frac{1+\cos t}{2}\right\}^k\mathrm{d}t>\frac{c_k}{\pi}\int_0^{\pi}\left\{\frac{1+\cos t}{2}\right\}^k\sin t\mathrm{d}t=\frac{2c_k}{\pi(k+1)}.$$

因为 Q_k 在$[0, \pi]$上递减，于是

90 $$Q_k(t) \leqslant Q_k(\delta) \leqslant \frac{\pi(k+1)}{2}\left(\frac{1+\cos\delta}{2}\right)^k \qquad (0<\delta \leqslant |t| \leqslant \pi). \tag{7}$$

由于 $0<\delta\leqslant\pi$ 时，$1+\cos\delta<2$，这就蕴涵了(c).

我们已经证明了如下的重要结果.

4.25 定理 若 $f\in C(T)$且$\varepsilon>0$，则存在一个三角多项式 P，对每个实的 t，有

$$|f(t)-P(t)|<\varepsilon.$$

一个更为精细的结果曾由 Fejér(1904)所证明：任何 $f\in C(T)$的傅里叶级数部分和的算术平均值都一致收敛于 f. 定理证明(与上面的证明非常类似)参看[45]定理 3.1 或[36]p. 89.

4.26 傅里叶级数 对任意 $f\in L^1(T)$，我们用公式

$$\hat{f}(n)=\frac{1}{2\pi}\int_{-\pi}^{\pi} f(t)\mathrm{e}^{-int}\,\mathrm{d}t \qquad (n\in Z) \tag{1}$$

定义 f 的傅里叶系数，记住，这里的 Z 是全体整数的集. 这样对每个 $f\in L^1(T)$，都对应了 Z 上的一个函数$\hat{f}$. f 的傅里叶级数就是

$$\sum_{-\infty}^{\infty}\hat{f}(n)\mathrm{e}^{int}, \tag{2}$$

而它的部分和是

$$s_N(t)=\sum_{-N}^{N}\hat{f}(n)\mathrm{e}^{int} \qquad (N=0,1,2,\cdots). \tag{3}$$

因为$L^2(T)\subset L^1(T)$，(1)也可以应用于每个 $f\in L^2(T)$. 比较 4.23 节及 4.13 节的定义，现在可以用具体的语言重新叙述定理 4.17 和定理 4.18：

里斯-费希尔定理断言：当$\{c_n\}$是一个复数序列，使

$$\sum_{n=-\infty}^{\infty}|c_n|^2<\infty \tag{4}$$

时，则存在一个 $f\in L^2(T)$使

$$c_n=\frac{1}{2\pi}\int_{-\pi}^{\pi} f(t)\mathrm{e}^{-int}\,\mathrm{d}t \qquad (n\in Z). \tag{5}$$

帕塞瓦尔定理断言：当$f\in L^2(T)$和 $g\in L^2(T)$时，

91 $$\sum_{n=-\infty}^{\infty}\hat{f}(n)\,\overline{\hat{g}(n)}=\frac{1}{2\pi}\int_{-\pi}^{\pi} f(t)\,\overline{g(t)}\,\mathrm{d}t. \tag{6}$$

(6)式的左边的级数绝对收敛，并且若 s_N 像(3)中一样，那么

$$\lim_{N\to\infty}\|f-s_N\|_2=0. \tag{7}$$

由(6)的一个特殊情形，有

$$\|f-s_N\|_2^2=\sum_{|n|>N}|\hat{f}(n)|^2. \tag{8}$$

注意，(7)式说明每个 $f\in L^2(T)$都是它的傅里叶级数部分和的 L^2 -极限：也就是说 f 的傅里叶级数在L^2 意义下收敛于 f. 如像第 5 章将要见到的那样，点态收敛提出了一个更加带有技巧性的问题.

里斯-费希尔定理和帕塞瓦尔定理可以通过指明映射 $f\to\hat{f}$ 是 $L^2(T)$ 到 $\ell^2(Z)$ 上的希尔伯特空间的同构而予以综合.

在其他函数空间中(例如，在 $L^1(T)$ 中)的傅里叶级数的理论比在 $L^2(T)$ 中更加困难，而我们仅将在少数的几方面碰到它.

注意到在里斯-费希尔定理的证明中，关键部分是这样一个事实，即 L^2 是完备的，下面一点要牢牢记住. 即对那些断言 L^2 或者甚至任何 L^p 的完备性的定理，有时也冠以“里斯-费希尔定理”这一名称.

习题

在这一组习题中，H 总是表示一个希尔伯特空间.

1. 如果 M 是 H 的一个闭子空间，证明 $M=(M^{\perp})^{\perp}$. 对于不一定闭的子空间 M，有没有一个与之类似的正确的命题?
2. 设 $\{x_n: n=1, 2, 3, \cdots\}$ 是 H 中的一个线性独立的向量集，证明下面的构造产生一个正交规范集 $\{u_n\}$，使得 $\{x_1, \cdots, x_N\}$ 和 $\{u_1, \cdots, u_N\}$ 对所有的 N 具有相同的生成.

   令 $u_1=x_1/\|x_1\|$，$u_1, \cdots, u_{n-1}$ 定义
   $$v_n = x_n - \sum_{i=1}^{n-1}(x_n, u_i)u_i, \quad u_n = v_n/\|v_n\|.$$
   注意，这可导致一个关于可分希尔伯特空间中极大规范正交集存在的证明，它不必借助于豪斯多夫极大原理.(一个空间是可分的，如果它包含可数稠密子集.)
3. 证明 $1\leqslant p<\infty$ 时，$L^p(T)$ 是可分的，但 $L^\infty(T)$ 不是可分的.
4. 证明 H 是可分的，当且仅当 H 包含一个至多是可数的极大规范正交集.
5. 若 $M=\{x: Lx=0\}$，这里 L 是 H 上的一个连续线性泛函，证明 $M^{\perp}$ 是一个维数为 1 的向量空间(除非 $M=H$).
6. 设 $\{u_n\}(n=1, 2, 3, \cdots)$ 是 H 中的规范正交集，说明这是一个有界闭集而非紧的例子. 设 Q 是 H 中所有形如
   $$x=\sum_1^\infty c_n u_n \qquad \left(\text{这里 } |c_n|\leqslant\frac{1}{n}\right)$$
   的 x 的集. 证明 Q 是紧的(Q 称为希尔伯特方体). 92

   更一般地，设 $\{\delta_n\}$ 是一个正数的序列而 S 是 H 中所有形如
   $$x=\sum_1^\infty c_n u_n \qquad (\text{这里 } |c_n|\leqslant\delta_n)$$
   的 x 的集，证明当且仅当 $\sum_1^\infty \delta_n^2<\infty$ 时 S 是紧的.

   证明 H 不是局部紧的.
7. 设 $\{a_n\}$ 是一个正数的序列，对 $b_n\geqslant 0$ 且 $\sum b_n^2<\infty$ 时有 $\sum a_n b_n<\infty$. 求证 $\sum a_n^2<\infty$.

   提示：若 $\sum a_n^2=\infty$，则存在互不相交的集合 $E_k(k=1, 2, 3, \cdots)$ 使得 $\sum_{n\in E_k} a_n^2>1$ 成立. 对每个 $n\in E_k$，定义 b_n，使得 $b_n=c_k a_n$. 通过适当选取 c_k，虽然有 $\sum b_n^2<\infty$ 但 $\sum a_n b_n=\infty$.
8. 若 H_1 和 H_2 是两个希尔伯特空间，证明其中的一个一定同构于另一个的某个子空间.(注意，希尔伯特空间的每个闭子空间仍是希尔伯特空间.)
9. 若 $A\subset[0, 2\pi]$ 而 A 是可测的，证明
   $$\lim_{n\to\infty}\int_A \cos nx\,\mathrm{d}x = \lim_{n\to\infty}\int_A \sin nx\,\mathrm{d}x = 0.$$

10. 设 $n_1<n_2<n_3<\cdots$ 是正整数，而 E 是所有使 $\{\sin n_k x\}$ 收敛的点 $x\in[0,2\pi]$ 的集，证明 $m(E)=0$. 提示：$2\sin^2\alpha=1-\cos 2\alpha$，因此由习题 9，在 E 上几乎处处有 $\sin n_k x\to\pm\frac{1}{\sqrt{2}}$.

11. 求 $L^2(T)$ 中不含有最小范数的元的一个非空闭集 E.

12. 在 4.24 节中已指出常数 c_k 使 $k^{-1}c_k$ 保持有界，更精确地估计相应的积分值并证明

$$0<\lim_{k\to\infty}k^{-1/2}c_k<\infty.$$

13. 设 f 是 R^1 上的连续函数，周期为 1. 证明

$$\lim_{N\to\infty}\frac{1}{N}\sum_{n=1}^{N}f(n\alpha)=\int_0^1 f(t)\,\mathrm{d}t$$

对每个实无理数都成立，提示：首先对

$$f(t)=\exp(2\pi \mathrm{i}kt),\quad k=0,\pm1,\pm2,\cdots$$

来做这道习题.

14. 计算

$$\min_{a,b,c}\int_{-1}^{1}|x^3-a-bx-cx^2|^2\,\mathrm{d}x,$$

并求出

$$\max\int_{-1}^{1}x^3 g(x)\,\mathrm{d}x.$$

这里 g 满足下列限制

93 $$\int_{-1}^{1}g(x)\,\mathrm{d}x=\int_{-1}^{1}xg(x)\,\mathrm{d}x=\int_{-1}^{1}x^2g(x)\,\mathrm{d}x=0,\int_{-1}^{1}|g(x)|^2\,\mathrm{d}x=1.$$

15. 计算

$$\min_{a,b,c}\int_0^\infty|x^3-a-bx-cx^2|^2\mathrm{e}^{-x}\,\mathrm{d}x.$$

如习题 14 那样，叙述并解相应的极大值问题.

16. 如果 $x_0\in H$ 而 M 是 H 的闭线性子空间，证明

$$\min\{\|x-x_0\|:x\in M\}=\max\{|(x_0,y)|:y\in M^\perp,\|y\|=1\}.$$

17. 证明存在一个从 $[0,1]$ 到 H 中的一一映射 γ，使得当 $0\leqslant a\leqslant b\leqslant c\leqslant d\leqslant 1$ 时. $\gamma(b)-\gamma(a)$ 与 $\gamma(d)-\gamma(c)$ 正交（γ 可以称为“具有正交增量的曲线”）. 提示：取 $H=L^2$，并考虑 $[0,1]$ 的某些子集的特征函数.

18. 对所有 $s\in R^1$，$t\in R^1$，定义 $u_s(t)=\mathrm{e}^{\mathrm{i}st}$. 设 X 是这些函数 u_s 的全体有限线性组合所组成的复向量空间. 如果 $f\in X$，$g\in X$，证明

$$(f,g)=\lim_{A\to\infty}\frac{1}{2A}\int_{-A}^{A}f(t)\,\overline{g(t)}\,\mathrm{d}t$$

存在，证明这个内积使 X 成为一个 U 空间，其完备化 H 是一个不可分的希尔伯特空间. 并证明 $\{u_s: s\in R^1\}$ 是 H 的一个极大规范正交集.

19. 固定一个正数 N，令 $\omega=\mathrm{e}^{2\pi\mathrm{i}/N}$，证明规范正交关系

$$\frac{1}{N}\sum_{n=1}^{N}\omega^{nk}=\begin{cases}1 & k=0,\\ 0 & 1\leqslant k\leqslant N-1,\end{cases}$$

并用它们导出恒等式

$$(x,y)=\frac{1}{N}\sum_{n=1}^{N}\|x+\omega^n y\|^2\omega^n$$

当 $N\geqslant 3$ 时在每个内积空间成立. 另外，证明

94 $$(x,y)=\frac{1}{2\pi}\int_{-\pi}^{\pi}\|x+\mathrm{e}^{\mathrm{i}\theta}y\|^2\mathrm{e}^{\mathrm{i}\theta}\,\mathrm{d}\theta.$$

第5章 巴拿赫空间技巧的例子

巴拿赫空间

5.1 在前一章中我们看到，关于三角级数的一些分析方面的结论，是怎样地通过一般希尔伯特空间的实质上是几何方面的考虑，包括凸性、子空间、正交性、完备性等概念显示出来的. 在分析中也有许多问题. 当我们把它们放到一个适当选择的、抽象的框架中讨论时，解决起来就变得很容易. 由于正交性是一种颇为特殊的东西，希尔伯特空间理论因而并不总是合适的. 所有巴拿赫空间组成的类却提供了更大的灵活性，这一章我们将探讨巴拿赫空间的一些基本性质，并且将通过它们对具体问题的应用来加以阐述.

5.2 定义 一个复向量空间 X 称为*赋范线性空间*，如果对每个 $x\in X$，对应一个非负实数 $\|x\|$，称为 x *的范数*，使得

(a) 对所有的 x 和 $y\in X$，$\|x+y\|\leqslant\|x\|+\|y\|$.

(b) 若 $x\in X$ 而 α 为标量，则 $\|\alpha x\|=|\alpha|\,\|x\|$.

(c) $\|x\|=0$ 蕴涵着 $x=0$.

由(a)，三角不等式

$$\|x-y\|\leqslant\|x-z\|+\|z-y\|\quad(x,y,z\in X)$$

成立. 再把(b)(取 $\alpha=0$，$\alpha=-1$)和(c)结合起来，就表明每个赋范线性空间都可以看成一个度量空间. x 和 y 之间的距离是 $\|x-y\|$.

巴拿赫空间就是一个赋范线性空间，它在由其范数所定义的度量下是完备的.

例如，每个希尔伯特空间都是一个巴拿赫空间，同样对 $1\leqslant p\leqslant\infty$，每个 $L^p(\mu)$ 以 $\|f\|_p$ 为范数时(假定把 a. e. 相等的函数看成是同一的)，以及 $C_0(X)$ 取上确界范数时，也都是巴拿赫空间. 最简单的巴拿赫空间当然就是取范数 $\|x\|=|x|$ 时的复数域本身.

我们可以同样地讨论*实的*巴拿赫空间；除了所有的标量都约定是实数之外，其定义刚好是相同的.

5.3 定义 考虑一个从赋范线性空间 X 到赋范线性空间 Y 的线性变换 Λ. 定义它的范数为

$$\|\Lambda\|=\sup\{\|\Lambda x\|:x\in X,\|x\|\leqslant 1\}.\tag{1}$$

若 $\|\Lambda\|<\infty$，则 Λ 称为*有界线性变换*

在(1)中，$\|x\|$ 是 X 中的 x 的范数，$\|\Lambda x\|$ 是 Y 中的 Λx 的范数；经常会发生几种范数同时出现的情况，我们从上下文将能搞清楚究竟指的是哪一种.

我们发现，在(1)中可以限于考虑单位向量 x，即 $\|x\|=1$ 的那些 x 而不至于改变上确界，因为

$$\|\Lambda(\alpha x)\|=\|\alpha\Lambda x\|=|\alpha|\,\|\Lambda x\|.\tag{2}$$

同时可以发现，$\|\Lambda\|$ 是使不等式

$$\| \Lambda x \| \leqslant \| \Lambda \| \, \| x \| \tag{3}$$

对每个 $x \in X$ 成立的最小的数.

下面的几何解释是有帮助的：Λ 将 X 中的闭单位球，即集

$$\{x \in X: \| x \| \leqslant 1\} \tag{4}$$

映到 Y 中以 0 为中心、半径为 $\| \Lambda \|$ 的闭球之内.

取 Y 为复数域，我们得到一个重要的特例；在这种情况下，我们称之为有界线性泛函.

5.4 定理 对于从一个赋范线性空间 X 到赋范线性空间 Y 内的一个线性变换 Λ，下面三个条件的每一个都蕴涵着另外两个：

(a) Λ 是有界的.

(b) Λ 是连续的.

(c) Λ 在 X 的某个点连续.

证明 由于 $\| \Lambda(x_1 - x_2 \| \leqslant \| \Lambda \| \, \| x_1 - x_2 \|$，显然(a)蕴涵着(b)，而(b)蕴涵着(c)是明显的. 假设 Λ 在 x_0 连续. 则对每个 $\varepsilon > 0$，可以找到一个 $\delta > 0$，使 $\| x - x_0 \| < \delta$ 蕴涵着 $\| \Lambda x - \Lambda x_0 \| < \varepsilon$. 换言之，$\| x \| < \delta$ 蕴涵着

96 $$\| \Lambda(x_0 + x) - \Lambda x_0 \| < \varepsilon.$$

然而 Λ 的线性表明 $\| \Lambda x \| < \varepsilon$. 因而 $\| \Lambda \| \leqslant \varepsilon / \delta$，故(c)蕴涵着(a). ■

贝尔定理的推论

5.5 对于巴拿赫空间的完备性这一性质，通常所采用的方式与下面的一个关于完备度量空间的定理有关，这个定理在数学的其他领域也有很多应用. 它蕴涵着使巴拿赫空间成为分析中的有用工具的三个最重要的定理中的两个：巴拿赫-斯坦因豪斯定理和开映射定理. 第三个是哈恩-巴拿赫延拓定理，在这个定理中，完备性不起作用.

5.6 贝尔定理 若 X 是完备度量空间，则每个由 X 的稠密开子集组成的可数族，其交在 X 中稠密.

特别是(除在平凡的场合 $X = \varnothing$ 之外)，这个交是不空的. 这通常就是本定理的主要意义.

证明 假设 V_1，V_2，V_3，…是 X 中的稠密开集，设 W 是 X 的任一开集. 我们必须证明，当 $W \neq \varnothing$ 时，$\cap V_n$ 在 W 中有一点.

设 ρ 是 X 的度量；我们记

$$S(x,r) = \{y \in X: \rho(x,y) < r\} \tag{1}$$

并设 $\overline{S}(x, r)$ 是 $S(x, r)$ 的闭包.（注：存在这样一种情况，$\overline{S}(x, r)$ 并不包含所有使 $\rho(x, y) \leqslant r$ 的点 y.）

由 V_1 稠密，$W \cap V_1$ 是非空开集，因此我们可以找出 x_1 和 r_1 使

$$\overline{S}(x_1, r_1) \subset W \cap V_1, \quad 0 < r_1 < 1. \tag{2}$$

如果 $n \geqslant 2$ 且 x_{n-1} 和 r_{n-1} 都已选出，则 V_n 的稠密性表明 $V_n \cap S(x_{n-1}, r_{n-1})$ 是不空的，因此我们可以找出 x_n 和 r_n 使

$$\overline{S}(x_n, r_n) \subset V_n \cap S(x_{n-1}, r_{n-1}), \quad 0 < r_n < \frac{1}{n}. \tag{3}$$

由归纳法，这个过程产生出 X 中的一个序列 $\{x_n\}$. 当 $i>n$ 和 $j>n$ 时，构造方式表明 x_i 和 x_j 同在 $S(x_n, r_n)$ 内，故 $\rho(x_i, x_j)<2r_n<2/n$，从而 $\{x_n\}$ 是一个柯西序列，因为 X 是完备的，便存在点 $x\in X$ 使 $x=\lim\limits_{n\to\infty}x_n$.

因为当 $i>n$ 时，x_i 都在闭集 $\overline{S}(x_n, r_n)$ 内，于是得知 x 位于每个 $\overline{S}(x_n, r_n)$ 内，而(3)式表明 x 位于每个 V_n 内，由(2)，$x\in W$. 这就完成了证明. ■

推论 *在完备度量空间中，任意可数个稠密的 G_δ 集之交还是稠密的 G_δ 集.* 97

因为每个 G_δ 集是可数个开集之交，而可数多个可数集之并是可数的，从而由本定理即可得出推论.

5.7 贝尔定理有时也因为下述理由而称为*类型定理*.

集 $E\subset X$ 称为*无处稠密*，如果它的闭包 $\overline{E}$ 不包含 X 的非空开集. 无处稠密集的任意一个可数并称之为*第一类型集*；而 X 的其他的集就称为*第二类型的*(贝尔的说法). 定理 5.6 等价于说*没有一个完备度量空间是第一类型的*. 要看出这一点，只需在定理 5.6 的说法中取余集就够了.

5.8 巴拿赫-斯坦因豪斯定理 *假设 X 是巴拿赫空间，Y 是赋范线性空间，而 $\{\Lambda_\alpha\}$ 是 X 到 Y 的一族有界线性变换，这里 α 取值于某个指标集 A 上，那么，或者存在 $M<\infty$，使对每个 $\alpha\in A$，*

$$\|\Lambda_\alpha\| \leqslant M, \tag{1}$$

或者对所有属于 X 的某个稠密 G_δ 集的 x，

$$\sup_{\alpha\in A}\|\Lambda_\alpha x\| = \infty. \tag{2}$$

用几何语言来说，这一命题另一种叙述如下：或者 Y 中有一个球 B(半径为 M 而中心为 0)使每个 Λ_α 映 X 的单位球到 B 内，或者存在 $x\in X$(事实上是它们的整个稠密的 G_δ 集)使 Y 中没有一个球能包含所有的 $\Lambda_\alpha x$.

这一定理有时也称为*一致有界性原理*.

证明 令

$$\varphi(x) = \sup_{\alpha\in A}\|\Lambda_\alpha x\| \qquad (x\in X), \tag{3}$$

并令

$$V_n = \{x: \varphi(x) > n\} \qquad (n=1,2,3,\cdots). \tag{4}$$

因为每个 Λ_α 都是连续的，并且 Y 的范数是 Y 上的连续函数(就像定理 4.6 的证明一样，它是三角不等式的一个直接推论)，每个函数 $x\to\|\Lambda_\alpha x\|$ 在 X 上连续，因此 φ 是下半连续的，并且 V_n 是开集. 98

若这些集中的一个，比如说 V_N 不稠密于 X，则存在一个 $x_0\in X$ 和 $r>0$，使 $\|x\|\leqslant r$ 蕴涵着 $x_0+x\notin V_N$；这就意味着 $\varphi(x_0+x)\leqslant N$，或

$$\|\Lambda_\alpha(x_0+x)\| \leqslant N \tag{5}$$

对所有 $\alpha\in A$ 和满足 $\|x\|\leqslant r$ 的所有 x 都成立. 由 $x=(x_0+x)-x_0$，于是有

$$\|\Lambda_\alpha x\| \leqslant \|\Lambda_\alpha(x_0+x)\| + \|\Lambda_\alpha x_0\| \leqslant 2N, \tag{6}$$

并且得到(1)式对 $M=2N/r$ 成立.

另一种可能性是每个 V_n 在 X 中稠密．在这种情况下，由贝尔定理，$\bigcap V_n$ 是 X 中一个稠密 G_δ 集．由于对每个 $x\in\bigcap V_n$，$\varphi(x)=\infty$．证明完毕．■

5.9 开映射定理 设 U 和 V 是巴拿赫空间 X 和 Y 的开单位球．对 X 到 Y 上的每一个有界线性变换 Λ，相应地有一个 $\delta>0$，使

$$\Lambda(U)\supset\delta V. \tag{1}$$

请注意假设中"到 Y 上"这个词！符号 δV 表示集 $\{\delta y:y\in V\}$，即所有 $\|y\|<\delta$ 的 $y\in Y$ 的集．

从(1)及 Λ 的线性得知，X 的每一个中心为 x_0 的开球的象都包含 Y 内一个中心在 Λx_0 的开球．因此，每个开集的象都是开的．这就解释了本定理的名称．

下面是(1)的另一种说法：对每个 y，$\|y\|<\delta$，都对应有一个 x 满足 $\|x\|<1$，使 $\Lambda x=y$．

证明 给定 $y\in Y$，存在 $x\in X$ 使 $\Lambda x=y$；若 $\|x\|<k$，便有 $y\in\Lambda(kU)$．因此 Y 是集 $\Lambda(kU)$ 当 $k=1,2,3,\cdots$ 时的并．因为 Y 是完备的，贝尔定理蕴涵着存在一个非空开集 W 位于某个 $\Lambda(kU)$ 的闭包内．这意味着 W 的每个点都是一个序列 $\{\Lambda x_i\}$ 的极限点，此处 $x_i\in kU$．从现在起，固定 k 和 W．

选取 $y_0\in W$ 和 $\eta>0$，使得当 $\|y\|<\eta$ 时，$y_0+y\in W$．对任一个这样的 y 都有 kU 中的序列 $\{x'_i\}$，$\{x''_i\}$ 使

$$\Lambda x'_i\to y_0,\quad \Lambda x''_i\to y_0+y\qquad (i\to\infty). \tag{2}$$

取 $x_i=x''_i-x'_i$，我们有 $\|x_i\|<2k$ 和 $\Lambda x_i\to y$．因为这对每一个 $\|y\|<\eta$ 的 y 成立，Λ 的线性表明当 $\delta=\eta/2k$ 时，下述命题是正确的：

对每个 $y\in Y$ 和每个 $\varepsilon>0$，都对应一个 $x\in X$ 使

$$\|x\|\leqslant\delta^{-1}\|y\|\ \text{及}\ \|y-\Lambda x\|<\varepsilon. \tag{3}$$

99 像证明开始之前所说的一样，除了在那里我们要求 $\varepsilon=0$ 之外，这几乎就是我们所要的结论．

固定 $y\in\delta V$ 和 $\varepsilon>0$．由(3)存在 x_1，使 $\|x_1\|<1$，且

$$\|y-\Lambda x_1\|<\frac{1}{2}\delta\varepsilon. \tag{4}$$

设 $x_1,\cdots,x_n$ 已选好，使

$$\|y-\Lambda x_1-\cdots-\Lambda x_n\|<2^{-n}\delta\varepsilon. \tag{5}$$

利用(3)并以(5)式左边的向量代替其中的 y，就得到一个 x_{n+1}，使 $n+1$ 代替 n 时，(5)式成立，且

$$\|x_{n+1}\|<2^{-n}\varepsilon\qquad (n=1,2,3,\cdots). \tag{6}$$

如果令 $s_n=x_1+\cdots+x_n$，(6)式表明 $\{s_n\}$ 是 X 中的柯西序列．由 X 完备，存在 $x\in X$ 使 $s_n\to x$. 不等式 $\|x_1\|<1$ 和(6)式一道保证了 $\|x\|<1+\varepsilon$．由 Λ 连续，$\Lambda s_n\to\Lambda x$，由(5)，$\Lambda s_n\to y$. 因此

$$\Lambda x=y.$$

现在我们已经证明了，对每个 $\varepsilon>0$，

$$\Lambda((1+\varepsilon)U)\supset\delta V, \tag{7}$$

或者

$$\Lambda(U) \supset (1+\varepsilon)^{-1}\delta V. \tag{8}$$

当取遍所有 $\varepsilon>0$ 时，(8)式右边的这些集的并就是 δV，这就证明了(1). ■

5.10 定理 *若 X 和 Y 都是巴拿赫空间，Λ 是 X 到 Y 上的一一的有界线性变换，则存在 $\delta>0$，使*

$$\|\Lambda x\| \geqslant \delta\|x\| \qquad (x \in X). \tag{1}$$

换句话说，Λ^{-1} 是 Y 到 X 上的一个有界线性变换.

证明 若 δ 像定理 5.9 的叙述中那样选择，那么，该定理的结论和 Λ 是一一的这一事实结合起来就表明，$\|\Lambda x\|<\delta$ 蕴涵着 $\|x\|<1$. 因此，$\|x\|\geqslant 1$ 蕴涵着 $\|\Lambda x\|\geqslant\delta$，于是(1)式得证.

变换 Λ^{-1} 在 Y 上可以这样定义：若 $y=\Lambda x$ 时，则 $\Lambda^{-1}y=x$. 容易验证 Λ^{-1} 是线性的，而(1)则蕴涵着 $\|\Lambda^{-1}\|\leqslant 1/\delta$. ■

连续函数的傅里叶级数

5.11 一个收敛问题 *对每个 $f\in C(T)$，是否有 f 的傅里叶级数在每一点 x 都收敛于 $f(x)$?* 100

让我们回忆一下，f 的傅里叶级数在点 x 的第 n 个部分和由

$$s_n(f;\ x) = \frac{1}{2\pi}\int_{-\pi}^{\pi} f(t)D_n(x-t)\,\mathrm{d}t \qquad (n=0,1,2,\cdots) \tag{1}$$

给出，这里

$$D_n(t) = \sum_{k=-n}^{n} \mathrm{e}^{ikt}, \tag{2}$$

这直接从公式 4.26(1)和 4.26(3)得出.

问题在于判定

$$\lim_{n\to\infty} s_n(f;\ x) = f(x) \tag{3}$$

是否对每个 $f\in C(T)$ 和每个实数 x 成立. 我们在 4.26 节看到部分和按 L^2 范数收敛于 f，因此定理 3.12 蕴涵着每个 $f\in L^2(T)$(从而对每个 $f\in C(T)$ 亦然)都是整个部分和序列的某个子序列的 a. e. 点态极限. 但这并没有回答现在提出的问题.

我们将会看到，巴拿赫-斯坦因豪斯定理否定地回答了这个问题. 令

$$s^*(f;\ x) = \sup_n |s_n(f;\ x)|. \tag{4}$$

开始取 $x=0$，并定义

$$\Lambda_n f = s_n(f;\ 0) \qquad (f\in C(T);\ n=1,2,3,\cdots), \tag{5}$$

我们知道 $C(T)$ 对于上确界范数 $\|f\|_\infty$ 是一个巴拿赫空间. 从(1)得知，每个 Λ_n 都是 $C(T)$ 上的有界线性泛函，其范数

$$\|\Lambda_n\| \leqslant \frac{1}{2\pi}\int_{-\pi}^{\pi} |D_n(t)|\,\mathrm{d}t = \|D_n\|_1. \tag{6}$$

我们断言

$$\text{当 } n\to\infty \text{ 时，} \|\Lambda_n\| \to \infty. \tag{7}$$

这可以通过指出(6)式中等式成立，以及

$$\text{当 } n\to\infty \text{ 时，} \|D_n\|_1\to\infty. \tag{8}$$

而予以证明.

将(2)式分别乘以$e^{it/2}$和$e^{-it/2}$，并从所得的两个等式中的一个减去另一个，得到

101 $$D_n(t)=\frac{\sin\left(n+\dfrac{1}{2}\right)t}{\sin(t/2)}. \tag{9}$$

因为对所有实数x，$|\sin x|\leqslant|x|$，(9)式指出

$$\|D_n\|_1>\frac{2}{\pi}\int_0^{\pi}\left|\sin\left(n+\frac{1}{2}\right)t\right|\frac{\mathrm{d}t}{t}=\frac{2}{\pi}\int_0^{(n+1/2)\pi}|\sin t|\frac{\mathrm{d}t}{t}$$

$$>\frac{2}{\pi}\sum_{k=1}^{n}\frac{1}{k\pi}\int_{(k-1)\pi}^{k\pi}|\sin t|\,\mathrm{d}t=\frac{4}{\pi^2}\sum_{k=1}^{n}\frac{1}{k}\to\infty.$$

这就证明了(8).

其次，固定n，并且若$D_n(t)\geqslant0$，令$g(t)=1$；若$D_n(t)<0$，令$g(t)=-1$. 存在$f_j\in C(T)$使$-1\leqslant f_j\leqslant1$，且当$j\to\infty$时，对每个$t$，$f_j(t)\to g(t)$. 由控制收敛定理，

$$\lim_{j\to\infty}\Lambda_n(f_j)=\lim_{j\to\infty}\frac{1}{2\pi}\int_{-\pi}^{\pi}f_j(-t)D_n(t)\,\mathrm{d}t$$

$$=\frac{1}{2\pi}\int_{-\pi}^{\pi}g(-t)D_n(t)\,\mathrm{d}t=\|D_n\|_1.$$

这样，(6)式中的等式成立，并且证明了(7)式.

由(7)成立，巴拿赫-斯坦因豪斯定理现在就断言$s^*(f;0)=\infty$对$C(T)$中某个稠密G_δ集中的每个f成立.

我们选$x=0$只是为了方便. 很明显，同样的结论对每个x都是成立的.

对每个实数x都对应一个集$E_x\subset C(T)$，它是$C(T)$中一个稠密G_δ集，使每个$f\in E_x$，$s^*(f;x)=\infty$.

特别地，每个$f\in E_x$的傅里叶级数在x是发散的. 因此得到了我们提出的那个问题的否定回答.

注意到下述问题是很有趣的，即上面的结论还可以通过贝尔定理的另外一个应用而得到强化. 假如我们取可数多个点x_i，并且令E为相应的集

$$E_{x_i}\subset C(T)$$

的交. 由贝尔定理，E是$C(T)$中的一个稠密G_δ集. 对于每个$f\in E$，在每个点x_i都有

$$s^*(f;x_i)=\infty.$$

对每个f，$s^*(f;x)$是x的下半连续函数. 这是因为(4)式表示了它是一族连续函数的上确界. 因此对每个f，$\{x: s^*(f;x)=\infty\}$是R^1中的G_δ集. 如果取上述点x_i使它们的并在$(-\pi,\pi)$上稠密. 我们便得如下结果.

5.12 定理 存在一个集$E\subset C(T)$，它在$C(T)$中是稠密的G_δ集，并具有下列性质：对每个$f\in E$，集

$$Q_f=\{x: s^*(f;x)=\infty\}$$

是 R^1 上的稠密 G_δ 集. 102

如果我们证实了 E 以及每个 Q_f 都是不可数集，那将是很有趣的.

5.13 定理 在不存在孤立点的完备度量空间中，没有一个可数稠密集是 G_δ 集.

证明 设 x_k 是 X 的可数稠密集 E 的点. 假定 E 是 G_δ 集. 那么，$E=\bigcap V_n$，这里 V_n 是稠密的开集. 设

$$W_n = V_n - \bigcup_{k=1}^{n} \{x_k\}$$

则每个 W_n 还是稠密开集. 但 $\bigcap W_n=\varnothing$. 这与贝尔定理矛盾. ■

注 稍微修改一下贝尔定理的证明，就可证明当 X 如上假设时，其每一个稠密 G_δ 集都包含一个完全集.

L^1 函数的傅里叶系数

5.14 像 4.26 节一样，对每个 $f\in L^1(T)$ 我们对应 Z 上的一个函数 $\hat{f}$，由

$$\hat{f}(n) = \frac{1}{2\pi}\int_{-\pi}^{\pi} f(t)\mathrm{e}^{-int}\,\mathrm{d}t \qquad (n \in Z) \tag{1}$$

定义. 容易证明，对每个 $f\in L^1$，当 $|n|\to\infty$ 时，$\hat{f}(n)\to 0$. 因为我们知道 $C(T)$ 是稠于 $L^1(T)$(定理 3.14)而三角多项式是稠于 $C(T)$ 的(定理 4.25). 这就是说如果 $\varepsilon>0$，$f\in L^1(T)$，就存在 $g\in C(T)$ 和三角多项式 P，使 $\|f-g\|_1<\varepsilon$ 和 $\|g-P\|_\infty<\varepsilon$.

由于

$$\|g-P\|_1 \leqslant \|g-P\|_\infty,$$

便得到 $\|f-P\|_1<2\varepsilon$，而当 $|n|$ 足够大(依赖于 P)时，

$$|\hat{f}(n)| = \left|\frac{1}{2\pi}\int_{-\pi}^{\pi}\{f(t)-P(t)\}\mathrm{e}^{-int}\,\mathrm{d}t\right| \leqslant \|f-P\|_1 < 2\varepsilon. \tag{2}$$

这样，当 $n\to\pm\infty$ 时，$\hat{f}(n)\to 0$. 此即所谓的黎曼-勒贝格引理.

我们想提出的问题是，它的逆命题是否正确呢？也就是说，如果 $\{a_n\}$ 是一个复数序列，当 $n\to\pm\infty$ 时，$a_n\to 0$，那么，有没有一个 $f\in L^1(T)$，使得对所有 $n\in Z$，$\hat{f}(n)=a_n$？换言之，有没有一个类似于里斯-费希尔定理的结论在现在的情况下保持正确？

借助于开映射定理容易对此做出(否定的)回答. 103

设 φ 是使得 $n\to\pm\infty$ 时 $\varphi(n)\to 0$ 的 Z 上的复函数，c_0 是由全体这样的 φ 所组成的空间，并赋予上确界范数

$$\|\varphi\|_\infty = \sup\{|\varphi(n)| : n \in Z\}, \tag{3}$$

则容易看出 c_0 是一个巴拿赫空间. 事实上，如果我们规定 Z 的每个子集都是开集，那么，Z 是一个局部紧豪斯多夫空间，而 c_0 就是 $C_0(Z)$.

下述定理包含了我们的问题的答案.

5.15 定理 映射 $f\to\hat{f}$ 是 $L^1(T)$ 到 c_0 内(不是到上)的一个一一有界线性变换.

证明 用 $\Lambda f=\hat{f}$ 定义 Λ. Λ 显然是线性的. 我们刚才已证明了 Λ 映 $L^1(T)$ 到 c_0 内，而公

式 5.14(1)表明 $|\hat{f}(n)|\leqslant\|f\|_1$，所以 $\|\Lambda\|\leqslant 1$(实际上，$\|\Lambda\|=1$，这只需取 $f=1$ 即可看出). 现在我们来证明 Λ 是一一的. 假设 $f\in L^1(T)$，而对每个 $n\in Z$，$\hat{f}(n)=0$. 那么，当 g 是任意一个三角多项式时，

$$\int_{-\pi}^{\pi} f(t)g(t)\mathrm{d}t = 0 \tag{1}$$

由定理 4.25 和控制收敛定理，对每个 $g\in C(T)$，(1)式也成立. 与鲁金定理的推论联系起来，再一次应用控制收敛定理，得出(1)式对 T 中任意可测集的特征函数 g 也成立的结论. 现在，定理 1.39(b)表明 $f=0$ a.e. 成立.

假如 Λ 的值域是整个 c_0. 定理 5.10 将蕴涵着存在一个 $\delta>0$，使对每个 $f\in L^1(T)$，

$$\|\hat{f}\|_\infty \geqslant \delta\|f\|_1. \tag{2}$$

但是，若 $D_n(t)$ 如 5.11 节一样定义，这时，对 $n=1, 2, 3, \cdots$，$D_n\in L^1(T)$，$\|\hat{D}_n\|_\infty=1$. 而 $n\to\infty$ 时，$\|D_n\|_1\to\infty$. 因此不存在 $\delta>0$ 使不等式

$$\|\hat{D}_n\|_\infty \geqslant \delta\|D_n\|_1 \tag{3}$$

对每个 n 成立.

定理证毕. ■

哈恩-巴拿赫定理

5.16 定理 若 M 是赋范线性空间 X 的一个子空间，而 f 是 M 上的一个有界线性泛函，

104 则 f 可以开拓为 X 上的一个有界线性泛函 F，使 $\|F\|=\|f\|$.

注意，M 不一定要是闭的.

在着手证明之前，看来要作些说明. 首先，我们说 F 是 f 的一个开拓(在最一般的情况下)是指 F 的定义域包含了 f 的定义域，而且对于属于 f 的定义域的所有 x，$F(x)=f(x)$. 其次，范数 $\|F\|$ 和 $\|f\|$ 是各自按 F 和 f 的定义域来计算的；显然

$$\|f\| = \sup\{|f(x)|: x\in M, \|x\|\leqslant 1\}, \quad \|F\| = \sup\{|F(x)|: x\in X, \|x\|\leqslant 1\}.$$

第三点说明是与标量域有关的. 迄今，所有的内容都是就复数域来讲的，但完全可以用实数域取代复数域而不必改变陈述和证明. 哈恩-巴拿赫定理在两种场合都正确；不过，它主要是以"实"形式的定理出现. 当巴拿赫写出他的经典著作《Opérations Linéaires》时对复的情况没有证明，其主要原因可能是在他的著作中只考虑实数情况.

在这里引进一些临时性的名词术语是有益的. 回忆一下，V 是一个复(实)向量空间，如果当 x 和 $y\in V$ 时 $x+y\in V$，且对所有复(实)数 α，$\alpha x\in V$. 很明显，每个复向量空间同时也是一个实向量实间. 复向量空间 V 上的复函数 φ 是复线性泛函，如果对所有 x 和 $y\in V$ 及所有复数 α，

$$\varphi(x+y)=\varphi(x)+\varphi(y) \quad 和 \quad \varphi(\alpha x)=\alpha\varphi(x) \tag{1}$$

成立. 在复(实)向量空间 V 上的一个实值函数 φ 是一个实线性泛函，如果(1)式对所有实数 α 成立.

若 u 是复线性泛函 f 的实部，即如果对所有 $x\in V$，$u(x)$是复数 $f(x)$的实部，则容易看出 u 是一个实线性泛函. 下述 f 与 u 之间的关系是成立的.

5.17 命题 设 V 是复向量空间.

(a) 若 u 是 V 上的复线性泛函 f 的实部，则

$$f(x)=u(x)-\mathrm{i}u(\mathrm{i}x)\qquad(x\in V).\tag{1}$$

(b) 若 u 是 V 上的一个实线性泛函，而 f 由(1)式定义，则 f 是 V 上的一个复线性泛函.

(c) 若 V 是赋范线性空间，而 f 与 u 有(1)式的关系，则 $\|f\|=\|u\|$.

证明 若 α 与 β 是实数而 $z=\alpha+\mathrm{i}\beta$，则 $\mathrm{i}z$ 的实部是 $-\beta$. 对所有复数 z 这就得出了等式

$$z=\mathrm{Re}z-\mathrm{i}\mathrm{Re}(\mathrm{i}z).\tag{2}$$

因为

$$\mathrm{Re}(\mathrm{i}f(x))=\mathrm{Re}f(\mathrm{i}x)=u(\mathrm{i}x),\tag{3}$$

令 $z=f(x)$，由(2)式便得出(1)式. 105

在(b)的假设下，显然，$f(x+y)=f(x)+f(y)$，且对所有的实数 α，$f(\alpha x)=\alpha f(x)$. 但同样也有

$$f(\mathrm{i}x)=u(\mathrm{i}x)-\mathrm{i}u(-x)=u(\mathrm{i}x)+\mathrm{i}u(x)=\mathrm{i}f(x),\tag{4}$$

这就证明了 f 是复线性的.

由于 $|u(x)|\leqslant|f(x)|$，我们有 $\|u\|\leqslant\|f\|$. 另一方面，对每个 $x\in V$ 都对应有一个复数 α，$|\alpha|=1$，使 $\alpha f(x)=|f(x)|$. 因此，

$$|f(x)|=f(\alpha x)=u(\alpha x)\leqslant\|u\|\cdot\|\alpha x\|=\|u\|\cdot\|x\|,\tag{5}$$

这就证明了 $\|f\|\leqslant\|u\|$. ■

5.18 定理 5.16 的证明 我们首先假定 X 是实赋范线性空间，从而 f 是 M 上的一个实有界线性泛函，若 $\|f\|=0$，则所求的开拓就是 $F=0$. 去掉这种情况，不失一般性，可假定 $\|f\|=1$.

选 $x_0\in X$，$x_0\notin M$，并设 M_1 是由 M 和 x_0 张成的向量空间，于是 M_1 由所有形如 $x+\lambda x_0$ 的向量组成，这里 $x\in M$ 而 λ 是实数. 如果定义 $f_1(x+\lambda x_0)=f(x)+\lambda\alpha$，这里 α 是任意固定的一个实数. 容易验证，这样得到从 f 到 M_1 上的一个线性泛函开拓. 问题是要选择 α 使开拓后的线性泛函仍然有范数 1. 这也就是要求

$$|f(x)+\lambda\alpha|\leqslant\|x+\lambda x_0\|\qquad(x\in M,\lambda\text{ 是实数}).\tag{1}$$

用 $-\lambda x$ 代替 x，并以 $|\lambda|$ 除(1)式的两边. 这个要求于是变为

$$|f(x)-\alpha|\leqslant\|x-x_0\|\qquad(x\in M),\tag{2}$$

即，对所有 $x\in M$，$A_x\leqslant\alpha\leqslant B_x$，这里

$$A_x=f(x)-\|x-x_0\|\qquad\text{而}\qquad B_x=f(x)+\|x-x_0\|.\tag{3}$$

这样的 α 当且仅当所有的区间 $[A_x, B_x]$ 有公共点，也就是说，当且仅当对所有的 x 和 $y\in M$，

$$A_x\leqslant B_y\tag{4}$$

时才会存在. 但是

$$f(x)-f(y)=f(x-y)\leqslant\|x-y\|\leqslant\|x-x_0\|+\|y-x_0\|,\tag{5}$$

因此由(3)可得出(4).

现在我们已经证明了存在一个 f 的到 M_1 上的保范开拓 f_1.

设 $\mathscr{P}$ 是全体序对 (M', f') 的集族，其中 M' 是 X 中的包含 M 的一个子空间，而 f' 是 f 的

到M'上的实线性开拓，具有$\|f'\|=1$. 我们声称$(M', f')\leqslant(M'', f'')$意味着$M'\subset M''$，且对
106 所有的$x\in M'$，$f'(x)=f''(x)$，而将$\mathscr{P}$偏序化. 关于偏序的公理显然是满足的. 由于$\mathscr{P}$包含(M, f)，所以不是空集，于是豪斯多夫极大性定理断言$\mathscr{P}$有一个极大的全序子集族Ω.

设Φ是使$(M', f')\in\Omega$的所有M'的集族. 那么，按照集的包含关系，Φ是全序的. 因此Φ的所有元素之并$\widetilde{M}$是X的一个子空间.（注意，一般地说两个子空间之并不是一个子空间. R^3中两个通过原点的平面就是一例.）若$x\in\widetilde{M}$，则对某个$M'\in\Phi$，有$x\in M'$；定义$F(x)=f'(x)$，这里f'是序对$(M', f')\in\Omega$中相应的函数. Ω中偏序的定义表明，只要M'包含x'，究竟选择哪一个M'去确定$F(x)$是无关紧要的.

现在容易验证F是$\widetilde{M}$上的线性泛函，且$\|F\|=1$. 假如$\widetilde{M}$是X的一个真子空间，证明的第一部分就给出一个F的进一步的开拓，这将与Ω的极大性矛盾. 因此，$\widetilde{M}=X$. 这就完成了实标量场合的证明.

现在，如果f是复赋范线性空间X的子空间M上的一个复线性泛函，设u是f的实部. 运用实哈恩-巴拿赫定理将u开拓为X上的实线性泛函U，使$\|U\|=\|u\|$，并定义

$$F(x)=U(x)-\mathrm{i}U(\mathrm{i}x) \qquad (x\in X). \tag{6}$$

由命题 5.17，F是f的一个复线性开拓，且

$$\|F\|=\|U\|=\|u\|=\|f\|.$$

这就完成了证明. ■

下面提出哈恩-巴拿赫定理的两个重要的推论.

5.19 定理 设M是赋范线性空间X的一个线性子空间，$x_0\in X$. 则x_0属于M的闭包$\overline{M}$当且仅当不存在X上的有界线性泛函f使所有$x\in M$，$f(x)=0$而$f(x_0)\neq 0$.

证明 若$x_0\in\overline{M}$，f是X上的有界线性泛函，且对所有$x\in M$，$f(x)=0$，则f的连续性表明同样有$f(x_0)=0$.

反之，设$x_0\notin\overline{M}$. 则存在$\delta>0$，使所有$x\in M$，$\|x-x_0\|>\delta$. 设M'是由M和x_0生成的子空间，并且，当$x\in M$，λ是标量时，定义$f(x+\lambda x_0)=\lambda$. 因为

$$\delta|\lambda|\leqslant|\lambda|\,\|x_0+\lambda^{-1}x\|=\|\lambda x_0+x\|,$$

可以看出f是M'上的线性泛函，其范数至多是δ^{-1}. 同时在M上，$f(x)=0$，$f(x_0)=1$. 哈恩-巴拿赫定理允许我们将这个f从M'开拓到X上. ■

5.20 定理 若X是一个赋范线性空间，且$x_0\in X$，$x_0\neq 0$，则存在一个X上的范数为1
107 的有界线性泛函f使$f(x_0)=\|x_0\|$.

证明 设$M=\{\lambda x_0\}$，并定义$f(\lambda x_0)=\lambda\|x_0\|$. 则$f$是$M$上的范数为1的线性泛函. 这时可以再次应用哈恩-巴拿赫定理. ■

5.21 评注 如果X是一个赋范线性空间，设X^*是X上全体有界线性泛函的集族. 且线性泛函的加法和标量乘法以明显的方式予以定义，容易看出X^*仍是一个赋范线性空间. 事实上，X^*是一个巴拿赫空间. 这只要从标量域是一个完备度量空间这一事实就可以得出. 我们把X^*的这些性质的验证留作习题.

定理 5.20 的推论之一是，当X是非平凡的向量空间（即X有非 0 向量）时，X^*也是非平

凡的. 事实上，X^* 在 X 上是分离两点的. 这意味着，如果在 X 中 $x_1 \neq x_2$，则存在一个 $f \in X^*$ 使 $f(x_1) \neq f(x_2)$. 为了证明这点，只需在定理 5.20 中取 $x_0 = x_2 - x_1$.

另外一个推论是，对 $x \in X$，

$$\| x \| = \sup\{ | f(x) | : f \in X^*, \| f \| = 1 \}.$$

因此，对固定的 $x \in X$，映射 $f \to f(x)$ 是 X^* 上的一个范数为 $\| x \|$ 的有界线性泛函.

X 与 X^*（所谓 X 的"对偶空间"）之间的这一相互对应，构成了人们熟知的泛函分析这一数学分支的一个很大部分的基础.

泊松积分的一种抽象处理

5.22 要将哈恩-巴拿赫定理成功地应用于具体问题，当然有赖于所论及的赋范线性空间上的有界线性泛函的知识. 迄今为止，我们还只是确定了一个希尔伯特空间上的有界线性泛函（在那种情况下，哈恩-巴拿赫定理的一种更简单的证明方法是存在的，参看习题 6)，同时我们也知道 $C_c(X)$ 上的正线性泛函.

现在我们将描述一种一般情况，在这种情况下，前面提到的那种泛函很自然地就会出现.

设 K 是一个紧豪斯多夫空间，H 是 K 的紧子集，并设 A 是 $C(K)$ 的一个子空间，使 $1 \in A$（1 表示对每个 $x \in X$ 对应于数 1 的函数)，并且使

$$\| f \|_K = \| f \|_H \qquad (f \in A). \tag{1}$$

这里我们采用记号

$$\| f \|_E = \sup\{ | f(x) | : x \in E \}. \tag{2}$$

由于 5.23 节讨论过的例子，H 有时称为对应于空间 A 的 K 的边界. 108

如果 $f \in A$，$x \in K$，(1)说明

$$| f(x) | \leqslant \| f \|_H. \tag{3}$$

特别地，对每个 $y \in H$，若 $f(y) = 0$，则对所有 $x \in K$，$f(x) = 0$. 因此，若 f_1，$f_2 \in A$，且对每个 $y \in H$，$f_1(y) = f_2(y)$，则 $f_1 = f_2$. 要看出这点，只需取 $f = f_1 - f_2$ 即可.

设 M 是 H 上的、由所有的 A 的元素限制在 H 上而组成的函数的集. 显然，M 是 $C(H)$ 的一个子空间. 前面的评注表明 M 的每一个元素都有唯一的一个开拓使它是 A 的一个元素. 这样我们就得到 M 和 A 之间的一个自然的一一对应，而且由(1)它是保范的. 因此，当我们用同一字母来表示 A 的元素以及它在 H 上的限制时，是决不会发生混淆的.

固定一点 $x \in K$. 不等式(3)表明映射 $f \to f(x)$ 是 M 上的范数为 1 的有界线性泛函（因为 $f = 1$ 时(3)式成为等式). 由哈恩-巴拿赫定理，存在一个 $C(H)$ 上的，范数为 1 的线性泛函 Λ，使

$$\Lambda f = f(x) \qquad (f \in M). \tag{4}$$

我们断言性质

$$\Lambda 1 = 1, \qquad \| \Lambda \| = 1 \tag{5}$$

蕴涵着 Λ 是 $C(H)$ 上的正线性泛函.

为了证明这一点，假设 $f \in C(H)$，$0 \leqslant f \leqslant 1$. 令 $g = 2f - 1$ 并令 $\Lambda g = \alpha + i\beta$，这里 α，β 是实数. 注意 $-1 \leqslant g \leqslant 1$，故 $| g + ir |^2 \leqslant 1 + r^2$ 对每个实常数 r 成立. 因此(5)蕴涵着

$$(\beta+r)^2 \leqslant |\alpha+\mathrm{i}(\beta+r)|^2 = |\Lambda(g+\mathrm{i}r)|^2 \leqslant 1+r^2. \tag{6}$$

这样，对每个 r 有 $\beta^2+2r\beta\leqslant 1$，从而必然有 $\beta=0$. 因为 $\|g\|_H\leqslant 1$，我们便有 $|\alpha|\leqslant 1$；所以

$$\Lambda f = \frac{1}{2}\Lambda(1+g) = \frac{1}{2}(1+\alpha) \geqslant 0 \tag{7}$$

现在可以应用定理 2.14. 它表明在 H 上存在一个正则的、正的博雷尔测度 μ_x，使

$$\Lambda f = \int_H f\,\mathrm{d}\mu_x \qquad (f\in C(H)). \tag{8}$$

特别地，我们得到表示式

$$f(x) = \int_H f\,\mathrm{d}\mu_x \qquad (f\in A). \tag{9}$$

这样，我们已经证明了，对每个 $x\in K$，在"边界"H 上都有一个正的测度 μ_x，它在(9)式
109 对每个 $f\in A$ 都成立这种意义下"表示"了 x.

注意，Λ 唯一地决定了 μ_x；然而没有理由期望哈恩-巴拿赫开拓是唯一的. 因此一般说来，关于这个表示测度的唯一性，我们没有更多的话可说. 但是，像即将看到的那样，在某种特殊的情况下是能够得出唯一性的.

5.23 为了看出前面那种情况的例子，设 $U=\{z: |z|<1\}$ 是复平面上的开单位圆盘. 令 $K=\overline{U}$(闭单位圆盘)，并取 H 为 U 的边界 T. 我们断言每个多项式 f，即每个形如

$$f(z) = \sum_{n=0}^{N} a_n z^n \tag{1}$$

的函数，这里 a_0，…，a_N 是复数，都满足关系式

$$\|f\|_U = \|f\|_T. \tag{2}$$

(注意，f 的连续性表明 $|f|$ 在 U 上的上确界与在 $\overline{U}$ 上的上确界相同.)

因为 $\overline{U}$ 是紧的，存在 $z_0\in\overline{U}$ 使 $|f(z_0)|\geqslant|f(z)|$ 对所有的 $z\in\overline{U}$ 成立. 假设 $z_0\in U$，于是

$$f(z) = \sum_{n=0}^{N} b_n(z-z_0)^n, \tag{3}$$

且当 $0<r<1-|z_0|$ 时，我们得到

$$\sum_{n=0}^{N}|b_n|^2 r^{2n} = \frac{1}{2\pi}\int_{-\pi}^{\pi}|f(z_0+r\mathrm{e}^{\mathrm{i}\theta})|^2\mathrm{d}\theta$$
$$\leqslant \frac{1}{2\pi}\int_{-\pi}^{\pi}|f(z_0)|^2\mathrm{d}\theta = |b_0|^2,$$

从而 $b_1=b_2=\cdots=b_N=0$；即 f 是常数. 这样，对每个非常数的多项式 f，$z_0\in T$. 这就证明了(2).

(我们刚才证明了最大模定理的一种特殊情况；稍后我们将看到这是所有全纯函数的一个重要性质.)

5.24 泊松积分 设 A 是 $C(\overline{U})$(像上面一样，这里的 $\overline{U}$ 是闭单位圆盘)的任意一个子空间，使 A 包含所有多项式，并且使得

$$\|f\|_U = \|f\|_T \tag{1}$$

对每个 $f\in A$ 成立. 我们并不排除 A 刚好由多项式组成的可能性，但 A 也可以更大一些.

将 5.22 节所得的一般结论应用于 A，证明对每个 $z\in U$，都对应于 T 上的正博雷尔测度 μ_z，使得

$$f(z)=\int_T f\,\mathrm{d}\mu_z \qquad (f\in A). \tag{2}$$

（对于 $z\in T$ 也同样成立，但这是平凡的：简单地说，μ_z 就是集中于点 z 的单位质量.） 110

现在我们固定 $z\in U$，并记 $z=re^{i\theta}$，$0\leqslant r<1$，θ 是实数.

若对 $n=0,1,2,\cdots$，$u_n(w)=w^n$，则 $u_n\in A$，因此(2)表明

$$r^n e^{in\theta}=\int_T u_n\,\mathrm{d}\mu_z \quad (n=0,1,2,\cdots). \tag{3}$$

因为在 T 上 $u_{-n}=\bar{u}_n$，(3)式导出

$$\int_T u_n\,\mathrm{d}\mu_z=r^{|n|}e^{in\theta} \quad (n=0,\pm1,\pm2,\cdots). \tag{4}$$

这就提示我们注意实函数

$$P_r(\theta-t)=\sum_{n=-\infty}^{\infty} r^{|n|}e^{in(\theta-t)} \quad (t\text{ 是实数}), \tag{5}$$

因此

$$\frac{1}{2\pi}\int_{-\pi}^{\pi} P_r(\theta-t)e^{int}\,\mathrm{d}t=r^{|n|}e^{in\theta} \qquad (n=0,\pm1,\pm2,\cdots). \tag{6}$$

注意，级数(5)由收敛的几何级数 $\sum r^{|n|}$ 所控制. 所以将该级数代入(6)并且逐项积分以给出(6)，这是合理的. 比较(4)和(6)，当 $f=u_n$ 时，给出

$$\int_T f\,\mathrm{d}\mu_z=\frac{1}{2\pi}\int_{-\pi}^{\pi} f(e^{it})P_r(\theta-t)\,\mathrm{d}t, \tag{7}$$

因此对每个三角多项式 f 也成立. 现在定理 4.25 蕴涵着(7)式对每个 $f\in C(T)$ 成立.（这表明 μ_z 是由(2)式唯一决定的，为什么？）

特别地，当 $f\in A$ 时(7)式成立. 因此(2)式也给出表达式

$$f(z)=\frac{1}{2\pi}\int_{-\pi}^{\pi} f(e^{it})P_r(\theta-t)\,\mathrm{d}t \qquad (f\in A). \tag{8}$$

级数(5)明显地可以求和，因为它是

$$1+2\sum_{1}^{\infty}(ze^{-it})^n=\frac{e^{it}+z}{e^{it}-z}=\frac{1-r^2+2ir\sin(\theta-t)}{|1-ze^{-it}|^2}$$

的实部. 这样

$$P_r(\theta-t)=\frac{1-r^2}{1-2r\cos(\theta-t)+r^2}, \tag{9}$$

这就是所谓的"泊松核". 注意，当 $0\leqslant r<1$ 时 $P_r(\theta-t)\geqslant 0$.

现在对所证明的予以总结. 111

5.25 定理 设 A 是闭单位圆盘 $\overline{U}$ 上的连续复函数的一个向量空间. 若 A 包含全体多项式，并且对每个 $f\in A$

$$\sup_{z\in U}|f(z)|=\sup_{z\in T}|f(z)| \tag{1}$$

（这里 T 是单位圆周，即 U 的边界），则泊松积分表达式

$$f(z)=\frac{1}{2\pi}\int_{-\pi}^{\pi}\frac{1-r^2}{1-2r\cos(\theta-t)+r^2}f(\mathrm{e}^{\mathrm{i}t})\mathrm{d}t \qquad (z=r\mathrm{e}^{\mathrm{i}\theta}) \tag{2}$$

对每个 $f\in A$，$z\in U$ 都成立.

习题

1. 设 X 由 a 和 b 两个点组成，令 $\mu(\{a\})=\mu(\{b\})=\frac{1}{2}$，并设 $L^p(\mu)$是所得的实 L^p 空间. 指定 X 上的每个实函数恒等于平面中的点$(f(a), f(b))$，并对 $0<p\leqslant\infty$ 画出 $L^p(\mu)$的单位球的草图. 注意，当且仅当 $1\leqslant p\leqslant\infty$ 时它们是凸的. 对哪个 p 其单位球是一个正方形？是一个圆形？如果 $\mu(\{a\})\neq\mu(\{b\})$，这时的情况与前者有何不同？
2. 证明在每个赋范线性空间中的(开或闭)单位球都是凸的.
3. 设 $1<p<\infty$，证明 $L^p(\mu)$的单位球是*严格凸的*：这表示当

$$\|f\|_p=\|g\|_p=1,\quad f\neq g, h=\frac{1}{2}(f+g)$$

时，$\|h\|_p<1$.（从几何角度看，这个球的表面决不包含直线.）说明这对每一个 $L^1(\mu)$，$L^\infty(\mu)$和 $C(X)$是不成立的.（除了仅由一点组成的空间之类的微不足道的场合.）
4. 设 C 是$[0, 1]$上全体连续函数的空间，赋以上确界范数. 设 M 由所有使

$$\int_0^{\frac{1}{2}}f(t)\mathrm{d}t-\int_{\frac{1}{2}}^1 f(t)\mathrm{d}t=1$$

的 $f\in C$ 组成. 证明 M 是 C 的一个闭凸子集. 它不包含最小范数的元素.
5. 设 M 是所有就勒贝格测度而言的，使得

$$\int_0^1 f(t)\mathrm{d}t=1$$

的 $f\in L^1([0, 1])$的集. 证明 M 是 $L^1([0, 1])$的闭凸子集，它包含无限多个最小范数的元素.（试与习题4以及定理4.10相比较.）
6. 设 f 是希尔伯特空间 H 的子空间 M 上的有界线性泛函. 证明 f 有一个到 H 上的有界线性泛函的*唯一*的保范开拓，而且这个开拓在 $M^\perp$ 上等于零.
7. 在某个 $L^1(\mu)$的某个子空间上构造一个有界线性泛函，使它有两个(从而是无限多个)不同的到$L^1(\mu)$的保范线性开拓.
8. 设 X 是一个赋范线性空间，如在5.21节中那样，X^* 是它的对偶空间，具有范数

$$\|f\|=\sup\{|f(x)|:\|x\|\leqslant 1\}.$$

   (a) 证明 X^* 是巴拿赫空间.
   (b) 证明映射 $f\to f(x)$对每个 $x\in X$ 都是 X^* 上的有界线性泛函，其范数为 $\|x\|$.（这给出了一个 X 到它
112 的"第二对偶"X^{**}，即 X^* 的对偶空间的一个自然的嵌入.）
   (c) 当$\{x_n\}$是 X 中的一个序列，使对每个 $f\in X^*$，$\{f(x_n)\}$都有界时，证明$\{\|x_n\|\}$也是有界的.
9. 设 c_0，ℓ^1，ℓ^∞ 是全体复数序列 $x=\{\xi_i\}(i=1, 2, 3, \cdots)$组成的巴拿赫空间，定义如下：

$$x\in\ell^1 \text{ 当且仅当 } \|x\|_1=\sum|\xi_i|<\infty.$$

$$x\in\ell^\infty \text{ 当且仅当 } \|x\|_\infty=\sup|\xi_i|<\infty.$$

c_0 是使 $i\to\infty$ 时 $\xi_i\to 0$ 的所有 $x\in\ell^\infty$ 组成的 ℓ^∞ 的子空间.

证明下列四个命题.

   (a) 若 $y=\{\eta_i\}\in\ell^1$，而对每个 $x\in c_0$，$\Lambda x=\sum\xi_i\eta_i$. 则 Λ 是 c_0 上的一个有界线性泛函，并且 $\|\Lambda\|=$

$\|y\|_1$. 进而言之，每个 $\Lambda\in(c_0)^*$ 都可用此法得到. 简略地说，$(c_0)^*=\ell^1$.

(说得更精确些，这两个空间并不是相等的；前面的命题只是给出了它们之间的一个等距的向量空间的同构.)

(b) 在同一意义下，$(\ell^1)^*=\ell^\infty$.

(c) 每个 $y\in\ell^1$ 都像(a)中一样引出一个 ℓ^∞ 上的有界线性泛函. 然而这并没有给出 $(\ell^\infty)^*$ 的全部.(因为 $(\ell^\infty)^*$ 还包含有在整个 c_0 上为零的非平凡泛函.)

(d) c_0 和 ℓ^1 是可分的，但 ℓ^∞ 不是.

10. 如果 $\sum\alpha_i\xi_i$ 对每个当 $i\to\infty$ 时 $\xi_i\to 0$ 的序列 $\{\xi_i\}$ 都收敛. 证明 $\sum|\alpha_i|<\infty$.

11. 对 $0<\alpha\leqslant 1$，设 Lipα 表示所有 $[a,b]$ 上使

$$M_f=\sup_{s\neq t}\frac{|f(s)-f(t)|}{|s-t|^\alpha}<\infty$$

的复函数组成的空间.

证明当取 $\|f\|=|f(a)|+M_f$ 时，Lipα 是一个巴拿赫空间；如果取

$$\|f\|=M_f+\sup_x|f(x)|$$

时，结论也是一样.

(我们说 Lipα 的元素满足 α 阶利普希茨条件.)

12. 设 K 是平面上的一个三角形(二维图形)，H 是由 K 的顶点组成的集. A 是 K 上的形如

$$f(x,y)=\alpha x+\beta y+\gamma\qquad(\alpha,\beta\text{和}\gamma\text{是实数})$$

的全体实函数的集.

证明对于每个 $(x_0,y_0)\in K$ 都对应 H 上的唯一一个测度 μ，使

$$f(x_0,y_0)=\int_H f\mathrm{d}\mu.$$

(与 5.22 节相比较.)

用正方形取代 K，H 还表示其顶点的集. A 仍同上假设. 证明对 K 的每个点仍然存在一个 H 上的测度，它具有上述性质. 不过却没有唯一性的结论.

你能不能将它推广成为一个更广泛的定理？(考虑其他的图形、高维空间.)

13. 设 $\{f_n\}$ 是(非空)完备度量空间 X 上的连续复函数序列，使 $f(x)=\lim f_n(x)$(作为一个复数)对每个 $x\in X$ 都存在.

(a) 证明存在一个开集 $V\neq\varnothing$ 和一个数 $M<\infty$，对所有的 $x\in V$ 及 $n=1,2,3,\cdots$，$|f_n(x)|<M$.

(b) 若 $\varepsilon>0$，证明存在一个开集 $V\neq\varnothing$ 和一个整数 N，当 $x\in V$ 及 $n\geqslant N$ 时，$|f(x)-f_n(x)|\leqslant\varepsilon$.

(b)的提示：对 $N=1,2,3,\cdots$，令

$$A_N=\{x:|f_m(x)-f_n(x)|\leqslant\varepsilon,\text{当 } m\geqslant N \text{ 和 } n\geqslant N \text{ 时}\}.$$

因为 $X=\bigcup A_N$，于是某个 A_N 有非空内部. 113

14. 设 C 是 $I=[0,1]$ 上全体实连续函数的空间，赋以上确界范数. 设 X_n 是由 f 组成的 C 的子集，对这些 f 都存在一个 $t\in I$，使对所有的 $s\in I$，$|f(s)-f(t)|\leqslant n|s-t|$ 成立. 固定 n 并证明 C 的每个开集都包含一个与 X_n 不相交的开集.(每个 $f\in C$ 都可以由一个斜率非常大的锯齿形函数 g 一致逼近，并且当 $\|g-h\|$ 很小时，$h\notin X_n$.)说明这蕴涵着在 C 中存在一个完全由无处可微的函数组成的稠密的 G_δ 集.

15. 设 $A=(a_{ij})$ 是以复数作为元素的无限矩阵，$i,j=0,1,2,\cdots$. A 将每个序列 $\{s_j\}$ 对应于一个序列 $\{\sigma_i\}$. 它定义为

$$\sigma_i=\sum_{j=0}^{\infty}a_{ij}s_j\qquad(i=1,2,3,\cdots),$$

假定这些级数都是收敛的.

证明当且仅当下列条件满足时，A 将每个收敛序列$\{s_j\}$变为收敛于同一极限的序列$\{\sigma_i\}$.

(a) $\lim\limits_{i\to\infty} a_{ij}=0$ 对每个 j.

(b) $\sup_i \sum\limits_{j=0}^{\infty} |a_{ij}| < \infty$.

(c) $\lim\limits_{i\to\infty} \sum\limits_{j=0}^{\infty} a_{ij}=1$.

由$\{s_j\}$过渡到$\{\sigma_i\}$的过程称为*求和法*．两个例子是

$$a_{ij}=\begin{cases}\dfrac{1}{i+1} & \text{当 } 0\leqslant j\leqslant i \text{ 时}\\ 0 & \text{当 } i<j \text{ 时}\end{cases}\qquad \text{及 } a_{ij}=(1-r_i)r_i^j,\quad 0<r_i<1,\quad r_i\to 1.$$

证明其中的每一个都能将某个发散序列(甚至某个无界序列)$\{s_j\}$变换成收敛序列$\{\sigma_i\}$.

16. 设 X 和 Y 是巴拿赫空间，而 Λ 是 X 到 Y 内的一个线性映射，具有如下性质：对 X 中的每一个序列$\{x_n\}$，当 $x=\lim x_n$ 及 $y=\lim \Lambda x_n$ 存在时，$y=\Lambda x$ 成立．证明 Λ 是连续的.

这就是所谓的“闭图像定理”．提示：设 $X\oplus Y$ 是 $x\in X$，$y\in Y$ 的全部有序对(x, y)的集．赋以按分量进行运算而定义的加法和标量乘法．当 $\|(x, y)\|=\|x\|+\|y\|$ 时，证明 $X\oplus Y$ 是一个巴拿赫空间．Λ 的图像G 是 $X\oplus Y$ 中由序对$(x, \Lambda x)x\in X$ 组成的子集．注意，我们的假设说明 G 是闭的，因此 G 是一个巴拿赫空间．注意$(x, \Lambda x)\to x$ 是连续的、一一的、线性的并将 G 映到 X 上.

可以看到存在非线性映射(例如 R^1 到 R^1 上的)，其图像虽然是闭的，但它们并不是连续的：若 $x\neq 0$，$f(x)=1/x, x\neq 0$ 时，$f(0)=0$.

17. 如果 μ 是一个正测度，每个 $f\in L^\infty(\mu)$都定义了一个 $L^2(\mu)$到 $L^2(\mu)$内的乘法算子 M_f，使 $M_f(g)=fg$．证明 $\|M_f\|\leqslant\|f\|_\infty$．哪些测度 μ 能使所有的 $f\in L^\infty(\mu)$都有 $\|M_f\|=\|f\|_\infty$呢？哪些 $f\in L^\infty(\mu)$能使 M_f 将 $L^2(\mu)$映到 $L^2(\mu)$上?

18. 设$\{\Lambda_n\}$是一个赋范线性空间 X 到巴拿赫空间 Y 的有界线性变换的序列．对所有 n，$\|\Lambda_n\|\leqslant M<\infty$，并设
114 有一个稠密集 $E\subset X$，对每个 $x\in E$，$\{\Lambda_n x\}$都收敛．证明对每个 $x\in X$，$\{\Lambda_n x\}$收敛.

19. 如果 s_n 是函数 $f\in C(T)$的傅里叶级数的前 n 项部分和，证明当 $n\to\infty$时，对每个 $f\in C(T)$，$s_n/\log n$ 一致地趋于 0．也就是说，证明

$$\lim_{n\to\infty}\frac{\|s_n\|_\infty}{\log n}=0.$$

另一方面，如果 $\lambda_n/\log n\to 0$，证明存在一个 $f\in C(T)$，使序列$\{s_n(f;0)/\lambda_n\}$成为无界的．提示：应用习题 18 及 5.11 节的推理，不过要用一个比原来采用的更好一些的 $\|D_n\|_1$的估值.

20. (a) 有没有 R^1 上一个连续正函数 f_n 的序列，使$\{f_n(x)\}$当且仅当 x 是有理数时是无界的?

(b) 在(a)中以“无理数”代替“有理数”，回答所提出的问题.

(c) 以“当 $n\to\infty$时 $f_n(x)\to\infty$”代替“$\{f_n(x)\}$无界”，回答所产生的与(a)，(b)相类似的问题.

21. 设 $E\subset R^1$ 是可测的且 $m(E)=0$，是否一定有 E 的变换 $E+x$ 和 E 不相交？是否一定有一个从 R^1 到 R^1 上的同胚 h 使得 $h(E)$与 E 不相交?

22. 设 $f\in C(T)$且对某个 $\alpha>0$，$f\in \mathrm{Lip}\,\alpha$(参看习题 11)，证明 f 的傅里叶级数收敛到 $f(x)$．考虑 $x=0$，$f(0)=0$的情形就足够了．部分和 $s_n(f;0)$与积分$\dfrac{1}{\pi}\displaystyle\int_{-\pi}^{\pi} f(t)\frac{\sin nt}{t}\mathrm{d}t$ 的差在 $n\to\infty$时趋于 0．函数 $f(t)/t$ 属
115 于$L^1(T)$，应用黎曼-勒贝格引理．实际上可以证明这个级数在 T 上一致收敛.

第6章 复 测 度

全变差

6.1 引言 设$\mathfrak{M}$是集 X 上的σ-代数. $\mathfrak{M}$的元素的可数集族$\{E_i\}$称为E的一个划分，若$E=\bigcup E_i$,且当$i\neq j$时，$E_i\cap E_j=\varnothing$. $\mathfrak{M}$上的复测度μ是$\mathfrak{M}$上的一个复函数，使得

$$\mu(E)=\sum_{i=1}^{\infty}\mu(E_i)\quad(E\in\mathfrak{M})\tag{1}$$

对E的每一个划分$\{E_i\}$成立.

注意，级数(1)的收敛性现在是必需条件的一部分.（不像对正测度那样，在那里级数或者收敛或者发散于∞.）因为若下标改变顺序，集E_i的并不变，所以级数(1)的每个重新排列也必定收敛. 因此([26]，定理3.56)级数实际上绝对收敛.

我们考虑找一个正测度λ的问题，这个λ在$|\mu(E)|<\lambda(E)$对每一个$E\in\mathfrak{M}$成立的意义下，控制$\mathfrak{M}$上给定的复测度μ，并且试图使λ保持尽可能地小. 我们问题的每一个解(要是它肯定存在)，对任一个$E\in\mathfrak{M}$的每一个划分，都必须满足

$$\lambda(E)=\sum_{i=1}^{\infty}\lambda(E_i)\geqslant\sum_{i=1}^{\infty}|\mu(E_i)|.\tag{2}$$

因此，$\lambda(E)$至少要等于(2)右边的和式对E所有的划分所取的上确界. 这启发我们定义$\mathfrak{M}$上的一个集函数$|\mu|$为

$$|\mu|(E)=\sup\sum_{i=1}^{\infty}|\mu(E_i)|\quad(E\in\mathfrak{M}),\tag{3}$$

这里的上确界是对E的所有划分$\{E_i\}$取的. 116

这个记号也许不是最好的，但它是习惯的用法. 注意，$|\mu|(E)\geqslant|\mu(E)|$但$|\mu|(E)$一般不等于$|\mu(E)|$.

这表明，如下面将要证明的那样，$|\mu|$确实是一个测度. 这样我们的问题就有了一个解. 导出(3)式所作的讨论清楚地表明，在任一其他解λ都具有性质"对所有$E\in\mathfrak{M}$，$\lambda(E)\geqslant|\mu|(E)$"这个意义下，$|\mu|$是最小的解.

集函数$|\mu|$称为μ的*全变差*，有时为避免误解，称为*全变差测度*. "μ的全变差"一词也经常用于表示数$|\mu|(X)$.

如果μ是正测度，自然$|\mu|=\mu$.

$|\mu|$除了是一个测度之外，还有另一个意料不到的性质. $|\mu|(X)<\infty$. 因为$|\mu(E)|\leqslant|\mu|(E)\leqslant|\mu|(X)$，这蕴涵了任一$\sigma$-代数上的每一个复测度是有界的：如果$\mu$的值域在复平面内，则它实际是在某一个有限半径的圆盘内. 这个性质(在定理6.4证明)有时用μ是*有界变差的*这种说法来表达.

6.2 定理 *$\mathfrak{M}$上的复测度μ的全变差$|\mu|$是$\mathfrak{M}$上的一个正测度.*

证明 设$\{E_i\}$是$E\in\mathfrak{M}$的一个划分，t_i是使得$t_i<|\mu|(E_i)$的实数. 则每一个E_i有一个

划分$\{A_{ij}\}$，使得

$$\sum_j |\mu(A_{ij})| > t_i \quad (i=1,2,3,\cdots). \tag{1}$$

由$\{A_{ij}\}$(i，j=1，2，3，…)是E的划分，得出

$$\sum_i t_i \leqslant \sum_{i,j} |\mu(A_{ij})| \leqslant |\mu|(E). \tag{2}$$

(2)的左边对$\{t_i\}$的所有允许的选择取上确界，我们看出

$$\sum_i |\mu|(E_i) \leqslant |\mu|(E). \tag{3}$$

为了证明相反的不等式，设$\{A_j\}$是E的任意划分，则对任意固定的j，$\{A_j \cap E_i\}$是A_j的一个划分. 并且对于任意固定的i，$\{A_j \cap E_i\}$是E_i的一个划分. 因此

$$\begin{aligned}\sum_j |\mu(A_j)| &= \sum_j \Big|\sum_i \mu(A_j \cap E_i)\Big| \\ &\leqslant \sum_j \sum_i |\mu(A_j \cap E_i)|\end{aligned}$$

117

$$\begin{aligned}&= \sum_i \sum_j |\mu(A_j \cap E_i)| \\ &\leqslant \sum_i |\mu|(E_i).\end{aligned} \tag{4}$$

因为(4)对E的每一个划分$\{A_j\}$成立，故有

$$|\mu|(E) \leqslant \sum_i |\mu|(E_i). \tag{5}$$

根据(3)和(5)，$|\mu|$是可数可加的.

注意，在(2)和(4)内用到了定理 1.27 的推论.

$|\mu|$不恒等于∞是定理 6.4 的平凡的推论. 但因为$|\mu|(\varnothing)=0$，现在也能看出这个结论是对的. ■

6.3 引理 若z_1，z_2，…，z_N是复数，则存在$\{1,\cdots,N\}$的子集S，使得

$$\Big|\sum_{k\in S} z_k\Big| \geqslant \frac{1}{\pi}\sum_{k=1}^{N} |z_k|.$$

证明 记$z_k = |z_k| e^{i\alpha_k}$. 当$-\pi \leqslant \theta \leqslant \pi$时，设$S(\theta)$是所有使得$\cos(\alpha_k - \theta) > 0$的$k$组成的集，则

$$\Big|\sum_{S(\theta)} z_k\Big| = \Big|\sum_{S(\theta)} e^{-i\theta} z_k\Big| \geqslant \mathrm{Re}\sum_{S(\theta)} e^{-i\theta} z_k = \sum_{k=1}^{N} |z_k| \cos^+(\alpha_k - \theta).$$

选取θ_0，使得最后一个和式最大，并令$S=S(\theta_0)$. 这个最大值至少是$[-\pi,\pi]$上和的平均值，由于对每个α，有

$$\frac{1}{2\pi}\int_{-\pi}^{\pi} \cos^+(\alpha-\theta)\,d\theta = \frac{1}{\pi},$$

所以这个平均值就是$\pi^{-1}\sum |z_k|$. ■

6.4 定理 若μ是X上的复测度，则

$$|\mu|(X) < \infty.$$

证明 首先设有某个集$E \in \mathfrak{M}$，使得$|\mu|(E) = \infty$. 令$t = \pi(1 + |\mu(E)|)$，由于

$|\mu|(E)>t$，所以有一个 E 的划分$\{E_i\}$使得

$$\sum_{i=1}^{N}|\mu(E_i)|>t$$

对某一个 N 成立，对于 $z_i=\mu(E_i)$，应用引理 6.3 可知，存在一个集 $A\subset E$(即某些集 E_i 的并)，使得

$$|\mu(A)|>t/\pi>1.$$

令 $B=E-A$，则

$$|\mu(B)|=|\mu(E)-\mu(A)|\geqslant|\mu(A)|-|\mu(E)|>\frac{t}{\pi}-|\mu(E)|=1.$$ 118

这样我们就把 E 分成了两个不相交的集 A 和 B，并且有 $|\mu(A)|>1$ 和 $|\mu(B)|>1$. 根据定理 6.2，很明显 $|\mu|(A)$和 $|\mu|(B)$至少有一个是∞.

现在假设 $|\mu(X)|=\infty$，如上所述可以把 X 分为 A_1 和 B_1，且 $|\mu(A_1)|>1$，$|\mu|(B_1)=\infty$. 把 B_1 分为 A_2 和 B_2，且 $|\mu(A_2)|>1$，$|\mu|(B_2)=\infty$. 继续下去，我们可得到可数无限个不相交的集族$\{A_i\}$，并且对任意 i，有 $|\mu(A_i)|>1$. 由 μ 的可数可加性知

$$\mu\left(\bigcup_i A_i\right)=\sum_i\mu(A_i).$$

但是当 $i\to\infty$时 $\mu(A_i)$不趋于 0，从而可知级数不收敛. 这得出矛盾，即 $|\mu|(X)<\infty$. ■

6.5 如果 μ 和 λ 是同一个 σ-代数 $\mathfrak{M}$ 上的复测度. 依通常的方式用

$$\left.\begin{aligned}(\mu+\lambda)(E)&=\mu(E)+\lambda(E)\\(c\mu)(E)&=c\mu(E)\end{aligned}\right\}\quad(E\in\mathfrak{M})\tag{1}$$

定义 $\mu+\lambda$ 和对任一标量 c 定义 $c\mu$. 容易验证 $\mu+\lambda$ 和 $c\mu$ 均是复测度，于是所有 $\mathfrak{M}$ 上的复测度的集族是一个向量空间. 若令

$$\|\mu\|=|\mu|(X),\tag{2}$$

容易验证赋范线性空间的全部公理均满足.

6.6 正变差和负变差 现在我们特别考虑一个 σ-代数 $\mathfrak{M}$ 上的实测度(这样的测度经常被称为广义测度). 像前面一样定义 $|\mu|$，并定义

$$\mu^+=\frac{1}{2}(|\mu|+\mu),\quad\mu^-=\frac{1}{2}(|\mu|-\mu),\tag{1}$$

则 μ^+ 和 μ^- 均是 $\mathfrak{M}$ 上的正测度. 根据定理 6.4，它们是有界的，同时

$$\mu=\mu^+-\mu^-,\quad|\mu|=\mu^++\mu^-.\tag{2}$$

测度 μ^+ 和 μ^- 分别称为 μ 的*正变差*和*负变差*. μ 表示为正测度 μ^+ 和 μ^- 的差是著名的 μ 的*若尔当分解*. 在所有将 μ 分为两个正测度之差的表示中，若尔当分解有一种最小性质，它将作为定理 6.14 的推论而确定下来. 119

绝对连续性

6.7 定义 设 μ 是 σ-代数 $\mathfrak{M}$ 上的正测度，λ 是 $\mathfrak{M}$ 上的一个任意测度，λ 可以是正测度或复测度(记住复测度以复平面为其值域，但"正测度"一词在我们的用法中包含了∞作为其允许值.

这样正测度并不能构成复测度的子类).

如果$\lambda(E)=0$对每一个$\mu(E)=0$的$E\in\mathfrak{M}$成立，我们就说λ关于μ绝对连续，记作

$$\lambda \ll \mu. \tag{1}$$

如果存在一个集$A\in\mathfrak{M}$，使得$\lambda(E)=\lambda(A\cap E)$对每一个$E\in\mathfrak{M}$成立．我们就说$\lambda$集中于$A$上．这等价于假定当$E\cap A=\varnothing$时$\lambda(E)=0$.

假定λ_1和λ_2都是$\mathfrak{M}$上的测度，且假定存在一对不相交的集A和B，使得λ_1集中于A上而λ_2集中于B上，则我们说λ_1和λ_2是互相奇异的．记为

$$\lambda_1 \perp \lambda_2. \tag{2}$$

这些概念的一些初等性质列述如下.

6.8 命题 假定μ，λ，λ_1和λ_2都是σ-代数$\mathfrak{M}$上的测度，且μ是正测度.

(a) 若λ集中于A上，则$|\lambda|$也是如此.

(b) 若$\lambda_1\perp\lambda_2$，则$|\lambda_1|\perp|\lambda_2|$.

(c) 若$\lambda_1\perp\mu$，$\lambda_2\perp\mu$，则$\lambda_1+\lambda_2\perp\mu$.

(d) 若$\lambda_1\ll\mu$，$\lambda_2\ll\mu$，则$\lambda_1+\lambda_2\ll\mu$.

(e) 若$\lambda\ll\mu$，则$|\lambda|\ll\mu$.

(f) 若$\lambda_1\ll\mu$，$\lambda_2\perp\mu$，则$\lambda_1\perp\lambda_2$.

(g) 若$\lambda\ll\mu$，$\lambda\perp\mu$，则$\lambda=0$.

证明

(a) 若$E\cap A=\varnothing$，且$\{E_j\}$是E的任一划分，则对所有的j，$\lambda(E_j)=0$，因此，$|\lambda|(E)=0$.

(b) 从(a)直接得出.

(c) 存在不相交的集A_1和B_1，使得λ_1集中于A_1上，μ集中于B_1上，并存在不相交集A_2和B_2，使得λ_2集中于A_2上，μ集中于B_2上．因此$\lambda_1+\lambda_2$集中于$A=A_1\cup A_2$上，μ集中于$B=B_1\cap B_2$上，且$A\cap B=\varnothing$.

(d) 这是显然的.

(e) 假定$\mu(E)=0$，$\{E_j\}$是E的一个划分．则$\mu(E_j)=0$；因为$\lambda\ll\mu$，$\lambda(E_j)=0$对所有的j
120 成立，因此，$\sum|\lambda(E_j)|=0$．这蕴涵着$|\lambda|(E)=0$.

(f) 因为$\lambda_2\perp\mu$，存在一个具有$\mu(A)=0$的集A，λ_2集中于A上．因为$\lambda_1\ll\mu$，故$\lambda_1(E)=0$对每一个$E\subset A$成立．所以λ_1集中在A的补集上.

(g) 根据(f)，(g)的假定蕴涵着$\lambda\perp\lambda$，这显然迫使$\lambda=0$. ■

现在转到与绝对连续有关的主要定理．事实上，它可能是测度论中最主要的定理．它的表述会涉及σ-有限测度，下面的引理叙述了一个重要性质.

6.9 定理 若μ是集X的σ-代数$\mathfrak{M}$上的正σ-有限测度，则存在一个函数$w\in L^1(\mu)$，使得对每个$x\in X$，有$0<w(x)<1$.

证明 μ是σ-有限的是指X是可数个集$E_n\in\mathfrak{M}(n=1,2,3,\cdots)$的并，并且$\mu(E_n)$是有限的．当$x\in X-E_n$时，令$w_n(x)=0$；$X\in E_n$时，令

$$w_n(x)=2^{-n}/(1+\mu(E_n)),$$

则 $w=\sum_{n=1}^{\infty} w_n$ 就具有所要求的性质. ■

该引理的关键是可以用有限测度 $\tilde{\mu}$ 代替 μ(即 $d\tilde{\mu}=wd\mu$), 由于 w 一定是正的, 所以 $\tilde{\mu}$ 具有像 μ 一样的零测度集.

6.10 勒贝格-拉东-尼柯迪姆定理 设 μ 是集 X 的 σ-代数 $\mathfrak{M}$ 上的正 σ-有限测度, 并设 λ 是 $\mathfrak{M}$ 上的复测度.

(a) 在 $\mathfrak{M}$ 上存在唯一的一对复测度 λ_a 和 λ_s, 使得

$$\lambda=\lambda_a+\lambda_s,\quad \lambda_a\ll\mu,\quad \lambda_s\perp\mu. \tag{1}$$

若 λ 是正有限测度, 则 λ_a 和 λ_s 也是正有限测度.

(b) 存在唯一的一个 $h\in L^1(\mu)$, 使得

$$\lambda_a(E)=\int_E h\,d\mu\qquad (E\in\mathfrak{M}). \tag{2}$$

对(λ_a, λ_s)称为 λ 关于 μ 的勒贝格分解. 这个分解的唯一性是容易看出的. 因为若(λ'_a, λ'_s)是满足(1)的另一对, 则

$$\lambda'_a-\lambda_a=\lambda_s-\lambda'_s, \tag{3}$$

$\lambda'_a-\lambda_a\ll\mu$, 且 $\lambda_s-\lambda'_s\perp\mu$, 因此(3)的两边均是 0; 在这里我们已经用到了 6.8(c)、6.8(d)和 6.8(g). 121

这个分解的存在性是(a)的重要部分.

断言(b)是著名的拉东-尼柯迪姆定理. 再者, h 的唯一性从定理 1.39(b)立即得出. 同时, 若 h 是 $L^1(\mu)$的任一元素, (2)的积分定义 $\mathfrak{M}$ 上的一个测度(定理 1.29), 显然它关于 μ 绝对连续. 拉东-尼柯迪姆定理的重点是逆命题: 每一个 $\lambda\ll\mu$(在这种情况下, $\lambda_a=\lambda$)都能用这种方式得到.

(2)中出现的函数 h 被称为 λ_a 关于 μ 的拉东-尼柯迪姆导数. 像定理 1.29 后面的注一样, 我们可以用 $d\lambda_a=h\,d\mu$ 的形式表示(2), 或甚至用 $h=d\lambda_a/d\mu$ 的形式表示(2).

下面的同时产生出(a)和(b)的证明方法, 其思想是冯·诺伊曼提出的.

证明 首先假设 λ 是 $\mathfrak{M}$ 上的正有界测度, 根据引理 6.9 中的 w 与 μ 的关系, $d\varphi=d\lambda+w\,d\mu$ 就定义了 $\mathfrak{M}$ 上的一个正有界测度. 两个测度和的定义指出, 对 $f=\chi_E$,

$$\int_X f\,d\varphi=\int_X f\,d\lambda+\int_X fw\,d\mu \tag{4}$$

因此对简单函数 f, 进而对非负的可测函数 f 也成立. 如果 $f\in L^2(\varphi)$, 施瓦茨不等式给出

$$\left|\int_X f\,d\lambda\right|\leqslant\int_X |f|\,d\lambda\leqslant\int_X |f|\,d\varphi\leqslant\left\{\int_X |f|^2 d\varphi\right\}^{1/2}\{\varphi(X)\}^{1/2}.$$

因为 $\varphi(X)<\infty$, 映射

$$f\to\int_X f\,d\lambda \tag{5}$$

可看成是 $L^2(\varphi)$上的一个有界线性泛函.

我们知道在希尔伯特空间 H 上的每一个有界线性泛函可以用与 H 的某个元素的内积给出来. 因此存在一个 $g\in L^2(\varphi)$, 使得

$$\int_X f\mathrm{d}\lambda = \int_X fg\,\mathrm{d}\varphi \qquad (f \in L^2(\varphi)).\tag{6}$$

要注意，$L^2(\varphi)$的完备性怎样用来保证函数 g 的存在性. 同时要注意，虽然 g 作为$L^2(\varphi)$的元素唯一地确定，但作为 X 的点函数只是 a. e. $[\varphi]$确定的.

在(6)中对任一具有 $\varphi(E)>0$ 的 $E\in\mathfrak{M}$，令 $f=\chi_E$. 那么(6)的左边就是 $\lambda(E)$；因为 $0\leqslant\lambda\leqslant\varphi$,我们有

122 $$0 \leqslant \frac{1}{\varphi(E)}\int_E g\,\mathrm{d}\varphi = \frac{\lambda(E)}{\varphi(E)} \leqslant 1.\tag{7}$$

所以根据定理 1.40，$g(x)\in[0,1]$(关于 φ 对几乎所有的 x 成立. 因此可以假定对每一个 $x\in X$, $0\leqslant g(x)\leqslant 1$ 而不致影响(6). 把(6)重新写成

$$\int_X (1-g)f\mathrm{d}\lambda = \int_X fgw\,\mathrm{d}\mu\tag{8}$$

的形式. 令

$$A = \{x: 0\leqslant g(x) < 1\}, \quad B = \{x: g(x)=1\},\tag{9}$$

并且定义

$$\lambda_a(E) = \lambda(A\cap E), \quad \lambda_s(E) = \lambda(B\cap E) \qquad (E\in\mathfrak{M}).\tag{10}$$

如果在(8)中取 $f=\chi_B$，可看出 $\mu(B)=0$. 于是 $\lambda_s\perp\mu$. 因为 g 是有界的，若对 $n=1$，2，3，…，$E\in\mathfrak{M}$，用

$$(1+g+\cdots+g^n)\chi_E$$

代替 f，(8)式也成立. 因此有

$$\int_E (1-g^{n+1})\mathrm{d}\lambda = \int_E g(1+g+\cdots+g^n)w\,\mathrm{d}\mu.\tag{11}$$

在 B 的每一点，$g(x)=1$，因此 $1-g^{n+1}(x)=0$. 在 A 的每一点上，$g^{n+1}(x)$单调地趋于 0，所以(11)的左边当 $n\to\infty$ 时，收敛于 $\lambda(A\cap E)=\lambda_a(E)$.

(11)式右边的被积函数单调增加趋于一个非负的可测的极限函数 h. 单调收敛定理指出，当 $n\to\infty$ 时，(11)的右边趋于 $\int_E h\,\mathrm{d}\mu$.

于是我们证明了(2)对每一个 $E\in\mathfrak{M}$成立. 取 $E=X$，由 $\lambda_a(X)<\infty$，可以看出 $h\in L^1(\mu)$. 最后，(2)式表明 $\lambda_a\ll\mu$，对于正测度 λ 证明完毕.

若 λ 是 $\mathfrak{M}$ 上的复测度，则 $\lambda=\lambda_1+\mathrm{i}\lambda_2$，其中 λ_1 和 λ_2 是实的，那么我们可以利用前面关于 λ_1，λ_2 的正负变差情况来处理. ■

如果 μ 和 λ 都是正的和 σ-有限的，定理 6.10 的大部分依然正确. 现在我们可以记 $X=\bigcup X_n$. 这里对 $n=1,2,3,\cdots$，$\mu(X_n)<\infty$，并且 $\lambda(X_n)<\infty$. 测度 $\lambda(E\cap X_n)$的勒贝格分解继续给出一个 λ 的勒贝格分解，并继续得出满足方程 6.10(2)的函数 h. 尽管 h 是"局部地在 L^1 内"即 $\int_{X_n} h\,\mathrm{d}\mu<\infty$ 对每一个 n 成立，然而 $h\in L^1(\mu)$不再正确了.

最后，如果超出 σ-有限性的范围，我们就会遇到所考虑的两个定理确实不成立的情况.
123 例如，设 μ 是(0，1)上的勒贝格测度，并设 λ 是(0，1)内所有勒贝格可测集的 σ-代数上的计

数测度，则λ没有关于μ的勒贝格分解，并且尽管$\mu \ll \lambda$和μ是有界的，也不存在$h \in L^1(\lambda)$，使得$\mathrm{d}\mu = h\mathrm{d}\lambda$. 我们省略这个容易的证明.

下面的定理可以说明，在论及$\lambda \ll \mu$这个关系时，为什么采用“连续”这个词.

6.11 定理 假定μ和λ是σ-代数$\mathfrak{M}$上的测度，μ是正的，且λ是复的，则下面两个条件是等价的：

(a) $\lambda \ll \mu$.

(b) 对每一个$\varepsilon > 0$，对应有一个$\delta > 0$，对于所有的$E \in \mathfrak{M}$，$\mu(E) < \delta$时，有$|\lambda(E)| < \varepsilon$.

性质(b)有时用作绝对连续的定义. 然而当λ是一个正的无界测度时，(a)并不蕴涵(b). 例如，设μ是(0，1)上的勒贝格测度，且对于每一个勒贝格可测集$E \subset (0, 1)$令

$$\lambda(E) = \int_E t^{-1}\mathrm{d}t.$$

证明 假定(b)成立. 若$\mu(E) = 0$，则对每一个$\delta > 0$，$\mu(E) < \delta$，因此对每一个$\varepsilon > 0$，$|\lambda(E)| < \varepsilon$. 所以$\lambda(E) = 0$. 于是(b)蕴涵着(a).

假定(b)不成立. 则存在一个$\varepsilon > 0$，并且存在集$E_n \in \mathfrak{M}$ $(n = 1, 2, 3, \cdots)$，使得$\mu(E_n) < 2^{-n}$但$|\lambda(E_n)| \geqslant \varepsilon$. 因此$|\lambda|(E_n) \geqslant \varepsilon$，令

$$A_n = \bigcup_{i=n}^{\infty} E_i, \quad A = \bigcap_{n=1}^{\infty} A_n, \tag{1}$$

则$\mu(A_n) < 2^{-n+1}$，$A_n \supset A_{n+1}$，所以定理 1.19(e)指出$\mu(A) = 0$，并且由$|\lambda|(A_n) \geqslant |\lambda|(E_n)$，得

$$|\lambda|(A) = \lim_{n \to \infty} |\lambda|(A_n) \geqslant \varepsilon > 0,$$

于是得出$|\lambda| \ll \mu$不成立. 因此根据命题 6.8(e)，(a)不成立. ■

拉东-尼柯迪姆定理的推论

6.12 定理 设μ是X的σ-代数$\mathfrak{M}$上的复测度，则存在一个可测函数h，使得$|h(x)| = 1$对所有的$x \in X$成立，并且使得

$$\mathrm{d}\mu = h\mathrm{d}|\mu|. \tag{1}$$ 124

与表示一个复数为它的绝对值和一个绝对值为 1 的乘积类比，方程(1)有时叫做μ的极表示(或极分解).

证明 $\mu \ll |\mu|$是明显的，所以拉东-尼柯迪姆定理保证了满足(1)的某个$h \in L^1(|\mu|)$的存在性.

设$A_r = \{x : |h(x)| < r\}$，这里r是某个正数. 设$\{E_j\}$是A_r的一个划分，则

$$\sum_j |\mu(E_j)| = \sum_j \left| \int_{E_j} h\mathrm{d}|\mu| \right| \leqslant \sum_j r|\mu|(E_j) = r|\mu|(A_r),$$

所以$|\mu|(A_r) \leqslant r|\mu|(A_r)$. 若$r < 1$，这迫使$|\mu|(A_r) = 0$，于是$|h| \geqslant 1$ a. e.

另一方面，若$|\mu|(E) > 0$，(1)指出

$$\left| \frac{1}{|\mu|(E)} \int_E h\mathrm{d}|\mu| \right| = \frac{|\mu(E)|}{|\mu|(E)} \leqslant 1.$$

现在应用定理 1.40(用闭单位圆盘代替S)，便得出$|h| \leqslant 1$ a. e.

设 $B=\{x\in X: |h(x)|\neq 1\}$，我们已经证明 $|\mu|(B)=0$. 若在 B 上重新定义 h，使 $h(x)=1$ 在 B 上成立. 我们就获得一个具有所要求的性质的函数. ■

6.13 定理 假定 μ 是 $\mathfrak{M}$ 上的正测度，$g\in L^1(\mu)$，且

$$\lambda(E)=\int_E g\,\mathrm{d}\mu \qquad (E\in\mathfrak{M}), \tag{1}$$

则

$$|\lambda|(E)=\int_E |g|\,\mathrm{d}\mu \qquad (E\in\mathfrak{M}). \tag{2}$$

证明 根据定理 6.12，存在一个绝对值为 1 的函数 h，使得 $\mathrm{d}\lambda=h\mathrm{d}|\lambda|$. 根据假定，$\mathrm{d}\lambda=g\mathrm{d}\mu$. 因此

$$h\mathrm{d}|\lambda|=g\mathrm{d}\mu.$$

这给出 $\mathrm{d}|\lambda|=\bar{h}g\,\mathrm{d}\mu$(与定理 1.29 比较).

因为 $|\lambda|\geqslant 0$，且 $\mu\geqslant 0$，所以 $\bar{h}g\geqslant 0$，a.e. $[\mu]$. 于是 $\bar{h}g=|g|$，a.e. $[\mu]$. ■

125 **6.14 哈恩分解定理** 设 μ 是集 X 的 σ-代数 $\mathfrak{M}$ 上的实测度，则存在集 A 和 $B\in\mathfrak{M}$，使得 $A\cup B=X, A\cap B=\varnothing$，并且使 μ 的正变差 μ^+ 和负变差 μ^- 满足

$$\mu^+(E)=\mu(A\cap E),\quad \mu^-(E)=-\mu(B\cap E) \qquad (E\in\mathfrak{M}). \tag{1}$$

换句话说，X 是两个不相交的可测集 A 和 B 的并，使得“A 携带 μ 的全部正质量.”(因为若 $E\subset A$，(1)蕴涵了 $\mu(E)\geqslant 0$). 并且“B 携带 μ 的全部负质量.”(因为当 $E\subset B$ 时，$\mu(E)\leqslant 0$). 这对(A, B)称为由 μ 所诱导的 X 的哈恩分解.

证明 根据定理 6.12，$\mathrm{d}\mu=h\mathrm{d}|\mu|$，这里 $|h|=1$. 因为 μ 是实的，得出 h 是实的(a.e.,并且通过在零测度集上重新予以定义，所以是处处). 因此，$h=\pm 1$. 令

$$A=\{x:h(x)=1\},\quad B=\{x:h(x)=-1\}. \tag{2}$$

因为 $\mu^+=\frac{1}{2}(|\mu|+\mu)$，并且因为

$$\frac{1}{2}(1+h)=\begin{cases} h & \text{在 } A \text{ 上},\\ 0 & \text{在 } B \text{ 上},\end{cases} \tag{3}$$

所以对任何 $E\in\mathfrak{M}$，有

$$\mu^+(E)=\frac{1}{2}\int_E(1+h)\mathrm{d}|\mu|=\int_{E\cap A}h\mathrm{d}|\mu|=\mu(E\cap A). \tag{4}$$

因为 $\mu(E)=\mu(E\cap A)+\mu(E\cap B)$ 和 $\mu=\mu^+-\mu^-$，(1)的后一半从前一半得出. ■

推论 若 $\mu=\lambda_1-\lambda_2$，这里 λ_1 和 λ_2 是正测度，则 $\lambda_1\geqslant\mu^+$ 和 $\lambda_2\geqslant\mu^-$.

这就是在 6.6 节所提及的若尔当分解的最小性质.

证明 因为 $\mu\leqslant\lambda_1$，故有

$$\mu^+(E)=\mu(E\cap A)\leqslant\lambda_1(E\cap A)\leqslant\lambda_1(E). \quad ■$$

L^p 上的有界线性泛函

6.15 设 μ 是一个正测度，假定 $1\leqslant p\leqslant\infty$. 并设 q 是共轭于 p 的指数. 霍尔德不等式(定理 3.8)指出，若 $g\in L^q(\mu)$，Φ_g 由

$$\Phi_g(f) = \int_X fg\,\mathrm{d}\mu, \tag{1}$$ 126

定义，则 Φ_g 是 $L^p(\mu)$ 上范数不超过 $\|g\|_q$ 的有界线性泛函．自然会提出这样的问题：所有的 $L^p(\mu)$ 上的有界线性泛函是否都具有这种形式，并且这样的表示是否唯一？

对于 $p=\infty$，回答是否定的．$L^1(m)$ 不能提供所有的 $L^\infty(m)$ 上有界线性泛函．对于 $1<p<\infty$，回答则是肯定的．假定测度论某些病态被排除的话，对 $p=1$ 的回答也是肯定的．对于 σ-有限的测度空间，不会出现麻烦．我们将只限于讨论这种情况．

6.16 定理 假定 $1\leqslant p<\infty$，μ 是 X 上 σ-有限的正测度，并且 Φ 是 $L^p(\mu)$ 上的有界线性泛函，则存在一个唯一的 $g\in L^q(\mu)$，使得

$$\Phi(f) = \int_X fg\,\mathrm{d}\mu \quad (f\in L^p(\mu)), \tag{1}$$

这里 q 是共轭于 p 的指数．而且，如果 Φ 和 g 是(1)内所述及的函数，则有

$$\|\Phi\| = \|g\|_q. \tag{2}$$

换句话说，在所述条件下，$L^q(\mu)$ 是等距地同构于 $L^p(\mu)$ 的对偶空间．

证明 g 的唯一性是显然的．因为若 g 和 g' 满足(1)，则 $g-g'$ 在任何有限测度的可测集 E 上的积分是 0(如把 f 取作 χ_E 时所看出的结果一样)．因此 μ 的 σ-有限性蕴涵着 $g-g'=0$ a. e. 成立．

其次，若(1)成立，霍尔德不等式蕴涵着

$$\|\Phi\| \leqslant \|g\|_q. \tag{3}$$

所以，只剩下证明 g 存在和在(3)内等号成立．若 $\|\Phi\|=0$，则取 $g=0$ 时，(1)和(2)成立．所以假定 $\|\Phi\|>0$．

首先考虑 $\mu(X)<\infty$ 的情况．

对于任一可测集 $E\subset X$，定义

$$\lambda(E) = \Phi(\chi_E).$$

因为 Φ 是线性的，当 A 和 B 不相交时 $\chi_{A\cup B}=\chi_A+\chi_B$，所以 λ 是可加的．为证明可数可加性，假定 E 是可数个不相交的可测集 E_i 的并，令 $A_k=E_1\cup\cdots\cup E_k$，并且注意到

$$\|\chi_E-\chi_{A_k}\|_p = [\mu(E-A_k)]^{1/p} \to 0 \quad (k\to\infty); \tag{4}$$

Φ 的连续性指出 $\lambda(A_k)\to\lambda(E)$，所以 λ 是复测度．(在(4)中，用到 $p<\infty$ 的假定．)当 $\mu(E)=0$ 时，因为 $\|\chi_E\|_p=0$，显然 $\lambda(E)=0$，于是 $\lambda\ll\mu$，并且拉东-尼柯迪姆定理保证，存在一个函数 $g\in L^1(\mu)$，使得对每一个可测集 $E\subset X$，有 127

$$\Phi(\chi_E) = \int_E g\,\mathrm{d}\mu = \int_X \chi_E g\,\mathrm{d}\mu. \tag{5}$$

根据线性，得出

$$\Phi(f) = \int_X fg\,\mathrm{d}\mu \tag{6}$$

对每一个简单函数 f 成立．因为每一个 $f\in L^\infty(\mu)$ 是简单函数 f_i 的一致极限，所以对每一个 $f\in L^\infty(\mu)$ 成立．注意到 f_i 一致收敛于 f 蕴涵着 $\|f_i-f\|_p\to 0$．因此当 $i\to\infty$ 时，$\Phi(f_i)$

$\to\Phi(f)$.

要得出 $g\in L^q(\mu)$和(2)成立，最好分成两种情况讨论.

情况 1 $p=1$. 此时(5)指出

$$\left|\int_E g\,\mathrm{d}\mu\right|\leqslant\|\Phi\|\cdot\|\chi_E\|_1=\|\Phi\|\cdot\mu(E)$$

对每一个 $E\in\mathfrak{M}$成立. 根据定理 1.40，$|g(x)|\leqslant\|\Phi\|$ a. e. 所以 $\|g\|_\infty\leqslant\|\Phi\|$.

情况 2 $1<p<\infty$. 存在一个可测函数 α，$|\alpha|=1$，使得 $\alpha g=|g|$（命题 1.9(e)). 设 $E_n=\{x: |g(x)|\leqslant n\}$，定义 $f=\chi_{E_n}|g|^{q-1}\alpha$. 则在 E_n 上 $|f|^p=|g|^q$，$f\in L^\infty(\mu)$，并且(6)给出

$$\int_{E_n}|g|^q\mathrm{d}\mu=\int_X fg\,\mathrm{d}\mu=\Phi(f)\leqslant\|\Phi\|\left\{\int_{E_n}|g|^q\right\}^{1/p},$$

所以

$$\int_X\chi_{E_n}|g|^q\mathrm{d}\mu\leqslant\|\Phi\|^q\qquad(n=1,2,3,\cdots).\tag{7}$$

若应用单调收敛定理于(7)，便得 $\|g\|_q\leqslant\|\Phi\|$.

于是(2)成立且 $g\in L^q(\mu)$. 由此得出(6)式两边都是 $L^p(\mu)$上的连续函数. 它们在 $L^p(\mu)$的稠密子集 $L^\infty(\mu)$上是一致的；因此在 $L^p(\mu)$的全体上一致. 这就完成了 $\mu(X)<\infty$时的证明.

若 $\mu(X)=\infty$，而 μ 是 σ-有限的，由引理 6.9 选取 $w\in L^1(\mu)$，则 $\mathrm{d}\tilde{\mu}=w\mathrm{d}\mu$ 定义了$\mathfrak{M}$上的一个有限测度，且

$$F\to w^{1/p}F\tag{8}$$

是从 $L^p(\tilde{\mu})$到 $L^p(\mu)$上的线性等距映射，因为对每个 $x\in X$，$w(x)>0$，所以

$$\Psi(F)=\Phi(w^{1/p}F)\tag{9}$$

128 定义了 $L^p(\tilde{\mu})$上的一个有界线性泛函 Ψ，具有 $\|\Psi\|=\|\Phi\|$.

证明的第一部分指出，存在 $G\in L^q(\tilde{\mu})$，使得

$$\Psi(F)=\int_X FG\,\mathrm{d}\tilde{\mu}\qquad(F\in L^p(\tilde{\mu})).\tag{10}$$

令 $g=w^{1/q}G$(若 $p=1$，$g=G$)，则 $p>1$ 时，

$$\int_X|g|^q\mathrm{d}\mu=\int_X|G|^q\mathrm{d}\tilde{\mu}=\|\Psi\|^q=\|\Phi\|^q,\tag{11}$$

而 $\|g\|_\infty=\|G\|_\infty=\|\Psi\|=\|\Phi\|$. 于是(2)成立，并且因为 $G\mathrm{d}\tilde{\mu}=w^{1/p}g\,\mathrm{d}\mu$，最后得出

$$\Phi(f)=\Psi(w^{-\frac{1}{p}}f)=\int_X w^{-\frac{1}{p}}fG\,\mathrm{d}\tilde{\mu}=\int_X fg\,\mathrm{d}\mu\tag{12}$$

对每一个 $f\in L^p(\mu)$成立. ■

6.17 评注 我们已经碰到过定理 6.16 当 $p=q=2$ 时的特殊情况. 事实上，一般情况的证明，是以这个特殊情况为基础的，因为在拉东-尼柯迪姆定理的证明中，用到了 $L^2(\mu)$上的有界线性泛函的知识. 而后者是定理 6.16 的证明的关键. $p=2$ 的特殊情况本身又依赖于 $L^2(\mu)$的完备性，依赖于 $L^2(\mu)$因此是一个希尔伯特空间的事实，并且依赖于希尔伯特空间上的有界线性泛函由内积给定的事实.

我们现在转向定理 2.14 的复形式.

里斯表示定理

6.18 设 X 是一个局部紧的豪斯多夫空间. 定理 2.14 刻画了 $C_c(X)$上正的线性泛函. 现在我们有可能来刻画 $C_c(X)$上的有界线性泛函 Φ 了. 因为 $C_c(X)$是 $C_0(X)$关于上确界范数的稠密子空间，每一个这样的 Φ 有唯一一个到 $C_0(X)$上的有界线性泛函的开拓. 因此，同样可以假定从处理巴拿赫空间 $C_0(X)$开始.

如果 μ 是复博雷尔测度，定理 6.12 断定存在一个具有 $|h|=1$ 的复博雷尔函数 h，使得 $d\mu=hd|\mu|$. 因此用公式

$$\int f d\mu = \int fh d|\mu| \tag{1}$$

来定义关于复测度 μ 的积分是合理的.

关系式 $\int \chi_E d\mu=\mu(E)$是(1)的特殊情况. 于是当 μ 和 λ 是 $\mathfrak{M}$ 上的复测度和 $E\in\mathfrak{M}$时，

$$\begin{aligned}\int_X \chi_E d(\mu+\lambda) &= (\mu+\lambda)(E) = \mu(E)+\lambda(E) \\ &= \int_X \chi_E d\mu + \int_X \chi_E d\lambda.\end{aligned} \tag{2}$$ 129

这导出加法公式

$$\int_X f d(\mu+\lambda) = \int_X f d\mu + \int_X f d\lambda \tag{3}$$

(比如说)对每一个有界可测函数 f 成立.

如果 $|\mu|$ 是在定义 2.15 的意义下是正则的，就称 X 上的复的博雷尔测度 μ 是正则的. 如果 μ 是 X 上的复的博雷尔测度，显然映射

$$f \to \int_X f d\mu \tag{4}$$

是 $C_0(X)$上的有界线性泛函，它的范数不大于 $|\mu|(X)$. 用这种方法得出 $C_0(X)$上全体有界线性泛函就是里斯定理的内容.

6.19 定理 *当 X 是局部紧的豪斯多夫空间时，对 $C_0(X)$上每一个有界线性泛函 Φ，都存在唯一一个复的正则博雷尔测度 μ，使得*

$$\Phi f = \int_X f d\mu \qquad (f\in C_0(X)). \tag{1}$$

而且若 Φ 和 μ 如(1)所述，则

$$\|\Phi\| = |\mu|(X). \tag{2}$$

证明 首先解决唯一性问题. 假定 μ 是 X 上的一个正则复博雷尔测度，并且对所有的 $f\in C_0(X)$，$\int f d\mu=0$. 根据定理 6.12，存在一个博雷尔函数 h，具有 $|h|=1$，使得 $d\mu=hd|\mu|$. 对$C_0(X)$内任一序列$\{f_n\}$，因此有

$$|\mu|(X)=\int_X(\bar{h}-f_n)h\mathrm{d}|\mu|\leqslant\int_X|\bar{h}-f_n|\mathrm{d}|\mu|. \tag{3}$$

因为 $C_0(X)$ 在 $L^1(|\mu|)$ 内稠密(定理3.14)，$\{f_n\}$ 能如此选择，使当 $n\to\infty$ 时，(3)的最后一个表达式趋于0．于是 $|\mu|(X)=0$，且 $\mu=0$．容易看出 X 上的两个正则复博雷尔测度之差是正则的．这就证明了每一个 Φ，至多有一个 μ 与之对应．

现在考虑在 $C_0(X)$ 上给定的一个有界线性泛函 Φ．不失一般性，假定 $\|\Phi\|=1$．我们将构造一个 $C_c(X)$ 上的正的线性泛函 Λ，使得

130 $$|\Phi(f)|\leqslant\Lambda(|f|)\leqslant\|f\|\qquad(f\in C_c(X)), \tag{4}$$

这里 $\|f\|$ 表示上确界范数．

一旦有了这个 Λ，像定理2.14一样，我们把它和一个正的博雷尔测度 λ 联系起来．定理2.14的结论指出：当 $\lambda(X)<\infty$ 时，λ 是正则的．因为

$$\lambda(X)=\sup\{\Lambda f:0\leqslant f\leqslant 1,f\in C_c(X)\}$$

并且当 $\|f\|\leqslant 1$ 时，$|\Lambda f|\leqslant 1$，我们看出确实有 $\lambda(X)\leqslant 1$．

从(4)同时导出

$$|\Phi(f)|\leqslant\Lambda(|f|)=\int_X|f|\mathrm{d}\lambda=\|f\|_1\qquad(f\in C_c(X)). \tag{5}$$

这最后一个范数出于空间 $L^1(\lambda)$．于是 Φ 是 $C_c(X)$ 上线性泛函，它关于 $C_c(X)$ 上的 $L^1(\lambda)$ 范数而言，其范数至多是1．存在一个 Φ 到 $L^1(\lambda)$ 上的线性泛函的保范数开拓．所以定理6.16($p=1$ 的情况)给出了具有 $|g|\leqslant 1$ 的博雷尔函数 g，使得

$$\Phi(f)=\int_X fg\mathrm{d}\lambda\qquad(f\in C_c(X)). \tag{6}$$

(6)的每一边均是 $C_0(X)$ 上的连续泛函，而 $C_c(X)$ 是在 $C_0(X)$ 内稠密的．因此(6)对所有的 $f\in C_0(X)$ 成立．取 $\mathrm{d}\mu=g\mathrm{d}\lambda$，我们便得到表达式(1)．

因为 $\|\Phi\|=1$，(6)指出：

$$\int_X|g|\mathrm{d}\lambda\geqslant\sup\{|\Phi(f)|:f\in C_0(X),\|f\|\leqslant 1\}=1. \tag{7}$$

我们也知道 $\lambda(X)\leqslant 1$，$|g|\leqslant 1$．这些事实仅当 $\lambda(X)=1$ 和 $|g|=1$ a.e. $[\lambda]$ 是相容的．于是根据定理6.13，$\mathrm{d}|\mu|=|g|\mathrm{d}\lambda=\mathrm{d}\lambda$，且

$$|\mu|(X)=\lambda(X)=1=\|\Phi\|, \tag{8}$$

这就证明了(2)．

所有这些都依赖于找出一个满足(4)的正线性泛函 Λ．若 $f\in C_c^+(X)$ [$C_c(X)$ 的所有非负实元素的类]，定义

$$\Lambda f=\sup\{|\Phi(h)|:h\in C_c(X),|h|\leqslant f\}. \tag{9}$$

则 $\Lambda f\geqslant 0$，Λ 满足(4)．$0\leqslant f_1\leqslant f_2$ 蕴涵着 $\Lambda f_1\leqslant\Lambda f_2$．并且若 c 是正的常数，$\Lambda(cf)=c\Lambda f$．我们必须证明

$$\Lambda(f+g)=\Lambda f+\Lambda g\qquad(f\text{ 和 }g\in C_c^+(X)), \tag{10}$$

然后，还得把 Λ 开拓为 $C_c(X)$ 上的线性泛函．

固定 f 和 $g\in C_c^+(X)$．若 $\varepsilon>0$，则存在 h_1 和 $h_2\in C_c(X)$，使得 $|h_1|\leqslant f$，$|h_2|\leqslant g$，

且

$$\Lambda f \leqslant |\Phi(h_1)| + \varepsilon, \quad \Lambda g \leqslant |\Phi(h_2)| + \varepsilon. \tag{11}$$ 131

存在复数 α_i，$|\alpha_i|=1$，使 $\alpha_i\Phi(h_i)=|\Phi(h_i)|$，$i=1, 2$. 这时

$$\begin{aligned}\Lambda f + \Lambda g &\leqslant |\Phi(h_1)| + |\Phi(h_2)| + 2\varepsilon \\ &= \Phi(\alpha_1 h_1 + \alpha_2 h_2) + 2\varepsilon \\ &\leqslant \Lambda(|h_1| + |h_2|) + 2\varepsilon \\ &\leqslant \Lambda(f+g) + 2\varepsilon,\end{aligned}$$

因此，在(10)内，不等号"$\geqslant$"成立.

其次，选择 $h \in C_c(X)$，只要它服从条件 $|h| \leqslant f+g$，设 $V=\{x: f(x)+g(x)>0\}$. 定义

$$\begin{aligned}&h_1(x) = \frac{f(x)h(x)}{f(x)+g(x)}, \quad h_2(x) = \frac{g(x)h(x)}{f(x)+g(x)} \quad (x \in V), \\ &h_1(x) = h_2(x) = 0 \qquad (x \notin V).\end{aligned} \tag{12}$$

显然，h_1 在 V 的每一点都连续. 若 $x_0 \notin V$，则 $h(x_0)=0$；因为 h 是连续的，并且因为 $|h_1(x)| \leqslant |h(x)|$ 对所有 $x \in X$ 成立，得出 x_0 是 h_1 的连续点. 于是 $h_1 \in C_c(X)$，并且对于 h_2 也同样成立.

因为 $h_1+h_2=h$ 且 $|h_1| \leqslant f$，$|h_2| \leqslant g$，我们有

$$\begin{aligned}|\Phi(h)| = |\Phi(h_1)+\Phi(h_2)| &\leqslant |\Phi(h_1)| + |\Phi(h_2)| \\ &\leqslant \Lambda f + \Lambda g.\end{aligned}$$

因此 $\Lambda(f+g) \leqslant \Lambda f + \Lambda g$，并因此证明了(10).

现在，若 f 是一个实函数，$f \in C_c(X)$，则 $2f^+ = |f| + f$，因而 $f^+ \in C_c^+(X)$；类似地，$f^- \in C_c^+(X)$；因为 $f=f^+-f^-$，自然地定义

$$\Lambda f = \Lambda f^+ - \Lambda f^- \qquad (f \in C_c(X), f\text{ 是实的}) \tag{13}$$

和

$$\Lambda(u + \mathrm{i}v) = \Lambda u + \mathrm{i}\Lambda v. \tag{14}$$

就像定理 1.32 的证明中所用过的那样，通过一些简单的代数运算，现在可以证明，我们开拓的泛函在 $C_c(X)$ 上是线性的.

这就完成了证明. ■

习题

1. 若 μ 是 σ-代数 $\mathfrak{M}$ 上的复测度，$E \in \mathfrak{M}$. 定义
$$\lambda(E) = \sup \sum |\mu(E_i)|,$$
其中的上确界是对 E 的所有的有限划分 $\{E_i\}$ 取的. 能得出 $\lambda = |\mu|$ 吗？
2. 证明 6.10 节末尾所给出的例子具有所述的性质.
3. 证明局部紧豪斯多夫空间 X 上的全体复正则博雷尔测度的向量空间 $M(X)$ 取 $\|\mu\| = |\mu|(X)$ 时，构成一个巴拿赫空间. 提示：与第 5 章习题 8 比较. ($M(X)$ 的任何两个元素之差在 $M(X)$ 内的结论，已经用于证明定理 6.19 的第一段内，试提供这事实的证明.) 132

4. 设 $1\leqslant p\leqslant\infty$，$q$ 是共轭于 p 的指数．假定 μ 是一个 σ -有限的测度，g 是可测函数，使得对每一个 $f\in L^p(\mu)$，$fg\in L^1(\mu)$．证明 $g\in L^q(\mu)$．

5. 设 X 由两个点 a，b 组成．定义 $\mu(\{a\})=1$，$\mu(\{b\})=\mu(X)=\infty$，$\mu(\varnothing)=0$．对于这样的 μ，$L^\infty(\mu)$是 $L^1(\mu)$的对偶空间，对吗？

6. 设 $1<p<\infty$，证明甚至 μ 不是 σ -有限时，$L^q(\mu)$仍是 $L^p(\mu)$的对偶空间．（像通常一样 $1/p+1/q=1$.）

7. 设 μ 是$[0,\ 2\pi)$上（或在单位圆周 T 上）的复博雷尔测度．用

$$\hat{\mu}(n)=\int e^{-int}\,d\mu(t)\qquad(n=0,\pm1,\pm2,\cdots)$$

定义 μ 的傅里叶系数．假定当 $n\to+\infty$ 时，$\hat{\mu}(n)\to0$．证明当 $n\to-\infty$ 时，$\hat{\mu}(n)\to0$ 成立．提示：当 f 是任一三角多项式时，用 $f\,d\mu$ 代替 $d\mu$，假定也是成立的．因之当 f 是连续函数，而 f 是任一有界的博雷尔函数时，以致用 $d|\mu|$ 代替 $d\mu$ 时，假定也都成立．

8. 按照习题 7 的术语，找出所有的 μ，使得 $\hat{\mu}$ 是周期为 k 的周期函数．（这意味着 $\hat{\mu}(n+k)=\hat{\mu}(n)$对所有的整数 n 成立．当然 k 也假定是整数．）

9. 设$\{g_n\}$是 $I=[0,\ 1]$上的正连续函数序列，μ 是 I 上的正博雷尔测度，且

（ⅰ）$\lim\limits_{n\to\infty}g_n(x)=0$　　a. e. $[m]$，

（ⅱ）对所有 n，$\int_I g_n\,dm=1$，

（ⅲ）对所有 $f\in C(I)$，$\lim\limits_{n\to\infty}\int_I fg_n\,dm=\int_I f\,d\mu$，

那么是否有 $\mu\perp m$?

10. 设$(X,\ \mathfrak{M},\ \mu)$是正测度空间．若对每一个 $\varepsilon>0$，对应一个 $\delta>0$，使得当 $f\in\Phi$ 且 $\mu(E)<\delta$ 时，有

$$\left|\int_E f\,d\mu\right|<\varepsilon$$

成立，就称集 $\Phi\subset L^1(\mu)$是一致可积的．

(a) 证明 $L^1(\mu)$的每一个有限子集是一致可积的．

(b) 证明下列的维塔利收敛定理：

若（ⅰ）$\mu(X)<\infty$，（ⅱ）$\{f_n\}$是一致可积的，（ⅲ）当 $n\to\infty$ 时．$f_n(x)\to f(x)$ a. e.，（ⅳ）$|f(x)|<\infty$ a. e.，则 $f\in L^1(\mu)$并且

$$\lim_{n\to\infty}\int_X|f_n-f|\,d\mu=0.$$

提示：用叶果洛夫定理．

(c) 证明若 μ 是$(-\infty,\ \infty)$上的勒贝格测度，甚至当$\{\|f_n\|_1\}$假定是有界时，(b)也不成立．因此，假定（ⅰ）在(b)内不能省去．

(d) 指出对某些 μ（比如，在限区间上的勒贝格测度），假定（ⅳ）在(b)中是多余的，但是存在有限测度，对于这些测度（ⅳ）的省略将使得(b)不成立．

(e) 证明对于有限测度空间维塔利定理蕴涵着勒贝格控制收敛定理．构造一个尽管勒贝格定理的假定不成立，维塔利定理仍能应用的例子．

(f) 构造一个$[0,\ 1]$上的序列$\{f_n\}$，使之对每一个 x，$f_n(x)\to0$，$\int f_n\to0$，但是$\{f_n\}$（关于勒贝格测度）不是一致可积的．

(g) 然而，下面的维塔利定理的逆命题是成立的：

若 $\mu(X)<\infty$，$f_n\in L^1(\mu)$且

$$\lim_{n\to\infty}\int_E f_n \mathrm{d}\mu$$

对每个 $E\in\mathfrak{M}$ 都存在，则 $\{f_n\}$ 是一致可积的. 133

通过完成下面的要点，来证明这个结论.

定义 $\rho(A, B)=\int|\chi_A-\chi_B|\mathrm{d}\mu$，则 $(\mathfrak{M}, \rho)$ 是一个完备度量空间(测度 0 的模集)，且对每个 n，$E\to\int_E f_n\mathrm{d}\mu$ 是连续的. 若 $\varepsilon>0$，则存在 E_0，δ，N(第 5 章习题 13)使得当 $\rho(E, E_0)<\delta$，$n>N$ 时，

$$\left|\int_E (f_n-f_N)\mathrm{d}\mu\right|<\varepsilon. \qquad (*)$$

若 $\mu(A)<\delta$，用 $B=E_0-A$ 和 $C=E_0\cup A$ 来替代 E，$(*)$式仍然成立，从而用 A 替代 E，2ε 替代 ε，$(*)$式也成立. 现在在 $\{f_1, \cdots, f_N\}$ 上应用(a)，那么存在 $\delta'>0$，使得当 $\mu(A)<\delta'$ 时，有

$$\left|\int_A f_n\mathrm{d}\mu\right|<3\varepsilon, \quad n=1,2,3,\cdots.$$

11. 假定 μ 是 X 上的正测度，$\mu(X)<\infty$，$f_n\in L^1(\mu)$，$n=1, 2, 3, \cdots$，$f_n(x)\to f(x)$ a. e.，并且存在 $p>1$ 和 $C<\infty$，使得 $\int_X|f_n|^p\mathrm{d}\mu<C$ 对所有的 n 成立. 证明

$$\lim_{n\to\infty}\int_X|f-f_n|\mathrm{d}\mu=0.$$

提示：$\{f_n\}$ 是一致可积的.

12. 设 $\mathfrak{M}$ 是由所有单位区间 $[0, 1]$ 上的集 E 构成的族，其中 E 或它的补集至多有一个是可数的. 设 μ 是 σ-代数 $\mathfrak{M}$ 上的计数测度，若对 $0\leqslant x\leqslant 1$，有 $g(x)=x$，证明 g 不是 $\mathfrak{M}$ 可测的，虽然映射

$$f\to\sum xf(x)=\int fg\mathrm{d}\mu$$

对每个 $f\in L^1(\mu)$ 有意义而且定义了 $L^1(\mu)$ 上的一个有界线性泛函. 从而可知在这种情况下 $(L^1)^*\neq L^\infty$.

13. 设 $L^\infty=L^\infty(m)$，这里 m 是 $I=[0, 1]$ 上的勒贝格测度. 证明在 L^∞ 上存在一个有界线性泛函 $\Lambda\neq 0$ 使得在 $C(I)$ 上为 0，那么就没有 $g\in L^1(m)$ 使得对所有 $f\in L^\infty$，$\Lambda f=\int_I fg\mathrm{d}m$ 成立，从而 $(L^\infty)^*\neq L^1$. 134

第7章 微　　分

在初等微积分中，我们知道积分与微分是互逆的．可以将这种基本关系推广到有关勒贝格积分上来．通过研究测度的导数和相伴的极大函数，很容易得到一些关于积分的微分和导数的积分的很重要的性质．在这里，拉东-尼柯迪姆定理和勒贝格分解定理起着重要的作用．

测度的导数

我们利用下面一个非常简单的定理导出定义 7.2.

7.1 定理　假设 μ 是 R^1 上的复博雷尔测度，且

$$f(x) = \mu((-\infty, x)) \quad (x \in R^1). \tag{1}$$

如果 $x \in R^1$ 且 A 是一个复数，则下面两个命题等价：

(a) f 在 x 处可微且 $f'(x) = A$.

(b) 对于任意的 $\varepsilon > 0$，存在一个 $\delta > 0$，使得

$$\left| \frac{\mu(I)}{m(I)} - A \right| < \varepsilon \tag{2}$$ 135

对每一个长度小于 δ 的包含 x 的开区间 I 成立．这里 m 表示 R^1 上的勒贝格测度．

7.2 定义　定理 7.1 启发我们，μ 在 x 的导数可以定义为当区间 I 的长度收缩至 x 点时商 $\dfrac{\mu(I)}{m(I)}$ 的极限．我们也可以在多变量的情况下类似地给出一个适当的定义，如在 R^k 中考虑而不是在 R^1 中考虑．

因此，固定一个维数 k，我们定义以 $x(x \in R^k)$ 为中心 $r(r>0)$ 为半径的开球为：

$$B(x,r) = \{y \in R^k : |y - x| < r\} \tag{1}$$

（这里绝对值是指 2.19 节中定义的欧氏度量），若 $m = m_k$ 为 R^k 上的勒贝格测度，给定 R^k 上的任意复博雷尔测度 μ，定义商

$$(Q_r\mu)(x) = \frac{\mu(B(x,r))}{m(B(x,r))}, \tag{2}$$

且当在点 $x \in R^k$ 处极限 $\lim\limits_{r \to 0}(Q_r\mu)(x)$ 存在时，定义 μ 在 x 处的对称导数为

$$(D\mu)(x) = \lim_{r \to 0}(Q_r\mu)(x). \tag{3}$$

我们将用极大函数 $M\mu$ 来研究 $D\mu$．若 $\mu > 0$，我们定义 $M\mu$ 为

$$(M\mu)(x) = \sup_{0 < r < \infty}(Q_r\mu)(x), \tag{4}$$

若 μ 为复博雷尔测度，其极大函数用全变差 $|\mu|$ 来定义．

函数 $M\mu : R^k \to [0, \infty]$ 为下半连续的，从而也是可测的．

要证明这个结论，我们假设 $\mu \geqslant 0$，给定 $\lambda > 0$，令 $E = \{M\mu > \lambda\}$，且固定 $x \in E$，则存在 $r > 0$ 使得

$$\mu(B(x,r)) = tm(B(x,r)) \tag{5}$$

对某一 $t > \lambda$ 成立，且存在数 $\delta > 0$ 满足

$$(r+\delta)^k < r^k t/\lambda. \tag{6}$$

若 $|y-x|<\delta$，则 $B(y, r+\delta)\supset B(x, r)$，从而有

$$\mu(B(y,r+\delta)) \geqslant tm(B(x,r)) = t[r/(r+\delta)]^k m(B(y,r+\delta)) > \lambda m(B(y,r+\delta)).$$

因此，$B(x, \delta)\subset E$. 这就证明了 E 为开集.

136 我们的首要目标是"极大定理"7.4，下面这个覆盖引理对于证明定理 7.4 很重要.

7.3 引理 若 W 为有限个球 $B(x_i, r_i)(1\leqslant i\leqslant N)$ 的并，则存在集 $S\subset\{1, 2, \cdots, N\}$ 使得

(a) 对 $i\in S$，球 $B(x_i, r_i)$ 是不相交的.

(b) $W\subset \bigcup\limits_{i\in S} B(x_i, 3r_i)$.

(c) $m(W)\leqslant 3^k \sum\limits_{i\in S} m(B(x_i, r_i))$.

证明 将这些球重新排序使得 $B_i=B(x_i, r_i)$ 满足 $r_1\geqslant r_2\geqslant\cdots\geqslant r_N$，取 $i_1=1$，将所有和 B_{i_1} 相交的球 B_i 剔除；设 B_{i_2} 为所有剩下的 B_j 中的最前面一个(如果有的话)，剔除排在 B_{i_1} 后面且和 B_{i_1} 相交的所有球 B_j；设 B_{i_3} 为所有剩下的 B_j 中的最前面一个(如果有的话)，依此类推，这个工作将在有限步之内完成，令 $S=\{i_1, i_2, \cdots\}$.

显然，(a)成立. 因为若 $r'\leqslant r$ 且 $B(x', r')\cap B(x, r)\neq\varnothing$，则 $B(x', r')\subset B(x, 3r)$，从而对某个 $i\in S$，任何被剔除的球 B_j 为 $B(x_i, 3r_i)$ 的一个子集. 这就证明了(b). 又由在 R^k 中 $m(B(x, 3r))=3^k m(B(x, r))$，我们可以由(b)推出(c).

粗略地讲，下面的定理说明了在一个很大的集合上，一个测度的极大函数不会很大. ■

7.4 定理 若 μ 为 R^k 上的复博雷尔测度且 $\lambda>0$，则

$$m\{M\mu > \lambda\} \leqslant 3^k\lambda^{-1}\|\mu\|. \tag{1}$$

这里 $\|\mu\|=|\mu|(R^k)$，且(1)式的左边是下面较为笨拙的表达式的缩写：

$$m(\{x\in R^k:(M\mu)(x)>\lambda\}). \tag{2}$$

我们将经常采用这种简便的记号.

证明 固定 μ 和 λ，设 K 为开集 $\{M\mu>\lambda\}$ 的一个紧子集. 每一个 $x\in K$ 都是某个满足 $|\mu|(B)>\lambda m(B)$ 的开球 B 的中心，从而存在一个这种开球 B 的有限子簇覆盖 K. 由引理 7.3，我们得到一个不相交的子簇 $\{B_1, \cdots, B_n\}$，满足

$$m(K)\leqslant 3^k\sum_1^n m(B_i)\leqslant 3^k\lambda^{-1}\sum_1^n |\mu|(B_i)\leqslant 3^k\lambda^{-1}\|\mu\|.$$

$\{B_1, \cdots, B_n\}$ 的不相交性用于最后一个不等式.

137 当 K 取遍 $\{M\mu>\lambda\}$ 的所有紧致子集时，通过对上式左边取上确界可知(1)成立. ■

7.5 弱 L^1 若 $f\in L^1(R^k)$ 且 $\lambda>0$，则

$$m\{|f|>\lambda\}\leqslant\lambda^{-1}\|f\|_1. \tag{1}$$

因为令 $E=\{|f|>\lambda\}$，则有

$$\lambda m(E)\leqslant\int_E|f|\,\mathrm{d}m\leqslant\int_{R^k}|f|\,\mathrm{d}m=\|f\|_1. \tag{2}$$

因此，对任何可测函数 f，如果它使得关于 λ 的函数

$$\lambda\cdot m\{|f|>\lambda\} \tag{3}$$

在$(0,\infty)$上是有界的，则称 f 属于弱 L^1.

弱 L^1 是包含 L^1 的. 事实上，它是严格大于 L^1 的. 最为明显的例子是$(0,1)$区间上的函数$\frac{1}{x}$.

我们给每一个 $f\in L^1(R^k)$辅以一个相伴极大函数 Mf：$R^k\to[0,\infty]$，具体定义如下：

$$(Mf)(x)=\sup_{0<r<\infty}\frac{1}{m(B_r)}\int_{B(x,r)}|f|\,\mathrm{d}m. \tag{4}$$

(我们用 B_r 来代替 $B(x,r)$是因为 $m(B(x,r))$仅仅依赖于半径 r.)对于测度 μ，如果我们用等式 $\mathrm{d}\mu=f\mathrm{d}m$ 来定义 f，就可以发现(4)式实际上就是前面所定义的 $M\mu$，定理 7.4 说明了“极大算子”M 是有界的，它将 L^1 映射到弱 L^1，这个界(具体地说是 3^k)仅仅依赖于空间 R^k.

对于任何 $f\in L^1(R^k)$和 $\lambda>0$，有

$$m\{Mf>\lambda\}\leqslant 3^k\lambda^{-1}\|f\|_1. \tag{5}$$

7.6 勒贝格点 设 $f\in L^1(R^k)$，点 $x\in R^k$ 若满足

$$\lim_{r\to 0}\frac{1}{m(B_r)}\int_{B(x,r)}|f(y)-f(x)|\,\mathrm{d}m(y)=0, \tag{1}$$

则称之为 f 的勒贝格点.

例如，若 f 在 x 点连续则(1)式成立. 一般说来，(1)式意味着$|f-f(x)|$在 x 的某一小邻域内的平均值很小，f 的勒贝格点是指那些使得 f 在该点处从平均意义上讲振动不大的点.

从直观上，不是很容易就能看出对于每一个函数 $f\in L^1$ 都有勒贝格点，但是下面不平常的定理却表明它们是存在的.（也可参见习题 23.）

7.7 定理 若 $f\in L^1(R^k)$，则几乎所有的 $x\in R^k$ 都是 f 的勒贝格点. 138

证明 对任意的 $x\in R^k$ 及 $r>0$，定义

$$(T_rf)(x)=\frac{1}{m(B_r)}\int_{B(x,r)}|f-f(x)|\,\mathrm{d}m \tag{1}$$

且令

$$(Tf)(x)=\limsup_{r\to 0}(T_rf)(x). \tag{2}$$

我们只需证明 $Tf=0$ a.e. $[m]$.

固定 $y>0$，设 n 为一正整数. 由定理 3.14，存在 $y\in C(R^k)$使得$\|f-g\|_1<\frac{1}{n}$，令 $h=f-g$.

因为 g 是连续的，从而 $Tg=0$. 又因为

$$(T_rh)(x)\leqslant\frac{1}{m(B_r)}\int_{B(x,r)}|h|\,\mathrm{d}m+|h(x)|, \tag{3}$$

我们有

$$Th\leqslant Mh+|h|. \tag{4}$$

由于 $T_rf\leqslant T_rg+T_rh$，我们立即可以得到

$$Tf\leqslant Mh+|h|. \tag{5}$$

从而

$$\{Tf>2y\}\subset\{Mh>y\}\cup\{|h|>y\}. \tag{6}$$

记(6)式右边的并为 $E(y, n)$. 因为 $\|h\|_1<\frac{1}{n}$，定理 7.5 和不等式 7.5(1)说明

$$m(E(y,n))\leqslant\frac{(3^k+1)}{yn}. \tag{7}$$

(6)式的左边和 n 无关，因此

$$\{Tf>2y\}\subset\bigcap_{n=1}^{\infty}E(y,n). \tag{8}$$

由(7)式知，这个交集的测度为 0，从而$\{Tf>2y\}$是测度为 0 的集合的一个子集. 因为勒贝格测度是完备的，因此$\{Tf>2y\}$是勒贝格可测的且测度为 0. 这对每一个正数 y 成立. 因此 $Tf=0$ a. e. $[m]$. ■

定理 7.7 提供了一些有趣的信息，我们很容易列出下列的论题：

(a) 绝对连续测度的微分.

(b) 用其他不是球的集合来考虑微分.

(c) R^1 上无限积分的微分.

139 (d) 可测集的度量稠密性.

下面将讨论这些论题.

7.8 定理 假设 μ 是 R^k 上的复博雷尔测度且 $\mu\ll m$. 设 f 为 μ 关于 m 的拉东–尼柯迪姆导数，则 $D\mu=f$a. e. $[m]$，且

$$\mu(E)=\int_E(D\mu)\mathrm{d}m \tag{1}$$

对所有的博雷尔集 $E\subset R^k$ 成立.

换言之，拉东–尼柯迪姆导数可由商 $Q_r\mu$ 的极限得到.

证明 由拉东–尼柯迪姆定理知，若(1)式中用 f 代替 $D\mu$ 是成立的. 在 f 的任一个勒贝格点 x 处，我们有

$$f(x)=\lim_{r\to0}\frac{1}{m(B_r)}\int_{B(x,r)}f\mathrm{d}m=\lim_{r\to0}\frac{\mu(B(x,r))}{m(B(x,r))}, \tag{2}$$

从而在 f 的每一个勒贝格点 x 处$(D\mu)(x)$存在且等于 $f(x)$，因此 a. e. $[m]$. ■

7.9 良好地收缩集 假设 $x\in R^k$. 对 R^k 内的博雷尔集序列$\{E_i\}$，若存在一个具有下列性质的数 $\alpha>0$：每一个 E_i 在一个以 x 为中心半径 $r_i>0$ 的开球 $B(x, r_i)$内，使得

$$m(E_i)\geqslant\alpha\cdot m(B(x,r_i))\quad(i=1,2,3,\cdots), \tag{1}$$

并且当 $i\to\infty$时，$r_i\to0$，就称$\{E_i\}$良好地收缩于 x.

注意，这既不要求 $x\in E_i$，甚至也不要求 x 在 E_i 的闭包内. 条件(1)是要求每一个 E_i 必须占有 x 的某个球形邻域的相当大的部分的定量叙述. 例如，直径趋于 0 的最长的棱比最短的棱至多大 1000 倍的 k -胞腔的嵌套序列是良好地收缩的. (在 R^2 内)棱长分别为$\frac{1}{i}$和$\left(\frac{1}{i}\right)^2$ 的矩形嵌套序列则不是良好地收缩的.

7.10 定理 若对于每个 $x\in R^k$ 有一组博雷尔集$\{E_i(x)\}$良好地收缩到 x，并令 $f\in L^1(R^k)$，则等式

$$f(x)=\lim_{i\to\infty}\frac{1}{m(E_i(x))}\int_{E_i(x)}f\mathrm{d}m \tag{1}$$

在 f 的每一个勒贝格点处成立，因此 a. e. $[m]$. 140

证明　设 x 为 f 的一个勒贝格点，$\{E_i(x)\}$ 所对应的正数和球分别为 $\alpha(x)$ 和 $B(x,\ r_i)$. 由于 $E_i(x)\subset B(x,\ r_i)$，我们有

$$\frac{\alpha(x)}{m(E_i(x))}\int_{E_i(x)}|f-f(x)|\,\mathrm{d}m\leqslant\frac{1}{m(B(x,r_i))}\int_{B(x,r_i)}|f-f(x)|\,\mathrm{d}m.$$

因为当 $i\to\infty$ 时，$r_i\to 0$，又因为 x 为 f 的一个勒贝格点，从而右边趋向于 0. 因此左边趋向于 0 且(1)式成立. ■

注意，对于不同的 x 和 y，$\{E_i(x)\}$ 和 $\{E_i(y)\}$ 之间并没有很大的联系.

再注意，定理 7.10 可以导出一个比定理 7.8 更强的形式，我们在这里略去其细节.

7.11 定理　若 $f\in L^1(R^1)$ 且

$$F(x)=\int_{-\infty}^{x}f\mathrm{d}m(-\infty<x<\infty),$$

则 $F'(x)=f(x)$ 在 f 的每一个勒贝格点 x 处都成立，因而 a. e. $[m]$.

(这是微积分基本定理容易的一半在勒贝格积分观点中的推广.)

证明　设 $\{\delta_i\}$ 为一个趋向于 0 的正数序列. 令 $E_i(x)=[x,\ x+\delta_i]$，由定理 7.10 知，在 f 的每一个勒贝格点 x 处，$F(x)$ 的右导数存在且等于 $f(x)$；再令 $E_i(x)=[x-\delta_i,\ x]$，由定理 7.10 知，在 f 的每一个勒贝格点 x 处，$F(x)$ 的左导数存在且等于 $f(x)$. ■

7.12 度量密度　设 E 为 R^k 的一个勒贝格可测集，如果极限

$$\lim_{r\to 0}\frac{m(E\cap B(x,r))}{m(B(x,r))} \tag{1}$$

存在，则称 E 在某点 $x\in R^k$ 处的度量密度为该极限.

如果我们设 f 为 E 的特征函数，应用定理 7.8 或者定理 7.10 知：几乎在 E 内的每一点处，E 的度量密度为 1；几乎在 E 的补集内的每一点处，E 的度量密度为 0.

这里有一个相当漂亮的结论，这个结论可以和第 2 章的习题 8 比较一下：

若 $\varepsilon>0$，则不存在 $E\subset R^1$ 使得

$$\varepsilon<\frac{m(E\cap I)}{m(I)}<1-\varepsilon \tag{2}$$

对任何区间 I 成立. 141

考虑了绝对连续测度的微分，现在我们转过来考虑那些关于 m 奇异的测度的微分.

7.13 定理　设对每一个 $x\in R^k$，$\{E_i(x)\}$ 为相应的良好地收缩到 x 的序列. 若 μ 为一个复博雷尔测度且 $\mu\perp m$，则

$$\lim_{i\to\infty}\frac{\mu(E_i(x))}{m(E_i(x))}=0\ \text{a. e.}[m]. \tag{1}$$

证明　由若尔当分解定理，我们只需证明当 $\mu\geqslant 0$ 时(1)式成立即可. 在这种情况下，类似于定理 7.10，我们有

$$\frac{\alpha(x)\mu(E_i(x))}{m(E_i(x))}\leqslant\frac{\mu(E_i(x))}{m(B(x,r_i))}\leqslant\frac{\mu(B(x,r_i))}{m(B(x,r_i))}.$$

因此，(1)式为我们下面要证明的一个特殊情形的推论：

$$(D\mu)(x)=0 \text{ a. e. }[m]. \tag{2}$$

定义上导数为

$$(\overline{D}\mu)(x)=\lim_{n\to\infty}\left[\sup_{0<r<1/n}(Q_r\mu)(x)\right](x\in R^k), \tag{3}$$

因为(3)式括号中的数随着 n 的增大而减小，并且对每一个确定的 n 都是关于 x 的下半连续函数，从而由 7.2 节可知 $\overline{D}\mu$ 为博雷尔函数.

选取 $\lambda>0$，$\varepsilon>0$. 因为 $\mu\perp m$，μ 集中在一个勒贝格测度为 0 的集上. 由 μ 的正则性(定理 2.18)知，存在一个紧集 K，使得 $m(K)=0$，$\mu(K)>\|\mu\|-\varepsilon$.

对任意的博雷尔 $E\subset R^k$，定义 $\mu_1(E)=\mu(K\cap E)$. 令 $\mu_2=\mu-\mu_1$，则 $\|\mu_2\|<\varepsilon$，且对 K 外的任意点 x 有

$$(\overline{D}\mu)(x)=(\overline{D}\mu_2)(x)\leqslant(M\mu_2)(x). \tag{4}$$

因此

$$\{\overline{D}\mu>\lambda\}\subset K\cup\{M\mu_2>\lambda\}, \tag{5}$$

且由定理 7.4，

$$m\{\overline{D}\mu>\lambda\}\leqslant 3^k\lambda^{-1}\|\mu_2\|<3^k\lambda^{-1}\varepsilon. \tag{6}$$

因为(6)式对任意的正数 ε，λ 都成立，我们得到 $D\mu=0$ a. e. $[m]$，即(2)成立. ■

142 定理 7.10 和定理 7.13 可以组合如下.

7.14 定理　设对每一个 $x\in R^k$，$\{E_i(x)\}$为相应的良好地收缩到 x 的博雷尔可测集序列，μ 为 R^k 上的一个复博雷尔测度.

设 $d\mu=f dm+d\mu_s$ 为 μ 关于 m 的勒贝格分解，则

$$\lim_{i\to\infty}\frac{\mu(E_i(x))}{m(E_i(x))}=f(x) \text{ a. e. }[m].$$

特别地，$\mu\perp m$ 当且仅当$(D\mu)(x)=0$ a. e. $[m]$.

下面这个定理与定理 7.13 形成鲜明的对比.

7.15 定理　若 μ 为 R^k 上的正博雷尔测度且 $\mu\perp m$，则

$$(D\mu)(x)=\infty \text{ a. e. }[\mu]. \tag{1}$$

证明　由已知条件，存在博雷尔集 $S\subset R^k$ 满足 $m(S)=0$，$\mu(R^k-S)=0$，且对任意的 $j=1, 2, \cdots$，存在开集 $V_j\supset S$ 使得 $m(V_j)<1/j$.

对于 $N=1, 2, \cdots$，设 E_N 为 S 中某些点 x 的集合，这些 x 满足：有相应的半径 $r_i=r_i(x)$，$\lim r_i=0$ 使得

$$\mu(B(x,r_i))<Nm(B(x,r_i)), \tag{2}$$

则对所有的 $x\in S-\bigcup_N E_N$ 都有(1)成立.

暂时先固定 N 和 j，对每一个 $x\in E_N$，都存在球 $B_x\subset V_j$ 以 x 为中心且满足(2). 设 β_x 为以 x 为中心、半径为 B_x 的半径的$\frac{1}{3}$的开球，则所有这些 β_x 的并为开集 $W_{j,N}$，包含 E_N 且包含于 V_j. 我们断言：

$$\mu(W_{j,N}) < 3^k N/j. \tag{3}$$

要证明(3)，设 $K \subset W_{j,N}$ 为一个紧集，则存在有限个 β_x 覆盖 K. 引理 7.3 表明存在一个有限集 $F \subset E_N$ 满足下列性质：

(a) $\{\beta_x: x \in F\}$ 为一个不相交的集簇.

(b) $K \subset \bigcup_{x \in F} B_x$.

从而

$$\mu(K) \leqslant \sum_{x \in F} \mu(B_x) < N \sum_{x \in F} m(B_x) = 3^k N \sum_{x \in F} m(\beta_x) \leqslant 3^k N m(V_j) < 3^k N/j.$$

(3) 式得证.

现在令 $\Omega_N = \bigcap_j W_{j,N}$，则 $E_N \subset \Omega_N$，Ω_N 为一个 G_δ 集，$\mu(\Omega_N)=0$，且$(D\mu)(x)=\infty$对每一个 $x \in S - \bigcup_N \Omega_N$ 成立. ■ 143

微积分基本定理

7.16 这个定理是关于定义在 R^1 中紧区间$[a, b]$上的函数的. 它分为两部分. 粗略地讲，第一部分是指一个函数的不定积分的导数还是这个函数本身；我们在定理 7.11 中讨论过了. 第二部分走的是另一条路：通过求导数的积分还原成原函数. 具体地说，为

$$f(x) - f(a) = \int_a^x f'(t)\,dt \quad (a \leqslant x \leqslant b). \tag{1}$$

在定理的初等版本中，我们假设 f 在$[a, b]$内的每一点可微且 f'是连续函数，这时(1)的证明是很容易的.

如果试图将(1)扩展到勒贝格积分上，则我们会很自然地提出以下问题：

如果只假设 $f' \in L^1$ 而不是 f'连续，结论是否成立？

如果 f 在$[a, b]$内几乎处处连续和可微，(1)是否一定成立？

在证明任何真命题之前，下面给出两个例子说明(1)如何不成立：

(a) 设 $x \neq 0$ 时 $f(x) = x^2 \sin(x^{-2})$，$f(0)=0$，则 f 是处处可微的，但是

$$\int_0^1 |f'(t)|\,dt = \infty, \tag{2}$$

于是 $f' \notin L^1$.

如果我们用当 $\varepsilon \to 0$ 时，f 在$[\varepsilon, 1]$上的积分的极限来解释(1)中的积分(这里用区间$[0, 1]$代替了$[a, b]$)，则对这个 f 来说，(1)式仍然成立.

但是如果不通过极限的方法来解释的话，我们会产生很多麻烦. Denjoy 和 Perron 给出了一种积分的过程(见[18]，[28]). 在这种积分的过程中，只要 f 在每一点都可微则(1)式成立. 但是它不具有 f 可积推出 $|f|$ 可积这个性质，因此在分析中所起的作用不大.

(b) 假设 f 在$[a, b]$上连续，在$[a, b]$上几乎处处可微，且在$[a, b]$上有 $f' \in L^1$. 那么这个假设是否可以推出(1)成立呢？

答案是：不能.

先取$\{\delta_n\}$使得 $1=\delta_0>\delta_1>\delta_2>\cdots$，$\delta_n \to 0$. 令 $E_0=[0, 1]$. 假设 $n \geqslant 0$ 且 E_n 已经构造好使

得 E_n 是由 2^n 个长度为 $2^{-n}\delta_n$ 的两两不相交的闭区间的并. 在这些小区间中间均挖去一条线段,
144 使得剩下的 2^{n+1} 个区间长度均为 $2^{-(n+1)}\delta_{n+1}$(这是可以做到的, 因为已经假设 $\delta_{n+1}<\delta_n$), 设 E_{n+1} 为 2^{n+1} 个小区间的并, 则 $E_1\supset E_2\supset\cdots$, $m(E_n)=\delta_n$, 且若

$$E=\bigcap_{n=1}^{\infty}E_n, \tag{3}$$

则 E 为紧的且 $m(E)=0$. (事实上, E 是完全集.)令

$$g_n=\delta_n^{-1}\chi_{E_n} \quad 且 \quad f_n(x)=\int_0^x g_n(t)\mathrm{d}t \quad (n=0,1,2,\cdots), \tag{4}$$

则 $f_n(0)=0$, $f_n(1)=1$, 且每一个 f_n 是在 E_n 的补集的每一个区间上为常数的单调函数. 如果 I 是其并为 E_n 的 2^n 个小区间中的一个, 则

$$\int_I g_n(t)\mathrm{d}t=\int_I g_{n+1}(t)\mathrm{d}t=2^{-n}. \tag{5}$$

由(5)式我们知道,

$$f_{n+1}(x)=f_n(x) \quad (x\notin E_n) \tag{6}$$

且

$$|f_n(x)-f_{n+1}(x)|\leqslant\int_I|g_n-g_{n+1}|<2^{-n+1} \quad (x\in E_n). \tag{7}$$

因此, $\{f_n\}$一致收敛到一个连续的单调函数 f, 其中 f 满足 $f(0)=0$, $f(1)=1$, 且对任意的 $x\notin E$ 有 $f'(x)=0$. 因为 $m(E)=0$, 故 $f'=0$ a. e.

从而(1)不成立.

若 $\delta_n=(2/3)^n$, 则集合 E 为康托尔三分集.

了解了什么时候(1)不成立后, 我们假设 $f'\in L^1$ 且(1)成立. 这里我们定义测度 μ 满足 $\mathrm{d}\mu=f'\mathrm{d}m$. 因为 $\mu\ll m$, 由定理 6.11 知对任意的 $\varepsilon>0$, 存在 $\delta>0$, 使得当 E 为总长度小于 δ 的不相交区间的并时, $|\mu|(E)<\varepsilon$. 因为若 $a\leqslant x<y\leqslant b$. $f(y)-f(x)=\mu((x,y))$, 因此 f 的绝对连续性(见下面的定义)是(1)成立的必要条件. 定理 7.20 将说明这个必要条件也是充分的.

7.17 定义 定义在区间 $I=[a,b]$上的复函数 f 称为是绝对连续的(简记为 f 在 I 上 AC), 如果对任意的 $\varepsilon>0$, 存在 $\delta>0$, 使得对任意的 n 及 I 上的不相交的区间(α_1,β_1), (α_2,β_2), $\cdots$, (α_n,β_n), 只要

145

$$\sum_{i=1}^{n}(\beta_i-\alpha_i)<\delta, \tag{1}$$

就有

$$\sum_{i=1}^{n}|f(\beta_i)-f(\alpha_i)|<\varepsilon. \tag{2}$$

这种 f 显然是连续的, 我们只需取 $n=1$ 就行了.

在下面这个定理中, 蕴涵关系(b)→(c)可能是最有趣的; 在(a)→(c)中去掉 f 的单调性, 它刚好满足定理 7.20 的条件.

7.18 定理 设 $I=[a,b]$, f: $I\to R^1$ 为非递减的连续函数, 则下述命题等价:

(a)f 在 I 上 AC.

(b)f 将零测度集映到零测度集.

(c)f 在 I 上几乎处处可微，$f'\in L^1$ 且

$$f(x)-f(a)=\int_a^x f'(t)\,\mathrm{d}t \quad (a\leqslant x\leqslant b). \tag{1}$$

注意，例 7.16(b)中构造的映射将一个零测紧集映到了整个区间.

习题 12 补充了这个定理.

证明　我们将按(a)→(b)→(c)→(a)来证明.

设 $\mathfrak{M}$ 表示 R^1 上所有的勒贝格可测集构成的 σ-代数.

假设 f 在 I 上 AC，任取 $E\subset\mathfrak{M}$ 使得 $m(E)=0$. 我们将证明 $f(E)\in\mathfrak{M}$ 且 $m(f(E))=0$. 不失一般性，我们假设区间 I 的端点 a，b 均不在 E 内.

任给 $\varepsilon>0$，根据定义 7.17 选取符合 f 和 ε 的正数 δ. 存在开集 V，使得 $m(V)<\delta$，$E\subset V\subset I$. 设(α_1, β_1)，(α_2, β_2)，…，(α_n, β_n)是并集为 V 的不相交的区间，则 $\sum_{i=1}^{n}(\beta_i-\alpha_i)<\delta$，由 δ 的选取要求知

$$\sum_{i=1}^{n}(f(\beta_i)-f(\alpha_i))\leqslant\varepsilon. \tag{2}$$

(注意，定义 7.17 中陈述的是有限和的情形，实际上(2)对于无限级数(若可能)的所有部分和成立，因而(2)对所有级数的和都成立，正像我们所陈述的那样.)

因为 $E\subset V$，$f(E)\subset\bigcup[f(\alpha_i), f(\beta_i)]$，这个并集的勒贝格测度就是(2)式的左边. 这就说明 $f(E)$为测度任意小的博雷尔集的子集. 由于勒贝格测度的完备性，我们有 $f(E)\in\mathfrak{M}$ 且 $m(f(E))=0$.

现在我们已经证明了(a)蕴涵(b). 146

下一步，假设(b)成立. 定义

$$g(x)=x+f(x) \quad (a\leqslant x\leqslant b). \tag{3}$$

若某长为 η 的区间在 f 下的像的长度为 η'，则同一区间在 g 下的像的长度为 $\eta+\eta'$，因为 f 满足条件(b)，从而 g 也满足条件(b).

现在假设 $E\subset I$，$E\in\mathfrak{M}$，则 $E=E_1\cup E_0$，其中 $m(E_0)=0$ 且 E_1 为 F_σ(定理 2.20). 因而，E_1 为可数个紧集的并，且因为 g 是连续的，所以 $g(E_1)$也是可数个紧集的并. 因为 g 满足条件(b)，有 $m(g(E_0)=0)$. 又因为 $g(E)=g(E_1)\cup g(E_0)$，我们得出 $g(E)\in\mathfrak{M}$.

因此，我们可以定义

$$\mu(E)=m(g(E)) \quad (E\subset I, E\in\mathfrak{M}). \tag{4}$$

因为 g 为一一映射(这是我们构造 g 来代替 f 的原因)，所以 I 中不相交的区间在 g 下的像也不相交. 由 m 的可数可加性知道 μ 为 $\mathfrak{M}$ 上的(正有界)测度. 而且，因为 g 满足条件(b). 我们有 $\mu\ll m$. 从而，由拉东-尼柯迪姆定理，存在 $h\in L^1(m)$使得

$$\mathrm{d}\mu=h\,\mathrm{d}m. \tag{5}$$

若 $E=[a, x]$，则 $g(E)=[g(a), g(x)]$，且由(5)可推出

$$g(x)-g(a)=m(g(E))=\mu(E)=\int_E h\,\mathrm{d}m=\int_a^x h(t)\mathrm{d}t.$$

如果我们利用(3)式，可以得到

$$f(x)-f(a)=\int_a^x[h(t)-1]\mathrm{d}t\quad(a\leqslant x\leqslant b).\tag{6}$$

从而，由定理 7.11，$f'(x)=h(x)-1$a. e. $[m]$.

现在我们完成了(b)蕴涵(c)的证明过程.

定义 7.17 前面一段的讨论过程说明了(c)蕴涵(a). ■

7.19 定理 假设 f：$I\to R^1$ 是 AC 的，$I=[a,b]$，定义

$$F(x)=\sup\sum_{i=1}^{N}|f(t_i)-f(t_{i-1})|\quad(a\leqslant x\leqslant b),\tag{1}$$

其中，上确界取遍所有的 N 及所有满足

$$a=t_0<t_1<\cdots<t_N=x\tag{2}$$

147 的序列 $\{t_i\}$，则函数 F，$F+f$，$F-f$ 均为 I 上非递减的绝对连续函数.

(F 称为 f 的全变差函数. 如果 f 为 I 上的(复)函数且 $F(b)<\infty$，不管是否 AC 我们称 f 是有界变差的，且 $F(b)$ 称为 f 在 I 上的全变差. 习题 13 就是有关这类问题的.)

证明 如果(2)成立且 $x<y\leqslant b$，则

$$F(y)\geqslant|f(y)-f(x)|+\sum_{i=1}^{N}|f(t_i)-f(t_{i-1})|.\tag{3}$$

因此，$F(y)\geqslant|f(y)-f(x)|+F(x)$. 特别地，

$$F(y)\geqslant f(y)-f(x)+F(x)\text{ 和 }F(y)\geqslant f(x)-f(y)+F(x).\tag{4}$$

这就证明了 F，$F+f$，$F-f$ 均为 I 上的非递减函数.

因为两个 AC 函数的和显然是 AC 的，我们只需证明 F 是 AC 的.

若$(\alpha,\beta)\subset I$，则

$$F(\beta)-F(\alpha)=\sup\sum_{i=1}^{n}|f(t_i)-f(t_{i-1})|,\tag{5}$$

上确界取遍所有满足 $\alpha=t_0<t_1<\cdots<t_n=\beta$ 的序列$\{t_i\}$.

注意到$\sum(t_i-t_{i-1})=\beta-\alpha$.

任给 $\varepsilon>0$，根据定义 7.17 选取符合 f 和 ε 的正数 δ，选取不相交的区间$(\alpha_j,\beta_j)\subset I$ 满足 $\sum(\beta_j-\alpha_j)<\delta$，且对每一个$(\alpha_j,\beta_j)$应用(5)式. 从而，由 δ 的选取，我们得到

$$\sum_j(F(\beta_j)-F(\alpha_j))\leqslant\varepsilon.\tag{6}$$

这就证明了 F 在 I 上是 AC 的. ■

现在我们开始接触我们的主要目标.

7.20 定理 设 f 为 $I=[a,b]$上 AC 的复函数，则 f 在 I 上几乎处处可微，$f'\in L^1(m)$，且

$$f(x)-f(a)=\int_a^x f'(t)\mathrm{d}t\quad(a\leqslant x\leqslant b).\tag{1}$$

证明　当然，我们只需要证明 f 为实函数的情形就行了．设 F 为定理 7.19 中那样的全变差函数，定义

$$f_1=\frac{1}{2}(F+f),f_2=\frac{1}{2}(F-f),\tag{2}$$

且将 f_1，f_2 均应用定理 7.18 中的(a)→(c)．又因为

$$f=f_1-f_2,\tag{3}$$

这说明(1)成立．■ 148

下面这个定理完全通过微分的方法在一个可微的集合上导出了(1)式．

7.21 定理　*设 f：$[a, b]\to R^1$ 在 $[a, b]$ 内的每一点都可微且在区间 $[a, b]$ 上 $f'\in L^1$，则*

$$f(x)-f(a)=\int_a^x f'(t)\mathrm{d}t\quad(a\leqslant x\leqslant b).\tag{1}$$

注意，可微性在 $[a, b]$ 的每一点都假定是具备的．

证明　显然对 $x=b$ 证明结论成立就足够了．固定 $\varepsilon>0$．定理 2.25 保证存在 $[a, b]$ 上的一个下半连续函数 g，使得 $g>f'$，且

$$\int_a^b g(t)\mathrm{d}t<\int_a^b f'(t)\mathrm{d}t+\varepsilon.\tag{2}$$

实际上，定理 2.25 仅给出 $g\geqslant f'$，但因为 $m([a, b])<\infty$，我们能在不影响(2)的前提下加一个小的常数于 g 上．对于任一 $\eta>0$，定义

$$F_\eta(x)=\int_a^x g(t)\mathrm{d}t-f(x)+f(a)+\eta(x-a)\quad(a\leqslant x\leqslant b).\tag{3}$$

暂时保持 η 固定．因为 g 是下半连续的，且 $g(x)>f'(x)$，对每一个 $x\in[a, b)$，存在对应的 $\delta_x>0$，使得

$$g(t)>f'(x)\quad 和\quad \frac{f(t)-f(x)}{t-x}<f'(x)+\eta\tag{4}$$

对所有的 $t\in(x, x+\delta_x)$ 成立．对于任一这样的 t，因此有

$$\begin{aligned}F_\eta(t)-F_\eta(x)&=\int_x^t g(s)\mathrm{d}s-[f(t)-f(x)]+\eta(t-x)\\&>(t-x)f'(x)-(t-x)[f'(x)+\eta]+\eta(t-x)\\&=0.\end{aligned}$$

因为 $F_\eta(a)=0$ 而 F_η 是连续的，所以存在一个满足 $F_\eta(x)=0$ 的最大的点 $x\in[a, b]$．若 $x<b$，上面的计算蕴涵着 $F_\eta(t)>0$ 对 $t\in(x, b]$ 成立．在任何情况下，$F_\eta(b)\geqslant 0$．因为这个结论对每一个 $\eta>0$ 成立，所以(2)和(3)现在给出

$$f(b)-f(a)\leqslant\int_a^b g(t)\mathrm{d}t<\int_a^b f'(t)\mathrm{d}t+\varepsilon.\tag{5}$$

因为 ε 是任意的，得出

$$f(b)-f(a)\leqslant\int_a^b f'(t)\mathrm{d}t.\tag{6}$$ 149

若 f 满足定理的假设，则 $-f$ 也满足定理的假设；因此用 $-f$ 代替 f，(6)式成立，并且这

两个不等式一起给出(1)式. ■

可微变换

7.22 定义 设 V 是 R^k 内的一个开集，T 是 V 到 R^k 内的映射，$x\in V$. 若存在 R^k 上的线性算子 A(即像定义 2.1 一样，是 R^k 到 R^k 的一个线性映射)使得

$$\lim_{h\to 0}\frac{|T(x+h)-T(x)-Ah|}{|h|}=0 \tag{1}$$

(当然，$h\in R^k$)，我们则称 T 在 x 处是可微的，且定义

$$T'(x)=A. \tag{2}$$

线性算子 $T'(x)$称为 T 在 x 处的导数.（我们很容易知道满足前面条件的线性算子至多有一个，所以称 T 的导数是合理的.）微分这个术语对 $T'(x)$也经常使用.

对于满足(1)式的点 x，差 $T(x+h)-T(x)$被 h 的线性函数 $T'(x)h$ 逼近.

因为每一个实数 α 都能产生一个 R^1 上的线性算子(将 h 映到 αh)，当 $k=1$ 时，$T'(x)$的上述定义和我们通常的定义一致.

当 A：$R^k\to R^k$ 为线性算子时，由定理 2.20(e)可知，存在一个数 $\Delta(A)$使得对所有的可测集 $E\subset R^k$ 都有

$$m(A(E))=\Delta(A)m(E). \tag{3}$$

因为

$$A'(x)=A\quad(x\in R^k), \tag{4}$$

且因为任何一个可微变换 T 都可以局部近似表示为一个常数加上一个线性变换，我们可以猜想对于充分靠近 x 的合适的集 E，有

$$\frac{m(T(E))}{m(E)}\sim\Delta(T'(x)). \tag{5}$$

这将在定理 7.24 中证明而且是定理 7.26 的来源.

回忆我们在 2.23 节中证明了 $\Delta(A)=|\det A|$. 当 T 在 x 处可微时，$T'(x)$的行列式称为 T 在 x 处的雅可比行列式，记为 $J_T(x)$. 从而

$$\Delta(T'(x))=|J_T(x)|. \tag{6}$$

下面这个引理从几何意义来看很直观. 它的证明主要根据布劳威尔不动点定理. 我们可以通过强加于 F 一些较强的假定以避免利用布劳威尔不动点定理，比如假设 F 是开映射. 但是
150 这会不必要地加强了定理 7.26 中的条件假设.

7.23 引理 *设 $S=\{x:|x|=1\}$为 R^k 中的球面，即单位开球 $B=B(0,1)$的边界.*

若 $F:\overline{B}\to R^k$ 为连续映射，$0<\varepsilon<1$，且对任何 $x\in S$ 有

$$|F(x)-x|<\varepsilon, \tag{1}$$

则 $F(B)\supset B(0,1-\varepsilon)$.

证明 假设结论不成立，则存在点 $a\in B(0,1-\varepsilon)-F(B)$. 由(1)，若 $x\in S$，则 $|F(x)|>1-\varepsilon$. 从而 $a\notin F(S)$，因此对任意的 $x\in\overline{B}$ 都有 $a\neq F(x)$. 这样我们就可以定义一个连续函数 G：$\overline{B}\to\overline{B}$ 为

$$G(x) = \frac{a - F(x)}{|a - F(x)|}. \tag{2}$$

如果 $x \in S$，则 $x \cdot x = |x|^2 = 1$，于是

$$x \cdot (a - F(x)) = x \cdot a + x \cdot (x - F(x)) - 1 < |a| + \varepsilon - 1 < 0. \tag{3}$$

这就说明了 $x \cdot G(x) < 0$，因此 $x \neq G(x)$.

若 $x \in B$，则很明显因为 $G(x) \in S$，有 $x \neq G(x)$.

这就说明 G 在 $\overline{B}$ 上没有不动点. 这与布劳威尔不动点定理矛盾. 布劳威尔不动点定理告诉我们从 $\overline{B}$ 映到 $\overline{B}$ 的任何连续映射至少有一个不动点. ■

我们可以从《Dimension Theory》(Hurewicz 和 Wallman 著，Princeton University Press，1948) 第 38～40 页找到一个既基本又简单的关于布劳威尔不动点定理的证明.

7.24 定理 若

(a) V 是 R^k 上的开集，

(b) T：$V \to R^k$ 是连续的，

(c) T 在某点 $x \in V$ 处可微，则

$$\lim_{r \to 0} \frac{m(T(B(x,r)))}{m(B(x,r))} = \Delta(T'(x)). \tag{1}$$

注意，$T(B(x, r))$ 是勒贝格可测的；事实上，因为 $B(x, r)$ 是 σ-紧的且 T 是连续的，所以 $T(B(x, r))$ 是 σ-紧的.

证明 不失一般性，我们假设 $x=0$，$T(x)=0$，且令 $A=T'(0)$.

我们将用到有关有限维向量空间上的线性算子的基本事实：R^k 上的一个线性算子 A 上是一一映射的，当且仅当 A 的值域是 R^k. 在这种情形下，A 的逆 A^{-1} 也是线性的. 151

因此，我们将证明分成两种情形.

情形 1 A 是一一映射的. 定义

$$F(x) = A^{-1}T(x) \quad (x \in V), \tag{2}$$

则 $F'(0)=A^{-1}T'(0)=A^{-1}A=I$，即恒等算子. 我们将证明

$$\lim_{r \to 0} \frac{m(F(B(0,r)))}{m(B(0,r))} = 1. \tag{3}$$

因为 $T(x)=AF(x)$，由 7.22(3)，对所有的球 B，我们有

$$m(T(B)) = m(A(F(B))) = \Delta(A)m(F(B)). \tag{4}$$

故若证明了(3)，则得出结论.

任给 $\varepsilon>0$，因为 $F(0)=0$ 且 $F'(0)=I$，存在 $\delta>0$ 使得当 $0<|x|<\delta$ 时，

$$|F(x) - x| < \varepsilon |x|. \tag{5}$$

我们断言，若 $0<r<\delta$，则

$$B(0,(1-\varepsilon)r) \subset F(B(0,r)) \subset B(0,(1+\varepsilon)r) \tag{6}$$

成立. 我们可以通过引理 7.23 得到第一个包含关系，只需将 $B(0, 1)$ 换成 $B(0, r)$ 即可，这是因为对所有满足 $|x|=r$ 的点 x，(5)式成立. 第二个包含关系可直接由(5)式得出，因为 $|F(x)|<(1+\varepsilon)|x|$. 显然，(6)式可以推出

$$(1-\varepsilon)^k \leqslant \frac{m(F(B(0,r)))}{m(B(0,r))} \leqslant (1+\varepsilon)^k, \tag{7}$$

这就证明了(3).

情形2 A 不是一一映射的. 在这种情形下，A 将 R^k 映到一个低维的子空间内，即将 R^k 映到一个零测度集内. 任给 $\varepsilon>0$，存在 $\eta>0$ 使得若 E_η 是 R^k 中所有与 $A(B(0, 1))$ 的距离小于 η 的点构成的集合，则 $m(E_\eta)<\varepsilon$. 因为 $A=T'(0)$，故存在 $\delta>0$，使得 $|x|<\delta$ 蕴涵

$$|T(x)-A(x)| \leqslant \eta |x|. \tag{8}$$

若 $r<\delta$，设 E 为由所有与 $A(B(0, 1))$ 的距离小于 ηr 的点构成的集合，则 $T(B(0, r))\subset E$. 由 η 的选取方法知，$m(E)<\varepsilon r^k$. 因此

152

$$m(T(B(0,r))) < \varepsilon r^k \quad (0<r<\delta). \tag{9}$$

因为 $r^k=\dfrac{m(B(0, r))}{m(B(0, 1))}$，所以(9)蕴涵

$$\lim_{r\to 0} \frac{m(T(B(0,r)))}{m(B(0,r))} = 0. \tag{10}$$

因为 $\Delta(T'(0))=\Delta(A)=0$，所以这就证明了(1). ■

7.25 引理 假设 $E\subset R^k$，$m(E)=0$，T 将 E 映到 R^k 内，且当 $x\in E$，y 在 E 中趋向于 x 时，

$$\limsup \frac{|T(y)-T(x)|}{|y-x|} < \infty,$$

则 $m(T(E))=0$.

证明 固定正整数 n 和 p，设 $F=F_{n,p}$ 为 E 中所有满足下面条件的点 x 的集合：对任意的 $y\in B(x, 1/p)\cap E$，有

$$|T(y)-T(x)| \leqslant n|y-x|,$$

而且任选 $\varepsilon>0$. 因为 $m(F)=0$，F 能被一些球 $B_i=B(x_i, r_i)$ 覆盖，其中 $x_i\in F$，$r_i<1/p$，并在这种方式下使 $\sum m(B_i)<\varepsilon$. (要做到这一点，我们先用一个测度很小的开集 W 覆盖 F，再将 W 像 2.19 节那样分解为一些直径很小的不相交块. 然后用一些和 F 相交且中心在 F 中又在某一块中的球来覆盖这个块.)

若 $x\in F\cap B_i$，则 $|x_i-x|<r_i<1/p$ 且 $x_i\in F$. 因此

$$|T(x_i)-T(x)| \leqslant n|x_i-x| < nr_i.$$

所以，$T(F\cap B_i)\subset B(T(x_i), nr_i)$. 从而

$$T(F) \subset \bigcup_i B(T(x_i), nr_i).$$

上式并集的测度不超过

$$\sum_i m(B(T(x_i), nr_i)) = n^k \sum_i m(B_i) < n^k\varepsilon.$$

因为勒贝格测度是完备的且 ε 任意小，因而 $T(F)$ 是可测的且 $m(T(F))=0$.

要完成证明，只需注意 E 是可数个集族 $\{F_{n,p}\}$ 的并即可. ■

下面是引理的特殊情形：

若 V 是 R^k 中的开集且 $T: V\to R^k$ 在 V 中的每一点都可微，则 T 将零测度集映到零测度集.

下面我们来看变量变换定理.

7.26 定理 假设

(ⅰ) $X\subset V\subset R^k$，V 为开集，T：$V\to R^k$ 是连续的； 153

(ⅱ) X 是勒贝格可测的，T 在 X 上是一一映射的，T 在 X 上处处可微；

(ⅲ) $m(T(V-X))=0$.

令 $Y=T(X)$，则

$$\int_Y f\,\mathrm{d}m=\int_X (f\circ T)\mid J_T\mid \mathrm{d}m \tag{1}$$

对每一个可测的 f：$R^k\to[0,\infty]$成立.

$X=V$ 可能是最有趣的一种情形，关于条件(ⅲ)，当 $m(V-X)=0$ 且 T 在 $V-X$ 上满足引理 7.25 时它是成立的.

证明过程和定理 7.18 中的(b)→(c)的证明有某些共同之处.

在这个证明中，博雷尔集和勒贝格可测集的区别是非常重要的. 由 R^k 的所有勒贝格可测集构成的 σ-代数记为 $\mathfrak{M}$.

证明 我们将整个证明过程分为三步：

(Ⅰ) 若 $E\in\mathfrak{M}$ 且 $E\subset V$，则 $T(E)\in\mathfrak{M}$.

(Ⅱ) 对于任何 $E\in\mathfrak{M}$，

$$m(T(E\cap X))=\int_X \chi_E\mid J_T\mid \mathrm{d}m.$$

(Ⅲ) 对于任何 $A\in\mathfrak{M}$，

$$\int_Y \chi_A\,\mathrm{d}m=\int_X(\chi_A\circ T)\mid J_T\mid \mathrm{d}m.$$

若 $E_0\in\mathfrak{M}$，$E_0\subset V$ 且 $m(E_0)=0$，则由(ⅲ)，$m(T(E_0-X))=0$，且由引理 7.25，$m(T(E_0\cap X))=0$. 从而 $m(T(E_0))=0$.

若 $E_1\subset V$ 为一个 F_σ 集，则 E_1 为 σ-紧的，又由于 T 是连续的，因而 $T(E_1)$是 σ-紧的，因此 $T(E_1)\in\mathfrak{M}$.

因为任何 $E\in\mathfrak{M}$ 都是一个 F_σ 集和一个零测度集的并(定理 2.20)，所以(Ⅰ)得证.

要证明(Ⅱ)，设 n 为一个正整数，且令

$$V_n=\{x\in V:\mid T(x)<n\},X_n=X\cap V_n. \tag{2}$$

因为(Ⅰ)成立，我们定义

$$\mu_n(E)=m(T(E\cap X_n))\quad(E\in\mathfrak{M}). \tag{3}$$

因为 T 在 X_n 上是一一映射的，由 m 的可数可加性知 μ_n 是 $\mathfrak{M}$上的一个测度. 同时，μ_n 是有界的(这是我们临时用 X_n 替代 X 的原因)，且由引理 7.25 的另一个应用，$\mu_n\ll m$. 定理 7.8 154
告诉我们$(D\mu_n)(x)$存在 a. e. $[m]$，$D\mu_n\in L^1(m)$，且

$$\mu_n(E)=\int_E(D\mu_n)\,\mathrm{d}m\quad(E\in\mathfrak{M}). \tag{4}$$

我们断言

$$(D\mu_n)(x)=\mid J_T(x)\mid\quad(x\in X_n). \tag{5}$$

为了证明这一点，固定 $x\in X_n$，注意到由于 V_n 是开集，所以当 $r>0$ 充分小时 $B(x,r)\subset V_n$. 由于 $V_n-X_n\subset V-X$，所以由假设(ⅲ)，我们可以将(3)中的 X_n 换成 V_n 而不改变 $\mu_n(E)$. 因此，对于充分小的 $r>0$.

$$\mu_n(B(x,r))=m(T(B(x,r))).\tag{6}$$

将(6)式两边同时除以 $m(B(x,r))$，然后利用定理 7.24 和公式 7.22(6)就可以得到(5)式.

因为(3)蕴涵着 $\mu_n(E)=\mu_n(E\cap X_n)$，从而由(3)，(4)，(5)可得

$$m(T(E\cap X_n))=\int_{X_n}\chi_E\mid J_T\mid \mathrm{d}m\quad(E\in\mathfrak{M}).\tag{7}$$

如果对(7)式运用单调收敛定理，当 $n\to\infty$ 时，我们得到(Ⅱ).

开始证明(Ⅲ)之前我们先设 A 为 R^k 中的一个博雷尔集. 令

$$E=T^{-1}(A)=\{x\in V:T(x)\in A\},\tag{8}$$

则 $\chi_E=\chi_A\circ T$. 因为 χA 为博雷尔函数且 T 是连续的，χ_E 也是博雷尔函数(定理 1.12). 因此 $E\in\mathfrak{M}$，而且

$$T(E\cap X)=A\cap Y.\tag{9}$$

由(Ⅱ)，这蕴涵着

$$\int_Y\chi_A\mathrm{d}m=m(T(E\cap X))=\int_X(\chi_A\circ T)\mid J_T\mid \mathrm{d}m.\tag{10}$$

最后，如果 $N\in\mathfrak{M}$ 且 $m(N)=0$，则存在一个博雷尔集 $A\supset N$ 满足 $m(A)=0$. 对于这个 A 来说，(10)式表明了$(\chi_A\circ T)\mid J_T\mid=0$ a. e. $[m]$. 因为 $0\leqslant\chi_N\leqslant\chi_A$，从而如果将(10)式中的 A 换成 N，则两个积分都等于零. 因为任何一个勒贝格可测集都是一个博雷尔集和一个零测度集的不相交并. 所以(10)式对所有的 $A\in\mathfrak{M}$ 成立，这就证明了(Ⅲ).

有了(Ⅲ)后，显然(1)式对所有的非负勒贝格可测简单函数 f 成立. 再应用单调收敛定理
155 就可完成证明. ■

注意，我们没有证明对所有的勒贝格可测函数 f 来说 $f\circ T$ 是勒贝格可测的，因为这不需要；见习题 8. 证明所建立的是乘积$(f\circ T)\mid J_T\mid$的勒贝格可测性.

下面是该定理的一个特殊情形：

假设 φ: $[a,b]\to[\alpha,\beta]$是 AC 的单调函数，$\varphi(a)=\alpha$，$\varphi(b)=\beta$，且若 $f\geqslant 0$ 为勒贝格可测的，则

$$\int_\alpha^\beta f(t)\mathrm{d}t=\int_a^b f(\varphi(x))\varphi'(x)\mathrm{d}x.\tag{11}$$

要通过定理 7.26 导出此式，令 $V=(a,b)$，$T=\varphi$，再令 Ω 为所有使 φ 为常数的极大区间(若存在)的并，设 X 为 $V-\Omega$ 中所有使 $\varphi'(x)$ 存在(且有限)的点 x 的集合即可.

习题

1. 证明：若 $f\in L^1(R^k)$，则在 f 的每一个勒贝格点处都有 $\mid f(x)\mid\leqslant(Mf)(x)$.
2. 对于 $\delta>0$，设 $I(\delta)$为区间$(-\delta,\delta)\subset R^1$. 任给 α 和 β，$0\leqslant\alpha\leqslant\beta\leqslant 1$，试构造一个可测集 $E\subset R^1$，使得当 $\delta\to 0$ 时，

$$\frac{m(E\cap I(\delta))}{2\delta}$$

的上、下极限分别为 β 和 α.（与 7.12 节进行比较.）

3. 假设 E 为具有任意小周期的由实数构成的可测集. 明确地说，存在正数 p_i，$\lim\limits_{i\to\infty}p_i=0$，使得

$$E+p_i=E\quad(i=1,2,3,\cdots).$$

试证明：要么 E 的测度为零，要么 E 的补集的测度为零.

提示：任选 $\alpha\in R^1$，对所有的 $x>\alpha$，令 $F(x)=m(E\cap[\alpha,x])$，证明：若 $\alpha+p_i<x<y$，有

$$F(x+p_i)-F(x-p_i)=F(y+p_i)-F(y-p_i).$$

如果 $m(E)>0$，这会蕴涵 $F'(x)$ 什么呢？

4. 称 t 为函数 f 在 R^1 上的周期，如果 $f(x+t)=f(x)$ 对所有的 $x\in R^1$ 成立. 假设 f 是一个实勒贝格可测函数且具有周期 s 和 t，其中商 $\dfrac{s}{t}$ 为无理数. 证明存在一个常数 c 使得 $f(x)=c$ a.e. 但 f 本身并不一定是常函数.

提示：将习题 3 应用到集合 $\{f>\lambda\}$.

5. 若 $A\subset R^1$ 且 $B\subset R^1$，定义 $A+B=\{a+b:a\in A,b\in B\}$. 假设 $m(A)>0$，$m(B)>0$. 试利用下面的要点证明 $A+B$ 包括一个区间.

存在点 a_0，b_0 使得 A，B 具有度量密度 1. 选取一个充分小的 $\delta>0$. 令 $c_0=a_0+b_0$，对任意的正数或负数 ε，定义 B_ε 为所有形如 $c_0+\varepsilon-b$ 的点的集合，其中 $b\in B$ 且 $|b-b_0|<\delta$，则 $B_\varepsilon\subset(a_0+\varepsilon-\delta,a_0+\varepsilon+\delta)$. 若 δ 选取适当且 $|\varepsilon|$ 充分小，则 A 和 B_ε 相交，于是存在某个 $\varepsilon_0>0$ 使得 $A+B\supset(c_0-\varepsilon_0,c_0+\varepsilon_0)$.

设 C 为康托尔三分集，证明：尽管 $m(C)=0$，但 $C+C$ 是一个区间.（还可参见第 9 章习题 19.）

6. 设 G 为 R^1 子的一个子群（相对于加法），$G\neq R^1$ 且 G 是勒贝格可测的，证明 $m(G)=0$. 156

提示：运用习题 5.

7. 构造一个 R^1 上的连续单调函数 f，使得 f 在任何区间上不是常数但 $f'(x)=0$ a.e.

8. 设 $V=(a,b)$ 是 R^1 上的一个有界区间. 选取区间 $W_n\subset V$ 使得它们的并 W 在 V 中稠密且集合 $K=V-W$ 具有正测度. 选取连续函数 φ_n 使得在 W_n 的外面 $\varphi_n(x)=0$，而在 W_n 中 $0<\varphi_n(x)<2^{-n}$. 令 $\varphi=\sum\varphi_n$ 且定义

$$T(x)=\int_a^x\varphi(t)\mathrm{d}t\quad(a<x<b).$$

证明下面的结论：

(a) T 满足定理 7.26 的假设，其中 $X=V$.

(b) T' 连续，在 K 上 $T'(x)=0$，$m(T(K))=0$.

(c) 若 E 为 K 的不可测子集（见定理 2.22）且 $A=T(E)$，则 χ_A 为勒贝格可测的，但 $\chi_A\circ T$ 不是勒贝格可测的.

(d) 可以选取 φ_n 使得 T 是从 V 到 R^1 的某个区间上的无穷可微同胚且(c)仍然成立.

9. 设 $0<\alpha<1$. 选取 t 使得 $t^\alpha=2$，则 $t>2$，且 7.16 节中例(b)的构造可用 $\delta_n=(2/t)^n$ 来得到. 证明最后所得到的函数 f 在 $[0,1]$ 上属于 $\mathrm{Lip}\alpha$.

10. 若在 $[a,b]$ 上 $f\in\mathrm{Lip}1$，证明 f 是绝对连续的，且 $f'\in L^\infty$.

11. 假设 $1<p<\infty$，f 在 $[a,b]$ 上绝对连续，$f'\in L^p$ 且 $\alpha=\dfrac{1}{q}$，其中 q 是 p 的共轭指数. 证明 $f\in\mathrm{Lip}\alpha$.

12. 设 $\varphi:[a,b]\to R^1$ 为非递减函数.

(a) 证明存在一个 $[a,b]$ 上的非递减左连续函数 f 使得 $\{f\neq\varphi\}$ 至多可数.（左连续是指：若 $a<x\leqslant b$ 且 $\varepsilon>0$，则存在 $\delta>0$ 使得当 $0<t<\delta$ 时，$|f(x)-f(x-t)|<\varepsilon$.）

(b) 仿照定理 7.18 的证明过程来证明存在 $[a,b]$ 上的一个正博雷尔测度 μ，使得

$$f(x)-f(a)=\mu([a,x))\quad(a\leqslant x\leqslant b).$$

(c) 通过(b)推出 $f'(x)$存在 a. e. $[m]$，$f'\in L^1(m)$，且

$$f(x)-f(a)=\int_a^x f'(t)\mathrm{d}t+s(x)\quad(a\leqslant x\leqslant b),$$

其中，$s(x)$是非递减的且 $s'(x)=0$ a. e. $[m]$.

(d) 证明 $\mu\perp m$ 当且仅当 $f'(x)=0$ a. e. $[m]$，且 $\mu\ll m$ 当且仅当 f 在$[a, b]$上 AC.

(e) 证明 $\varphi'(x)=f'(x)$ a. e. $[m]$.

13. 设 BV 为$[a, b]$上具有有界变差的函数 f 的类，像定理 7.19 中定义的那样. 证明下面的结论：

(a) $[a, b]$上的任何单调有界函数在 BV 中.

(b) 若 $f\in BV$ 为实函数，则存在有界单调函数 f_1 和 f_2 使得 $f=f_1-f_2$.

提示：仿照定理 7.19 的证明过程.

(c) 若 $f\in BV$ 为左连续的，则(b)中的 f_1 和 f_2 可适当选取使得它们也是左连续的.

(d) 若 $f\in BV$ 为左连续的，则存在$[a, b]$上的博雷尔测度 μ 满足

$$f(x)-f(a)=\mu([a,x))\quad(a\leqslant x\leqslant b),$$

$\mu\ll m$ 当且仅当 f 在$[a, b]$上 AC.

(e) 每个 $f\in BV$ 可微 a. e. $[m]$，$f'\in L^1(m)$.

157 14. 证明$[a, b]$上的两个绝对连续函数的乘积是绝对连续的. 试用该结论导出一个关于分部积分的定理.

15. 构造一个 R^1 上的单调函数 f 使得对每一个 $x\in R^1$，$f'(x)$存在(有限)，但 f'不是连续函数.

16. 设 $E\subset[a, b]$，$m(E)=0$. 构造一个$[a, b]$上的绝对连续单调函数 f 使得对每一个 $x\in E$，$f'(x)=\infty$.

提示：$E\subset\bigcap V_n$，V_n 是开集，$m(V_n)<2^{-n}$. 考虑这些集合上的特征函数的和.

17. 设$\{\mu_n\}$为 R^k 上的正博雷尔测度序列且

$$\mu(E)=\sum_{n=1}^{\infty}\mu_n(E).$$

假设 $\mu(R^k)<\infty$. 证明 μ 是一个博雷尔测度. μ_n 的勒贝格分解和 μ 的勒贝格分解有什么关系？

证明

$$(D\mu)(x)=\sum_{n=1}^{\infty}(D\mu_n)(x)\quad\text{a. e.}[m].$$

对于 R^1 上的非递减正函数序列$\{f_n\}$及其和 $f=\sum f_n$ 推出类似定理.

18. 设在$[0, 1)$上 $\varphi_0(t)=1$，在$[1, 2)$上 $\varphi_0(t)=-1$，将 φ_0 扩张到 R^1 上使之具有周期 2，且定义 $\varphi_n(t)=\varphi_0(2^n t)$，$n=1, 2, 3, \cdots$.

假设 $\sum|c_n|^2<\infty$，证明级数

$$\sum_{n=1}^{\infty}c_n\varphi_n(t)\tag{*}$$

对几乎所有的 t 都收敛.

或然的解释：级数 $\sum(\pm c_n)$以概率 1 收敛.

提示：$\{\varphi_n\}$在$[0, 1]$上是规范正交的，因此(*)是某个函数 $f\in L^2$ 的傅里叶级数. 若 $a=j\cdot 2^{-N}$，$b=(j+1)\cdot 2^{-N}$，$a<t<b$，且 $s_N=c_1\varphi_1+\cdots+c_N\varphi_N$，则对于 $n>N$，

$$s_N(t)=\frac{1}{b-a}\int_a^b s_N\mathrm{d}m=\frac{1}{b-a}\int_a^b s_n\mathrm{d}m,$$

且最后一个积分趋向于 $\int_a^b f\mathrm{d}m$(当 $n\to\infty$时). 证明(*)式对 f 的几乎所有勒贝格点都收敛于 $f(t)$.

19. 设 f 是 R^1 上的连续函数，当 $0<x<1$ 时 $f(x)>0$，在其他情形下 $f(x)=0$. 定义

$$h_c(x) = \sup\{n^c f(nx): n = 1,2,3,\cdots\}.$$

证明：

(a) 当 $0<c<1$ 时，$h_c \in L^1(R^1)$.

(b) h_1 在弱 L^1 中但 $h_1 \notin L^1(R^1)$.

(c) 若 $c>1$，h_1 不在弱 L^1 中.

20. (a) 对任何集合 $E \subset R^2$，根据定义，E 的边界是指 E 的闭包减去 E 的内部. 证明：当 $m(\partial E)=0$ 时 E 是勒贝格可测的.

(b) 设 E 是 R^2 内一系列半径不超过 1 的闭圆盘(可能不可数)的并. 利用(a)证明 E 是勒贝格可测的.

(c) 当半径不受限制时，(b)的结论是正确的.

(d) 证明半径为 1 的闭圆盘的并不是博雷尔集(见 2.21 节).

(e) 能否将圆盘换成三角形、矩形、任意多边形等？这和几何性质有何关联？ 158

21. 若 f 是[0, 1]上的实函数且

$$\gamma(t) = t + \mathrm{i}f(t),$$

根据定义，f 的图像的长度为 γ 在[0, 1]上的总变差. 证明长度有限当且仅当 $f \in BV$(见习题 13). 证明若 f 绝对连续的，则长度等于 $\int_0^1 \sqrt{1+[f'(t)]^2}\,\mathrm{d}t$.

22. (a) 假设 f 及其极大函数 Mf 均属于 $L^1(R^k)$. 证明 $f(x)=0$ a. e. $[m]$.

提示：对于每一个 $f \in L^1(R^k)$，存在一个常数 $c=c(f)>0$ 使得当 $|x|$ 充分大时，

$$(Mf)(x) \geqslant c\,|x|^{-k}.$$

(b) 若 $0<x<\frac{1}{2}$，$f(x)=x^{-1}(\log x)^{-2}$，若 x 在 R^1 的其他位置，$f(x)=0$，则 $f \in L^1(R^1)$. 证明

$$(Mf)(x) \geqslant |2x\log(2x)|^{-1} \qquad \left(0<x<\frac{1}{4}\right),$$

从而 $\int_0^1 (Mf)(x)\mathrm{d}x=\infty$.

23. 勒贝格点的定义如同 7.6 节一样，应用于单个的可积函数，并不是应用于 3.10 节中所讨论的等价类. 而且，若 $F \in L^1(R^k)$为一个这种等价类，我们可以称一个点 $x \in R^k$ 为 F 的勒贝格点，如果存在一个复数，称为$(SF)(x)$，使得对某一个(因此也是每一个)$f \in F$，

$$\lim_{r\to 0}\frac{1}{m(B_r)}\int_{B(x,r)} |f-(SF)(x)|\,\mathrm{d}m = 0.$$

对于不是 F 的勒贝格点的点 $x \in R^k$，定义$(SF)(x)=0$.

证明下面的结论：若 $f \in F$，且 x 为 f 的勒贝格点，则 x 也是 F 的一个勒贝格点，且 $f(x)=(SF)(x)$. 因此，$SF \in F$.

这样，S“选择”具有一个勒贝格点的极大集合的 F 中的成员. 159

第 8 章　积空间上的积分

本章致力于证明并讨论关于二元函数积分的富比尼定理. 首先以抽象的形式提出这个定理.

笛卡儿积上的可测性

8.1 定义　若 X 和 Y 是两个集，它们的笛卡儿积 $X\times Y$ 是所有 $x\in X$，$y\in Y$ 的序对(x, y)的集. 若 $A\subset X$ 和 $B\subset Y$，便得出 $A\times B\subset X\times Y$. 称任一形如 $A\times B$ 的集为 $X\times Y$ 内的*矩形*.

现在假定$(X, \mathscr{S})$和$(Y, \mathscr{T})$是可测空间. 回忆一下，这无非是说$\mathscr{S}$是 X 内的 σ-代数，$\mathscr{T}$是 Y 内的 σ-代数.

一个可测矩形是任一形如 $A\times B$ 的集，这里 $A\in\mathscr{S}$，$B\in\mathscr{T}$.

若 $Q=R_1\cup\cdots\cup R_n$，这里每个 R_i 是可测矩形，且对 $i\neq j$，$R_i\cap R_j=\varnothing$，我们就说 $Q\in\mathscr{E}$，即所有基本集的类.

$\mathscr{S}\times\mathscr{T}$ 定义为包含所有的可测矩形的 $X\times Y$ 的最小的 σ-代数.

单调类$\mathfrak{M}$是具有下列性质的集族：若 $A_i\in\mathfrak{M}$，$B_i\in\mathfrak{M}$，$A_i\subset A_{i+1}$，$B_i\supset B_{i+1}$，对 $i=1$，2，3，…成立，且若

$$A=\bigcup_{i=1}^{\infty}A_i,\qquad B=\bigcap_{i=1}^{\infty}B_i,\tag{1}$$

则 $A\in\mathfrak{M}$ 和 $B\in\mathfrak{M}$. 160

若 $E\subset X\times Y$，$x\in X$，$y\in Y$，定义

$$E_x=\{y:(x,y)\in E\},\quad E^y=\{x:(x,y)\in E\},\tag{2}$$

分别称 E_x 和 E^y 为 E 的 *x-截口*和 *y-截口*. 注意 $E_x\subset Y$，$E^y\subset X$.

8.2 定理　*若 $E\in\mathscr{S}\times\mathscr{T}$，则对每一个 $x\in X$ 和 $y\in Y$，$E_x\in\mathscr{T}$ 和 $E^y\in\mathscr{S}$.*

证明　设 Ω 是所有 $E\in\mathscr{S}\times\mathscr{T}$ 的类，使得 $E_x\in\mathscr{T}$ 对每一个 $x\in X$ 成立. 若 $E=A\times B$，则当$x\in A$ 时，$E_x=B$，当 $x\notin A$ 时，$E_x=\varnothing$. 因此每一个可测矩形属于 Ω. 因为$\mathscr{T}$ 是 σ-代数，下列三个命题都是正确的. 它们证明了 Ω 是一个 σ-代数，因此 $\Omega=\mathscr{S}\times\mathscr{T}$.

(a) $X\times Y\in\Omega$.

(b) 若 $E\in\Omega$，则$(E^c)_x=(E_x)^c$，因此，$E^c\in\Omega$.

(c) 若 $E_i\in\Omega$，($i=1$，2，3，…)，且 $E=\bigcup E_i$，则 $E_x=\bigcup(E_i)_x$. 因此 $E\in\Omega$.

对 E^y 证明是同样的. ■

8.3 定理　*$\mathscr{S}\times\mathscr{T}$ 是包含所有基本集的最小的单调类.*

证明　设$\mathfrak{M}$是包含$\mathscr{E}$的最小单调类；这种类的存在的证明恰好像定理 1.10 的证明那样. 因为$\mathscr{S}\times\mathscr{T}$ 是一个单调类，有$\mathfrak{M}\subset\mathscr{S}\times\mathscr{T}$.

恒等式

$$(A_1\times B_1)\cap(A_2\times B_2)=(A_1\cap A_2)\times(B_1\cap B_2),$$

$$(A_1\times B_1)-(A_2\times B_2)=[(A_1-A_2)\times B_1]\cup[(A_1\cap A_2)\times(B_1-B_2)]$$

表明，两个可测矩形的交是可测矩形，它们的差是两个不相交的可测矩形之并，因而都是基本集．若 $P\in\mathscr{E}$ 和 $Q\in\mathscr{E}$，容易得出

$$P\cap Q\in\mathscr{E}\quad \text{和}\quad P-Q\in\mathscr{E}.$$

因为

$$P\cup Q=(P-Q)\cup Q$$

和 $(P-Q)\cap Q=\varnothing$，故同样有 $P\cup Q\in\mathscr{E}$.

对于任意集 $P\subset X\times Y$，定义 $\Omega(P)$ 为所有使得 $P-Q\in\mathfrak{M}$，$Q-P\in\mathfrak{M}$ 和 $P\cup Q\in\mathfrak{M}$ 的那些 $Q\subset X\times Y$ 的类．下面的性质是明显的．

(a) $Q\in\Omega(P)$ 当且仅当 $P\in\Omega(Q)$.

161 (b) 因为 $\mathfrak{M}$ 是单调类，每一个 $\Omega(P)$ 也是单调类．

固定 $P\in\mathscr{E}$，上述关于 $\mathscr{E}$ 的评注指出：对于所有的 $Q\in\mathscr{E}$，$Q\in\Omega(P)$．因此 $\mathscr{E}\subset\Omega(P)$．并且现在(b)蕴涵着 $\mathfrak{M}\subset\Omega(P)$.

其次，固定 $Q\in\mathfrak{M}$．若 $P\in\mathscr{E}$，刚才看到了 $Q\in\Omega(P)$．根据(a)，$P\in\Omega(Q)$，因此 $\mathscr{E}\subset\Omega(Q)$．若再一次运用(b)，便得

$$\mathfrak{M}\subset\Omega(Q).$$

总结：若 P 和 $Q\in\mathfrak{M}$，则 $P-Q\in\mathfrak{M}$，$P\cup Q\in\mathfrak{M}$.

现在推导 $\mathfrak{M}$ 是 $X\times Y$ 内的 σ-代数：

(ⅰ) $X\times Y\in\mathscr{E}$，因此 $X\times Y\in\mathfrak{M}$.

(ⅱ) 因为 $\mathfrak{M}$ 的任意两个元素之差在 $\mathfrak{M}$ 内，所以若 $Q\in\mathfrak{M}$，则 $Q^c\in\mathfrak{M}$.

(ⅲ) 若 $P_i\in\mathfrak{M}$，$i=1,2,3,\cdots$，$P=\bigcup P_i$，令

$$Q_n=P_1\cup\cdots\cup P_n.$$

因为 $\mathfrak{M}$ 对有限并运算封闭，$Q_n\in\mathfrak{M}$.

因为 $Q_n\subset Q_{n+1}$ 且 $P=\bigcup Q_n$，$\mathfrak{M}$ 的单调性指出 $P\in\mathfrak{M}$.

于是 $\mathfrak{M}$ 是一个 σ-代数，$\mathscr{E}\subset\mathfrak{M}\subset\mathscr{S}\times\mathscr{T}$，并且(根据定义) $\mathscr{S}\times\mathscr{T}$ 是包含 $\mathscr{E}$ 的最小的 σ-代数，因此，$\mathfrak{M}=\mathscr{S}\times\mathscr{T}$. ■

8.4 定义 对 $X\times Y$ 上每一个函数 f 和每一个 $x\in X$，我们对应一个用 $f_x(y)=f(x,y)$ 定义的 Y 上的函数 f_x.

类似地，若 $y\in Y$，f^y 是用 $f^y(x)=f(x,y)$ 定义的 X 上的函数．

因为我们现在与三个 σ-代数，$\mathscr{S}$，$\mathscr{T}$ 和 $\mathscr{S}\times\mathscr{T}$ 打交道，为了清楚起见，今后提及"可测"一词时，将指明是就三个 σ-代数中的哪一个而言的．

8.5 定理 设 f 是一个 $X\times Y$ 上的 $(\mathscr{S}\times\mathscr{T})$-可测函数，则

(a) 对于每一个 $x\in X$，f_x 是一个 $\mathscr{T}$-可测函数．

(b) 对于每一个 $y\in Y$，f^y 是一个 $\mathscr{S}$-可测函数．

证明 对任一开集 V，令

$$Q=\{(x,y):f(x,y)\in V\},$$

则 $Q\in\mathscr{S}\times\mathscr{T}$，且

$$Q_x=\{y\colon f_x(y)\in V\}.$$

定理 8.2 指出 $Q_x\in\mathscr{T}$. 这就证明了(a)；(b)的证明是类似的. ■ 162

积测度

8.6 定理 设$(X,\mathscr{S},\mu)$和$(Y,\mathscr{T},\lambda)$都是σ-有限的测度空间. 假定$Q\in\mathscr{S}\times\mathscr{T}$. 若对每一个$x\in X$和$y\in Y$,

$$\varphi(x)=\lambda(Q_x),\qquad \psi(y)=\mu(Q^y),\tag{1}$$

则φ是$\mathscr{S}$-可测的，ψ是$\mathscr{T}$-可测的，且

$$\int_X\varphi\mathrm{d}\mu=\int_Y\psi\mathrm{d}\lambda.\tag{2}$$

注 关于测度空间的假定，更明确地说，就是μ和λ分别是$\mathscr{S}$和$\mathscr{T}$上的正测度，X是可数个不相交的具有$\mu(X_n)<\infty$的集X_n的并，Y是可数个不相交的具有$\lambda(Y_m)<\infty$的集Y_m的并.

定理 8.2 表明定义(1)是有意义的. 因为

$$\lambda(Q_x)=\int_Y\chi_Q(x,y)\mathrm{d}\lambda(y)\quad(x\in X),\tag{3}$$

对于$\mu(Q^y)$具有类似的说法，因此结论(2)可以写成下列形式：

$$\int_X\mathrm{d}\mu(x)\int_Y\chi_Q(x,y)\mathrm{d}\lambda(y)\tag{4}$$
$$=\int_Y\mathrm{d}\lambda(y)\int_X\chi_Q(x,y)\mathrm{d}\mu(x).$$

证明 设Ω是所有使得定理结论成立的那些$Q\in\mathscr{S}\times\mathscr{T}$的类. 我们要证明$\Omega$具有下列四个性质：

(a) 每一个可测矩形属于Ω.

(b) 若$Q_1\subset Q_2\subset Q_3\subset\cdots$，每个$Q_i\in\Omega$，且$Q=\bigcup Q_i$，则$Q\in\Omega$.

(c) 若$\{Q_i\}$是不相交的Ω的元素的可数集族，且$Q=\bigcup Q_i$，则$Q\in\Omega$.

(d) 设$\mu(A)<\infty$，$\lambda(B)<\infty$，且

$$A\times B\supset Q_1\supset Q_2\supset Q_3\supset\cdots.$$

若对$i=1,2,3,\cdots$，$Q_i\in\Omega$，$Q=\bigcap Q_i$，则$Q\in\Omega$.

若$Q=A\times B$，这里$A\in\mathscr{S}$，$B\in\mathscr{T}$，则

$$\lambda(Q_x)=\lambda(B)\chi_A(x)\quad\text{和}\quad\mu(Q^y)=\mu(A)\chi_B(y),\tag{5}$$

因此(2)中每一个积分都等于$\mu(A)\lambda(B)$. 这就给出(a).

为证明(b)，像(1)使φ和ψ与Q对应一样，设φ_i和ψ_i与Q_i相对应. λ和μ的可数可加性指出

$$\varphi_i(x)\to\varphi(x),\quad\psi_i(y)\to\psi(y)\quad(i\to\infty)\tag{6}$$

在每一点上是单调递增地收敛的. 因为φ_i和ψ_i假定是满足定理结论的，从单调收敛定理即得

163 出(b).

对于不相交集的有限并，(c)是显然的，因为不相交集的并的特征函数是它们的特征函数的和. (c)的一般情况现在从(b)得出.

除了用控制收敛定理代替单调收敛定理以外，(d)的证明与(b)的证明相似. 因为$\mu(A)<\infty$和$\lambda(B)<\infty$，这样做是合理的.

现在定义

$$Q_{mn}=Q\cap(X_n\times Y_m)\quad (m,\ n=1,\ 2,\ 3,\ \cdots)\tag{7}$$

并且设$\mathfrak{M}$是所有使得$Q_{mn}\in\Omega$对m和n所有选择都能成立的那些集$Q\in\mathscr{S}\times\mathscr{T}$的类，则(b)和(d)表明$\mathfrak{M}$是一个单调类；(a)和(c)指出$\mathscr{E}\subset\mathfrak{M}$，并且因为$\mathfrak{M}\subset\mathscr{S}\times\mathscr{T}$，定理 8.3 蕴涵着$\mathfrak{M}=\mathscr{S}\times\mathscr{T}$.

于是，对每一个$Q\in\mathscr{S}\times\mathscr{T}$和对$m$，$n$的所有选择，$Q_{mn}\in\Omega$. 因为$Q$是集$Q_{mn}$的并，并且这些集是不相交的，从(c)得出$Q\in\Omega$. 这就完成了证明. ■

8.7 定义 如果$(X,\ \mathscr{S},\ \mu)$和$(Y,\ \mathscr{T},\ \lambda)$像定理 8.6 中的一样，且$Q\in\mathscr{S}\times\mathscr{T}$. 我们定义

$$(\mu\times\lambda)(Q)=\int_X\lambda(Q_x)\mathrm{d}\mu(x)=\int_Y\mu(Q^y)\mathrm{d}\lambda(y).\tag{1}$$

(1)中积分的等式是定理 8.6 的内容. 我们称$\mu\times\lambda$是测度μ和λ的乘积. 从定理 1.29 直接推得$\mu\times\lambda$实际上是一个测度(即$\mu\times\lambda$是在$\mathscr{S}\times\mathscr{T}$上可数可加的).

也可以看出$\mu\times\lambda$是σ-有限的.

富比尼定理

8.8 定理 设$(X,\ \mathscr{S},\ \mu)$和$(Y,\ \mathscr{T},\ \lambda)$是$\sigma$-有限的测度空间，设$f$是$X\times Y$上的$(\mathscr{S}\times\mathscr{T})$-可测函数.

(a) 若$0\leqslant f\leqslant\infty$，且若

$$\varphi(x)=\int_Y f_x\mathrm{d}\lambda,\quad \psi(y)=\int_X f^y\mathrm{d}\mu\quad (x\in X,y\in Y),\tag{1}$$

则φ是φ-可测的，ψ是$\mathscr{T}$-可测的，且

$$\int_X\varphi\mathrm{d}\mu=\int_{X\times Y}f\mathrm{d}(\mu\times\lambda)=\int_Y\psi\mathrm{d}\lambda.\tag{2}$$

(b) 若f是复的，且若

$$\varphi^*(x)=\int_Y|f|_x\mathrm{d}\lambda \text{ 和 } \int_X\varphi^*\mathrm{d}\mu<\infty,\tag{3}$$

164 则$f\in L^1(\mu\times\lambda)$.

(c) 若$f\in L^1(\mu\times\lambda)$，则$f_x\in L^1(\lambda)$，对几乎所有的$x\in X$成立. $f^y\in L^1(\mu)$对几乎所有的$y\in Y$成立. 由(1)式 a.e. 定义的函数φ和ψ分别在$L^1(\mu)$和$L^1(\lambda)$内，并且(2)成立.

注 (2)的第一个积分和最后一个积分也能写成更为常见的形式

$$\int_X\mathrm{d}\mu(x)\int_Y f(x,y)\mathrm{d}\lambda(y)=\int_Y\mathrm{d}\lambda(y)\int_X f(x,y)\mathrm{d}\mu(x).\tag{4}$$

这些就是所谓的f的“累次积分”，(2)式中间的积分经常被称为重积分.

(b)和(c)结合起来给出了下列有用的结果：若 f 是$(\mathscr{S}\times\mathscr{T})$-可测，且若

$$\int_X \mathrm{d}\mu(x)\int_Y |f(x,y)|\,\mathrm{d}\lambda(y) < \infty, \tag{5}$$

则(4)的两个累次积分是有限的并且相等.

换句话说，对于$(\mathscr{S}\times\mathscr{T})$-可测函数 f，当 $f\geqslant 0$ 时，“积分的次序可以交换.”当 $|f|$ 的累次积分之一是有限时，“积分的次序也可以交换.”

证明 首先考虑(a). 根据定理 8.5，φ 和 ψ 的定义是有意义的. 假定 $Q\in\mathscr{S}\times\mathscr{T}$ 且 $f=\chi_Q$. 根据定义 8.7，(2)恰好是定理 8.6 的结论. 因此(a)对所有非负简单$(\mathscr{S}\times\mathscr{T})$-可则函数 s 成立. 在一般情况下，存在这种函数序列 s_n，使得 $0\leqslant s_1\leqslant s_2\leqslant\cdots$ 且在 $X\times Y$ 的每一点 $s_n(x, y)\to f(x, y)$. 若像 φ 与 f 对应一样，φ_n 与 s_n 相对应，则有

$$\int_X \varphi_n \mathrm{d}\mu = \int_{X\times Y} s_n \mathrm{d}(\mu\times\lambda) \quad (n=1,2,3,\cdots). \tag{6}$$

单调收敛定理应用于$(Y, \mathscr{T}, \lambda)$上时指出，对每一个 $x\in X$. 当 $n\to\infty$ 时 $\varphi_n(x)$ 递增到 $\varphi(x)$. 因此，再一次应用单调收敛定理于(6)的两个积分，便得到(2)的第一个等式. 通过交换 x 和 y 的地位，得出(2)的后半部分. 这就完成了(a)的证明.

若应用(a)于 $|f|$，可看出(b)是正确的.

显然，只要对实的 $L^1(\mu\times\lambda)$证明(c)成立就足够了：复的情况接着就能得出. 若 f 是实的，将(a)应用于 f^+ 和 f^-. 像(1)中 φ 对应于 f 一样，设 φ_1 和 φ_2 对应于 f^+ 和 f^-. 因为 $f\in L^1(\mu\times\lambda)$并且 $f^+\leqslant|f|$，又因为(a)对 f^+ 成立，看出 $\varphi_1\in L^1(\mu)$. 类似地，$\varphi_2\in L_1(\mu)$. 165
因为

$$f_x = (f^+)_x - (f^-)_x, \tag{7}$$

所以对于使得 $\varphi_1(x)<\infty$和 $\varphi_2(x)<\infty$的每一个 x，有 $f_x\in L^1(\lambda)$；因为 φ_1 和 φ_2 均在 $L^1(\mu)$内，故对于几乎所有的 x，都有 $\varphi_1(x)<\infty$和 $\varphi_2(x)<\infty$，并且对任一这样的 x，有 $\varphi(x)=\varphi_1(x)-\varphi_2(x)$. 因此 $\varphi\in L^1(\mu)$. 现在用 φ_1 和 f^+ 及用 φ_2 和 f^- 代替 φ 和 f，(2)式都成立；若将所得的两个方程相减，我们可以得到(c)的一半. 用 f^y 和 ψ 代替 f_x 和 φ，用同样的方法可证明另一半. ■

8.9 反例 下面的三个例子将指出，定理 8.6 和 8.8 的各种假定都是不能删掉的.

(a)设 $X=Y=[0, 1]$，$\mu=\lambda=$在$[0, 1]$上的勒贝格测度. 选取$\{\delta_n\}$使 $0=\delta_1<\delta_2<\delta_3<\cdots$，$\delta_n\to 1$，且设 g_n 是支集位于(δ_n, δ_{n+1})内的实连续函数，使得 $\int_0^1 g_n(t)\mathrm{d}t=1$ 对 $n=1, 2, 3, \cdots$ 成立.

定义

$$f(x,y) = \sum_{n=1}^{\infty}[g_n(x) - g_{n+1}(x)]g_n(y),$$

注意在每一点(x, y)，和式中至多有一项异于 0. 于是在 f 的定义中没有收敛性的问题. 一个简单的计算指出

$$\int_0^1 \mathrm{d}x\int_0^1 f(x,y)\mathrm{d}y = 1 \neq 0 = \int_0^1 \mathrm{d}y\int_0^1 f(x,y)\mathrm{d}x.$$

因此虽然两个累次积分存在，富比尼定理的结论却不成立. 注意在这个例子中，除去在(1, 1)

这点以外，f 是连续的．但是

$$\int_0^1 dx\int_0^1 |f(x,y)|\,dy = \infty.$$

(b) 设 $X=Y=[0,1]$，$\mu=[0,1]$上的勒贝格测度，$\lambda=Y$ 上的计数测度．若 $x=y$，令 $f(x,y)=1$；若 $x\neq y$ 令 $f(x,y)=0$，则

$$\int_X f(x,y)d\mu(x) = 0,\quad \int_Y f(x,y)d\lambda(y) = 1$$

对所有$[0,1]$内的 x 和 y 成立．因此

$$\int_Y d\lambda(y)\int_X f(x,y)d\mu(x) = 0 \neq 1 = \int_X d\mu(x)\int_Y f(x,y)d\lambda(y).$$

这次是由于 λ 不是 σ-有限而导致失败．

请注意，若$\mathscr{S}$是所有$[0,1]$的勒贝格可测集的类而$\mathscr{T}$是由$[0,1]$的所有子集组成，则我们的

166 函数 f 是$(\mathscr{S}\times\mathscr{T})$-可测的．要看出这一点，注意 $f=\chi_D$，这里 D 是单位正方形的对角线．给定 n，令

$$I_j = \left[\frac{j-1}{n},\frac{j}{n}\right],$$

并且令

$$Q_n = (I_1\times I_1)\cup(I_2\times I_2)\cup\cdots\cup(I_n\times I_n),$$

则 Q_n 是可测矩形的有限并，且 $D=\bigcap Q_n$．

(c)在例(a)和例(b)中，富比尼定理不成立是由于或者函数或者空间“太大”造成的．现在转而讨论 f 关于σ-代数$\mathscr{S}\times\mathscr{T}$是可测的这一要求所起的作用．

为了更加精确地提出问题，假定$\mu(X)=\lambda(Y)=1$，$0\leqslant f\leqslant 1$(因此“大”这一点当然就避免了)；假定对于所有的 x 和 y，f_x 是$\mathscr{T}$-可测而 f^y 是$\mathscr{S}$-可测的，并且假定 φ 是$\mathscr{S}$-可测和 ψ 是$\mathscr{T}$-可测的．这里 φ 和 ψ 像 8.8(1)一样地定义，则 $0\leqslant\varphi\leqslant 1$ 和 $0\leqslant\psi\leqslant 1$，并且两个累次积分都是有限的．(注意在定义累次积分时不需要涉及乘积测度．)能得出 f 的两个累次积分相等吗？

这个(可能令人惊愕的)回答是：否．

在下面(由 Sierpinski 给出)的例子中，我们取

$$(X,\mathscr{S},\mu) = (Y,\mathscr{T},\lambda) = [0,1]$$

具有勒贝格测度．这个构造依赖于连续统假设．存在一个单位区间$[0,1]$到良序集 W 上的一一映像 j，使得对每个 $x\in[0,1]$，$j(x)$在 W 内至多有可数多个先行元素．这是该假设的一个推论．我们承认它的合理性．设 Q 是单位正方形内所有使得 $j(x)$在 W 内前于 $j(y)$的那些(x,y)的集．对于每一个 $x\in[0,1]$，Q_x 包含了$[0,1]$的除去可数多个点外的所有点；对于每一个 $y\in[0,1]$，Q^y 至多包含$[0,1]$的可数多个点．若 $f=\chi_Q$，得出 f_x 和 f^y 是博雷尔可测的，并且得出

$$\varphi(x) = \int_0^1 f(x,y)dy = 1,\quad \psi(y) = \int_0^1 f(x,y)dx = 0$$

对所有的 x 和 y 成立．因此

$$\int_0^1 \mathrm{d}x\int_0^1 f(x,y)\mathrm{d}y = 1 \neq 0 = \int_0^1 \mathrm{d}y\int_0^1 f(x,y)\mathrm{d}x.$$

积测度的完备化

8.10 若$(X, \mathscr{S}, \mu)$和$(Y, \mathscr{T}, \lambda)$都是完备测度空间，$(X\times Y, \mathscr{S}\times\mathscr{T}, \mu\times\lambda)$却不一定是完备的. 这种现象并没有什么毛病：假定存在一个具有$\mu(A)=0$的$A\in\mathscr{S}$，$A\neq\varnothing$；并假定存在一个$B\subset Y$，使$B\notin\mathscr{T}$. 则$A\times B\subset A\times Y$，$(\mu\times\lambda)(A\times Y)=0$，但$A\times B\notin\mathscr{S}\times\mathscr{T}$.（后一个断言由定理 7.2 得出.） 167

例如，若$\mu=\lambda=m_1$（R^1上的勒贝格测度），设A由任一点组成，并且设B是R^1的任一不可测集. 于是$m_1\times m_1$不是一个完备测度；特别$m_1\times m_1$不是m_2. 因为后者根据它的构造是完备的. 然而，m_2是$m_1\times m_1$的完备化. 这个结果推广到任意维数：

8.11 定理 *设m_k表示R^k上的勒贝格测度. 若$k=r+s$，$r\geqslant 1$，$s\geqslant 1$，则m_k是$m_r\times m_s$乘积测度的完备化.*

证明 设$\mathscr{B}_k$和$\mathfrak{M}_k$分别是R^k的所有博雷尔集的σ-代数和R^k的所有勒贝格可测集的σ-代数. 首先证明

$$\mathscr{B}_k \subset \mathfrak{M}_r \times \mathfrak{M}_s \subset \mathfrak{M}_k. \tag{1}$$

每一个k-胞腔属于$\mathfrak{M}_r\times\mathfrak{M}_s$. 用$k$-胞腔所生成的$\sigma$-代数是$\mathscr{B}_k$. 因此$\mathscr{B}_k\subset\mathfrak{M}_r\times\mathfrak{M}_s$. 其次，假定$E\in\mathfrak{M}_r$和$F\in\mathfrak{M}_s$. 根据定理 2.20(b)，容易看出$E\times R^s$和$R^r\times F$同时属于$\mathfrak{M}_k$. 对它们的交$E\times F$同样是属于$\mathfrak{M}_k$. 于是得出

$$\mathfrak{M}_r \times \mathfrak{M}_s \subset \mathfrak{M}_k.$$

选取$Q\in\mathfrak{M}_r\times\mathfrak{M}_s$，则$Q\in\mathfrak{M}_k$. 所以存在$P_1$和$P_2\in\mathscr{B}_k$，使得$P_1\subset Q\subset P_2$且$m_k(P_2-P_1)=0$. m_k和$m_r\times m_s$二者都是R^k平移不变的博雷尔测度. 它们对每一个k-胞腔指定同一值. 根据定理 2.20(d)，因此在$\mathscr{B}_k$上它们是一致的. 特别地，

$$\begin{aligned}(m_r\times m_s)(Q-P_1) &\leqslant (m_r\times m_s)(P_2-P_1)\\ &= m_k(P_2-P_1)=0.\end{aligned}$$

并且因此

$$(m_r\times m_s)(Q)=(m_r\times m_s)(P_1)=m_k(P_1)=m_k(Q).$$

所以在$\mathfrak{M}_r\times\mathfrak{M}_s$上$m_r\times m_s$和$m_k$一致.

现在得出$\mathfrak{M}_k$是$\mathfrak{M}_r\times\mathfrak{M}_s$的$(m_r\times m_s)$-完备化，而这就是定理所断言的. ■

我们用富比尼定理的另一种说法来结束这一节. 这个结论就定理 8.11 看来是特别有趣的部分.

8.12 定理 *设$(X, \mathscr{S}, \mu)$和$(Y, \mathscr{T}, \lambda)$是完备的$\sigma$-有限测度空间. 设$(\mathscr{S}\times\mathscr{T})^*$是$\mathscr{S}\times\mathscr{T}$关于测度$\mu\times\lambda$的完备化. 设$f$是$X\times Y$上的$(\mathscr{S}\times\mathscr{T})^*$-可测函数，则定理 8.8 的结论成立，仅有的不同之处如下：*

f_x的$\mathscr{T}$-可测性只能对几乎所有$x\in X$断定是正确的. 因此根据 8.8(1)，$\varphi(x)$只是 a.e. $[\mu]$定义；类似结论对f^y和ψ也成立. 168

这个定理的证明依赖于下列两个引理：

引理 1　假定 v 是 σ-代数 $\mathfrak{M}$ 上的正测度，$\mathfrak{M}^*$ 是 $\mathfrak{M}$ 关于 v 的完备化，并且 f 是一个 $\mathfrak{M}^*$-可测函数．则存在一个 $\mathfrak{M}$-可测函数 g，使得 $f=g$ a.e. $[v]$.

(当 v 是 R^k 的勒贝格测度并且 $\mathfrak{M}$ 是所有的 R^k 的博雷尔集的类时，就出现这个引理的一个有趣的特殊情况.)

引理 2　设 h 是 $X\times Y$ 上 $(\mathscr{S}\times\mathscr{T})^*$-可测函数，使得 $h=0$ a.e. $[\mu\times\lambda]$．则对于几乎所有的 $x\in X$，$h(x, y)=0$ 对几乎所有的 $y\in Y$ 成立．特别地，对几乎所有的 $x\in X$，h_x 是 $\mathscr{T}$-可测的．对于 h^y 类似的结论也成立．

若我们假定两个引理成立，定理的证明立即可以得到：若 f 如同定理所述的一样，引理 1（对于 $v=\mu\times\lambda$）指出，$f=g+h$，这里 $h=0$ a.e. $[\mu\times\lambda]$，并且 g 是 $(\mathscr{S}\times\mathscr{T})$-可测的．定理 8.8 应用于 g．引理 2 指出对几乎所有的 x，$f_x=g_x$ 依测度 λ 几乎处处成立，且对几乎所有的 y，$f^y=g^y$ 依测度 μ 几乎处处成立．因此 f 的两个累次积分和重积分与 g 的累次积分和重积分相同，从而定理得证.

引理 1 的证明　假定 f 是 $\mathfrak{M}^*$-可测且 $f\geqslant 0$．存在 $\mathfrak{M}^*$-可测的简单函数 $0=s_0\leqslant s_1\leqslant s_2\leqslant\cdots$ 使得对每一个 $x\in X$，当 $n\to\infty$ 时 $s_n(x)\to f(x)$．因此 $f=\sum(s_{n+1}-s_n)$．因为 $s_{n+1}-s_n$ 是特征函数的有限的线性组合，所以存在常数 $c_i>0$ 和集 $E_i\in\mathfrak{M}^*$，使得

$$f(x)=\sum_{i=1}^{\infty}c_i\chi_{E_i}(x)\qquad(x\in X).$$

$\mathfrak{M}^*$ 的定义指出(见定理 1.36)：存在集 $A_i\in\mathfrak{M}$，$B_i\in\mathfrak{M}$，使得 $A_i\subset E_i\subset B_i$ 且 $v(B_i-A_i)=0$．定义

$$g(x)=\sum_{i=1}^{\infty}c_i\chi_{A_i}(x)\qquad(x\in X),$$

则函数 g 是 $\mathfrak{M}$-可测的．且可能除去 $x\in\bigcup(E_i-A_i)\subset\bigcup(B_i-A_i)$ 的那些点外，$g(x)=f(x)$．因为 $v(B_i-A_i)=0$ 对每一个 i 成立，得出 $g=f$ a.e. $[v]$．从这个结果可以得出一般情况（f 是实的或复的）. ■

引理 2 的证明　设 P 是 $X\times Y$ 的所有使 $h(x, y)\neq 0$ 的点的集，则 $P\in(\mathscr{S}\times\mathscr{T})^*$ 且 $(\mu\times\lambda)(P)=0$．因此存在一个 $Q\in\mathscr{S}\times\mathscr{T}$，使得 $P\subset Q$ 且 $(\mu\times\lambda)(Q)=0$．根据定理 8.6 有

169 $$\int_X\lambda(Q_x)\,\mathrm{d}\mu(x)=0.\tag{1}$$

设 N 是使 $\lambda(Q_x)>0$ 的所有 $x\in X$ 的集．从(1)得出 $\mu(N)=0$．对每一个 $x\notin N$，$\lambda(Q_x)=0$．因为 $P_x\subset Q_x$，且 $(Y, \mathscr{T}, \lambda)$ 是完备的测度空间，若 $x\notin N$．则 P_x 的每一个子集属于 $\mathscr{T}$．若 $y\notin P_x$，则 $h_x(y)=0$. 于是我们看出：对每一个 $x\notin N$，h_x 是 $\mathscr{T}$-可测的，且 $h_x(y)=0$ a.e. $[\lambda]$. ■

卷积

8.13　经常遇到能用证明某个集确实很大的方法证明该集是不空的．这个“大”字自然可以涉及各种性质．其中之一(比较原始的一个)是势．存在超越数的著名的证明提供了一个例子：仅存在可数多个代数数但是存在不可数个实数．因此，超越实数的集是非空的．贝尔定理的应用基于“大”的拓扑概念：稠密的 G_δ 集是完备度量空间的“大”子集．“大”的第三种形式是测度

论的形式：人们可以尝试用证明测度空间中某集具有正测度或用证明它的余集具有零测度的方法更加好些，来证明该集是不空的. 富比尼定理在这种形式的论证中经常出现.

例如，设 f 和 $g\in L^1(R^1)$，暂时假定 $f\geqslant 0$ 和 $g\geqslant 0$，并考虑积分

$$h(x)=\int_{-\infty}^{\infty} f(x-t)g(t)\mathrm{d}t \qquad (-\infty<x<\infty). \tag{1}$$

对任一固定的 x，(1)的被积函数是值域在$[0,\infty]$内的可测函数，以致 $h(x)$一定可以用(1)很好地确定，并且 $0\leqslant h(x)\leqslant\infty$.

但是否存在一个 x 使 $h(x)<\infty$呢？注意到对每一个固定的 x，(1)中的被积函数是 L^1 的两个元素的乘积，并且这样的乘积不总是在 L^1 内的.（例如当 $0<x<1$ 时，$f(x)=g(x)=1/\sqrt{x}$，当 x 为其他值时为 0.）富比尼定理将给出一个肯定的回答. 事实上，它将指出 $h\in L^1(R^1)$，因此，$h(x)<\infty$ a. e.

8.14 定理 假定 $f\in L^1(R^1)$，$g\in L^1(R^1)$，则

$$\int_{-\infty}^{\infty} | f(x-y)g(y) | \mathrm{d}y<\infty \tag{1}$$

对几乎所有的 x 成立. 对于这些 x，定义

$$h(x)=\int_{-\infty}^{\infty} f(x-y)g(y)\mathrm{d}y, \tag{2}$$

则 $h\in L^1(R^1)$，并且

$$\| h\|_1\leqslant \| f\|_1 \| g\|_1. \tag{3}$$ 170

这里

$$\| f\|_1=\int_{-\infty}^{\infty} | f(x) | \mathrm{d}x. \tag{4}$$

我们称 h 为 f 和 g 的卷积，并记以 $h=f*g$.

证明 存在博雷尔函数 f_0 和 g_0，使得 $f_0=f$ a. e. 和 $g_0=g$ a. e. 若用 f_0 代替 f，用 g_0 代替 g，对每一个 x，积分(1)和(2)不变. 因此从一开始就可以假定，f 和 g 都是博雷尔函数.

为了应用富比尼定理，首先证明，由

$$F(x,y)=f(x-y)g(y) \tag{5}$$

定义的函数 F 是 R^2 上的博雷尔函数.

由

$$\varphi(x,y)=x-y,\quad \psi(x,y)=y \tag{6}$$

定义 φ: $R^2\to R^1$ 和 ψ: $R^2\to R^1$. 则 $f(x-y)=(f\circ\varphi)(x,y)$和 $g(y)=(g\circ\psi)(x,y)$. 因为 φ、ψ 都是博雷尔函数，定理 1.12(d)指出，$f\circ\varphi$ 和 $g\circ\psi$ 都是 R^2 上的博雷尔函数. 因此，它们的乘积也是博雷尔函数.

其次，我们考察一下：

$$\begin{aligned}\int_{-\infty}^{\infty}\mathrm{d}y\int_{-\infty}^{\infty} | F(x,y) | \mathrm{d}x &= \int_{-\infty}^{\infty} | g(y) | \mathrm{d}y\int_{-\infty}^{\infty} | f(x-y) | \mathrm{d}x \\ &= \| f\|_1 \| g\|_1.\end{aligned} \tag{7}$$

因为根据勒贝格测度的平移不变性，对每一个 $y\in R^1$，

$$\int_{-\infty}^{\infty} |f(x-y)|\,dx = \|f\|_1, \tag{8}$$

于是 $F\in L^1(R^2)$. 并且富比尼定理蕴涵着积分(2)对几乎所有的 $x\in R^1$ 存在，并且 $h\in L^1(R^1)$. 最后，根据(7)，

$$\|h\|_1=\int_{-\infty}^{\infty}|h(x)|\,dx\leqslant\int_{-\infty}^{\infty}dx\int_{-\infty}^{\infty}|F(x,y)|\,dy$$
$$=\int_{-\infty}^{\infty}dy\int_{-\infty}^{\infty}|F(x,y)|\,dx=\|f\|_1\|g\|_1.$$

这就给出了(3)，并且完成了证明. ■

171 卷积将在第 9 章起着重要的作用.

分布函数

8.15 定义 设 μ 是集合 X 的某一 σ-代数上的 σ 有限正测度. 设 f: $X\to[0,\infty)$ 可测. 若对每一个 $t\in[0,\infty)$，赋予函数值

$$\mu\{f>t\}=\mu(\{x\in X: f(x)>t\}), \tag{1}$$

则该函数称为 f 的*分布函数*. 显然它是一个单调(非递增)函数，从而是博雷尔可测的.

我们介绍分布函数的原因之一是可以用它在 $[0,\infty)$ 上的积分代替 f 在 X 上的积分，公式

$$\int_X f\,d\mu=\int_0^{\infty}\mu\{f>t\}\,dt \tag{2}$$

是下一个定理当 $\varphi(t)=t$ 时的特殊情形. 这将用来导出第 7 章中介绍的极大函数的 L^p-性质.

8.16 定理 *假设 f 和 μ 同上，设 φ: $[0,\infty]\to[0,\infty]$ 是单调的，对每一个 $T<\infty$，φ 在 $[0,T]$ 上绝对连续而且 $\varphi(0)=0$，当 $t\to\infty$ 时 $\varphi(t)\to\varphi(\infty)$，则*

$$\int_X(\varphi\circ f)\,d\mu=\int_0^{\infty}\mu\{f>t\}\varphi'(t)\,dt. \tag{1}$$

证明 设 E 表示所有满足 $f(x)>t$ 的点 $(x,t)\in X\times[0,\infty)$ 的集合. 当 f 是简单函数时，E 是有限个可测矩形的并，从而是可测的. 一般情况下，E 的可测性可以利用简单函数来逼近 f 得到(定理 1.17). 如同 8.1 节一样，我们令

$$E^t=\{x\in X:(x,t)\in E\}\qquad(0\leqslant t<\infty), \tag{2}$$

则 f 的分布函数为

$$\mu(E^t)=\int_X\chi_E(x,t)\,d\mu(x). \tag{3}$$

由富比尼引理，(1)式的右端为

172
$$\int_0^{\infty}\mu(E^t)\varphi'(t)\,dt=\int_X d\mu(x)\int_0^{\infty}\chi_E(x,t)\varphi'(t)\,dt. \tag{4}$$

对于每一个 $x\in X$，若 $t<f(x)$ 则 $\chi_E(x,t)=1$；若 $t\geqslant f(x)$ 则 $\chi_E(x,t)=0$. 从而由定理 7.20,(4)式的内积分为

$$\int_0^{f(x)}\varphi'(t)\,dt=\varphi(f(x)). \tag{5}$$

由(4)式和(5)式我们可得到(1)式. ■

8.17 回忆一下，若 $f\in L^1(R^k)$，则极大函数 Mf 在弱 L^1 中(定理 7.4)．最平凡的估计

$$\| Mf \|_\infty \leqslant \| f \|_\infty \tag{1}$$

对所有的 $f\in L^\infty(R^k)$ 成立．马尔钦凯维奇的一个技巧性的构造使得我们可以修改两端而证明下面的哈代-李特尔伍德定理(当 $p=1$ 时不成立，见第 7 章习题 22)．

8.18 定理 *若* $1<p<\infty$ *且* $f\in L^p(R^k)$，*则* $Mf\in L^p(R^k)$．

证明 因为 $Mf=M(|f|)$，不失一般性，我们可以假设 $f\geqslant 0$．定理 7.4 说明存在一个常数 A(仅仅依赖于维数 k)使得

$$m\{Mg > t\} \leqslant \frac{A}{t}\| g \|_1 \tag{1}$$

对任何 $g\in L^1(R^k)$ 成立．这里以及余下的证明中，$m=m_k$ 是指 R^k 上的勒贝格测度．

选定一个常数 c，$0<c<1$，后面我们将详细说明以使一个上确界最小化．对每一个 $t\in(0,\infty)$，将 f 分解成一个和式

$$f = g_t + h_t, \tag{2}$$

其中

$$g_t(x) = \begin{cases} f(x) & \text{若 } f(x) > ct, \\ 0 & \text{若 } f(x) \leqslant ct. \end{cases} \tag{3}$$

而对每一个 $x\in R^k$ 有 $0\leqslant h_t(x)\leqslant ct$．因此 $h_t\in L^\infty$，$Mh_t\leqslant ct$ 且

$$Mf \leqslant Mg_t + Mh_t \leqslant Mg_t + ct. \tag{4}$$

若对某一个 x 有 $(Mf)(x)>t$，则随之可推出

$$(Mg_t)(x) > (1-c)t. \tag{5}$$

令 $E_t=\{f>ct\}$，(5)式、(1)式和(3)式蕴涵着

$$m\{Mf > t\} \leqslant m\{Mg_t > (1-c)t\} \leqslant \frac{A}{(1-c)t}\| g_t \|_1 = \frac{A}{(1-c)t}\int_{E_t} f\,\mathrm{d}m.$$ 173

现在，我们设 $X=R^k$，$\mu=m$，$\varphi(t)=t^p$，利用定理 8.16 来计算

$$\int_{R^k}(Mf)^p\,\mathrm{d}m = p\int_0^\infty m\{Mf > t\}t^{p-1}\,\mathrm{d}t \leqslant \frac{Ap}{1-c}\int_0^\infty t^{p-2}\,\mathrm{d}t\int_{E_t} f\,\mathrm{d}m$$

$$= \frac{Ap}{1-c}\int_{R^k} f\,\mathrm{d}m\int_0^{f/c} t^{p-2}\,\mathrm{d}t = \frac{Apc^{1-p}}{(1-c)(p-1)}\int_{R^k} f^p\,\mathrm{d}m.$$

这就证明了定理．但是，为了得到一个较好的常数，我们可以选取 c 使最后一个表达式最小化．当 $c=\dfrac{p-1}{p}=\dfrac{1}{q}$ 时取到最小值，其中 q 是 p 的共轭指数．由这个 c，有

$$c^{1-p} = \left(1+\frac{1}{p-1}\right)^{p-1} < \mathrm{e},$$

且前述的估计说明

$$\| Mf \|_p \leqslant C_p \| f \|_p, \tag{6}$$

其中 $C_p=(Aepq)^{1/p}$． ■

注意，当 $p\to\infty$ 时，$C_p\to 1$，这满足公式 8.17(1)．而当 $p\to 1$ 时，$C_p\to\infty$．

习题

1. 找出 R^1 中的一个单调类 $\mathfrak{M}$ 的例子，使 $R^1\in\mathfrak{M}$，且对任意的 $A\in\mathfrak{M}$ 有 $R^1-A\in\mathfrak{M}$，但 $\mathfrak{M}$ 不是 σ-代数.
2. 假定 f 是 R^1 上的勒贝格可测的非负实函数，而 $A(f)$ 是 f 的纵坐标集. 这就是所有 $(x,y)\in R^2$ 使 $0<y<f(x)$ 的点集.
   (a) $A(f)$ 在二维的意义下勒贝格可测，对吗？
   (b) 若(a)的回答是肯定的，f 在 R^1 上的积分等于 $A(f)$ 的测度吗？
   (c) f 的图像是 R^2 的可测子集吗？
   (d) 若(c)的回答是肯定的，这个图像的测度等于零吗？
3. 找出一个在开单位正方形内的正连续函数 f 的例子，它(关于勒贝格测度)的积分是有限的，但对某个 $x\in(0,1)$(在定理 8.8 的记号下的)$\varphi(x)$ 是无限的.
4. 假定 $1\leqslant p\leqslant\infty$，$f\in L^1(R^1)$，$g\in L^p(R^1)$.
   (a) 仿效定理 8.14 的证明去证明定义为 $(f*g)(x)$ 的积分对几乎所有的 x 存在，$f*g\in L^p(R^1)$，并证明
   $$\|f*g\|_p\leqslant\|f\|_1\|g\|_p.$$
   (b) 指出当 $p=1$ 或 $p=\infty$ 时，在(a)的不等式中等号能够成立. 并且找出使等号成立的条件.
   (c) 假定 $1<p<\infty$，并且在(a)中等号成立，由此证明或是 $f=0$ a.e. 或是 $g=0$ a.e.
   (d) 假定 $1\leqslant p\leqslant\infty$，$\varepsilon>0$，证明存在 $f\in L^1(R^1)$ 和 $g\in L^p(R^1)$ 使得
   $$\|f*g\|_p>(1-\varepsilon)\|f\|_1\|g\|_p.$$

174

5. 设 M 是所有的 R^1 上的复博雷尔测度的巴拿赫空间. M 的范数是 $\|\mu\|=|\mu|(R^1)$. 对每一博雷尔集 $E\subset R^1$，对应一个集
   $$E_2=\{(x,y):x+y\in E\}\subset R^2.$$
   若 μ 和 $\lambda\in M$，定义它们的卷积 $\mu*\lambda$ 为对每一个博雷尔集 $E\subset R^1$，由
   $$(\mu*\lambda)(E)=(\mu\times\lambda)(E_2)$$
   所给定的集函数；$\mu\times\lambda$ 同定义 8.7 一样.
   (a) 证明 $\mu*\lambda\in M$，并且 $\|\mu*\lambda\|\leqslant\|\mu\|\|\lambda\|$.
   (b) 证明 $\mu*\lambda$ 是唯一的 $v\in M$，使得
   $$\int f\mathrm{d}v=\iint f(x+y)\mathrm{d}\mu(x)\mathrm{d}\lambda(y)$$
   对每一个 $f\in C_0(R^1)$ 成立. (所有积分展布在 R^1 上.)
   (c) 证明 M 中的卷积是交换的，结合的，并且关于加法是分配的.
   (d) 证明公式
   $$(\mu*\lambda)(E)=\int\mu(E-t)\mathrm{d}\lambda(t)$$
   对每一个 μ 和 $\lambda\in M$ 和对每一个博雷尔集 E 成立. 这里
   $$E-t=\{x-t:x\in E\}.$$
   (e) 若 μ 集中在可数集上，就定义 μ 是**离散的**；若对每一个 $x\in R^1$，$\mu(\{x\})=0$，就定义 μ 是**连续的**；设 m 是 R^1 上的勒贝格测度(注意，$m\notin M$). 证明若 μ 和 λ 都是离散的，则 $\mu*\lambda$ 是离散的；若 μ 是连续的且 $\lambda\in M$，则 $\mu*\lambda$ 是连续的，并且若 $\mu\ll m$，则 $\mu*\lambda\ll m$.
   (f) 假定 $\mathrm{d}\mu=f\mathrm{d}m$，$\mathrm{d}\lambda=g\mathrm{d}m$，$f\in L^1(R^1)$ 和 $g\in L^1(R^1)$，证明 $\mathrm{d}(\mu*\lambda)=(f*g)\mathrm{d}m$.
   (g) 性质(a)和(c)表明：巴拿赫空间 M 就是人们所称的**交换巴拿赫代数**. 证明(e)和(f)蕴涵着 M 内所有的离散测度的集是 M 的一个子代数；连续测度构成 M 的一个理想；并且关于 m 绝对连续的测度构成 M

的一个理想，它(作为一个代数)同构于 $L^1(R^1)$.

(h) 证明 M 具有单位元，即证明存在一个 $\delta\in M$，使得 $\delta*\mu=\mu$ 对所有的 $\mu\in M$ 成立.

(i) 在这些讨论中，仅用到 R^1 的两个性质：R^1 是一个交换(加法)群，存在一个 R^1 上的平移不变博雷尔测度 m，这个测度不恒等于0，并且它在 R^1 的所有紧子集上是有限的. 证明若用 R^k 代替 R^1 或用 T(单位圆周)或用 T^k(k 维环面，即 k 个 T 的笛卡儿乘积)代替 R^1，当适当地阐明定义之后，同样的结果也都成立.

6. (在 R^k 内的极坐标). 设 S_{k-1} 是 R^k 内的单位球面. 即所有到原点的距离是1的那些 $u\in R^k$ 的集. 证明每一个 $x\in R^k$，除去 $x=0$，具有唯一的表达形式 $x=ru$，这里 r 是一个正实数且 $u\in S_{k-1}$. 于是 $R^k-\{0\}$ 可以看做 $(0,\infty)\times S_{k-1}$ 的笛卡儿积.

设 m_k 是 R^k 上的勒贝格测度，在 S_{k-1} 上定义一个测度 σ_{k-1} 如下：若 $A\subset S_{k-1}$ 且 A 是博雷尔集，设 $\widetilde{A}$ 是所有点 ru 的集，这里 $0<r<1$ 和 $u\in A$，并且定义

$$\sigma_{k-1}(A)=k\cdot m_k(\widetilde{A}).$$ 175

证明公式

$$\int_{R^k} f\,\mathrm{d}m_k=\int_0^\infty r^{k-1}\,\mathrm{d}r\int_{S_{k-1}} f(ru)\,\mathrm{d}\sigma_{k-1}(u)$$

对每一个 R^k 上非负博雷尔函数 f 成立. 验证这个结果在 $k=2$ 时和 $k=3$ 时与熟知的结果相一致.

提示：若 $0<r_1<r_2$，且若 A 是 S_{k-1} 的开子集，设 E 是所有具有 $r_1<r<r_2$，$u\in A$ 的 ru 的集. 验证公式对 E 的特征函数成立. 从而过渡到 R^k 中博雷尔集的特征函数.

7. 假定 $(X,\mathscr{S},\mu)$ 和 $(Y,\mathscr{T},\lambda)$ 是 σ-有限测度空间，并且假定 ψ 是 $\mathscr{S}\times\mathscr{T}$ 上的测度，使得

$$\psi(A\times B)=\mu(A)\lambda(B)$$

当 $A\in\mathscr{S}$ 和 $B\in\mathscr{T}$ 时成立. 证明 $\psi(E)=(\mu\times\lambda)(E)$ 对每一个 $E\in\mathscr{S}\times\mathscr{T}$ 成立.

8. (a) 假定 f 是 R^2 上的实函数，使得每一个截口 f_x 是博雷尔可测的和每一个截口 f^y 是连续的. 证明 f 在 R^2 上是博雷尔可测的. 注意这和例 8.9(c)之间的对立.

(b) 假定 g 是 R^k 上的实函数，它分别对 k 个变量的每一个是连续的. 更确切地说，对 $x_2,\cdots,x_k$ 的每一个选择，映射 $x_1\to g(x_1,x_2,\cdots,x_k)$ 是连续的，等等. 证明 g 是一个博雷尔函数.

提示：若 $(i-1)/n=a_{i-1}\leqslant x\leqslant a_i=i/n$，令

$$f_n(x,y)=\frac{a_i-x}{a_i-a_{i-1}}f(a_{i-1},y)+\frac{x-a_{i-1}}{a_i-a_{i-1}}f(a_i,y).$$

9. 假定 E 是 R^1 中的稠密集，而 f 是 R^2 上的实函数，使得(a)对每一个 $x\in E$，f_x 是勒贝格可测的，(b)对几乎所有的 $g\in R^1$，f^y 是连续的. 证明 f 在 R^2 上是勒贝格可测的.

10. 假定 f 是 R^2 上的实函数，对每一个 x，f_x 是勒贝格可测的，对每一个 y，f^y 是连续的. 假定 g：$R^1\to R^1$ 是勒贝格可测的，且令 $h(y)=f(g(y),y)$. 证明 h 在 R^1 上是勒贝格可测的.

提示：像习题8一样定义 f_n，令 $h_n(y)=f_n(g(y),y)$，证明 h_n 是可测的并证明 $h_n(y)\to h(y)$.

11. 设 $\mathscr{B}_k$ 是 R^k 的所有博雷尔集的 σ-代数. 证明 $\mathscr{B}_{m+n}=\mathscr{B}_m\times\mathscr{B}_n$，这是与定理 8.14 有关的结果.

12. 利用富比尼定理和关系式

$$\frac{1}{x}=\int_0^\infty \mathrm{e}^{-xt}\,\mathrm{d}t\qquad(x>0)$$

证明

$$\lim_{A\to\infty}\int_0^A\frac{\sin x}{x}\mathrm{d}x=\frac{\pi}{2}.$$

13. 若 μ 是一个 σ-代数 $\mathfrak{M}$ 上的复测度，证明对任意集合 $E\in\mathfrak{M}$，存在子集 A 使得

176 $$|\mu(A)| \geqslant \frac{1}{\pi}|\mu|(E).$$

提示：存在一个可测实函数 θ，使得 $\mathrm{d}\mu=\mathrm{e}^{\mathrm{i}\theta}\mathrm{d}|\mu|$. 设 A_α 为使 $\cos(\theta-\alpha)>0$ 的 E 的子集，证明

$$\operatorname{Re}[\mathrm{e}^{-\mathrm{i}\alpha}\mu(A_\alpha)]=\int_E \cos^+(\theta-\alpha)\mathrm{d}|\mu|,$$

且积分是关于 α 的(如同引理 6.3 一样).

举例说明 $\frac{1}{\pi}$ 为这个不等式中的最佳常数。

14. 完成下列关于哈代不等式的证明(第 3 章习题 14)：假设 f 在 $(0,\infty)$ 上非负，$f\in L^p$，$1<p<\infty$ 且

$$F(x)=\frac{1}{x}\int_0^x f(t)\mathrm{d}t.$$

记 $xF(x)=\int_0^x f(t)t^\alpha t^{-\alpha}\mathrm{d}t$，其中 $0<\alpha<\frac{1}{q}$，利用霍尔德不等式得到 $F(x)^p$ 的上界，且通过积分得到

$$\int_0^\infty F^p(x)\mathrm{d}x \leqslant (1-\alpha q)^{1-p}(\alpha p)^{-1}\int_0^\infty f^p(t)\mathrm{d}t.$$

找到 α 的最佳选择使得

$$\int_0^\infty F^p(x)\mathrm{d}x \leqslant \left(\frac{p}{p-1}\right)^p\int_0^\infty f^p(t)\mathrm{d}t.$$

15. 当 $0\leqslant t\leqslant 2\pi$ 时，令 $\varphi(t)=1-\cos t$，当 t 取其他实数时，$\varphi(t)=0$. 对 $-\infty<x<\infty$，定义

$$f(x)=1,\quad g(x)=\varphi'(x),\quad h(x)=\int_{-\infty}^x \varphi(t)\mathrm{d}t.$$

证明下列关于这些函数的卷积的陈述：

(ⅰ) 对所有的 x，$(f*g)(x)=0$.

(ⅱ) 在 $(0,4\pi)$ 上，$(g*h)(x)=(\varphi*\varphi)(x)>0$.

(ⅲ) 当 $f*(g*h)$ 为一个正常数时，$(f*g)*h=0$.

但是，由富比尼定理(习题 5(c))，假定卷积是可结合的，那么到底错在哪里呢？

16. 证明下面和闵可夫斯基不等式类似的结论：对 $f\geqslant 0$，

$$\left\{\int\left[\int f(x,y)\mathrm{d}\lambda(y)\right]^p\mathrm{d}\mu(x)\right\}^{1/p} \leqslant \int\left[\int f^p(x,y)\mathrm{d}\mu(x)\right]^{1/p}\mathrm{d}\lambda(y).$$

177 假定相应的条件成立(有关这一内容的进一步讨论可参看[9]).

第9章　傅里叶变换

形式上的性质

9.1 定义　本章我们将从以前的记号出发，并用字母 m 记 R^1 上的勒贝格测度被 $\sqrt{2\pi}$ 除的结果，而不是 R^1 上的勒贝格测度. 这个约定简化了一些结果的外貌，例如反演定理和 Plancherel 定理. 因此，我们将用记号

$$\int_{-\infty}^{\infty} f(x)\mathrm{d}m(x) = \frac{1}{\sqrt{2\pi}}\int_{-\infty}^{\infty} f(x)\mathrm{d}x, \tag{1}$$

其中 $\mathrm{d}x$ 是通常的勒贝格测度，并定义

$$\| f \|_p = \left\{\int_{-\infty}^{\infty} | f(x) |^p \mathrm{d}m(x)\right\}^{1/p} \quad (1 \leqslant p < \infty), \tag{2}$$

$$(f * g)(x) = \int_{-\infty}^{\infty} f(x-y)g(y)\mathrm{d}m(y) \quad (x \in R^1) \tag{3}$$

和

$$\hat{f}(t) = \int_{-\infty}^{\infty} f(x)\mathrm{e}^{-\mathrm{i}xt}\mathrm{d}m(x) \qquad (t \in R^1). \tag{4}$$

本章中，我们将用 L^p 代替 $L^p(R^1)$，而 C_0 将记 R^1 上所有在无穷远点为零的连续函数的空间.

如果 $f \in L^1$，则积分(4)对每个实数 t 都是完全确定的. 函数 $\hat{f}$ 称为 f 的傅里叶变换. 注意，术语“傅里叶变换”也用于把 f 映为 $\hat{f}$ 的映射. 178

在定理 9.2 中列出的形式上的性质是与 m 的平移不变性密切相关的，也与这样一个事实，即对每个实数 α，映射 $x \to \mathrm{e}^{\mathrm{i}\alpha x}$ 是加法群 R^1 的特征标密切相关的. 根据定义，如果对一切实数 s 和 t，$|\varphi(t)| = 1$ 并且

$$\varphi(s+t) = \varphi(s)\varphi(t), \tag{5}$$

则函数 φ 是 R^1 的特征标. 换句话说，φ 是加法群 R^1 到绝对值等于 1 的复数乘法群内的一个同态映射. 以后将会看到(定理 9.23 的证明中)，R^1 的每个连续的特征标可由一个指数函数给出.

9.2 定理　设 $f \in L^1$，α 和 λ 是实数.

(a) 如果 $g(x) = f(x)\mathrm{e}^{\mathrm{i}\alpha x}$，则 $\hat{g}(t) = \hat{f}(t-\alpha)$.

(b) 如果 $g(x) = f(x-\alpha)$，则 $\hat{g}(t) = \hat{f}(t)\mathrm{e}^{-\mathrm{i}\alpha t}$.

(c) 如果 $g \in L^1$，$h = f * g$，则 $\hat{h}(t) = \hat{f}(t)\hat{g}(t)$.

因此，傅里叶变换用特征标来乘化为平移，反之亦然，并把卷积化为点态相乘的积.

(d) 如果 $g(x) = \overline{f(-x)}$，则 $\hat{g}(t) = \overline{\hat{f}(t)}$.

(e) 如果 $g(x) = f(x/\lambda)$ 且 $\lambda > 0$，则 $\hat{g}(t) = \lambda \hat{f}(\lambda t)$.

(f) 如果 $g(x) = -\mathrm{i}xf(x)$ 且 $g \in L^1$，则 $\hat{f}$ 是可微的，且 $\hat{f}'(t) = \hat{g}(t)$.

证明 (a)，(b)，(d)和(e)由直接代入公式 9.1(4)予以证明. (c)的证明是富比尼定理的一个应用(关于要求可测性的证明参看定理 7.14)：

$$\begin{aligned}\hat{h}(t) &= \int_{-\infty}^{\infty} e^{-itx}\,dm(x)\int_{-\infty}^{\infty} f(x-y)g(y)\,dm(y)\\ &= \int_{-\infty}^{\infty} g(y)e^{-ity}\,dm(y)\int_{-\infty}^{\infty} f(x-y)e^{-it(x-y)}\,dm(x)\\ &= \int_{-\infty}^{\infty} g(y)e^{-ity}\,dm(y)\int_{-\infty}^{\infty} f(x)e^{-itx}\,dm(x)\\ &= \hat{g}(t)\,\hat{f}(t).\end{aligned}$$

注意如何应用 m 的平移不变性.

为证明(f)，注意

179 $$\frac{\hat{f}(s)-\hat{f}(t)}{s-t} = \int_{-\infty}^{\infty} f(x)e^{-ixt}\varphi(x,s-t)\,dm(x) \quad (s\neq t), \tag{1}$$

这里 $\varphi(x,\ u)=(e^{-ixu}-1)/u$. 由于对所有实数 $u\neq 0$，$|\varphi(x,\ u)|\leqslant|x|$，且当 $u\to 0$ 时 $\varphi(x,\ u)\to -ix$，把控制收敛定理用于(1)式，如果 s 趋向于 t，我们得到

$$\hat{f}'(t) = -i\int_{-\infty}^{\infty} xf(x)e^{-ixt}\,dm(x). \tag{2}$$

■

9.3 评注

(a) 由于控制收敛定理仅涉及函数的可数序列，在上述证明中，求助于控制收敛定理似乎是不合逻辑的. 然而，对每个收敛于 t 的序列$\{s_n\}$，它却能帮助我们得到

$$\lim_{n\to\infty}\frac{\hat{f}(s_n)-\hat{f}(t)}{s_n-t} = -i\int_{-\infty}^{\infty} xf(x)e^{-ixt}\,dm(t),$$

而这恰好是说，

$$\lim_{s\to t}\frac{\hat{f}(s)-\hat{f}(t)}{s-t} = -i\int_{-\infty}^{\infty} xf(x)e^{-ixt}\,dm(t).$$

我们还会遇到类似情况，当应用收敛定理于那些情况时将不再作更多的声明.

(b) 定理 9.2(b)表明

$$[f(x+\alpha)-f(x)]/\alpha$$

的傅里叶变换是

$$\hat{f}(t)\,\frac{e^{i\alpha t}-1}{\alpha}.$$

这一点暗示定理 9.2(f)的类似情形在一定的条件下也应该成立，即是说，f' 的傅里叶变换是 $it\hat{f}(t)$. 如果 $f\in L^1$，$f'\in L^1$，而且 f 是 f' 的不定积分的话，则此结果容易用分部积分得到. 我们把它以及与它有关的一些结果留作习题. 傅里叶变换把微分法化为用 ti 相乘这一事实，使傅里叶变换在微分方程的研究中成为一种有用的工具.

反演定理

9.4 刚才我们看到，关于函数的某些运算同关于它们的傅里叶变换的运算是很好地对应着的. 如果有一种方法可以从变换又得回函数，即是说，有一种反演公式，那么，当然将会提

高这种对应的有用性和兴趣. 180

我们通过与傅里叶级数相类比，来看这样一个公式会像什么样子. 如果

$$c_n = \frac{1}{2\pi}\int_{-\pi}^{\pi} f(x)\mathrm{e}^{-inx}\,\mathrm{d}x \quad (n \in Z), \tag{1}$$

则反演公式是

$$f(x) = \sum_{-\infty}^{\infty} c_n \mathrm{e}^{inx}. \tag{2}$$

我们知道，如果 $f\in L^2(T)$，在 L^2 -收敛的意义下，(2)式成立. 我们也知道，纵然 f 是连续的，但在点态收敛的意义下，(2)式也不一定成立. 现在设 $f\in L^1(T)$，$\{c_n\}$用(1)给出，并设

$$\sum_{-\infty}^{\infty} |\, c_n \,| < \infty, \tag{3}$$

令

$$g(x) = \sum_{-\infty}^{\infty} c_n \mathrm{e}^{inx}, \tag{4}$$

由于(3)，(4)中的级数一致收敛(因此，g 是连续的)，并容易算出 g 的傅里叶系数：

$$\begin{aligned}\frac{1}{2\pi}\int_{-\pi}^{\pi} g(x)\mathrm{e}^{-ikx}\,\mathrm{d}x &= \frac{1}{2\pi}\int_{-\pi}^{\pi}\Big\{\sum_{n=-\infty}^{\infty} c_n \mathrm{e}^{inx}\Big\}\mathrm{e}^{-ikx}\,\mathrm{d}x \\ &= \sum_{n=-\infty}^{\infty} c_n \frac{1}{2\pi}\int_{-\pi}^{\pi} \mathrm{e}^{\mathrm{i}(n-k)x}\,\mathrm{d}x \\ &= c_k.\end{aligned} \tag{5}$$

因此，f 和 g 有相同的傅里叶系数. 由此得出 $f=g$ a. e.，于是 f 的傅里叶级数收敛于 $f(x)$ a. e.

在傅里叶变换的上下文里，类似的假设是 $f\in L^1$ 和 $\hat{f}\in L^1$，而且我们可以希望，像

$$f(x) = \int_{-\infty}^{\infty} \hat{f}(t)\mathrm{e}^{itx}\,\mathrm{d}m(t) \tag{6}$$

这样的公式是正确的. 确实，如果 $\hat{f}\in L^1$，(6)式的右边含义是明确的；记它为 $g(x)$；但是，如果要像(5)那样来论证，我们就会遇到实际上是毫无意义的积分

$$\int_{-\infty}^{\infty} \mathrm{e}^{\mathrm{i}(t-s)x}\,\mathrm{d}x. \tag{7}$$

因此，纵然在很强的假设，即 $\hat{f}\in L^1$ 之下，(6)式(它是正确的)的证明也还得经历一个更曲折的路程. 181

(应该提一下，如果把在$(-\infty,\ \infty)$上的积分理解为在$(-A,\ A)$上的积分当 $A\to\infty$ 时的极限的话，甚至当 $\hat{f}\notin L^1$ 时，(6)式也可以成立. (类似于一个不是绝对收敛的级数可以收敛一样.)然而，我们不打算探讨这个问题.)

9.5 定理 对 R^1 上的任意函数 f 和每个 $y\in R^1$，令 f_y 是 f 的平移，定义为

$$f_y(x) = f(x-y) \qquad (x \in R^1). \tag{1}$$

如果 $1\leqslant p<\infty$ 且 $f\in L^p$，则映射

$$y \to f_y \tag{2}$$

是一个 R^1 到 $L^p(R^1)$ 内的一致连续映射.

证明 固定 $\varepsilon>0$. 由于 $f\in L^p$，存在连续函数 g，它的支集属于有界区间 $[-A, A]$，使得

$$\| f-g\|_p<\varepsilon$$

(定理 3.14). g 的一致连续性表明存在 $\delta\in(0, A)$，使得 $|s-t|<\delta$ 时，有

$$|g(s)-g(t)|<(3A)^{-1/p}\varepsilon.$$

如果 $|s-t|<\delta$，便得到

$$\int_{-\infty}^{\infty}|g(x-s)-g(x-t)|^p \mathrm{d}x<(3A)^{-1}\varepsilon^p(2A+\delta)<\varepsilon^p,$$

于是 $\| g_s-g_t\|_p<\varepsilon$.

注意 L^p -范数(关于勒贝格测度)是平移不变的; $\| f\|_p=\| f_s\|_p$. 因此，当 $|s-t|<\delta$ 时,

$$\begin{aligned}\| f_s-f_t\|_p&\leqslant\| f_s-g_s\|_p+\| g_s-g_t\|_p+\| g_t-f_t\|_p\\&=\|(f-g)_s\|_p+\| g_s-g_t\|_p+\|(g-f)_t\|_p<3\varepsilon,\end{aligned}$$

这就完成了证明. ■

9.6 定理 如果 $f\in L^1$，则 $\hat{f}\in C_0$，且

$$\|\hat{f}\|_\infty\leqslant\| f\|_1. \tag{1}$$

182 **证明** 由 9.1(4)，不等式(1)是显然的. 如果 $t_n\to t$，则

$$|\hat{f}(t_n)-\hat{f}(t)|\leqslant\int_{-\infty}^{\infty}|f(x)||\mathrm{e}^{-\mathrm{i}t_nx}-\mathrm{e}^{-\mathrm{i}tx}|\mathrm{d}m(x). \tag{2}$$

此被积函数是以 $2|f(x)|$ 为界的，并当 $n\to\infty$ 时，对每个 x 都趋向于 0. 根据控制收敛定理，于是 $\hat{f}(t_n)\to\hat{f}(t)$. 因此，$\hat{f}$ 是连续的.

由于 $\mathrm{e}^{\pi\mathrm{i}}=-1$，9.1(4)给出

$$\begin{aligned}\hat{f}(t)&=-\int_{-\infty}^{\infty}f(x)\mathrm{e}^{-\mathrm{i}t(x+\pi/t)}\mathrm{d}m(x)\\&=-\int_{-\infty}^{\infty}f(x-\pi/t)\mathrm{e}^{-\mathrm{i}tx}\mathrm{d}m(x),\end{aligned} \tag{3}$$

因此

$$2\hat{f}(t)=\int_{-\infty}^{\infty}\left\{f(x)-f\left(x-\frac{\pi}{t}\right)\right\}\mathrm{e}^{-\mathrm{i}tx}\mathrm{d}m(x). \tag{4}$$

于是

$$2|\hat{f}(t)|\leqslant\| f-f_{\pi/t}\|_1. \tag{5}$$

根据定理 9.5，当 $t\to\pm\infty$ 时趋向于 0. ■

9.7 一对辅助函数 在反演定理的证明中，知道一个正的函数 H，使得它有正的傅里叶变换，而且这个变换的积分又易于计算，这将是便利的. 在许多可能性当中，我们选择了与半平面内的调和函数的关系是有趣的那一种. (参看第 11 章的习题 21.)

令

$$H(t)=\mathrm{e}^{-|t|}, \tag{1}$$

并定义

$$h_\lambda(x)=\int_{-\infty}^{\infty}H(\lambda t)\mathrm{e}^{\mathrm{i}tx}\mathrm{d}m(t)\qquad(\lambda>0). \tag{2}$$

经过简单计算，得出

$$h_\lambda(x)=\sqrt{\frac{2}{\pi}}\frac{\lambda}{\lambda^2+x^2},\tag{3}$$

因此

$$\int_{-\infty}^{\infty}h_\lambda(x)\,\mathrm{d}m(x)=1.\tag{4}$$

也要注意到，$0<H(t)\leqslant 1$ 并且当 $\lambda\to 0$ 时 $H(\lambda t)\to 1$.

9.8 命题 如果 $f\in L^1$，则

$$(f*h_\lambda)(x)=\int_{-\infty}^{\infty}H(\lambda t)\hat{f}(t)\mathrm{e}^{ixt}\,\mathrm{d}m(t).$$ 183

证明 这是傅里叶定理的一个简单应用.

$$\begin{aligned}(f*h_\lambda)(x)&=\int_{-\infty}^{\infty}f(x-y)\,\mathrm{d}m(y)\int_{-\infty}^{\infty}H(\lambda t)\mathrm{e}^{ity}\,\mathrm{d}m(t)\\&=\int_{-\infty}^{\infty}H(\lambda t)\,\mathrm{d}m(t)\int_{-\infty}^{\infty}f(x-y)\mathrm{e}^{ity}\,\mathrm{d}m(y)\\&=\int_{-\infty}^{\infty}H(\lambda t)\,\mathrm{d}m(t)\int_{-\infty}^{\infty}f(y)\mathrm{e}^{it(x-y)}\,\mathrm{d}m(y)\\&=\int_{-\infty}^{\infty}H(\lambda t)\hat{f}(t)\mathrm{e}^{itx}\,\mathrm{d}m(t).\end{aligned}$$

■

9.9 定理 如果 $g\in L^\infty$，g 在点 x 连续，则

$$\lim_{\lambda\to 0}(g*h_\lambda)(x)=g(x).\tag{1}$$

证明 由于 9.7(4)，有

$$\begin{aligned}(g*h_\lambda)(x)-g(x)&=\int_{-\infty}^{\infty}[g(x-y)-g(x)]h_\lambda(y)\,\mathrm{d}m(y)\\&=\int_{-\infty}^{\infty}[g(x-y)-g(x)]\lambda^{-1}h_1\left(\frac{y}{\lambda}\right)\mathrm{d}m(y)\\&=\int_{-\infty}^{\infty}[g(x-\lambda s)-g(x)]h_1(s)\,\mathrm{d}m(s).\end{aligned}$$

最后那个被积函数被 $2\|g\|_\infty h_1(s)$ 所控制，并且当 $\lambda\to 0$，对每个 s 按点收敛于 0. 因此，由控制收敛定理便得到(1). ■

9.10 定理 如果 $1\leqslant p<\infty$ 和 $f\in L^p$，则

$$\lim_{\lambda\to 0}\|f*h_\lambda-f\|_p=0.\tag{1}$$

对于 $p=1$ 和 $p=2$ 的情形我们是有兴趣的，但是一般情形也不难证明.

证明 由于 $h_\lambda\in L^q$，q 是共轭于 p 的指数，对每个 x，$(f*h_\lambda)(x)$ 的意义是明确的.（事实上，$f*h_\lambda$ 是连续的；参看习题 8.）因为 9.7(4)，我们有

$$(f*h_\lambda)(x)-f(x)=\int_{-\infty}^{\infty}[f(x-y)-f(x)]h_\lambda(y)\,\mathrm{d}m(y),\tag{2}$$ 184

而定理 3.3 给出

$$|(f*h_\lambda)(x)-f(x)|^p\leqslant\int_{-\infty}^{\infty}|f(x-y)-f(x)|^p h_\lambda(y)\,\mathrm{d}m(y).\tag{3}$$

将(3)式对 x 积分，并应用富比尼定理：

$$\| f * h_\lambda - f \|_p^p \leqslant \int_{-\infty}^{\infty} \| f_y - f \|_p^p h_\lambda(y) \mathrm{d}m(y). \tag{4}$$

如果 $g(y) = \| f_y - f \|_p^p$，根据定理 9.5，g 是有界和连续的，且 $g(0)=0$. 根据定理 9.9，因此当 $\lambda \to 0$ 时，(4)的右边趋向于 0. ■

9.11 反演定理 如果 $f \in L^1$ 和 $\hat{f} \in L^1$，且

$$g(x) = \int_{-\infty}^{\infty} \hat{f}(t) \mathrm{e}^{\mathrm{i}xt} \mathrm{d}m(t) \qquad (x \in R^1), \tag{1}$$

则 $g \in C_0$ 和 $f(x) = g(x)$ a. e.

证明 由命题 9.8，

$$(f * h_\lambda)(x) = \int_{-\infty}^{\infty} H(\lambda t) \hat{f}(t) \mathrm{e}^{\mathrm{i}xt} \mathrm{d}m(t). \tag{2}$$

(2)式右边的被积函数以 $|\hat{f}(t)|$ 为界，由于当 $\lambda \to 0$ 时，$H(\lambda t) \to 1$，根据控制收敛定理，(2)的右边对每个 $x \in R^1$ 收敛于 $g(x)$.

如果综合定理 9.10 和定理 3.12，我们看出，存在序列 $\{\lambda_n\}$ 使得 $\lambda_n \to 0$，且

$$\lim_{n \to \infty} (f * h_{\lambda_n})(x) = f(x) \text{ a. e.} \tag{3}$$

因此，$f(x) = g(x)$ a. e.. 由定理 9.6 推出 $g \in C_0$. ■

9.12 唯一性定理 如果 $f \in L^1$ 并且对一切，$t \in R^1$，$\hat{f}(t) = 0$，则 $f(x) = 0$ a. e..

证明 由 $\hat{f} = 0$ 得到 $\hat{f} \in L^1$，由反演定理得出结果. ■

Plancherel 定理

由于 R^1 的勒贝格测度是无限的，L^2 不是 L^1 的子集. 因此，根据公式 9.1(4)，傅里叶变换的定义对每个 $f \in L^2$ 不是直接可以应用的. 但如果 $f \in L^1 \cap L^2$，就能应用定义并得出 $\hat{f} \in L^2$. 事实上，$\| \hat{f} \|_2 = \| f \|_2$！把由 $L^1 \cap L^2$ 到 L^2 内的这个等距映射扩充为 L^2 到 L^2 上的等距，
185 且此扩充对每个 $f \in L^2$ 都定义了傅里叶变换(有时称为 Plancherel 变换). 事实上，所得出的 L^2 理论比 L^1 的情形更具有对称性. 在 L^2 中，f 和 $\hat{f}$ 确实处于相同的地位.

9.13 定理 对每个 $f \in L^2$ 都能对应一个函数 $\hat{f} \in L^2$，使得下述性质成立：

(a) 如果 $f \in L^1 \cap L^2$，则 $\hat{f}$ 是 f 的前面定义过的傅里叶变换.

(b) 对每个 $f \in L^2$，$\| \hat{f} \|_2 = \| f \|_2$.

(c) 映射 $f \to \hat{f}$ 是一个 L^2 到 L^2 上的希尔伯特空间的同构.

(d) 在 f 和 $\hat{f}$ 之间存在下述对称关系：如果

$$\varphi_A(t) = \int_{-A}^{A} f(x) \mathrm{e}^{-\mathrm{i}xt} \mathrm{d}m(x) \text{ 和 } \psi_A(x) = \int_{-A}^{A} \hat{f}(t) \mathrm{e}^{-\mathrm{i}xt} \mathrm{d}m(t),$$

则当 $A \to \infty$ 时，$\| \varphi_A - \hat{f} \|_2 \to 0$ 和 $\| \psi_A - f \|_2 \to 0$.

注 由于 $L^1 \cap L^2$ 在 L^2 中是稠密的，性质(a)和(b)唯一决定了映射 $f \to \hat{f}$. 称性

质(d)为 L^2 反演定理.

证明 我们的首要目标是建立关系

$$\|\hat{f}\|_2 = \|f\|_2 \quad (f \in L^1 \cap L^2). \tag{1}$$

固定 $f \in L^1 \cap L^2$，令 $\tilde{f}(x) = \overline{f(-x)}$，并定义 $g = f * \tilde{f}$，则

$$\begin{aligned} g(x) &= \int_{-\infty}^{\infty} f(x-y)\overline{f(-y)}\,\mathrm{d}m(y) \\ &= \int_{-\infty}^{\infty} f(x+y)\overline{f(y)}\,\mathrm{d}m(y), \end{aligned} \tag{2}$$

或者

$$g(x) = (f_{-x}, f), \tag{3}$$

这里的内积是在希尔伯特空间 L^2 内取的，像在定理 9.5 中一样，f_{-x} 表示 f 的平移. 根据该定理，$x \to f_{-x}$ 是 R^1 到 L^2 内的一个连续映射，因此，由内积的连续性(定理 4.6)得出 g 是一个连续函数. 施瓦茨不等式表明

$$|g(x)| \leqslant \|f_{-x}\|_2 \|f\|_2 = \|f\|_2^2, \tag{4}$$

于是 g 是有界的. 且由于 $f \in L^1$ 和 $\tilde{f} \in L$，也就有 $g \in L^1$.

由于 $g \in L^1$，可以应用命题 9.8：

$$(g * h_\lambda)(0) = \int_{-\infty}^{\infty} H(\lambda t)\hat{g}(t)\,\mathrm{d}m(t). \tag{5}$$

由于 g 是连续和有界的，定理 9.9 表明

$$\lim_{\lambda \to 0}(g * h_\lambda)(0) = g(0) = \|f\|_2^2. \tag{6}$$ 186

定理 9.2(d)表明 $\hat{g} = |\hat{f}|^2 \geqslant 0$，由于当 $\lambda \to 0$ 时 $H(\lambda t)$ 递增到 1，单调收敛定理给出

$$\lim_{\lambda \to 0}\int_{-\infty}^{\infty} H(\lambda t)\hat{g}(t)\,\mathrm{d}m(t) = \int_{-\infty}^{\infty} |\hat{f}(t)|^2\,\mathrm{d}m(t). \tag{7}$$

于是(5)，(6)和(7)表明 $\hat{f} \in L^2$ 和(1)成立.

这曾经是证明的难点.

设 Y 为所有 $f \in L^1 \cap L^2$ 的傅里叶变换 $\hat{f}$ 所构成的空间. 由(1)式，$Y \subset L^2$. 我们断言 Y 在 L^2 中稠密，即 $Y^\perp = \{0\}$.

对任意实数 α 和 $\lambda > 0$，函数 $x \to \mathrm{e}^{\mathrm{i}\alpha x}H(\lambda x)$ 在 $L^1 \cap L^2$ 中. 傅里叶变换

$$h_\lambda(\alpha - t) = \int_{-\infty}^{\infty} \mathrm{e}^{\mathrm{i}\alpha x}H(\lambda x)\mathrm{e}^{-\mathrm{i}xt}\,\mathrm{d}m(x) \tag{8}$$

在 Y 中. 若 $w \in L^2$，$w \in Y^\perp$，则对所有的 α 有

$$(h_\lambda * \overline{w})(\alpha) = \int_{-\infty}^{\infty} h_\lambda(\alpha - t)\overline{w}(t)\,\mathrm{d}m(t) = 0. \tag{9}$$

因此由定理 9.10，$w = 0$，从而 Y 在 L^2 中稠密.

让我们对 $\hat{f}$ 给出一个临时记号 Φf，从我们所证明的来看，Φ 是从 L^2 的一个稠密子空间到另一个稠密子空间的同构. 具体地说，是从 $L^1 \cap L^2$ 到 Y 的同构. 基本柯西序列的证明(和引理 4.16 比较)说明了 Φ 可扩充到 L^2 到 L^2 的同构 $\tilde{\Phi}$. 我们记 $\hat{f}$ 为 $\tilde{\Phi} f$，则得到了(a)和(b).

和定理 4.18 的证明一样，由(b)可推出(c). 帕塞瓦尔公式

$$\int_{-\infty}^{\infty} f(x)\,\overline{g(x)}\,\mathrm{d}m(x) = \int_{-\infty}^{\infty} \hat{f}(t)\,\overline{\hat{g}(t)}\,\mathrm{d}m(t) \tag{10}$$

对所有的 $f\in L^2$，$g\in L^2$ 成立.

要证明(d)，设 k_A 为$[-A, A]$上的特征函数，从而若 $f\in L^2$，有 $k_Af\in L^1\cap L^2$，且

$$\varphi_A = (k_Af)\hat{\ }. \tag{11}$$

因为当 $A\to\infty$时，$\| f-k_Af\|_2\to 0$，从而由(b)可得当 $A\to\infty$时，

$$\| \hat{f}-\varphi_A\|_2 = \| (f-k_Af)\hat{\ }\|_2 \to 0. \tag{12}$$

(d)的另一半的证明方法是一样的. ■

9.14 定理 如果 $f\in L^2$ 和$\hat{f}\in L^1$，则

187

$$f(x) = \int_{-\infty}^{\infty} \hat{f}(t)\mathrm{e}^{\mathrm{i}xt}\,\mathrm{d}m(t) \text{ a. e.}$$

证明 这是定理 9.13(d)的一个推论. ■

9.15 评注 如果 $f\in L^1$，对每个 t，公式 9.1(4)明确地定义$\hat{f}(t)$. 如果 $f\in L^2$，Plancherel 定理唯一地确定$\hat{f}$作为希尔伯特空间 L^2 的元素，但作为点函数的$\hat{f}(t)$仅仅是几乎处处被确定. 这是 L^1 和 L^2 中傅里叶变换理论之间的重要不同之处. 作为点函数，$\hat{f}(t)$的不确定性将给我们正要讨论的问题带来一些困难.

9.16 L^2 的平移不变子空间 L^2 的子空间 M 称为平移不变的，如果对每个实数 α，$f\in M$ 蕴涵着 $f_\alpha\in M$，而 $f_\alpha = f(x-\alpha)$. 在我们研究傅里叶变换的时候，平移早已起着重要的作用. 现在我们提出一个问题，它的解决将提供一个如何应用 Plancherel 定理的实例.（在第 19 章中将出现其他的应用.）此问题是：

描述 L^2 的闭平移不变子空间.

令 M 是 L^2 的闭平移不变子空间，$\hat{M}$ 是 M 在傅里叶变换下的像. 则 $\hat{M}$ 是闭的(因为傅里叶变换是 L^2 -等距.)如果 f_α 是 f 的一个平移，f_α 的傅里叶变换是$\hat{f}e_\alpha$，这里 $e_\alpha(t)=\mathrm{e}^{-\mathrm{i}\alpha t}$；在定理 9.2 中，对 $f\in L^1$，我们证明过这一点；如同在定理 9.13(d)中所看到的一样，此结果扩充到了 L^2. 由此得到，对一切 $\alpha\in R^1$，$\hat{M}$ 用 e_α 来乘是不变的.

设 E 是 R^1 中任一个可测集. 如果 $\hat{M}$ 是一切 $\varphi\in L^2$ 的集，而 φ 在 E 上几乎处处为零，则 $\hat{M}$ 确实是 L^2 的一个子空间，它用所有的 e_α 来乘是不变的(注意：$|e_\alpha|=1$，因此，如果 $\varphi\in L^2$，则 $\varphi e_\alpha\in L^2$)，而 $\hat{M}$ 还是闭集. 证明：当且仅当 φ 与每个 $\psi\in L^2$ 正交，而 ψ 在 E 的余集上几乎处处为零时，$\varphi\in\hat{M}$.

设 M 为在傅里叶变换的作用下 $\hat{M}$ 的逆象，则 M 是一个具有所要性质的空间.

现在，我们可以猜到，每一个我们所要求的空间 M 都可以从集 $E\subset R^1$ 通过这种方式得出. 要证明这一点，我们就得证明，对每个闭的平移不变的 $M\subset L^2$ 对应一个集 $E\subset R^1$，使得当且仅当在 E 上几乎处处$\hat{f}(t)=0$ 时 $f\in M$. 从 M 构造 E 的明显方法是对每个 $f\in M$ 联系着一个由使$\hat{f}(t)=0$ 的所有点组成集 E_f，并定义 E 为这些集 E_f 的交. 但这个明显的方法带来了严重的困难：每个 E_f 只能确定到相差一个测度为零的集. 如果$\{A_i\}$是可数集族，每个 A_i 确定到相差一个测度为零的集则$\cap A_i$ 也确定到相差一个测度为零的集. 但是存在有不可数个 $f\in M$，这

样在$\bigcap E_f$上我们就会失去一切控制.

如果考虑我们的函数是作为希尔伯特空间L^2的元素，而本来就不是作为点函数的话，这些困难就完全不会产生.

现在我们将证明这个猜想. 令$\hat{M}$是闭平移不变子空间$M\subset L^2$在傅里叶变换作用下的象. 设P是L^2到$\hat{M}$上的正交投影(定理4.11)：对每个$f\in L^2$对应唯一的$Pf\in\hat{M}$，使得$f-Pf$正交于$\hat{M}$，因此 188

$$f-Pf\perp Pg \qquad (f\text{ 和 }g\in L^2), \tag{1}$$

并由于$\hat{M}$对用e_α相乘是不变的，故有

$$f-Pf\perp (Pg)e_\alpha \qquad (f,g\in L^2,\alpha\in R^1). \tag{2}$$

如果我们回忆起在L^2中内积是如何定义的，我们就会看到(2)式等价于

$$\int_{-\infty}^{\infty}(f-Pf)\cdot\overline{Pg}\cdot e_{-\alpha}\mathrm{d}m=0 \qquad (f,g\in L^2,\alpha\in R^1). \tag{3}$$

这就说明

$$(f-Pf)\cdot\overline{P}g \tag{4}$$

的傅里叶变换是0. 函数(4)是两个L^2-函数的乘积，因此属于L^1. 现在，傅里叶变换的唯一性定理表明函数(4)几乎处处为零. 如果用Pg代替$\overline{P}g$也是真实的. 因此

$$f\cdot Pg=(Pf)\cdot(Pg) \qquad (f,g\in L^2). \tag{5}$$

交换f和g的位置，由(5)得到

$$f\cdot Pg=g\cdot Pf \qquad (f,g\in L^2). \tag{6}$$

现设g是L^2内的一个固定的正函数；例如，令$g(t)=\mathrm{e}^{-|t|}$，定义

$$\varphi(t)=\frac{(Pg)(t)}{g(t)}. \tag{7}$$

$(Pg)(t)$仅可能几乎处处被确定；选取任一个在(7)中决定的φ，于是(6)变为

$$Pf=\varphi\cdot f \qquad (f\in L^2). \tag{8}$$

如果$f\in\hat{M}$，则$Pf=f$. 这就是说，$P^2=P$并由此得到$\varphi^2=\varphi$，因为

$$\varphi^2\cdot g=\varphi\cdot Pg=P^2g=Pg=\varphi\cdot g. \tag{9}$$

由于$\varphi^2=\varphi$，我们几乎处处有$\varphi=0$或1，如果我们令E是使得$\varphi(t)=0$的一切t的集，因为当且仅当$f=Pf=\varphi\cdot f$时，$f\in\hat{M}$，故$\hat{M}$确实由那些在E上几乎处处为零的$f\in L^2$所组成.

因此，我们的问题得到了下述的解答. 189

9.17 定理 *每个可测集$E\subset R^1$都对应于一个由所有在E上使$\hat{f}=0$ a.e. 的$f\in L^2$组成的空间M_E，则M_E是L^2的闭平移不变子空间. L^2的每个闭平移不变子空间是某个E的M_E，而且$M_A=M_B$当且仅当*

$$m((A-B)\cup(B-A))=0.$$

唯一性的证明是容易的；我们把它留给读者来完成.

当然，在其他函数空间也可能提出上述问题. 此问题在L^1中已较详细地研究过. 已知的结果表明，这一场合要比L^2的场合复杂得难以想象.

巴拿赫代数 L^1

9.18 定义 设A是一个巴拿赫空间，如果A中定义了一种乘法，并满足不等式

$$\| xy \| \leqslant \| x \| \, \| y \| \qquad (x \text{ 和 } y \in A), \tag{1}$$

结合律 $x(yz)=(xy)z$，分配律

$$x(y+z) = xy + xz, (y+z)x = yx + zx \qquad (x,y,z \in A) \tag{2}$$

和关系

$$(\alpha x)y = x(\alpha y) = \alpha(xy), \tag{3}$$

其中 α 是任意标量，则称 A 为巴拿赫代数.

9.19 例子

(a) 令 $A=C(X)$，X 是紧豪斯多夫空间，赋以上确界范数，并赋以函数的通常的点态乘法：$(fg)(x)=f(x)g(x)$. 这是一个交换的巴拿赫代数($fg=gf$)，有单位元(常量函数 1).

(b) $C_0(R^1)$是一个交换巴拿赫代数，但没有单位元，即不存在元素 u 使得对所有 $f\in C_0(R^1)$有 $uf=f$.

(c) R^k(或任一个巴拿赫空间)上所有线性算子的集，如果其算子的范数如定义 5.3 一样，并由

$$(A+B)(x) = Ax + Bx, (AB)x = A(Bx)$$

定义算子间的加法和乘法，则此算子集是一个带有单位元的非交换巴拿赫代数(除非 $k=1$).

(d) 如果用卷积定义乘法，则 L^1 是巴拿赫空间；由于

$$\| f * g \|_1 \leqslant \| f \|_1 \, \| g \|_1,$$

190 所以满足范数不等式. 可以直接证明结合律(富比尼定理的一个应用)，但我们也可以处理如下：

因为 $f*g$ 的傅里叶变换是：$\hat{f}\cdot\hat{g}$，而已知映射 $f\to\hat{f}$是一一的. 对每个 $t\in R^1$，根据复数的结合律有

$$\hat{f}(t)[\hat{g}(t)\hat{h}(t)] = [\hat{f}(t)\hat{g}(t)]\hat{h}(t),$$

由此得到

$$f*(g*h) = (f*g)*h.$$

用同样的方法，立即会得到 $f*g=g*f$. 容易看到定义 9.18 中剩下的要求在 L^1 中也是成立的.

因此 L^1 是一个交换的巴拿赫代数. 傅里叶变换是一个 L^1 到 C_0 内的代数同构. 因此，没有 $f\in L^1$ 使得$\hat{f}\equiv 1$，所以 L^1 没有单位元.

9.20 复同态 巴拿赫代数上最重要的复函数是 A 到复数域内的同态. 确切地说是存在保持乘法的线性泛函，即是说，此函数 φ 对所有的 x，$y\in A$ 和一切标量 α，β，有

$$\varphi(\alpha x + \beta y) = \alpha\varphi(x) + \beta\varphi(y), \varphi(xy) = \varphi(x)\varphi(y).$$

请注意，在这个定义中并没有提出有界性的假设. 有趣的是这种假设是多余的.

9.21 定理 *如果 φ 是巴拿赫代数 A 上的复同态，则作为线性泛函，φ 的范数至多是 1.*

证明 为了得出矛盾，假设对某个 $x_0\in A$，$|\varphi(x_0)| > \| x_0 \|$. 令 $\lambda=\varphi(x_0)$，$x=x_0/\lambda$，则 $\| x \| <1$ 而 $\varphi(x)=1$.

由于 $\| x^n \| \leqslant \| x \|^n$ 和 $\| x \| <1$，则元素

$$s_n = -x - x^2 - \cdots - x^n \tag{1}$$

是 A 的一个柯西序列. 因 A 作为巴拿赫空间是完备的，故存在 $y\in A$，使得 $\|y-s_n\|\to 0$，并容易看出 $x+s_n=xs_{n-1}$，于是

$$x+y=xy. \tag{2}$$

因此，$\varphi(x)+\varphi(y)=\varphi(x)\varphi(y)$，然而，当 $\varphi(x)=1$ 时，这是不可能的. ■

9.22 L^1 的复同态 设 φ 是 L^1 的复同态，即 φ 是保持下述关系的线性泛函(根据定理 9.21，其范数至多是 1)：

$$\varphi(f*g)=\varphi(f)\varphi(g)\qquad (f\text{ 和 } g\in L^1). \tag{1}$$ 191

根据定理 6.16，存在 $\beta\in L^\infty$，使得

$$\varphi(f)=\int_{-\infty}^{\infty}f(x)\beta(x)\mathrm{d}m(x)\qquad (f\in L^1). \tag{2}$$

现在我们利用关系(1)，来看一看对于 β 我们还能说些什么，一方面，

$$\begin{aligned}\varphi(f*g)&=\int_{-\infty}^{\infty}(f*g)(x)\beta(x)\mathrm{d}m(x)=\int_{-\infty}^{\infty}\beta(x)\mathrm{d}m(x)\int_{-\infty}^{\infty}f(x-y)g(y)\mathrm{d}m(y)\\&=\int_{-\infty}^{\infty}g(y)\mathrm{d}m(y)\int_{-\infty}^{\infty}f_y(x)\beta(x)\mathrm{d}m(x)\\&=\int_{-\infty}^{\infty}g(y)\varphi(f_y)\mathrm{d}m(y).\end{aligned} \tag{3}$$

另一方面，

$$\varphi(f)\varphi(g)=\varphi(f)\int_{-\infty}^{\infty}g(y)\beta(y)\mathrm{d}m(y). \tag{4}$$

设 φ 不恒等于零. 固定 $f\in L^1$ 使得 $\varphi(f)\neq 0$. 由于对每个 $g\in L^1$，(3)的最后一个积分都等于(4)的右边. 因此，定理 6.16 的唯一性表明对几乎所有的 y，有

$$\varphi(f)\beta(y)=\varphi(f_y). \tag{5}$$

但是，$y\to f_y$ 是 R^1 到 L^1 内的连续映射(定理 9.5)和在 L^1 上 φ 是连续的. 因此(5)的右边是 y 的连续函数，并且可以假设 β 是连续的[如果需要，可以在测度为零的集上改变 $\beta(y)$ 而不影响(2)]. 如果我们用 $x+y$ 代替 y，然后在(5)中用 f_x 代替 f，得到

$$\begin{aligned}\varphi(f)\beta(x+y)&=\varphi(f_{x+y})=\varphi((f_x)_y)\\&=\varphi(f_x)\beta(y)=\varphi(f)\beta(x)\beta(y).\end{aligned}$$

于是

$$\beta(x+y)=\beta(x)\beta(y)\qquad (x\text{ 和 } y\in R^1). \tag{6}$$

由于 β 不恒等于 0，则由(6)得到 $\beta(0)=1$，而 β 的连续性表明，存在 $\delta>0$ 使得

$$\int_0^\delta\beta(y)\mathrm{d}y=c\neq 0. \tag{7}$$ 192

于是

$$\begin{aligned}c\beta(x)&=\int_0^\delta\beta(y)\beta(x)\mathrm{d}y=\int_0^\delta\beta(y+x)\mathrm{d}y\\&=\int_x^{x+\delta}\beta(y)\mathrm{d}y.\end{aligned} \tag{8}$$

由于 β 连续，最后一个积分是 x 的可微函数；于是(8)表明 β 是可微的. 对于 y 微分(6)，然后

令 $y=0$；结果有

$$\beta'(x)=A\beta(x),\qquad A=\beta'(0).\tag{9}$$

因此，$\beta(x)e^{-Ax}$ 的导数是 0，并由于 $\beta(0)=1$，得到

$$\beta(x)=e^{Ax}.\tag{10}$$

但 β 在 R^1 上有界，因此 A 必定是纯虚数，并得出结论：存在 $t\in R^1$，使得

$$\beta(x)=e^{-itx}.\tag{11}$$

这样我们就得出傅里叶变换.

9.23 定理　L^1 上的每个复同态 φ(除 $\varphi=0$ 外)，都对应有唯一的 $t\in R^1$，使得 $\varphi(f)=\hat{f}(t)$.

上面已证明了 t 的存在性. 唯一性可由观察得出：如果 $t\neq s$，则存在 $f\in L^1$ 使得 $\hat{f}(t)\neq\hat{f}(s)$；把 $f(x)$ 当作 $e^{-|x|}$ 的一个适当的平移.

习题

1. 设 $f\in L^1$，$f>0$. 证明对每个 $y\neq 0$，$|\hat{f}(y)|<\hat{f}(0)$.
2. 计算一个区间的特征函数的傅里叶变换. 对 $n=1, 2, 3, \cdots$，令 g_n 是 $[-n, n]$ 的特征函数，h 是 $[-1, 1]$ 的特征函数，并明确地计算 $g_n * h$. (图像是逐段线性的.)证明 $g_n * h$ 是函数 $f_n\in L^1$ 的傅里叶变换；除一个常数因子外，

$$f_n(x)=\frac{\sin x\sin nx}{x^2}.$$

证明 $\|f_n\|_1\to\infty$，并得到：映射 $f\to\hat{f}$ 把 L^1 映到 C_0 的一个真子集内，而这个映射的值域在 C_0 中是稠密的.

3. 求极限

$$\lim_{A\to\infty}\int_{-A}^{A}\frac{\sin\lambda t}{t}e^{itx}\,dt\qquad(-\infty<x<\infty),$$

其中 λ 是一个正常数.

193 4. 给出一个 $f\in L^2$ 的例子，使得 $f\notin L^1$ 但 $\hat{f}\in L^1$. 这在什么情况下才会发生？

5. 如果 $f\in L^1$ 和 $\int|t\hat{f}(t)|\,dm(t)<\infty$，证明 f 几乎处处同一个可微函数一致，而此函数的导数是

$$i\int_{-\infty}^{\infty}t\hat{f}(t)e^{ixt}\,dm(t).$$

6. 设 $f\in L^1$，f 几乎处处可微，且 $f'\in L^1$. 由此能得出 f' 的傅里叶变换就是 $ti\hat{f}(t)$ 吗？
7. 令 S 是 R^1 中具有下述性质的所有函数 f 的类：f 是无限次可微的，并且对 m 和 $n=0, 1, 2, \cdots$，存在数 $A_{mn}(f)<\infty$，使得

$$|x^nD^mf(x)|\leqslant A_{mn}(f)\qquad(x\in R^1),$$

D 是通常的微分算子.

证明傅里叶变换把 S 映到 S 上.

找出 S 的元素的例子.

8. 如果 p 和 q 是共轭指数，$f\in L^p$，$g\in L^q$，而 $h=f*g$. 证明 h 是一致连续的. 如果还有 $1<p<\infty$，则 $h\in C_0$；说明对某些 $f\in L^1$，$g\in L^\infty$，这是不对的.
9. 设 $1\leqslant p<\infty$，$f\in L^p$ 和

$$g(x)=\int_x^{x+1}f(t)\,dt.$$

证明 $g\in C_0$．如果 $f\in L^\infty$，关于 g 能有些什么结果？

10. 令 C^∞ 是 R^1 上一切无限次可微复函数的类，C_c^∞ 是由一切支集是紧的 $g\in C^\infty$ 所组成．证明 C_c^∞ 不能单独由 0 组成．

令 L^1_{loc} 是一切局部地属于 L^1 的 f 的类；即 $f\in L^1_{\mathrm{loc}}$，如果 f 是可测的，且对每个有界区间 I，$\int_I|f|<\infty$．如果 $f\in L^1_{\mathrm{loc}}$ 和 $g\in C_c^\infty$，证明 $f*g\in C^\infty$．

证明存在 C_c^∞ 中的序列 $\{g_n\}$，当 $n\to\infty$ 时，对每个 $f\in L^1$ 有

$$\|f*g_n-f\|_1\to 0.$$

(与定理 9.10 比较.)证明 $\{g_n\}$ 也可以这样选取，使得对每个 $f\in L^1_{\mathrm{loc}}$ 几乎处处有 $(f*g_n)(x)\to f(x)$；事实上，对适当的 $\{g_n\}$，在每一个使 f 等于它的不定积分的导数的点 x 都能保证收敛．

证明如果 $f\in L^1$，当 $\lambda\to 0$ 时，纵然 h_λ 没有紧的支集(h_λ 定义在 9.7 节)，还是几乎处处有 $(f*h_\lambda)(x)\to f(x)$，而且 $f*h_\lambda\in C^\infty$．

11. 求关于 f 和 $\hat{f}$ 共同具有或单独具有的条件，以保证下述形式论证的正确性：如果

$$\varphi(t)=\frac{1}{2\pi}\int_{-\infty}^{\infty}f(x)\mathrm{e}^{-\mathrm{i}tx}\,\mathrm{d}x$$

和

$$F(x)=\sum_{k=-\infty}^{\infty}f(x+2k\pi),$$

则 $F(x)$ 是周期函数，周期为 2π，F 的第 n 个傅里叶系数是 $\varphi(n)$，因此 $F(x)=\Sigma\varphi(n)\mathrm{e}^{\mathrm{i}nx}$，特别地，

$$\sum_{k=-\infty}^{\infty}f(2k\pi)=\sum_{n=-\infty}^{\infty}\varphi(n).$$

更一般地，如果 $\alpha>0$，$\beta>0$，$\alpha\beta=2\pi$，有

$$\sum_{k=-\infty}^{\infty}f(k\beta)=\alpha\sum_{n=-\infty}^{\infty}\varphi(n\alpha).\qquad(*)$$ 194

当 $\alpha\to 0$ 时，等式$(*)$右边的极限有什么可说的(当然是对“好的”函数)？这与反演定理是一致的吗？(($*$)是著名的泊松求和公式.)

12. 在习题 11 中取 $f(x)=\mathrm{e}^{-|x|}$ 并导出恒等式

$$\frac{\mathrm{e}^{2\pi\alpha}+1}{\mathrm{e}^{2\pi\alpha}-1}=\frac{1}{\pi}\sum_{n=-\infty}^{\infty}\frac{\alpha}{\alpha^2+n^2}.$$

13. 如果 $0<c<\infty$，定义 $f_c(x)=\exp(-cx^2)$．

(a) 计算 $\hat{f}_c$．提示：如果 $\varphi=\hat{f}_c$，由分部积分得到

$$2c\varphi'(t)+t\varphi(t)=0.$$

(b) 证明存在一个(且仅一个)c，使得 $\hat{f}_c=f_c$．

(c) 证明 $f_a*f_b=\gamma f_c$；用 a 和 b 的显式表示 γ 和 c．

(d) 在习题 11 中，取 $f=f_c$．其结果是什么样一个恒等式？

14. 对 $f\in L^1(R^k)$，傅里叶变换能用

$$\hat{f}(y)=\int_{R^k}f(x)\mathrm{e}^{-\mathrm{i}x\cdot y}\,\mathrm{d}m_k(x)\quad(y\in R^k)$$

来定义．这里的 $x\cdot y=\Sigma\xi_i\eta_i$，如果 $x=(\xi_1,\cdots,\xi_n)$，$y=(\eta_1,\cdots,\eta_n)$．m_k 是 R^k 上的勒贝格测度，为了方便将它除以 $(2\pi)^{k/2}$．证明反演定理和本文中的 Plancherel 定理，以及与定理 9.23 类似的命题．

15. 如果 $f\in L^1(R^k)$，A 是 R^k 上的线性算子并且 $g(x)=f(Ax)$，$\hat{g}$ 与 $\hat{f}$ 有何联系？如果 f 是旋转不变的，即

是说，如果 $f(x)$ 仅依赖于从原点到 x 的欧氏距离，证明这对 $\hat{f}$ 同样是对的.

16. R^k 上函数 f 的拉普拉斯算子是

$$\Delta f = \sum_{j=1}^{k} \frac{\partial^2 f}{\partial x_j^2},$$

这里假设偏导数是存在的. 如果 $g=\Delta f$ 且满足一切必要的可积条件，则 $\hat{f}$ 和 $\hat{g}$ 之间有什么关系？拉普拉斯算子同平移是可交换的. 证明它同旋转也是可交换的，即当 f 有连续二阶导数，A 是 R^k 的一个旋转时，有

$$\Delta(f \circ A) = (\Delta f) \circ A.$$

（说明在 f 有紧支集的附加条件下证明此点就足够了.）

17. 证明 R^1 的每个勒贝格可测特征标是连续的. 对 R^k 同样证明之.（改写定理 9.23 的部分证明.）同习题 18 比较.

18. （利用豪斯多夫最大定理）证明存在实数集 R^1 上的不连续函数 f，使得对所有的 x，$y\in R^1$，有

$$f(x+y) = f(x) + f(y). \tag{1}$$

证明：若(1)成立且 f 是勒贝格可测的，则 f 是连续的.

证明：若(1)成立且 f 的图像在平面内不稠密，则 f 是连续的.

找出所有满足(1)的连续函数 f.

19. 设 A，B 为 R^1 上的可测子集，且均具有子测度. 证明卷积 $\chi_A * \chi_B$ 是连续的，且不恒等于 0，并用此证明 $A+B$ 包含一个区间.

195 （我们在第 7 章习题 5 中提示了一个不同的证明方法.）

第10章 全纯函数的初等性质

复微分

我们现在来研究定义在复平面的子集内的复函数. 为了方便起见，本书以后将采用一些标准符号.

10.1 定义 若 $r>0$，且 a 为一复数，

$$D(a;r)=\{z: |z-a|<r\} \tag{1}$$

是中心在 a，半径为 r 的开圆盘. $\overline{D}(a;r)$是 $D(a;r)$的闭包，且

$$D'(a;r)=\{z: 0<|z-a|<r\} \tag{2}$$

是中心在 a，半径为 r 的去心圆盘.

拓扑空间 X 内的集 E 称为不连通的，如果 E 是两个非空集 A 及 B 的并，且

$$\overline{A}\cap B=\varnothing=A\cap\overline{B}. \tag{3}$$

若 A 和 B 如上述，且 V 和 W 分别为 $\overline{A}$ 及 $\overline{B}$ 的余集，便有 $A\subset W$ 和 $B\subset V$，因此

$$E\subset V\cup W, E\cap V\neq\varnothing, E\cap W\neq\varnothing, E\cap V\cap W=\varnothing. \tag{4}$$

相反，如果开集 V 和 W 存在，使(4)成立，取 $A=E\cap W$，$B=E\cap V$，容易看出 E 是不连通的.

如果 E 是闭的且不连通，则(3)表明 E 是两个不相交的非空闭集的并；因若 $\overline{A}\subset A\cup B$ 且 $\overline{A}\cap B=\varnothing$，则 $\overline{A}=A$. 196

如果 E 是开的且不连通，则(4)表明 E 是两个不相交的非空开集，即 $E\cap V$ 及 $E\cap W$ 的并.

每一个由单独的一点组成的集明显是连通的. 若 $x\in E$，包含 x 的 E 的连通子集的集族 Φ_x 因此非空. 容易看出 Φ_x 的所有元素的并是连通的，并且它是 E 的一个最大连通子集. 这些集称为 E 的分支. 因此 E 的任何两个分支是不相交的. 并且 E 是它的分支的并.

区域是指复平面的一个非空连通开子集. 因为在这平面内每一个开集 Ω 都是圆盘的并，又因为所有圆盘是连通的，故 Ω 的每个分支都是开集. 这样，每个平面开集都是不相交区域的并. 从现在起，字母 Ω 将表示一个平面开集.

10.2 定义 假设 f 为定义在 Ω 内的复函数. 如果 $z_0\in\Omega$，且

$$\lim_{z\to z_0}\frac{f(z)-f(z_0)}{z-z_0} \tag{1}$$

存在，我们记这极限为 $f'(z_0)$，并称它为 f 在 z_0 的导数. 如果对每一个 $z_0\in\Omega$，$f'(z_0)$都存在，我们就称 f 在 Ω 内是全纯的(或解析的). 所有在 Ω 内全纯的函数类将记为 $H(\Omega)$.

很明显，若对每个 $\varepsilon>0$，对应有 $\delta>0$，使得对所有 $z\in D'(z_0;\delta)$，有

$$\left|\frac{f(z)-f(z_0)}{z-z_0}-f'(z_0)\right|<\varepsilon, \tag{2}$$

则 $f'(z_0)$存在. 这样，$f'(z_0)$是作为复数的商的极限而得出的一个复数. 注意 f 是 Ω 到 R^2 内

的映射，并且定义 7.22 将这样的映射对应于另一类型的导数，即 R^2 上的一个线性算子. 在现在的情况下，若(2)满足，这个线性算子就是乘以 $f'(z_0)$(把 R^2 看做复数域)，我们留下它给读者验证.

10.3 评注 如果 $f\in H(\Omega)$ 和 $g\in H(\Omega)$，则应用通常的微分法则，也有 $f+g\in H(\Omega)$ 和 $fg\in H(\Omega)$，因此 $H(\Omega)$ 是一个环.

更有趣的是全纯函数的叠加仍是全纯函数：若 $f\in H(\Omega)$，$f(\Omega)\subset\Omega_1$，$g\in H(\Omega_1)$. 且 $h=g\circ f$，则 $h\in H(\Omega)$，并且 h' 可由链式法则计算

$$h'(z_0)=g'(f(z_0))f'(z_0)\qquad(z_0\in\Omega).\tag{1}$$

为证明这一点，固定 $z_0\in\Omega$，并令 $w_0=f(z_0)$，则

197

$$f(z)-f(z_0)=[f'(z_0)+\varepsilon(z)](z-z_0),\tag{2}$$

$$g(w)-g(w_0)=[g'(w_0)+\eta(w)](w-w_0),\tag{3}$$

这里当 $z\to z_0$ 时，$\varepsilon(z)\to 0$. 且当 $w\to w_0$ 时，$\eta(w)\to 0$. 令 $w=f(z)$，并把(2)代入(3)：若 $z\neq z_0$，

$$\frac{h(z)-h(z_0)}{z-z_0}=[g'(f(z_0))+\eta(f(z))][f'(z_0)+\varepsilon(z)].\tag{4}$$

f 的可微性保证 f 在 z_0 连续. 因此(1)由(4)得出.

10.4 例子 对 $n=0,1,2,\cdots$，z^n 在整个平面全纯，并且 z 的每一个多项式也在整个平面全纯. 容易直接验证 $1/z$ 在 $\{z: z\neq 0\}$ 全纯. 因此，在链式法则中取 $g(w)=1/w$，我们看到，如果 f_1 及 f_2 均在 $H(\Omega)$ 中，而且 Ω_0 为 Ω 的开子集，f_2 在 Ω_0 内无零点，则

$$f_1/f_2\in H(\Omega_0).$$

在整个平面全纯的函数(这种函数称为整函数)的另外一个例子是在引言中定义的指数函数. 事实上，我们在那里看到在定义 10.2 的意义下，exp 是处处可微的，并且对每个复数 z，$\exp'(z)=\exp(z)$.

10.5 幂级数 对幂级数的理论我们仅假定下面这一点是已知的. 就是对每一个幂级数

$$\sum_{n=0}^{\infty}c_n(z-a)^n\tag{1}$$

对应有一个数 $R\in[0,\infty]$，使得对每一个 $r<R$，此级数在 $\overline{D}(a;r)$ 内绝对一致收敛，而当 $z\notin\overline{D}(a;R)$ 时，这个级数发散. 这个"收敛半径" R 可由根式判别法给出：

$$\frac{1}{R}=\limsup_{n\to\infty}|c_n|^{1/n}.\tag{2}$$

如果对每个圆盘 $D(a;r)\subset\Omega$，对应有一个级数(1)，这级数对所有 $z\in D(a;r)$ 均收敛于 $f(z)$，我们称在 Ω 内定义的函数 f 在 Ω 内可表示为幂级数.

10.6 定理 如果 f 在 Ω 内可表示为幂级数，则 $f\in H(\Omega)$，而且 f' 在 Ω 内也可表示为幂级数. 事实上，若对 $z\in D(a;r)$，

$$f(z)=\sum_{n=0}^{\infty}c_n(z-a)^n,\tag{1}$$

则对这些 z 我们同时有

$$f'(z)=\sum_{n=1}^{\infty}nc_n(z-a)^{n-1}. \tag{2}$$ 198

证明 若级数(1)在 $D(a;r)$ 内收敛，则根式判别法表明，级数(2)也在 $D(a;r)$ 内收敛．不失一般性，取 $a=0$，记级数(2)的和为 $g(z)$．固定 $w\in D(a;r)$，并选取 ρ，使 $|w|<\rho<r$．若 $z\neq w$，我们有

$$\frac{f(z)-f(w)}{z-w}-g(w)=\sum_{n=1}^{\infty}c_n\left[\frac{z^n-w^n}{z-w}-nw^{n-1}\right]. \tag{3}$$

方括号内的表达式当 $n=1$ 时为 0，当 $n\geqslant 2$ 时为

$$(z-w)\sum_{k=1}^{n-1}kw^{k-1}z^{n-k-1}. \tag{4}$$

如果 $|z|<\rho$，和式(4)的绝对值便小于

$$\frac{n(n-1)}{2}\rho^{n-2}, \tag{5}$$

于是

$$\left|\frac{f(z)-f(w)}{z-w}-g(w)\right|\leqslant|z-w|\sum_{n=2}^{\infty}n^2|c_n|\rho^{n-2}. \tag{6}$$

因为 $\rho<r$，后面的级数收敛，所以(6)式左边当 $z\to w$ 时趋于零．这说明 $f'(w)=g(w)$，并且完成了证明． ■

推论 因为 f' 同样满足 f 的假设条件，该定理能应用于 f'．这就得出 f 具有所有阶的导数．每个导数在 Ω 内均可表示为幂级数，并且若(1)成立，则

$$f^{(k)}(z)=\sum_{n=k}^{\infty}n(n-1)\cdots(n-k+1)c_n(z-a)^{n-k}. \tag{7}$$

由(1)推出

$$k!\,c_k=f^{(k)}(a)\qquad(k=0,1,2,\cdots), \tag{8}$$

因此，对每个 $a\in\Omega$，有唯一的序列 $\{c_n\}$ 使(1)成立．

我们现在叙述一个构造可表示为幂级数的函数的方法．它的特殊情形在下一步中是重要的．

10.7 定理 假设 μ 为可测空间 X 上复(有限)测度，φ 为 X 上复可测函数，Ω 为在平面上与 $\varphi(X)$ 不相交的一个开集，且

$$f(z)=\int_X\frac{\mathrm{d}\mu(\zeta)}{\varphi(\zeta)-z}\qquad(z\in\Omega), \tag{1}$$

则 f 在 Ω 内可表示为幂级数． 199

证明 假设 $D(a;r)\subset\Omega$，由于对每个 $z\in D(a;r)$ 及每个 $\zeta\in X$，

$$\left|\frac{z-a}{\varphi(\zeta)-a}\right|\leqslant\left|\frac{z-a}{r}\right|<1 \tag{2}$$

成立，故几何级数

$$\sum_{n=0}^{\infty}\frac{(z-a)^n}{(\varphi(\zeta)-a)^{n+1}}=\frac{1}{\varphi(\zeta)-z} \tag{3}$$

对每个固定的 $z\in D(a;r)$ 在 X 上一致收敛. 因此级数(3)可代入(1), 且 $f(z)$ 可通过交换求和及积分的次序来计算. 这样, 便得出

$$f(z)=\sum_{0}^{\infty}c_n(z-a)^n \qquad (z\in D(a;r)), \tag{4}$$

此处

$$c_n=\int_X\frac{d\mu(\zeta)}{(\varphi(\zeta)-a)^{n+1}} \qquad (n=0,1,2,\cdots). \tag{5}$$

■

注 级数(4)在 $D(a;r)$ 内的收敛性是这个证明的一个推论. 我们也可以由(5)推出这个结论, 因为(5)表明

$$|c_n|\leqslant\frac{|\mu|(X)}{r^{n+1}} \qquad (n=0,1,2,\cdots). \tag{6}$$

沿路径的积分

在这一章中, 我们的首要目标是定理 10.6 的逆定理: 每个 $f\in H(\Omega)$ 在 Ω 内可表示为幂级数. 最快的途径是通过柯西定理. 它导出一个重要的全纯函数积分表达式. 在这节里, 将展示所需要的积分理论. 我们尽可能使它简单, 并且仅仅把它看做研究全纯函数性质的一个有用工具.

10.8 定义 如果 X 是一个拓扑空间. X 中的一条曲线是指紧区间 $[\alpha,\beta]\subset R^1$ 到 X 内的连续映射 γ; 这里 $\alpha<\beta$, 我们称 $[\alpha,\beta]$ 为 γ 的参数区间, 且记 γ 的值域为 γ^*. 就是说, γ 是一个映射, 而 γ^* 则是所有点 $\gamma(t)$ 的集, 其中 $\alpha\leqslant t\leqslant\beta$.

若 γ 的始点 $\gamma(\alpha)$ 和它的终点 $\gamma(\beta)$ 重合, 我们称 γ 为闭曲线.

路径是指平面内一条逐段连续可微的曲线. 更明白地说, 一条具有参数区间 $[\alpha,\beta]$ 的路径
200 就是 $[\alpha,\beta]$ 上的一个满足下列条件的连续复函数 γ: 存在有限个点 s_j, 使得 $\alpha=s_0<s_1<\cdots<s_n=\beta$, 且 γ 限制在每个区间 $[s_{j-1},s_j]$ 时, 在 $[s_{j-1},s_j]$ 上有连续导数, 而 γ 在点 $s_1,\cdots,s_{n-1}$ 的左、右导数可以不同.

闭路径是一条闭曲线, 它同时也是一条路径.

现假设 γ 是一条路径, f 为 γ^* 上的连续函数, f 沿 γ 的积分定义为在 γ 的参数区间 $[\alpha,\beta]$ 上的积分

$$\int_\gamma f(z)dz=\int_\alpha^\beta f(\gamma(t))\gamma'(t)dt. \tag{1}$$

设 φ 为区间 $[\alpha_1,\beta_1]$ 到 $[\alpha,\beta]$ 上的连续可微一一映射, 使得 $\varphi(\alpha_1)=\alpha$, $\varphi(\beta_1)=\beta$, 并令 $\gamma_1=\gamma\circ\varphi$. 则 γ_1 是具有参数区间 $[\alpha_1,\beta_1]$ 的路径, f 沿 γ_1 的积分为

$$\int_{\alpha_1}^{\beta_1}f(\gamma_1(t))\gamma'_1(t)dt$$

$$=\int_{\alpha_1}^{\beta_1} f(\gamma(\varphi(t)))\gamma'(\varphi(t))\varphi'(t)\mathrm{d}t$$

$$=\int_{\alpha}^{\beta} f(\gamma(s))\gamma'(s)\mathrm{d}s.$$

于是我们“改变参变量”并不改变该积分：

$$\int_{\gamma_1} f(z)\mathrm{d}z=\int_{\gamma} f(z)\mathrm{d}z. \tag{2}$$

当(2)对一对路径 γ 及 γ_1(且对所有 f)成立时，我们认为 γ 和 γ_1 是等价的.

可以用等价的路径代替一条路径，也就是说，可以按我们的愿望选择参数区间，这一点对我们是会方便的. 例如，如果 γ_1 的终点重合于 γ_2 的起点，我们就可以设置它们的参数区间，使得 γ_1 及 γ_2 联成一条路径 γ，对每个在 $\gamma^*=\gamma_1^*\cup\gamma_2^*$ 上的连续函数 f，具有性质

$$\int_{\gamma} f=\int_{\gamma_1} f+\int_{\gamma_2} f. \tag{3}$$

假设[0，1]是路径 γ 的参数区间，且 $\gamma_1(t)=\gamma(1-t)$，$0\leqslant t\leqslant 1$. 我们称 γ_1 为 γ 的反向路径. 理由是，对任何 $\gamma_1^*=\gamma^*$ 上连续的函数 f，我们有

$$\int_0^1 f(\gamma_1(t))\gamma'_1(t)\mathrm{d}t$$

$$=-\int_0^1 f(\gamma(1-t))\gamma'(1-t)\mathrm{d}t$$

$$=-\int_0^1 f(\gamma(s))\gamma'(s)\mathrm{d}s,$$

于是

$$\int_{\gamma_1} f=-\int_{\gamma} f. \tag{4}$$ 201

由(1)我们得到不等式

$$\left|\int_{\gamma} f(z)\mathrm{d}z\right|\leqslant \|f\|_\infty\int_{\alpha}^{\beta}|\gamma'(t)|\,\mathrm{d}t, \tag{5}$$

这里 $\|f\|_\infty$ 是 $|f|$ 在 γ^* 上的最大值，并且(5)式后面的积分(由定义)是 γ 的长度.

10.9 特殊情形

(a)如果 a 是一个复数且 $\gamma>0$，则由

$$\gamma(t)=a+r\mathrm{e}^{\mathrm{i}t}\qquad(0\leqslant t\leqslant 2\pi) \tag{1}$$

定义的路径称为中心在 a，半径为 r 的正向圆周. 我们有

$$\int_{\gamma} f(z)\mathrm{d}z=\mathrm{i}r\int_0^{2\pi} f(a+r\mathrm{e}^{\mathrm{i}\theta})\mathrm{e}^{\mathrm{i}\theta}\mathrm{d}\theta, \tag{2}$$

且 γ 的长为 $2\pi r$，如所期望的一样.

(b)如果 a 和 b 是复数，由

$$\gamma(t)=a+(b-a)t\qquad(0\leqslant t\leqslant 1) \tag{3}$$

给出的路径 γ 是有向区间 $[a，b]$，它的长为 $|b-a|$，且

$$\int_{[a,b]} f(z)\mathrm{d}z=(b-a)\int_0^1 f[a+(b-a)t]\mathrm{d}t. \tag{4}$$

如果

$$\gamma_1(t)=\frac{a(\beta-t)+b(t-\alpha)}{\beta-\alpha}\qquad(\alpha\leqslant t\leqslant\beta),\tag{5}$$

便得到一条等价的路径．我们仍记为$[a, b]$．$[a, b]$的反向路径是$[b, a]$．

(c)设$\{a, b, c\}$是复数的三元序组，设

$$\Delta=\Delta(a,b,c)$$

是顶点在a，b，c的三角形(Δ为包含a，b及c的最小凸集)，且对任意在Δ边界上连续的函数f，定义

$$\int_{\partial\Delta}f=\int_{[a,b]}f+\int_{[b,c]}f+\int_{[c,a]}f.\tag{6}$$

我们可以认为(6)是它左边式子的定义，或者我们也可以把$\partial\Delta$看成如定义 10.8 所描述的连接
202 $[a, b]$、$[b, c]$到$[c, a]$而得的路径．这时容易证明公式(6)是正确的．

如果把$\{a, b, c\}$轮换，由(6)我们看出对(6)式的左边并无影响．若$\{a, b, c\}$被$\{a, c, b\}$代替，则(6)式左边改变符号．

我们现在给出一个定理，它在函数论中起着非常重要的作用．

10.10 定理 设γ是一条闭路径，设Ω为γ^*的余集(相对于平面)，并定义

$$\mathrm{Ind}_\gamma(z)=\frac{1}{2\pi\mathrm{i}}\int_\gamma\frac{\mathrm{d}\zeta}{\zeta-z}\qquad(z\in\Omega),\tag{1}$$

则Ind_γ是Ω上的一个整数值函数．它在Ω的每一分支内是常数，并且在Ω的无界分支内为零．

我们称$\mathrm{Ind}_\gamma(z)$为z关于γ的指数．注意γ^*是紧的，因此γ^*在一有界圆盘D内．D的余集D^c是连通的．这样，D^c就在Ω的某一分支内．这表明Ω确实有一个无界分支．

证明 令$[\alpha, \beta]$为γ的参数区间，固定$z\in\Omega$，则

$$\mathrm{Ind}_\gamma(z)=\frac{1}{2\pi\mathrm{i}}\int_\alpha^\beta\frac{\gamma'(s)}{\gamma(s)-z}\mathrm{d}s.\tag{2}$$

由于当且仅当$\mathrm{e}^w=1$时，$w/2\pi\mathrm{i}$才是整数，定理的第一个论断，就是$\mathrm{Ind}_\gamma(z)$是整数，等价于断言$\varphi(\beta)=1$．这里

$$\varphi(t)=\exp\left\{\int_\alpha^t\frac{\gamma'(s)}{\gamma(s)-z}\mathrm{d}s\right\}\qquad(\alpha\leqslant t\leqslant\beta).\tag{3}$$

(3)的微分表明，除了可能在使γ不可微的有限集S外，都有

$$\frac{\varphi'(t)}{\varphi(t)}=\frac{\gamma'(t)}{\gamma(t)-z}.\tag{4}$$

因此$\varphi/(\gamma-z)$是$[\alpha, \beta]$上的连续函数，它在$[\alpha, \beta]-S$内的导数为零．因为S有限，$\varphi/(\gamma-z)$在$[\alpha, \beta]$上是常数．又因为$\varphi(\alpha)=1$，我们得出

$$\varphi(t)=\frac{\gamma(t)-z}{\gamma(\alpha)-z}\qquad(\alpha\leqslant t\leqslant\beta).\tag{5}$$

我们现在利用γ为闭路径，也就是$\gamma(\beta)=\gamma(\alpha)$的假设．(5)表示$\varphi(\beta)=1$，而这正如我们
203 上面已看到的，蕴涵着$\mathrm{Ind}_\gamma(z)$是一个整数．

由定理 10.7，(1)表明$\mathrm{Ind}_\gamma\in H(\Omega)$．由于在连续映射下连通集的像是连通的([26]，定理

4.22)，又由于 Ind_γ 是一个整数值函数，故 Ind_γ 在 Ω 的每一个分支上必须是常数.

最后，(2)表明当 $|z|$ 充分大时，$|\mathrm{Ind}_\gamma(z)|<1$，这就推出在 Ω 的无界分支上 $\mathrm{Ind}_\gamma(z)=0$. ■

评注 如果记(3)式中的积分为 $\lambda(t)$，上述的证明说明 $2\pi\mathrm{Ind}_\gamma(z)$ 是当 t 由 α 跑到 β 时，$\lambda(t)$ 的虚部的纯增量，并且与 $\gamma(t)-z$ 幅角的纯增量相同.（我们没有定义"幅角"，将来也不需要它.）如果我们将这增量除以 2π，我们就得到"γ 环绕 z 的次数". 这说明为什么常常把指数称为"环绕数". 上述证明的一个优点就是它确立了指数的主要性质，而并不涉及复数的幅角(多值).

10.11 定理 如果 γ 是中心在 a，半径为 r 的正向圆周，则

$$\mathrm{Ind}_\gamma(z)=\begin{cases}1 & 若\ |z-a|<r,\\ 0 & 若\ |z-a|>r.\end{cases}$$

证明 我们如 10.9(a)一节那样取 γ，由定理 10.10，只要计算出 $\mathrm{Ind}_\gamma(a)$ 就够了. 而 10.9(2)表明它等于

$$\frac{1}{2\pi i}\int_\gamma \frac{dz}{z-a}=\frac{r}{2\pi}\int_0^{2\pi}(re^{it})^{-1}e^{it}\,dt=1.$$ ■

局部柯西定理

柯西定理有好几种形式. 它们全都断言，当 γ 为 Ω 内的闭路径或圈，并且当 γ 及 Ω 满足某些拓扑条件时，每个 $f\in H(\Omega)$ 在 γ 上的积分是零. 我们将首先引出它的简单的局部的形式(定理 10.14)，它对许多应用来说是很够的了. 至于更一般的整体的形式，将在稍晚一些时候建立.

10.12 定理 假设 $F\in H(\Omega)$，且 F' 在 Ω 内连续，则对 Ω 内的每一条闭路径 γ，

$$\int_\gamma F'(z)\,dz=0.$$ 204

证明 如果$[\alpha,\beta]$为 γ 的参数区间，因为 $\gamma(\beta)=\gamma(\alpha)$，微积分学基本定理表明

$$\begin{aligned}\int_\gamma F'(z)\,dz&=\int_\alpha^\beta F'(\gamma(t))\gamma'(t)\,dt\\&=F(\gamma(\beta))-F(\gamma(\alpha))=0.\end{aligned}$$ ■

推论 因为对所有整数 $n\neq-1$，z^n 是 $z^{n+1}/n+1$ 的导数，当 $n=0,1,2,\cdots$ 时，对每一闭路径 γ；当 $n=-2,-3,-4,\cdots$，$0\notin\gamma^*$ 时，对每一闭路径 γ，我们都有

$$\int_\gamma z^n\,dz=0$$

$n=-1$ 的情形已在定理 10.10 中讨论了.

10.13 对三角形的柯西定理 假设 Δ 是平面开集 Ω 内的一个闭三角形，$p\in\Omega$，f 在 Ω 上连续，且 $f\in H(\Omega-\{p\})$，则

$$\int_{\partial\Delta}f(z)\,dz=0. \tag{1}$$

$\partial\Delta$ 的定义按照第 10.9 节的(c). 稍后一些将看到，我们的假设确实蕴涵着 $f\in H(\Omega)$.

也就是，所排除的点 p 并不是真正要排除的. 然而，定理的上述形式，在柯西公式的证明中将是有用的.

证明　我们首先假设 $p\notin\Delta$. 设 a, b, c 是 Δ 的顶点. 设 a', b', c' 分别是 $[b, c]$, $[c, a]$ 和 $[a, b]$ 的中点. 考虑由三元序组

$$\{a,c',b'\},\{b,a',c'\},\{c,b',a'\},\{a',b',c'\} \tag{2}$$

构成的四个三角形 Δ^j. 若 J 为积分(1)的值，由 10.9(6)得

$$J=\sum_{j=1}^{4}\int_{\partial\Delta^j} f(z)\mathrm{d}z. \tag{3}$$

(3)式右边积分中至少有一个绝对值至少是 $|J/4|$. 称这个对应的三角形为 Δ_1. 用 Δ_1 代替 Δ

205 重复该论证，并继续这一过程，就得出一三角形 Δ_n 的序列，使得 $\Delta\supset\Delta_1\supset\Delta_2\supset\cdots$，且若 L 为 $\partial\Delta$ 的长，则 $\partial\Delta_n$ 的长为 $z^{-n}L$，并使得

$$|J|\leqslant 4^n\left|\int_{\partial\Delta_n} f(z)\mathrm{d}z\right| \qquad (n=1,2,3,\cdots). \tag{4}$$

三角形 Δ_n 有(唯一)公共点 z_0. 由于 Δ 是紧的，故 $z_0\in\Delta$. 于是 f 在 z_0 可微.

设给定 $\varepsilon>0$，则存在 $r>0$，使得 $|z-z_0|<r$ 时，

$$|f(z)-f(z_0)-f'(z_0)(z-z_0)|\leqslant\varepsilon|z-z_0|. \tag{5}$$

并且存在 n，使得对所有 $z\in\Delta_n$，$|z-z_0|<r$. 对这个 n 和所有 $z\in\Delta_n$，我们同时有 $|z-z_0|\leqslant 2^{-n}L$. 由定理 10.12 的推论

$$\int_{\partial\Delta_n} f(z)\mathrm{d}z=\int_{\partial\Delta_n}[f(z)-f(z_0)-f'(z_0)(z-z_0)]\mathrm{d}z, \tag{6}$$

于是(5)推出

$$\left|\int_{\partial\Delta_n} f(z)\mathrm{d}z\right|\leqslant\varepsilon(2^{-n}L)^2. \tag{7}$$

现在(4)式指出 $|J|\leqslant\varepsilon L^2$. 因此，若 $p\notin\Delta$，则 $J=0$.

其次假设 p 为 Δ 的一个顶点，例如 $p=a$. 若 a, b, c 共线，则对任何连续函数 f，(1)是平凡的. 如若不然，选取点 $x\in[a, b]$, $y\in[a, c]$，使 x, y 均接近 a，并且注意 f 沿 $\partial\Delta$ 的积分是沿三角形 $\{a, x, y\}$, $\{x, b, y\}$, $\{b, c, y\}$ 边界积分之和. 由于后两三角形不包含 p，故后面两积分为零. 因此沿 $\partial\Delta$ 的积分是沿 $[a, x]$, $[x, y]$, $[y, a]$ 积分之和. 又由于这些区间可以任意地短及 f 在 Δ 上有界，我们再次得到(1).

最后，若 p 为 Δ 的任意一点. 应用上述结果于 $\{a, b, p\}$, $\{b, c, p\}$ 及 $\{c, a, p\}$，就完成了证明. ■

10.14 凸集内的柯西定理　假设 Ω 是一个凸开集，$p\in\Omega$，f 在 Ω 上连续，且 $f\in H(\Omega-\{p\})$，则对某些 $F\in H(\Omega)$，有 $f=F'$，因此，对 Ω 内每一闭路径 γ，

206 $$\int_{\gamma} f(z)\mathrm{d}z=0. \tag{1}$$

证明 固定 $a\in\Omega$. 由于 Ω 是凸集，对每个 $z\in\Omega$，Ω 包含由 a 到 z 的直线区间. 于是，我们能定义

$$F(z)=\int_{[a,z]}f(\xi)\mathrm{d}\xi \qquad (z\in\Omega). \tag{2}$$

对任意 z 及 $z_0\in\Omega$，顶点在 a，z_0，z 的三角形位于 Ω 内，因此，由 10.13，f 沿 $[z_0, z]$ 的积分是 $F(z)-F(z_0)$. 固定 z_0，若 $z\neq z_0$，我们就得出

$$\begin{aligned}&\frac{F(z)-F(z_0)}{z-z_0}-f(z_0)\\ &=\frac{1}{z-z_0}\int_{[z_0,z]}[f(\xi)-f(z_0)]\mathrm{d}\xi\end{aligned} \tag{3}$$

给定 $\varepsilon>0$，f 在 z_0 的连续性表明，存在 $\delta>0$，使得当 $|\xi-z_0|<\delta$ 时，有 $|f(\xi)-f(z_0)|<\varepsilon$；因此，当 $|z-z_0|<\delta$ 时，(3)式左边的绝对值小于 ε. 这证明了 $f=F'$. 特别有 $F\in H(\Omega)$. 由定理 10.12 就可得出(1). ■

10.15 凸集内的柯西公式 假设 γ 为凸开集 Ω 内一条闭路径，且 $f\in H(\Omega)$. 如果 $z\in\Omega$ 且 $z\notin\gamma^*$，则

$$f(z)\cdot \mathrm{Ind}_\gamma(z)=\frac{1}{2\pi \mathrm{i}}\int_\gamma \frac{f(\xi)}{\xi-z}\mathrm{d}\xi. \tag{1}$$

当然，最有兴趣的情形是 $\mathrm{Ind}_\gamma(z)=1$.

证明 固定 z，使上述条件成立，并且定义

$$g(\xi)=\begin{cases}\dfrac{f(\xi)-f(z)}{\xi-z} & \text{若 } \xi\in\Omega,\xi\neq z,\\ f'(z) & \text{若 } \xi=z,\end{cases} \tag{2}$$

于是 g 满足定理 10.14 的假设. 因此

$$\frac{1}{2\pi \mathrm{i}}\int_\gamma g(\xi)\mathrm{d}\xi=0. \tag{3}$$

如果我们把(2)代入(3)，便得到(1). ■

如果我们取 γ 为一圆周，关于全纯函数能用幂级数表示的这个定理是定理 10.15 容易得到的结论.

10.16 定理 对平面内任意开集 Ω，每一个 $f\in H(\Omega)$ 都在 Ω 内可表示为幂级数. 207

证明 假设 $f\in H(\Omega)$ 且 $D(a;R)\subset\Omega$. 若 γ 为中心在 a、半径为 $r<R$ 的正向圆周，$D(a;R)$ 的凸性允许我们应用定理 10.15；由定理 10.11，我们得出

$$f(z)=\frac{1}{2\pi \mathrm{i}}\int_\gamma \frac{f(\xi)}{\xi-z}\mathrm{d}\xi \qquad (z\in D(a;r)). \tag{1}$$

但现在我们可以对 $X=[0, 2\pi]$，$\varphi=\gamma$，

$$\mathrm{d}\mu(t)=f(\gamma(t))\gamma'(t)\mathrm{d}t$$

来应用定理 10.7，并得出结论：存在序列 $\{c_n\}$，使得

$$f(z)=\sum_{n=0}^{\infty}c_n(z-a)^n \qquad (z\in D(a;r)). \tag{2}$$

$\{c_n\}$的唯一性(见定理 10.6 之推论)表明，对每一个 $r<R$(当 a 固定时)得到相同的幂级数. 因此，对每个 $z\in D(a;R)$，表示式(2)是正确的，这就完成了证明. ■

推论 若 $f\in H(\Omega)$，则 $f'\in H(\Omega)$.

证明 结合定理 10.6 及定理 10.16 即可完成证明. ■

柯西定理有一个有用的逆定理.

10.17 莫累拉定理 假设 f 是开集 Ω 内的连续复函数，若对每个闭三角形 $\Delta\subset\Omega$，都有

$$\int_{\partial\Delta} f(z)\mathrm{d}z=0,$$

则 $f\in H(\Omega)$.

证明 设 V 为 Ω 内的凸开集，像定理 10.14 的证明一样，我们能构造 $F\in H(V)$，使得 $F'=f$. 由于全纯函数的导数是全纯函数(定理 10.16)，故对每个凸开集 $V\subset\Omega$，都有 $f\in H(\Omega)$. 因此，$f\in H(\Omega)$. ■

幂级数表示

每个全纯函数在局部范围内都是一个收敛的幂级数之和这一事实，有大量有趣的推论. 在本节，将展示其中一小部分.

10.18 定理 假设 Ω 是一区域，$f\in H(\Omega)$，且

208 $$Z(f)=\{a\in\Omega: f(a)=0\},\tag{1}$$

则或者 $Z(f)=\Omega$，或者 $Z(f)$在 Ω 内无极限点. 在后一种情况下，每个 $a\in Z(f)$都对应有唯一的正整数 $m=m(a)$，使得

$$f(z)=(z-a)^m g(z)\qquad (z\in\Omega),\tag{2}$$

这里 $g\in H(\Omega)$，且 $g(a)\neq 0$；而且，$Z(f)$至多是可数的.

(我们重提一下，区域就是开连通集.)

整数 m 称为 f 在点 a 所具有的零点的阶. 很清楚，当且仅当 f 在 Ω 内恒等于零时 $Z(f)=\Omega$. 我们称 $Z(f)$为 f 的零点集. 当然，对 f 的 α-点集，即 $f-\alpha$ 的零点集，也有类似的结果. 这里 α 是任意复数.

证明 设 A 为 Ω 内 $Z(f)$所有极限点的集. 因为 f 是连续的，$A\subset Z(f)$.

固定 $a\in Z(f)$，并选取 $r>0$，使得 $D(a;r)\subset\Omega$. 由定理 10.16 知

$$f(z)=\sum_{n=0}^{\infty}c_n(z-a)^n\qquad (z\in D(a;r)).\tag{3}$$

这里有两种可能. 或者所有 c_n 为零，在这种情形下 $D(a;r)\subset A$，且 a 为 A 的内点；或者有最小的整数 m(必须是正数，因 $f(a)=0$)，使得 $c_m\neq 0$. 在这种情况下，定义

$$g(z)=\begin{cases}(z-a)^{-m}f(z) & (z\in\Omega-\{a\}),\\ c_m & (z=a).\end{cases}\tag{4}$$

于是(2)成立. 很清楚，$g\in H(\Omega-\{a\})$. 但由(3)可以推出

$$g(z)=\sum_{k=0}^{\infty}c_{m+k}(z-a)^k\qquad (z\in D(a;r)),\tag{5}$$

因此 $g \in H(D(a;r))$，于是确实有 $g \in H(\Omega)$.

进而言之，$g(a) \neq 0$，并且 g 的连续性表明，存在 a 的一个邻域，在这个邻域内 g 没有零点. 这样，由(2)，a 就是 $Z(f)$ 的孤立点.

若 $a \in A$，这就必然出现第一种情况. 于是 A 为开集. 若 $B = \Omega - A$，由 A 作为极限点的集的定义，很明显，B 是开集. 这样 Ω 就是不相交的开集 A 和 B 的并. 由于 Ω 是连通的，我们得出或者 $A = \Omega$，在这种情况时 $Z(f) = \Omega$，或者 $A = \varnothing$. 在后一种情况下，在 Ω 每个紧子集上，$Z(f)$ 最多有有限个点，而因为 Ω 是 σ-紧的，$Z(f)$ 至多可数. ■

推论 如果 f 和 g 是区域 Ω 内的全纯函数，且对 Ω 内某一个具有极限点的集的所有点 z，有 $f(z) = g(z)$，则对所有的 $z \in \Omega$，$f(z) = g(z)$ 成立. 209

换句话说，在区域 Ω 内的全纯函数，由 Ω 内任何一个具有极限点的集上的函数值决定. 这是一个重要的唯一性定理.

注 如果我们去掉 Ω 是连通的假设，该定理是不成立的！例如，若 $\Omega = \Omega_0 \cup \Omega_1$，而且 Ω_0 及 Ω_1 为不相交的开集，在 Ω_0 内令 $f = 0$，在 Ω_1 内令 $f = 1$.

10.19 定义 如果 $a \in \Omega$ 而 $f \in H(\Omega - \{a\})$，则 f 称为在点 a 具有孤立奇点. 如果 f 能在 a 点给予定义，使得扩充后的函数在 Ω 内全纯，这个奇点就称为可去的.

10.20 定理 假设 $f \in H(\Omega - \{a\})$，且对某个 $r > 0$，f 在 $D'(a;r)$ 内有界，则 f 在 a 具有可去奇点.

注意 $D'(a;r) = \{z: 0 < |z - a| < r\}$.

证明 定义 $h(a) = 0$，且在 $\Omega - \{a\}$ 内，$h(z) = (z-a)^2 f(z)$，有界性的假设表明 $h'(a) = 0$. 由于 h 在 Ω 其他点明显地可微，我们有 $h \in H(\Omega)$，于是

$$h(z) = \sum_{n=2}^{\infty} c_n (z-a)^n \qquad (z \in D(a;r)).$$

令 $f(a) = c_2$，我们就得到所求的 f 的全纯开拓. 因此

$$f(z) = \sum_{n=0}^{\infty} c_{n+2} (z-a)^n \qquad (z \in D(a;r)). \quad ■$$

10.21 定理 如果 $a \in \Omega$，且 $f \in H(\Omega - \{a\})$，则必然出现下列三种情况之一：

(a) f 在 a 具有可去奇点.

(b) 存在复数 $c_1, \cdots, c_m$，这里 m 是一正整数，且 $c_m \neq 0$. 使得

$$f(z) - \sum_{k=1}^{m} \frac{c_k}{(z-a)^k}$$

在 a 点具有可去奇点.

(c) 若 $r > 0$，$D(a;r) \subset \Omega$，则 $f(D'(a;r))$ 在平面内稠密.

在(b)情形下，f 称为在 a 具有 m 阶极点. 函数

$$\sum_{k=1}^{m} c_k (z-a)^{-k}$$ 210

作为 $(z-a)^{-1}$ 的多项式，称为 f 在 a 的主要部分. 很清楚，在这种情形下，当 $z \to a$ 时，

$|f(z)| \to \infty$.

在(c)的情形下，f 称为在 a 点具有本性奇点．(c)的一个等价的陈述是，对每一个复数 w，存在对应的序列$\{z_n\}$，使得当 $n\to\infty$时，$z_n\to a$，且 $f(z_n)\to w$.

证明 假设(c)不成立，则存在 $r>0$，$\delta>0$ 和复数 w，使得在 $D'(a;r)$内 $|f(z)-w|>\delta$. 我们记 $D(a;r)$为 D，$D'(a;r)$为 D'. 定义

$$g(z)=\frac{1}{f(z)-w}\qquad(z\in D'),\tag{1}$$

则 $g\in H(D')$，而且 $|g|<1/\delta$. 由定理 10.20，g 可以扩充为在 D 内的全纯函数.

若 $g(a)\neq 0$. (1)表明存在某个 $\rho>0$，f 在 $D'(a;\rho)$内有界．因此由定理 10.20，(a)成立.

若 g 在 a 有 $m\geqslant 1$ 阶零点，则定理 10.18 表明

$$g(z)=(z-a)^m g_1(z)\qquad(z\in D),\tag{2}$$

此处 $g_1\in H(D)$，而且 $g_1(a)\neq 0$. 同时由(1)得知，g_1 在 D'内没有零点．在 D 内令 $h=1/g_1$，则 $h\in H(D)$，h 在 D 内没有零点，而且

$$f(z)-w=(z-a)^{-m}h(z)\qquad(z\in D').\tag{3}$$

但 h 具有形如

$$h(z)=\sum_{n=0}^{\infty}b_n(z-a)^n\qquad(z\in D)\tag{4}$$

的展开式，并有 $b_0\neq 0$. 现在，(3)表明(b)成立，且有 $c_k=b_{m-k}$，$k=1,2,\cdots,m$.

这就完成了证明. ■

现在我们将利用当一个幂级数 $\Sigma c_n(z-a)^n$ 限制在中心为 a 的圆周上时是一个三角级数这一事实.

10.22 定理 如果

$$f(z)=\sum_{n=0}^{\infty}c_n(z-a)^n\qquad(z\in D(a;R)),\tag{1}$$

且若 $0<r<R$，则

211

$$\sum_{n=0}^{\infty}|c_n|^2r^{2n}=\frac{1}{2\pi}\int_{-\pi}^{\pi}|f(a+re^{i\theta})|^2\mathrm{d}\theta.\tag{2}$$

证明 我们有

$$f(a+re^{i\theta})=\sum_{n=0}^{\infty}c_nr^ne^{in\theta}\tag{3}$$

对 $r<R$，级数(3)在$[-\pi,\pi]$上一致收敛．因此

$$c_nr^n=\frac{1}{2\pi}\int_{-\pi}^{\pi}f(a+re^{i\theta})e^{-in\theta}\mathrm{d}\theta\qquad(n=0,1,2,\cdots)\tag{4}$$

并且可以看出(2)就是帕塞瓦尔公式的一种特例. ■

下面是几个推论.

10.23 刘维尔定理 每个有界整函数都是常数.

回忆一下，如果函数在整个平面全纯则为整函数.

证明 假设 f 是整的，并且对所有 z 有 $|f(z)|<M$，$f(z)=\Sigma c_n z^n$. 由定理 10.22，对所有 r，应有

$$\sum_{n=0}^{\infty} |c_n|^2 r^{2n} < M^2.$$

但这只有对所有 $n\geqslant 1$，$c_n=0$ 时，才可能成立. ■

10.24 最大模定理 假设 Ω 是区域，$f\in H(\Omega)$，且 $\overline{D}(a;r)\subset\Omega$，则

$$|f(a)|\leqslant \max_{\theta} |f(a+re^{i\theta})|, \tag{1}$$

当且仅当 f 在 Ω 内为常数等式成立.

因此，$|f|$ 在 Ω 的任何点都不会有局部的极大值，除非 f 是常数.

证明 假设对所有实数 θ，$|f(a+re^{i\theta})|\leqslant|f(a)|$. 那么，用定理 10.22 的记号，可以得出

$$\sum_{n=0}^{\infty} |c_n|^2 r^{2n} \leqslant |f(a)|^2 = |c_0|^2.$$

因此，$c_1=c_2=c_3=\cdots=0$. 由此推出在 $D(a;r)$ 内，$f(z)=f(a)$. 由于 Ω 是连通的，定理 10.18 表明 f 在 Ω 内是常数. ■

推论 在同样的假设下，若 f 在 $D(a;r)$ 内没有零点，则

$$|f(a)|\geqslant \min_{\theta} |f(a+re^{i\theta})|. \tag{2}$$ 212

证明 若对于某一 θ 有 $f(a+re^{i\theta})=0$，则(2)显然成立. 反之，则存在一个区域 Ω_0 包含 $\overline{D}(a;r)$ 且 f 在 Ω_0 内没有零点. 因此，在(1)中用 $\dfrac{1}{f}$ 代替 f 时，(2)成立. ■

10.25 定理 若 n 为正整数，而且

$$P(z) = z^n + a_{n-1}z^{n-1} + \cdots + a_1 z + a_0,$$

这里 a_0，…，a_{n-1} 均为复数，则 P 在平面内恰好有 n 个零点.

当然，这些零点是根据它们的重数来计算的：一个 m 阶零点，计算为 m 个零点. 这个定理包括了下述的事实：复数域是代数封闭的，也就是，每个复系数的非常数多项式至少有一个复的零点.

证明 选取 $r>1+2|a_0|+|a_1|+\cdots+|a_{n-1}|$，则

$$|P(re^{i\theta})|>|P(0)| \qquad (0\leqslant\theta\leqslant 2\pi).$$

若 P 没有零点，则函数 $f=1/P$ 将是整的，且对所有 θ，满足 $|f(0)|>|f(re^{i\theta})|$，与最大模定理矛盾. 这样，对某个 z_1，$P(z_1)=0$. 因此，存在 $n-1$ 次多项式 Q，使得 $P(z)=(z-z_1)Q(z)$. 对 n 应用有限归纳法即可完成证明. ■

10.26 定理(柯西估值) 如果 $f\in H(D(a;R))$，且对所有 $z\in D(a;R)$，$|f(z)|\leqslant M$，则

$$|f^{(n)}(a)|\leqslant \frac{n!M}{R^n} \qquad (n=1,2,3\cdots). \tag{1}$$

证明 对每个 $r<R$，级数 10.22(2)每一项都有上界 M^2. ■

若我们取 $a=0$，$R=1$，及 $f(z)=z^n$，则 $M=1$，$f^n(0)=n!$．由此看出(1)的结果不能再改进．

10.27 定义 如果对每个紧集 $K\subset\Omega$ 和每个 $\varepsilon>0$，对应有 $N=N(K,\varepsilon)$，使得当 $j>N$ 时，对所有 $z\in K$，有 $|f_j(z)-f(z)|<\varepsilon$，则称 Ω 内的函数序列 $\{f_j\}$ 在 Ω 的紧子集上一致收敛于 f．

213 例如，序列 $\{z^n\}$ 在 $D(0;1)$ 的紧子集上一致收敛于零．但在 $D(0;1)$ 内却不是一致收敛的．紧子集上一致收敛这一概念，在与全纯函数的极限运算有关的问题上最自然地提了出来．这个概念有时也采用"几乎一致收敛"一词．

10.28 定理 假设对 $j=1,2,3,\cdots$，$f_j\in H(\Omega)$，而且在 Ω 的紧子集上 f_j 一致收敛于 f，则 $f\in H(\Omega)$，而且在 Ω 的紧子集上 f'_j 一致收敛于 f'．

证明 由于在 Ω 内每个紧圆盘上的是一致收敛的，故 f 连续．设 Δ 为 Ω 内的三角形，则 Δ 是紧的，于是由柯西定理

$$\int_{\partial\Delta} f(z)\mathrm{d}z=\lim_{j\to\infty}\int_{\partial\Delta} f_j(z)\mathrm{d}z=0,$$

因此由莫累拉定理推出 $f\in H(\Omega)$．

设 K 是紧的，$K\subset\Omega$．则存在 $r>0$，对所有 $z\in K$，闭圆盘 $\overline{D}(z;r)$ 的并 E 是 Ω 的紧子集．应用定理 10.26 于 $f-f_j$，我们有

$$|f'(z)-f'_j(z)|\leqslant r^{-1}\|f-f_j\|_E \qquad (z\in K),$$

这里 $\|f\|_E$ 为 $|f|$ 在 E 上的上确界．由于在 E 上 f_j 一致收敛于 f，得出在 K 上 f'_j 一致收敛于 f'． ■

推论 在同样的假设下，当 $j\to\infty$ 时，在每个紧集 $K\subset\Omega$ 和对每个正整数 n，有 $f_j^{(n)}\to f^{(n)}$．

与实线上的情况相比较，在那里无限次可微函数的序列能够一致收敛于处处不可微的函数．

开映射定理

若 Ω 为区域且 $f\in H(\Omega)$，则 $f(\Omega)$ 或者是区域或者是一个点．

全纯函数的这个重要性质将以更为详细的形式在定理 10.32 予以证明．

10.29 引理 如果 $f\in H(\Omega)$，且 g 由

$$g(z,w)=\begin{cases}\dfrac{f(z)-f(w)}{z-w} & 若\ w\neq z,\\ f'(z) & 若\ w=z\end{cases}$$

214 定义于 $\Omega\times\Omega$ 内，则 g 在 $\Omega\times\Omega$ 内连续．

证明 g 的连续性值得怀疑的那些点 $(z,w)\in\Omega\times\Omega$ 只有 $z=w$．

固定 $a\in\Omega$．固定 $\varepsilon>0$．则存在 $r>0$，使得 $D(a;r)\subset\Omega$，并且对所有 $\zeta\in D(a;r)$，$|f'(\zeta)-f'(a)|<\varepsilon$．若 z 及 w 均在 $D(a;r)$ 内，且若

$$\zeta(t)=(1-t)z+tw$$

则对 $0\leqslant t\leqslant 1$，有 $\zeta(t)\in D(a;r)$，并且

$$g(z,w)-g(a,a)=\int_0^1[f'(\zeta(t))-f'(a)]\mathrm{d}t.$$

对每个 t，被积函数的绝对值 $<\varepsilon$. 这样 $|g(z, w)-g(a, a)|<\varepsilon$. 这就证明了 g 在 (a, a) 连续. ■

10.30 定理 假设 $\varphi\in H(\Omega)$，$z_0\in\Omega$，而且 $\varphi'(z_0)\neq 0$，则 Ω 包含 z_0 的一个邻域 V，使得

(a) φ 在 V 内是一一的.

(b) $W=\varphi(V)$ 是一开集.

(c) 如果 ψ: $W\to V$ 由 $\psi(\varphi(z))=z$ 定义，则 $\psi\in H(W)$.

这样，φ: $V\to W$ 就有一个全纯的逆映射.

证明 在引理 10.29 中用 φ 代替 f. 应用该引理可证明，Ω 包含 z_0 的一个邻域 V，使得当 $z_1\in V$ 及 $z_2\in V$ 时，有

$$|\varphi(z_1)-\varphi(z_2)|\geqslant\frac{1}{2}|\varphi'(z_0)||z_1-z_2|, \tag{1}$$

于是(a)成立. 同时

$$\varphi'(z)\neq 0 \qquad (z\in V). \tag{2}$$

要证明(b)，固定 $a\in V$. 选取 $r>0$，使得 $\overline{D}(a, r)\subset V$，由(1)，存在 $c>0$ 使得

$$|\varphi(a+re^{i\theta})-\varphi(a)|>2c \qquad (-\pi\leqslant\theta\leqslant\pi). \tag{3}$$

若 $\lambda\in D(\varphi(a); c)$，则 $|\lambda-\varphi(a)|<c$. 因此(3)蕴涵着

$$\min_\theta|\lambda-\varphi(a+re^{i\theta})|>c. \tag{4}$$

由定理 10.24 的推论，$\lambda-\varphi$ 在 $D(a; r)$ 内必有一零点，从而存在某一 $z\in D(a; r)\subset V$ 使得 $\lambda=\varphi(z)$.

这就证明了 $D(\varphi(a); c)\subset\varphi(V)$. 因为 a 为 V 中任一点，从而 $\varphi(V)$ 是开的.

要证明(c)，固定 $w_1\in W$，则有唯一的一点 $z_1\in V$，$\varphi(z_1)=w_1$. 若 $w\in W$，而且 $\psi(w)=z\in V$，我们有

$$\frac{\psi(w)-\psi(w_1)}{w-w_1}=\frac{z-z_1}{\varphi(z)-\varphi(z_1)}. \tag{5}$$ 215

由(1)，当 $w\to w_1$ 时，$z\to z_1$. 因此(2)推出 $\psi'(w_1)=1/\varphi'(z_1)$. 这样 $\psi\in H(W)$. ■

10.31 定义 对 $m=1, 2, 3, \cdots$，我们记"m 次幂函数" $z\to z^m$ 为 π_m.

每个 $w\neq 0$ 都刚好是 m 个不同的 z 值的 $\pi_m(z)$：若 $w=re^{i\theta}$，$r>0$，则 $\pi_m(z)=w$ 当且仅当 $z=r^{1/m}e^{i(\theta+2k\pi)/m}$，$k=1, \cdots, m$.

同时注意每个 π_m 都是一个开映射：若 V 开且不包含零，则由定理 10.30，$\pi_m(V)$ 是开的. 另一方面，$\pi_m(D(0; r))=D(0; r^m)$.

开映射的复合显然是开的. 特别地，若 φ' 没有零点，由定理 10.30，$\pi_m\circ\varphi$ 是开的. 下面的定理(它包含引理 10.29 前面已经指出的开映射定理更详细的叙述)，陈述了一个相反的命题：在一个区域内非常数的全纯函数，除了附加上一个常数外，都局部地有 $\pi_m\circ\varphi$ 的形式.

10.32 定理 假设 Ω 是一区域，$f\in H(\Omega)$，f 不是常数，$z_0\in\Omega$，且 $w_0=f(z_0)$. 设 m 为函数 $f-w_0$ 在点 z_0 的零点的阶数.

则存在 z_0 的邻域 V，$V\subset\Omega$，且存在 $\varphi\in H(V)$，使得

(a) 对所有的 $z\in V$，$f(z)=w_0+[\varphi(z)]^m$.

(b) φ' 在 V 内没有零点，且 φ 为 V 到圆盘 $D(0;r)$ 上的可逆映射.

这样，在 V 内，$f-w_0=\pi_m\circ\varphi$. 由此得出 f 恰好是 $V-\{z_0\}$ 到 $D'(w_0;r^m)$ 上的 m 对一的映射. 并且每个 $w_0\in f(\Omega)$ 都是 $f(\Omega)$ 的一个内点. 因此 $f(\Omega)$ 是开的.

证明 不失一般性，我们可以假设 Ω 是 z_0 的一个凸邻域，而且它如此地小，使得若 $z\in\Omega-\{z_0\}$ 时，$f(z)\neq w_0$，则对某个在 Ω 内无零点的 $g\in H(\Omega)$，有

$$f(z)-w_0=(z-z_0)^m g(z)\qquad(z\in\Omega),\tag{1}$$

因此 $g'/g\in H(\Omega)$. 由定理 10.14，存在 $h\in H(\Omega)$，使 $g'/g=h'$. 在 Ω 内 $g\cdot\exp(-h)$ 的导数为零. 如果 h 通过附加上一个适当的常数加以修正，便得出 $g=\exp(h)$. 定义

$$\varphi(z)=(z-z_0)\exp\frac{h(z)}{m}\qquad(z\in\Omega),\tag{2}$$

则对所有 $z\in\Omega$，(a)成立.

同时，$\varphi(z_0)=0$ 而 $\varphi'(z_0)\neq 0$. 根据定理 10.30，现在可以得出满足(b)的开集 V 的存在

216 性. 这就完成了证明. ■

下一定理其实已经包含在前述的结论中. 不过，看起来还是值得明显地加以叙述.

10.33 定理 假设 Ω 是一区域，$f\in H(\Omega)$，且 f 在 Ω 内是一一的，则对每个 $z\in\Omega$，$f'(z)\neq 0$，且 f 的逆是全纯的.

证明 若对某个 $z_0\in\Omega$，$f'(z_0)=0$，定理 10.32 的假设将对某个 $m>1$ 成立. 于是 f 将是在 z_0 的某个去心邻域内是 m 对一的. 现在再应用 10.30 的(c)即可. ■

注意定理 10.33 的逆是不成立的：若 $f(z)=e^z$，则对每个 z，$f'(z)\neq 0$. 但 f 在整个复平面内并非一一的.

整体柯西定理

在陈述并证明这个定理之前(这个定理将取消定理 10.14 中有关凸区域的限制)，给迄今为止曾经是够用的积分工具，再加上一些工具将是很方便的. 实质上，这主要是使我们不再限于沿单一的路径积分，而是代之以考虑路径的有限"和". 在第 10.9(c)给出了一个简单的例子.

10.34 链与圈 假设 $\gamma_1,\cdots,\gamma_n$，是平面上的路径，并令 $K=\gamma_1^*\cup\cdots\cup\gamma_n^*$. 每个 γ_i 在向量空间 $C(K)$ 上由公式

$$\widetilde{\gamma}_i(f)=\int_{\gamma_i}f(z)\mathrm{d}z\tag{1}$$

导出一个线性泛函 $\widetilde{\gamma}_i$，定义

$$\widetilde{\Gamma}=\widetilde{\gamma}_1+\cdots+\widetilde{\gamma}_n.\tag{2}$$

显然，对所有 $f\in C(K)$，$\widetilde{\Gamma}(f)=\widetilde{\gamma}_1(f)+\cdots+\widetilde{\gamma}_n(f)$. 关系式(2)提示我们引出"形式和"

$$\Gamma=\gamma_1\dotplus\cdots\dotplus\gamma_n,\tag{3}$$

并定义

$$\int_{\Gamma} f(z)\mathrm{d}z = \widetilde{\Gamma}(f), \tag{4}$$

则(3)仅是陈述

$$\int_{\Gamma} f(z)\mathrm{d}z = \sum_{i=1}^{n}\int_{\gamma_i} f(z)\mathrm{d}z \qquad (f \in C(K)) \tag{5}$$

的一个缩写. 注意(5)式可用来作为它左边的定义. 217

这样定义的 Γ 称为链. 如果(3)中的每一个 γ_i 都是闭路径, 则 Γ 称为圈. 如果(3)中的每一个 γ_i 都是某一开集 Ω 中的路径, 我们称 Γ 为 Ω 中的链.

若(3)成立, 我们定义

$$\Gamma^* = \gamma_1^* \cup \cdots \cup \gamma_n^*. \tag{6}$$

如果 Γ 是一个圈且 $\alpha \notin \Gamma^*$, 我们定义 α 关于 Γ 的指数为

$$\mathrm{Ind}_{\Gamma}(\alpha) = \frac{1}{2\pi\mathrm{i}}\int_{\Gamma}\frac{\mathrm{d}z}{z-\alpha}, \tag{7}$$

这正和定理 10.10 中的一样. 很明显, 由(3)可推出

$$\mathrm{Ind}_{\Gamma}(\alpha) = \sum_{i=1}^{n}\mathrm{Ind}_{\gamma_i}(\alpha). \tag{8}$$

如果在(3)中每个 γ_i 都用它的反向路径代替(见 10.8 节), 所得的链记为 $-\Gamma$. 这样

$$\int_{-\Gamma} f(z)\mathrm{d}z = -\int_{\Gamma} f(z)\mathrm{d}z \qquad (f \in C(\Gamma^*)). \tag{9}$$

特别地, 如果 Γ 是一个圈且 $\alpha \notin \Gamma^*$, 则 $\mathrm{Ind}_{-\Gamma}(\alpha) = -\mathrm{Ind}_{\Gamma}(\alpha)$.

链可以通过用其对应泛函的加或减这种明显的方式来进行加法和减法: $\Gamma = \Gamma_1 + \Gamma_2$, 这个式子意味着对每个 $f \in C(\Gamma_1^* \cup \Gamma_2^*)$,

$$\int_{\Gamma} f(z)\mathrm{d}z = \int_{\Gamma_1} f(z)\mathrm{d}z + \int_{\Gamma_2} f(z)\mathrm{d}z. \tag{10}$$

最后, 注意到一个链可以用多种方式来表示为和的形式。简单来说, 我们说

$$\gamma_1 \dotplus \cdots \dotplus \gamma_n = \delta_1 \dotplus \cdots \dotplus \delta_k$$

是指对于 $\gamma_1^* \cup \cdots \cup \gamma_n^* \cup \delta_1^* \cup \cdots \cup \delta_k^*$ 上的每一个连续函数 f, 有

$$\sum_i \int_{\gamma_i} f(z)\mathrm{d}z = \sum_j \int_{\delta_j} f(z)\mathrm{d}z.$$

特别地, 一个圈能很好地表示为不是闭路径的和.

10.35 柯西定理 假设 $f \in H(\Omega)$, 这里 Ω 是复平面上的任意开集. 若 Γ 是 Ω 内的一个圈, 并对每个不在 Ω 内的 α, 满足

$$\mathrm{Ind}_{\Gamma}(\alpha) = 0, \tag{1}$$

218

则当 $z \in \Omega - \Gamma^*$ 时有

$$f(z)\cdot\mathrm{Ind}_{\Gamma}(z) = \frac{1}{2\pi\mathrm{i}}\int_{\Gamma}\frac{f(w)}{w-z}\mathrm{d}w, \tag{2}$$

并且

$$\int_{\Gamma} f(z)\mathrm{d}z = 0. \tag{3}$$

若 Γ_0 及 Γ_1 均为 Ω 内的圈，使得对每个不在 Ω 内的 α 有

$$\mathrm{Ind}_{\Gamma_0}(\alpha) = \mathrm{Ind}_{\Gamma_1}(\alpha), \tag{4}$$

则

$$\int_{\Gamma_0} f(z)\mathrm{d}z = \int_{\Gamma_1} f(z)\mathrm{d}z. \tag{5}$$

证明 设

$$g(z,w) = \begin{cases} \dfrac{f(w)-f(z)}{w-z} & 若\ w \neq z, \\ f'(z) & 若\ w = z \end{cases} \tag{6}$$

是在 $\Omega\times\Omega$ 内定义的函数. g 在 $\Omega\times\Omega$ 内是连续的(引理 10.29). 因此我们能定义

$$h(z) = \frac{1}{2\pi\mathrm{i}}\int_{\Gamma} g(z;\ w)\mathrm{d}w \qquad (z \in \Omega). \tag{7}$$

对 $z\in\Omega-\Gamma^*$，柯西公式(2)显然等价于断言

$$h(z) = 0. \tag{8}$$

要证明(8)，我们首先证明 $h\in H(\Omega)$. 注意 g 在 $\Omega\times\Omega$ 的每一个紧子集上一致连续. 若 $z\in\Omega, z_n\in\Omega$，且 $z_n\to z$，便可得出对 $w\in\Gamma^*$（Ω 的一个紧子集)，有 $g(z_n, w)$ 一致地趋于 $g(z, w)$. 这证明了 h 在 Ω 内连续. 设 Δ 是 Ω 内一个闭三角形，则

$$\int_{\partial\Delta} h(z)\mathrm{d}z = \frac{1}{2\pi\mathrm{i}}\int_{\Gamma}\left(\int_{\partial\Delta} g(z,w)\mathrm{d}z\right)\mathrm{d}w. \tag{9}$$

对每个 $w\in\Omega$，$z\to g(z, w)$ 在 Ω 内是全纯的. (在 $z=w$ 时的奇点是可去的.)因此(9)式右边里
219 面的积分对每个 $w\in\Gamma^*$ 都为零. 这时，莫累拉定理表明 $h\in H(\Omega)$.

其次，我们设 Ω_1 是使 $\mathrm{Ind}_{\Gamma}(z)=0$ 的所有复数 z 的集，并且定义

$$h_1(z) = \frac{1}{2\pi\mathrm{i}}\int_{\Gamma}\frac{f(w)}{w-z}\mathrm{d}w \qquad (z \in \Omega_1). \tag{10}$$

如果 $z\in\Omega\cap\Omega_1$，由 Ω_1 的定义，显然有 $h_1(z)=h(z)$. 因此存在一函数 $\varphi\in H(\Omega\cup\Omega_1)$，它限制在 Ω 上时是 h，限制在 Ω_1 上时是 h_1.

我们的假设(1)表明 Ω_1 包含 Ω 的余集，这样，φ 是一个整函数. 由 $\mathrm{Ind}_{\Gamma}(z)$ 在 Ω_1 为零，故 Ω_1 也包含 Γ^* 的余集的无界分支. 因此

$$\lim_{|z|\to\infty}\varphi(z) = \lim_{|z|\to\infty} h_1(z) = 0. \tag{11}$$

这时，由刘维尔定理推出，对每个 z，$\varphi(z)=0$. 这就证明了(8)，因此也证明了(2).

为了由(2)导出(3)，取 $a\in\Omega-\Gamma^*$，并定义 $F(z)=(z-a)f(z)$. 则因为 $F(a)=0$，故

$$\frac{1}{2\pi\mathrm{i}}\int_{\Gamma} f(z)\mathrm{d}z = \frac{1}{2\pi\mathrm{i}}\int_{\Gamma}\frac{F(z)}{z-a}\mathrm{d}z = F(a)\cdot\mathrm{Ind}_{\Gamma}(a) = 0. \tag{12}$$

最后，把(3)应用于圈 $\Gamma=\Gamma_1-\Gamma_0$，由(4)可得出(5). 这就完成了证明. ■

10.36 评注

(a) 如果 γ 是凸区域 Ω 内的闭路径，且 $\alpha\notin\Omega$，应用定理 10.14 于 $f(z)=(z-\alpha)^{-1}$，可以

证明 $\mathrm{Ind}_\gamma(\alpha)=0$．如果 Ω 是凸的，则 Ω 内每一个圈都满足定理 10.35 的假设(1)．这表明定理 10.35 是定理 10.14 及 10.15 的推广．

(b) 定理 10.35 的最后部分表明，在什么情况下沿一个圈的积分能用沿另一个圈的积分代替而不改变其积分值．例如设 Ω 为去掉三个不相交闭圆盘 D_i 的平面．若 Γ，γ_1，γ_2，γ_3 为 Ω 内正向圆周，使得 Γ 围绕 $D_1\cup D_2\cup D_3$ 和 γ_i 围绕 D_i，但 $j\neq i$ 时，γ_i 不围绕 D_j，则对每个 $f\in H(\Omega)$，有

$$\int_\Gamma f(z)\,\mathrm{d}z=\sum_{i=1}^{3}\int_{\gamma_i}f(z)\,\mathrm{d}z.$$

(c) 为了应用定理 10.35，可以期望有一种合理而有效的方法，来寻求一个点关于一条闭路径的指数．下面一个定理对实际中所出现的所有路径都能做到这一点．它实质上是说，当一 220
条路径"由右到左"地交叉时，指数增加 1．如果我们回忆一下，当 α 在 γ^* 的余集 W 的无界分支内时，$\mathrm{Ind}_\gamma(\alpha)=0$．假若 W 仅有有限多个分支，并且 γ 穿越它们时，没有一段弧会穿过一次以上，我们就能成功地决定 W 的其他分支中的 $\mathrm{Ind}_\gamma(\alpha)$．

10.37 定理　*假设 γ 为平面上一条闭路径，具有参数区间 $[\alpha,\beta]$．假设 $\alpha<u<v<\beta$，a 和 b 为复数，$|b|=r>0$，并且*

(ⅰ) $\gamma(u)=a-b$，$\gamma(v)=a+b$．

(ⅱ) $|\gamma(s)-a|<r$ 当且仅当 $u<s<v$．

(ⅲ) $|\gamma(s)-a|=r$ 当且仅当 $s=u$ 或 $s=v$．

进一步假设 $D(a;r)-\gamma^*$ 是两个区域 D_+ 及 D_- 之并，它们按照 $a+bi\in\overline{D}_+$ 及 $a-bi\in\overline{D}_-$ 作为标志，则当 $x\in D_+$，$w\in D_-$ 时，有

$$\mathrm{Ind}_\gamma(z)=1+\mathrm{Ind}_\gamma(w).$$

当 $\gamma(t)$ 由 $a-b$ 穿越 $D(a;r)$ 到 $a+b$ 时，D_- 是在这条路径的"右边"而 D_+ 是在这条路径的"左边"．

证明　为了书写简单，改变 γ 的参数，使得 $u=0$，$v=\pi$．定义

$$C(s)=a-be^{is}\qquad(0\leqslant s\leqslant 2\pi),$$

$$f(s)=\begin{cases}C(s) & (0\leqslant s\leqslant\pi),\\ \gamma(2\pi-s) & (\pi\leqslant s\leqslant 2\pi),\end{cases}$$

$$g(s)=\begin{cases}\gamma(s) & (0\leqslant s\leqslant\pi),\\ C(s) & (\pi\leqslant s\leqslant 2\pi),\end{cases}$$

$$h(s)=\begin{cases}\gamma(s) & (\alpha\leqslant s\leqslant 0\text{ 或 }\pi\leqslant s\leqslant\beta),\\ C(s) & (0\leqslant s\leqslant\pi).\end{cases}$$

由于 $\gamma(0)=C(0)$ 及 $\gamma(\pi)=C(\pi)$，所以 f，g，h 都是闭路径．

如果 $E\subset\overline{D}(a;r)$，$|\zeta-a|=r$，且 $\zeta\notin E$，则 E 位于圆盘 $D(2a-\zeta;2r)$ 之内，而这个圆盘不包含 ζ．应用这结果于 $E=g^*$，$\zeta=a-bi$，则看出(由评注 10.36(a))，$\mathrm{Ind}_g(a-bi)=0$．由于 $\overline{D}_-$ 是连通的，且 D_- 与 g^* 不交，便得出

$$\mathrm{Ind}_g(w)=0,\qquad\text{若 }w\in D_-.\tag{1}$$

相同的理由证明

221 $$\mathrm{Ind}_f(z)=0,\quad 若\ z\in D_+. \tag{2}$$

我们得到结论

$$\begin{aligned}\mathrm{Ind}_\gamma(z)&=\mathrm{Ind}_h(z)=\mathrm{Ind}_h(w)\\&=\mathrm{Ind}_C(w)+\mathrm{Ind}_\gamma(w)=1+\mathrm{Ind}_\gamma(w).\end{aligned}$$

由于 $h=\gamma\dot{+}f$，第一个等式由(2)得出，因为 z 及 w 均在 $D(a;r)$内，而这是一个与 h^* 不相交的连通集，故第二个等式成立. 由于 $h\dot{+}g=C\dot{+}\gamma$，第三个等式由(1)得出. 第四个等式则是定理 10.11 的一个推论. 这就完成了证明. ■

我们现在转到与柯西定理有关的另一个拓扑概念的简短讨论.

10.38 同伦 假设 γ_0 及 γ_1 均为拓扑空间 X 内的闭曲线，两者都具有参数区间 $I=[0,1]$. 我们称 γ_0 及 γ_1 是 X-同伦的，假如存在由单位正方形 $I^2=I\times I$ 到 X 内的一个连续映射 H. 使得对所有 $s\in I$ 和 $t\in I$，都有

$$H(s,0)=\gamma_0(s),H(s,1)=\gamma_1(s),H(0,t)=H(1,t). \tag{1}$$

令 $\gamma_t(s)=H(s,t)$，则(1)定义连接 γ_0 及 γ_1 的、X 内的一个单参数闭曲线族 γ_t. 直观地说，这意味着在 X 内，γ_0 能够连续地变形到 γ_1.

若 γ_0 是 X-同伦到一常数映射 γ_1(也就是，γ_1^* 仅由一点组成)，我们称 γ_0 在 X 内是零伦的. 如果 X 是连通的，且 X 内每条闭曲线都是零伦的，则 X 称为单连通的.

例如，每个凸区域 Ω 都是单连通的. 为了看出这个结论，令 γ_0 为 Ω 内的闭曲线，固定 $z_1\in\Omega$，并定义

$$H(s,t)=(1-t)\gamma_0(s)+tz_1\quad(0\leqslant s\leqslant 1,0\leqslant t\leqslant 1). \tag{2}$$

定理 10.40 将证明柯西定理 10.35 的条件(4)当 Γ_0 及 Γ_1 是 Ω-同伦的闭路径时成立. 作为它一种特殊情况，注意若 Ω 是单连通，对 Ω 内每条闭路径 Γ，定理 10.35 的条件(1)均成立.

10.39 引理 如果 γ_0 及 γ_1 都是具有参数区间$[0,1]$的闭路径，α 为一复数，且

$$|\gamma_1(s)-\gamma_0(s)|<|\alpha-\gamma_0(s)|\qquad(0\leqslant s\leqslant 1), \tag{1}$$

则 $\mathrm{Ind}_{\gamma_1}(\alpha)=\mathrm{Ind}_{\gamma_0}(\alpha)$.

证明 首先注意由(1)推出 $\alpha\notin\gamma_0^*$ 及 $\alpha\notin\gamma_1^*$. 因此能定义 $\gamma=(\gamma_1-\alpha)/(\gamma_0-\alpha)$. 于是

222 $$\frac{\gamma'}{\gamma}=\frac{\gamma'_1}{\gamma_1-\alpha}-\frac{\gamma'_0}{\gamma_0-\alpha}, \tag{2}$$

且由(1)得 $|1-\gamma|<1$. 因此 $\gamma^*\subset D(1;1)$. 这就推出 $\mathrm{Ind}_\gamma(0)=0$. 现在，(2)式沿$[0,1]$的积分给出了所求结果. ■

10.40 定理 如果 Γ_0 及 Γ_1 都是区域 Ω 内 Ω-同伦的闭路径，并且 $\alpha\notin\Omega$，则

$$\mathrm{Ind}_{\Gamma_1}(\alpha)=\mathrm{Ind}_{\Gamma_0}(\alpha). \tag{1}$$

证明 由定义，存在连续映射 $H: I^2\to\Omega$，使得

$$H(s,0)=\Gamma_0(s),\quad H(s,1)=\Gamma_1(s),\quad H(0,t)=H(1,t). \tag{2}$$

由于 I^2 是紧的，于是 $H(I^2)$也是紧的. 因此，存在 $\varepsilon>0$，使得

$$当(s,t)\in I^2\ 时，|\alpha-H(s,t)|>2\varepsilon. \tag{3}$$

由于 H 一致连续，存在正数 n，使得

$$\text{当 } |s-s'|+|t-t'|\leqslant 1/n \text{ 时，} |H(s,t)-H(s',t')|<\varepsilon. \tag{4}$$

若 $i-1\leqslant ns\leqslant i$ 且 $i=1,\cdots,n$，由

$$\gamma_k(s)=H\left(\frac{i}{n},\frac{k}{n}\right)(ns+1-i)+H\left(\frac{i-1}{n},\frac{k}{n}\right)(i-ns) \tag{5}$$

定义多边形闭路径 $\gamma_0,\cdots,\gamma_n$. 由(4)及(5)得

$$|\gamma_k(s)-H(s,k/n)|<\varepsilon \quad (k=0,\cdots,n;\ 0\leqslant s\leqslant 1). \tag{6}$$

特别地，取 $k=0$ 和 $k=n$，

$$|\gamma_0(s)-\Gamma_0(s)|<\varepsilon,\ |\gamma_n(s)-\Gamma_1(s)|<\varepsilon. \tag{7}$$

由(6)和(3)，

$$|\alpha-\gamma_k(s)|>\varepsilon \quad (k=0,\cdots,n;\ 0\leqslant s\leqslant 1). \tag{8}$$

另一方面，(4)和(5)也给出

$$|\gamma_{k-1}(s)-\gamma_k(s)|<\varepsilon \quad (k=1,\cdots,n;\ 0\leqslant s\leqslant 1). \tag{9}$$

现由(7)、(8)、(9)并将引理 10.39 应用 $n+2$ 次，便得出 α 关于路径 $\Gamma_0,\gamma_0,\gamma_1,\cdots,\gamma_n,\Gamma_1$ 的每一个都具有相同的指数. 这就证明了定理. ■

注 上述证明中若 $\Gamma_t(s)=H(s,t)$，因为 H 并没有假设可微，所以每个 Γ_t 乃是一条闭曲线，而不一定是一条路径. 基于这个理由，才引出了路径 γ_k. 另一个(或者是更合适的)克服这一困难的方法是，把指数的定义扩充到闭曲线上. 这将在习题 28 中略述. 223

残数计算

10.41 定义 一函数 f 称为开集 Ω 内的亚纯函数，如果存在一个集 $A\subset\Omega$，使得

(a) A 在 Ω 内无极限点.

(b) $f\in H(\Omega-A)$.

(c) f 在 A 每一点具有极点.

注意并没有排除 $A=\varnothing$ 的可能. 这样，每个 $f\in H(\Omega)$ 在 Ω 内也都是亚纯的.

同时要注意由(a)可推出 Ω 内没有一个紧子集能包含 A 的无限多个点，因此 A 最多是可数的.

如果 f 及 A 如上所述，$a\in A$，且

$$Q(z)=\sum_{k=1}^{m}c_k(z-a)^{-k} \tag{1}$$

如定理 10.21 所定义的一样，是 f 在 a 的主要部分(也就是说，若 $f-Q$ 具有可去奇点 a)，则数 c_1 称为 f 在 a 的残数：

$$c_1=\operatorname{Res}(f;a). \tag{2}$$

如果 Γ 是一个圈，且 $a\notin\Gamma^*$，由(1)推出

$$\frac{1}{2\pi i}\int_\Gamma Q(z)\mathrm{d}z=c_1\operatorname{Ind}_\Gamma(a)=\operatorname{Res}(Q;a)\operatorname{Ind}_\Gamma(a). \tag{3}$$

这是下列定理的一个很特殊的情况，并且将在该定理的证明中用到.

10.42 残数定理 假设 f 是 Ω 内的亚纯函数，令 A 为 Ω 内的使 f 具有极点的点集. 若 Γ 为 $\Omega-A$ 内的一个圈，使得

$$\text{对所有 } \alpha \notin \Omega, \operatorname{Ind}_\Gamma(\alpha)=0, \tag{1}$$

则

$$\frac{1}{2\pi i}\int_\Gamma f(z)\,dz=\sum_{a\in A}\operatorname{Res}(f;a)\operatorname{Ind}_\Gamma(a). \tag{2}$$

证明 设 $B=\{a\in A: \operatorname{Ind}_\Gamma(a)\neq 0\}$. 令 W 为 Γ^* 的余集，则 $\operatorname{Ind}_\Gamma(z)$ 在 W 的每个分支 V 上是常数. 若 V 是无界的，或者当 V 与 Ω^c 相交时，(1)推出对每个 $z\in V$，$\operatorname{Ind}_\Gamma(z)=0$. 由于 A 在 Ω 内无极限点，我们得出 B 是一个有限集.

因此(2)中的和式虽然形式上是无限的，而实际上是有限的.

令 a_1，…，a_n 是 B 中的点，Q_1，…，Q_n 为 f 在 a_1，…，a_n 的主要部分，并令 $g=f-$
224 $(Q_1+\cdots+Q_n)$. (若 $B=\varnothing$，这种可能性并没有排除在外，则 $g=f$.) 令 $\Omega_0=\Omega-(A-B)$. 由于 g 在 a_1，…，a_n 具有可去奇点，应用定理 10.35 于函数 g 及开集 Ω_0，可得

$$\int_\Gamma g(z)\,dz=0. \tag{3}$$

因此

$$\frac{1}{2\pi i}\int_\Gamma f(z)\,dz=\sum_{k=1}^{n}\frac{1}{2\pi i}\int_\Gamma Q_k(z)\,dz=\sum_{k=1}^{n}\operatorname{Res}(Q_k;a_k)\operatorname{Ind}_\Gamma(a_k).$$

且由于 f 及 Q_k 在 a_k 具有相同的残数，我们便得到(2). ■

我们用残数定理两个典型的应用来结束这一章. 第一个涉及全纯函数的零点. 第二个是某些积分的计算.

10.43 定理 假设 γ 是区域 Ω 内的闭路径，使得对不在 Ω 内的每个 α，$\operatorname{Ind}_\gamma(\alpha)=0$. 同时假设对每个 $\alpha\in\Omega-\gamma^*$，$\operatorname{Ind}_\gamma(\alpha)=0$ 或 1，并设具有 $\operatorname{Ind}_\gamma(\alpha)=1$ 的所有 α 的集为 Ω_1.

对任何 $f\in H(\Omega)$，令 N_f 为 f 在 Ω_1 内的按重数计算的零点的个数.

(a) 若 $f\in H(\Omega)$，且 f 在 γ^* 上没有零点，则

$$N_f=\frac{1}{2\pi i}\int_\gamma \frac{f'(z)}{f(z)}\,dz=\operatorname{Ind}_\Gamma(0), \tag{1}$$

此处 $\Gamma=f\circ\gamma$.

(b) 若同时有 $g\in H(\Omega)$，且

$$|f(z)-g(z)|<|f(z)|, \text{对所有 } z\in\gamma^*, \tag{2}$$

则 $N_g=N_f$.

(b) 部分通常称为儒歇定理. 它说明如果两个全纯函数，如同(2)所明确表示出来的那样，在 Ω_1 的边界上互相接近，则在 Ω_1 内具有相同的零点个数.

证明 令 $\varphi=f'/f$，它是 Ω 内的一个亚纯函数. 若 $a\in\Omega$，而且 f 在 a 具有 $m=m(a)$ 阶零点，则 $f(z)=(z-a)^m h(z)$. 此处 h 及 $1/h$ 均在 a 的某邻域 V 全纯. 在 $V-\{a\}$ 内

$$\varphi(z)=\frac{f'(z)}{f(z)}=\frac{m}{z-a}+\frac{h'(z)}{h(z)}, \tag{3}$$

这样

$$\operatorname{Res}(\varphi;\ a)=m(a). \tag{4}$$ 225

令 $A=\{a\in\Omega_1: f(a)=0\}$. 如果我们把关于 γ 的指数的假设与残数定理结合起来，就得到

$$\frac{1}{2\pi i}\int_\gamma \frac{f'(z)}{f(z)}dz=\sum_{a\in A}\operatorname{Res}(\varphi;\ a)=\sum_{a\in A}m(a)=N_f.$$

这就证明了(1)的一半. 另一半是直接计算得出的结果：

$$\operatorname{Ind}_\Gamma(0)=\frac{1}{2\pi i}\int_\Gamma\frac{dz}{z}=\frac{1}{2\pi i}\int_0^{2\pi}\frac{\Gamma'(s)}{\Gamma(s)}ds$$

$$=\frac{1}{2\pi i}\int_0^{2\pi}\frac{f'(\gamma(s))}{f(\gamma(s))}\gamma'(s)ds=\frac{1}{2\pi i}\int_\gamma\frac{f'(z)}{f(z)}dz,$$

这里 γ 的参数区间取为 $[0,\ 2\pi]$.

其次，(2)表明 g 在 γ^* 上没有零点. 因此用 g 代替 f 时，(1)成立. 令 $\Gamma_0=g\circ\gamma$，则由(1)、(2)及引理10.39得出

$$N_g=\operatorname{Ind}_{\Gamma_0}(0)=\operatorname{Ind}_\Gamma(0)=N_f.$$ ■

10.44 问题 对实数 t，当 $A\to\infty$ 时，求

$$\int_{-A}^{A}\frac{\sin x}{x}e^{itx}dx \tag{1}$$

的极限.

解 因为 $z^{-1}\cdot\sin z\cdot e^{itz}$ 是整函数，由柯西定理，它沿 $[-A,\ A]$ 的积分等于沿路径 Γ_A 的积分，其中 Γ_A 沿实轴 $-A$ 到 -1，沿单位圆下半圆周由 -1 到 1，沿实轴由 1 到 A 得出. Γ_A 避开了原点，因此我们可以通过恒等式

$$2i\sin z=e^{iz}-e^{-iz}$$

看出(1)等于 $\varphi_A(t+1)-\varphi_A(t-1)$. 这里

$$\frac{1}{\pi}\varphi_A(s)=\frac{1}{2\pi i}\int_{\Gamma_A}\frac{e^{isz}}{z}dz. \tag{2}$$

用两种方法把 Γ_A 补充成为闭路径：第一种，用由 A 到 $-Ai$ 到 $-A$ 的半圆周；第二种，用 A 到 Ai 到 $-A$ 的半圆周. 函数 e^{isz}/z 在 $z=0$ 具有一个极点，在这点它的残数为1. 于是得到

$$\frac{1}{\pi}\varphi_A(s)=\frac{1}{2\pi}\int_{-\pi}^{0}\exp(isAe^{i\theta})d\theta \tag{3}$$

和

$$\frac{1}{\pi}\varphi_A(s)=1-\frac{1}{2\pi}\int_0^\pi\exp(isAe^{i\theta})d\theta. \tag{4}$$ 226

注意到

$$|\exp(isAe^{i\theta})|=\exp(-As\sin\theta), \tag{5}$$

并且这是小于1的，且若 s 与 $\sin\theta$ 具有相同符号，当 $A\to\infty$ 时，它趋于零. 因此，控制收敛定理表明若 $s<0$，则(3)的积分趋于零，若 $s>0$，则(4)的积分趋于零. 这样

$$\lim_{A\to\infty}\varphi_A(s)=\begin{cases}\pi & 若\ s>0,\\ 0 & 若\ s<0.\end{cases} \tag{6}$$

若我们应用(6)于 $s=t+1$ 及 $s=t-1$，我们就得到

$$\lim_{A\to\infty}\int_{-A}^{A}\frac{\sin x}{x}e^{itx}\,dx=\begin{cases}\pi & 若 -1<t<1,\\ 0 & 若 |t|>1.\end{cases} \tag{7}$$

又由于 $\varphi_A(0)=\frac{\pi}{2}$，故当 $t=\pm1$ 时，(7)中的极限是 $\frac{\pi}{2}$. ■

注意(7)给出 $\sin x/x$ 的傅里叶变换. 我们把对照反演定理来验证这结果作为一个习题.

习题

1. 在这章内暗中使用了下列事实：如果 A 及 B 为平面的不相交子集，A 是紧的而 B 是闭的，则存在 $\delta>0$，使得对所有 $\alpha\in A$ 及 $\beta\in B$，有 $|\alpha-\beta|\geqslant\delta$. 用任意度量空间代替平面证明这个结果.
2. 假设 f 为整函数且在每一个幂级数

$$f(z)=\sum_{n=0}^{\infty}c_n(z-a)^n$$

中至少有一个系数为 0. 证明 f 为一个多项式.

提示：$n!\ c_n=f^{(n)}(a)$.
3. 若 f 和 g 均为整函数，且对每个 z，$|f(z)|\leqslant|g(z)|$，你能推出什么结果？
4. 假设 f 为整函数，且对所有的 z，

$$|f(z)|\leqslant A+B|z|^k,$$

此处 A、B 和 k 都是正数. 证明 f 必然是一个多项式.
5. 假设 $\{f_n\}$ 是 Ω 内一致有界的全纯函数序列，使得对每个 $z\in\Omega$，$\{f_n(z)\}$ 收敛，证明在 Ω 的每个紧子集上，这个收敛性是一致的.

提示：把控制收敛定理应用于 f_n-f_m 的柯西公式.
6. 存在区域 Ω，使得 $\exp(\Omega)=D(1;1)$. 证明 exp 在 Ω 内是一一的，但有许多这样的 Ω. 固定一个，并对 $|z-1|<1$. 定义 $\log z$ 为使 $e^w=z$ 的 w，有 $w\in\Omega$. 证明 $\log'(z)=\frac{1}{z}$. 在

227 $$\frac{1}{z}=\sum_{n=0}^{\infty}a_n(z-1)^n$$

中求出系数 a_n，并由此求出展开式

$$\log z=\sum_{n=0}^{\infty}c_n(z-1)^n$$

的系数 c_n，在其他哪些圆盘上能够这样做？
7. 若 $f\in H(\Omega)$，f 的导数的柯西公式

$$f^{(n)}(z)=\frac{n!}{2\pi i}\int_{\Gamma}\frac{f(\zeta)}{(\zeta-z)^{n+1}}d\zeta\qquad(n=1,2,3,\cdots)$$

在关于 z 和 Γ 的某些条件下是正确的. 陈述出这些条件，并证明这个公式.
8. 假设 P 和 Q 为多项式，Q 的次数比 P 至少高 2 次，且有理函数 $R=P/Q$ 在实轴上无极点. 证明 R 沿$(-\infty,\infty)$的积分是 R 在上半平面残数和的 $2\pi i$ 倍.（以沿合适的半圆周的积分代替沿$(-A, A)$的积分，并应用残数定理.）对下半平面类似的陈述应是怎样？用该方法计算

$$\int_{-\infty}^{\infty}\frac{x^2}{1+x^4}dx.$$

9. 用习题 8 所述的方法，对实数 t 计算 $\int_{-\infty}^{\infty}\frac{e^{itx}}{1+x^2}dx$. 对照傅里叶变换的反演定理核对你的答案.

10. 设 γ 为正向单位圆周，计算

$$\frac{1}{2\pi i}\int_\gamma \frac{e^z - e^{-z}}{z^4}dz.$$

11. 假设 α 为一复数，$|\alpha|\neq 1$. 通过沿单位圆周对 $(z-\alpha)^{-1}(z-1/\alpha)^{-1}$ 积分来计算

$$\int_0^{2\pi}\frac{d\theta}{1-2\alpha\cos\theta+\alpha^2}.$$

12. 计算

$$\int_{-\infty}^{\infty}\left(\frac{\sin x}{x}\right)^2 e^{itx}dx \qquad (\text{对实数 } t).$$

13. 计算

$$\int_0^{\infty}\frac{dx}{1+x^n} \qquad (n=2,3,4,\cdots).$$

（对偶数 n，可用习题 8 的方法. 然而，可以选取一条不同的路径：由 0 到 R 到 $R\exp(2\pi i/n)$ 到 0，它能简化计算，同时也能对奇数 n 进行计算.）

答案：　$(\pi/n)/\sin(\pi/n)$.

14. 假设 Ω_1 和 Ω_2 都是平面区域. f 和 g 分别在 Ω_1 和 Ω_2 内定义，并且都是非常数的复函数，且 $f(\Omega_1)\subset\Omega_2$. 令 $h=g\circ f$. 如果 f 和 g 是全纯的，我们知道 h 也是全纯的. 假设我们知道 f 和 h 是全纯的，关于 g 我们能得出什么结论？若知道 g 和 h 是全纯的，又怎么样？

15. 假设 Ω 是一个区域，$\varphi\in H(\Omega)$，φ' 在 Ω 内没有零点. $f\in H(\varphi(\Omega))$，$g=f\circ\varphi$，$z_0\in\Omega$ 且 $w_0=\varphi(z_0)$. 证明如果 f 在 w_0 有 m 阶零点，则 g 在 z_0 也有 m 阶零点. 如果 φ' 在 z_0 有 k 阶零点，结论应该怎样改变？ 228

16. 假设 μ 为测度空间 X 上的复测度，Ω 是平面内的开集，φ 为 $\Omega\times X$ 上的有界函数，使得对每个 $z\in\Omega$，$\varphi(z,t)$ 是 t 的可测函数，且 $\varphi(z,t)$ 对每个 $t\in X$，在 Ω 内是全纯的，对 $z\in\Omega$，定义

$$f(z)=\int_X\varphi(z,t)d\mu(t).$$

证明 $f\in H(\Omega)$，提示：证明对每个紧集 $K\subset\Omega$，对应一个常数 $M<\infty$，使得

$$\left|\frac{\varphi(z,t)-\varphi(z_0,t)}{z-z_0}\right|<M \qquad (z \text{ 和 } z_0\in K, t\in X).$$

17. 确定下列函数有定义且全纯的区域：

$$f(z)=\int_0^1\frac{dt}{1+tz},\quad g(z)=\int_0^{\infty}\frac{e^{tz}}{1+t^2}dt,\quad h(z)=\int_{-1}^1\frac{e^{tz}}{1+t^2}dt.$$

提示：或者用习题 16，或者结合使用莫累拉定理和富比尼定理.

18. 假设 $f\in H(\Omega)$，$\overline{D}(a;r)\subset\Omega$，$\gamma$ 为中心在 a，半径为 r 的正向圆周，且 f 在 γ^* 上没有零点. 对 $p=0$，积分

$$\frac{1}{2\pi i}\int_\gamma\frac{f'(z)}{f(z)}z^p dz$$

等于 f 在 $D(a;r)$ 内的零点数. 对 $p=1,2,3,\cdots$，这些积分的值是多少？（利用 f 的零点.）如果用任意的 $\varphi\in H(\Omega)$ 代替 z^p，答案又是什么？

19. 假设 $f\in H(U)$，$g\in H(U)$，且 f 和 g 在 U 内都没有零点，若

$$\frac{f'}{f}\left(\frac{1}{n}\right)=\frac{g'}{g}\left(\frac{1}{n}\right) \qquad (n=1,2,3,\cdots),$$

求 f 和 g 之间另一个简单关系.

20. 假设 Ω 为一区域，对 $n=1,2,3,\cdots$，$f_n\in H(\Omega)$，没有任何一个函数 f_n 在 Ω 内有零点，且在 Ω 的紧子集上 $\{f_n\}$ 一致收敛于 f. 证明：或者 f 在 Ω 内没有零点，或者对所有 $z\in\Omega$，$f(z)=0$.

如果 Ω' 是一个包含每一个 $f_n(\Omega)$ 的区域，且 f 不是常数，证明 $f(\Omega)\subset\Omega'$.

21. 假设 $f\in H(\Omega)$，Ω 包含闭单位圆盘，且 $|z|=1$ 时，$|f(z)|<1$. f 在这圆盘内必须有多少个不动点？就是说，方程 $f(z)=z$ 在圆盘内有多少解？

22. 假设 $f\in H(\Omega)$，Ω 包含闭单位圆盘，$|z|=1$ 时，$|f(z)|>2$，且 $f(0)=1$. f 在单位圆盘内是否一定有一零点？

23. 假设 $P_n(z)=1+z/1!+\cdots+z^n/n!$，$Q_n(z)=P_n(z)-1$，此处 $n=1,2,3,\cdots$. 对大的 n，关于 P_n 及 Q_n 的零点位置你能说些什么？要尽可能地指明.

24. 证明儒歇定理的一般形式：设 Ω 为平面上紧集 K 的内部. 假设 f 和 g 在 K 上连续，在 Ω 内全纯，且对所有 $z\in K-\Omega$，$|f(z)-g(z)|<|f(z)|$，则 f 和 g 在 Ω 内具有相同数目的零点.

25. 设 A 为圆环区域 $\{z: r_1<|z|<r_2\}$，这里 r_1 及 r_2 都是给定的正数.

(a) 证明柯西公式

$$f(z)=\frac{1}{2\pi i}\left(\int_{\gamma_1}+\int_{\gamma_2}\right)\frac{f(\zeta)}{\zeta-z}d\zeta$$

在下列条件下是正确的：$f\in H(A)$，

229

$$r_1+\varepsilon<|z|<r_2-\varepsilon,$$

且

$$\gamma_1(t)=(r_1+\varepsilon)e^{-it},\gamma_2(t)=(r_2-\varepsilon)e^{it}\qquad(0\leqslant t\leqslant 2\pi).$$

(b) 运用(a)证明每个 $f\in H(A)$ 都能分解为和式 $f=f_1+f_2$，这里 f_1 在 $\overline{D}(0;r_1)$ 的外部全纯，而 $f_2\in H(D(0;r_2))$. 如果我们要求当 $|z|\to\infty$ 时. $f_1(z)\to 0$，证明这个分解式是唯一的.

(c) 用这分解式使每个 $f\in H(A)$，对应于在 A 内收敛于 f 的“洛朗级数”

$$\sum_{-\infty}^{\infty}c_nz^n.$$

证明对每个 f 仅有一个这样的级数，并证明在 A 的紧子集上，这级数一致收敛于 f.

(d) 若 $f\in H(A)$ 且 f 在 A 内有界，证明 f_1 和 f_2 这两部分也都是有界的.

(e) 上述结论有哪些能扩充到 $r_1=0$ 的情形(或者 $r_2=\infty$，或两者同时出现)？

(f) 上述结论有哪些能扩充到界于有限多个(多于两个)圆周的区域？

26. 要求展开函数

$$\frac{1}{1-z^2}+\frac{1}{3-z}$$

为形如 $\sum_{-\infty}^{\infty}c_nz^n$ 的级数.

这样的展开式有多少个？它们中的每一个在什么区域内是正确的？对每个这样的展开式，明确地求出系数 c_n.

27. 假设 Ω 是由不等式 $a<y<b$ 决定的水平带形，假设 $f\in H(\Omega)$，并且对所有的 $z\in\Omega$，$f(z)=f(z+1)$. 证明 f 在 Ω 内具有傅里叶展开式

$$f(z)=\sum_{-\infty}^{\infty}c_ne^{2\pi inz},$$

且对每个 $\varepsilon>0$，这个级数在 $\{z: a+\varepsilon\leqslant y\leqslant b-\varepsilon\}$ 内一致收敛.

提示：映射 $z\to e^{2\pi iz}$ 将 f 变为圆环内的一个函数.

找出一个积分公式，使系数 c_n 能按这个公式由 f 计算出来.

28. 假设 Γ 是平面内一条闭曲线，具有参数区间 $[0,2\pi]$，取 $\alpha\notin\Gamma^*$. 用三角多项式 Γ_n 一致逼近 Γ. 证明当 m

和 n 充分大时，$\mathrm{Ind}_{\Gamma_n}(\alpha)=\mathrm{Ind}_{\Gamma_m}(\alpha)$. 定义该公共值为 $\mathrm{Ind}_{\Gamma}(\alpha)$. 证明该结果不依赖于$\{\Gamma_n\}$的选择. 证明引理 10.39 现在对闭曲线也正确，并用以给出定理 10.40 的一个不同的证明.

29. 定义

$$f(z)=\frac{1}{\pi}\int_0^1 r\mathrm{d}r\int_{-\pi}^{\pi}\frac{\mathrm{d}\theta}{r\mathrm{e}^{\mathrm{i}\theta}+z},$$

证明：若 $|z|<1$ 则 $f(z)=\bar{z}$；若 $|z|\geqslant 1$ 则 $f(z)=\dfrac{1}{z}$.

这样，尽管被积函数是关于 z 的全纯函数但 f 在单位圆盘内不是全纯的. 注意这和定理 10.7 及习题 16 之间的差异.

提示：分别在 $r<|z|$ 和 $r>|z|$ 时计算内积分.

30. 设 Ω 为平面去掉两个点，证明某些满足定理 10.35 中的(1)式的 Ω 中的闭路径 Γ 并不是在 Ω 中零伦的. 230

第11章 调和函数

柯西-黎曼方程

11.1 算子 ∂ 和 $\bar{\partial}$ 设 f 是定义在平面开集 Ω 内的复函数．把 f 看做是将 Ω 映到 R^2 内的变换，且设 f 在某点 $z_0\in\Omega$ 有 7.22 的意义下的微分．为简单起见，设 $z_0=f(z_0)=0$．这样，f 的可微性假定等价于两个复数 α 和 β（在 $z_0=0$ 处 f 关于 x 和 y 的偏导数）的存在，使得

$$f(z)=\alpha x+\beta y+\eta(z)z \qquad (z=x+\mathrm{i}y), \tag{1}$$

此处当 $z\to 0$ 时，$\eta(z)\to 0$．

由于 $2x=z+\bar{z}$ 和 $2\mathrm{i}y=z-\bar{z}$，故(1)可写为

$$f(z)=\frac{\alpha-\mathrm{i}\beta}{2}z+\frac{\alpha+\mathrm{i}\beta}{2}\bar{z}+\eta(z)z \tag{2}$$

的形式．这就启发我们引入微分算子

$$\partial=\frac{1}{2}\left(\frac{\partial}{\partial x}-\mathrm{i}\frac{\partial}{\partial y}\right),\bar{\partial}=\frac{1}{2}\left(\frac{\partial}{\partial x}+\mathrm{i}\frac{\partial}{\partial y}\right). \tag{3}$$

现在(2)变成

$$\frac{f(z)}{z}=(\partial f)(0)+(\bar{\partial} f)(0)\cdot\frac{\bar{z}}{z}+\eta(z) \qquad (z\neq 0). \tag{4}$$

对实数 z，$\bar{z}/z=1$；对纯虚数 z，$\bar{z}/z=-1$．因此，当且仅当 $(\bar{\partial} f)(0)=0$ 时，$f(z)/z$ 的极限为零，并且得到全纯函数的如下特征． 231

11.2 定理 *设 f 是 Ω 内的复函数，在 Ω 的每一点上 f 可微，则 $f\in H(\Omega)$ 当且仅当对每一点 $z\in\Omega$，柯西-黎曼方程*

$$(\bar{\partial} f)(z)=0 \tag{1}$$

成立，在那种情况下，我们有

$$f'(z)=(\partial f)(z) \quad (z\in\Omega). \tag{2}$$

如果 $f=u+\mathrm{i}v$，u 和 v 是实的，则(1)分解成一对方程

$$u_x=v_y, u_y=-v_x,$$

此处的下标表示对所指的变量求偏导数．这些就是全纯函数的实部和虚部所必须满足的柯西-黎曼方程．

11.3 拉普拉斯算子 设 f 是平面开集 Ω 内的复函数，使得在 Ω 内每一点 f_{xx} 和 f_{yy} 存在，则 f 的拉普拉斯算子值定义为

$$\Delta f=f_{xx}+f_{yy}. \tag{1}$$

如果 f 在 Ω 内连续，且在 Ω 的每一点有

$$\Delta f=0, \tag{2}$$

则称 f 在 Ω 内是调和的．

由于实函数的拉普拉斯算子是实的(如果存在的话)，显然，一个复函数当且仅当它的实部和虚部都在 Ω 内调和时，f 在 Ω 内是调和的.

注意，假定 $f_{xy}=f_{yx}$，则

$$\Delta f = 4\partial\bar{\partial}f, \tag{3}$$

当 f 具有连续二阶导数时，这个假定是成立的.

如果 f 是全纯函数，则 $\bar{\partial}f=0$，且具有任意阶的连续导数，因而(3)式表明以下定理.

11.4 定理 全纯函数是调和的.

现在我们转过来关注调和函数的积分表示. 它与全纯函数的柯西公式有着密切关系. 其中它将证明每一个实调和函数局部地是一个全纯函数的实部. 同时它将指出关于开圆盘内一些全
232 纯函数类的边界状况的信息.

泊松积分

11.5 泊松核 这是指函数

$$P_r(t) = \sum_{-\infty}^{\infty} r^{|n|}e^{int} \quad (0\leqslant r<1, t\text{ 为实数}). \tag{1}$$

我们可以把 $P_r(t)$ 看成是两个变量 r 和 t 的函数，或者以 r 为指标，把 $P_r(t)$ 看成是 t 的函数族.

如果 $z=re^{i\theta}$($0\leqslant r<1$，θ 为实数)，则用 5.24 节做过的简单计算便可证明

$$P_r(\theta-t) = \mathrm{Re}\left[\frac{e^{it}+z}{e^{it}-z}\right] = \frac{1-r^2}{1-2r\cos(\theta-t)+r^2}. \tag{2}$$

从(1)看出

$$\frac{1}{2\pi}\int_{-\pi}^{\pi} P_r(t)\,dt = 1 \quad (0\leqslant r<1). \tag{3}$$

从(2)得到 $P_r(t)>0$，$P_r(t)=P_r(-t)$，

$$P_r(t) < P_r(\delta) \quad (0<\delta<|t|\leqslant\pi), \tag{4}$$

而且

$$\lim_{r\to 1} P_r(\delta) = 0 \quad (0<\delta\leqslant\pi). \tag{5}$$

这些是 4.24 节讨论的三角多项式 $Q_k(t)$ 的性质.

今后，U 表示开单位圆盘，即 $U=D(0;1)$. 而 T 表示单位圆周，即复平面内 U 的边界. 为方便起见，我们如同 4.23 节一样，继续把空间 $L^p(T)$ 和 $C(T)$ 与 R^1 上以 2π 为周期的相应的函数空间视为相同.

我们也可以把 $P_r(\theta-t)$ 看成 $z=re^{i\theta}$ 和 e^{it} 的函数，则对任何 $z\in U$，$e^{it}\in T$，(2)可以写为

$$P(z,e^{it}) = \frac{1-|z|^2}{|e^{it}-z|^2}. \tag{6}$$

11.6 泊松积分 如果 $f\in L^1(T)$且

$$F(re^{i\theta}) = \frac{1}{2\pi}\int_{-\pi}^{\pi} P_r(\theta-t)f(t)\,dt, \tag{1}$$

则在 U 内这样定义的函数 F 称为 f 的泊松积分. 我们有时将关系式(1)缩写为

$$F = P[f]. \tag{2}$$ 233

如果 f 是实的，则公式 11.5(2)表明 $P[f]$ 是

$$\frac{1}{2\pi}\int_{-\pi}^{\pi}\frac{e^{it}+z}{e^{it}-z}f(t)\,dt \tag{3}$$

的实部. 但根据定理 10.7，(3)定义了 U 内的一个全纯函数. 因此 $P[f]$ 是一个调和函数. 由于调和函数的线性组合(关于常系数)是调和函数，所以我们证明了下面的定理.

11.7 定理 *若 $f\in L^1(T)$，则泊松积分 $P[f]$ 在 U 内是调和的.*

下面的定理表明，连续函数的泊松积分在接近 U 的边界时表现得特别理想.

11.8 定理 *如果 $f\in C(T)$，并且在闭单位圆盘 $\overline{U}$ 上，Hf 由*

$$(Hf)(re^{i\theta}) = \begin{cases} f(e^{i\theta}) & 当\ r=1, \\ P[f](re^{i\theta}) & 当\ 0\leqslant r<1 \end{cases} \tag{1}$$

定义，则 $Hf\in C(\overline{U})$.

证明 由于 $P_r(t)>0$，所以对每一个 $g\in C(T)$，公式 11.5(3)表明

$$|P[g](re^{i\theta})| \leqslant \|g\|_T \quad (0\leqslant r<1), \tag{2}$$

因此

$$\|Hg\|_{\overline{U}} = \|g\|_T \quad (g\in C(T)). \tag{3}$$

(如同 5.22 节那样，我们用记号 $\|g\|_E$ 表示 $|g|$ 在集 E 上的上确界.)

如果

$$g(e^{i\theta}) = \sum_{n=-N}^{N} c_n e^{in\theta} \tag{4}$$

是任意三角多项式，则从 11.5(1)得到

$$(Hg)(re^{i\theta}) = \sum_{n=-N}^{N} c_n r^{|n|} e^{in\theta}, \tag{5}$$

所以 $Hg\in C(\overline{U})$.

最后，存在三角多项式 g_k，使得当 $k\to\infty$ 时，$\|g_k-f\|_T\to 0$(参看 4.24 节). 由(3)得到，当 $k\to\infty$ 时，

$$\|Hg_k - Hf\|_{\overline{U}} = \|H(g_k-f)\|_{\overline{U}} \to 0. \tag{6}$$

这就是说，函数 $Hg_k\in C(\overline{U})$ 在 $\overline{U}$ 上一致收敛于 Hf. 因此 $Hf\in C(\overline{U})$. ■ 234

注 这个定理提供了一个边值问题(狄利克雷问题)的解：在 T 上给出一个连续函数 f，要求在 U 内找出"边界值为 f"的调和函数 F. 借助于 f 的泊松积分，定理提出了一个解答，而且更精确地表述了 f 和 F 之间的关系. 与这个存在性定理对应的唯一性定理包含在下面的结果中.

11.9 定理 *设 u 是闭单位圆盘 $\overline{U}$ 上的连续实函数，且 u 在 U 内调和，则(在 U 内)u 是限制在 T 上的泊松积分，且 u 是全纯函数*

$$f(z) = \frac{1}{2\pi}\int_{-\pi}^{\pi}\frac{e^{it}+z}{e^{it}-z}u(e^{it})\,dt \quad (z\in U) \tag{1}$$

的实部.

证明 定理 10.7 证明了 $f\in H(U)$. 如果 $u_1=\mathrm{Re}f$, 则(1)表明 u_1 是 u 的边界值的泊松积分. 而我们一旦证实了 $u=u_1$, 本定理也就得到证明.

设 $h=u-u_1$, 则 h 在 $\overline{U}$ 上连续(应用定理 11.9 于 u_1), h 在 U 内调和, 并且对于 T 的所有点, $h=0$. 假设(这将引出矛盾)对某点 $z_0\in U$, $h(z_0)>0$. 固定 ε, 使得 $0<\varepsilon<h(z_0)$, 同时定义

$$g(z)=h(z)+\varepsilon\,|\,z\,|^2\quad(z\in\overline{U}),\tag{2}$$

则 $g(z_0)\geqslant h(z_0)>\varepsilon$. 由于 $g\in C(\overline{U})$ 且对于 T 的所有各点有 $g=\varepsilon$, 所以存在一点 $z_1\in U$, 在这点 g 有一个局部极大值. 这就推出在 z_1, $g_{xx}\leqslant 0$ 和 $g_{yy}\leqslant 0$. 但(2)表明 g 的拉普拉斯算子值是 $4\varepsilon>0$. 这就得出了矛盾.

因此 $u-u_1\leqslant 0$. 相同的论证表明 $u_1-u\leqslant 0$, 因而 $u=u_1$. 并且完成了证明. ∎

11.10 到现在为止, 我们只研究了单位圆盘 $U=D(0;1)$ 的情况. 显然, 通过一个简单的变量代换, 以前的论述可以转移到任意圆盘上. 因此我们只扼要讲一些结果:

如果 u 是圆盘 $D(a;R)$ 边界上的连续实函数, 且在 $D(a;R)$ 内由泊松积分

$$u(a+re^{i\theta})=\frac{1}{2\pi}\int_{-\pi}^{\pi}\frac{R^2-r^2}{R^2-2Rr\cos(\theta-t)+r^2}u(a+Re^{it})\,\mathrm{d}t\tag{1}$$

定义 u, 则 u 在 $\overline{D}(a;R)$ 上连续而在 $D(a;R)$ 内调和.

如果 u 在开集 Ω 内调和(而且是实的), 又 $\overline{D}(a;R)\subset\Omega$, 则在 $D(a;R)$ 内 u 满足(1), 且存在一个定义在 $D(a;R)$ 内, 其实部为 u 的全纯函数 f, 在纯虚的附加常数范围内, 这个 f 唯一地确定. 因为如果在同一区域内的两个全纯函数有相同的实部, 则它们的差必为常数(开映
235 射定理或柯西-黎曼方程的推论).

我们把这些概括地说成每一个实调和函数局部地都是全纯函数的实部. 因此, 每一个调和函数具有任意阶的连续偏导数.

泊松积分同样提供了关于调和函数序列的信息.

11.11 哈纳克定理 设 $\{u_n\}$ 是区域 Ω 内的调和函数序列.

(a) 如果 $u_n\to u$ 在 Ω 的紧子集上是一致的, 则 u 在 Ω 内调和.

(b) 如果 $u_1\leqslant u_2\leqslant u_3\leqslant\cdots$, 则或者 $\{u_n\}$ 在 Ω 的紧子集上一致收敛, 或者对每一个 $z\in\Omega$, $u_n(z)\to\infty$.

证明 为了证明(a), 假设 $\overline{D}(a;R)\subset\Omega$, 且在泊松积分 11.10(1)中用 u_n 代替 u. 由于 $u_n\to u$ 在 $\overline{D}(a;R)$ 的边界上是一致的, 所以我们断定在 $D(a;R)$ 内 u 满足 11.10(1).

在(b)的证明中, 我们可以假定 $u_1\geqslant 0$(否则用 u_n-u_1 代替 u_1). 设 $u=\sup u_n$, $A=\{z\in\Omega:u(z)<\infty\}$, 且 $B=\Omega-A$. 选取 $\overline{D}(a;R)\subset\Omega$. 对 $0\leqslant r<R$, 泊松核满足不等式

$$\frac{R-r}{R+r}\leqslant\frac{R^2-r^2}{R^2-2rR\cos(\theta-t)+r}\leqslant\frac{R+r}{R-r},$$

因此

$$\frac{R-r}{R+r}u_n(a)\leqslant u_n(a+re^{i\theta})\leqslant\frac{R+r}{R-r}u_n(a).$$

用 u 代替 u_n，不等式同样成立．由此可见，对所有 $z\in D(a;R)$，$u(z)=\infty$，或者对所有 $z\in D(a;R)$，$u(z)<\infty$．

因此 A 和 B 都是开集；又由于 Ω 是连通的，所以或者有 $A=\varnothing$(这种情况下就没什么要证的)，或者 $A=\Omega$．在后一情况下，单调收敛定理表明在 Ω 的每一圆盘内，泊松公式对 u 成立．因此 u 在 Ω 内调和．当连续函数序列单调收敛于一个连续函数时，在紧集上收敛一定是一致的([26]，定理 7.13)．这便完成了定理的证明． ■ 236

平均值性质

11.12 定义 如果对每一个 $z\in\Omega$，对应一个序列 $\{r_n\}$，使得 $r_n>0$，当 $n\to\infty$ 时，$r_n\to 0$，且

$$u(z)=\frac{1}{2\pi}\int_{-\pi}^{\pi}u(z+r_n e^{it})\,dt\quad(n=1,2,3,\cdots),\tag{1}$$

则称在开集 Ω 内的连续函数 u 具有平均值性质．换句话说，$u(z)$ 等于 u 在以 z 为中心、半径为 r_n 的圆周上的平均值．

注意，泊松公式表明，对每一个调和函数 u，且对每个 r，使得 $\overline{D}(z;r)\subset\Omega$，(1)是成立的．所以调和函数满足一个比刚才定义的还要强些的平均值性质．因此下述定理可能会使人感到意外．

11.13 定理 *如果连续函数 u 在开集 Ω 内具有平均值性质，则 u 在 Ω 内调和．*

证明 为证此定理，只需对实的 u 证明就够了．固定 $\overline{D}(a;R)\subset\Omega$．泊松积分给出一个在 $\overline{D}(a;R)$ 上连续、在 $D(a;R)$ 内调和、而在 $D(a;R)$ 的边界上与 u 重合的函数 h．令 $v=u-h$，且令 $m=\sup\{v(z):z\in\overline{D}(a;R)\}$．假设 $m>0$，并且设 E 是使 $v(z)=m$ 的所有 $z\in\overline{D}(a;R)$ 的集．因为在 $D(a;R)$ 的边界上 $v=0$，所以 E 是 $D(a;R)$ 的一个紧子集．因此存在一个 $z_0\in E$，使得对所有 $z\in E$，

$$|z_0-a|\geqslant|z-a|.$$

对于所有足够小的 r，以 z_0 为中心，r 为半径的圆至少有一半在 E 的外部，所以对应的 v 的平均值都小于 $m=v(z_0)$．但 v 具有平均值性质，因而得出了矛盾．这样，$m=0$，故 $v\leqslant 0$．对 $-v$ 可应用相同的论证．因此有 $v=0$，或在 $D(a;R)$ 内 $u=h$；又由于 $\overline{D}(a;R)$ 是 Ω 内一个任意的闭圆盘．所以 u 在 Ω 内调和． ■

定理 11.13 导出了全纯函数的一个反射定理．所谓上半平面 Π^+ 是指使 $y>0$ 的所有 $z=x+iy$ 的集；而下半平面 Π^- 则是由虚部为负的所有 z 组成．

11.14 定理(施瓦茨反射原理) *设 L 是实轴上一条线段，Ω^+ 是 Π^+ 内的区域，且每个 $t\in L$ 是一个开圆盘 D_t 的中心，使得 $\Pi^+\cap D_t$ 位于 Ω^+ 内．令 Ω^- 是 Ω^+ 的反射：*

$$\Omega^-=\{z:\bar{z}\in\Omega^+\}.\tag{1}$$ 237

设 $f=u+iv$ 在 Ω^+ 内全纯，且对收敛于 L 的某个点的 Ω^+ 内的每一个序列 $\{z_n\}$，有

$$\lim_{n\to\infty}v(z_n)=0,\tag{2}$$

则在 $\Omega^+\cup L\cup\Omega^-$ 内有一个全纯函数 F，在 Ω^+ 内使得 $F(z)=f(z)$；这个 F 满足关系

$$F(\bar{z}) = \overline{F(z)} \quad (z \in \Omega^+ \cup L \cup \Omega^-). \tag{3}$$

定理断定 f 能扩展为关于实轴对称的一个区域内的全纯函数. 且(3)指出 F 保持这个对称性. 注意，连续性假设(2)只是对于 f 的虚部提出的.

证明 设 $\Omega=\Omega^+\cup L\cup\Omega^-$，当 $z\in L$ 时，定义 $v(z)=0$；当 $z\in\Omega^-$ 时，定义 $v(z)=-v(\bar{z})$. 由此我们把 v 扩展到 Ω 上. 这就立即得出，在 Ω 内 v 连续且具有平均值性质. 所以根据定理 11.13，v 在 Ω 内调和.

因此 v 在局部上是一个全纯函数的虚部. 这就意味着对每个圆盘 D_t 对应一个 $f_t\in H(D_t)$，使得 $\mathrm{Im} f_t=v$. 在附加一个实常数的范围内，每个 f_t 由 v 所确定. 由于 $f-f_t$ 在区域 $D_t\cap\Pi^+$ 内是常数，若这个常数选择得使之对某个 $z\in D_t\cap\Pi^+$ 有 $f_t(z)=f(z)$，则对所有 $z\in D_t\cap\Pi^+$，结论同样成立. 我们假定对函数 f_t 是进行过这样修正的.

由于在 L 上 $v=0$，所以 f_t 在 t 处的所有各阶导数都是实数. 故 f_t 按 $z-t$ 的幂级数展开式只有实系数. 由此可见

$$f_t(\bar{z}) = \overline{f_t(z)} \quad (z \in D_t). \tag{4}$$

其次，设 $D_s\cap D_t\neq\varnothing$，则在 $D_t\cap D_s\cap\Pi^+$ 内 $f_t=f=f_s$；又由于 $D_t\cap D_s$ 是连通的，所以定理 10.18 表明

$$f_t(z) = f_s(z) \quad (z \in D_t \cap D_s). \tag{5}$$

因此定义

$$F(z) = \begin{cases} f(z) & \text{当 } z \in \Omega^+, \\ f_t(z) & \text{当 } z \in D_t, \\ \overline{f(\bar{z})} & \text{当 } z \in \Omega^- \end{cases} \tag{6}$$

是相容的，而尚待证明的是 F 在 Ω^- 内全纯. 如果 $D(a;r)\subset\Omega^-$，则 $D(\bar{a};r)\subset\Omega^+$，所以对每个 $z\in D(a;r)$，有

238 $$f(\bar{z}) = \sum_{n=0}^{\infty} c_n(\bar{z}-\bar{a})^n. \tag{7}$$

因此

$$F(z) = \sum_{n=0}^{\infty} \bar{c}_n(z-a)^n \quad (z \in D(a;r)). \tag{8}$$

这就完成了证明. ■

泊松积分的边界表现

11.15 我们的另一个目标是找到有关 T 上的测度和 L^p-函数的泊松积分与定理 11.8 类似的结论.

假设相对应于 U 内的任何函数 u，我们定义 T 上的一个函数族 u_r 如下：

$$u_r(e^{i\theta}) = u(re^{i\theta}) \quad (0 \leqslant r < 1). \tag{1}$$

这样，我们本质上是把 u 限制在以 0 为圆心、半径为 r 的圆周上，只不过把定义域移到了 T 上.

利用这个术语，我们可以把定理 11.8 叙述如下：

如果 $f\in C(T)$ 且 $F=p[f]$，则当 $r\to1$ 时，F_r 一致趋向于 f. 换言之，

$$\lim_{r\to1}\|F_r-f\|_\infty=0, \tag{2}$$

这当然就推出了在 T 上的每一点处，有

$$\lim_{r\to1}F_r(e^{i\theta})=f(e^{i\theta}). \tag{3}$$

若考虑(2)式，我们很容易发现(定理 11.16)在 L^p 空间中相应的依范数收敛的结论也成立. 如果像(3)中那样仅仅考虑径向极限，我们将研究 L^p-函数及测度的泊松积分的非切向极限. 第 7 章中的微分理论将在这个研究中起到很重要的作用.

11.16 定理 若 $1\leqslant p\leqslant\infty$，$f\in L^p(T)$ 且 $u=P[f]$，则

$$\|u_r\|_p\leqslant\|f\|_p \qquad (0\leqslant r<1). \tag{1}$$

若 $1\leqslant p<\infty$，则

$$\lim_{r\to1}\|u_r-f\|_p=0. \tag{2}$$

证明 如果我们将詹森不等式(或霍尔德不等式)应用到

$$u_r(e^{i\theta})=\frac{1}{2\pi}\int_{-\pi}^{\pi}f(t)P_r(\theta-t)\mathrm{d}t, \tag{3}$$ 239

则可以得到

$$|u_r(e^{i\theta})|^p\leqslant\frac{1}{2\pi}\int_{-\pi}^{\pi}|f(t)|^pP_r(\theta-t)\mathrm{d}t, \tag{4}$$

如果我们再对 θ 在 $[-\pi,\pi]$ 上求积分并运用富比尼定理，则得到(1)式.

注意公式 11.5(3)在这个推导过程中用了两次.

要证明(2)，任给 $\varepsilon>0$，选取 $g\in C(T)$ 使得 $\|g-f\|_p<\varepsilon$(定理 3.14)，设 $v=P[g]$，则

$$u_r-f=(u_r-v_r)+(v_r-g)+(g-f). \tag{5}$$

由(1)，$\|u_r-v_r\|_p=\|(u-v)_r\|_p\leqslant\|f-g\|_p<\varepsilon$，从而对所有的 $r<1$，有

$$\|u_r-f\|_p\leqslant2\varepsilon+\|v_r-g\|_p. \tag{6}$$

又因为 $\|v_r-g\|_p\leqslant\|v_r-g\|_\infty$，且由定理 11.8，后者当 $r\to1$ 时趋向于 0. 这就证明了(2). ■

11.17 测度的泊松积分 若 μ 是 T 上的复测度，且我们需要将 T 的积分替代为 R^1 上长为 2π 的区间上的积分，由于 μ 可能集中在某些点上，所以这个区间必须是半开的. 为了避免这种问题(诚然，可能性很小)，我们将在下文中保持圆周上的积分，并且如同公式 11.5(6)一样，在下面的表达式中记 μ 的泊松积分 $u=P[\mathrm{d}\mu]$：

$$u(z)=\int_TP(z,e^{it})\mathrm{d}\mu(e^{it}) \qquad (z\in U), \tag{1}$$

其中 $P(z,e^{it})=(1-|z|^2)/|e^{it}-z|^2$.

这就是定理 11.7 可以直接应用而不必换成测度上的泊松积分的原因. 这样，由(1)定义的 u 在 U 中是调和的.

置 $\|\mu\|=|\mu|(T)$，则与定理 11.16 前半部分类似的结论为

$$\|u_r\|_1=\frac{1}{2\pi}\int_{-\pi}^{\pi}|u(re^{i\theta})|\mathrm{d}\theta\leqslant\|\mu\|. \tag{2}$$

要得到这一点，将(1)中的 μ 替换为 $|\mu|$，运用富比尼定理，再利用公式 11.5(3)即可.

11.18 逼近区域 对于 $0<\alpha<1$，我们定义 Ω_α 由圆盘 $D(0;\alpha)$ 和从 $z=1$ 到圆盘 $D(0;\alpha)$ 上的点之间的线段的并构成.

换句话说，Ω_α 是一个包含 $D(0;\alpha)$ 且使 1 在其边界上的最小的开凸集. 在 $z=1$ 附近，Ω_α 是一个角，它被 U 内终点在 1 处的两条半径切割而成，张角为 2θ，其中 $\alpha=\sin\theta$. Ω_α 内逼近 1
240 的曲线不能和 T 相切. 这样，Ω_α 称为不相切逼近区域，顶点为 1.

当 α 增大时，区域 Ω_α 是扩大的，它们的并为 U，而交为半径 $[0,1)$.

将 Ω_α 适当旋转使之顶点在 e^{it}，这样所得到的区域记为 $e^{it}\Omega_\alpha$.

11.19 极大函数 若 $0<\alpha<1$ 且 u 是任何以 U 为定义域的复函数，其在 T 上的不相切极大函数定义为

$$(N_\alpha u)(e^{it}) = \sup\{|u(z)|: z\in e^{it}\Omega_\alpha\}. \tag{1}$$

类似地，u 的径向极大函数为

$$(M_{\mathrm{rad}}u)(e^{it}) = \sup\{|u(re^{it})|: 0\leqslant r<1\}. \tag{2}$$

若 u 是连续的且 λ 为一个正数，则使得上述任何一个极大函数 $\leqslant\lambda$ 的点集是 T 的一个闭子集. 因此，$N_\alpha u$ 和 $M_{\mathrm{rad}}u$ 都是 T 上的下半连续函数，特别地，它们是可测的.

显然，$M_{\mathrm{rad}}u\leqslant N_\alpha u$，且后者随着 α 的增大而增大. 若 $u=P[d\mu]$，定理 11.20 将说明 $N_\alpha u$ 的大小依次受 7.2 节中定义的极大函数 $M\mu$(取 $k=1$)控制. 然而，如果我们用 $\sigma=m/2\pi$ 替代平常的勒贝格测度 m，记号会简单许多. 则 σ 是 T 上的一个旋转不变的正博雷尔测度，于是是正规的，即 $\sigma(T)=1$.

因此，$M\mu$ 现在被定义为

$$(M\mu)(e^{i\theta}) = \sup\frac{|\mu|(I)}{\sigma(I)}. \tag{3}$$

其中上确界取遍所有中心在 $e^{i\theta}$ 的开弧 $I\subset T$，包括 T 本身(尽管 T 显然不是一条弧).

类似地，T 上测度 μ 的导数 $D\mu$ 为

$$(D\mu)(e^{i\theta}) = \lim\frac{\mu(I)}{\sigma(I)}, \tag{4}$$

当开弧 $I\subset T$ 收缩到它们的中心 $e^{i\theta}$ 时，且 $e^{i\theta}$ 是 $f\in L^1(T)$ 的一个勒贝格点，如果

$$\lim\frac{1}{\sigma(I)}\int_I\left|f-f(e^{i\theta})\right|d\sigma = 0, \tag{5}$$

其中 $\{I\}$ 如同(4)中一样收缩.

若 $d\mu=fd\sigma+d\mu_s$ 是 T 上的一个复博雷尔测度的勒贝格分解，其中 $f\in L^1(T)$ 且 $\mu_s\perp\sigma$，由定理 7.4、7.7 和 7.14 我们知道

$$\sigma\{M\mu>\lambda\}\leqslant\frac{3}{\lambda}\|\mu\|, \tag{6}$$

241 且几乎 T 的每一个点都是 f 的勒贝格点，$D\mu=f$，$D\mu_s=0$ a. e. $[\sigma]$.

下面我们将发现，对于 T 上的任何复博雷尔测度 μ，调和函数 $P[d\mu]$ 的不相切函数和径向极大函数都受 $M\mu$ 控制. 事实上，如果上述任何一个函数在 T 的某一点是有限的，则另一个必然也是. 这可以结合定理 11.20 和习题 19 看出.

11.20 定理 假设$0<\alpha<1$，则存在一个常数$c_\alpha>0$满足下面的性质：若μ是T上的正有限博雷尔测度且$u=P[\mathrm{d}\mu]$为其泊松积分，则不等式

$$c_\alpha(N_\alpha u)(\mathrm{e}^{i\theta})\leqslant(M_{\mathrm{rad}}u)(\mathrm{e}^{i\theta})\leqslant(M\mu)(\mathrm{e}^{i\theta}) \tag{1}$$

在每一点$\mathrm{e}^{i\theta}\in T$成立.

证明 我们将证明当$\theta=0$时(1)式成立. 只要在这个特殊情形下运用旋转测度$\mu_\theta(E)=\mu(\mathrm{e}^{i\theta}E)$即可证明一般情形.

因为$u(z)=\int_T P(z,\mathrm{e}^{it})\mathrm{d}\mu(\mathrm{e}^{it})$，如果我们证明

$$c_\alpha P(z,\mathrm{e}^{it})\leqslant P(|z|,\mathrm{e}^{it}) \tag{2}$$

对所有的$z\in\Omega_\alpha$和$\mathrm{e}^{it}\in T$成立，则(1)式的第一个不等式自然也就成立了. 由公式11.5(6)，当$r=|z|$时，(2)等价于

$$c_\alpha|\mathrm{e}^{it}-r|^2\leqslant|\mathrm{e}^{it}-z|^2. \tag{3}$$

由Ω_α的定义我们知道$|z-r|/(1-r)$在Ω_α中有界. 假设为γ_α. 因此

$$|\mathrm{e}^{it}-r|\leqslant|\mathrm{e}^{it}-z|+|z-r|\leqslant|\mathrm{e}^{it}-z|+\gamma_\alpha(1-r)\leqslant(1+\gamma_\alpha)|\mathrm{e}^{it}-z|,$$

于是令$c_\alpha=(1+\gamma_\alpha)^{-2}$则(3)式成立. 这就证明了(1)式的第一部分.

对于第二部分，我们必须证明

$$\int_T P_r(t)\mathrm{d}\mu(\mathrm{e}^{it})\leqslant(M\mu)(1)\quad(0\leqslant r\leqslant 1). \tag{4}$$

固定r，选取中心在1的开弧$I_j\subset T$，使得$I_1\subset I_2\subset\cdots\subset I_{n-1}$，并令$I_n=T$. 对于$1\leqslant j\leqslant n$，设$\chi_j$为$I_j$的特征函数，并设$h_j$为使得$T$上$h_j\chi_j\leqslant P_r$的最大正数. 定义

$$K=\sum_{j=1}^{n}(h_j-h_{j+1})\chi_j, \tag{5}$$

其中$h_{n+1}=0$. 因为$P_r(t)$是关于t的偶函数且随着t从0增加到π是递减的，我们可以发现$h_j-h_{j+1}\geqslant 0$且在I_j-I_{j-1}(令$I_0=\varnothing$)上$K=h_j$，$K\leqslant P_r$. $M\mu$的定义告诉我们

$$\mu(I_j)\leqslant(M\mu)(1)\sigma(I_j). \tag{6}$$ 242

因此，设$(M\mu)(1)=M$，我们有

$$\begin{aligned}\int_T K\,\mathrm{d}\mu&=\sum_{j=1}^{n}(h_j-h_{j+1})\mu(I_j)\leqslant M\sum_{j=1}^{n}(h_j-h_{j+1})\sigma(I_j)\\&=M\int_T K\,\mathrm{d}\sigma\leqslant M\int_T P_r\,\mathrm{d}\sigma=M.\end{aligned} \tag{7}$$

最后，如果我们选取弧I_j使得它们的端点构成T的一个精细划分，我们将得到在T上收敛于P_r的阶梯函数K. 因此由(7)可得到(4). ■

11.21 非切向极限 一个定义在U上的函数F称为在点$\mathrm{e}^{i\theta}\in T$处有非切向极限$\lambda$，如果对于每一个$\alpha<1$，以及$\mathrm{e}^{i\theta}\Omega_\alpha$内每一个收敛到$\mathrm{e}^{i\theta}$的序列$\{z_j\}$都有

$$\lim_{j\to\infty}F(z_j)=\lambda.$$

11.22 定理 如果μ是T上的正博雷尔测度且对于某个θ有$(D\mu)(\mathrm{e}^{i\theta})=0$，则其泊松积分$u=P[\mathrm{d}\mu]$在$\mathrm{e}^{i\theta}$处有非切向极限0.

证明 由定义，题设$(D\mu)(e^{i\theta})=0$可以推出当开弧$I\subset T$收缩到它们的中心$e^{i\theta}$时，有

$$\lim \mu(I)/\sigma(I) = 0. \tag{1}$$

任给$\varepsilon>0$，存在其中一个开弧(比如I_0)使得对任何$I\subset I_0$，只要I的中心在$e^{i\theta}$，则必有

$$\mu(I) < \varepsilon\sigma(I). \tag{2}$$

设μ限制在I上为μ_0，令$\mu_1=\mu-\mu_0$且u_i为$\mu_i(i=0, 1)$的泊松积分. 假设z_j在某一区域$e^{i\theta}\Omega_\alpha$内收敛到$e^{i\theta}$，则z_j和$T-I_0$的距离大于某一正数. 当$j\to\infty$时，积分

$$u_1(z_j) = \int_{T-I_0} P(z_j, e^{it})d\mu(e^{it}) \tag{3}$$

在$T-I_0$上一致收敛到0. 因此

$$\lim_{j\to\infty} u_1(z_j) = 0. \tag{4}$$

然后利用(2)式并结合定理 11.20 得到

243 $$c_\alpha(N_\alpha u_0)(e^{i\theta}) \leqslant (M\mu_0)(e^{i\theta}) \leqslant \varepsilon. \tag{5}$$

在$e^{i\theta}\Omega_\alpha$中，$u_0(z)\leqslant(N_\alpha u_0)(e^{i\theta})$. 因此(5)式蕴涵着

$$\limsup_{j\to\infty} u_0(z_j) \leqslant \varepsilon/c_\alpha. \tag{6}$$

因为$u=u_0+u_1$而ε是任意的，(4)式和(6)式给出

$$\lim_{j\to\infty} u(z_j) = 0. \tag{7}$$

■

11.23 定理 *若$f\in L^1(T)$，则$P[f]$在f的每一个勒贝格点$e^{i\theta}$处有非切向极限$f(e^{i\theta})$.*

证明 假设$e^{i\theta}$为f的一个勒贝格点. 不失一般性，通过将f减去一个常数我们可以设$f(e^{i\theta})=0$,则当开弧$I\subset T$收缩到它们的中心$e^{i\theta}$时，有

$$\lim \frac{1}{\sigma(I)}\int_I |f| d\sigma = 0. \tag{1}$$

定义T上的一个博雷尔测度μ为

$$\mu(E) = \int_E |f| d\sigma, \tag{2}$$

则(1)式可改写为$(D\mu)(e^{i\theta})=0$；因此由定理 11.22，$P[d\mu]$在$e^{i\theta}$处有非切向极限0. 这对于$P[f]$同样成立，因为

$$|P[f]| \leqslant P[|f|] = P[d\mu]. \tag{3}$$

■

后两个定理可以组合如下.

11.24 定理 *若$d\mu=fd\sigma+d\mu_s$为T上的复博雷尔测度的勒贝格分解，其中$f\in L^1(T)$，$\mu_s\perp\sigma$,则$P[d\mu]$在几乎T上所有的点处有非切向极限$f(e^{i\theta})$.*

证明 分别对μ_s的实部和虚部的正、负变形应用定理 11.22，再对f应用定理 11.23 即可. ■

下面是定理 11.20 的另一个重要结果.

244 **11.25 定理** *对于$0<\alpha<1$和$1\leqslant p\leqslant\infty$，存在常数$A(\alpha, p)<\infty$满足下面性质：*

(a) 若μ是T上的一个复博雷尔测度且$u=P[d\mu]$，则

$$\sigma\{N_\alpha u > \lambda\} \leqslant \frac{A(\alpha,1)}{\lambda}\|\mu\| \quad (0<\lambda<\infty).$$

(b) 若 $1<p\leqslant\infty$，$f\in L^p(T)$ 且 $u=P[f]$，则

$$\|N_\alpha u\|_p \leqslant A(\alpha,p)\|f\|_p.$$

证明 结合定理 11.20、定理 7.4 和定理 8.18 证明中的不等式(7)即可. ■

若 $u=P[d\mu]$，则不相切极大函数 $N_\alpha u$ 是属于弱 L^1 的，且若存在某函数 $f\in L^p(T)(p>1)$ 使得 $u=P[f]$，则它们是属于 L^p 的. 后面这个结果可以看成是定理 11.16 第一部分的一个加强形式.

表示定理

11.26 我们怎样才能判断 U 内的一个调和函数是否为泊松积分？前面的定理(定理11.16～定理 11.25)包含了一系列的必要条件. 我们看看最简单的情形：函数族$\{u_r: 0\leqslant r<1\}$的 L^p 有界性就是充分的！因此，特别地，当 $r\to 1$ 时，$\|u_r\|_1$的有界性蕴涵着在 T 上几乎处处存在非切向极限. 因此，如同我们在定理 11.30 中看到的一样，u 可以表示为一个测度的泊松积分.

这个测度可由函数 u_r 的一个所谓的"弱极限"得到. 弱收敛是泛函分析中的一个重要话题. 我们将用另一个重要概念(称为等度连续性)来接近它. 等度连续性将在后面与所谓的全纯函数的"正规族"一起讨论.

11.27 定义 设$\mathscr{F}$为具有度量 ρ 的度量空间 X 上的一个复函数族.

我们称$\mathscr{F}$为等度连续的，如果对任意的 $\varepsilon>0$，存在 $\delta>0$，使得当点对 x，y 满足 $\rho(x,y)<\delta$ 时，对任意的 $f\in\mathscr{F}$ 有 $|f(x)-f(y)|<\varepsilon$(特别地，每一个 $f\in\mathscr{F}$ 都是一致连续的).

我们称$\mathscr{F}$为逐点有界的，如果对每一个 $x\in X$，存在 $M(x)<\infty$，使得对任意的 $f\in\mathscr{F}$ 都有 $|f(x)|\leqslant M(x)$.

11.28 定理(阿尔泽拉-阿斯科利) *假设$\mathscr{F}$为度量空间 X 上的一个逐点有界的等度连续的复函数族，且 X 包含一个可数稠密子集 E.*

$\mathscr{F}$中的任何一个序列$\{f_n\}$存在一个在 X 的任何一个紧子集上一致收敛的子序列. 245

证明 设 x_1，x_2，x_3，…为 E 中的点的枚举，并设 S_0 表示所有的正整数构成的集合. 假设$k\geqslant 1$且无限集 $S_{k-1}\subset S_0$ 已经选取好了. 因为$\{f_n(x_k): n\in S_{k-1}\}$为一个有界复数序列，它有一个收敛子序列. 换言之，存在无限集 $S_k\subset S_{k-1}$使得极限 $\lim f_n(x_k)$当 n 在 S_k 中趋向于无穷大时存在.

设 r_k 为 S_k 中的第 k 项(相对于正整数的自然排序)且令

$$S=\{r_1,r_2,r_3,\cdots\}.$$

对于每一个 k，S 中最多有 $k-1$ 项不在 S_k 中.

因此，对于每一个 $x\in E$，当 n 在 S 中趋向于无穷大时极限 $\lim f_n(x)$存在.

(这种通过$\{S_k\}$来构造 S 的方法就是所谓的对角过程.)

现在设 $K\subset X$ 为紧的，任给 $\varepsilon>0$，由等度连续性，存在 $\delta>0$，使得 $\rho(p,q)<\delta$ 时蕴涵着 $|f_n(p)-f_n(q)|<\varepsilon$对任何 n 成立. 用半径为 $\delta/2$ 的开球 B_1，B_2，…，B_M 覆盖 K. 因为 E 在 X 中稠密，对于 $1\leqslant i\leqslant M$，存在点 $p_i\in B_i\cap E$. 因为 $p_i\in E$，当 n 在 S 中趋向于无穷大时极

限 $\lim f_n(p_i)$ 存在．因此存在正整数 N，使得若 $m>N$，$n>N$ 且 $m\in S$，$n\in S$，则

$$|f_m(p_i)-f_n(p_i)|<\varepsilon$$

对所有的 $i=1, 2, \cdots, M$ 成立．

最后，选取 $x\in K$，则存在 i 使得 $x\in B_i$，且 $\rho(x, p_i)<\delta$．由我们对 δ 和 N 的选取可知，如果 $m>N$，$n>N$ 且 $m\in S$，$n\in S$，则

$$|f_m(x)-f_n(x)|\leqslant|f_m(x)-f_m(p_i)|+|f_m(p_i)-f_n(p_i)|+|f_n(p_i)-f_n(x)|$$
$$<\varepsilon+\varepsilon+\varepsilon=3\varepsilon.$$

∎

11.29 定理 假设

(a) X 为一个可分的巴拿赫空间．

(b) $\{\Lambda_n\}$ 为 X 上的一个线性泛函序列．

(c) $\sup\limits_n\|\Lambda_n\|=M<\infty$．

则存在一个子序列 $\{\Lambda_{n_i}\}$，使得极限

$$\Lambda x=\lim_{i\to\infty}\Lambda_{n_i}x \tag{1}$$

对所有的 $x\in X$ 存在，而且 Λ 是线性的，$\|\Lambda\|\leqslant M$．

246 (在这种情况下，Λ 称为序列 $\{\Lambda_{n_i}\}$ 的弱极限；见习题 18.)

证明 根据定义，称 X 是可分的，是指 X 有一个可数的稠密子集．不等式

$$|\Lambda_n x|\leqslant M\|x\|，|\Lambda_n x'-\Lambda_n x''|\leqslant M\|x'-x''\|$$

说明 $\{\Lambda_n\}$ 是逐点有界和等度连续的．又因为 X 的每一个点都是一个紧子集，定理 11.28 说明存在一个子序列 $\{\Lambda_{n_i}\}$ 使得当 $i\to\infty$ 时，对每一个 $x\in X$，$\{\Lambda_{n_i}x\}$ 收敛．最后定义 Λ 如(1)式即可．显然 Λ 是线性的，$\|\Lambda\|\leqslant M$． ∎

为了下面的应用，我们回顾一下：$C(T)$ 和 $L^p(T)(p<\infty)$ 为可分的巴拿赫空间，因为三角多项式在它们中稠密，又因为我们只需将三角多项式的系数限制在前面所说的复数域的一个可数稠密子集上．

11.30 定理 假设 u 是 U 内的调和函数，$1\leqslant p\leqslant\infty$，且

$$\sup_{0<r<1}\|u_r\|_p=M<\infty. \tag{1}$$

(a) 若 $p=1$，则存在唯一的 T 上的复博雷尔测度 μ 使得 $u=P[\mathrm{d}\mu]$．

(b) 若 $p>1$，则存在唯一的 $f\in L^p(T)$ 使得 $u=P[f]$．

(c) U 内的任一个正调和函数都是 T 上的一个唯一正博雷尔测度的泊松积分．

证明 首先假设 $p=1$．定义 $C(T)$ 上的线性泛函 Λ_r 如下：

$$\Lambda_r g=\int_T g u_r\,\mathrm{d}\sigma \quad (0\leqslant r<1). \tag{2}$$

由(1)式，$\|\Lambda_r\|\leqslant M$．再由定理 11.29 和定理 6.19，存在 T 上的一个测度 $\mu(\|\mu\|\leqslant M)$ 和一个序列 $r_j\to 1$，使得对任何的 $g\in C(T)$ 有

$$\lim_{j\to\infty}\int_T g u_{r_j}\,\mathrm{d}\sigma=\int_T g\,\mathrm{d}\mu. \tag{3}$$

令 $h_j(z)=u(r_j z)$，则 h_j 在 U 内是调和的，在 $\overline{U}$ 上是连续的，因此其限制在 T 上的泊松

积分也是调和和连续的. 固定 $z\in U$，应用(3)式和

$$g(\mathrm{e}^{it}) = P(z,\mathrm{e}^{it}), \tag{4}$$ 247

因为 $h_j(\mathrm{e}^{it})=u_{r_j}(\mathrm{e}^{it})$，我们得到

$$\begin{aligned}u(z)&=\lim_j u(r_jz)=\lim_j h_j(z)\\&=\lim_j\int_T P(z,\mathrm{e}^{it})h_j(\mathrm{e}^{it})\mathrm{d}\sigma(\mathrm{e}^{it})\\&=\int_T P(z,\mathrm{e}^{it})\mathrm{d}\mu(\mathrm{e}^{it}) = P[\mathrm{d}\mu](z).\end{aligned}$$

若 $1<p\leqslant\infty$，设 q 为 p 的指数共轭，则 $L^q(T)$是可分的. 我们像(2)中一样定义 Λ_r，但是是对所有的 $g\in L^q(T)$. 然后，$\|\Lambda_r\|\leqslant M$. 像上面一样针对定理 6.16 和定理 11.19 进行推导得到：存在 $f\in L^p(T)$满足 $\|f\|_p\leqslant M$，于是将 $\mathrm{d}\mu$ 换成 $f\mathrm{d}\sigma$ 后(3)式对所有的 $g\in L^q(T)$成立. 剩余的证明和情形 $p=1$ 中一样.

这就完成了(a)和(b)中存在性的证明. 要证明唯一性，只需证明 $P[\mathrm{d}\mu]=0$ 蕴涵 $\mu=0$.

任给 $f\in C(T)$，令 $u=P[f]$，$v=P[\mathrm{d}\mu]$. 由富比尼定理及对称性 $P(r\mathrm{e}^{i\theta},\mathrm{e}^{it})=P(r\mathrm{e}^{it},\mathrm{e}^{i\theta})$，

$$\int_T u_r\mathrm{d}\mu=\int_T v_rf\mathrm{d}\sigma \quad (0\leqslant r<1). \tag{5}$$

当 $v=0$ 时有 $v_r=0$，且因为当 $r\to1$ 时 u_r 一致收敛到 f，我们得到结论：若 $P[\mathrm{d}\mu]=0$，则对所有的 $f\in C(T)$有

$$\int_T f\mathrm{d}\mu=0. \tag{6}$$

由定理 6.19，我们知道(6)式蕴涵着 $\mu=0$.

最后，(c)是(a)的一个推论，因为由调和函数的均值性质，$u>0$ 蕴涵着(1)式且 $p=1$：

$$\int_T |u_r|\mathrm{d}\sigma=\int_T u_r\mathrm{d}\sigma=u(0) \quad (0\leqslant r<1). \tag{7}$$

(a)的证明中使用的泛函 Λ_r 此时是正的，因此 $\mu\geqslant0$. ■

11.31 因为全纯函数是调和的，前面的所有结论(尤其是定理 11.16、11.24、11.25、11.30 最为明显)都能运用到 U 上的全纯函数上. 这就引出对 H^p-空间的研究，这是第 17 章中将要提到的课题.

现在，我们将给出其中一个应用，即运用到空间 H^∞ 中的函数上去. 由定义，这个空间 H^∞ 是指 U 内的所有有界全纯函数构成的空间. 其范数

$$\|f\|_\infty=\sup\{|f(z)|: z\in U\}$$

将 H^∞ 映到一个巴拿赫空间中. 248

像前面一样，我们用 $L^\infty(T)$表示 T 上所有的本质有界函数(等价类)构成的空间，范数为本质上确界范数，相对于勒贝格测度. 对于 $g\in L^\infty(T)$，$\|g\|_\infty$ 表示 $|g|$ 的本质上确界.

11.32 定理 *对于每一个 $f\in H^\infty$，存在一个函数 $f^*\in L^\infty(T)$，几乎处处定义为*

$$f^*(\mathrm{e}^{i\theta})=\lim_{r\to1}f(r\mathrm{e}^{i\theta}) \tag{1}$$

使得等式 $\|f\|_\infty=\|f^*\|_\infty$ 成立.

若 $f^*(\mathrm{e}^{i\theta})=0$ 对某一弧 $I\subset T$ 上几乎所有的点 $\mathrm{e}^{i\theta}$ 成立，则对所有的 $z\in U$ 有 $f(z)=0$.

(一个值得考虑的更强的唯一性定理将在后面定理 15.19 中得到，也可参看定理 17.18 和17.19 节.)

证明 由定理 11.30，存在唯一的 $g\in L^{\infty}(T)$ 使得 $f=P[g]$. 由定理 11.23 知，当 $f^{*}=g$ 时(1)式成立. 不等式 $\|f\|_{\infty}\leqslant\|f^{*}\|_{\infty}$ 可从定理 11.16(1)中得到，相反方向的不等式是很显然的.

特别地，若 $f^{*}=0$ a.e.，则 $\|f^{*}\|_{\infty}=0$，因此 $\|f\|_{\infty}=0$，从而 $f=0$.

现在选取一个正整数 n 使得 I 的长度大于 $2\pi/n$. 设 $\alpha=\exp\{2\pi i/n\}$ 且定义

$$F(z)=\prod_{k=1}^{n}f(\alpha^{k}z)\quad(z\in U),\tag{2}$$

则 $F\in H^{\infty}$ 且 $F^{*}=0$ 在 T 上几乎处处成立，因此 $F(z)=0$ 对所有的 $z\in U$ 成立. 如果 f 在 U 中的零点集 $Z(f)$ 至多是可数的，则 $Z(F)$ 也至多是可数的，因为 $Z(F)$ 是由 $Z(f)$ 经旋转得到的 n 个集的并. 但是 $Z(F)=U$，因此由定理 10.18，$f=0$. ■

习题

1. 设 u 和 v 是平面区域 Ω 内的实调和函数. 在什么条件下 uv 是调和的?(注意答案强烈地依赖于本问题是就实函数提出的这一事实.)证明 u^2 在 Ω 内不是调和的，除非 u 为常数. 对哪些 $f\in H(\Omega)$，$|f|^2$ 是调和的?
2. 设 f 是区域 Ω 内的复函数，且 f 和 f^2 均在 Ω 内调和. 证明：或者 f 或者 $\overline{f}$ 在 Ω 内是全纯的.
3. 如果 u 是区域 Ω 内的调和函数. 对于使 u 的梯度为零的点集你能说些什么?(这个集就是使 $u_x=u_y=0$ 的点集.)
4. 证明调和函数的每个偏导数是调和的.
   通过直接计算验证对每个固定的 t，$P_r(\theta-t)$ 是 $re^{i\theta}$ 的一个调和函数. 通过证明 $P[d\mu]$ 的每个偏导数等于对应的核的偏导数的积分，推证(不涉及全纯函数)T 上每个有限博雷尔测度 μ 的泊松积分 $P[d\mu]$ 在 U 内调和.
5. 设 $f\in H(\Omega)$，且 f 在 Ω 内没有零点，通过计算 $\log|f|$ 的拉普拉斯算子值证明 $\log|f|$ 在 Ω 内调和. 有
249 没有较容易的方法?
6. 设 $f\in H(U)$，此处 U 是开单位圆盘，f 在 U 内是一一的，$\Omega=f(U)$，且 $f(z)=\sum c_n z^n$. 证明 Ω 的面积是
$$\pi\sum_{n=1}^{\infty}n\,|\,c_n\,|^2.$$
   提示：f 的雅可比行列式是 $|f'|^2$.
7. (a)如果 $f\in H(\Omega)$，对 $z\in\Omega$，$f(z)\neq 0$，且 $-\infty<\alpha<\infty$，通过证明公式
$$\partial\overline{\partial}(\psi\circ(f\overline{f}))=(\varphi\circ|f|^2)\cdot|f'|^2,$$
   其中 ψ 在 $(0,\infty)$ 上是二次可微的，且
$$\varphi(t)=t\psi''(t)+\psi'(t)$$
   来证明
$$\Delta(|f|^{\alpha})=\alpha^2\,|f|^{\alpha-2}\,|f'|^2$$
   (b)设 $f\in H(\Omega)$，而 Φ 是定义域为 $f(\Omega)$ 的复函数，它有连续二阶偏导数. 证明
$$\Delta[\Phi\circ f]=[(\Delta\Phi)\circ f]\cdot|f'|^2.$$
   证明在 $\Phi(w)=\Phi(|w|)$ 的特殊情况下，上式就是(a)的结果.

8. 设 Ω 是一个区域，对于 $n=1, 2, 3, \cdots$，$f_n \in H(\Omega)$，u_n 是 f_n 的实数，$\{u_n\}$ 在 Ω 的紧子集上一致收敛，且至少有一个 $z\in\Omega$ 使得 $\{f_n(z)\}$ 收敛. 证明 $\{f_n\}$ 在 Ω 的紧子集上一致收敛.

9. 设 u 是区域 Ω 内的一个勒贝格可测函数，且 u 局部地属于 L^1. 这意味着 $|u|$ 在 Ω 的任何紧子集上的积分是有限的. 如果 u 满足如下形式的平均值性质：当 $\overline{D}(a;r)\subset\Omega$ 时，

$$u(a)=\frac{1}{\pi r^2}\iint_{D(a;\,r)} u(x,y)\,\mathrm{d}x\mathrm{d}y.$$

证明 u 是调和的.

10. 设 $I=[a, b]$ 是实轴上的一个区间，φ 是 I 上的连续函数，且

$$f(z)=\frac{1}{2\pi\mathrm{i}}\int_a^b\frac{\varphi(t)}{t-z}\mathrm{d}t\quad(z\notin I).$$

证明对每个实数 x

$$\lim_{\varepsilon\to0}[f(x+\mathrm{i}\varepsilon)-f(x-\mathrm{i}\varepsilon)]\qquad(\varepsilon>0)$$

存在，并用 φ 求出它.

如果我们只假定 $\varphi\in L^1$，则对结果有怎样的影响？在 φ 具有左极限和右极限的点 x 处会怎么样？

11. 设 $I=[a, b]$，Ω 是一个区域，$I\subset\Omega$，f 在 Ω 内连续，且 $f\in H(\Omega-I)$. 证明实际上 $f\in H(\Omega)$.

用另一些集代替 I，使之可以推断同样的结论.

12. (哈纳克不等式)设 Ω 是区域，K 是 Ω 的紧子集，$z_0\in\Omega$. 证明存在正数 α 和 β(依赖 z_0，K 和 Ω)，使得对 Ω 内每个正调和函数及对所有 $z\in K$，

$$\alpha u(z_0)\leqslant u(z)\leqslant\beta u(z_0).$$ 250

如果 $\{u_n\}$ 是 Ω 内一个正调和函数序列，且 $u_n(z_0)\to0$，描述 $\{u_n\}$ 在 Ω 的剩余部分的状况. 对 $u_n(z_0)\to\infty$ 作同样的叙述. 说明 $\{u_n\}$ 的正性这一假定对这些结果是本质的.

13. 设 u 是 U 内的正调和函数且 $u(0)=1$. $u\left(\frac{1}{2}\right)$ 可以有多大？可以有多小？试给出最好的可能的界限.

14. 对于线对 L_1，L_2，是否存在这样的实函数，即它们在整个平面内调和，而在不恒为零的 $L_1\cup L_2$ 的所有点处为 0?

15. 设 u 是 U 内的正调和函数，且对每个 $\mathrm{e}^{\mathrm{i}\theta}\neq1$，当 $r\to1$ 时 $u(r\mathrm{e}^{\mathrm{i}\theta})\to0$. 证明存在常数 c，使得

$$u(r\mathrm{e}^{\mathrm{i}\theta})=cP_r(\theta).$$

16. 这里是 U 内不恒为零但其所有的径向极限为零的调和函数的例子

$$u(z)=\mathrm{Im}\left[\left(\frac{1+z}{1-z}\right)^2\right].$$

证明 u 不是 T 上任何测度的泊松积分，并且不是 U 内两个正调和函数的差.

17. 令 Φ 为 U 内使 $u(0)=1$ 的所有正调和函数的集. 证明 Φ 是凸集并找出 Φ 的极值点.（称凸集 Φ 内的点 x 为 Φ 的一个*极值点*. 如果对于在 Φ 内的任何线段，其两个端点都与 x 不同时，x 就不会落在这个线段上.）提示：如果 C 是凸集、该集的元素是 T 上全变差为 1 的正博雷尔测度，证明 C 的极值点恰好是那些 $\mu\in C$，使得 μ 的支集仅由 T 的一个点组成.

18. 令 X^* 为巴拿赫空间 X 的对偶空间. 如果对每个 $x\in X$，当 $n\to\infty$ 时，$\Lambda_n x\to\Lambda x$，则称 X^* 内的序列 $\{\Lambda_n\}$ *弱收敛*于 $\Lambda\in X^*$. 注意，当按 X^* 范数 $\Lambda_n\to\Lambda$ 时，则一定在弱收敛意义下 $\Lambda_n\to\Lambda$.（参看第 5 章习题 8.）逆命题不一定正确. 例如，在 $L^2(T)$ 上，泛函 $f\to\hat{f}(n)$ 弱趋于 0(根据贝塞尔不等式)，但这些泛函的每一个都具有范数 1.

证明如果 $\{\Lambda_n\}$ 弱收敛，则 $\{\|\Lambda_n\|\}$ 必定有界.

19. (a) 证明若 $\delta=1-r$ 则 $\delta P_r(\delta)>1$.

(b) 若 $\mu\geqslant 0$，$u=P[\mathrm{d}\mu]$，且 $I_\delta\subset T$ 为中心在 1 长为 2δ 的弧，证明

$$\mu(I_\delta)\leqslant \delta u(1-\delta),$$

且因此

$$(M\mu)(1)\leqslant \pi(M_{\mathrm{rad}}u)(1)$$

(c) 若另外有 $\mu\perp m$，证明

$$u(re^{i\theta})\to\infty \qquad \text{a. e. } [\mu].$$

提示：运用定理 7.15.

20. 假设 $E\subset T$，$m(E)=0$. 证明存在 $f\in H^\infty$ 满足 $f(0)=1$，且在每一点 $e^{i\theta}\in E$ 处有

$$\lim_{r\to 1}f(re^{i\theta})=0.$$

提示：找一个下半连续函数 $\psi\in L^1(T)$，$\psi>0$ 且在 E 上每一点处 $\psi=+\infty$. 存在一个全纯函数 g，其实部为 $P[\psi]$，设 $f=1/g$.

21. 定义函数 $f\in H(U)$，$g\in H(U)$ 为 $f(z)=\exp\{(1+z)/(1-z)\}$，$g(z)=(1-z)\exp\{-f(z)\}$，证明：对每一个 $e^{i\theta}\in T$，

$$g^*(e^{i\theta})=\lim_{r\to 1}g(re^{i\theta})$$

251 存在，且 $g^*\in C(T)$，但 $g\notin H^\infty$.

提示：固定 S，令

$$z_t=\frac{t+\mathrm{i}s-1}{t+\mathrm{i}s+1}\qquad (0<t<\infty).$$

对确定的 S 的值，当 $t\to\infty$ 时，$|g(z_t)|\to\infty$.

22. 假设 u 是 U 内的调和函数，且 $\{u_r: 0\leqslant r<1\}$ 是 $L^1(T)$ 的一个一致可积子集(见第 6 章习题 10)，修改定理 11.30 来证明 $u=P[f]$ 对某个 $f\in L^1(T)$ 成立.

23. 设 $\theta_n=2^{-n}$ 且对 $z\in U$ 定义

$$u(z)=\sum_{n=1}^{\infty}n^{-2}\{P(z,e^{i\theta_n})-P(z,e^{-i\theta_n})\}.$$

证明：u 是 T 上某一测度的泊松积分，当 $-1<x<1$ 时，$u(x)=0$. 但是，当 $\varepsilon\to 0$ 时，

$$u(1-\varepsilon+\mathrm{i}\varepsilon)$$

是无界的(从而 U 在 1 处有径向极限，但没有非切向极限).

提示：若 $\varepsilon=\sin\theta$ 充分小，且 $z=1-\varepsilon+\mathrm{i}\varepsilon$，则

$$P(z,e^{i\theta})-P(z,e^{-i\theta})>1/\varepsilon.$$

24. 设 $D_n(t)$ 为如 5.11 节中所示的狄利克雷核，定义费耶核为

$$K_N=\frac{1}{N+1}(D_0+D_1+\cdots+D_N),$$

令 $L_N(t)=\min(N,\ \pi^2/Nt^2)$，证明

$$K_{N-1}(t)=\frac{1}{N}\cdot\frac{1-\cos Nt}{1-\cos t}\leqslant L_N(t)$$

且 $\int_T L_N\mathrm{d}\sigma\leqslant 2$.

利用以上证明函数 $f\in L^1(T)$ 的傅里叶级数的部分和 s_n 的算术平均值

$$\sigma_N=\frac{S_0+S_1+\cdots+S_N}{N+1}$$

在 f 的每一个勒贝格点处都收敛到 $f(e^{i\theta})$.（证明 $\sup|\sigma_N|$ 受 Mf 控制，这个过程和定理 11.23 的证明中一样.）

25. 若 $1\leqslant p\leqslant\infty$ 且 $f\in L^p(R^1)$，证明在上半平面中 $(f*h_\lambda)(x)$ 是 $x+i\lambda$ 的调和函数.（h_λ 的定义见 9.7 节，它是上半平面的泊松核.） 252

第 12 章　最大模原理

引言

12.1　最大模定理(10.24)断定常数是其绝对值在域 Ω 的任意点具有局部极大值的唯一的全纯函数.

我们复述如下：如果 K 是有界域 Ω 的闭包，若 f 在 K 上连续而在 Ω 内全纯，则对每一 $z\in\Omega$，有

$$|f(z)|\leqslant\|f\|_{\partial\Omega}. \tag{1}$$

如果在一点 $z\in\Omega$ 等式成立，则 f 是常数.

((1)的右边是 $|f|$ 在 Ω 的边界 $\partial\Omega$ 上的上确界.)

因为如果在某点 $z\in\Omega$，$|f(z)|\geqslant\|f\|_{\partial\Omega}$，则 $|f|$ 在 K 上的最大值实际上在 Ω 的某点达到.（由于 K 是紧的，此最大值在 K 的某点达到.）根据定理 10.24，所以 f 是常数.

等式 $\|f\|_\infty=\|f^*\|_\infty$ 是定理 11.21 的一部分，它蕴涵

$$|f(z)|\leqslant\|f^*\|_\infty\qquad(z\in U,f\in H^\infty(U)). \tag{2}$$

类似于(1)的陈述，这就是说(粗略地说)，$|f(z)|$ 不大于 f 的边界值的上确界. 但这时不需要 f 在 $\overline{U}$ 上连续，而只要在 U 上有界就够了

本章包括最大模定理的进一步的推广及一些相当显著的应用，并用一个定理作为结束，它指出最大值性质“几乎”完全刻画了全纯函数类. 253

施瓦茨引理

这是通常给如下定理的一个称呼. 我们仍然使用 11.31 节中规定的记号.

12.2 定理　设 $f\in H^\infty$，$\|f\|_\infty\leqslant1$，且 $f(0)=0$，则

$$|f(z)|\leqslant|z|\qquad(z\in U), \tag{1}$$

$$|f'(0)|\leqslant1. \tag{2}$$

如果对一个 $z\in U-\{0\}$，(1)的等号成立，或者(2)的等号成立，则 $f(z)=\lambda z$，此处 λ 是常数，$|\lambda|=1$.

用几何语言来说，这一假设就是说 f 是保持原点不动的 U 到 U 内的一个全纯映射. 结论部分则是说或者 f 是一个旋转，或者 f 将每一个 $z\in U-\{0\}$ 变到比原来更靠近原点的地方.

证明　由于 $f(0)=0$，所以 $f(z)/z$ 在 $z=0$ 有一个可去奇点. 因此存在一个 $g\in H(U)$，使得 $f(z)=zg(z)$. 如果 $z\in U$ 且 $|z|<r<1$，则

$$|g(z)|\leqslant\max_\theta\frac{|f(re^{i\theta})|}{r}\leqslant\frac{1}{r}.$$

令 $r\to1$，可以看到在每一个 $z\in U$ 处有 $|g(z)|\leqslant1$. 这就得到了(1). 由于 $f'(0)=g(0)$，所以(2)成立. 根据最大模定理的另一个应用，若对某个 $z\in U$，$|g(z)|=1$，则 g 是常数. ■

借助如下把 U 映到 U 上的映射，可以得到施瓦茨引理的许多变形.

12.3 定义　对任意 $\alpha\in U$，定义

$$\varphi_\alpha(z)=\frac{z-\alpha}{1-\bar{\alpha}z}.$$

12.4 定理　固定 $\alpha\in U$，则 φ_α 是将 T 映到 T 上，U 映到 U 上和将 α 映为 0 的一个一一映射. φ_α 的逆映射为 $\varphi_{-\alpha}$. 我们有

$$\varphi'_\alpha(0)=1-|\alpha|^2,$$
$$\varphi'_\alpha(\alpha)=\frac{1}{1-|\alpha|^2}. \tag{1}$$

证明　除去位于 $\overline{U}$ 外面的一个极点 $1/\bar{\alpha}$ 外，φ_α 在整个平面内全纯. 用直接的代换证得

254 $$\varphi_{-\alpha}(\varphi_\alpha(z))=z. \tag{2}$$

因此，φ_α 是一一的，而且 $\varphi_{-\alpha}$ 是它的逆映射. 由于对实数 t，

$$\left|\frac{e^{it}-\alpha}{1-\bar{\alpha}e^{it}}\right|=\frac{|e^{it}-\alpha|}{|e^{-it}-\bar{\alpha}|}=1 \tag{3}$$

(z 和 $\bar{z}$ 有相同的绝对值)，所以 φ_α 把 T 映射到 T 内；对 $\varphi_{-\alpha}$ 有相同的结论；因而 $\varphi_\alpha(T)=T$. 根据最大模定理得到 $\varphi_\alpha(U)\subset U$，且考虑到 $\varphi_{-\alpha}$，证得实际上有 $\varphi_\alpha(U)=U$. ■

12.5 一个极值问题　设 α 和 β 是复数，$|\alpha|<1$ 和 $|\beta|<1$. 如果 f 满足条件：$f\in H^\infty$，$\|f\|_\infty\leqslant 1$ 和 $f(\alpha)=\beta$，问 $|f'(\alpha)|$ 能取到多大？

为解决这个问题，设

$$g=\varphi_\beta\circ f\circ\varphi_{-\alpha}. \tag{1}$$

由于 $\varphi_{-\alpha}$ 和 φ_β 把 U 映到 U 上，我们看出 $g\in H^\infty$ 和 $\|g\|_\infty\leqslant 1$；同样 $g(0)=0$. 从 f 过渡到 g 就把我们的问题归结到施瓦茨引理，并给出 $|g'(0)|\leqslant 1$. 对(1)，链式法则给出

$$g'(0)=\varphi'_\beta(\beta)f'(\alpha)\varphi'_{-\alpha}(0). \tag{2}$$

如果我们使用 12.4(1)的等式，便得到不等式

$$|f'(\alpha)|\leqslant\frac{1-|\beta|^2}{1-|\alpha|^2}. \tag{3}$$

由于在(3)中等号可以成立，这就解决了我们的问题. 而这当且仅当 $|g'(0)|=1$ 时就会发生. 此时 g 是一个旋转(定理 12.2)，所以对某个常数 λ，$|\lambda|=1$，有

$$f(z)=\varphi_{-\beta}(\lambda\varphi_\alpha(z))\qquad(z\in U). \tag{4}$$

应当强调解的一个值得注意的特性. 我们对 f 靠近 U 的边界时的性态没有提出一些光滑性条件(如在 $\overline{U}$ 上连续). 然而，在所述的限制之下使 $|f'(\alpha)|$ 取得最大值的函数实际上是有理函数. 也应注意这些极值函数是映 U 到 U 上的(不只是到 U 内)，并且映射是一一的. 这一考察可以为第 14 章中黎曼映射定理的证明提供一个启示.

现在，我们只打算指出这一极值问题如何用来刻画把 U 映到 U 上的一一全纯映射.

12.6 定理　设 $f\in H(U)$，f 是一一的，$f(U)=U$，$\alpha\in U$，且 $f(\alpha)=0$，则有一个常数 λ，$|\lambda|=1$，使得

$$f(z)=\lambda\varphi_\alpha(z)\qquad(z\in U). \tag{1}$$

255 换言之，我们通过把映射 φ_α 和一个旋转复合起来以得到 f.

证明 设 g 为 f 的逆映射，由 $g(f(z))=z\quad(z\in U)$ 确定. 由于 f 是一一的，f' 在 U 内没有零点. 根据定理 10.33，所以 $g\in H(U)$. 由链式法则，有

$$g'(0)f'(\alpha)=1. \tag{2}$$

把 12.5 的解应用于 f 和 g，引出不等式

$$|f'(\alpha)|\leqslant\frac{1}{1-|\alpha|^2},\qquad |g'(0)|\leqslant 1-|\alpha|^2. \tag{3}$$

根据(2)，式(3)中的等式必定成立. 如同我们在前述问题(此处 $\beta=0$)中观察到的那样，这就保证了 f 满足(1). ■

弗拉格曼-林德勒夫方法

12.7 对于有界区域 Ω 我们在 12.1 节中看到，如果 f 在 Ω 的闭包上连续且 $f\in H(\Omega)$，则最大模定理推出

$$\|f\|_{\Omega}=\|f\|_{\partial\Omega}. \tag{1}$$

对于无界域它就不再正确了.

请看一个例子，设

$$\Omega=\{z=x+\mathrm{i}y:-\frac{\pi}{2}<y<\frac{\pi}{2}\}, \tag{2}$$

Ω 是以平行线 $y=\pm\pi/2$ 为界的开带域，它的边界 $\partial\Omega$ 是这两条直线的并. 设

$$f(z)=\exp(\exp(z)), \tag{3}$$

对实数 x，

$$f\left(x\pm\frac{\pi\mathrm{i}}{2}\right)=\exp(\pm\mathrm{i}e^{x}). \tag{4}$$

由于 $\exp(\pi\mathrm{i}/2)=\mathrm{i}$，所以对 $z\in\partial\Omega$，$|f(z)|=1$. 但当 x 沿位于 Ω 内的正实轴趋于 ∞，即 $x\to\infty$ 时，$f(z)$ 非常迅速地趋于 ∞.

在上句中"非常"是个关键性的词. 由弗拉格曼和林德勒夫发现的一种方法使之有可能证明如下类型的定理：如果 $f\in H(\Omega)$ 且 $|f|<g$，此处，在 Ω 内当 $z\to\infty$ 时，$g(z)$"慢慢"地趋于 ∞("慢"的含义是与 Ω 有关的)，则 f 实际上在 Ω 内有界，并且根据最大模定理，常常包含关于 f 的进一步结论.

我们不打算用一个包罗万象的定理来描述这个方法，而仅仅通过两种情况来指出它是怎样做的. 这两种情况中，Ω 都是一个带域. 第一种情况下，f 假定是有界的，而定理将改进这个界限. 第二种情况下，对 f 提出一个增长条件以便排除(3)中的函数. 鉴于以后的应用，定理 12.8 中的 Ω 将是垂直的带形. 256

但是，首先让我们提出另一个同样是很有意思的例子：设 f 是一个整函数，且对所有 z

$$|f(z)|<1+|z|^{1/2}, \tag{5}$$

则 f 是常数.

由于柯西估值 10.26 表明，对 $n=1,2,3,\cdots$，$f^{(n)}(0)=0$，从而立即得到上面的结果.

12.8 定理 设

$$\Omega=\{x+\mathrm{i}y:a<x<b\},$$

$$\overline{\Omega}=\{x+\mathrm{i}y: a\leqslant x\leqslant b\}, \tag{1}$$

f 在 $\overline{\Omega}$ 上连续，$f\in H(\Omega)$，又设对所有 $z\in\Omega$ 和某个固定的 $B<\infty$，$|f(z)|<B$. 如果

$$M(x)=\sup\{|f(x+\mathrm{i}y)|: -\infty<y<\infty\}(a\leqslant x\leqslant b), \tag{2}$$

则实际上有

$$M(x)^{b-a}\leqslant M(a)^{b-x}M(b)^{x-a}\quad (a<x<b). \tag{3}$$

注 结论(3)蕴涵着不等式 $|f|<B$ 可以用 $|f|\leqslant\max(M(a), M(b))$ 代替，所以 $|f|$ 在 Ω 内不大于 $|f|$ 在 Ω 的边界上的上确界.

如果把定理应用到以直线 $x=\alpha$ 和 $x=\beta$ 为界的带域上，此处 $a\leqslant\alpha<\beta\leqslant b$，则结论可按以下方式来叙述：

推论 在定理的假设下，$\log M$ 是 (a, b) 上的一个凸函数.

证明 我们首先假定 $M(a)=M(b)=1$. 在这种情况下，我们需要证明对所有 $z\in\Omega$，$|f(z)|\leqslant 1$.

对每个 $\varepsilon>0$，我们定义一个辅助函数

$$h_\varepsilon(z)=\frac{1}{1+\varepsilon(z-a)}\qquad (z\in\overline{\Omega}). \tag{4}$$

由于在 $\overline{\Omega}$ 内 $\mathrm{Re}\{1+\varepsilon(z-a)\}=1+\varepsilon(x-a)\geqslant 1$，故在 $\overline{\Omega}$ 内 $|h_\varepsilon|\leqslant 1$，所以

$$|f(z)h_\varepsilon(z)|\leqslant 1\quad (z\in\partial\Omega). \tag{5}$$

同样，$|1+\varepsilon(z-a)|\geqslant\varepsilon|y|$，因此

$$|f(z)h_\varepsilon(z)|\leqslant\frac{B}{\varepsilon|y|}\qquad (z=x+\mathrm{i}y\in\overline{\Omega}). \tag{6}$$

设 R 是用直线 $y=\pm B/\varepsilon$ 从 $\overline{\Omega}$ 割出的矩形. 由(5)和(6)，在 ∂R 上 $|fh_\varepsilon|\leqslant 1$，因此根据最大模定理，在 R 上 $|fh_\varepsilon|\leqslant 1$. 但(6)表明在 $\overline{\Omega}$ 的剩余部分上 $|fh_\varepsilon|\leqslant 1$. 因此，对所有 $z\in\Omega$ 和
257 所有 $\varepsilon>0$，$|f(z)h_\varepsilon(z)|\leqslant 1$. 如果我们固定 $z\in\Omega$，然后令 $\varepsilon\to 0$，则得到期望的结果 $|f(z)|\leqslant 1$.

现在我们转向一般情况，设

$$g(z)=M(a)^{(b-z)/(b-a)}M(b)^{(z-a)/(b-a)}, \tag{7}$$

此处，对 $M>0$ 及复数 w，M^w 由

$$M^w=\exp(w\log M) \tag{8}$$

定义，且 $\log M$ 是实数. 则在 $\overline{\Omega}$ 内 g 是整函数，g 没有零点，$1/g$ 有界，

$$|g(a+\mathrm{i}y)|=M(a),\qquad |g(b+\mathrm{i}y)|=M(b), \tag{9}$$

从而 f/g 满足我们原先的假定. 因此在 Ω 内 $|f/g|\leqslant 1$，而这便给出(3).（参看习题 7.）■

12.9 定理 设

$$\Omega=\left\{x+\mathrm{i}y: |y|<\frac{\pi}{2}\right\},\qquad \overline{\Omega}=\left\{x+\mathrm{i}y: |y|\leqslant\frac{\pi}{2}\right\}, \tag{1}$$

设 f 在 $\overline{\Omega}$ 上连续，$f\in H(\Omega)$，若存在常数 $\alpha<1$，$A<\infty$，使得

$$|f(z)|<\exp\{A\exp(\alpha|x|)\} \quad (z=x+\mathrm{i}y\in\Omega), \tag{2}$$

且

$$\left|f\left(x\pm\frac{\pi\mathrm{i}}{2}\right)\right|\leqslant 1 \quad (-\infty<x<\infty), \tag{3}$$

则对所有 $z\in\Omega$，$|f(z)|\leqslant 1$.

注意，如同由函数 $\exp(\exp z)$ 所指出的那样，当 $\alpha=1$ 时，是无法得到这个结论的.

证明 选取 $\beta>0$，使 $\alpha<\beta<1$. 对 $\varepsilon>0$，定义

$$h_\varepsilon(z)=\exp\{-\varepsilon(\mathrm{e}^{\beta z}+\mathrm{e}^{-\beta z})\}. \tag{4}$$

对 $z\in\overline{\Omega}$，

$$\begin{aligned}\operatorname{Re}[\mathrm{e}^{\beta z}+\mathrm{e}^{-\beta z}] &= (\mathrm{e}^{\beta x}+\mathrm{e}^{-\beta x})\cos\beta y \\ &\geqslant \delta(\mathrm{e}^{\beta x}+\mathrm{e}^{-\beta x}).\end{aligned} \tag{5}$$

此处因 $|\beta|<1$，故 $\delta=\cos(\beta\pi/2)>0$. 因此

$$|h_\varepsilon(z)|\leqslant\exp\{-\varepsilon\delta(\mathrm{e}^{\beta x}+\mathrm{e}^{-\beta x})\}<1 \ (z\in\overline{\Omega}). \tag{6}$$

可见在 $\partial\Omega$ 上 $|fh_\varepsilon|\leqslant 1$，同时

$$|f(z)h_\varepsilon(z)|\leqslant\exp\{A\mathrm{e}^{\alpha|x|}-\varepsilon\delta(\mathrm{e}^{\beta x}+\mathrm{e}^{-\beta x})\} \ (z\in\overline{\Omega}). \tag{7}$$ 258

固定 $\varepsilon>0$. 由于 $\varepsilon\delta>0$ 和 $\beta>\alpha$，所以当 $x\to\pm\infty$ 时，(7)中的指数趋于 $-\infty$. 因而存在一个 x_0，使得对所有 $x>x_0$(7)的右边小于 1. 由于在顶点为 $\pm x_0\pm(\pi\ \mathrm{i}/2)$ 的矩形的边界上 $|fh_\varepsilon|\leqslant 1$，故最大模定理表明，实际上在这个矩形上，$|fh_\varepsilon|\leqslant 1$. 因此，对每个 $\varepsilon>0$ 在 Ω 的每一点，$|fh_\varepsilon|\leqslant 1$. 当 $\varepsilon\to 0$ 时，对每一个 z，$h_\varepsilon(z)\to 1$，所以我们断定对所有的 $z\in\Omega$，$|f(z)|\leqslant 1$. 这是同一方法的一个稍微不同的应用，它将在定理 14.18 的证明中用到. ■

12.10 林德勒夫定理 *设 Γ 为一条曲线，其参数区间为 $[0, 1]$，使得 $t<1$ 时 $|\Gamma(t)|<1$，且 $\Gamma(1)=1$. 若 $g\in H^\infty$ 且*

$$\lim_{t\to 1}g(\Gamma(t))=L, \tag{1}$$

则 g 在 1 处有径向极限.

(从第 14 章习题 14 可知，g 实际上在 1 处有非切向极限.)

证明 不失一般性，设 $|g|<1$，$L=0$. 设给定 $\varepsilon>0$，则存在 $t_0<1$，(令 $r_0=\operatorname{Re}\Gamma(t_0)$)，使得当 $t_0<t<1$ 时，

$$|g(\Gamma(t))|<\varepsilon \ \text{且} \operatorname{Re}\Gamma(t)>r_0>\frac{1}{2}. \tag{2}$$

选取 r，$r_0<r<1$.

定义 $\Omega=D(0;1)\cap D(2r;1)$ 中的函数 h 为

$$h(z)=g(z)\overline{g(\bar{z})}g(2r-z)\overline{g(2r-\bar{z})}, \tag{3}$$

则 $h\in H(\Omega)$ 且 $|h|<1$. 我们断言

$$|h(r)|<\varepsilon. \tag{4}$$

因为 $h(r)=|g(r)|^4$，则由(4)可证明本定理.

要证明(4)，设 $E_1=\Gamma([t_1, 1])$，其中 t_1 是使得 $\operatorname{Re}\Gamma(t)=r$ 的最大的 t，设 E_2 表示 E_1 在实轴上的投影，E 表示 $E_1\cup E_2$ 与其在 $x=r$ 上的投影的并，则(2)式和(3)式说明

$$\text{若 } z \in \Omega \cap E \text{，则 } |h(z)| < \varepsilon. \tag{5}$$

固定 $c>0$. 对 $z\in\Omega$ 定义

259

$$h_c(z) = h(z)(1-z)^c(2r-1-z)^c, \tag{6}$$

且令 $h_c(1)=h_c(2r-1)=0$. 若 K 为 E 和 E 的余集的有界分支的并，则 K 为紧的，h_c 在 K 上连续，在 K 的内部是全纯的，且(5)说明在 K 的边界上 $|h_c|<\varepsilon$. 因为 E 的构造说明 $r\in K$，由最大模定理知 $|h_c(r)|<\varepsilon$. 令 $c\to 0$，我们得到(4). ■

一个内插定理

12.11 凸性定理 12.8 有时能用于证明某些线性变换关于某些 L^p -范数是有界的. 我们只考虑此种类型的一个特殊情况，而不作完整的一般性的讨论.

设 X 是具有正测度 μ 的测度空间，又设 $\{\psi_n\}$ $(n=1, 2, 3, \cdots)$ 是 $L^2(\mu)$ 内的一个规范正交函数集，我们记住这里所指的意思是：

$$\int_X \psi_n\bar{\psi}_m \mathrm{d}\mu = \begin{cases} 1 & \text{当 } m=n, \\ 0 & \text{当 } m\neq n. \end{cases} \tag{1}$$

我们同样假定 $\{\psi_n\}$ 是 $L^\infty(\mu)$ 内的有界序列：存在一个 $M<\infty$ 使得

$$|\psi_n(x)| \leqslant M \quad (n=1,2,3,\cdots;\ x\in X), \tag{2}$$

则对任意 $f\in L^p(\mu)$，此处 $1\leqslant p\leqslant 2$，积分

$$\hat{f}(n) = \int_X f\bar{\psi}_n \mathrm{d}\mu \quad (n=1,2,3,\cdots) \tag{3}$$

存在并且在所有正整数集上定义了一个函数 $\hat{f}$.

现在有两个很容易的定理：对 $f\in L^1(\mu)$，(2)给出

$$\|\hat{f}\|_\infty \leqslant M\|f\|_1, \tag{4}$$

而对 $f\in L^2(\mu)$，则贝塞尔不等式给出

$$\|\hat{f}\|_2 \leqslant \|f\|_2, \tag{5}$$

此处范数按通常的方式定义：

$$\|f\|_p = \left[\int |f|^p \mathrm{d}\mu\right]^{1/p}, \quad \|\hat{f}\|_q = \left[\sum |\hat{f}(n)|^q\right]^{1/q}, \tag{6}$$

并且 $\|\hat{f}\|_\infty = \sup_n|\hat{f}(n)|$.

由于$(1, \infty)$和$(2, 2)$都是共轭指数对，所以人们可以推测，当 $f\in L^p(\mu)$ 和 $1<p<2$，$q=p/(p-1)$ 时，$\|\hat{f}\|_q$ 是有限的. 这结论确实是正确的，并且可以在前面的平凡情形 $p=1$ 和

260 $p=2$ 之间，通过"插值"来证明.

12.12 豪斯多夫-杨定理 在上面的假设下，如果 $1\leqslant p\leqslant 2$ 及 $f\in L^p(\mu)$，则不等式

$$\|\hat{f}\|_q \leqslant M^{(2-p)/p}\|f\|_p \tag{1}$$

成立.

证明 我们首先证明定理的一个简化形式.

固定 p，$1<p<2$. 设 f 是一个简单复函数，使得 $\|f\|_p=1$，又设 $b_1, \cdots, b_N$ 是复数，使得 $\sum|b_n|^p=1$. 我们的目标是证明不等式

$$\left|\sum_{n=1}^{N} b_n \hat{f}(n)\right| \leqslant M^{(2-p)/p}. \tag{2}$$

设 $F = |f|^p$. 又设 $B_n = |b_n|^p$. 则有一个函数 φ 和复数 $\beta_1, \beta_2, \cdots, \beta_N$，使得

$$f = F^{1/p}\varphi,\ |\varphi| = 1,\ \int_X F\,\mathrm{d}\mu = 1 \tag{3}$$

和

$$b_n = B_n^{1/p}\beta_n,\ |\beta_n| = 1,\quad \sum_{n=1}^{N} B_n = 1. \tag{4}$$

如果我们利用这些关系式和第 12.11 节给出的 $\hat{f}(n)$ 的定义，则得到

$$\sum_{n=1}^{N} b_n \hat{f}(n) = \sum_{n=1}^{N} B_n^{1/p}\beta_n \int_X F^{1/p}\varphi\bar{\psi}_n\,\mathrm{d}\mu. \tag{5}$$

在(5)中现在用 z 代替 $1/p$，且对任意复数 z，定义

$$\Phi(z) = \sum_{n=1}^{N} B_n^{z}\beta_n \int_X F^{z}\varphi\bar{\psi}_n\,\mathrm{d}\mu. \tag{6}$$

记住 $A>0$ 时. $A^z = \exp(z\log A)$；如果 $A=0$，我们约定 $A^z=0$. 由于 F 是简单函数. $F\geqslant 0$ 及 $B_n \geqslant 0$，我们看到 Φ 就是这种指数函数的有限的线性组合. 所以，对任意有限数 a 和 b，Φ 在

$$\{z: a \leqslant \mathrm{Re}(z) \leqslant b\}$$

上是有界整函数. 我们将取 $a=\frac{1}{2}$ 和 $b=1$，并在这带形域的边缘上估计 Φ. 然后应用定理 12.8 去估计 $\Phi(1/p)$.

对 $-\infty<y<\infty$ 定义

$$c_n(y) = \int_X F^{1/2}F^{\mathrm{i}y}\varphi\bar{\psi}_n\,\mathrm{d}\mu. \tag{7}$$ 261

贝塞尔不等式给出

$$\sum_{n=1}^{N} |c_n(y)|^2 \leqslant \int_X |F^{1/2}F^{\mathrm{i}y}\varphi|^2\,\mathrm{d}\mu = \int_X |F|\,\mathrm{d}\mu = 1, \tag{8}$$

又施瓦茨不等式表明

$$\left|\Phi\left(\frac{1}{2}+\mathrm{i}y\right)\right| = \left|\sum_{n=1}^{N} B_n^{1/2}B_n^{\mathrm{i}y}\beta_n c_n\right| \leqslant \left\{\sum_{n=1}^{N} B_n \cdot \sum_{n=1}^{N} |c_n|^2\right\}^{1/2} \leqslant 1. \tag{9}$$

由于 $\|\psi_n\|_\infty \leqslant M$，从(3)，(4)和(6)很容易得到估计值

$$|\Phi(1+\mathrm{i}y)| \leqslant M \qquad (-\infty < y < \infty). \tag{10}$$

现在从式(9)，(10)和定理 12.8 可以断定

$$|\Phi(x+\mathrm{i}y)| \leqslant M^{2x-1}\left(\frac{1}{2} \leqslant x \leqslant 1, -\infty < y < \infty\right). \tag{11}$$

由于 $x=1/p$ 和 $y=0$，这就给出所期望的不等式(2).

整个证明现在不难完成了. 首先，注意到由于在任意测度空间上的任意函数的 L^q 范数等于它作为 L^p 上的一个线性泛函时的范数，于是

$$\left\{\sum_{n=1}^{N}|\hat{f}(n)|^q\right\}^{1/q}=\sup\left|\sum_{n=1}^{N}b_n\hat{f}(n)\right|, \tag{12}$$

这里的上确界是通过使 $\sum|b_n|^p=1$ 的所有 $\{b_1,\cdots,b_N\}$ 来取得的. 因此，对每一个简单复函数 $f\in L^p(\mu)$，(2)表明

$$\left\{\sum_{n=1}^{N}|\hat{f}(n)|^q\right\}^{1/q}\leqslant M^{(2-p)/p}\|f\|_p. \tag{13}$$

如果 $f\in L^p(\mu)$，则有简单函数 f_j. 使得当 $j\to\infty$ 时，$\|f_j-f\|_p\to 0$. 因为 $\psi_n\in L^q(\mu)$，故对每一个 n，$\hat{f}_j(n)\to\hat{f}(n)$. 这样，由于(13)对每个 f_j 成立，所以对 f 同样成立. 由于 N 是任意的，因而最后得到(1). ■

最大模定理的逆定理

现在，我们回到本章引言中提到过的定理上.

字母 j 表示恒等函数：$j(z)=z$.

对每个 $z\in\overline{U}$ 指定数值为 1 的函数用 1 表示.

12.13 定理 *设 M 是闭单位圆盘 $\overline{U}$ 上的连续复函数的向量空间，它具有如下性质：*

(a) $1\in M$.

(b) *如果 $f\in M$，则亦有 $jf\in M$.*

(c) *如果 $f\in M$，则 $\|f\|_U=\|f\|_T$.*

262 *于是每一个 $f\in M$ 在 U 内全纯.*

注意(c)是最大模定理稍弱的形式；(c)只是断定 $|f|$ 在 $\overline{U}$ 上的全局极大值在它边界 T 上的某点达到，但(c)并没有预先排除 $|f|$ 在 U 内的局部极大值的存在性.

证明 根据(a)和(b)，M 包含所有多项式. 连同(c)一起便表明 M 满足定理 5.25 的假设. 因此每一个 $f\in M$ 在 U 内是调和的，我们将用(b)去证明每一个 $f\in M$ 实际上满足柯西-黎曼方程.

设 ∂ 和 $\bar{\partial}$ 是第 11.1 节中引进的微分算子. 乘积的微分法则给出

$$(\partial\bar{\partial})(fg)=f\cdot(\partial\bar{\partial}g)+(\partial f)\cdot(\bar{\partial}g)+(\bar{\partial}f)\cdot(\partial g)+(\partial\bar{\partial}f)\cdot g.$$

固定 $f\in M$，并取 $g=j$. 则 $fj\in M$. 因此 f 和 fj 是调和的，所以 $\partial\bar{\partial}f=0$ 和 $(\partial\bar{\partial})(fj)=0$. 同样，$\bar{\partial}j=0$ 和 $\partial j=1$. 因而上面的等式简化为 $\bar{\partial}f=0$. 所以 $f\in H(U)$. ■

这个结果将在下面的证明中使用.

12.14 拉多定理 *假定 $f\in C(\overline{U})$，Ω 是使 $f(z)\neq 0$ 的所有 $z\in U$ 的集，且 f 在 Ω 内全纯，则 f 在 U 内全纯.*

特别地，定理断定$U-\Omega$至多是可数的，除非$\Omega=\varnothing$.

证明 设$\Omega\neq\varnothing$. 我们首先证明Ω在U内稠密. 如果不是这样，则存在$\alpha\in\Omega$和$\beta\in U-\overline{\Omega}$，使得$2|\beta-\alpha|<1-|\beta|$. 选择$n$使得$2^n|f(\alpha)|>\|f\|_T$. 对$z\in\overline{\Omega}$，定义$h(z)=(z-\beta)^{-n}f(z)$. 如果$z\in U\cap\partial\Omega$，则$f(z)=0$. 因此$h(z)=0$. 如果$z\in T\cap\partial\Omega$，则

$$|h(z)|\leqslant(1-|\beta|)^{-n}\|f\|_T<|\alpha-\beta|^{-n}|f(\alpha)|$$
$$=|h(\alpha)|.$$

这与最大模定理发生矛盾.

因此Ω在U内稠密.

其次，设M是在Ω内全纯的所有$g\in C(\overline{U})$的向量空间. 固定$g\in M$. 当$n=1,2,3,\cdots$，在$U\cap\partial\Omega$上$fg^n=0$. 因此. 对每一个$\alpha\in\Omega$，由最大模定理推出

$$|f(\alpha)||g(\alpha)|^n\leqslant\|fg^n\|_{\partial\Omega}$$
$$=\|fg^n\|_T\leqslant\|f\|_T\|g\|_T^n.$$

如果我们取n次根. 然后令$n\to\infty$，则对每一个$\alpha\in\Omega$看出$|g(\alpha)|\leqslant\|g\|_T$. 由于$\Omega$在$U$内稠密，所以$\|g\|_U=\|g\|_T$.

由此可见，M满足定理12.12的假设. 因为$f\in M$，所以f在U内全纯. ■ 263

习题

1. 假设Δ为平面上的一个闭等边三角形，顶点为a，b，c，当z取遍Δ时，试找出$\max(|z-a||z-b||z-c|)$.
2. 设$f\in H(\Pi^+)$，此处Π^+是上半平面，且$|f|\leqslant 1$. 问$|f'(i)|$能取得多大？找出此极值函数.（比较12.5节的讨论.）
3. 设$f\in H(\Omega)$. 在什么条件下. $|f|$在Ω内有局部极小值？
4. (a) 设Ω是一区域，D是圆盘. $\overline{D}\subset\Omega$. $f\in H(\Omega)$. f不是常数. 而在D的边界上$|f|$是常数. 证明在D内f至少有一个零点.

   (b) 找出所有整函数f，使得当$|z|=1$时就有$|f(z)|=1$.
5. 设Ω是一个有界区域，$\{f_n\}$是在$\overline{\Omega}$上连续而在Ω内全纯的函数序列，且$\{f_n\}$在Ω的边界上一致收敛. 证明$\{f_n\}$在$\overline{\Omega}$上一致收敛.
6. 设$f\in H(\Omega)$，Γ是Ω内的一个圈，使得对所有$\alpha\notin\Omega$，$\mathrm{Ind}_\Gamma(z)=0$，对每一个$\zeta\in\Gamma^*$，$|f(\zeta)|\leqslant 1$，且$\mathrm{Ind}_\Gamma(z)\neq 0$. 证明$|f(z)|\leqslant 1$.
7. 在定理12.8的证明中，暗中假定了$M(a)>0$和$M(b)>0$. 证明当$M(a)=0$时这个定理也成立，因而对所有$z\in\Omega$，$f(z)=0$.
8. 如果$0<R_1<R_2<\infty$，令$A(R_1,R_2)$表示环域

   $$\{z: R_1<|z|<R_2\},$$

   则存在一个垂直带形域使指数函数把它映射到$A(R_1,R_2)$上. 用此去证明阿达马三圆周定理：如果$f\in H(A(R_1,R_2))$，又

   $$M(r)=\max_\theta|f(re^{i\theta})|\qquad(R_1<r<R_2),$$

   且如果$R_1<a<r<b<R_2$，则

$$\log M(r) \leqslant \frac{\log(b/r)}{\log(b/a)}\log M(a) + \frac{\log(r/a)}{\log(b/a)}\log M(b).$$

(换言之，$\log M(r)$是 $\log r$ 的一个凸函数.)对哪些 f 能使这个不等式成为等式？

9. 设Π为开的右半平面(当且仅当 $\mathrm{Re}z>0$ 时 $z\in\Pi$). 设 f 在Π 的闭包($\mathrm{Re}z\geqslant0$)上连续，$f\in H(\Pi)$，且有常数 $A<\infty$和 $\alpha<1$ 使得对于所有 $z\in\Pi$，

$$|f(z)| < A\exp(|z|^{\alpha}),$$

而且对所有实数 y，$|f(\mathrm{i}y)|\leqslant1$. 证明在$\Pi$内$|f(z)|\leqslant1$.

证明当 $\alpha=1$ 时结论是错误的.

如果用通过原点的，其角度不等于 π 的两条射线为界的区域来代替Π，则结果应如何修正？

10. 设Π为开的右半平面. $f\in H(\Pi)$，对所有 $z\in\Pi$，$|f(z)|<1$，且存在 α，$-\pi/2<\alpha<\pi/2$，使得当 $r\to\infty$时

$$\frac{\log|f(re^{\mathrm{i}\alpha})|}{r}\to-\infty,$$

证明 $f=0$.

提示：设 $g_n(z)=f(z)e^{nz}$，$n=1, 2, 3, \cdots$. 将习题 9 应用到由$-\pi/2<\theta<\alpha$，$\alpha<\theta<\pi/2$ 所定义的两个角域上. 推断每个 g_n 在Π内有界，且对所有 n，在Π内$|g_n|<1$.

11. 设Γ是无界域Ω 的边界，$f\in H(\Omega)$，f 在$\Omega\cup\Gamma$上连续. 且有常数 $B<\infty$和 $M<\infty$使在Γ上$|f|\leqslant M$而
264 在Ω内$|f|\leqslant B$. 证明在Ω内实际上有$|f|\leqslant M$.

提示：证明，不失一般性，本题目可进一步假设 $U\cap\Omega=\varnothing$. 固定 $z_0\in\Omega$，令 n 为一个大的整数，令 V 为以 0 为中心的一个大圆盘，且在包含 z_0 的 $V\cap\Omega$ 的分支内把最大模定理应用到函数 $f^n(z)/z$ 上.

12. 设 f 是整函数. 如果有一个连续映射 γ 把[0，1)映到复平面内，使得当 $t\to1$ 时，$\gamma(t)\to\infty$和 $f(\gamma(t))\to\alpha$，则说 α 是 f 的一个渐近值. [在复平面内"当 $t\to1$ 时，$\gamma(t)\to\infty$"是指对每个 $R<\infty$，有一个对应的 $t_R<1$，使得当 $t_R<t<1$ 时，便有$|\gamma(t)|>R$]. 证明每一个非常数的整函数以∞作为一个渐近值.

提示：令 $E_n=\{z: |f(z)|>n\}$. 根据习题 11，E_n 的每个分支是无界的. (如何证明?)且包含 E_{n+1} 的一个分支.

13. 证明 exp 恰好有两个渐近值：0 和∞. 关于 sin 和 cos 怎样？

注：对所有复数 z，$\sin z$ 和 $\cos z$ 定义为

$$\sin z = \frac{e^{\mathrm{i}z}-e^{-\mathrm{i}z}}{2\mathrm{i}}, \cos z = \frac{e^{\mathrm{i}z}+e^{-\mathrm{i}z}}{2}.$$

14. 如果 f 是整函数且 α 不在 f 的值域内. 证明 α 是 f 的一个渐近值，除非 f 是常数.

15. 设 $f\in H(U)$. 证明在 U 内有一个序列$\{z_n\}$使得$|z_n|\to1$且$\{f(z_n)\}$有界.

16. 设Ω是有界区域，$f\in H(\Omega)$，且对Ω内每一个收敛于Ω 的一个边界点的序列$\{z_n\}$

$$\limsup_{n\to\infty}|f(z_n)|\leqslant M.$$

证明对所有 $z\in\Omega$，$|f(z)|\leqslant M$.

17. 设Φ表示使得当$z\in U$ 时 $0<|f(z)|<1$ 的函数 $f\in H(U)$的集合，设Φ_c表示所有使得 $f(0)=c$ 的函数 $f\in\Phi$的集合. 定义

$$M(c) = \sup\{|f'(0)|: f\in\Phi_c\}, M = \sup\{|f'(0)|: f\in\Phi\}.$$

找出 M，当 $0<c<1$ 时找出 $M(c)$. 找一个函数 $f\in\Phi$使得 $f'(0)=M$ 或证明不存在这种 f.

265 提示：$\log f$ 将 U 映到左半平面. 用一个真子选择映射分解 $\log f$，使之将这半个平面映到 U. 应用施瓦茨引理.

第 13 章　有理函数逼近

预备知识

13.1 黎曼球面　用附加一个称为∞的新点来紧化复平面，对全纯函数的研究常常是方便的. 由此而产生的集 S^2(黎曼球面，即 R^2 和$\{\infty\}$的并)在下述意义上予以拓扑化. 对任意 $r>0$，令 $D'(\infty; r)$为使 $|z|>r$ 的所有复数 z 的集，设 $D(\infty; r)=D'(\infty; r)\cup\{\infty\}$，并且断言当且仅当 S^2 的子集是圆盘 $D(a; r)$的并时，则该子集是开集，这里的 a 是 S^2 的任意点而 r 是任意正数. 在 $S^2-\{\infty\}$上当然给出通常的平面拓扑. 容易看出，S^2 与球面是同胚的(因此用这个记号). 事实上，S^2 映到 R^3 内的单位球面上的同胚 φ 能明显地表示为：设 $\varphi(\infty)=(0, 0, 1)$，而对所有的复数 $re^{i\theta}$，设

$$\varphi(re^{i\theta})=\left(\frac{2r\cos\theta}{r^2+1},\frac{2r\sin\theta}{r^2+1},\frac{r^2-1}{r^2+1}\right). \tag{1}$$

我们留给读者去作出由(1)确定的几何图形.

如果 f 在 $D'(\infty; r)$内全纯，则称 f 有一个孤立奇点∞. 在 $D'\left(0, \dfrac{1}{r}\right)$内定义函数 $\tilde{f}(z)=f\left(\dfrac{1}{z}\right)$，则 f 在∞的奇点的性质与 $\tilde{f}$ 在 0 点的性质相同.

因此，如果 f 在 $D'(\infty; r)$内有界，则 $\lim\limits_{z\to\infty}f(z)$存在，并且是一个复数(如同我们把定理 10.20 应用到 $\tilde{f}$ 时所看到的那样). 我们把 $f(\infty)$定义为这个极限，因此在 $D(\infty; r)$内得到一个称为全纯的函数；注意此函数是用 $\tilde{f}$ 在 0 点附近的特性而不是用 f 在∞处的可微性来定义的. 266

如果 $z=0$ 是 $\tilde{f}$ 的 m 阶极点，则称∞是 f 的 m 阶极点；f 在∞处的主部就是一个通常的 m 次多项式(与定理 10.21 相比较)，如果我们从 f 减去这个多项式，就得到一个以∞为可去奇点的函数.

最后，如果 $z=0$ 为 $\tilde{f}$ 的本性奇点，则称∞为 f 的本性奇点. 例如，每一个不是多项式的整函数在∞处有一个本性奇点.

稍后，在本章中，我们将遇到"$S^2-\Omega$ 是连通的"这个条件，此处 Ω 是平面内的一个开集. 注意它与"Ω 相对于平面的余集是连通的"这一条件是不等价的. 例如，如果 Ω 是由所有复数 $z=x+iy$，$0<y<1$ 组成，则 Ω 相对于平面的余集有两个分支，但 $S^2-\Omega$ 是连通的.

13.2 有理函数　根据定义，有理函数 f 是两个多项式 P 和 Q 的商：$f=P/Q$，由定理 10.25 得到，每一个非常数值的多项式是次数为 1 的一些因子的乘积. 我们可以假定 P 和 Q 没有这样的公共因子，则 f 在 Q 的每一零点处有一极点(f 的极点与 Q 的零点同阶). 如果减去对应的主部，则得到一个有理函数，它唯一的奇点是∞，因而是一个多项式.

因此，每一个有理函数 $f=P/Q$ 具有形如

$$f(z)=A_0(z)+\sum_{j=1}^{k}A_j((z-a_j)^{-1}) \tag{1}$$

的表达式．此处 A_0，A_1，…，A_k 是多项式，A_1，…，A_k 没有常数项，且 a_1，…，a_k 是 Q 的不同的零点；我们称(1)为 f 的部分分式分解．

我们转向某些拓扑方面的讨论．已知平面内的每个开集是紧集的可数并(例如闭圆盘)．然而，为了方便起见，我们要求这些紧集满足某些附加性质．

13.3 定理 平面内的每一个开集 Ω 是紧集序列 $\{K_n\}$，$n=1, 2, 3, \cdots$，的并，使得

(a) 当 $n=1, 2, 3, \cdots$ 时，K_n 落在 K_{n+1} 的内部．

(b) Ω 的每一个紧子集落在某个 K_n 内．

(c) 当 $n=1, 2, 3, \cdots$ 时，S^2-K_n 的每一个分支包含 $S^2-\Omega$ 的一个分支．

粗略地说，性质(c)是指：K_n 除去那些强加在它上面的 Ω 的洞之外，它是没有洞的，注意
267 Ω 没有假定是连通的．根据定义，集 E 的内部是 E 的最大开子集．

证明 当 $n=1, 2, 3, \cdots$ 时，设

$$V_n=D(\infty;\ n)\cup\bigcup_{a\notin\Omega}D\left(a;\ \frac{1}{n}\right) \tag{1}$$

且 $K_n=S^2-V_n$(当然在(1)内 $a\neq\infty$)，则 K_n 是 Ω 的有界闭子集(因此是紧集)，且 $\Omega=\bigcup K_n$．如果 $z\in K_n$，且 $r=n^{-1}-(n+1)^{-1}$，则容易验证 $D(z;\ r)\subset K_{n+1}$．这便给出(a)．因此，Ω 是 K_n 的内部 W_n 的并．如果 K 是 Ω 的一个紧子集，则对某个 N，$K\subset W_1\cup\cdots\cup W_N$．因此 $K\subset K_N$．

最后，(1)中的每个圆盘与 $S^2-\Omega$ 相交；每个圆盘是连通的；因而 V_n 的每个分支与 $S^2-\Omega$ 相交；由于 $V_n\supset S^2-\Omega$，所以没有 $S^2-\Omega$ 的分支能够相交 V_n 的两个分支．这就给出(c)．■

13.4 定向区间的集 令 Φ 为平面内定向区间的有限类．对每一点 p，令 $m_I(p)[m_E(p)]$ 是起点(终点)为 p 的 Φ 的元的个数．对每一个 p，如果 $m_I(p)=m_E(p)$，则称 Φ 是平衡的．

如果 Φ 是平衡的(且非空)，则可以作出如下的结构．

选择 $\gamma_1=[a_0, a_1]\in\Phi$．设 $k\geqslant 1$，且 Φ 的不同元 $\gamma_1, \cdots\gamma_k$，已经按这样的方法选取，当 $1\leqslant i\leqslant k$ 时，$\gamma_i=[a_{i-1}, a_i]$．如果 $a_k=a_0$，则停止进行．如果 $a_k\neq a_0$，且恰好区间 $\gamma_1, \cdots\gamma_k$ 中有 r 个以 a_k 作为终点，则这些区间中只有 $r-1$ 个以 a_k 作为起点；由于 Φ 为平衡的，所以 Φ 至少包含另外一个区间，比如说 γ_{k+1}，以 a_k 为起点，由于 Φ 为有限的，那么，比如说到第 n 步，我们最终都会回到 a_0．

这样，$\gamma_1, \cdots, \gamma_n$(按此顺序)连成一条闭路径．

Φ 的剩余元素仍然组成适用上面结构的一个平衡类．由此可见，Φ 的元能如此计算，致使它们形成有限多条闭路径．这些路径的和是一个圈．因此得到下面的结论：

如果 $\Phi=\{\gamma_1, \cdots\gamma_N\}$ 是有向区间的一个平衡类，且

$$\Gamma=\gamma_1\dotplus\cdots\dotplus\gamma_N,$$

则 Γ 是一个圈．

13.5 定理 如果 K 是平面开集 $\Omega(\neq\varnothing)$ 的一个紧子集，则在 $\Omega-K$ 内有一个圈，使得对每一个 $f\in H(\Omega)$ 和对每一个 $z\in K$，柯西公式

$$f(z)=\frac{1}{2\pi i}\int_{\Gamma}\frac{f(\zeta)}{\zeta-z}d\zeta \tag{1}$$

成立.

证明 由于 K 是紧的且 Ω 是开集，则存在一个 $\eta>0$，使得从 K 的任意点到 Ω 外部的任意点的距离至少为 2η. 在平面内由水平线和垂直线构造一种格子，使得任意两条邻接的水平线之间的距离为 η，且对垂直线也一样. 设 Q_1，…，Q_m 是以 η 为边长的正方形(闭 2-胞腔)，这些正方形由格子组成且与 K 相交. 则当 $\gamma=1$，…，m 时，$Q_r\subset\Omega$. 268

如果 a_r 为 Q_r 的中心而 a_r+b 为它的一个顶点，令 γ_{rk} 为定向区间

$$\gamma_{rk}=[a_r+i^k b,a_r+i^{k+1}b], \tag{2}$$

且定义

$$\partial Q_r=\gamma_{r1}\dotplus\gamma_{r2}\dotplus\gamma_{r3}\dotplus\gamma_{r4}\qquad(r=1,\cdots,m), \tag{3}$$

则容易验证(例如，作为定理 10.37 的特殊情形，或者用定理 10.11 和定理 10.40)

$$\mathrm{Ind}_{\partial Q_r}(\alpha)=\begin{cases}1 & 当\ \alpha\ 在\ Q_r\ 的内部,\\ 0 & 当\ \alpha\ 不在\ Q_r\ 内.\end{cases} \tag{4}$$

令 Σ 为所有 $\gamma_{rk}(1\leqslant r\leqslant m,1\leqslant k\leqslant 4)$ 的类. 显然，Σ 是平衡的. 除去 Σ 中那些其反向亦属于 Σ(参看 10.1 节). 设 Φ 为 Σ 剩余元素的类，则 Φ 是平衡的，令 Γ 是如同 13.4 节那样由 Φ 构造出来的圈.

如果某个 Q_r 的一条边 E 与 K 相交，则以 E 为边界的两个正方形都与 K 相交. 因此，Σ 包含互相反向而范围为 E 的两个有向区间. 这些区间在 Φ 内不出现，所以 Γ 是 $\Omega-K$ 内的一个圈.

如果 α 不在任何 Q_r 的边界上，则由 Σ 选出的 Φ 结构同样表明

$$\mathrm{Ind}_{\Gamma}(\alpha)=\sum_{r=1}^{m}\mathrm{Ind}_{\partial Q_r}(\alpha). \tag{5}$$

因此，(4)蕴涵着

$$\mathrm{Ind}_{\Gamma}(\alpha)=\begin{cases}1 & 当\ \alpha\ 在某个\ Q_r\ 的内部,\\ 0 & 当\ \alpha\ 不在\ Q_r\ 内.\end{cases} \tag{6}$$

如果 $z\in K$，则 $z\notin\Gamma^*$，且 z 是某个 Q_r 内部的一个极限点. 由于在 Γ^* 的余集的每个分支内，(6)的左边是常数，所以(6)给出

$$\mathrm{Ind}_{\Gamma}(z)=\begin{cases}1 & 当\ z\in K,\\ 0 & 当\ z\notin\Omega.\end{cases} \tag{7}$$

根据柯西定理 10.35 便得到(1). ■ 269

龙格定理

本节主要目标是定理 13.9. 我们从一个稍为不同的说法开始，其中着重的是在一个紧集上的一致逼近.

13.6 定理 设 K 是平面内的一个紧集，且 $\{\alpha_j\}$ 是一个集，对于 S^2-K 的每个分支它都包含其中的一个点. 如果 Ω 为开集，$\Omega\supset K$，$f\in H(\Omega)$，且 $\varepsilon>0$，则存在一个有理函数 R，其所有极点在预定的集 $\{\alpha_j\}$ 内，使得对于每一个 $z\in K$

$$|f(z)-R(z)|<\varepsilon. \tag{1}$$

注意 S^2-K 至多有可数多个分支，同时注意在 S^2-K 的无界分支内选定的点最好是∞；事实上，这恰好是最有趣的选择.

证明 我们考虑其元素为 K 上的连续复函数，具有上确界范数的巴拿赫空间 $C(K)$. 设 M 为 $C(K)$的子空间，这个子空间由全部极点在$\{\alpha_j\}$内的那些有理函数在 K 上的限制所组成. 定理断言 f 在 M 的闭包内. 根据定理 5.19(哈恩-巴拿赫定理的推论)，这就等于说，每一个在 M 上为零的在 $C(K)$上的有界线性泛函在 f 处亦为零，因而里斯表示定理(定理 6.19)指出必须要证明下面的结论：

如果 μ 为 K 上的复博雷尔测度，对其极点只在集$\{\alpha_j\}$内的每一个有理函数 R，满足

$$\int_K R\,\mathrm{d}\mu=0, \tag{2}$$

且若 $f\in H(\Omega)$，则同样有

$$\int_K f\,\mathrm{d}\mu=0. \tag{3}$$

让我们就这样假设 μ 满足(2). 定义

$$h(z)=\int_K\frac{\mathrm{d}\mu(\zeta)}{\zeta-z}\qquad(z\in S^2-K). \tag{4}$$

270 根据定理 10.7(使 $X=K$，$\varphi(\zeta)=\zeta$)，则 $h\in H(S^2-K)$.

设 V_j 为 S^2-K 的包含 α_j 的分支，且设 $D(\alpha_j;r)\subset V_j$. 如果 $\alpha_j\neq\infty$且 z 固定在 $D(\alpha_j;r)$内，则

$$\frac{1}{\zeta-z}=\lim_{N\to\infty}\sum_{n=0}^{N}\frac{(z-\alpha_j)^n}{(\zeta-\alpha_j)^{n+1}} \tag{5}$$

对 $\zeta\in K$ 是一致的. 式(5)右边每个函数对(2)是适用的. 因此，对所有 $z\in D(\alpha_j;r)$，$h(z)=0$. 根据唯一性定理 10.18，这就推出，对所有 $z\in V_j$，$h(z)=0$.

如果 $\alpha_j=\infty$，用

$$\frac{1}{\zeta-z}=-\lim_{N\to\infty}\sum_{n=0}^{N}z^{-n-1}\zeta^n\qquad(\zeta\in K,\ |z|>r) \tag{6}$$

代替(5)，则在 $D(\infty;r)$内可以再一次推出 $h(z)=0$，因而在 V_j 内 $h(z)=0$. 因此由(2)我们已经证明

$$h(z)=0\qquad(z\in S^2-K). \tag{7}$$

和定理 13.5 一样，现在在 $\Omega-K$ 内选取一个圈 Γ，且将 f 的柯西积分表示对 μ 进行积分. 应用富比尼定理(由于我们是处理 Berel 测度和紧空间上的连续函数，所以是合法的)并结合(7)式，给出

$$\begin{aligned}\int_K f\,\mathrm{d}\mu&=\int_K\mathrm{d}\mu(\zeta)\left[\frac{1}{2\pi\mathrm{i}}\int_\Gamma\frac{f(w)}{w-\zeta}\mathrm{d}w\right]\\&=\frac{1}{2\pi\mathrm{i}}\int_\Gamma f(w)\,\mathrm{d}w\int_K\frac{\mathrm{d}\mu(\zeta)}{w-\zeta}\\&=-\frac{1}{2\pi\mathrm{i}}\int_\Gamma f(w)h(w)\,\mathrm{d}w=0.\end{aligned}$$

最后的等式依赖于 $\Gamma^* \subset \Omega - K$ 的事实，此处 $h(w)=0$.

因此(3)成立，同时完成了定理的证明. ■

下面的特殊情况是特别有趣的.

13.7 定理 设 K 是平面内的紧集，S^2-K 连通，且 $f\in H(\Omega)$. 此处 Ω 为包含 K 的某个开集. 则有一个多项式序列 $\{P_n\}$，使得 $P_n(z)\to f(z)$ 在 K 上是一致的.

证明 由于 S^2-K 现在只有一个分支，所以只需要找一个点 α_j 以便于应用定理 13.6，而我们可以取 $\alpha_j=\infty$. ■

13.8 评注 对于使 S^2-K 为非连通的平面内的每一个紧集 K，前述结果不成立. 因为，在那种情况下，S^2-K 有一个有界分支 V. 选取 $\alpha\in V$，令 $f(z)=(z-\alpha)^{-1}$，且令 $m=$ 271
$\max\{|z-\alpha| : z\in K\}$. 设 P 是一个多项式，使得对所有 $z\in K$，$|P(z)-f(z)|<\frac{1}{m}$，则

$$|(z-\alpha)P(z)-1|<1 \qquad (z\in K). \tag{1}$$

特别地，如果 z 在 V 的边界上，则(1)成立；由于 V 的闭包是紧的，所以最大模定理表明对每一个 $z\in V$，(1)成立；取 $z=\alpha$ 便得到 $1<1$. 因此一致逼近是不可能的.

同样的论证表明，在定理 13.6 中，没有一个 α_j 可以被省去.

现在我们应用先前的逼近定理在开集内作逼近. 我们强调指出，在定理 13.6 和定理 13.7 中，没有假定 K 是连通的，并且在如下的定理中，将不假定 Ω 是连通的.

13.9 定理 令 Ω 为平面内的开集，令 A 是一个集，它在 $S^2-\Omega$ 的每个分支内有一个点，且设 $f\in H(\Omega)$. 则存在极点只在 A 内的有理函数的一个序列 $\{R_n\}$，使得 $R_n\to f$ 在 Ω 的紧子集上是一致的.

在 $S^2-\Omega$ 为连通的特殊情况下，可以取 $A=\{\infty\}$，并因此得到多项式 P_n，使得 $P_n\to f$ 在 Ω 的紧子集上是一致的.

注意，$S^2-\Omega$ 可以有不可数个分支；例如，$S^2-\Omega=\{\infty\}\cup C$，此处 C 是康托尔集.

证明 选取 Ω 内具有定理 13.3 中所规定性质的紧集 K_n 的一个序列，暂时固定 n. 由于 S^2-K_n 的每个分支包含 $S^2-\Omega$ 的一个分支，故 S^2-K_n 的每个分支包含 A 的一点，所以定理 13.6 给出极点在 A 内的一个有理函数 R_n 使得

$$|R_n(z)-f(z)|<\frac{1}{n} \qquad (z\in K_n). \tag{1}$$

现在，如果 K 为 Ω 内任意紧集，则存在一个 N，对所有 $n\geqslant N$. 使得 $K\subset K_n$. 从(1)得到

$$|R_n(z)-f(z)|<\frac{1}{n} \qquad (z\in K, n\geqslant N), \tag{2}$$

这便完成了定理的证明. ■ 272

米塔-列夫勒定理

现在将用龙格定理来证明，能够构造出具有任意预先指定极点的亚纯函数.

13.10 定理 设 Ω 是平面内的开集，$A\subset\Omega$，A 在 Ω 内没有极限点，且对每个 $\alpha\in A$，对应有一个正整数 $m(\alpha)$ 和一个有理函数

$$P_\alpha(z)=\sum_{j=1}^{m(\alpha)}c_{j,\alpha}(z-\alpha)^{-j},$$

则在 Ω 内存在一个亚纯函数 f，它在每个 $\alpha\in A$ 处的主要部分是 P_α 且在 Ω 内没有其他极点.

证明 如同定理 13.3 那样，我们选取 Ω 内紧集的一个序列：对 $n=1, 2, 3, \cdots$，K_n 在 K_{n+1} 的内部，Ω 的每一个紧子集在某个 K_n 内，且 S^2-K_n 的每一个分支包含 $S^2-\Omega$ 的一个分支，设 $A_1=A\cap K_1$，且对 $n=2, 3, 4, \cdots$，$A_n=A\cap(K_n-K_{n-1})$. 由于 $A_n\subset K_n$ 且 A 在 Ω 内没有极限点(因而在 K_n 内没有极限点)，所以每个 A_n 是一个有限集. 设

$$Q_n(z)=\sum_{\alpha\in A_n}P_\alpha(z)\qquad(n=1,2,3,\cdots).\tag{1}$$

由于每个 A_n 为有限，所以每个 Q_n 是一个有理函数. 当 $n\geqslant 2$ 时，Q_n 的极点在 K_n-K_{n-1} 内. 特别，Q_n 在包含 K_{n-1} 的一个开集内是全纯的. 现在从定理 13.6 得到，存在一个其所有极点在 $S^2-\Omega$ 内的有理函数 R_n，使得

$$|R_n(z)-Q_n(z)|<2^{-n}\qquad(z\in K_{n-1}).\tag{2}$$

我们断言

$$f(z)=Q_1(z)+\sum_{n=2}^{\infty}(Q_n(z)-R_n(z))\qquad(z\in\Omega)\tag{3}$$

具有所想要的性质.

固定 N，在 K_N 上，我们有

$$f=Q_1+\sum_{n=2}^{N}(Q_n-R_n)+\sum_{N+1}^{\infty}(Q_n-R_n).\tag{4}$$

根据(2)，(4)中最后和式的每一项在 K_N 上小于 2^{-n}；因此在 K_N 上，此级数一致收敛于在 K_N 内部全纯的一个函数. 由于每个 R_n 的极点在 Ω 的外部，所以

273

$$f-(Q_1+\cdots+Q_N)$$

在 K_N 内部全纯. 因此，在 K_N 的内部 f 恰好具有规定的主要部分. 由于 N 是任意的，因而在 Ω 内 f 具有同样的性质. ■

单连通区域

我们现在将概述单连通区域的一些性质(参看 10.38 节)，这些性质阐明它在全纯函数理论中起着重要作用. 在这些性质中，(a)和(b)称为 Ω 的内拓扑性质；(c)和(d)涉及 Ω 嵌入 s^2 内的方式；性质(e)到(h)按特征来说是分析性的；(i)是关于环 $H(\Omega)$ 的代数陈述. 黎曼映射定理 14.8 是单连通区域另一个十分重要的性质. 事实上，我们将用它去证明(i)→(a).

13.11 定理 对于一个平面区域 Ω，下面九个条件中的每一个蕴涵着其余的各个条件：

(a) Ω 同胚于开单位圆盘 U.

(b) Ω 是单连通的.

(c) 对 Ω 内每一条闭路径 γ 和对每一个 $\alpha\in S^2-\Omega$，$\mathrm{Ind}_\gamma(\alpha)=0$.

(d) $S^2-\Omega$ 是连通的.

(e) 每一个 $f\in H(\Omega)$ 能用多项式在 Ω 的紧子集上一致逼近.

(f) 对每一个 $f\in H(\Omega)$和在 Ω 内每一条闭路径 γ，

$$\int_\gamma f(z)\mathrm{d}z = 0.$$

(g) 每一个 $f\in H(\Omega)$对应一个 $F\in H(\Omega)$，使得 $F'=f$.

(h) 如果 $f\in H(\Omega)$且 $1/f\in H(\Omega)$，则存在一个 $g\in H(\Omega)$，使得

$$f=\exp(g).$$

(i) 如果 $f\in H(\Omega)$且 $1/f\in H(\Omega)$，则存在一个 $\varphi\in H(\Omega)$，使得 $f=\varphi^2$.

断言(h)是 f 有一个 Ω 内的“全纯的对数”g；(i)断言 f 有一个. Ω 内的“全纯的平方根”φ；而(f)断言，对单连通区域内的每条闭路径，柯西定理成立.

在第 16 章中，我们将看到单值性定理还描述了单连通区域的另一特性.

证明 (a)蕴涵(b). 这就是说，Ω 是同胚于 U 的，意味着有一个将 Ω 映到 U 上的连续的一一映射 ψ，其逆 ψ^{-1}亦为连续. 如果 γ 是 Ω 内具有参数区间$[0,1]$的一条闭曲线，设

$$H(s,t)=\psi^{-1}(t\psi(\gamma(s))),$$

则 H: $I^2\to\Omega$ 是连续的；$H(s,0)=\psi^{-1}(0)$是常数；$H(s,1)=\gamma(s)$；且因 $\gamma(0)=\gamma(1)$有 $H(0,t)=H(1,t)$. 因此 Ω 是单连通的. 274

(b) 蕴涵(c). 如果(b)成立且 γ 是 Ω 内一条闭路径，则 γ 是 Ω -同伦于一条不变的路径(由“单连通”的定义). 因此，根据定理 10.40，(c)成立.

(c) 蕴涵(d). 设(d)不成立. 则 $S^2-\Omega$ 是 S^2 的一个非连通的闭子集. 如 10.1 节所指出的，得知 $S^2-\Omega$ 是两个非空不交的闭集 H 和 K 的并. 令 H 包含∞，令 W 为相对于平面的 H 的余集，则 $W=\Omega\cup K$. 由于 K 是紧的，所以定理 13.5(令 $f=1$)表明有 $W-K=\Omega$ 内的一个圈 Γ，对 $z\in K$ 使得 $\mathrm{Ind}_\Gamma(z)=1$. 由于 $K\neq\varnothing$，所以(c)不成立.

(d) 蕴涵(e). 这是定理 13.9 的一部分.

(e) 蕴涵(f). 选择 $f\in H(\Omega)$，设 γ 为 Ω 内一条闭路径，且选取在 γ^* 上一致收敛于 f 的多项式 P_n. 由于对所有 n，$\int_\gamma P_n(z)\mathrm{d}z=0$，所以我们断定(f) 成立.

(f) 蕴涵(g). 设(f)成立，固定 $z_0\in\Omega$，且设

$$F(z)=\int_{\Gamma(z)} f(\zeta)\mathrm{d}\zeta \qquad (z\in\Omega), \tag{1}$$

此处 $\Gamma(z)$是 Ω 内从 z_0 到 z 的任意路径. 这便定义了 Ω 内的一个函数 F. 因若 $\Gamma_1(z)$是从 z_0 到 z 的另一条路径(在 Ω 内)，则 Γ 之后跟着 Γ_1 的反向路径形成 Ω 内的一条闭路径. f 沿这条闭路的积分为零. 所以若用 $\Gamma_1(z)$代替 $\Gamma(z)$，则(1)不受影响. 现在论证 $F'=f$. 固定 $a\in\Omega$. 存在$r>0$. 使得 $D(a;r)\subset\Omega$. 对 $z\in D(a;r)$，我们可以通过 f 沿着由区间$[a,z]$得到的路径 $\Gamma(a)$的积分来计算 $F(z)$. 因而，对 $z\in D'(a;r)$，

$$\frac{F(z)-F(a)}{z-a}=\frac{1}{z-a}\int_{[a,z]} f(\zeta)\mathrm{d}\zeta. \tag{2}$$

如同定理 10.14 的证明一样，由 f 在 a 处的连续性推出 $F'(a)=f(a)$.

(g) 蕴涵(h). 如果 $f\in H(\Omega)$且 f 在 Ω 内没有零点，则 $f'/f\in H(\Omega)$，且由(g)推出存在 $g\in H(\Omega)$，使得 $g'=f'/f$. 我们能够对 g 加上一个常数，使得对某个 $z_0\in\Omega$ 有 $\exp\{g(z_0)\}=$

$f(z_0)$. g 的选择表明，在 Ω 内 fe^{-g} 的导数为零. 因此 fe^{-g} 为常数(因 Ω 为连通)，且由此得到 $f=e^g$.

(h) 蕴涵(i). 由(h)，$f=e^g$. 设 $\varphi=\exp\left(\frac{1}{2}g\right)$.

(i) 蕴涵(a). 如果 Ω 为整个平面，则 Ω 是同胚于 U 的：将 z 映为 $z/(1+|z|)$.

如果 Ω 是满足(i)的平面的一个真子区域，则确实存在把 Ω 映到 U 上的一个全纯的同胚(共形映射). 此结论就是黎曼映射定理，它是下一章的主要对象. 因此. 黎曼映射定理的证明与定理 13.11 的证明将一道完成(参看定理 14.8 陈述后面的注).

(j) 在每个单连通区域内成立这个事实具有如下的推论(此结论也可以用很初等的工具去

275 证明). ■

13.12 定理 如果 $f\in H(\Omega)$，此处 Ω 为平面内任意开集，且 f 在 Ω 内没有零点，则 $\log|f|$ 在 Ω 内调和.

证明 对每一个圆盘 $D\subset\Omega$，对应一个函数 $g\in H(D)$，在 D 内使得 $f=e^g$. 如果 $u=\mathrm{Re}\,g$，则 u 在 D 内调和，且 $|f|=e^u$. 因此，$\log|f|$ 在 Ω 内的每一个圆盘内调和，这就得出所希望的论断. ■

习题

1. 证明在 S^2 上的每一个亚纯函数是有理函数.
2. 令 $\Omega=\{z:|z|<1$ 和 $|2z-1|>1\}$，且设 $f\in H(\Omega)$.
   (a) 是否必定存在一个多项式 P_n 的序列，使得 $P_n\to f$ 在 Ω 的紧子集上是一致的?
   (b) 是否必定存在这样一个在 Ω 内一致收敛于 f 的序列?
   (c) 如果我们对 f 要求的条件更多些，即 f 在包含 Ω 的闭包的某个开集内全纯，则对(b)的回答有改变吗?
3. 有没有多项式 P_n 的序列，使得对 $n=1,2,3,\cdots$，$P_n(0)=1$，但当 $n\to\infty$ 时，对每一个 $z\neq0$，$P_n(z)\to0$?
4. 有没有多项式 P_n 的序列，使得

$$\lim_{n\to\infty}P_n(z)=\begin{cases}1 & \text{当}\,\mathrm{Im}z>0,\\ 0 & \text{当}\,z\,\text{为实数},\\ -1 & \text{当}\,\mathrm{Im}z<0?\end{cases}$$

5. 对 $n=1,2,3,\cdots$，令 Δ_n 为 U 内的闭圆盘，且令 L_n 为 $U-\Delta_n$ 内的与 U 的每一条半径相交的一段弧([0,1]的同胚象). 存在多项式 P_n 在 Δ_n 上十分小而在 L_n 上或多或少是任意的. 证明$\{\Delta_n\}$，$\{L_n\}$和$\{P_n\}$可以这样选择，使得级数 $f=\sum P_n$ 定义一个在 T 的任意点没有径向极限的函数 $f\in H(U)$，换言之，没有实数 θ，使得$\lim\limits_{r\to1} f(re^{i\theta})$ 存在.
6. 下面是这种函数的另一种构造法，令$\{n_k\}$为整数序列，使得 $n_1>1$ 和 $n_{k+1}>2kn_k$. 定义

$$h(z)=\sum_{k=1}^{\infty}5^k z^{n_k}.$$

证明若 $|z|<1$，则级数收敛，并证明有一个常数 $c>0$，对所有使 $|z|=1-(1/n_m)$ 的 z，$|h(z)|>c\cdot5^m$.（提示：对那样的 z，在所定义的 $h(z)$级数中第 m 项必远远大于所有其他项的和.）

因而 h 没有有限的径向极限.

同时证明 h 在 U 内必有无限多个零点(与第 12 章习题 15 作比较). 事实上，证明对每一个复数 α 都对应有

无限多个 $z\in U$，使 $h(z)=\alpha$.

7. 证明在定理 13.9 中，我们不必假设 A 与 $S^2-\Omega$ 的每个分支相交. 只要假定 A 的闭包与 $S^2-\Omega$ 的每个分支相交就够了.
8. 对 Ω 为全平面的情况，通过直接论证而不求助于龙格定理，证明米塔-列夫勒定理.
9. 设 Ω 为单连通区域，$f\in H(\Omega)$，f 在 Ω 内没有零点，且 n 为正整数，证明存在一个 $g\in H(\Omega)$，使得 $g^n=f$. 276
10. 设 Ω 为一个区域，$f\in H(\Omega)$，且 $f\not\equiv 0$. 证明：当且仅当 f 在 Ω 内对每一个正整数 n 有全纯的 n 次方根时，f 在 Ω 内有一个全纯的对数.
11. 设 $f_n\in H(\Omega)(n=1,2,3,\cdots)$，$f$ 是 Ω 内的复函数，且对每一个 $z\in\Omega$，$f(z)=\lim\limits_{n\to\infty}f_n(z)$. 证明 Ω 有一个稠密开子集 V，f 在 V 上全纯. 提示：设 $\varphi=\sup|f_n|$. 利用贝尔定理证明：Ω 内每一个圆盘包含一个在其上 φ 为有界的圆盘，应用第 10 章习题 5.（在一般情况下，$V\neq\Omega$. 与习题 3 和习题 4 比较.）
12. 设 f 为定义在复平面的复值可测函数，证明存在一个全纯多项式序列 P_n 使得对几乎所有的 z，有 $\lim\limits_{n\to\infty}P_n(z)=f(z)$（关于二维勒贝格测度）. 277

第14章 共形映射

角的保持性

14.1 定义 每一个复数 $z\neq 0$ 可以决定一个从原点发出的方向，这方向是由在单位圆周上的点

$$A[z]=\frac{z}{|z|} \tag{1}$$

确定的.

假设 f 是一个将区域 Ω 映入平面内的映射，$z_0\in\Omega$ 并且 z_0 有去心邻域 $D'(z_0, r)\subset\Omega$，在这邻域里 $f(z)\neq f(z_0)$. 如果

$$\lim_{r\to 0}\mathrm{e}^{-\mathrm{i}\theta}A[f(z_0+r\mathrm{e}^{\mathrm{i}\theta})-f(z_0)] \quad (r>0) \tag{2}$$

存在并与 θ 无关，我们就称 f 在 z_0 保角.

粗略地说，这个要求就是对任意两条由 z_0 发出的射线 L' 和 L''，它们的象 $f(L')$ 和 $f(L'')$ 在 $f(z_0)$ 所作成的角与 L' 和 L'' 作成的角，其大小和定向都相同.

在一个区域内每一点保角这个性质，是在这区域内导数不为零的全纯函数的特征. 这是定理 14. 2 的一个推论，也是把导数不为零的全纯函数称为共形映射的理由.

14.2 定理 设 f 将一区域 Ω 映入平面内. 若对于某个 $z_0\in\Omega$，$f'(z_0)$ 存在并且 $f'(z_0)\neq 0$，则 f 在 z_0 保角. 相反，若 f 在 z_0 的微分存在并且不为零，且 f 在 z_0 保角，则 $f'(z_0)$ 存在并且不为零. 278

这里像通常一样，$f'(z_0)=\lim[f(z)-f(z_0)]/(z-z_0)$. 而 f 在 z_0 的微分是 R^2 到 R^2 的一个线性变换 L，使得记 $z_0=(x_0, y_0)$ 时，

$$f(x_0+x, y_0+y)=f(x_0, y_0)+L(x,y)+(x^2+y^2)^{1/2}\eta(x,y). \tag{1}$$

像在定义 7.22 中一样，这里当 $x\to 0$ 及 $y\to 0$ 时，$\eta(x, y)\to 0$.

证明 为简单起见，取 $z_0=f(z_0)=0$，若 $f'(0)=a\neq 0$，则立即得到

$$\mathrm{e}^{-\mathrm{i}\theta}A[f(r\mathrm{e}^{\mathrm{i}\theta})]=\frac{\mathrm{e}^{-\mathrm{i}\theta}f(r\mathrm{e}^{\mathrm{i}\theta})}{|f(r\mathrm{e}^{\mathrm{i}\theta})|}\to\frac{a}{|a|} \quad (r\to 0), \tag{2}$$

于是 f 在 0 保角. 反之，若 f 在 0 的微分存在且不为零，则(1)式可改写成如下形式

$$f(z)=\alpha z+\beta\bar{z}+|z|\eta(z), \tag{3}$$

其中当 $z\to 0$ 时，$\eta(z)\to 0$，并且 α 和 β 是不同时为零的复数，若 f 也在 0 保角，则

$$\lim_{r\to 0}\mathrm{e}^{-\mathrm{i}\theta}A[f(r\mathrm{e}^{\mathrm{i}\theta})]=\frac{\alpha+\beta\mathrm{e}^{-2\mathrm{i}\theta}}{|\alpha+\beta\mathrm{e}^{-2\mathrm{i}\theta}|} \tag{4}$$

存在并且与 θ 无关. 我们可以除掉那些使(4)式中分母为零的 θ；而这样的 θ 在 $[0, 2\pi)$ 内最多有两个. 对所有其他的 θ，我们断定 $\alpha+\beta\mathrm{e}^{-2\mathrm{i}\theta}$ 位于一条通过 0 的固定的射线上，这只有当 $\beta=0$ 时才有可能. 因此 $\alpha\neq 0$，从(3)式就推出 $f'(0)=\alpha$. ■

注 没有全纯函数能在其导数为零的任何一点是保角的. 我们省去这个容易的证明. 但是，一个变换在微分为零的点还有可能保角. 例如，$f(z)=|z|z$，$z_0=0$.

线性分式变换

14.3 若 a，b，c 和 d 都是复数，并且 $ad-bc\neq 0$，则映射

$$z\to\frac{az+b}{cz+d}\tag{1}$$

称为线性分式变换．由于考虑点∞会带来明显的方便，将(1)式看做由球面 S^2 映入球面 S^2 是合适的．例如，当 $c\neq 0$ 时，$-d/c$ 映为∞，而∞映为 a/c．于是容易明白每个线性分式变换是一个将 S^2 映到 S^2 上的一一映射．而且，每个线性分式变换可由叠加下列形式的变换得到：

(a) 平移：$z\to z+b$.

279 (b) 旋转：$z\to az$，$|a|=1$.

(c) 相似：$z\to rz$，$r>0$.

(d) 反演：$z\to 1/z$.

若在(1)式中，$c=0$，这时是很明显的．若 $c\neq 0$，则可由恒等式

$$\frac{az+b}{cz+d}=\frac{a}{c}+\frac{\lambda}{cz+d},\quad \lambda=\frac{bc-ad}{c}\tag{2}$$

得出．

易知前三个变换将直线变为直线，圆变为圆．这对(d)却是不成立的．但我们若把所有直线和圆组成的族记作$\mathscr{F}$，则$\mathscr{F}$ 对(d)是保持的．因此，我们得到一个重要的结论：$\mathscr{F}$ 对每个线性分式变换都是保持的．（读者可能会注意到，当把$\mathscr{F}$ 看成 S^2 的一个子集族时，则通过球极平面射影 13.1(1)，$\mathscr{F}$ 由 S^2 上的所有圆组成；我们不打算采用$\mathscr{F}$ 这个性质，并且省略其证明．）

易证经过反演变换$\mathscr{F}$ 仍然保持，初等解析几何表明$\mathscr{F}$ 中每一元素是方程

$$\alpha z\bar{z}+\beta z+\bar{\beta}\bar{z}+\gamma=0\tag{3}$$

的轨迹，其中 α 和 γ 是实常数，而 β 是复常数，并且 $\beta\bar{\beta}>\alpha\gamma$．若 $\alpha\neq 0$，则(3)式确定一个圆；若 $\alpha=0$，则给出一条直线．用$\dfrac{1}{z}$换 z，则(3)式变成

$$\alpha+\beta\bar{z}+\bar{\beta}z+\gamma z\bar{z}=0,\tag{4}$$

这是相同类型的方程．

设 a，b 和 c 是不同的复数．我们可以构造一个线性分式变换 φ，它将有序三元组$\{a, b, c\}$映为$\{0, 1, \infty\}$，即

$$\varphi(z)=\frac{(b-c)(z-a)}{(b-a)(z-c)}.\tag{5}$$

这样的 φ 是唯一的．因为若 $\varphi(a)=0$，则必定在分子中有 $z-a$；若 $\varphi(c)=\infty$，则在分母中必定有 $z-c$；若同时有 $\varphi(b)=1$，我们就会得到(5)式．如果 a，b，c 中有一个是∞，类似(5)的公式也是容易写出的．如果我们在(5)之后再作一个相同类型变换的逆变换，便得到下面的结果：

对 S^2 内的任意两个有序三元组$\{a, b, c\}$和$\{a', b', c'\}$有且仅有一个线性分式变换将 a 映射为 a'，b 映射为 b'，并且将 c 映射为 c'.

（当然，这里假定了 $a\neq b$，$a\neq c$，和 $b\neq c$，并且对 a'，b'和 c'也同样假设.）

我们从这个结果可以得出结论：每一个圆都可以经过一个线性分式变换映到任一个圆上. 更有趣的是，每一个圆都能映到任一条直线上(若将点∞看做直线上的点). 因此，每一开圆盘能够共形映射到任一开的半平面上. 280

我们来更详尽地讨论这种映射中的一个，即

$$\varphi(z)=\frac{1+z}{1-z}. \tag{6}$$

这个 φ 映$\{-1,0,1\}$为$\{0,1,\infty\}$：线段$(-1,1)$映射为正实轴，单位圆 T 经过-1和 1，因此，$\varphi(T)$是一条经过 $\varphi(-1)=0$ 的直线. 因为单位圆 T 在-1处与实轴成一直角，故 $\varphi(T)$在 0 与实轴成直角. 因此，$\varphi(T)$是虚轴. 因为 $\varphi(0)=1$，可知 φ 是一个将开单位圆盘映到开右半平面上的一一共形映射.

线性分式变换在共形映射理论中的作用也在定理 12.6 中得到很好的说明.

14.4 线性分式变换使得有可能把关于全纯函数在接近直线时的性态的定理代以圆弧的情况. 反射原理的一个非正式讨论，将足以说明这个方法.

设 Ω 是 U 内一个区域，它的边界有一部分是单位圆上的圆弧 L，f 在 $\overline{\Omega}$ 上连续，在 Ω 内全纯，并且在 L 上取实值，函数

$$\psi(z)=\frac{z-\mathrm{i}}{z+\mathrm{i}} \tag{1}$$

把上半平面映到 U 上. 若 $g=f\circ\psi$，则定理 11.14 给出 g 的一个全纯开拓 G，于是 $F=G\circ\psi^{-1}$ 给出 f 的一个全纯开拓 F，满足

$$f(z^*)=\overline{F(z)}, \tag{2}$$

其中 $z^*=1/\bar{z}$.

最后一个断言可由 ψ 的一个性质得出：若 $w=\psi(z)$和 $w_1=\psi(\bar{z})$，则 $w_1=w^*$. 它容易通过计算验证.

习题 2～5 提供了这一技巧的其他应用.

正规族

黎曼映射定理可以通过把映射函数展示为某个极值问题的解而予以证明. 这种解的存在有赖于我们现在要叙述的某些全纯函数族的一个非常有用的紧性.

14.5 定义 设 Ω 是一个区域，$\mathscr{F}\subset H(\Omega)$. 若族$\mathscr{F}$中任一序列都包含一个子序列，它在 Ω 的每一个紧子集上一致收敛，则称族$\mathscr{F}$为正规族. 这个极限函数并不要求属于$\mathscr{F}$. 281

（有时采用一个比较广泛的定义. 只要族$\mathscr{F}$中任一序列在 Ω 的每一紧子集上或者一致收敛，或者一致地趋于∞. 这对于讨论亚纯函数是比较合适的.）

14.6 定理 *设族$\mathscr{F}\subset H(\Omega)$，$\mathscr{F}$在区域 Ω 任一紧子集上一致有界，则族$\mathscr{F}$是正规族.*

证明 这个假设意味着对于每一紧集 $K\subset\Omega$，都有一个数 $M(K)<\infty$与之对应，使得对所有 $f\in\mathscr{F}$ 及 $z\in K$ 均有 $|f(z)|\leqslant M(K)$.

设$\{K_n\}$是一个紧集序列，其并等于 Ω，且 K_n 包含在 K_{n+1} 的内部. 这种序列在定理 13.3

中曾经构造过. 于是存在正数 δ_n 满足

$$D(z;\,2\delta_n)\subset K_{n+1}\quad(z\in K_n).\tag{1}$$

考虑 K_n 中两点 z' 和 z''，使得 $|z'-z''|<\delta_n$. 令 γ 为圆心在 z' 半径是 $2\delta_n$ 的正向圆周，并用柯西公式估计 $|f(z')-f(z'')|$. 因为

$$\frac{1}{\zeta-z'}-\frac{1}{\zeta-z''}=\frac{z'-z''}{(\zeta-z')(\zeta-z'')},$$

我们得到

$$f(z')-f(z'')=\frac{z'-z''}{2\pi i}\int_\gamma\frac{f(\zeta)}{(\zeta-z')(\zeta-z'')}d\zeta.\tag{2}$$

因为对所有 $\zeta\in\gamma^*$，有 $|\zeta-z'|=2\delta_n$ 及 $|\zeta-z''|>\delta_n$，所以(2)式给出不等式

$$|f(z')-f(z'')|<\frac{M(K_{n+1})}{\delta_n}|z'-z''|,\tag{3}$$

它对于所有 $f\in\mathscr{F}$，所有 z' 及 $z''\in K_n$，在假定 $|z'-z''|<\delta_n$ 时成立.

这是证明的关键性步骤：我们已经证明，对于每一 K_n，$\mathscr{F}$ 中的函数在 K_n 上的限制构成一个等度连续函数族. 若 $f_j\in\mathscr{F}$，$j=1,2,3,\cdots$，则由定理 11.28 可以推出存在由正整数组成的无限集的序列 S_n，$S_1\supset S_2\supset S_3\supset\cdots$，使得当 S_n 中的 $j\to\infty$ 时，$\{f_j\}$ 在 K_n 上一致收敛，应用对角线过程就可以产生一个无限集 S，使得当 S 中的 $j\to\infty$ 时，$\{f_j\}$ 在每个 K_n 上(从而在每个紧集 $K\subset\Omega$ 上)都一致收敛. ■

黎曼映射定理

14.7 共形等价 我们称两个区域 Ω_1 和 Ω_2 是共形等价的，如果存在一个映射 $\varphi\in H(\Omega_1)$，
282 φ 在 Ω_1 中是一一的，并且 $\varphi(\Omega_1)=\Omega_2$，换句话说，如果存在一个 Ω_1 到 Ω_2 上的一一共形映射. 在这些条件下，φ 的逆映射在 Ω_2 是全纯的(定理 10.33)，因而是一个 Ω_2 到 Ω_1 上的共形映射.

由此得知共形等价区域都是同胚的. 但是，共形等价区域之间有一个更重要的关系：设 φ 如上所述，则 $f\to f\circ\varphi$ 是 $H(\Omega_2)$ 到 $H(\Omega_1)$ 上的保持和与乘积的一一映射，即它是由 $H(\Omega_2)$ 到 $H(\Omega_1)$ 上的环同构. 如果 Ω_1 有一个简单的结构，那么关于 $H(\Omega_2)$ 的问题就能转化为 $H(\Omega_1)$ 中的问题，并且它的解可以借助于映射函数 φ 返回到 $H(\Omega_2)$，这个问题最重要的场合是基于黎曼映射定理(在那里 Ω_2 是单位圆盘 U)，对于平面上任一个单连通真子区域 Ω，它把 $H(\Omega)$ 的研究化为 $H(U)$ 的研究. 当然，为了求出问题的显解，可能需要对于映射函数具有相当精确的知识.

14.8 定理 平面内任一(与平面本身不同的)单连通区域 Ω 都与开单位圆盘 U 共形等价.

注 根据刘维尔定理，平面的情况显然已被排除. 因此，平面不能共形等价于 U，尽管这两个区域是同胚的.

在证明中用到单连通区域的性质仅仅在于每一个在这区域中没有零点的全纯函数都有全纯的平方根. 从这里将得出定理 13.11 中“(j)蕴涵(a)”的结论，并将完成这个定理的证明.

证明 设 Ω 是平面内一个单连通区域，并设 w_0 是一个复数，$w_0\notin\Omega$. 设 Σ 为所有 $\psi\in H(\Omega)$ 构成的函数族，其中 ψ 是将 Ω 映入 U 的一一映射. 我们必须证明有 $\psi\in\Sigma$ 将 Ω 映到 U 上.

我们先证Σ非空. 因为Ω是单连通的，于是存在一个$\varphi\in H(\Omega)$，使得$\varphi^2(z)=z-w_0$在Ω内成立. 若$\varphi(z_1)=\varphi(z_2)$，则也有$\varphi^2(z_1)=\varphi^2(z_2)$，从而$z_1=z_2$；于是$\varphi$是一一的. 同理可证，$\Omega$中没有两个不同的点$z_1$和$z_2$满足$\varphi(z_1)=-\varphi(z_2)$. 因为$\varphi$是一个开映射，$\varphi(\Omega)$包含一个圆盘$D(a;r)$，其中$0<r<|a|$. 圆盘$D(-a;r)$，因此与$\varphi(\Omega)$不相交，并且，如果定义$\psi=r/(\varphi+a)$，我们就会看出$\psi\in\Sigma$.

第二步在于证明，若$\psi\in\Sigma$，而$\psi(\Omega)$不覆盖整个U，且若$z_0\in\Omega$，则存在一个$\psi_1\in\Sigma$，满足

$$|\psi'_1(z_0)|>|\psi'(z_0)|.$$

运用由

$$\varphi_\alpha(z)=\frac{z-\alpha}{1-\bar{\alpha}z}$$ 283

定义的函数φ_α将是方便的. 对$\alpha\in U$，φ_α是一个将U映射到U上的一一映射；它的逆映射是$\varphi_{-\alpha}$(见定理12.4).

设$\psi\in\Sigma$，$\alpha\in U$而$\alpha\notin\psi(\Omega)$. 则$\varphi_\alpha\circ\psi\in\Sigma$，且$\varphi_\alpha\circ\psi$在$\Omega$内没有零点；因此，存在一个函数$g\in H(\Omega)$，使得$g^2=\varphi_\alpha\circ\psi$. 易知$g$是一个一一映射(像在证明$\Sigma\neq\varnothing$时一样)，因此$g\in\Sigma$；并且若$\psi_1=\varphi_\beta\circ g$，其中$\beta=g(z_0)$，则有$\psi_1\in\Sigma$. 记$w^2=s(w)$，我们现在得到

$$\psi=\varphi_{-\alpha}\circ s\circ g=\varphi_{-\alpha}\circ s\circ\varphi_{-\beta}\circ\psi_1.$$

因为$\psi_1(z_0)=0$，由链式法则得

$$\psi'(z_0)=F'(0)\psi'_1(z_0),$$

其中$F=\varphi_{-\alpha}\circ s\circ\varphi_{-\beta}$. 易知$F(U)\subset U$，并且$F$在$U$内不是一个一一映射，于是，由施瓦茨引理(见12.5节)得$|F'(0)|<1$，因而$|\psi'(z_0)|<|\psi'_1(z_0)|$.（注意，因为$\psi$在$\Omega$内是一个一一映射，故$\psi'(z_0)\neq0$）

固定$z_0\in\Omega$，并设

$$\eta=\sup\{|\psi'(z_0)|:\psi\in\Sigma\}.$$

从上面所述清楚地知道，任何函数$h\in\Sigma$，当$|h'(z_0)|=\eta$时，它将映Ω到U上. 因此，只要我们证明存在这样一个函数h，定理就证明了.

由于对所有$\psi\in\Sigma$及$z\in\Omega$，$|\psi(z)|<1$，故定理14.6表明Σ是正规族. 由η的定义知道在Σ内有序列$\{\psi_n\}$满足$|\psi_n'(z_0)|\to\eta$，并且由Σ的正规性，我们可以选出一个子序列(为简单起见，仍记为$\{\psi_n\}$)，它在Ω的紧子集上一致收敛于一个极限$h\in H(\Omega)$. 由定理10.28，$|h'(z_0)|=\eta$. 因为$\Sigma\neq\varnothing$，$\eta>0$，所以h不是常数. 因为$\psi_n(\Omega)\subset U$，$n=1,2,3,\cdots$，我们得到$h(\Omega)\subset\overline{U}$，但是开映射定理指出实际上有$h(\Omega)\subset U$.

余下的是要证明h是一个一一映射. 取定Ω内不同的两点z_1和z_2；令$\alpha=h(z_1)$及$\alpha_n=\psi_n(z_1)$，$n=1,2,3,\cdots$，又设$\overline{D}$是Ω内圆心在z_2的闭圆盘，使得$z_1\notin\overline{D}$，并且在$\overline{D}$的边界上$h-\alpha$没有零点. 这是可能的，因为$h-\alpha$的零点在Ω内没有极限点. 函数$\psi_n-\alpha_n$在$\overline{D}$上一致收敛于$h-\alpha$；因为它们都是一一映射，并且有零点z_1，所以它们在圆盘D内没有零点；由儒歇定理得知$h-\alpha$在D内没有零点；特别地$h(z_2)\neq h(z_1)$.

于是$h\in\Sigma$，并且定理证毕. ■

另一个更富有构造性的证明将略述于习题 26.

284 **14.9 评注** 前面的证明也指出了 $h(z_0)=0$. 因为若 $h(z_0)=\beta$ 而 $\beta\neq 0$, 则 $\varphi_\beta\circ h\in\Sigma$, 并且

$$|(\varphi_\beta\circ h)'(z_0)|=|\varphi'_\beta(\beta)h'(z_0)|=\frac{|h'(z_0)|}{1-|\beta|^2}>|h'(z_0)|.$$

注意到下面这一点是很有意思的. 虽然 h 是通过对 $\psi\in\Sigma$ 取 $|\psi'(z_0)|$ 的最大值产生的, 但若容许 f 取遍由所有 Ω 到 U 内的全纯映射(不需要是一一的)组成的类, h 也能最大化 $|f'(z_0)|$ 的值. 因为, 若 f 是这样的函数, 则 $g=f\circ h^{-1}$ 映 U 到 U 内, 于是 $|g'(0)|<1$, 当且仅当 g 是旋转时等式才成立(由施瓦茨引理得到), 这样由链式法则便得到下述结果:

若 $f\in H(\Omega)$, $f(\Omega)\subset U$, 并且 $z_0\in\Omega$, 则 $|f'(z_0)|\leqslant|h'(z_0)|$. 当且仅当 $f(z)=\lambda h(z)$, 其中 λ 是满足 $|\lambda|=1$ 的常数时, 等式成立.

$\mathscr{S}$ 类

14.10 定义 $\mathscr{S}$ 是由在 U 中是一一的, 并满足

$$f(0)=0,\ f'(0)=1 \tag{1}$$

的全体 $f\in H(\Omega)$ 组成的类.

这样, 每一个 $f\in\mathscr{S}$ 都有幂级数展开式

$$f(z)=z+\sum_{n=2}^{\infty}a_nz^n\qquad(z\in U). \tag{2}$$

$\mathscr{S}$ 类在加法及乘法下是不封闭的, 但它有许多别的有趣性质. 我们在本节中将仅仅讨论其中一小部分. 在第 20 章中证明梅尔格良定理时将用到定理 14.15.

14.11 例子 若 $|\alpha|\leqslant 1$, 而

$$f_\alpha(z)=\frac{z}{(1-\alpha z)^2}=\sum_{n=1}^{\infty}n\alpha^{n-1}z^n,$$

则 $f_\alpha\in\mathscr{S}$.

因为当 $|z|<1$, $|w|<1$ 时, 若 $f_\alpha(z)=f_\alpha(w)$, 则 $(z-w)(1-\alpha^2zw)=0$, 并且第二个因子不是 0.

当 $|\alpha|=1$ 时, f_α 称为克贝函数. 我们把求区域 $f_\alpha(U)$ 留给读者作为练习.

14.12 定理 *(a)若 $f\in\mathscr{S}$, $|\alpha|=1$, 并且 $g(z)=\bar{\alpha}f(\alpha z)$, 则 $g\in\mathscr{S}$. (b)若 $f\in\mathscr{S}$, 则存在一个 $g\in\mathscr{S}$, 使得*

285 $$g^2(z)=f(z^2)\qquad(z\in U). \tag{1}$$

证明 (a)是显然的. 要证(b), 记 $f(z)=z\varphi(z)$, 则 $\varphi\in H(U)$, $\varphi(0)=1$, 并且 φ 在 U 中没有零点, 因为 f 在 $U-\{0\}$ 内没有零点. 因此存在一个函数 $h\in H(U)$ 使得 $h(0)=1$, $h^2(z)=\varphi(z)$. 令

$$g(z)=zh(z^2)\qquad(z\in U), \tag{2}$$

则 $g^2(z)=z^2h^2(z^2)=z^2\varphi(z^2)=f(z^2)$, 于是得到(1)式. 显然 $g(0)=0$ 和 $g'(0)=1$. 我们来证

明 g 是一一映射.

设 z 和 $w\in U$，并且 $g(z)=g(w)$. 因为 f 是一一映射(1)蕴涵着 $z^2=w^2$，这样，不是 $z=w$(这就是我们要证明的)就是 $z=-w$. 在后一种情形，(2)式表明 $g(z)=-g(w)$；由此即得 $g(z)=g(w)=0$，又由于 g 在 $U-\{0\}$ 内没有零点，我们便得到 $z=w=0$. ■

14.13 定理 如果 $F\in H(U-\{0\})$，F 在 U 内是一一的，并且

$$F(z)=\frac{1}{z}+\sum_{n=0}^{\infty}\alpha_n z^n \qquad (z\in U), \tag{1}$$

则

$$\sum_{n=1}^{\infty} n\,|\,\alpha_n\,|^2 \leqslant 1. \tag{2}$$

这就是通常说的面积定理，其理由在证明中将会明白.

证明 α_0 的选取显然是无关紧要的. 因而假设 $\alpha_0=0$. 若用 $\lambda F(\lambda z)(\,|\,\lambda\,|\,=1)$ 代替 $F(z)$，则既不影响假设也不影响结论. 于是我们可设 α_1 是实数.

对于 $0<r<1$，设 $U_r=\{z:\,|\,z\,|<r\}$，$C_r=\{z:\,|\,z\,|=r\}$，又设 $V_r=\{z:\,r<|\,z\,|<1\}$，则 $F(U_r)$ 是点 ∞ 的邻域(对 $1/F$ 应用开映射定理)；因为 F 是一一映射，集 $F(U_r)$，$F(C_r)$ 和 $F(V_r)$ 是不相交的. 记

$$F(z)=\frac{1}{z}+\alpha_1 z+\varphi(z) \qquad (z\in U), \tag{3}$$

$F=u+\mathrm{i}v$，且

$$A=\frac{1}{r}+\alpha_1 r,\ B=\frac{1}{r}-\alpha_1 r. \tag{4}$$

当 $z=re^{i\theta}$ 时，我们得到

$$u=A\cos\theta+\mathrm{Re}\varphi \text{ 和 } v=-B\sin\theta+\mathrm{Im}\varphi. \tag{5}$$ 286

在等式(5)中分别除以 A 和 B，再平方，然后相加得到

$$\frac{u^2}{A^2}+\frac{v^2}{B^2}=1+\frac{2\cos\theta}{A}\mathrm{Re}\varphi+\left(\frac{\mathrm{Re}\varphi}{A}\right)^2-\frac{2\sin\theta}{B}\mathrm{Im}\varphi+\left(\frac{\mathrm{Im}\varphi}{B}\right)^2.$$

由(3)式知道，φ 在原点至少有二阶零点. 如果我们仍用(4)式，得知存在 $\eta>0$，对所有足够小的 r，满足

$$\frac{u^2}{A^2}+\frac{v^2}{B^2}<1+\eta r^3 \qquad (z=re^{i\theta}). \tag{6}$$

这说明 $F(C_r)$ 在椭圆 E_r 的内部，E_r 的半轴是 $A\sqrt{1+\eta r^3}$ 及 $B\sqrt{1+\eta r^3}$，因此围成一块面积

$$\begin{aligned}\pi AB(1+\eta r^3)&=\pi\left(\frac{1}{r}+\alpha_1 r\right)\left(\frac{1}{r}-\alpha_1 r\right)(1+\eta r^3)\\&\leqslant\frac{\pi}{r^2}(1+\eta r^3).\end{aligned} \tag{7}$$

因为 $F(C_r)$ 在 E_r 的内部，我们得到 $E_r\subset F(U_r)$；因而 $F(V_r)$ 在 E_r 的内部，于是 $F(V_r)$ 的面积不大于(7)，从柯西-黎曼方程得出映射 $(x,\ y)\to(u,\ v)$ 的雅可比行列式是 $|\,F'\,|^2$. 因此定理 7.26 给出下述结果：

$$\frac{\pi}{r^2}(1+\eta r^3)\geqslant\iint_{V_r}|F'|^2$$

$$=\int_r^1 t\,\mathrm{d}t\int_0^{2\pi}|-t^{-2}\mathrm{e}^{-2i\theta}+\sum_1^{\infty}n\alpha_n t^{n-1}\mathrm{e}^{i(n-1)\theta}|^2\mathrm{d}\theta$$

$$=2\pi\int_r^1(t^{-3}+\sum_1^{\infty}n^2|\alpha_n|^2t^{2n-1})\mathrm{d}t$$

$$=\pi\{r^{-2}-1+\sum_1^{\infty}n|\alpha_n|^2(1-r^{2n})\}. \tag{8}$$

若在(8)式两边除以 π，然后减去 r^{-2}，我们得到

$$\sum_{n=1}^{N}n|\alpha_n|^2(1-r^{2n})\leqslant 1+\eta r \tag{9}$$

对所有足够小的 r 和所有正整数 N 成立．在(9)式中令 $r\to0$，然后令 $N\to\infty$，就得到(2)式． ■

推论 在上述定理的同样假设下，$|\alpha_1|\leqslant1$.

287 令 $F(z)=(1/z)+\alpha z$，$|\alpha|=1$，这是个在 U 内的一一映射．它说明这是最好的结果．

14.14 定理 若 $f\in\mathscr{S}$，并且

$$f(z)=z+\sum_{n=2}^{\infty}a_nz^n,$$

则(a) $|a_2|\leqslant2$，(b) $f(U)\supset D\left(0;\frac{1}{4}\right)$.

第二个结论说明 $f(U)$ 包含所有满足 $|w|<\frac{1}{4}$ 的 w.

证明 由定理 14.12，存在 $g\in\mathscr{S}$，使得 $g^2(z)=f(z^2)$．令 $G=1/g$，将定理 14.13 应用于 G，就得到(a)．因为

$$f(z^2)=z^2(1+a_2z^2+\cdots),$$

我们得到

$$g(z)=z\left(1+\frac{1}{2}a_2z^2+\cdots\right).$$

因此

$$G(z)=\frac{1}{z}\left(1-\frac{1}{2}a_2z^2+\cdots\right)=\frac{1}{z}-\frac{a_2}{2}z+\cdots.$$

定理 14.13 的推论指出 $|a_2|\leqslant2$.

要证(b)，假设 $w\notin f(U)$．定义

$$h(z)=\frac{f(z)}{1-f(z)/w},$$

则 $h\in H(U)$，h 在 U 内是一一的，并且

$$h(z)=(z+a_2z^2+\cdots)\left(1+\frac{z}{w}+\cdots\right)=z+\left(a_2+\frac{1}{w}\right)z^2+\cdots,$$

因而 $h\in\mathscr{S}$，对 h 应用(a)；我们有 $|a_2+(1/w)|\leqslant2$．又因为 $|a_2|\leqslant2$，我们最后得到 $|1/w|\leqslant4$.

所以对于每一个 $w\notin f(U)$，有 $|w|\geqslant\frac{1}{4}$，这就完成了证明. ■

例 14.11 表明(a)和(b)都是最好的结果.

进而，任给 $\alpha\neq 0$，我们都可以找到一个整函数 f，满足 $f(0)=0$，$f'(0)=1$，而不会取到值 α. 例如，

$$f(z)=\alpha(1-\mathrm{e}^{-z/\alpha}).$$

当然，当 $|\alpha|<\frac{1}{4}$ 时，这样的函数 f 在 U 中不可能是一一的.

14.15 定理 设 $F\in H(U-\{0\})$，F 在 U 内是一一的，在 $z=0$ 处 F 有一个一阶极点，残数是 1，并且 w_1 和 w_2 都不在 $F(U)$ 内，则 $|w_2-w_1|\leqslant 4$. 288

证明 若 $f=1/(F-w_1)$，则 $f\in\mathscr{S}$，因而 $f(U)\supset D(0,\frac{1}{4})$，于是在 $F-w_1$ 的映射下，U 的象包含使 $|w|>4$ 的所有 w. 因为 w_2-w_1 不在这个象内，我们有 $|w_2-w_1|\leqslant 4$. ■

注意，这也是最好的结果：若 $F(z)=z^{-1}+z$，则 $F(U)$ 不包含点 2 和 -2. 事实上，$F(U)$ 在实轴上的余集正好是区间 $[-2,2]$.

边界上的连续性

在一定的条件下，每一个单连通区域 Ω 到 U 上的共形映射都可扩展为它的闭包 $\overline{\Omega}$ 到 $\overline{U}$ 上的同胚. 在这里，Ω 的边界性态起了决定性的作用.

14.16 定义 单连通平面区域 Ω 的边界点 β 称为 Ω 的简单边界点，如果 β 具有下述性质：对于 Ω 内的每一个满足 $n\to\infty$ 时 $\alpha_n\to\beta$ 的序列 $\{\alpha_n\}$，都对应着一条曲线 γ，它具有参数区间 $[0,1]$，并且有一序列 $\{t_n\}$，$0<t_1<t_2<\cdots$，$t_n\to 1$，使得 $\gamma(t_n)=\alpha_n$，$(n=1,2,3,\cdots)$，并且当 $0\leqslant t<1$ 时，$\gamma(t)\in\Omega$.

换句话说，Ω 内有一条曲线经过所有点 α_n 且以 β 为终点.

14.17 例子 因为简单边界点的例子是很明显的，我们来研究一些非简单边界点.

如果 Ω 是 $U-\{x: 0\leqslant x<1\}$，则 Ω 是单连通区域；并且若 $0<\beta\leqslant 1$，则 β 是 Ω 的一个边界点，但不是简单边界点.

为了举出更复杂的例子，设 Ω_0 在以 0，1，$1+\mathrm{i}$ 及 i 为顶点的正方形的内部，在 Ω_0 内除去区间

$$\left[\frac{1}{2n},\frac{1}{2n}+\frac{n-1}{n}\mathrm{i}\right] \quad \text{和} \quad \left[\frac{1}{2n+1}+\frac{\mathrm{i}}{n},\frac{1}{2n+1}+\mathrm{i}\right],$$

这样得到的 Ω 是单连通区域. 若 $0\leqslant y\leqslant 1$，则 $\mathrm{i}y$ 是边界点，但不是简单的.

14.18 定理 设 Ω 是平面内一个有界单连通区域，并且设 f 是 Ω 到 U 上的共形映射.

(a) 若 β 是 Ω 的一个简单边界点，则 f 有一个到 $\Omega\cup\{\beta\}$ 的连续开拓. 假如 f 是这样的开拓，则 $|f(\beta)|=1$.

(b) 若 β_1 和 β_2 是 Ω 的两个不同的简单边界点，并且 f 如(a)一样被连续开拓到 $\Omega\cup\{\beta_1\}\cup\{\beta_2\}$，则 $f(\beta_1)\neq f(\beta_2)$.

证明 设 g 是 f 的逆，则 $g\in H(U)$，由定理 10.33，$g(U)=\Omega$，g 是一一映射，且因为 Ω
289 有界，$g\in H^{\infty}$.

假设(a)不成立. 则在 Ω 内有序列 $\{\alpha_n\}$，满足 $\alpha_n\to\beta$，$f(\alpha_{2n})\to w_1$，$f(\alpha_{2n+1})\to w_2$，并且 $w_1\neq w_2$. 按定义 14.16 作 γ，并且对 $0\leqslant t<1$ 记 $\Gamma(t)=f(\gamma(t))$. 对 $0<r<1$ 令 $K_r=g(\overline{D}(0;r))$. 则 K_r 是 Ω 的紧子集. 因为当 $t\to 1$ 时，$\gamma(t)\to\beta$. 于是存在一个 $t^*<1$(依赖于 r)，使得 $t^*<t<1$ 时，$\gamma(t)\notin K_r$. 因此，当 $t^*<t<1$ 时，$|\Gamma(t)|>r$. 这说明当 $t\to 1$ 时，$|\Gamma(t)|\to 1$. 因为 $\Gamma(t_{2n})\to w_1$ 和 $\Gamma(t_{2n+1})\to w_2$，我们同时得到 $|w_1|=|w_2|=1$.

现在得知，其并是 $T-(\{w_1\}\cup\{w_2\})$ 的两段开弧 J 中有一段具有如下性质：对于 U 的每一条端点为 J 上的点的半径交 Γ 的值域于一个有一极限点在 T 的点集. 注意，当 $0\leqslant t<1$ 时，$g(\Gamma(t))=\gamma(t)$，并且因为 $g\in H^{\infty}$，g 在 T 上几乎处处有径向极限. 因为当 $t\to 1$ 时，$g(\Gamma(t))\to\beta$，因此在 J 内几乎处处有

$$\lim_{r\to 1} g(re^{it})=\beta. \tag{1}$$

对 $g-\beta$ 应用定理 11.32，(1)表明 g 是常数. 但是 g 在 U 内是一一的，于是得到矛盾. 这样，$w_1=w_2$，即(a)得证.

假设(b)不成立. 我们以绝对值为 1 的适当常数乘 f，便得到 $\beta_1\neq\beta_2$，但有 $f(\beta_1)=f(\beta_2)=-1$.

因为 β_1 和 β_2 都是 Ω 的简单边界点，于是存在曲线 γ_i，它具有参数区间$[0,1]$，对 $i=1$ 及 2，有 $\gamma_i([0,1))\subset\Omega$，并且 $\gamma_i(1)=\beta_i$，令 $\Gamma_i(t)=f(\gamma_i(t))$，则 $\Gamma_i([0,1))\subset U$，且 $\Gamma_1(1)=\Gamma_2(1)=1$，因为在$[0,1)$上，$g(\Gamma_i(t))=\gamma_i(t)$，我们有

$$\lim_{t\to 1} g(\Gamma_i(t))=\beta_i \quad (i=1,2), \tag{2}$$

因此由定理 12.10 推出 g 在 1 处的径向极限既是 β_1 又是 β_2. 当 $\beta_1\neq\beta_2$ 时这是不可能的. ■

14.19 定理 若 Ω 是平面内的有界单连通区域，并且 Ω 的每一个边界点都是简单边界点，则每一个 Ω 到 U 上的共形映射可扩展为 $\overline{\Omega}$ 到 $\overline{U}$ 上的同胚.

证明 设 $f\in H(\Omega)$，$f(\Omega)=U$，且 f 是一一的. 由定理 14.18，我们可将 f 扩展为 $\overline{\Omega}$ 到 $\overline{U}$ 内的一个映射，使得当$\{\alpha_n\}$是 Ω 内的收敛于 z 的一个序列时，$f(\alpha_n)\to f(z)$. 若 $\overline{\Omega}$ 内的序列 $\{z_n\}$收敛于 z，则存在点 $\alpha_n\in\Omega$，满足 $|\alpha_n-z_n|<1/n$ 及 $|f(\alpha_n)-f(z_n)|<1/n$. 这样，$\alpha_n\to z$，因此 $f(\alpha_n)\to f(z)$. 这就证明了 $f(z_n)\to f(z)$.

我们现在已证明了 f 的开拓在 $\overline{\Omega}$ 上是连续的. 同样有 $U\subset f(\overline{\Omega})\subset\overline{U}$. $\overline{\Omega}$ 的紧性蕴涵着
290 $f(\overline{\Omega})$是紧的，因此 $f(\overline{\Omega})=\overline{U}$.

定理 14.18(b)证明 f 在 $\overline{\Omega}$ 上是一一的. 因为紧集的每一个连续一一映射有一连续逆映射([26]，定理 4.17)，故定理得证. ■

14.20 评注

(a) 前述定理有一个纯拓扑学的推论：若平面有界单连通区域 Ω 的每一个边界点都是简单边界点，则 Ω 的边界是一条若尔当曲线，且 $\overline{\Omega}$ 与 $\overline{U}$ 同胚.

(根据定义，一条若尔当曲线就是单位圆周的同胚象.)

下述逆命题也是正确的：若 Ω 的边界是一条若尔当曲线，则 Ω 的每一个边界点都是简单边界点，但是我们不打算证明它.

(b) 设 f 如在定理 14.19 中一样，a，b 和 c 是 Ω 的不同的边界点，并且 A，B 和 C 是 T 的不同的点，则有一个线性分式变换 φ 映三元序组 $\{f(a), f(b), f(c)\}$ 为 $\{A, B, C\}$；设 $\{A, B, C\}$ 的定向与 $\{f(a), f(b), f(c)\}$ 相同；则 $\varphi(U)=U$，且函数 $g=\varphi\circ f$ 是 $\overline{\Omega}$ 到 $\overline{U}$ 上的同胚，它在 Ω 内全纯，并且映 $\{a, b, c\}$ 为原先指定的 $\{A, B, C\}$. 从 14.3 节得知 g 由这些要求唯一决定.

(c) 定理 14.19 连同上面的注(b)都不难推广到黎曼球面 S^2 内所有边界点都是简单边界点的单连通区域 Ω 上，若假定 $S^2-\Omega$ 有非空内部，这样，通过一个线性分式变换就可以使我们回到 Ω 是平面内一个有界区域的情况. 类似地，例如，U 可以用半平面来替换.

(d) 更一般地，若像定理 14.19 一样，f_1 和 f_2 分别映 Ω_1 和 Ω_2 到 U 上，则 $f=f_2^{-1}\circ f_1$ 是 $\overline{\Omega}_1$ 到 $\overline{\Omega}_2$ 上的同胚，它在 Ω_1 内是全纯的.

环域的共形映射

14.21 平面内任意两个单连通真子区域共形等价是黎曼映射定理的一个推论，因为它们中每一个都与单位圆盘是共形等价的. 这是单连通区域的一个非常特殊的性质. 自然会问，是否可以推广到下一个最简单的情形，亦即任意两个环域是否能共形等价？回答是否定的.

对于 $0<r<R$，记

$$A(r,R)=\{z: r<|z|<R\} \tag{1}$$

是具有内半径 r 和外半径 R 的环域. 若 $\lambda>0$，映射 $z\to\lambda z$ 将 $A(r, R)$ 映到 $A(\lambda r, \lambda R)$ 上. 因此，当 $R/r=R_1/r_1$ 时，$A(r, R)$ 和 $A(r_1, R_1)$ 是共形等价的. 令人惊奇的是，这个充分条件同时也是必要的；这样，在环域间对于每个大于 1 的实数都对应有一个不同的共形映射类型. 291

14.22 定理 $A(r_1, R_1)$ 和 $A(r_2, R_2)$ 是共形等价的，当且仅当 $R_1/r_1=R_2/r_2$.

证明 不失一般性，假定 $r_1=r_2=1$. 记

$$A_1=A(1,R_1), A_2=A(1,R_2), \tag{1}$$

并假定存在 $f\in H(A_1)$，使得 f 是一一的，且 $f(A_1)=A_2$，设 K 是圆心在 0，半径 $r=\sqrt{R_2}$ 的圆周. 因为 $f^{-1}: A_2\to A_1$ 也是全纯的，故 $f^{-1}(K)$ 是紧的. 因此，对某个 $\varepsilon>0$ 有

$$A(1,1+\varepsilon)\cap f^{-1}(K)=\varnothing. \tag{2}$$

于是，$V=f(A(1, 1+\varepsilon))$ 是 A_2 的一个与 K 不相交的连通子集，因此，$V\subset A(1, r)$ 或 $V\subset A(r, R_2)$. 在后一种情形，用 R_2/f 代替 f. 这样我们总可以假定 $V\subset A(1, r)$. 若 $1<|z_n|<1+\varepsilon$，并且 $|z_n|\to 1$. 则 $f(z_n)\in V$，并且 $\{f(z_n)\}$ 在 A_2 内无极限点(因为 f^{-1} 连续)；于是 $|f(z_n)|\to 1$. 同样可知，当 $|z_n|\to R_1$ 时，$|f(z_n)|\to R_2$.

现在定义

$$\alpha=\frac{\log R_2}{\log R_1} \tag{3}$$

及

$$u(z)=2\log|f(z)|-2\alpha\log|z| \quad (z\in A_1). \tag{4}$$

设 ∂ 为柯西-黎曼算子之一. 因为 $\partial\overline{f}=0$ 及 $\partial f=f'$，由链式法则得

$$\partial(2\log|f|) = \partial(\log(\overline{f}f)) = f'/f, \tag{5}$$

因此

$$(\partial u)(z) = \frac{f'(z)}{f(z)} - \frac{\alpha}{z} \quad (z \in A_1). \tag{6}$$

于是 u 在 A_1 内是调和函数，由本证明的第一段，可扩展为 $\overline{A}_1$ 上的连续函数，使之在 A_1 的边界上取零值，因为不是常数的调和函数没有局部最大值或局部最小值，我们推断出 $u=0$，于是

292
$$\frac{f'(z)}{f(z)} = \frac{\alpha}{z} \quad (z \in A_1). \tag{7}$$

设 $\gamma(t) = \sqrt{R_1}\,e^{it}(-\pi \leqslant t \leqslant \pi)$；设 $\Gamma = f \circ \gamma$，像定理 10.43 中的证明一样，(7)式给出

$$\alpha = \frac{1}{2\pi i}\int_{\gamma} \frac{f'(z)}{f(z)} dz = \mathrm{Ind}_{\Gamma}(0). \tag{8}$$

于是 α 是一个整数，由(3)式，$\alpha > 0$，由(7)式，$z^{-\alpha}f(z)$ 在 A_1 的导数为 0. 于是 $f(z) = cz^{\alpha}$. 因为 f 在 A_1 内是一一的，$\alpha = 1$. 因此 $R_2 = R_1$. ■

习题

1. 求出复数 a，b，c 和 d，使线性分式变换：$z \to (az+b)/(cz+d)$ 将上半平面映到上半平面所应当满足的充分必要条件.
2. 定理 11.14 假设的简化形式是 $\Omega \subset \Pi^+$，L 在实轴上，并且当 $z \to L$ 时，$\mathrm{Im} f(z) \to 0$，试在下述假设之下，利用这个定理建立类似的反射定理：
   (a) $\Omega \subset \Pi^+$，L 在实轴上，当 $z \to L$ 时，$|f(z)| \to 1$.
   (b) $\Omega \subset U$，$L \subset T$，当 $z \to L$ 时，$|f(z)| \to 1$.
   (c) $\Omega \subset U$，$L \subset T$，当 $z \to L$ 时，$\mathrm{Im} f(z) \to 0$.
   在(b)的情况下，若 f 有一零点 $\alpha \in \Omega$，试证明 f 的开拓在 $1/\overline{\alpha}$ 有一个极点，在(a)和(b)的情形下有什么类似结论？
3. 设 R 是一个有理函数，使得当 $|z| = 1$ 时，$|R(z)| = 1$. 证明
   $$R(z) = cz^m \prod_{n=1}^{k} \frac{z - \alpha_n}{1 - \overline{\alpha}_n z}$$
   其中 c 为常数，m 是整数，并且 $\alpha_1, \cdots, \alpha_k$ 是满足 $\alpha_n \neq 0$ 和 $|\alpha_n| \neq 1$ 的复数. 注意上述每一个因式当 $|z| = 1$ 时绝对值为 1.
4. 试作出在 T 上取正值的有理函数的类似描述.
   提示：这个函数在 U 内必定有相同的零点数和极点数. 考虑形如
   $$\frac{(z-\alpha)(1-\overline{\alpha}z)}{(z-\beta)(1-\overline{\beta}z)}$$
   的因式的乘积，其中 $|\alpha| < 1$ 和 $|\beta| < 1$.
5. 设 f 是三角多项式
   $$f(\theta) = \sum_{k=-n}^{n} a_k e^{ik\theta},$$
   并且对所有实的 θ，$f(\theta) > 0$，证明存在一个多项式 $P(z) = c_0 + c_1 z + \cdots + c_n z^n$，使得
   $$f(\theta) = |P(e^{i\theta})|^2 \quad (\theta \text{是实数}).$$

提示：应用习题 4 于有理函数 $\sum a_k z^k$，如果我们在假设中把 $f(\theta)>0$ 换为 $f(\theta)\geqslant 0$，结果是否仍然正确？

6. 求出映射 φ_α（见定义 12.3）的不动点，是否存在直线使 φ_α 映这条直线到它自身？

7. 设映射

$$f_\alpha(z)=\frac{z}{1+\alpha z^2}.$$

求出所有复数 α，使 f_α 在 U 内是一一的，对所有这些情况描述 $f_\alpha(U)$. 293

8. 设 $f(z)=z+(1/z)$，试描绘出以 0 为中心的圆和过 0 的射线在 f 之下映成的椭圆和双曲线族.

9. (a) 设 $\Omega=\{z: -1<\mathrm{Re}z<1\}$，求出一个 Ω 到 U 上的，满足 $f(0)=0$ 和 $f'(0)>0$ 的一一共形映射 f 的明显公式. 试计算 $f'(0)$.

   (b) 注意，(a)中所构造的函数的反函数的实部在 U 中有界，而虚部无界，由此推出存在一个在 $\overline{U}$ 上连续的实函数 u，它在 U 内调和，而它的调和共轭函数 v 则在 U 内无界.（v 是使 $u+\mathrm{i}v$ 在 U 内全纯的函数；由预先给定 $v(0)=0$，我们可以唯一地决定 v.）

   (c) 设 $g\in H(U)$，在 U 内 $|\mathrm{Re}g|<1$，并且 $g(0)=0$，证明

$$|g(re^{\mathrm{i}\theta})|\leqslant\frac{2}{\pi}\log\frac{1+r}{1-r}.$$

   提示：参看习题 10.

   (d) 设 Ω 是像定理 12.9 中的带域，固定 Ω 中的一点 $\alpha+\mathrm{i}\beta$. 设 h 是 Ω 到 Ω 上的一一共形映射，并且它把 $\alpha+\mathrm{i}\beta$ 映为 0. 证明

$$|h'(\alpha+\mathrm{i}\beta)|=1/\cos\beta.$$

10. 设 f 和 g 都是 U 到 Ω 内的全纯函数，并且 f 是一一的，$f(U)=\Omega$，$f(0)=g(0)$. 证明

$$g(D(0;r))\subset f(D(0;r))\quad(0<r<1).$$

11. 设 Ω 是单位圆盘 U 的上半部分. 试求共形映射 f，将 Ω 映射到 U 上，并且将 $\{-1, 0, 1\}$ 映为 $\{-1, -\mathrm{i}, 1\}$. 试求出 $z\in\Omega$ 使 $f(z)=0$，并求 $f(\mathrm{i}/2)$. 提示：$f=\varphi\circ s\circ\psi$，其中 φ 和 ψ 是线性分式变换，而 $s(\lambda)=\lambda^2$.

12. 设 Ω 是凸区域，$f\in H(\Omega)$，并且对所有 $z\in\Omega$，$\mathrm{Re}f'(z)>0$. 证明 f 在 Ω 内是一一映射. 若将假设减弱成 $\mathrm{Re}f'(z)\geqslant 0$ 时，结果是否改变？（除掉 f 为常数的平凡的情况.）试举出例子说明不能用"单连通"代替"凸".

13. 设 Ω 是区域，$f_n\in H(\Omega)$，$n=1, 2, 3, \cdots$，每一个 f_n 都是 Ω 内的一一映射，并且在 Ω 的紧子集上 f_n 一致收敛于 f，证明 f 在 Ω 内或者是常数，或者是一一映射. 试说明这两种情况都可以出现.

14. 设 $\Omega=\{x+\mathrm{i}y: -1<y<1\}$，$f\in H(\Omega)$，$|f|<1$，并且当 $x\to\infty$ 时，$f(x)\to 0$，证明

$$\lim_{x\to\infty}f(x+\mathrm{i}y)=0\qquad(-1<y<1).$$

并且当 y 限制在区间 $[-\alpha, \alpha]$，$\alpha<1$ 时，f 一致地收敛于这个极限，提示：考虑序列 $\{f_n\}$，其中 $f_n(z)=z+n$ 定义在正方形域：$|x|<1$，$|y|<1$ 内.

一个函数 $g\in H^\infty$ 在靠近使 g 的径向极限存在的 U 的边界点时，关于 g 的性态，这个定理能告诉我们一些什么？

15. 设 $\mathscr{F}$ 是所有满足 $\mathrm{Re}f>0$ 和 $f(0)=1$ 的函数 $f\in H(\Omega)$ 的族，证明 $\mathscr{F}$ 是正规族，条件"$f(0)=1$"能否去掉？能否将它改成"$f(0)\leqslant 1$"？

16. 设 $\mathscr{F}$ 是满足

$$\iint_U|f(z)|^2\mathrm{d}x\mathrm{d}y\leqslant 1$$

的所有 $f\in H(U)$ 的类，问 $\mathscr{F}$ 是否是正规族？

17. 设 Ω 是区域，$f_n \in H(\Omega)$，$n=1, 2, 3\cdots$，在 Ω 的紧子集上 f_n 一致趋于 f，并且 f 在 Ω 内是一一映射，试问是否能得出对于每个紧集 $K\subset\Omega$，都对应着一个整数 $N(K)$，使当 $n>N(K)$ 时，f_n 在 K 上是一一映
294 射？给以证明或举出反例.

18. 设 Ω 是单连通区域，$z_0\in\Omega$，并且 f 和 g 是 Ω 到 U 上的一一共形映射，将 z_0 映射为 0. 问 f 和 g 之间有什么关系？若对于某个 $a\in U$，$f(z_0)=g(z_0)=a$，试回答同样问题.

19. 试求一个由 U 到 U 上的同胚，使它不能扩展为在 $\overline{U}$ 上的连续函数.

20. 若 $f\in\mathscr{S}$（定义见 14.10），n 是一正整数，证明存在一个函数 $g\in\mathscr{S}$，使得对于所有 $z\in U$，$g^n(z)=f(z^n)$.

21. 试求所有 $f\in\mathscr{S}$ 满足：(a) $f(U)\supset U$，(b) $f(U)\supset\overline{U}$，(c) $|a_2|=2$.

22. 设 f 是一一共形映射，它将 Ω 映射到一个以 0 为中心的正方形上，并且 $f(0)=0$. 证明 $f(iz)=if(z)$. 若 $f(z)=\sum c_n z^n$，证明 $c_n=0$，除非 $n-1$ 是 4 的倍数. 推广：将正方形换为具有旋转对称性的单连通区域.

23. 设 Ω 是有界区域，它的边界由两个不相交的圆周组成. 试证存在一个一一共形映射，它将 Ω 映射到环域，(对于每一个使 $S^2-\Omega$ 恰好有两个分支的，每一分支包含多于一点的区域 Ω. 这结论仍然是真的，但是这个一般情形比较难于处理.）

24. 试完成定理 14.22 的下述证明的细节，设 $1<R_2<R_1$，并且 f 是将 $A(1, R_1)$ 映到 $A(1, R_2)$ 上的一一共形映射，定义 $f_1=f$ 和 $f_n=f\circ f_{n-1}$. 于是存在$\{f_n\}$的子序列，在 $A(1, R_1)$ 的紧子集上一致收敛于一个函数 g. 试证明 g 的值域不包含任何非空开集(例如用三圆定理). 再者，证明在圆$\{z: |z|^2=R_1\}$上 g 不是常数. 因此，f 不能存在.

25. 下面是定理 14.22 的又一种证明，如果 f 如 14.22 所设，重复运用反射原理将 f 扩充为整函数，使得当 $|z|=1$ 时，$|f(z)|=1$，这就可以推出 $f(z)=\alpha z^n$，其中 $|\alpha|=1$，而 n 是一整数，试完成这些细节.

26. 重复运用定理 14.8 证明中的第二步，可以得出黎曼映射定理的一个证明(由克贝作出)，它在下述意义上是一种构造性的证明，即它并不要求正规族的理论，从而不依赖于某种未予确定的子序列的存在性. 对于这证法的最后一步，假设 Ω 有定理 13.11 中(h)的性质是有好处的，因此，任何与 Ω 共形等价的区域都满足(h)，回忆一下，(h)也显然推出(j).

根据定理 14.8 中的第一步，不失一般性，可以假设 $0\in\Omega$，$\Omega\subset U$，并且 $\Omega\neq U$，设 $\Omega=\Omega_0$，这个证明在于构造区域 Ω_1，Ω_2，Ω_3，…和函数 f_1，f_2，f_3，…，使 $f_n(\Omega_{n-1})=\Omega_n$，且函数 $f_n\circ f_{n-1}\circ\cdots\circ f_2\circ f_1$ 收敛于一个 Ω 到 U 上的共形映射.

试完成下述提纲的各个细节.

(a) 设 Ω_{n-1} 已构造出来，令 r_n 是满足 $D(0: r_n)\subset\Omega_{n-1}$ 的最大的数，设 α_n 是 Ω_{n-1} 的边界点，$|\alpha_n|=r_n$，选取 β_n 使 $\beta_n^2=-\alpha_n$，并设

$$F_n=\varphi_{-\alpha_n}\circ s\circ\varphi_{-\beta_n}$$

(记号与定理 14.8 证明中的相同). 试证 F_n 在 Ω_{n-1} 内有全纯的反函数 G_n 并设 $f_n=\lambda_n G_n$，其中 $\lambda_n=|c|/c$ 和$c=G_n'(0)$.（这个 f_n 就是与 Ω_{n-1} 相对应的克贝映射. 注意，f_n 是初等函数，它只包含两个线性分式变换和一个平方根.）

(b) 计算 $f'_n(0)=(1+r_n)/2\sqrt{r_n}>1$.

(c) 设 $\psi_0(z)=z$ 和 $\psi_n(z)=f_n(\psi_{n-1}(z))$. 证明 ψ_n 是将 Ω 映射到一区域 $\Omega_n\subset U$ 上的一一映射，$\{\psi'_n(0)\}$有界，

$$\psi'_n(0)=\prod_{k=1}^{n}\frac{1+r_k}{2\sqrt{r_k}},$$

从而当 $n\to\infty$ 时，$r_n\to 1$.

(d) 对 $z\in\Omega$，记 $\psi_n(z)=zh_n(z)$. 证明 $|h_n|\leqslant|h_{n+1}|$，应用哈纳克定理和第 11 章习题 8 于 $\{\log|h_n|\}$ 以证明 $\{\psi_n\}$ 在 Ω 的紧子集上一致收敛，并证明 $\lim\psi_n$ 是 Ω 到 U 上的一一映射. 295

27. 证明 $\sum_{n=1}^{\infty}(1-r_n)^2<\infty$，其中 $\{r_n\}$ 是习题 26 已出现过的序列.

提示：

$$\frac{1+r}{2\sqrt{r}}=1+\frac{(1-\sqrt{r})^2}{2\sqrt{r}}.$$

28. 假若在习题 26 中我们选取 $\alpha_n\in U-\Omega_{n-1}$，不必规定 $|\alpha_n|=r_n$. 例如，只要坚持

$$|\alpha_n|\leqslant\frac{1+r_n}{2},$$

这样产生的序列 $\{\psi_n\}$ 是否仍收敛于所要求的映射函数？

29. 设 Ω 是有界区域 $a\in\Omega$，$f\in H(\Omega)$，$f(\Omega)\subset\Omega$，并且 $f(a)=a$.

(a) 令 $f_1=f$ 及 $f_n=f\circ f_{n-1}$，试计算 $f'_n(a)$，并且推出 $|f'(a)|\leqslant 1$.

(b) 如果 $f'(a)=1$. 证明对所有 $z\in\Omega$. $f(z)=z$，提示：若

$$f(z)=z+c_m(z-a)^m+\cdots,$$

计算 $f_n(z)$ 展开式中 $(z-a)^m$ 的系数.

(c) 若 $|f'(a)|=1$. 试证 f 是一一映射，并且 $f(\Omega)=\Omega$.

提示：若 $\gamma=f'(a)$，则存在整数 $n_k\to\infty$. 使得 $\gamma^{n_k}\to 1$ 和 $f_{n_k}\to g$，这时 $g'(a)=1$，$g(\Omega)\subset U$(由第 10 章习题 20)，因此由(b)得 $g(z)=z$. 利用 g 作出关于 f 所需要的结论.

30. 设 Λ 是由所有线性分式变换组成的集.

若 $\{\alpha,\beta,\gamma,\delta\}$ 是不相同复数的四元序组，它的交比定义为

$$[\alpha,\beta,\gamma,\delta]=\frac{(\alpha-\beta)(\gamma-\delta)}{(\alpha-\delta)(\gamma-\beta)}.$$

若其中有一个为 ∞，定义明显地按连续性方式修改. 同样应用于当 α 与 β(或 γ，δ)相同的情形.

(a) 若 $\varphi(z)=[z,\alpha,\beta,\gamma]$，试证 $\varphi\in\Lambda$，并且 φ 映 $\{\alpha,\beta,\gamma\}$ 为 $\{0,1,\infty\}$.

(b) 证明：方程 $[w,a,b,c]=[z,\alpha,\beta,\gamma]$ 可以按 $w=\varphi(z)$ 的形式解出. 这时，$\varphi\in\Lambda$，并将 $\{\alpha,\beta,\gamma\}$ 映为 $\{a,b,c\}$.

(c) 若 $\varphi\in\Lambda$. 证明

$$[\varphi(\alpha),\varphi(\beta),\varphi(\gamma),\varphi(\delta)]=[\alpha,\beta,\gamma,\delta].$$

(d) 试证当且仅当这四点同在一圆周或直线上时 $[\alpha,\beta,\gamma,\delta]$ 是实数.

(e) 称 z 和 z^* 两个点关于经过 α，β，γ 的圆周(或直线)C 是对称的，如果 $[z^*,\alpha,\beta,\gamma]$ 是 $[z,\alpha,\beta,\gamma]$ 的复共轭数，若 C 是单位圆周，试求 z 和 z^* 之间的简单几何关系，同样讨论 C 是直线的情况.

(f) 设 z 和 z^* 关于 C 对称，证明对于每一个 $\varphi\in\Lambda$，$\varphi(z)$ 和 $\varphi(z^*)$ 关于 $\varphi(C)$ 对称.

31. (a) 证明 Λ(见习题 30)以复合作为群的运算时是一个群. 也就是说，若 $\varphi\in\Lambda$ 和 $\psi\in\Lambda$，证明 $\varphi\circ\psi\in\Lambda$，并且 φ 的反函数 $\varphi^{-1}\in\Lambda$. 证明 Λ 不是交换的.

(b) 试证 Λ 中每一元素(不是恒等映射)在 S^2 有一个或两个不动点(φ 的不动点 α 就是使 $\varphi(\alpha)=\alpha$ 的点.)

(c) 映射 φ 和 $\varphi_1\in\Lambda$ 称为共轭，如果存在一个 $\psi\in\Lambda$，使 $\varphi_1=\psi^{-1}\circ\varphi\circ\psi$，证明每一个 $\varphi\in\Lambda$，若 φ 有唯一不动点，则 φ 与映射 $z\to z+1$ 共轭，证明每一个 $\varphi\in\Lambda$，若 φ 有两个不同的不动点，则 φ 与映射 $z\to\alpha z$ 共轭，其中 α 是复数；α 能由 φ 决定到何种程度？ 296

(d) 设 α 是一复数. 证明对每一个以 α 为其唯一不动点的 $\varphi\in\Lambda$，对应有一个 β，使得

$$\frac{1}{\varphi(z)-\alpha}=\frac{1}{z-\alpha}+\beta.$$

设 G_α 是所有这些 φ 加上恒等变换构成的集，试证明 G_α 是 Λ 的子群，并且 G_α 与所有复数构成的加法群同构.

(e) 设 α 和 β 是两个不同的复数．设 $G_{\alpha,\beta}$ 是所有以 α 和 β 为不动点的 $\varphi\in\Lambda$ 的集．证明每一个 $\varphi\in G_{\alpha,\beta}$ 由

$$\frac{\varphi(z)-\alpha}{\varphi(z)-\beta}=\gamma\cdot\frac{z-\alpha}{z-\beta}$$

给出，其中 γ 是复数，并证明 $G_{\alpha,\beta}$ 是 Λ 的子群，且 $G_{\alpha,\beta}$ 与所有非零复数构成的乘法群同构.

(f) φ 如在(d)(或(e))中所设，对哪些圆周 C 有 $\varphi(C)=C$？这个回答应当由参数 α，β 及 γ 确定下来.

32. 对于 $z\in\overline{U}$，$z^2\neq 1$，定义

$$f(z)=\exp\left\{i\log\frac{1+z}{1-z}\right\},$$

试选择 log 的一个分支，使得 $\log 1=0$，描述 $f(E)$，如果 E 是

(a) U.

(b) T 的上半部分.

(c) T 的下半部分.

(d) 位于 U 内的从 -1 到 1 的任何一段圆弧.

(e) 半径 $[0, 1)$.

(f) 任何一个圆盘 $\{z: |z-r|<1-r\}$，$0<r<1$.

(g) 位于 U 内的任意一条趋向于 1 的曲线.

33. 若 φ_α 如定义 12.3 那样，证明

(a) $\frac{1}{\pi}\int_U |\varphi'_\alpha|^2 dm=1$.

(b) $\frac{1}{\pi}\int_U |\varphi'_\alpha| dm=\frac{1-|\alpha|^2}{|\alpha|^2}\log\frac{1}{1-|\alpha|^2}$.

297 这里 m 表示 R^2 上的勒贝格测度.

第 15 章　全纯函数的零点

无穷乘积

15.1　关于区域 Ω 内不是常数的全纯函数 f 的零点集 $Z(f)$，迄今我们只见到一个结果，即 $Z(f)$ 在 Ω 内没有极限点. 不久我们将会看到，如果没有其他条件加之于 f，关于 $Z(f)$ 所能说的也就只有这一点，因为魏尔斯特拉斯定理(定理 15.11)断言每一个 $A\subset\Omega$，当 A 在 Ω 内没有极限点时，一定有一个 $f\in H(\Omega)$，使 A 就是 $Z(f)$. 如果 $A=\{\alpha_n\}$，构造 f 的一种自然方式就是选取函数 $f_n\in H(\Omega)$，使 f_n 只在 α_n 有一个零点，并且考虑乘积

$$p_n = f_1 f_2 \cdots f_n$$

当 $n\to\infty$ 时的极限. 我们必须安排得使 $\{p_n\}$ 收敛于某个 $f\in H(\Omega)$，并且这个极限函数 f 除在指定的各点 α_n 外不为零. 因此，从研究无穷乘积某些一般性质开始是适宜的.

15.2 定义　设 $\{u_n\}$ 是一个复数序列，

$$p_n = (1+u_1)(1+u_2)\cdots(1+u_n), \tag{1}$$

并且 $p=\lim\limits_{n\to\infty} p_n$ 存在，则我们记

$$p = \prod_{n=1}^{\infty}(1+u_n). \tag{2}$$

p_n 是无穷乘积(2)的部分乘积. 若序列 $\{p_n\}$ 收敛，我们就说无穷乘积(2)收敛. 298

在研究无穷级数 $\sum a_n$ 时，重要的是 a_n 是否迅速趋于0. 类似地，在研究无穷乘积时，我们感兴趣的是这些因式是否接近于1. 这说明当 u_n 接近于 0 时，上述记号：$1+u_n$ 是接近于 1 的.

15.3 引理　如果 u_1，…，u_N 都是复数，并且

$$p_N = \prod_{n=1}^{N}(1+u_n), \quad p_N^* = \prod_{n=1}^{N}(1+|u_n|), \tag{1}$$

则

$$p_N^* \leqslant \exp(|u_1|+\cdots+|u_N|), \tag{2}$$

且

$$|p_N - 1| \leqslant p_N^* - 1. \tag{3}$$

证明　对于 $x\geqslant 0$，不等式 $1+x\leqslant e^x$ 可以由 e^x 的幂级数展开直接得到，将 x 换为 $|u_1|$，…，$|u_N|$，然后将所得的各不等式相乘，便得出不等式(2). 对于 $N=1$，(3)式是显然的，一般情况可由归纳法得出，对 $k=1$，…，$N-1$，

$$p_{k+1} - 1 = p_k(1+u_{k+1}) - 1 = (p_k - 1)(1+u_{k+1}) + u_{k+1},$$

因此，若用 k 代替 N 时(3)式成立，则也有

$$|p_{k+1}-1| \leqslant (p_k^*-1)(1+|u_{k+1}|)+|u_{k+1}| = p_{k+1}^* - 1. \qquad \blacksquare$$

15.4 定理　设 $\{u_n\}$ 是集 S 上的有界复函数序列，使得 $\sum|u_n(s)|$ 在 S 上一致收敛，则乘积

$$f(s)=\prod_{n=1}^{\infty}(1+u_n(s)) \tag{1}$$

在 S 上一致收敛，并且在某个 $s_0\in S$ 处，当且仅当对于某个 n，$u_n(s_0)=-1$ 时，$f(s_0)=0$.

再者，如果$\{n_1, n_2, n_3, \cdots\}$是$\{1, 2, 3, \cdots\}$的任意一个置换，则我们仍有

$$f(s)=\prod_{k=1}^{\infty}(1+u_{n_k}(s)) \quad (s\in S). \tag{2}$$

证明 由假设可推出$\sum|u_n(s)|$在 S 上是有界的，并且若记 p_N 为(1)的前 N 项部分乘积，
299 我们从引理 15.3 知道存在常数 $C<\infty$，对所有的 N 和所有的 s 有 $|p_N(s)|\leqslant C$.

选取 ε，$0<\varepsilon<\frac{1}{2}$. 于是存在 N_0 满足

$$\sum_{n=N_0}^{\infty}|u_n(s)|<\varepsilon \quad (s\in S). \tag{3}$$

设$\{n_1, n_2, n_3, \cdots\}$是$\{1, 2, 3, \cdots\}$的一个置换. 设 $N\geqslant N_0$，若 M 足够大，使得

$$\{1,2,\cdots,N\}\subset\{n_1,n_2,\cdots,n_M\}. \tag{4}$$

并且，若用 $q_M(s)$表示无穷乘积(2)的第 M 个部分乘积，则

$$q_M-p_N=p_N\{\prod(1+u_{n_k})-1\}. \tag{5}$$

在(5)中出现的 n_k 是互不相同的，并且大于 N_0，因此由(3)和引理 15.3 证得

$$|q_M-p_N|\leqslant|p_N|(e^{\varepsilon}-1)\leqslant 2|p_N|\varepsilon\leqslant 2C\varepsilon. \tag{6}$$

如果 $n_k=k(k=1, 2, 3, \cdots)$，则 $q_M=p_M$，并且(6)式表明$\{p_N\}$一致收敛于一个极限函数 f，(6)式也表明

$$|p_M-p_{N_0}|\leqslant 2|p_{N_0}|\varepsilon \quad (M>N_0), \tag{7}$$

于是 $|p_M|\geqslant(1-2\varepsilon)|p_{N_0}|$，因此

$$|f(s)|\geqslant(1-2\varepsilon)|p_{N_0}(s)| \quad (s\in S). \tag{8}$$

这就证明当且仅当 $p_{N_0}(s)=0$ 时 $f(s)=0$.

最后，(6)式也表明$\{q_M\}$与$\{p_N\}$收敛于相同的极限. ■

15.5 定理 设 $0\leqslant u_n<1$，则当且仅当 $\sum_{n=1}^{\infty}u_n<\infty$ 时，

$$\prod_{n=1}^{\infty}(1-u_n)>0.$$

证明 若 $p_N=(1-u_1)\cdots(1-u_N)$，则 $p_1\geqslant p_2\geqslant\cdots\geqslant p_N>0$，因此 $p=\lim p_N$ 存在. 若 $\sum u_n<\infty$，定理 15.4 蕴涵着 $p>0$. 另一方面，

$$p\leqslant p_N=\prod_{n=1}^{N}(1-u_n)\leqslant\exp\{-u_1-u_2-\cdots-u_N\}.$$

并且，若$\sum u_n=\infty$，则当 $n\to\infty$时，上面的表达式趋于 0. ■

我们将经常运用定理 15.4 的下一推论.

15.6 定理 设对于 $n=1, 2, 3, \cdots$，$f_n\in H(\Omega)$，在 Ω 的任何分支上没有一个 f_n 恒等于 0，并且

$$\sum_{n=1}^{\infty} |1-f_n(z)| \tag{1}$$ 300

在 Ω 的紧子集上一致收敛，则乘积

$$f(z)=\prod_{n=1}^{\infty} f_n(z) \tag{2}$$

在 Ω 的紧子集上一致收敛，因此 $f\in H(\Omega)$.

进而，我们有

$$m(f;z)=\sum_{n=1}^{\infty} m(f_n;z) \quad (z\in\Omega), \tag{3}$$

其中 $m(f;z)$ 定义为 f 在 z 的零点的重数.（如果 $f(z)\neq 0$，则 $m(f;z)=0$.）

证明 第一部分由定理 15.4 立即得到. 对于第二部分，由(1)式可以观察到对每一个 $z\in\Omega$ 存在一个邻域 V，在 V 内至多有有限个 f_n 有零点. 首先取出这些因子. 由定理 15.4，余下的乘积在 V 内没有零点，而这个性质给出了(3)式. 附带说一句，我们也可以看出对于任何给定的 $z\in\Omega$，级数(3)至多有限项为正. ■

魏尔斯特拉斯因式分解定理

15.7 定义 设 $E_0(z)=1-z$，并且对于 $p=1, 2, 3, \cdots$,

$$E_p(z)=(1-z)\exp\left\{z+\frac{z^2}{2}+\cdots+\frac{z^p}{p}\right\}.$$

这些由魏尔斯特拉斯引进的函数有时称为基本因式. 它们只在 $z=1$ 有零点. 它们所以有用是有赖于这样的事实：虽然 $E_p(1)=0$，但是当 $|z|<1$ 和 p 足够大时，它们靠近 1.

15.8 引理 对于 $|z|\leqslant 1$ 和 $p=0, 1, 2, \cdots$，有

$$|1-E_p(z)|\leqslant |z|^{p+1}.$$

证明 当 $p=0$ 时显然成立. 当 $p\geqslant 1$ 时，直接计算得到

$$-E'_p(z)=z^p\exp\left\{z+\frac{z^2}{2}+\cdots+\frac{z^p}{p}\right\}.$$

因此，$-E'_p(z)$ 在 $z=0$ 有 p 阶零点，并且 $-E'_p$ 按 z 的幂级数展开式有非负的实系数. 因为

$$1-E_p(z)=-\int_{[0,z]} E'_p(w)\,dw,$$ 301

$1-E_p$ 在 $z=0$ 有 $p+1$ 阶零点，并且若

$$\varphi(z)=\frac{1-E_p(z)}{z^{p+1}},$$

则 $\varphi(z)=\sum a_n z^n$，其中所有 $a_n\geqslant 0$. 因此若 $|z|\leqslant 1$，则 $|\varphi(z)|\leqslant\varphi(1)=1$. 这就给出了引理的论断. ■

15.9 定理 设 $\{z_n\}$ 是复数序列，$z_n\neq 0$，并且当 $n\to\infty$ 时，$|z_n|\to\infty$. 若 $\{p_n\}$ 是非负整数序列，使

$$\sum_{n=1}^{\infty}\left(\frac{r}{r_n}\right)^{1+p_n}<\infty \tag{1}$$

对每一个正数 r 成立(其中 $r_n=|z_n|$)，则无穷乘积

$$P(z)=\prod_{n=1}^{\infty}E_{p_n}\left(\frac{z}{z_n}\right) \tag{2}$$

定义了一个整函数 P. P 在每个 z_n 有零点，并且在平面内没有其他零点.

更确切地说，如果 α 在序列 $\{z_n\}$ 中出现 m 次，则 P 在 α 有 m 阶零点.

例如，若 $p_n=n-1$，则条件(1)总是能满足的.

证明 对于每个 r，除开有限个 n 外，$r_n>2r$，因此对这些 n，$r/r_n<\frac{1}{2}$，令 $1+p_n=n$，则(1)式成立.

现在固定 r，若 $|z|\leqslant r$，则引理 15.8 表明

$$\left|1-E_{p_n}\left(\frac{z}{z_n}\right)\right|\leqslant\left|\frac{z}{z_n}\right|^{1+p_n}\leqslant\left(\frac{r}{r_n}\right)^{1+p_n}$$

当 $r_n\geqslant r$ 时成立. 但这对除有限个 n 之外是满足的，现在从(1)式可以得到级数

$$\sum_{n=1}^{\infty}\left|1-E_{p_n}\left(\frac{z}{z_n}\right)\right|$$

在平面内紧集上一致收敛，并由定理 15.6 得出所求的结论. ■

注 对于某些序列 $\{r_n\}$，(1)式当 $\{p_n\}$ 是常数序列时也能成立. 使这个常数取得尽可能小是有趣的：所得到的函数(2)因此被称为对应于 $\{z_n\}$ 的典范积. 例如，如果 $\sum 1/r_n<\infty$，我们取 $p_n=0$，即典范积仅仅是

302 $$\prod_{n=1}^{\infty}\left(1-\frac{z}{z_n}\right).$$

如果 $\sum 1/r_n=\infty$，但 $\sum 1/r_n^2<\infty$，则典范积是

$$\prod_{n=1}^{\infty}\left(1-\frac{z}{z_n}\right)e^{z/z_n}.$$

典范积在研究有限阶整函数时是很有意义的(其定义见习题 2).

我们现在叙述魏尔斯特拉斯因式分解定理.

15.10 定理 设 f 是整函数，$f(0)\neq 0$，并且设 $z_1, z_2, z_3, \cdots$ 是 f 的零点，并按照它们的重数列出，则存在一个整函数 g 和一个非负整数序列 $\{p_n\}$，使

$$f(z)=e^{g(z)}\prod_{n=1}^{\infty}E_{p_n}\left(\frac{z}{z_n}\right).$$

注 (a)如果 f 在 $z=0$ 有 k 阶零点，那么前述结论可应用于 $f(z)/z^k$. (b)因式分解(1)并不是唯一的，一个唯一的因式分解可以对应于其零点满足使典范积收敛所需条件的那些 f.

证明 设 P 是定理 15.9 中由 f 的零点构成的乘积，则 f/P 在平面内只有可去奇点. 因此是(或可以扩展为)整函数. 同样，f/P 没有零点，又因为平面是单连通区域，故存在整函数 g 使 $f/P=e^g$. ■

定理 15.9 的证明容易应用于任意的开集.

15.11 定理 设Ω是S^2内的开集，$\Omega\neq S^2$，假设$A\subset\Omega$，并且A在Ω内无极限点. 又设对每个$\alpha\in A$对应有一个正整数$m(\alpha)$，则存在一个函数$f\in H(\Omega)$，其所有的零点都在A内，并且在每个$\alpha\in A$，f有$m(\alpha)$阶零点.

证明 为了简化论证同时又不失一般性，假设$\infty\in\Omega$，但$\infty\notin A$.（若非如此，通过一个线性分式变换就可化为这种情况.）则$S^2-\Omega$是平面的一个非空紧子集，并且∞不是A的极限点.

若A是有限的，则我们可取f为有理函数.

若A是无限的，则A是可数的(否则A在Ω内有极限点). 设$\{\alpha_n\}$是A内的序列，并且在序列中每个$\alpha\in A$都刚好出现$m(\alpha)$次. 每个α_n对应一点$\beta_n\in S^2-\Omega$使得$|\beta_n-\alpha_n|\leqslant|\beta-\alpha_n|$对所有$\beta\in S^2-\Omega$成立. 因为$S^2-\Omega$是紧集，这是可能的. 于是当$n\to\infty$时，

$$|\beta_n-\alpha_n|\to 0,$$ 303

否则A就会有一个极限点在Ω内. 我们断言

$$f(z)=\prod_{n=1}^{\infty}E_n\left(\frac{\alpha_n-\beta_n}{z-\beta_n}\right)$$

具有所需的性质.

记$r_n=2|\alpha_n-\beta_n|$，设K是Ω的紧子集，因为$r_n\to 0$，于是存在N，对所有$z\in K$和所有$n\geqslant N$，$|z-\beta_n|>r_n$. 因此，

$$\left|\frac{\alpha_n-\beta_n}{z-\beta_n}\right|\leqslant\frac{1}{2}.$$

由引理 15.8，它蕴涵着

$$\left|1-E_n\left(\frac{\alpha_n-\beta_n}{z-\beta_n}\right)\right|\leqslant\left(\frac{1}{2}\right)^{n+1}\quad(z\in K,n\geqslant N),$$

并由定理 15.6，就再次完成了证明. ■

作为一个推论，我们现在得到亚纯函数的一个特征(见定义 10.41).

15.12 定理 每一个定义在开集Ω内的亚纯函数是Ω内两个全纯函数的商.

逆定理是很明显的；若$g\in H(\Omega)$，$h\in H(\Omega)$，且h在Ω的任何分支内不恒等于 0，则g/h在Ω内是亚纯的.

证明 假设f在Ω内是亚纯的；设A是f在Ω内所有极点的集；并且对每个$\alpha\in A$，设$m(\alpha)$是f在极点α的阶. 由定理 15.11，存在一个$h\in H(\Omega)$，使h在每一个$\alpha\in A$有$m(\alpha)$重零点，并且h没有其他零点. 记$g=fh$，g在A的奇点是可去奇点，因此我们可以扩展g，使$g\in H(\Omega)$. 显然，在$\Omega-A$内$f=g/h$. ■

一个插值问题

米塔-列夫勒定理和魏尔斯特拉斯定理 15.11 结合起来可以解决下列问题：我们是否可以任意取一个在Ω内没有极限点的集$A\subset\Omega$，并且找到一个函数$f\in H(\Omega)$，在A的每一点取给定的值？回答是肯定的，事实上，我们可以作出更好的结果，还可以在A的每一点取给定的有限阶导数：

304 **15.13 定理** 假设 Ω 是平面内的一个开集，$A\subset\Omega$，A 在 Ω 内没有极限点，并且对于每一个 $\alpha\in A$ 对应有一个非负整数 $m(\alpha)$ 和复数 $w_{n,\alpha}$，$0\leqslant n\leqslant m(\alpha)$，则存在一个函数 $f\in H(\Omega)$，满足

$$f^{(n)}(\alpha)=n!w_{n,\alpha}(\alpha\in A,0\leqslant n\leqslant m(\alpha)). \tag{1}$$

证明 由定理 15.11，存在一个函数 $g\in H(\Omega)$，g 只在 A 内有零点，并且在每一个 $\alpha\in A$，g 有 $m(\alpha)+1$ 阶零点. 我们断言对于每一个 $\alpha\in A$，对应有一个形如

$$P_\alpha(z)=\sum_{j=1}^{1+m(\alpha)}c_{j,\alpha}(z-\alpha)^{-j} \tag{2}$$

的函数 P_α，使 gP_α 在以 α 为圆心的某个圆盘内有幂级数展开式

$$g(z)P_\alpha(z)=w_{0,\alpha}+w_{1,\alpha}(z-\alpha)+\cdots+w_{m(\alpha),\alpha}(z-\alpha)^{m(\alpha)}+\cdots. \tag{3}$$

为了书写简单，取 $\alpha=0$ 及 $m(\alpha)=m$，并略去下标 α. 对于靠近 0 的 z，我们有

$$g(z)=b_1z^{m+1}+b_2z^{m+2}+\cdots, \tag{4}$$

其中 $b_1\neq0$. 若

$$P(z)=c_1z^{-1}+\cdots+c_{m+1}z^{-m-1}, \tag{5}$$

则

$$g(z)P(z)=(c_{m+1}+c_mz+\cdots+c_1z^m)(b_1+b_2z+b_3z^2+\cdots). \tag{6}$$

这些 b 给定之后，我们希望选取那些 c，使得

$$g(z)P(z)=w_0+w_1z+\cdots+w_mz^m+\cdots. \tag{7}$$

比较(6)和(7)中 1，z，…，z^m 的系数，因为 $b_1\neq0$，我们可以依次在得出的方程中解出 c_{m+1}，c_m，…，c_1.

按此种方式我们求得所需的各个 P_α. 现在米塔-列夫勒定理给出一个在 Ω 内的亚纯函数 h，它的主要部分是这些 P_α，并且如果我们令 $f=gh$，便可得到具有所需性质的函数. ■

插值问题的解可用来决定环 $H(\Omega)$ 内的全体有限生成理想的结构.

15.14 定义 由属于 $H(\Omega)$ 内的函数 g_1，…，g_n 生成的理想 $[g_1,\cdots,g_n]$ 就是所有形如 $\sum f_ig_i$ 的函数构成的集，其中 $f_i\in H(\Omega)$，$i=1$，…，n. 一个主理想是由单独一个函数生成的理想. 注意 $[1]=H(\Omega)$.

如果 $f\in H(\Omega)$，$\alpha\in\Omega$，并且在 α 的某个邻域内 f 不恒等于 0，f 在 α 的零点的重数记为

305 $m(f;\alpha)$. 像在定理 15.6 中一样，若 $f(\alpha)\neq0$，则 $m(f;\alpha)=0$.

15.15 定理 每一个 $H(\Omega)$ 内的有限生成理想都是主理想.

说得更明白些：若 g_1，…，$g_n\in H(\Omega)$，则存在函数 g，f_i，$h_i\in H(\Omega)$ 满足

$$g=\sum_{i=1}^n f_ig_i \quad 及 \quad g_i=h_ig \quad (1\leqslant i\leqslant n).$$

证明 我们将假定 Ω 是一个区域. 这样做是为了避免那样一些函数所造成的问题，它们在 Ω 的某些分支内恒等于 0，但不在所有各分支内恒等于 0. 一旦证明了定理对于区域成立，这个结果就可以应用于任一开集 Ω 的每一个分支，并且整个定理也就能推出来. 我们将推证的细节留作习题.

设 $P(n)$ 是下述命题：

假定 $g_1, \cdots, g_n \in H(\Omega)$. 若没有一个 g_i 恒等于 0，并且 Ω 内没有一个点是每个 g_i 的零点，则 $[g_1, \cdots, g_n]=[1]$.

$P(1)$是不足道的. 假设 $n>1$，并且 $P(n-1)$已经成立. 取 $g_1, \cdots, g_n \in H(\Omega)$，它们没有公共零点. 由魏尔斯特拉斯定理 15.11，存在 $\varphi \in H(\Omega)$满足

$$m(\varphi;\ \alpha) = \min\{m(g_i;\ \alpha): 1 \leqslant i \leqslant n-1\} \quad (\alpha \in \Omega). \tag{1}$$

函数 $f_i=g_i/\varphi(1\leqslant i\leqslant n-1)$均属于 $H(\Omega)$并且在 Ω 内没有公共零点. 因为 $P(n-1)$已成立，$[f_1, \cdots, f_{n-1}]=[1]$，所以

$$[g_1,\cdots,g_{n-1},g_n] = [\varphi,g_n]. \tag{2}$$

再者，我们选取的 φ 表明在集 $A=\{\alpha\in\Omega:\ \varphi(\alpha)=0\}$的每一点有 $g_n(\alpha)\neq 0$，因此由定理 15.13,存在 $h\in H(\Omega)$使

$$m(1-hg_n;\ \alpha) \geqslant m(\varphi;\ \alpha) \quad (\alpha \in \Omega). \tag{3}$$

当 $\alpha\in A$ 和 $0\leqslant k\leqslant m(\varphi;\ \alpha)$时，这样的 h 可由适当地选择 $h^{(k)}(\alpha)$的预定值得到.

由(3)，$(1-hg_n)/\varphi$ 有可去奇点. 于是有某个 $f\in H(\Omega)$使

$$1 = hg_n + f\varphi. \tag{4}$$

由(2)和(4)，$1\in[g_1, \cdots, g_n]$.

我们已证明 $P(n-1)$蕴涵 $P(n)$，因此对所有 n，$P(n)$成立.

最后，假设 $G_1, \cdots, G_n\in H(\Omega)$，并且没有一个 G_i 恒等于0(这不会丧失一般性). 再次应用定理 15.11 得出 $\varphi\in H(\Omega)$. 对所有 $\alpha\in\Omega$，$m(\varphi;\ \alpha)=\min m(G_i;\ \alpha)$成立. 令 $g_i=G_i/\varphi$，则 $g_i\in H(\Omega)$，并且函数 $g_1, \cdots, g_n$ 在 Ω 内没有公共零点. 由 $P(n)$，$[g_1, \cdots, g_n]=[1]$. 因此 $[G_1, \cdots, G_n]=[\varphi]$. 这就完成了定理的证明. ■ 306

詹森公式

15.16 我们从定理 15.11 看出，全纯函数在 Ω 内的零点位置除了在 Ω 内没有极限点这一明显的要求外，是不受什么限制的.

如果我们将 $H(\Omega)$代之以它的由某些增长条件所确定的子类，情况就大不相同了. 在那些情况下，零点分布不得不满足某些定量条件. 这些定理的大多数，其基础是詹森公式(定理15.18). 我们将把它应用于某些整函数类和 $H(U)$的某些子类.

下面的引理给出了一个运用柯西定理来计算定积分的机会.

15.17 引理 $\dfrac{1}{2\pi}\displaystyle\int_0^{2\pi}\log|1-e^{i\theta}|\,d\theta = 0.$

证明 设 $\Omega=\{z: \mathrm{Re}z<1\}$. 因为在 Ω 内，$1-z\neq 0$，并且 Ω 是单连通区域，于是存在一函数 $h\in H(\Omega)$，使得

$$\exp\{h(z)\} = 1-z$$

在 Ω 内成立，并且若要求 $h(0)=0$，则 h 还是唯一的. 因为在 Ω 内，$\mathrm{Re}(1-z)>0$，于是我们有

$$\mathrm{Re}h(z) = \log|1-z|, \ |\mathrm{Im}h(z)| < \frac{\pi}{2} \quad (z \in \Omega). \tag{1}$$

对于很小的$\delta>0$，设Γ是路径

$$\Gamma(t)=\mathrm{e}^{it}\quad(\delta\leqslant t\leqslant 2\pi-\delta),\tag{2}$$

并设γ是圆心在1的圆弧，它在U内由$\mathrm{e}^{i\delta}$到$\mathrm{e}^{-i\delta}$，则

$$\begin{aligned}\frac{1}{2\pi}\int_{\delta}^{2\pi-\delta}\log|1-\mathrm{e}^{i\theta}|\,\mathrm{d}\theta&=\mathrm{Re}\left[\frac{1}{2\pi i}\int_{\Gamma}h(z)\frac{\mathrm{d}z}{z}\right]\\&=\mathrm{Re}\left[\frac{1}{2\pi i}\int_{\gamma}h(z)\frac{\mathrm{d}z}{z}\right].\end{aligned}\tag{3}$$

最后一个等式依赖柯西定理；注意$h(0)=0$.

γ的长小于$\pi\delta$，因此(1)式表明(3)式最后一个积分的绝对值小于$C\delta\log(1/\delta)$，其中C是常数. 如果在(3)中令$\delta\to0$，便得出结论. ■

15.18 定理　假设$\Omega=D(0;R)$，$f\in H(\Omega)$，$f(0)\neq0$，$0<r<R$，而$\alpha_1,\cdots,\alpha_N$是f在$\overline{D}(0;r)$内的零点，按照它们的重数列出，则

307
$$|f(0)|\prod_{n=1}^{N}\frac{r}{|\alpha_n|}=\exp\left\{\frac{1}{2\pi}\int_{-\pi}^{\pi}\log|f(re^{i\theta})|\,\mathrm{d}\theta\right\}.\tag{1}$$

这就是所谓的詹森公式. 假设$f(0)\neq0$这一点对于应用并无妨碍，因为如果f在0有k阶零点，则公式可应用于$f(z)/z^k$.

证明　将点α_j排序，使$\alpha_1,\cdots,\alpha_m$均在$D(0;r)$内，而$|\alpha_{m+1}|=\cdots=|\alpha_N|=r$.（当然，我们可能有$m=N$或$m=0$.）设

$$g(z)=f(z)\prod_{n=1}^{m}\frac{r^2-\overline{\alpha}_nz}{r(\alpha_n-z)}\prod_{n=m+1}^{N}\frac{\alpha_n}{\alpha_n-z},\tag{2}$$

则$g\in H(D)$. 其中$D=D(0;r+\varepsilon)$，对某个$\varepsilon>0$. g在D内没有零点，因此$\log|g|$在D内是调和函数(定理13.12)，并且

$$\log|g(0)|=\frac{1}{2\pi}\int_{-\pi}^{\pi}\log|g(re^{i\theta})|\,\mathrm{d}\theta.\tag{3}$$

由(2)式，

$$|g(0)|=|f(0)|\prod_{n=1}^{m}\frac{r}{|\alpha_n|}.\tag{4}$$

当$|z|=r$时，对于$1\leqslant n\leqslant m$，(2)式中的因式绝对值为1. 若$\alpha_n=re^{i\theta_n}$，对$m<n\leqslant N$，则有

$$\log|g(re^{i\theta})|=\log|f(re^{i\theta})|-\sum_{n=m+1}^{N}\log|1-\mathrm{e}^{i(\theta-\theta_n)}|.\tag{5}$$

因此引理15.17表明，若以f代替g，则(3)中的积分不变. 与(4)比较便得出(1). ■

詹森公式产生一个包含U内有界全纯函数的边界值的不等式(我们回忆一下，这些函数的类我们曾记作H^∞).

15.19 定理　设$f\in H^\infty$，f不恒等于0，定义

$$\mu_r(f)=\frac{1}{2\pi}\int_{-\pi}^{\pi}\log|f(re^{i\theta})|\,\mathrm{d}\theta\quad(0<r<1),\tag{1}$$

$$\mu^*(f)=\frac{1}{2\pi}\int_{-\pi}^{\pi}\log|f^*(\mathrm{e}^{i\theta})|\,\mathrm{d}\theta.\tag{2}$$

其中 f^* 如同定理 11.32 中的一样，是 f 的径向极限函数，则

$$\text{当 } 0<r<s<1 \text{ 时，} \quad \mu_r(f)\leqslant\mu_s(f), \tag{3}$$

$$\text{当 } r\to 0 \text{ 时，} \mu_r(f)\to\log|f(0)|, \tag{4}$$ 308

并且

$$\text{当 } 0<r<1 \text{ 时，} \mu_r(f)\leqslant\mu^*(f). \tag{5}$$

注意下面的推论：可以选取 r，使当 $|z|=r$ 时，$f(z)\neq 0$. 这样 $\mu_r(f)$ 就是有限的，并且由(5)，$\mu^*(f)$ 也是有限的. 于是 $\log|f^*|\in L^1(T)$，并且在 T 的几乎每一个点有 $f^*(e^{it})\neq 0$.

证明 存在整数 $m\geqslant 0$，使 $f(z)=z^m g(z)$，$g\in H^\infty$ 及 $g(0)\neq 0$. 用 g 替换 f，应用詹森公式 15.18(1). 当 r 增加时，它的左边显然不能减少. 于是当 $r<s$ 时，$\mu_r(g)\leqslant\mu_s(g)$. 因为

$$\mu_r(f)=\mu_r(g)+m\log r,$$

我们便证明了(3).

不失一般性，现在假设 $|f|\leqslant 1$. 记 $f_r(e^{i\theta})$ 以代替 $f(re^{i\theta})$，则当 $r\to 0$ 时，$f_r\to f(0)$，并且当 $r\to 1$ 时 f_r 几乎处处趋于 f^*. 因为 $\log(1/|f_r|)\geqslant 0$，两次应用法图引理并与(3)式组合，就给出(4)和(5). ■

15.20 整函数的零点 假设 f 是整函数，

$$M(r)=\sup_\theta|f(re^{i\theta})| \quad (0<r<\infty), \tag{1}$$

且 $n(r)$ 是 f 在 $\overline{D}(0;r)$ 的零点数. 为了简单，假定 $f(0)=1$. 如果 $\{\alpha_n\}$ 是 f 的零点序列，并按 $|\alpha_1|\leqslant|\alpha_2|\leqslant\cdots$ 排列的话，詹森公式就给出

$$M(2r)\geqslant\exp\left\{\frac{1}{2\pi}\int_{-\pi}^{\pi}\log|f(2re^{i\theta})|\,d\theta\right\}$$

$$=\prod_{n=1}^{n(2r)}\frac{2r}{|\alpha_n|}\geqslant\prod_{n=1}^{n(r)}\frac{2r}{|\alpha_n|}\geqslant 2^{n(r)}.$$

因此

$$n(r)\log 2\leqslant\log M(2r). \tag{2}$$

这样一来，使 $n(r)$ 能够按之增长的速度(换句话说，f 的零点密度)就由 $M(r)$ 的增长率所控制. 从更特殊的情况看，假设对于很大的 r，有

$$M(r)<\exp\{Ar^k\}, \tag{3}$$

其中 A 和 k 是给定的正数，则由(2)式可以推出

$$\limsup_{r\to\infty}\frac{\log n(r)}{\log r}\leqslant k. \tag{4}$$

例如，若 k 是正整数，而

$$f(z)=1-e^{z^k}, \tag{5}$$ 309

则 $n(r)$ 约为 $\pi^{-1}kr^k$. 因此

$$\lim_{r\to\infty}\frac{\log n(r)}{\log r}=k. \tag{6}$$

这证明了估计式(4)不能再改进.

布拉施克乘积

詹森公式使我们有可能决定不是常数的函数 $f\in H^\infty$ 的零点所必须满足的精确条件.

15.21 定理 *设 $\{\alpha_n\}$ 是 U 内的序列，满足 $\alpha_n\neq 0$ 和*

$$\sum_{n=1}^{\infty}(1-|\alpha_n|)<\infty. \tag{1}$$

若 k 是非负整数，并且

$$B(z)=z^k\prod_{n=1}^{\infty}\frac{\alpha_n-z}{1-\bar{\alpha}_n z}\cdot\frac{|\alpha_n|}{\alpha_n}\quad(z\in U), \tag{2}$$

则 $B\in H^\infty$，B 除点 α_n(若 $k>0$，则还包括原点)外没有零点.

我们称函数 B 为布拉施克乘积. 注意，某些 α_n 可能重复，此时 B 在这些点有多重零点. 也应注意(2)内每个因式在 T 上的绝对值为 1.

当只有有限个因式时，仍称为布拉施克乘积. 并且甚至可以没有一个因式. 在这种情况下，$B(z)=1$.

证明 级数

$$\sum_{n=1}^{\infty}\left|1-\frac{\alpha_n-z}{1-\bar{\alpha}_n z}\cdot\frac{|\alpha_n|}{\alpha_n}\right|$$

的第 n 项当 $|z|\leqslant r$ 时是

$$\left|\frac{\alpha_n+|\alpha_n|z}{(1-\bar{\alpha}_n z)\alpha_n}\right|(1-|\alpha_n|)\leqslant\frac{1+r}{1-r}(1-|\alpha_n|).$$

因此定理 15.6 表明 $B\in H(U)$，并且 B 只有给定的零点. 因为在(2)中每一个因式在 U 内的绝对值小于 1，于是得知 $|B(z)|<1$，这就完成了证明. ■

15.22 上述定理指出

310

$$\sum_{n=1}^{\infty}(1-|\alpha_n|)<\infty \tag{1}$$

是存在一个只有预先给定的零点 $\{\alpha_n\}$ 的函数 $f\in H^\infty$ 的充分条件. 这个条件也可以证明是必要的：若 $f\in H^\infty$ 且 f 不恒等于 0，则 f 的零点必须满足(1)式. 这是定理 15.23 的特例. 有趣的是(1)式对于我们现在就要论述的一个更大的函数类也是必要条件.

对任意实数 t，若 $t\geqslant 1$，定义 $\log^+ t=\log t$；若 $t<1$，定义 $\log^+ t=0$. 设 N(源于奈旺林纳)是所有 $f\in H(U)$ 并满足

$$\sup_{0<r<1}\frac{1}{2\pi}\int_{-\pi}^{\pi}\log^+|f(re^{i\theta})|\,d\theta<\infty \tag{2}$$

的函数类. 很明显 $H^\infty\subset N$. 注意当 $|z|\to 1$ 时，(2)对 $|f(z)|$ 的增长率作出了限制. 然而，积分

$$\frac{1}{2\pi}\int_{-\pi}^{\pi}\log|f(re^{i\theta})|\,d\theta \tag{3}$$

的有界性却并未施加这样的限制. 例如对任何 $g\in H(U)$，若 $f=e^g$，则(3)与 r 无关. 这一特点在于(3)能保持很小，因为 $\log|f|$ 和它能取得大的正值一样也可以取得大的负值，而 $\log^+$

$|f|\geqslant 0$. 在第 17 章我们将进一步讨论类 N.

15.23 定理 假设 $f\in N$，f 在 U 内不恒等于 0，而 α_1，α_2，α_3，…是 f 的零点，并按照它们的重数列出，则

$$\sum_{n=1}^{\infty}(1-|\alpha_n|)<\infty. \tag{1}$$

（我们默认 f 在 U 内有无穷多个零点. 如果只是有限个零点，上述和式就只有有限项，因此没有什么要证明的，同样，$|\alpha_n|\leqslant|\alpha_{n+1}|$.）

证明 若 f 在原点有 m 阶零点，又 $g(z)=z^{-m}f(z)$，则 $g\in N$，并且除原点外，g 与 f 有相同的零点. 因此，不失一般性，我们可假设 $f(0)\neq 0$. 设 $n(r)$ 是 f 在 $\overline{D}(0;r)$内的零点数. 固定 k，并取 $r<1$ 使 $n(r)>k$，则由詹森公式

$$|f(0)|\prod_{n=1}^{n(r)}\frac{r}{|\alpha_n|}=\exp\left\{\frac{1}{2\pi}\int_{-\pi}^{\pi}\log|f(re^{i\theta})|\,d\theta\right\} \tag{2}$$

可推出

$$|f(0)|\prod_{n=1}^{k}\frac{r}{|\alpha_n|}\leqslant\exp\left\{\frac{1}{2\pi}\int_{-\pi}^{\pi}\log^{+}|f(re^{i\theta})|\,d\theta\right\}. \tag{3}$$

311

我们假设 $f\in N$ 就是相当于存在一个常数 $C<\infty$，对于所有 r，$0<r<1$，它超过(3)式的右边. 这就得出

$$\prod_{n=1}^{k}|\alpha_n|\geqslant C^{-1}|f(0)|r^k. \tag{4}$$

对于每个 k，当 $r\to 1$ 时不等式仍然成立，因此

$$\prod_{n=1}^{\infty}|\alpha_n|\geqslant C^{-1}|f(0)|>0. \tag{5}$$

由定理 15.5，(5)蕴涵(1). ∎

推论 若 $f\in H^\infty$（甚或 $f\in N$），若 $\alpha_1,\alpha_2,\alpha_3,\cdots$ 是 f 在 U 内的零点，并且若 $\Sigma(1-|\alpha_n|)=\infty$，则对于所有 $z\in U$，$f(z)=0$.

例如，没有一个非常数的有界全纯函数在 U 内能以点 $(n-1)/n$（$n=1$，2，3，…）为零点.

我们以一个定理来结束本节. 它描述了布拉施克乘积在靠近 U 的边界时的性态. 回忆一下，作为 H^∞ 的元素，B 在 T 的几乎所有的点有径向极限 $B^*(e^{i\theta})$.

15.24 定理 如果 B 是布拉施克乘积，则 $|B^*(e^{i\theta})|=1$a. e.，并且

$$\lim_{r\to 1}\frac{1}{2\pi}\int_{-\pi}^{\pi}\log|B(re^{i\theta})|\,d\theta=0. \tag{1}$$

证明 极限存在是根据积分是 r 的单调函数这个事实得出的推论. 假设 $B(z)$如定理15.21 中一样，又记

$$B_N(z)=\prod_{n=N}^{\infty}\frac{\alpha_n-z}{1-\overline{\alpha}_n z}\cdot\frac{|\alpha_n|}{\alpha_n}. \tag{2}$$

因为 $\log(|B/B_N|)$在一个包含 T 的开集内连续，所以用 B_N 代替 B 时，极限(1)不变，应用定理 15.19 于 B_N，便会得出

$$\log|B_N(0)|\leqslant \lim_{r\to 1}\frac{1}{2\pi}\int_{-\pi}^{\pi}\log|B(re^{i\theta})|\,d\theta \leqslant \frac{1}{2\pi}\int_{-\pi}^{\pi}\log|B^*(e^{i\theta})|\,d\theta\leqslant 0. \tag{3}$$

当 $N\to\infty$ 时，(3)式的第一项趋于 0，这就得出(1)，并且证明了 $\int\log|B^*|=0$. 因为 $\log|B^*|\leqslant 0$ a.e.，定理 1.39(a)现在蕴涵 $\log|B^*|=0$ a.e. ■

Müntz-Szasz 定理

312 **15.25** 经典的魏尔斯特拉斯定理([26]，定理 7.26)指出多项式在 $C(I)$ 中稠密. 这里，$C(I)$ 是闭区间 $[0,1]$ 上所有连续复函数的空间，赋以上确界范数. 换句话说，所有函数

$$1,t,t^2,t^3,\cdots \tag{1}$$

的有限线性组合的集在 $C(I)$ 中是稠密的. 有时候用函数族(1)张成 $C(I)$ 的说法来表示这一点.

这就提出了一个问题：如果 $0<\lambda_1<\lambda_2<\lambda_3<\cdots$，在什么条件下，函数

$$1,t^{\lambda_1},t^{\lambda_2},t^{\lambda_3},\cdots \tag{2}$$

能够张成 $C(I)$?

所提的问题自然联系到在半平面(或者圆盘；这两者是共形等价的)内一个有界全纯函数零点分布的问题. 漂亮得出奇的回答是：函数族(2)能张成 $C(I)$，当且仅当 $\sum 1/\lambda_n=\infty$.

实际上，它的证明甚至给出了一个更加精确的结论：

15.26 定理 假设 $0<\lambda_1<\lambda_2<\lambda_3<\cdots$，并设 X 是函数

$$1,t^{\lambda_1},t^{\lambda_2},t^{\lambda_3},\cdots$$

的所有有限线性组合的集在 $C(I)$ 内的闭包.

(a) 若 $\sum 1/\lambda_n=\infty$，则 $X=C(I)$.

(b) 若 $\sum 1/\lambda_n<\infty$，并且 $\lambda\notin\{\lambda_n\}$，$\lambda\neq 0$，则 X 不包含 t^{λ}.

证明 哈恩-巴拿赫定理(定理 5.19)的一个推论是：$\varphi\in C(I)$ 但 $\varphi\notin X$ 的充要条件是存在一个 $C(I)$ 上的有界线性泛函，在 φ 不为零而在整个 X 上为零. 因为每个 $C(I)$ 上的有界线性泛函是由 I 上关于复博雷尔测度的积分给出，所以(a)是下述命题的推论：

若 $\sum 1/\lambda_n=\infty$，又 μ 是 I 上的复博雷尔测度，满足

$$\int_I t^{\lambda_n}\,d\mu(t)=0\quad (n=1,2,3,\cdots), \tag{1}$$

则同样有

$$\int_I t^k\,d\mu(t)=0\quad (k=1,2,3,\cdots). \tag{2}$$

如果这一点得证，前面的评注表明 X 包含所有函数 t^k；因为 $1\in X$，于是所有的多项式都
313 在 X 内，而由魏尔斯特拉斯定理可推出 $X=C(I)$.

现在假设(1)式成立. 因为(1)和(2)中的被积函数在点 0 处为零，我们也可以假设 μ 集中在 $(0,1]$. 我们将 μ 对应于一个函数

$$f(z) = \int_I t^z \mathrm{d}\mu(t). \tag{3}$$

$t>0$ 时，由定义，$t^z=\exp(z\log t)$. 我们断定 f 在右半平面全纯. f 的连续性是容易验证的，因此可应用莫累拉定理. 再者，设 $z=x+\mathrm{i}y$，$x>0$，并且 $0<t\leqslant 1$，则 $|t^z|=t^x\leqslant 1$. 于是 f 在右半平面有界，并且(1)说明，对于 $n=1, 2, 3, \cdots$，$f(\lambda_n)=0$. 定义

$$g(z) = f\left(\frac{1+z}{1-z}\right) \quad (z \in U), \tag{4}$$

则 $g\in H^\infty$ 和 $g(\alpha_n)=0$，其中 $\alpha_n=(\lambda_n-1)/(\lambda_n+1)$. 如果 $\sum 1/\lambda_n=\infty$，简单的计算表明 $\sum(1-|\alpha_n|)=\infty$. 因此定理 15.23 的推论告诉我们对于所有的 $z\in U$，$g(z)=0$. 因此 $f=0$. 特别，对于 $k=1, 2, 3, \cdots$，$f(k)=0$. 这就是(2)式. 于是定理的(a)部分证毕.

为了证明(b)部分，只需在 I 上构造一个测度 μ，使(3)式定义的函数 f 在半平面 $\mathrm{Re}z>-1$ 全纯(任何否定将在这里作出)且在点 0，λ_1，λ_2，λ_3，…为 0，在该半平面内没有别的零点. 于是由这个测度 μ 导出的泛函在 X 上为 0，但当 $\lambda\neq 0$ 且 $\lambda\notin\{\lambda_n\}$ 时对任何函数 t^λ 不为零.

我们从构造一个具有这些给定零点的函数 f 开始，接着证明 f 能表为(3)的形式. 定义

$$f(z) = \frac{z}{(2+z)^3}\prod_{n=1}^{\infty}\frac{\lambda_n - z}{2+\lambda_n+z}. \tag{5}$$

因为

$$1-\frac{\lambda_n - z}{2+\lambda_n+z} = \frac{2z+2}{2+\lambda_n+z},$$

(5)中的无穷乘积在每一个不包含 $-\lambda_n-2$ 的紧集上一致收敛. 由此得出 f 是整个平面内的、有极点 -2 和 $-\lambda_n-2$ 的亚纯函数，并且在 0，λ_1，λ_2，λ_3，…有零点. 同时，若 $\mathrm{Re}z>-1$，则无穷乘积(5)的每一个因式的绝对值小于 1. 于是当 $\mathrm{Re}z\geqslant -1$ 时，$|f(z)|\leqslant 1$. 因式 $(2+z)^3$ 保证 f 限制在直线 $\mathrm{Re}z=-1$ 时属于 L^1.

固定 z 使 $\mathrm{Re}z>-1$，并对 $f(z)$ 运用柯西公式，积分路径由 $-1-\mathrm{i}R$ 经 $-1+R$ 到 $-1+\mathrm{i}R$ 的圆心在 -1，半径 $R>1+|z|$ 的半圆周再加上由 $-1+\mathrm{i}R$ 到 $-1-\mathrm{i}R$ 的区间组成. 当 $R\to\infty$ 时. 沿半圆的积分趋于 0. 因此剩下 314

$$f(z) = -\frac{1}{2\pi}\int_{-\infty}^{\infty}\frac{f(-1+\mathrm{i}s)}{-1+\mathrm{i}s-z}\mathrm{d}s \quad (\mathrm{Re}z>-1). \tag{6}$$

但是

$$\frac{1}{1+z-\mathrm{i}s} = \int_0^1 t^{z-\mathrm{i}s}\mathrm{d}t \quad (\mathrm{Re}z>-1), \tag{7}$$

因此可将(6)改写为

$$f(z) = \int_0^1 t^z\left\{\frac{1}{2\pi}\int_{-\infty}^{\infty} f(-1+\mathrm{i}s)\mathrm{e}^{-\mathrm{i}s\log t}\mathrm{d}s\right\}\mathrm{d}t. \tag{8}$$

交换积分次序是允许的：如果(8)中被积函数取绝对值，便得到一个有限的积分.

设 $g(s)=f(-1+\mathrm{i}s)$，则(8)式内部的积分是 $\hat{g}(\log t)$，这里 $\hat{g}$ 是 g 的傅里叶变换. 它是 $(0, 1]$ 上的有界连续函数. 如果我们令 $\mathrm{d}\mu(t)=\hat{g}(\log t)\mathrm{d}t$，我们就得到以所需的形式(3)表示 f

的测度.

这就完成了证明. ■

15.27 评注 这个定理蕴涵着当$\{1, t^{\lambda_1}, t^{\lambda_2}, \cdots\}$张成$C(I)$时，则$t^{\lambda_i}$的某个无穷子集可以去掉而不会改变其张成性质. 特别地$C(I)$不包含这种类型的极小张成集. 这表明它可以和希尔伯特空间中规范正交集的下述性质相比较：如果在一个规范正交集中去掉任何一个元素，它的张成度就会减小. 同样，如果$\{1, t^{\lambda_1}, t^{\lambda_2}, \cdots\}$不张成$C(I)$，去掉它的任何元素也将会减小其张成度. 这可由定理 15.26(b)得出.

习题

1. 假设$\{a_n\}$和$\{b_n\}$是复数序列，满足$\sum|a_n-b_n|<\infty$. 问在什么集上乘积
$$\prod_{n=1}^{\infty}\frac{z-a_n}{z-b_n}$$
一致收敛？在什么地方它定义一个全纯函数？

2. 假设f是整函数，λ是一个正数，并且不等式
$$|f(z)|<\exp(|z|^{\lambda})$$
对所有足够大的$|z|$成立.（这样的函数称为有限阶的. 满足上述条件的所有λ的最大下界就是f的阶.）如果$f(z)=\sum a_nz^n$. 证明不等式

315
$$|a_n|\leqslant\left(\frac{e\lambda}{n}\right)^{n/\lambda}$$
对所有足够大的n成立. 考虑函数$\exp(z^k)$，$k=1, 2, 3, \cdots$，以判定上述关于$|a_n|$的界是否是最可能接近的.

3. 试求满足$\exp(\exp(z))=1$的所有复数z，将它们作为平面上的点把它们描出. 证明没有一个有限阶的整函数能以每一个这种点为零点(当然要排除$f\equiv 0$).

4. 证明函数
$$\pi\cot\pi z=\pi i\frac{e^{\pi iz}+e^{-\pi iz}}{e^{\pi iz}-e^{-\pi iz}}$$
在每个整数点有残数为 1 的一阶极点. 同样，证明对于函数
$$f(z)=\frac{1}{z}+\sum_{n=1}^{\infty}\frac{2z}{z^2-n^2}=\lim_{N\to\infty}\sum_{n=-N}^{N}\frac{1}{z-n}$$
上述结论也成立. 证明这两个函数是周期函数($f(z+1)=f(z)$)，它们的差是有界整函数，因而是常数，并证明这个常数实际上为 0，因为
$$\lim_{y\to\infty}f(iy)=-2i\int_0^{\infty}\frac{dt}{1+t^2}=-\pi i.$$
这就给出了部分分式分解式
$$\pi\cot\pi z=\frac{1}{z}+\sum_{1}^{\infty}\frac{2z}{z^2-n^2}$$
(与第 9 章习题 12 比较). 注意，当$g(z)=\sin\pi z$时，$\pi\cot\pi z$就是$(g'/g)(z)$. 试导出乘积表示式
$$\frac{\sin\pi z}{\pi z}=\prod_{n=1}^{\infty}\left(1-\frac{z^2}{n^2}\right).$$

5. 假设 k 是正整数，$\{z_n\}$是满足$\sum|z_n|^{-k-1}<\infty$的复数序列，并且

$$f(z)=\prod_{n=1}^{\infty}E_k\left(\frac{z}{z_n}\right)$$

(见定义 15.7)，关于

$$M(r)=\max_{\theta}|f(re^{i\theta})|$$

的增长率你能说些什么？

6. 假设 f 是整函数，$f(0)\neq 0$，当$|z|$足够大时，$|f(z)|<\exp(|z|^p)$，并且$\{z_n\}$是 f 按它们的重数计算的零点序列．证明对每个 $\varepsilon>0$，$\sum|z_n|^{-p-\varepsilon}<\infty$．(对照第 12.20 节．)

7. 假设 f 是一个整函数，对 $n=1,2,3,\cdots$，$f(\sqrt{n})=0$，并且存在一个正数 α，对所有足够大的$|z|$，$|f(z)|<\exp(|z|^\alpha)$成立．问哪些 α 能对所有 z 有 $f(z)=0$？(考虑 $\sin(\pi z^2)$．)

8. 设$\{z_n\}$是不相同复数的序列，$z_n\neq 0$，当 $n\to\infty$时，$z_n\to\infty$，$\{m_n\}$是正整数序列．又设 g 是平面内的亚纯函数，它以点 z_n 为具有残数 m_n 的一阶极点，并且它没有另外的极点．如果 $z\notin\{z_n\}$，设 $\gamma(z)$是由 0 到 z 不经过任何 z_n 的任意一条路径，并且定义 316

$$f(z)=\exp\left\{\int_{\gamma(z)}g(\zeta)\mathrm{d}\zeta\right\}.$$

证明 $f(z)$与 $\gamma(z)$的选择无关(即使积分本身并非如此)，f 在$\{z_n\}$的余集内全纯．f 在每个点 z_n 有可去奇点．并且证明 f 的开拓在 z_n 有 m_n 阶零点．

包含在定理 15.9 内的存在性定理因此可由米塔-列夫勒定理推得．

9. 假设 $0<\alpha<1$，$0<\beta<1$，$f\in H(U)$，$f(U)\subset U$，并且 $f(0)=\alpha$，问 f 在圆盘 $\overline{D}(0;\beta)$内有多少个零点？如果(a)$\alpha=\frac{1}{2}$．$\beta=\frac{1}{2}$；(b)$\alpha=\frac{1}{4}$，$\beta=\frac{1}{2}$；(c)$\alpha=\frac{2}{3}$，$\beta=\frac{1}{3}$；(d)$\alpha=1/1000$，$\beta=1/10$ 时，结果如何？

10. 对于 $N=1,2,3,\cdots$，定义

$$g_N(z)=\prod_{n=N}^{\infty}\left(1-\frac{z^2}{n^2}\right),$$

证明在整函数环内由$\{g_N\}$生成的理想不是主理想．

11. 在什么条件下，对于实数序列 y_n，存在一个开的右半平面内的有界全纯函数，它不恒为 0，但在每个点 $1+iy_n$ 有零点？特别地，当(a)$y_n=\log n$，(b)$y_n=\sqrt{n}$，(c)$y_n=n$，(d)$y_n=n^2$ 时能否存在？

12. 假设 $0<|\alpha_n|<1$，$\sum(1-|\alpha_n|)<\infty$，并且 B 是以 α_n 为零点的布拉施克乘积．设 E 是全体 $1/\overline{\alpha}_n$ 的点集，又设 Ω 是 E 的闭包的余集．证明这个乘积确实在 Ω 的每个紧子集上一致收敛，因而 $B\in H(\Omega)$，并且 B 在 E 的每一点有极点．(特别有趣的是当 Ω 是连通的那些场合．)

13. 对于 $n=1,2,3,\cdots$，设 $\alpha_n=1-n^{-2}$．设 B 是以这些点 α 为零点的布拉施克乘积．证明$\lim\limits_{r\to 1}B(r)=0$(理解为 $0<r<1$)．

更确切地说，证明估计值

$$|B(r)|<\prod_{1}^{N-1}\frac{r-\alpha_n}{1-\alpha_n r}<\prod_{1}^{N-1}\frac{\alpha_N-\alpha_n}{1-\alpha_n}<2e^{-N/3}$$

当 $\alpha_{N-1}<r<\alpha_N$ 时是正确的．

14. 证明存在序列$\{\alpha_n\}$，$0<\alpha_n<1$，它趋于 1 如此迅速，使得以 α_n 为零点的布拉施克乘积满足

$$\limsup_{r\to 1}|B(r)|=1,$$

因而 B 在 $z=1$ 没有径向极限．

15. 设 φ 是线性分式变换，它将 U 映到 U 上．对任何 $z\in U$，定义 z 的 φ 轨道为集$\{\varphi_n(z)\}$，其中 $\varphi_0(z)=z$，$\varphi_n(z)=\varphi(\varphi_{n-1}(z))$，$n=1,2,3,\cdots$．可忽略 $\varphi(z)=z$ 的情况．

(a) 对于哪些 φ，其 φ 轨道满足布拉施克条件$\sum(1-|\varphi_n(z)|)<\infty$？(答案部分地依赖于 φ 的不动点的位

置. 可能有一不动点在 U 内，或者有一不动点在 T 上，或者两个不动点在 T 上. 对于后两种情况，可以把问题化为对上半平面来讨论，并且考虑那样一些变换，即或者它只有∞是不动点，或者以 0 和∞为不动点. 这样做是很有裨益的.）

(b) 对哪些 φ 存在在 φ 下不变的，即对所有 $z\in U$ 满足关系式 $f(\varphi(z))=f(z)$的非常数函数 $f\in H^\infty$？

16. 假设 $|\alpha_1|\leqslant|\alpha_2|\leqslant|\alpha_3|\leqslant\cdots<1$，并设 $n(r)$是序列$\{\alpha_j\}$中使 $|\alpha_j|\leqslant r$ 的项数. 证明

$$\int_0^1 n(r)\mathrm{d}r=\sum_{j=1}^{\infty}(1-|\alpha_j|).$$

17. 如果 $B(z)=\sum c_k z^k$ 是一个布拉施克乘积，它至少有一个不同于原点的零点，问能不能对 $k=0$，1，

317 2，…都有 $c_k\geqslant 0$？

18. 假设 B 是一个布拉施克乘积，其全体零点均位于区间(0，1)上，且

$$f(z)=(z-1)^2B(z),$$

证明 f 的导数在 U 内是有界的.

19. 记 $f(z)=\exp[-(1+z)/(1-z)]$. 利用定理 15.19 的记号，证明尽管 $f\in H^\infty$，但

$$\lim_{r\to 1}\mu_r(f)<\mu^*(f).$$

注意与定理 15.24 对比.

20. 在 Müntz-Szasz 定理中，假设 $\lambda_1>\lambda_2>\cdots$且 $\lambda_n\to 0$. 在这些条件下，该定理的结论如何？

21. 以 $L^2(I)$代替 $C(I)$证明 Müntz-Szasz 定理的类似定理.

22. 记 $f_n(t)=t^n\mathrm{e}^{-t}$$(0\leqslant t<\infty$，$n=0$，1，2，…)，证明这些函数的全体有限线性组合的集稠密于 $L^2(0,\infty)$. 提示：若 $g\in L^2(0,\infty)$与每个 f_n 正交，并且

$$F(z)=\int_0^\infty \mathrm{e}^{-tz}\,\overline{g(t)}\,\mathrm{d}t\quad(\mathrm{Re}z>0),$$

则 F 在 $z=1$ 的所有导数都是 0. 考虑 $F(1+\mathrm{i}y)$.

23. 设 $\Omega\supset\overline{U}$，$f\in H(\Omega)$，对所有实数 θ，有 $|f(\mathrm{e}^{\mathrm{i}\theta})|\geqslant 3$，$f(0)=0$，又 λ_1，λ_2，…，λ_N 是 $1-f$ 按照重数计算的在 U 内的零点. 证明

$$|\lambda_1\lambda_2\cdots\lambda_N|<\frac{1}{2}.$$

318 提示：考虑 $B/(1-f)$，其中 B 是某个布拉施克乘积.

第16章 解析延拓

因为在某区域内定义且全纯的函数常常能扩展为在某个较大的区域内全纯的函数，在本章中，我们将涉及由此引起的问题，定理 10.18 表明这样的开拓由所给的函数唯一决定．这个扩展过程称为*解析延拓*．一种很自然的方法使我们宁可考虑定义在黎曼面上而不是在平面区域内的函数．这种方案使我们能够用函数来代替“多值函数”(例如平方根函数或对数函数)．然而，黎曼面的系统论述会使我们离题太远，所以我们将限制在平面区域内讨论．

正则点和奇点

16.1 定义 令 D 为一开圆盘，假设 $f\in H(D)$，β 为 D 的一个边界点．若存在中心在 β 的圆盘 D_1 及函数 $g\in H(D_1)$，使得对所有 $z\in D\cap D_1$，$g(z)=f(z)$，我们就称 β 为 f 的*正则点*．D 的任何一个边界点若不是 f 的正则点，就称为 f 的*奇点*．

从定义来看，显然所有 f 的正则点的集是 D 的边界的一个开子集(也可能是空集)．

在下列定理中，不失一般性，我们将取单位圆盘 U 作为 D． 319

16.2 定理 *假设 $f\in H(U)$，且幂级数*

$$f(z)=\sum_{n=0}^{\infty}a_nz^n \quad (z\in U) \tag{1}$$

的收敛半径为 1，则 f 在单位圆周 T 上至少有一个奇点．

证明 如若不然，假设 T 的每一点均为 f 的正则点．T 的紧性蕴涵着存在开圆盘 $D_1,\cdots,D_n$ 及函数 $g_j\in H(D_j)$，使得每个 D_j 的中心均在 T 上，$T\subset D_1\cup\cdots\cup D_n$，并且对 $j=1,\cdots,n$，在 $D_j\cap U$ 内有 $g_j(z)=f(z)$．

若 $D_i\cap D_j\neq\varnothing$，且 $V_{ij}=D_i\cap D_j\cap U$，则 $V_{ij}\neq\varnothing$(因 D_j 的中心在 T 上)．且在 V_{ij} 内 $g_i=f=g_j$．由于 $D_i\cap D_j$ 是连通的，由定理 10.18 得出在 $D_i\cap D_j$ 内 $g_i=g_j$．因此我们能用

$$h(z)=\begin{cases}f(z) & (z\in U),\\ g_i(z) & (z\in D_i),\end{cases} \tag{2}$$

定义一个在 $\Omega=U\cup D_1\cup\cdots\cup D_n$ 内的函数 h．

由于 $\Omega\supset\overline{U}$ 且 Ω 是开集，存在 $\varepsilon>0$，使得圆盘 $D(0;1+\varepsilon)\subset\Omega$．但 $h\in H(\Omega)$，$h(z)$ 在 U 内由(1)给定．现在定理 10.16 蕴涵(1)的收敛半径至少为 $1+\varepsilon$．这与我们的假设矛盾． ■

16.3 定义 若 $f\in H(U)$ 且 T 的每一点都是 f 的奇点，则 T 称为 f 的*自然边界*．在这种情形下，f 没有到真正包含 U 的任何区域的全纯开拓．

16.4 评注 很容易看出，存在 $f\in H(U)$，使 T 是它的自然边界．事实上，若 Ω 为任意区域，容易找出函数 $f\in H(\Omega)$，它不能扩展为在任何较大区域内的全纯函数，要看出这一点，令 A 为 Ω 内任意可数集，它在 Ω 内无极限点，但使得 Ω 的每个边界点都是 A 的极限点，应用定理 15.11 便给出一函数 $f\in H(\Omega)$，它在 A 的每一点为零，但并不恒等于零．若 $g\in H(\Omega_1)$，此处 Ω_1 是一真正包含 Ω 的区域，且若在 Ω 内 $g=f$，则 g 的零点将在 Ω_1 内具有极限点．我们

就得出了矛盾.

函数

$$f(z)=\sum_{n=0}^{\infty}z^{2^n}=z+z^2+z^4+z^8+\cdots\quad(z\in U)\tag{1}$$

提供了一个简单明了的例子，f 满足函数方程

$$f(z^2)=f(z)-z,\tag{2}$$

由此得出(我们留给读者详细讨论)，f 在 U 的每一条以 $\exp(2\pi ik/2^n)$ 为端点的半径上都是无界的.
320 此处 k 和 n 都是正整数. 这些点构成了 T 的稠密子集，且由于 f 的所有奇点的集是闭的，故 f 以 T 作为它的自然边界.

这个例子是一个有大量空隙(也就是有许多零系数)的幂级数这一点并非意外. 这个例子只是由阿达马作出的定理 16.6 的特殊情形. 我们将由奥斯特罗夫斯基的下述定理来推出它.

16.5 定理 假设 λ，p_k 及 q_k 是正整数，$p_1<p_2<p_3<\cdots$，且

$$\lambda q_k>(\lambda+1)p_k\quad(k=1,2,3,\cdots).\tag{1}$$

假设

$$f(z)=\sum_{n=0}^{\infty}a_nz^n\tag{2}$$

的收敛半径为 1，且对某个 k，当 $p_k<n<q_k$ 时，$a_n=0$. 若 $s_p(z)$ 是(2)的第 p 项部分和，又设 β 为 f 在 T 上的正则点，则序列 $\{s_{p_k}(z)\}$ 在 β 的某邻域内收敛.

注意整个序列 $\{s_p(z)\}$ 不能在 $\overline{U}$ 外任何一点收敛，空隙条件(1)保证了存在收敛的子序列在 β 的邻域，因而在 $\overline{U}$ 外某些点收敛. 这种现象称为过度收敛.

证明 若 $g(z)=f(\beta z)$，则 g 也满足空隙条件. 因此，不失一般性，我们可以假设 $\beta=1$. 于是 f 有到包含 $U\cup\{1\}$ 的一个区域 Ω 的全纯开拓. 令

$$\varphi(w)=\frac{1}{2}(w^\lambda+w^{\lambda+1}),\tag{3}$$

并对所有使 $\varphi(w)\in\Omega$ 的 w，定义 $F(w)=f(\varphi(w))$. 若 $|w|\leqslant 1$，但 $w\neq 1$，由 $|1+w|<2$ 得 $|\varphi(w)|<1$. 同时也有 $\varphi(1)=1$. 因此，存在 $\varepsilon>0$，使得 $\varphi(D(0;1+\varepsilon))\subset\Omega$，注意区域 $\varphi(D(0;1+\varepsilon))$ 包含点 1. 当 $|w|<1+\varepsilon$ 时，级数

$$F(w)=\sum_{m=0}^{\infty}b_mw^m\tag{4}$$

321 是收敛的.

在 $[\varphi(w)]^n$ 内 w 的最高及最低次幂具有指数 $(\lambda+1)n$ 及 λn. 因此由(1)，在 $[\varphi(w)]^{p_k}$ 中的最高指数小于 $[\varphi(w)]^{q_k}$ 中的最低指数. 由于

$$F(w)=\sum_{n=0}^{\infty}a_n[\varphi(w)]^n\qquad(|w|<1),\tag{5}$$

现在由 $\{a_n\}$ 满足的空隙条件可推出

$$\sum_{n=0}^{p_k}a_n[\varphi(w)]^n=\sum_{m=0}^{(\lambda+1)p_k}b_mw^m\qquad(k=1,2,3,\cdots).\tag{6}$$

当 $k\to\infty$，$|w|<1+\varepsilon$ 时，(6)的右边收敛．因此，$\{s_{p_k}(z)\}$对所有 $z\in\varphi(D(0;1+\varepsilon))$收敛．这就是所求的结论．■

注 实际上，$\{s_{p_k}(z)\}$在 β 的某一邻域一致收敛，我们留给读者通过更细心地考察上述证明来证实这个结果．

16.6 定理 假设 λ 是个正整数，$\{p_k\}$是一个正整数序列，满足

$$p_{k+1}>(1+\frac{1}{\lambda})p_k \quad (k=1,2,3,\cdots), \tag{1}$$

且幂级数

$$f(z)=\sum_{k=1}^{\infty}c_k z^{p_k} \tag{2}$$

的收敛半径为 1，则 f 以 T 作为它的自然边界．

证明 定理 16.5 的序列$\{s_{p_k}\}$现在与(2)的整个的部分和序列相同(除了重复的外)．后者不能在 $\overline{U}$ 外任何一点收敛．因此定理 16.5 推出 T 没有一个点能是 f 的正则点．■

16.7 例子 当 n 是 2 的幂时，令 $a_n=1$，其余情形令 $a_n=0$．令 $\eta_n=\exp(-\sqrt{n})$，并定义

$$f(z)=\sum_{n=0}^{\infty}a_n\eta_n z^n. \tag{1}$$

由于

$$\limsup_{n\to\infty}|a_n\eta_n|^{1/n}=1, \tag{2}$$ 322

故(1)的收敛半径为 1．由阿达马定理，f 以 T 作为它的自然边界．然而，f 的各阶导数的幂级数

$$f^{(k)}(z)=\sum_{n=k}^{\infty}n(n-1)\cdots(n-k+1)a_n\eta_n z^{n-k} \tag{3}$$

在闭单位圆盘上一致收敛．因此，每个 $f^{(k)}$ 均在 $\overline{U}$ 上一致连续，并且 f 在 T 上的限制作为 θ 的函数是无穷可微的，而不管 T 是 f 的自然边界这一事实．

这个例子相当值得注意地证明了，在定义 16.1 的意义下，奇点的出现并不意味着会出现不连续性或者(不太严格地说)出现光滑性的任何缺陷．

在这里插入一个说明连续性排除了奇点存在的定理，看来是适宜的．

16.8 定理 假设 Ω 是一区域，L 是一条直线或一段圆弧，$\Omega-L$ 是两个区域 Ω_1 及 Ω_2 的并，f 在 Ω 内连续，且 f 在 Ω_1 及 Ω_2 内均全纯，则 f 在 Ω 内全纯．

证明 如果我们对直线 L 证明了这个定理，则应用分式线性变换，一般场合也就可以得出了．由莫累拉定理，只要证明对 Ω 内每个三角形 Δ，f 沿边界 $\partial\Delta$ 的积分均为零就够了，柯西定理推出，沿 $\Delta\cap\Omega_1$ 内或 $\Delta\cap\Omega_2$ 内每一闭路径 γ，f 的积分为零．f 的连续性表明，若 γ 的一部分在 L 内，这结果仍然正确，而沿 $\partial\Delta$ 的积分最多是这种形式的两个项之和．■

沿曲线的延拓

16.9 定义 一个函数元素是一个序对(f,D)．此处 D 为一开圆盘，且 $f\in H(D)$．若下列两条件成立：$D_0\cap D_1\neq\varnothing$，且对所有 $z\in D_0\cap D_1$，$f_0(z)=f_1(z)$，则称两个函数元素$(f_0$，

D_0)及(f_1, D_1)是彼此直接延拓的. 在这种情形，我们记为

$$(f_0, D_0) \sim (f_1, D_1). \tag{1}$$

链是圆盘的有限序列$\mathscr{C}$，就是说$\mathscr{C}=\{D_0, D_1, \cdots, D_n\}$，使得对 $i=1, \cdots, n$, $D_{i-1}\cap D_i\neq\varnothing$. 若已给定($f_0$, D_0)，且若存在元素(f_i, D_i)，使得对 $i=1, \cdots, n$, (f_{i-1}, D_{i-1})$\sim$(f_i, D_i)，则(f_n, D_n)称为(f_0, D_0)沿$\mathscr{C}$的**解析延拓**. 注意，f_n 由 f_0 及$\mathscr{C}$(若它全都存在)唯一决定. 为了看出这一点，假设(1)成立，并假设当用 g_1 代替 f_1 时(1)也成立. 则在 $D_0\cap D_1$ 内，$g_1=f_0=f_1$；又由 D_1 是连通的，我们在 D_1 内有 $g_1=f_1$. 现在对$\mathscr{C}$的项数使用归纳法，便得出
323 f_n 的唯一性.

若(f_n, D_n)为(f_0, D_0)沿$\mathscr{C}$的延拓，且若 $D_n\cap D_0\neq\varnothing$，则($f_0$, D_0)$\sim$(f_n, D_n)不一定成立；换句话说，关系$\sim$并不是传递的. 最简单的例子由平方根函数给出：设 D_0, D_1 及 D_2 为中心在 1, ω 及 ω^2，半径为 1 的圆盘，此处 $\omega^3=1$. 选取 $f_j\in H(D_j)$，使得 $f_j^2(z)=z$. 因此，(f_0, D_0)$\sim$(f_1, D_1)，(f_1, D_1)$\sim$(f_2, D_2). 在 $D_0\cap D_2$ 内，我们有 $f_2=-f_0\neq f_0$.

称链$\mathscr{C}=\{D_0, \cdots, D_n\}$是用参数区间[0, 1]**覆盖曲线** γ，若存在数组 $0=s_0<s_1<\cdots<s_n=1$ 使得 $\gamma(0)$为 D_0 的中心，$\gamma(1)$为 D_n 的中心，且

$$\gamma([s_i, s_{i+1}]) \subset D_i \qquad (i=0,\cdots,n-1). \tag{2}$$

如果(f_0, D_0)能沿这样的$\mathscr{C}$延拓到(f_n, D_n)，我们称(f_n, D_n)为(f_0, D_0)**沿 γ 的解析延拓**. (唯一性将在定理 16.11 证明.)(f_0, D_0)因此被称为容许一个沿 γ 的解析延拓.

虽然关系(1)并不传递，但传递性的一个局限形式还是成立的. 它提供了定理 16.11 证明的关键.

16.10 命题 *假设 $D_0\cap D_1\cap D_2\neq\varnothing$，($D_0$, f_0)$\sim$(D_1, f_1)，且(D_1, f_1)$\sim$(D_2, f_2)，则(D_0, f_0)$\sim$(D_2, f_2).*

证明 由假设，在 $D_0\cap D_1$ 内 $f_0=f_1$，在 $D_1\cap D_2$ 内 $f_1=f_2$. 因此，在非空开集 $D_0\cap D_1\cap D_2$ 内 $f_0=f_2$. 由于 f_0 及 f_2 均在 $D_0\cap D_2$ 内全纯，且 $D_0\cap D_2$ 为连通的，便得出在 $D_0\cap D_2$ 内 $f_0=f_2$. ■

16.11 定理 *若(f, D)是一函数元素，并且 γ 是从 D 的中心出发的一条曲线，则(f, D)沿 γ 最多容许一个解析延拓.*

该定理的断言更清楚的陈述是：如果 γ 被链$\mathscr{C}_1=\{A_0, A_1, \cdots, A_m\}$及$\mathscr{C}_2=(B_0, B_1, \cdots, B_n)$覆盖，此处 $A_0=B_0=D$. 若(f, D)能沿$\mathscr{C}_1$ 解析延拓到函数元素(g_m, A_m)，同时(f, D)又能沿$\mathscr{C}_2$ 解析延拓到(h_n, B_n)，则在 $A_m\cap B_n$ 内，$g_m=h_n$.

根据假设，A_m 及 B_n 都是具有相同中心 $\gamma(1)$的圆盘，这便得出 g_m 及 h_n 具有相同的 $z-\gamma(1)$的幂级数展开式，并且我们同样能够用 A_m 及 B_n 两者中较大的一个代替它们. 承认了这一点，最终就得到 $g_m=h_n$.

证明 设$\mathscr{C}_1$ 及$\mathscr{C}_2$ 如上述. 存在数组

$$0=s_0<s_1<\cdots<s_m=1=s_{m+1}$$

及 $0=\sigma_0<\sigma_1<\cdots<\sigma_n=1=\sigma_{n+1}$，使得

324 $$\gamma([s_i, s_{i+1}])\subset A_i, \gamma([\sigma_j, \sigma_{j+1}])\subset B_j \qquad (0\leqslant i\leqslant m, 0\leqslant j\leqslant n). \tag{1}$$

对 $0\leqslant i\leqslant m-1$ 和 $0\leqslant j\leqslant n-1$，存在函数元素 $(g_i, A_i)\sim(g_{i+1}, A_{i+1})$ 及 $(h_j, B_j)\sim(h_{j+1}, B_{j+1})$，此处 $g_0=h_0=f$.

我们断言，若 $0\leqslant i\leqslant m$ 和 $0\leqslant j\leqslant n$，并且 $[s_i, s_{i+1}]$ 与 $[\sigma_j, \sigma_{j+1}]$ 相交，则 $(g_i, A_i)\sim(h_j, B_j)$.

假设存在数对 (i, j) 使该断言错误，则它们中有一个使 $i+j$ 最小. 很明显 $i+j>0$. 假设 $s_i\geqslant\sigma_j$，则 $i\geqslant 1$，且由 $[s_i, s_{i+1}]$ 与 $[\sigma_j, \sigma_{j+1}]$ 相交，我们看到

$$\gamma(s_i)\in A_{i-1}\cap A_i\cap B_j. \tag{2}$$

$i+j$ 的最小性表明 $(g_{i-1}, A_{i-1})\sim(h_j, B_j)$，又因为 $(g_{i-1}, A_{i-1})\sim(g_i, A_i)$，由命题 16.10 可推出 $(g_i, A_i)\sim(h_j, B_j)$. 这与我们的假设矛盾，用相同的方法可排除 $s_i\leqslant\sigma_j$ 的可能性.

于是我们的断言已经确立，特别，它对数对 (m, n) 成立，并且这就是我们要证明的. ■

16.12 定义 假设 α 和 β 是拓扑空间 X 内的点，而 φ 是单位正方形 $I^2=I\times I$（此处 $I=[0, 1]$）到 X 内的连续映射，使得对所有 $t\in I$，$\varphi(0, t)=\alpha$ 及 $\varphi(1, t)=\beta$，则称由

$$\gamma_t(s)=\varphi(s,t)\quad(s\in I,t\in I) \tag{1}$$

定义的曲线 γ_t 组成了 X 内的由 α 到 β 的一个单参数曲线族 $\{\gamma_t\}$.

我们现在导出解析延拓的一个十分重要的性质.

16.13 定理 *假设 $\{\gamma_t\}(0\leqslant t\leqslant 1)$ 是平面内由 α 到 β 的单参数曲线族，D 为中心在 α 的圆盘，且函数元素 (f, D) 沿每一条 γ_t 都容许解析延拓到一元素 (g_t, D_t)，则 $g_1=g_0$.*

最后的等式是像定理 16.11 中那样解释的：

$$(g_1,D_1)\sim(g_0,D_0)$$

且 D_0，D_1 是具有相同的中心 β 的圆盘.

证明 固定 $t\in I$，则存在一个覆盖 γ_t 的链 $\mathscr{C}=\{A_0, \cdots, A_n\}$，$A_0=D$，使得 (g_t, D_t) 由 (f, D) 沿 $\mathscr{C}$ 延拓得到. 并存在数组 $0=s_0<\cdots<s_n=1$，使得

$$E_i=\gamma_t([s_i,s_{i+1}])\subset A_i\qquad(i=0,1,\cdots,n-1). \tag{1}$$

这样就存在 $\varepsilon>0$，它比任意紧集 E_i 到对应的开圆盘 A_i 的余集之间的距离都要小. φ 在 I^2 上的一致连续性（见定义 16.12）表明存在 $\delta>0$，使得当 $s\in I$，$u\in I$，$|u-t|<\delta$ 时，

$$|\gamma_t(s)-\gamma_u(s)|<\varepsilon. \tag{2}$$ 325

假设 u 满足这些条件，则(2)表明 $\mathscr{C}$ 覆盖 γ_u. 因此，定理 16.11 指出 g_t 及 g_u 都由 (f, D) 沿相同的链 $\mathscr{C}$ 延拓得到，所以 $g_t=g_u$.

这样，每个 $t\in I$ 均被一条线段 J_t 覆盖，使得对所有 $u\in I\cap J_t$，$g_u=g_t$. 因为 I 是紧的，所以 I 被有限多个 J_t 覆盖；又因为 I 是连通的，经有限步后，我们可以看出 $g_1=g_0$. ■

下面的定理是直观上很明显的一个拓扑事实.

16.14 定理 *假设 Γ_0 及 Γ_1 是拓扑空间 X 内的曲线，具有公共的起点 α 及公共的终点 β. 若 X 是单连通的，则存在 X 内由 α 到 β 的单参数曲线族 $\{\gamma_t\}(0\leqslant t\leqslant 1)$，使得 $\gamma_0=\Gamma_0$ 及 $\gamma_1=\Gamma_1$.*

证明 令 $[0, \pi]$ 为 Γ_0 及 Γ_1 的参数区间，则

$$\Gamma(s)=\begin{cases}\Gamma_0(s) & (0\leqslant s\leqslant\pi),\\ \Gamma_1(2\pi-s) & (\pi\leqslant s\leqslant 2\pi)\end{cases} \tag{1}$$

定义了 X 内一条闭曲线. 由于 X 是单连通的，Γ 在 X 内是零伦的. 因此存在连续映射 H：

$[0,2\pi]\times[0,1]\to X$，使得

$$H(s,0)=\Gamma(s),H(s,1)=c\in X,H(0,t)=H(2\pi,t).\tag{2}$$

若 $\Phi:\overline{U}\to X$ 由

$$\Phi(re^{i\theta})=H(\theta,1-r)\quad(0\leqslant r\leqslant 1,0\leqslant\theta\leqslant 2\pi)$$

定义，则(2)蕴涵着 Φ 是连续的. 令

$$\gamma_t(\theta)=\Phi[(1-t)e^{i\theta}+te^{-i\theta}]\quad(0\leqslant t\leqslant 1,0\leqslant\theta\leqslant\pi).$$

由 $\Phi(e^{i\theta})=H(\theta,0)=\Gamma(\theta)$，便得出

$$\gamma_t(0)=\Phi(1)=\Gamma(0)=\alpha\quad(0\leqslant t\leqslant 1),$$

$$\gamma_t(\pi)=\Phi(-1)=\Gamma(\pi)=\beta\quad(0\leqslant t\leqslant 1),$$

$$\gamma_0(\theta)=\Phi(e^{i\theta})=\Gamma(\theta)=\Gamma_0(\theta)\quad(0\leqslant\theta\leqslant\pi)$$

和

$$\gamma_1(\theta)=\Phi(e^{-i\theta})=\Phi(e^{i(2\pi-\theta)})=\Gamma(2\pi-\theta)=\Gamma_1(\theta)\quad(0\leqslant\theta\leqslant\pi).$$

这就完成了证明. ■

单值性定理

326 上面的讨论实质上已经证明了下述重要定理.

16.15 定理 *假设 Ω 是单连通区域，(f,D) 是一个函数元素，$D\subset\Omega$，且 (f,D) 能沿 Ω 内起点在 D 的中心的每一条曲线解析延拓，则存在 $g\in H(\Omega)$，使得对所有 $z\in D$，$g(z)=f(z)$.*

证明 设 Γ_0 和 Γ_1 是 Ω 内由 D 的中心 α 到某点 $\beta\in\Omega$ 的两条曲线. 由定理 16.13 及 16.14 得出，(f,D) 沿 Γ_0 及 Γ_1 的解析延拓都会导致出相同的元素 (g_β,D_β). 这里 D_β 是中心为 β 的一个圆盘，若 $D_{\beta 1}$ 与 D_β 相交，则 $(g_{\beta 1},D_{\beta 1})$ 可以首先将 (f,D) 延拓到 β，然后沿直线由 β 延拓到 β_1 而得到. 这表明在 $D_{\beta 1}\cap D_\beta$ 内，$g_{\beta 1}=g_\beta$.

因此定义

$$g(z)=g_\beta(z)\quad(z\in D_\beta)$$

是相容的，并且给出了所求的 f 的全纯开拓. ■

16.16 评注 设 Ω 为一平面区域，固定 $w\notin\Omega$，令 D 为 Ω 内的一个圆盘，由于 D 是单连通的，存在 $f\in H(D)$，使得 $\exp[f(z)]=z-w$. 注意在 D 内 $f'(z)=(z-w)^{-1}$，并且后一函数在整个 Ω 内全纯. 这就蕴涵了 (f,D) 能沿 Ω 内从 D 的中心 α 出发的每一条路径 γ 解析地延拓：若 γ 由 α 到 β，$D_\beta=D(\beta,\gamma)\subset\Omega$，

$$\Gamma_z=\gamma\dot{+}[\beta,z]\quad(z\in D_\beta)\tag{1}$$

且

$$g_\beta(z)=\int_{\Gamma_z}(\zeta-w)^{-1}d\zeta+f(\alpha)\qquad(z\in D_\beta),\tag{2}$$

则 (g_β,D_β) 是 (f,D) 沿 γ 的解析延拓.

注意在 D_β 内 $g'_\beta(z)=(z-w)^{-1}$.

现在假设存在 $g\in H(\Omega)$，使得在 D 内 $g(z)=f(z)$，则对所有 $z\in\Omega$，$g'(z)=(z-w)^{-1}$. 若 Γ 是 Ω 内的闭路径，便得出

$$\mathrm{Ind}_{\Gamma}(w)=\frac{1}{2\pi\mathrm{i}}\int_{\Gamma}g'(z)\mathrm{d}z=0. \tag{3}$$

我们最终得出(借助于定理 13.11)，单值性定理在每一个不是单连通的平面区域内失效. 327

模函数的构造

16.17 模群 这是形如

$$\varphi(z)=\frac{az+b}{cz+d} \tag{1}$$

的所有线性分式变换的集合 G. 这里 a，b，c，d 是整数，且 $ad-bc=1$.

由于 a，b，c 及 d 是实数，每个 $\varphi\in G$ 映实轴到它本身上(除了∞). $\varphi(\mathrm{i})$的虚部是$(c^2+d^2)^{-1}>0$. 因此

$$\varphi(\Pi^+)=\Pi^+ \quad (\varphi\in G) \tag{2}$$

此处 Π^+ 是开上半平面. 若 φ 由(1)给出，则

$$\varphi^{-1}(w)=\frac{dw-b}{-cw+a} \tag{3}$$

于是 $\varphi^{-1}\in G$. 同时，当 $\varphi\in G$ 和 $\psi\in G$ 时，$\varphi\circ\psi\in G$.

因此 G 是一个群，以复合作为群运算. 根据(2)，习惯上把 G 看做 Π^+ 上的变换群.

变换 $z\to z+1(a=b=d=1,\ c=0)$ 和 $z\to -1/z(a=d=0,\ b=-1,\ c=1)$ 属于 G. 事实上，它们生成 G(也就是，没有 G 的真子群包含这两个变换). 这个结论能用定理 16.19(c)所采用的同样方法证明.

一个模函数是 Π^+ 上的全纯(或亚纯)函数 f，并且 f 在 G 下或至少在 G 的某个非平凡子群 Γ 下是不变的. 这意味着，对每个 $\varphi\in\Gamma$，$f\circ\varphi=f$.

16.18 一个子群 我们将取由 σ 和 τ 生成的群为 Γ. 此处

$$\sigma(z)=\frac{z}{2z+1},\qquad \tau(z)=z+2. \tag{1}$$

我们的一个目的是构造在 Γ 下不变的某个函数 λ，且由它引导出皮卡定理的一个快速的证明. 确实，在证明中，重要的是 λ 的映射性质，而不是它的不变性，而且也能较快地给出 λ 的构造(适当地用黎曼定理及反射原理). 但是，用几何的语言来研究 Γ 在 Π^+ 上的作用是很有教益的，我们将沿着这条路子来处理.

设 Q 是满足下列四个条件的所有 z 的集合，这里 $z=x+\mathrm{i}y$：

$$y>0,\ -1\leqslant x<1,\ |2z+1|\geqslant 1,\ |2z-1|>1. \tag{2}$$

Q 界于垂直线 $x=-1$ 及 $x=1$ 之间，并且以中心在$-\frac{1}{2}$及$\frac{1}{2}$，半径为$\frac{1}{2}$的两个半圆周作为下界. Q 包含了位于 Π^+ 中左半的那些边界点，Q 不含实轴上的点. 328

我们断言 Q 是 Γ 的基本区域. 这意思是指下列定理的陈述(a)及(b)是正确的.

16.19 定理 设 Γ 和 Q 如上述.

(a) 若 φ_1 及 $\varphi_2\in\Gamma$，且 $\varphi_1\neq\varphi_2$，则 $\varphi_1(Q)\cap\varphi_2(Q)=\varnothing$.

(b) $\bigcup_{\varphi\in\Gamma}\varphi(Q)=\Pi^+$.

(c) Γ 包含形如

$$\varphi(z)=\frac{az+b}{cz+d} \tag{1}$$

的所有变换 $\varphi\in G$，其中 a 和 d 是奇数，b 和 c 是偶数.

证明 设 Γ_1 为(c)中所述的所有 $\varphi\in G$ 的集. 容易验证 Γ_1 是 G 的子群. 由 $\sigma\in\Gamma_1$ 及 $\tau\in\Gamma_1$，可得出 $\Gamma\subset\Gamma_1$. 为要证明 $\Gamma=\Gamma_1$，也就是要证明(c)，只需证明(a′)和(b)成立就够了，这里(a′)是由(a)以 Γ_1 代替 Γ 而得到的命题. 因为，如果(a′)及(b)成立，很清楚，Γ 就不能是 Γ_1 的真子集.

我们将需要关系式

$$\mathrm{Im}\varphi(z)=\frac{\mathrm{Im}z}{|cz+d|^2}, \tag{2}$$

此式对由(1)给出的每个 $\varphi\in G$ 都正确. (2)的证明是用直接计算的方法，且依赖于关系式 $ad-bc=1$.

我们现在证明(a′). 假设 φ_1 及 $\varphi_2\in\Gamma_1$，$\varphi_1\neq\varphi_2$，且定义 $\varphi=\varphi_1{}^{-1}\circ\varphi_2$. 若 $z\in\varphi_1(Q)\cap\varphi_2(Q)$，则 $\varphi_1{}^{-1}(z)\in Q\cap\varphi(Q)$. 因此只需证明，若 $\varphi\in\Gamma_1$，且 φ 不是恒等变换，则

$$Q\cap\varphi(Q)=\varnothing. \tag{3}$$

(3) 的证明分为三种情形.

若在(1)中 $c=0$，则 $ad=1$，由于 a 和 d 是整数，我们有 $a=d=\pm1$. 因此，对某个整数 $n\neq0$，$\varphi(z)=z+2n$，而 Q 的描述明显地使(3)成立.

若 $c=2d$，则 $c=\pm2$ 且 $d=\pm1$(由 $ad-bc=1$). 因此，$\varphi(z)=\sigma(z)+2m$，m 为一整数. 由$\sigma(Q)\subset\overline{D}\left(\frac{1}{2};\frac{1}{2}\right)$，可见(3)成立.

若 $c\neq0$，且 $c\neq2d$. 我们断定，对所有 $z\in Q$，$|cz+d|>1$. 如若不然，圆盘 $\overline{D}/(-d/c;1/|c|)$就会与 Q 相交. Q 的描述表明，若 $\alpha\neq-\frac{1}{2}$为一实数，且 $\overline{D}/(\alpha;r)$与 Q 相交，则点-1，0，1 中至少有一个点位于 $D(\alpha;r)$内，因此对 $w=-1$，0 或 1，$|cw+d|<1$. 但是对这些 w，$cw+d$ 是一奇数，它的绝对值不能小于 1，于是 $|cz+d|>1$. 现在由(2)可得出，
329 对每个 $z\in Q$，$\mathrm{Im}\varphi(z)<\mathrm{Im}z$. 如果对某个 $z\in Q$，$\varphi(z)\in Q$ 是正确的话，相同的论证就可应用于 φ^{-1}，并且能证明

$$\mathrm{Im}z=\mathrm{Im}\varphi^{-1}(\varphi(z))\leqslant\mathrm{Im}\varphi(z), \tag{4}$$

这个矛盾表明(3)式成立.

因此(a′)得到了证明.

要证明(b)，令 Σ 为集 $\varphi(Q)$ 对 $\varphi\in\Gamma$ 取的并，很明显，$\Sigma\subset\Pi^+$. 同时，对于 $n=0$，±1，±2，…，Σ 也包含集 $\tau^n(Q)$，此处 $\tau^n(z)=z+2n$. 由于 σ 映圆周 $|2z+1|=1$ 到圆周 $|2z-1|=1$ 上，我们看到 Σ 包含使所有不等式

$$|2z-(2m+1)|\geqslant1 \qquad (m=0,\pm1,\pm2,\cdots) \tag{5}$$

都能满足的每一个 $z\in\Pi^+$.

固定 $w\in\Pi^{+}$. 由 $\mathrm{Im}w>0$，仅有有限对整数 c 及 d 使得 $|cw+d|$ 小于任意给定的界限，并且我们能选取 $\varphi_0\in\Gamma$，使得 $|cw+d|$ 取到最小. 由(2)，这表示

$$\mathrm{Im}\varphi(w)\leqslant \mathrm{Im}\varphi_0(w)\qquad(\varphi\in\Gamma).\tag{6}$$

令 $z=\varphi_0(w)$，则(6)变为

$$\mathrm{Im}\varphi(z)\leqslant \mathrm{Im}z\qquad(\varphi\in\Gamma).\tag{7}$$

应用(7)式于 $\varphi=\sigma\tau^{-n}$ 和 $\varphi=\sigma^{-1}\tau^{-n}$. 因为

$$(\sigma\tau^{-n})(z)=\frac{z-2n}{2z-4n+1},\quad(\sigma^{-1}\tau^{-n})(z)=\frac{z-2n}{-2z+4n+1},\tag{8}$$

由(2)和(7)得出

$$|2z-4n+1|\geqslant 1,\qquad |2z-4n-1|\geqslant 1\quad(n=0,\pm1,\pm2,\cdots).\tag{9}$$

这样 z 满足(5)，因此 $z\in\Sigma$；又因为 $w=\varphi_0^{-1}(z)$ 和 $\varphi_0^{-1}\in\Gamma$，我们有 $w\in\Sigma$.

这就完成了证明. ■

下列定理概括了在 16.18 节提到的模函数 λ 的某些性质. 它将用于定理 16.22.

16.20 定理 *若 Γ 和 Q 均如 16.18 节所述，则存在一个函数 $\lambda\in H(\Pi^{+})$，使得*

(a) *对每个 $\varphi\in\Gamma$，$\lambda\circ\varphi=\lambda$.*

(b) *λ 在 Q 上是一一的.*

(c) *λ 的值域 Ω(由(a)，它与 $\lambda(Q)$ 相同)是不同于 0 和 1 的所有复数组成的区域.*

(d) *λ 以实轴作为它的自然边界.* 330

证明 令 Q_0 为 Q 的右边一半. 更明确地说，Q_0 由 $z\in\Pi^{+}$，并满足

$$0<\mathrm{Re}z<1,\ |2z-1|>1\tag{1}$$

的所有 z 组成. 由定理 14.19(及评注 14.20)，存在 $\overline{Q}_0$ 上的连续函数 h，它在 $\overline{Q}_0$ 上是一一的，在 $\overline{Q}_0$ 内是全纯的，并使得 $h(Q_0)=\Pi^{+}$，$h(0)=0$，$h(1)=1$，且 $h(\infty)=\infty$. 反射原理(定理 11.14)表明，公式

$$h(-x+\mathrm{i}y)=\overline{h(x+\mathrm{i}y)}\tag{2}$$

把 h 扩展为 Q 的闭包 $\overline{Q}$ 上的连续函数. 这个函数是 Q 的内部到除掉非负实轴的复平面上的共形映射，我们同时看出 h 在 Q 上是一一的，且 $h(Q)$ 是(c)中所描述的区域 Ω，并有

$$h(-1+\mathrm{i}y)=h(1+\mathrm{i}y)=h(\tau(-1+\mathrm{i}y))\qquad(0<y<\infty)\tag{3}$$

和

$$\begin{aligned}h\left(-\frac{1}{2}+\frac{1}{2}\mathrm{e}^{\mathrm{i}\theta}\right)&=h\left(\frac{1}{2}+\frac{1}{2}\mathrm{e}^{\mathrm{i}(\pi-\theta)}\right)\\&=h\left(\sigma\left(-\frac{1}{2}+\frac{1}{2}\mathrm{e}^{\mathrm{i}\theta}\right)\right)\qquad(0<\theta<\pi).\end{aligned}\tag{4}$$

由于在 Q 的边界上 h 是实的，由(2)以及 σ 和 τ 的定义便得出(3)和(4).

我们现在定义函数 λ：

$$\lambda(z)=h(\varphi^{-1}(z))\qquad(z\in\varphi(Q),\varphi\in\Gamma).\tag{5}$$

由定理 16.19，每个 $z\in\Pi^{+}$，有一个且仅有一个 $\varphi\in\Gamma$，使 z 属于 $\varphi(Q)$. 这样，对 $z\in\Pi^{+}$，(5)定义了 $\lambda(z)$，并且我们立刻可以看出 λ 具有性质(a)到(c)，同时 λ 在每一个集 $\varphi(Q)$ 的内部是

全纯的.

由(3)及(4)得出 λ 在

$$Q \cup \tau^{-1}(Q) \cup \sigma^{-1}(Q)$$

上连续，从而在包含 Q 的一个开集 V 上连续. 定理 16.8 现在表明 λ 在 V 内是全纯的. 由于 Π^+ 被集 $\varphi(V)$，$\varphi\in\Gamma$ 的并所覆盖，且由 $\lambda\circ\varphi=\lambda$，我们最终得出 $\lambda\in H(\Pi^+)$.

最后，所有数 $\varphi(0)=b/d$ 的集在实轴上是稠密的，假若 λ 能解析延拓到一个真正包含 Π^+ 的区域，λ 的零点将在这区域内有极限点. 由于 λ 不是常数，这样是不可能的. ■

皮卡定理

16.21 所谓的"小皮卡定理"断言每一个非常数整函数可以取到每一个值，除了有一个值可能例外. 这就是下面要证明的定理. 有一个强些的说法：*每一个不是多项式的整函数可以取得每一个值无限多次，但仍然除了有一个值可能例外.* 这一个例外的值确能出现，可由 $f(z)=e^z$
331 说明，它删除了零值. 后面的定理在一个局部的情况下确实是正确的：*若 f 在点 z_0 有孤立奇点，且若 f 在 z_0 的某个邻域内删除两个值，则 z_0 是一个可去奇点或极点.* 这个所谓的"大皮卡定理"是魏尔斯特拉斯定理(定理 10.21)显著的加强. 后者仅仅断言，当 f 在 z_0 有本性奇异点时，z_0 的每一个邻域的象在平面内稠密，我们将不在此处证明它.

16.22 定理 *若 f 是整函数，且存在两个不同的复数 α 和 β，它们不在 f 的值域内，则 f 为常数.*

证明 不失一般性，我们假设 $\alpha=0$ 及 $\beta=1$；不然的话，用 $(f-\alpha)/(\beta-\alpha)$ 代替 f. 则 f 映平面到定理 16.20 所描述的区域 Ω 内.

对每个圆盘 $D_1\subset\Omega$，对应有一区域 $V_1\subset\Pi^+$（其实，有无穷多个这样的 V_1，每个 $\varphi\in\Gamma$ 都有一个），使得 λ 在 V_1 上是一一的，且 $\lambda(V_1)=D_1$，每个这样的 V_1 最多与区域 $\varphi(Q)$ 中的两个相交. 对应于 V_1 的每一种选取，存在函数 $\psi_1\in H(D_1)$，对所有 $z\in V_1$，有 $\psi_1(\lambda(z))=z$.

若 D_2 是 Ω 内另一圆盘并且 $D_1\cap D_2\neq\varnothing$，则我们能选取一个对应的 V_2，使得 $V_1\cap V_2\neq\varnothing$. 因此函数元素 (ψ_1, D_1) 和 (ψ_2, D_2) 就将是彼此的直接解析延拓. 注意 $\psi_i(D_i)\subset\Pi^+$.

由于 f 的值域位于 Ω 内，故存在中心在零的圆盘 A_0 使得 $f(A_0)$ 含于 Ω 内一圆盘 D_0 中. 选取 $\psi_0\in H(D_0)$，如上所述，对 $z\in A_0$，令 $g(z)=\psi_0(f(z))$，并令 γ 为平面内起点为 0 的任意一条曲线. $f\circ\gamma$ 的值域是 Ω 的紧子集. 因此，γ 能被一个圆盘链 $A_0, \cdots, A_n$ 所覆盖，使得每一个 $f(A_i)$ 包含于 Ω 内的一个圆盘 D_i 中，并且我们能选取 $\psi_i\in H(D_i)$，使得对 $i=1, \cdots, n$，(ψ_i, D_i) 是 (ψ_{i-1}, D_{i-1}) 的直接解析延拓. 这样就给出了函数元素 (g, A_0) 沿链 $\{A_0, \cdots, A_n\}$ 的一个解析延拓. 注意 $\psi_i\circ f$ 具有正的虚部.

由于 (g, A_0) 能沿平面内每一条曲线解析延拓，而平面是单连通的，所以由单值性定理推出 g 能扩展成一个整函数. 同时，g 的值域是在 Π^+ 内. 因此，$(g-i)/(g+i)$ 是有界的，又由刘维尔定理，因而是常数. 这也就表明了 g 是常数，并且，由于 ψ_0 在 $f(A_0)$ 上是一一的，而 A_0 是非空开集，所以我们最终得出 f 是常数. ■

习题

332

1. 假设 $f(z)=\sum a_n z^n, a_n\geqslant 0$，且这级数的收敛半径为1. 证明 f 在 $z=1$ 有奇点. 提示：把 f 展开为 $\left(z-\frac{1}{2}\right)$ 的幂级数. 若1为 f 的正则点，则新级数在某个 $x>1$ 处收敛. 对原级数来说这将意味着什么？
2. 假设 (f, D) 及 (g, D) 都是函数元素，P 是一个二元多项式，且在 D 内有 $P(f, g)=0$；假设 f 和 g 能沿一曲线 γ 解析延拓到 f_1 和 g_1. 证明 $P(f_1, g_1)=0$. 试把这个结果推广到两个函数以上. 有没有一个比多项式类大一些的函数类 P 的这样的有关定理？
3. 假设 Ω 为一单连通区域，且 u 为 Ω 内的实调和函数. 证明存在函数 $f\in H(\Omega)$，使得 $u=\mathrm{Re}f$. 并指出对每一个非单连通的区域，这个结论是不成立的.
4. 假设 X 为平面内闭单位正方形，f 是 X 上的连续复函数，且 f 在 X 内无零点. 证明存在 X 上的连续函数 g，使得 $f=e^g$. 对哪一类空间 X(不同于上面的正方形)，这个结果也正确？
5. 证明变换 $z\to z+1$ 和 $z\to -\frac{1}{z}$ 生成整个模群 G. 设 R 由满足 $|x|<\frac{1}{2}$，$y>0$ 及 $|z|>1$ 的所有 $z=x+iy$ 再加上它们的有 $x\leqslant 0$ 的那些极限点组成. 证明 R 是 G 的基本区域.
6. 证明 G 也由变换 φ 和 ψ 生成，此处
$$\varphi(z)=-\frac{1}{z},\qquad \psi(z)=\frac{z-1}{z}.$$
证明 φ 具有周期2，ψ 具有周期3.
7. 找出线性分式变换的复合与矩阵乘法之间的关系. 试用这种关系作出定理16.19(c)的一个代数证明或习题5的第一部分的证明.
8. 设 E 为实轴上的有正勒贝格测度的紧集，Ω 为 E 相对于平面的余集，并定义
$$f(z)=\int_E \frac{\mathrm{d}t}{t-z}\quad (z\in\Omega).$$
回答下列问题：
(a) f 是否是常数？
(b) f 能扩展为整函数吗？
(c) 当 $z\to\infty$ 时，$\lim zf(z)$ 存在吗？若存在，是什么？
(d) f 在 Ω 内有没有全纯的平方根？
(e) 在 Ω 内，f 的实部是否有界？
(f) 在 Ω 内，f 的虚部是否有界？
(若(e)或(f)答复是有界，则给出一个界.)
(g) 若 γ 为包含 E 在它的内部的一个正向圆周，则 $\int_\gamma f(z)\mathrm{d}z$ 是什么？
(h) 在 Ω 内，是否存在非常数的有界全纯函数 φ?
9. 针对
$$E=[-1,1]$$
的特殊场合验证你在习题8中的答案.
10. 若在平面内的紧集 E 的余集上不存在非常数的有界全纯函数，则称集 E 为可去的.
(a) 证明每一个可数紧集是可去的.
(b) 若 E 为实轴内的紧子集，且 $m(E)=0$. 证明 E 是可去的. 提示：E 能被总长度任意小的曲线所环绕.

如在第 10 章习题 25 那样应用柯西公式.

(c) 假设 E 是可去的，Ω 是一个区域，$E\subset\Omega$，$f\in H(\Omega-E)$，且 f 有界. 证明 f 能扩展为 Ω 内的全纯函数.

(d) 对不一定在实轴上的集 E，叙述并证明与(b)部分相类似的结论.

333 (e) 证明平面上的(多于一点)紧连通子集没有一个是可去的.

11. 对每一个正数 α，令 Γ_α 为具有参数区间$(-\infty,\infty)$且由

$$\Gamma_\alpha(t)=\begin{cases}-t-\pi i & (-\infty<t\leqslant-\alpha),\\ \alpha+\dfrac{\pi it}{\alpha} & (-\alpha\leqslant t\leqslant\alpha),\\ t+\pi i & (\alpha\leqslant t<\infty)\end{cases}$$

定义的路径. 设 Ω_α 为 Γ_α^* 的余集的包含原点的分支，并定义

$$f_\alpha(z)=\frac{1}{2\pi i}\int_{\Gamma_\alpha}\frac{\exp(e^w)}{w-z}dw\qquad(z\in\Omega_\alpha).$$

证明若 $\alpha<\beta$，则 f_β 是 f_α 的解析延拓. 从而证明存在一个整函数，它在 Ω_α 的限制是 f_α. 证明对每个 $e^{i\theta}\neq1$，

$$\lim_{r\to\infty}f(re^{i\theta})=0.$$

(像通常一样，这里 r 为正数，θ 为实数.)证明 f 不是常数(提示：观察 $f(r)$). 设

$$g=f\exp(-f),$$

证明对每个 $e^{i\theta}$，

$$\lim_{r\to\infty}g(re^{i\theta})=0.$$

证明存在一个整函数 h，使得

$$\lim_{n\to\infty}h(nz)=\begin{cases}1 & 当\ z=0,\\ 0 & 当\ z\neq0.\end{cases}$$

12. 假设

$$f(z)=\sum_{k=1}^{\infty}\left(\frac{z-z^2}{2}\right)^{3^k}=\sum_{n=1}^{\infty}a_nz^n.$$

找出一个区域，在该区域内这两个级数收敛. 指出这个例子说明了定理 16.5. 找出最接近于原点的 f 的奇点.

13. 设 $\Omega=\left\{z:\dfrac{1}{2}<|z|<2\right\}$. 对 $n=1,2,3,\cdots$，设 X_n 是所有的 $g\in H(\Omega)$的 n 阶导函数 $f\in H(\Omega)$的集.(换句话说，X_n 是以 $H(\Omega)$为定义域的微分算子 D^n 的值域.)

(a) 证明 $f\in X_1$ 当且仅当$\int_\gamma f(z)dz=0$. 这里 γ 是正向单位圆周.

(b) 证明对每一个 n，$f\in X_n$ 当且仅当 f 能扩展为 $D(0;2)$内的全纯函数.

14. 设 Ω 是一个区域，$p\in\Omega$，$R<\infty$. 又设 $\mathscr{F}$ 是所有满足 $|f(p)|\leqslant R$ 而且 $f(\Omega)$既不包含 0 也不包含 1 的 $f\in H(\Omega)$构成的类. 证明 $\mathscr{F}$ 是一个正规族.

15. 证明定理 16.2 可以导致在 Ω 与 D 是同心圆这种特殊情况的单值化定理(16.15)的一个非常简单的论证.

334 试将这种特殊情况和黎曼映射定理组合起来证明如定理 16.15 所述的一般情况.

第17章 H^p-空 间

这一章致力于研究由一定的增长条件所确定的 $H(U)$ 的某些子空间；事实上，它们全都包含在第 15 章所定义的类 N 内. 这些所谓 H^p-空间(由 G. H. Hardy 命名)具有大量的与因式分解、边界值以及用 U 的边界上的测度表达的柯西型表示有关的有趣性质. 我们只打算给出一些最重要的结果，比如，关于使所有的 $n<0$ 时傅里叶系数 $\hat{\mu}(n)$ 为 0 的测度 μ 的 F. Riesz 定理和 M. Riesz 定理，H^2 的不变子空间的 Beurling 分类，以及关于共轭函数的 M. Riesz 定理.

解决这个问题的一个简便的方法是运用下调和函数，我们从简要地列述它们的性质开始.

下调和函数

17.1 定义 定义在平面内开集 Ω 上的一个函数 u 称为下调和函数，如果它具有下列四个性质：

(a) $-\infty\leqslant u(z)<\infty$ 对所有的 $z\in\Omega$ 成立.

(b) u 在 Ω 内是上半连续的.

(c) 当 $\overline{D}(a;r)\subset\Omega$ 时，有

$$u(a)\leqslant\frac{1}{2\pi}\int_{-\pi}^{\pi}u(a+re^{i\theta})\mathrm{d}\theta.$$

(d) (c)中的积分没有一个是 $-\infty$. 335

注意(c)中的积分永远存在，并且不是 $+\infty$，因为(a)和(b)蕴涵着 u 在每一个紧集 $K\subset\Omega$ 上是上有界的.（证明：若 K_n 是所有使得 $u(z)\geqslant n$ 的 $z\in K$ 的集，则 $K\supset K_1\supset K_2\supset\cdots$，所以或者是对某一个 n，$K_n=\varnothing$，或者是 $\bigcap K_n=\varnothing$. 在后一种情况下，必有某一个 $z\in K$，$u(z)=\infty$.）因此(d)保证(c)中的被积函数属于 $L^1(T)$.

每一个实的调和函数显然是下调和函数.

17.2 定理 如果 u 是 Ω 内的下调和函数，φ 是 R^1 上的单调增加的凸函数，则 $\varphi\circ u$ 是下调和函数.

(为使 $\varphi\circ u$ 在 Ω 的所有点上有定义，我们令 $\varphi(-\infty)=\lim\varphi(x)$，即当 $x\to-\infty$ 时的极限.)

证明 首先，因为 φ 是递增且连续的，所以 $\varphi\circ u$ 是上半连续的. 其次，若 $\overline{D}(a;r)\subset\Omega$，则有

$$\varphi(u(a))\leqslant\varphi\left(\frac{1}{2\pi}\int_{-\pi}^{\pi}u(a+re^{i\theta})\mathrm{d}\theta\right)\leqslant\frac{1}{2\pi}\int_{-\pi}^{\pi}\varphi(u(a+re^{i\theta}))\mathrm{d}\theta.$$

因为 φ 是递增的而 u 是下调和的，这些不等式中的前一个成立；从 φ 的凸性根据定理 3.3 便得出后一个不等式. ■

17.3 定理 若 Ω 是一个区域，$f\in H(\Omega)$，并且 f 不恒等于 0，则 $\log|f|$ 是 Ω 内的下调和函数，从而 $\log^+|f|$ 和 $|f|^p(0<p<\infty)$ 同样也是下调和的.

证明 当 $f(z)=0$ 时，我们理解为 $\log|f(z)|=-\infty$. 则 $\log|f|$ 是在 Ω 内上半连续的，并且定理 15.19 蕴涵着 $\log|f|$ 是下调和的.

若在定理 17.2 中，以 $\log|f|$ 代替 u，而令

$$\varphi(t)=\max(0,t) \text{ 和 } \varphi(t)=e^{pt},$$

应用这个定理，则可得出另外那两个结论. ■

17.4 定理　假定 u 是 Ω 内的连续下调和函数，K 是 Ω 的紧子集，h 是 K 上的连续实函数，h 在 K 的内部 V 内是调和的，并且在 K 的所有边界点上 $u(z)\leqslant h(z)$ 成立，则 $u(z)\leqslant h(z)$ 对所有的 $z\in K$ 成立.

这个定理解释了"下调和"这一名词的含义. 这里 u 的连续性不是必需的，但是我们将不需要这个一般情形，并且把它留作练习.

证明　令 $u_1=u-h$，为了得出矛盾，假设对某一个 $z\in V$，$u_1(z)>0$ 成立. 因为 u_1 在 K 上是连续的，u_1 在 K 上取到它的最大值 m；因为在 K 的边界上 $u_1\leqslant 0$ 成立，集 $E=\{z\in K:$
336 $u_1(z)=m\}$ 是一个 V 的非空紧子集. 设 z_0 是 E 的一个边界点. 则对于某个 $r>0$ 有 $\overline{D}(z_0;r)\subset V$，但是 $\overline{D}(z_0;r)$ 的边界的某一段子弧位于 E 的余集内. 因此

$$u_1(z_0)=m>\frac{1}{2\pi}\int_{-\pi}^{\pi}u_1(z_0+re^{i\theta})d\theta,$$

这就意味着 u_1 在 V 内不是下调和的. 但是若 u 是下调和的，根据调和函数的平均值性质，$u-h$ 也是下调和的，得出矛盾. ■

17.5 定理　假定 u 是 U 内的连续下调和函数，并且

$$m(r)=\frac{1}{2\pi}\int_{-\pi}^{\pi}u(re^{i\theta})d\theta \qquad (0\leqslant r<1). \tag{1}$$

若 $r_1<r_2$，则 $m(r_1)\leqslant m(r_2)$.

证明　设 h 是 $\overline{D}(0;r_2)$ 上的连续函数，它在 $\overline{D}(0;r_2)$ 的边界上与 u 一致，而在 $D(0;r_2)$ 内是调和的. 根据定理 17.4，在 $D(0;r_2)$ 内 $u\leqslant h$ 成立. 因此

$$m(r_1)\leqslant\frac{1}{2\pi}\int_{-\pi}^{\pi}h(r_1e^{i\theta})d\theta=h(0)=\frac{1}{2\pi}\int_{-\pi}^{\pi}h(r_2e^{i\theta})d\theta=m(r_2)$$ ■

空间 H^p 和 N

17.6 记号　设 f 是任意一个以 Ω 为定义域的连续函数. 像 11.15 和 11.19 两节一样，我们在 T 上由

$$f_r(e^{i\theta})=f(re^{i\theta}) \qquad (0\leqslant r<1) \tag{1}$$

定义 f_r，并且用 σ 表示 T 上按 $\sigma(T)=1$ 规范化的勒贝格测度. 因此，L^p -范数将指的是 $L^p(\sigma)$. 特别地，

$$\|f_r\|_p=\left\{\int_T|f_r|^p d\sigma\right\}^{1/p} \qquad (0<p<\infty), \tag{2}$$

$$\|f_r\|_\infty=\sup_\theta|f(re^{i\theta})|, \tag{3}$$

此外，我们还引入

$$\|f_r\|_0=\exp\int_T\log^+|f_r|d\sigma. \tag{4}$$

17.7 定义　若 $f\in H(U)$，$0\leqslant p\leqslant\infty$，令

$$\|f\|_p=\sup\{\|f_r\|_p:0\leqslant r<1\}. \tag{1}$$ 337

若 $0<p\leqslant\infty$，H^p 被定义为所有满足 $\|f\|_p<\infty$ 的 $f\in H(U)$ 的类.（注意这与我们在前面 $p=\infty$ 的情况时引入的术语是一致的.）

函数类 N 由所有满足 $\|f\|_0<\infty$ 的 $f\in H(U)$ 组成.

显然，当 $0<s<p<\infty$ 时，有 $H^\infty\subset H^p\subset H^s\subset N$.

17.8 评注　(a) 当 $p<\infty$ 时，定理 17.3 和定理 17.5 表明对每个 $f\in H(U)$，$\|f_r\|_p$ 关于 r 是非递减的函数；当 $p=\infty$ 时，从最大模定理也可以得出同样的结论. 因此

$$\|f\|_p=\lim_{r\to1}\|f_r\|_p. \tag{1}$$

(b) 对于 $1\leqslant p\leqslant\infty$，$\|f\|_p$ 满足三角不等式，因此 H^p 是一个赋范线性空间. 为了看出这一点，注意当 $0<r<1$ 时，闵可夫斯基不等式给出

$$\|(f+g)_r\|_p=\|f_r+g_r\|_p\leqslant\|f_r\|_p+\|g_r\|_p. \tag{2}$$

于是 $r\to1$ 时，就得到

$$\|f+g\|_p\leqslant\|f\|_p+\|g\|_p. \tag{3}$$

(c) 实际上，当 $1\leqslant p\leqslant\infty$ 时，H^p 还是一个巴拿赫空间. 为了证明完备性，设 $\{f_n\}$ 是 H^p 中的一个柯西序列，$|z|\leqslant r<R<1$，应用柯西公式于 f_n-f_m，对沿着圆心在 0、半径为 R 的圆周积分，就得到不等式

$$(R-r)|f_n(z)-f_m(z)|\leqslant\|(f_n-f_m)_R\|_1\leqslant\|(f_n-f_m)_R\|_p\leqslant\|f_n-f_m\|_p.$$

由此可以得出 $\{f_n\}$ 在 U 的每个紧子集上一致收敛于一个函数 $f\in H(U)$ 的结论. 给定 $\varepsilon>0$，存在一个 m，使得对所有 $n>m$，$\|f_n-f_m\|_p<\varepsilon$，从而对每个 $r<1$，

$$\|(f-f_m)_r\|_p=\lim_{n\to\infty}\|(f_n-f_m)_r\|_p\leqslant\varepsilon. \tag{4}$$

这就指出当 $m\to\infty$ 时，$\|f-f_m\|_p\to0$.

(d) 对于 $p<1$，H^p 仍然是一个向量空间，但 $\|f\|_p$ 不再满足三角不等式.

我们在定理 15.23 中看到，任何 $f\in N$ 的零点都满足布拉施克条件 $\sum(1-|\alpha_n|)<\infty$，因而在每个 H^p 中也同样正确. 有趣的是，任意 $f\in H^p$ 的零点都可以在不增加范数的情况下消去.

17.9 定理　*设 $f\in N$，$f\not\equiv0$，且 B 是由 f 的零点构成的布拉施克乘积. 令 $g=f/B$，则 $g\in N$，且 $\|g\|_0=\|f\|_0$.*

进而，若 $f\in H^p$，则 $g\in H^p$，并且 $\|g\|_p=\|f\|_p(0<p\leqslant\infty)$. 338

证明　首先注意

$$|g(z)|\geqslant|f(z)|\qquad(z\in U). \tag{1}$$

事实上对每个 $z\in U$ 严格的不等式成立，除非 f 在 U 内没有零点，此时 $B=1$，$g=f$.

若 s 和 t 是非负的实数，则不等式

$$\log^+(st)\leqslant\log^+s+\log^+t \tag{2}$$

成立，因为上式左边当 $st<1$ 时是 0，当 $st\geqslant1$ 时是 $\log s+\log t$. 因为 $|g|=|f|/|B|$，(2)式给出

$$\log^+|g|\leqslant\log^+|f|+\log\frac{1}{|B|}.\tag{3}$$

由定理 15.24，(3)式蕴涵着 $\|g\|_0\leqslant\|f\|_0$. 又因(1)式成立，实际上有 $\|g\|_0=\|f\|_0$.

现在假设对某个 $p>0$ 有 $f\in H^p$. 将 f 的零点排成某个序列(重根按重数重复排列)，又设 B_n 是 f 的前 n 个零点构成的有限布拉施克乘积. 令 $g_n=f/B_n$. 对每个 n，当 $r\to1$ 时一致地有 $|B_n(re^{i\theta})|\to1$. 因此 $\|g_n\|_p=\|f\|_p$. 又 $n\to\infty$ 时 $|g_n|$ 递增到 $|g|$，由单调收敛定理，我们有

$$\|g_r\|_p=\lim_{n\to\infty}\|(g_n)_r\|_p\qquad(0<r<1).\tag{4}$$

对所有的 $r<1$，(4)式右边至多是 $\|f\|_p$. 令 $r\to1$，我们便得到 $\|g\|_p\leqslant\|f\|_p$. 如前面一样，现在可以由(1)式得到等式. ■

17.10 定理 设 $0<p<\infty$，$f\in H^p$，$f\not\equiv0$，又设 B 是由 f 的零点构成的布拉施克乘积，则存在一个没有零点的函数 $h\in H^2$，使得

$$f=B\cdot h^{2/p}.\tag{1}$$

特别地，每个 $f\in H^1$ 都是一个乘积

$$f=gh,\tag{2}$$

其中两个因子都属于 H^2.

证明 由定理 17.9，$f/B\in H^p$；事实上，$\|f/B\|_p=\|f\|_p$. 因为 f/B 在 U 内没有零点，U 又是单连通的，所以存在 $\varphi\in H(U)$ 使得 $\exp(\varphi)=f/B$(定理 13.11). 令 $h=\exp(p\varphi/2)$，则 $h\in H(U)$和 $|h|^2=|f/B|^p$，因此 $h\in H^2$，(1)式成立.

事实上，$\|h\|_2^2=\|f\|_p^p$.

339 要得出(2)式，将(1)写成 $f=(Bh)\cdot h$ 的形式即可. ■

现在我们可以证明 H^p-空间的一些最重要的性质.

17.11 定理 若 $0<p<\infty$，$f\in H^p$，则

(a) 对所有 $\alpha<1$，非切向极大函数 $N_\alpha f$ 都属于 $L^p(T)$.

(b) 非切向极限 $f^*(e^{i\theta})$在 T 上几乎处处存在，且 $f^*\in L^p(T)$.

(c) $\lim\limits_{r\to1}\|f^*-f_r\|_p=0$.

(d) $\|f^*\|_p=\|f\|_p$.

若 $f\in H^1$，则 f 是 f^* 的柯西积分，也是 f^* 的泊松积分.

证明 我们首先就 $p>1$ 的情况来证明(a)和(b). 因为全纯函数是调和的，于是定理 11.30(b)指出每个 $f\in H^p$ 都是 $L^p(T)$中的一个函数(称之为 f^*)的泊松积分. 因此由定理 11.25(b)，$N_\alpha f\in L^p(T)$，并且由定理 11.23 对几乎每一个 $e^{i\theta}\in T$，$f^*(e^{i\theta})$都是 f 的非切向极限.

当 $0<p\leqslant1$ 而 $f\in H^p$ 时，利用由定理 17.10 作出的因式分解

$$f=Bh^{2/p},\tag{1}$$

此处 B 是布拉施克乘积，$h\in H^2$，而且 h 在 U 内没有零点. 因为在 U 内有 $|f|\leqslant|h|^{2/p}$，所以

$$(N_\alpha f)^p \leqslant (N_\alpha h)^2, \tag{2}$$

从而由 $N_\alpha h \in L^2(T)$ 得出 $N_\alpha f \in L^p(T)$.

类似地，B^* 和 f^* 在 T 上几乎处处存在蕴涵着 f 的非切向极限(称之为 f^*)几乎处处存在. 当 f^* 存在时，显然有 $|f^*| \leqslant N_\alpha f$. 因此 $f^* \in L^p(T)$.

这就对 $0<p<\infty$ 的情况证明了(a)和(b).

因为 $f_r \to f^*$ a.e. 和 $|f_r| < N_\alpha f$，控制收敛定理给出了(c).

当 $p \geqslant 1$ 时，(d)可以从(c)利用三角不等式得出；当 $p<1$ 时，则可以利用第 3 章习题 24 从(c)推出(d).

最后，若 $f \in H^1$，$r<1$，且 $f_r(z)=f(rz)$，则 $f_r \in H(D(0,1/r))$，从而 f_r 在 U 内可以用柯西公式表示为

$$f_r(z) = \frac{1}{2\pi}\int_{-\pi}^{\pi} \frac{f_r(e^{it})}{1-e^{-it}z}dt, \tag{3}$$

并由泊松公式表示为

$$f_r(z) = \frac{1}{2\pi}\int_{-\pi}^{\pi} P(z,e^{it}) f_r(e^{it})dt. \tag{4}$$ 340

对每个 $z \in U$，$|1-e^{-it}z|$ 和 $P(z,e^{it})$ 在 T 上都是有界函数，因此 $p=1$ 情况下的(c)根据式(3)和式(4)化为

$$f(z) = \frac{1}{2\pi}\int_{-\pi}^{\pi} \frac{f^*(e^{it})}{1-e^{-it}z}dt \tag{5}$$

和

$$f(z) = \frac{1}{2\pi}\int_{-\pi}^{\pi} P(z,e^{it}) f^*(e^{it})dt. \tag{6}$$

■

空间 H^2 具有一个涉及幂级数系数的特别简单的特征.

17.12 定理 设 $f \in H(U)$，并且

$$f(z) = \sum_0^\infty a_n z^n,$$

则 $f \in H^2$ 当且仅当 $\sum_0^\infty |a_n|^2 < \infty$.

证明 对 $r<1$ 情况下的 f_r 应用帕塞瓦尔定理，有

$$\sum_0^\infty |a_n|^2 = \lim_{r\to 1}\sum_0^\infty |a_n|^2 r^{2n} = \lim_{r\to 1}\int_T |f_r|^2 d\sigma = \|f\|_2^2.$$ ■

F. Riesz 和 M. Riesz 定理

17.13 定理 若 μ 是单位圆周 T 上的复博雷尔测度，又对 $n=-1,-2,-3,\cdots$，恒有

$$\int_T e^{-int}d\mu(t) = 0, \tag{1}$$

则 μ 关于勒贝格测度是绝对连续的.

证明 令 $f=P[d\mu]$，则 f 满足

$$\| f_r \|_1 \leqslant \| \mu \| \qquad (0 \leqslant r < 1) \tag{2}$$

(参看 11.17 节). 设 $z = re^{i\theta}$，因为

341

$$P(z, e^{it}) = \sum_{-\infty}^{\infty} r^{|n|} e^{in\theta} e^{-int}, \tag{3}$$

像 11.5 节一样，(1)式中所提到的对所有 $n<0$ 时的傅里叶系数 $\hat{\mu}(n)$ 都是 0 这一假设导致

$$f(z) = \sum_{0}^{\infty} \hat{\mu}(n) z^n \quad (z \in U). \tag{4}$$

由(4)和(2)便得到 $f \in H^1$. 因此由定理 17.11，$f = P[f^*]$，这里 $f^* \in L^1(T)$. 泊松积分表示的唯一性(定理 11.30)说明了 $d\mu = f^* \, d\sigma$. ■

这个定理的一个显著的特征在于，它从一个表面上无关的条件(即它的傅里叶系数一半为 0)导出测度的绝对连续性. 近年来这个定理已经推广到了多种其他情况.

因式分解定理

从定理 17.9 我们已经知道：每一个 $f \in H^p$(除去 $f=0$)都能分解为布拉施克乘积和一个在 U 内没有零点的函数 $g \in H^p$. 同时也存在一个更为精巧的 g 的因式分解. 粗略地说它与 g 沿着某些半径趋于 0 的速度有关.

17.14 定义 一个内函数是指一个函数 $M \in H^\infty$，关于这个 M，$|M^*| = 1$ 在 T 上 a.e.(像通常一样，M^* 表示 M 的径向极限).

若 φ 是 T 上的正的可测函数，使得 $\log\varphi \in L^1(T)$，并且对 $z \in U$，

$$Q(z) = c \cdot \exp\left\{\frac{1}{2\pi}\int_{-\pi}^{\pi} \frac{e^{it}+z}{e^{it}-z} \log\varphi(e^{it})\, dt\right\}, \tag{1}$$

则 Q 称为一个外函数，这里 c 是一个常数，$|c| = 1$.

定理 15.24 指出每一个布拉施克乘积是一个内函数，但也存在另外一些内函数. 它们可以描述如下.

17.15 定理 *假定 c 是一个常数，$|c|=1$，B 是一个布拉施克乘积，μ 是 T 上正的有限博雷尔测度，它关于勒贝格测度是奇异的，且*

$$M(z) = cB(z)\exp\left\{-\int_{-\pi}^{\pi} \frac{e^{it}+z}{e^{it}-z} d\mu(t)\right\} \qquad (z \in U), \tag{1}$$

则 M 是一个内函数，并且每一个内函数都具有这种形式.

证明 若(1)成立且 $g = M/B$，则 $\log|g|$ 是 $-d\mu$ 的泊松积分，因此 $\log|g| \leqslant 0$，从而 $g \in H^\infty$，并且 $M \in H^\infty$ 同样是正确的. 同时，因为 μ 是奇异的，$D\mu = 0$ a.e. (定理 7.13)，因
342 此 $\log|g|$ 的径向极限均是 0 a.e. (定理 11.12). 因为 $|B^*| = 1$ a.e.，我们看出 M 是一个内函数.

反之，设 B 是由给定的内函数 M 的零点所构成的布拉施克乘积，并且令 $g = M/B$，则 $\log|g|$ 在 U 内是调和的. 定理 15.24 和定理 17.9 指出：在 U 内 $|g| \leqslant 1$，而在 T 上 $|g^*| = 1$ a.e.，于是 $\log|g| \leqslant 0$. 我们从定理 11.30 得出，对 T 上的某个正测度 μ，$\log|g|$ 是 $-d\mu$ 的泊松积分. 因为，在 T 上 $\log|g^*| = 0$ a.e.，我们有 $D\mu = 0$ a.e. 于 T，所以 μ 是奇

异的. 最后 $\log|g|$ 是函数

$$h(z)=-\int_{-\pi}^{\pi}\frac{e^{it}+z}{e^{it}-z}d\mu(t)$$

的实部. 这就蕴涵着存在某个常数 c，$|c|=1$，使 $g=c\cdot\exp(h)$ 成立. 于是 M 是形如(1)式的函数.

这就完成了证明. ■

不是布拉施克乘积的内函数的最简单的一个例子如下：取 $c=1$ 和 $B=1$，设 μ 是集中于 $t=0$ 的单位质量，则

$$M(z)=\exp\left\{\frac{z+1}{z-1}\right\}.$$

这个函数沿着端点在 $z=1$ 的半径很快地趋于0.

17.16 定理 假定 Q 是一个像定义17.14中那样的与 φ 有关的外函数，则

(a) $\log|Q|$ 是 $\log\varphi$ 的泊松积分.

(b) $\lim\limits_{r\to 1}|Q(re^{i\theta})|=\varphi(e^{i\theta})$ a.e. 于 T.

(c) $Q\in H^p$ 当且仅当 $\varphi\in L^p(T)$，这时 $\|Q\|_p=\|\varphi\|_p$.

证明 根据观察，(a)是明显的，并且(a)蕴涵着在 T 上 $\log|Q|$ 的径向极限 a.e. 等于 $\log\varphi$，这就证明了(b). 若 $Q\in H^p$，法图引理蕴涵着 $\|Q^*\|_p\leqslant\|Q\|_p$，所以根据(b)，$\|\varphi\|_p\leqslant\|Q\|_p$. 反之，若 $\varphi\in L^p(T)$，则根据几何平均值与算术平均值之间的不等式(定理3.3)，有

$$|Q(re^{i\theta})|^p=\exp\left\{\frac{1}{2\pi}\int_{-\pi}^{\pi}P_r(\theta-t)\log\varphi^p(e^{it})dt\right\}$$
$$\leqslant\frac{1}{2\pi}\int_{-\pi}^{\pi}P_r(\theta-t)\varphi^p(e^{it})dt.$$

如果将后一个不等式对 θ 积分，就会发现当 $p<\infty$ 时 $\|Q\|_p\leqslant\|\varphi\|_p$. 而当 $p=\infty$ 时，结论是明显的. ■ 343

17.17 定理 假定 $0<p\leqslant\infty$，$f\in H^p$，并且 f 不恒等于0，则 $\log|f^*|\in L^1(T)$，外函数

$$Q_f(z)=\exp\left\{\frac{1}{2\pi}\int_{-\pi}^{\pi}\frac{e^{it}+z}{e^{it}-z}\log|f^*(e^{it})|dt\right\}\tag{1}$$

在 H^p 内，并且存在一个内函数 M_f，使得

$$f=M_fQ_f.\tag{2}$$

进而，有

$$\log|f(0)|\leqslant\frac{1}{2\pi}\int_{-\pi}^{\pi}\log|f^*(e^{it})|dt.\tag{3}$$

当且仅当 M_f 为常数时，(3)式中等号成立.

函数 M_f 和 Q_f 分别称为 f 的内因式和 f 的外因式；Q_f 仅依赖于 $|f|$ 的边界值.

证明 我们首先假定 $f\in H^1$. 若 B 是由 f 的零点所构成的布拉施克乘积，且 $g=f/B$. 则定理17.9指出 $g\in H^1$；并且因为在 T 上 $|g^*|=|f^*|$ a.e.，所以只需用 g 代替 f 来证明定理的结论就足够了.

这样，让我们假定 f 在 U 内不存在零点，并且假定 $f(0)=1$. 则 $\log|f|$ 在 U 内是调和的，$\log|f(0)|=0$. 又因为 $\log=\log^+-\log^-$，故调和函数的平均值性质蕴涵着

$$\frac{1}{2\pi}\int_{-\pi}^{\pi}\log^-|f(re^{i\theta})|\,d\theta=\frac{1}{2\pi}\int_{-\pi}^{\pi}\log^+|f(re^{i\theta})|\,d\theta \leqslant \|f\|_0 \leqslant \|f\|_1 \tag{4}$$

对 $0<r<1$ 成立. 从法图引理现在得出 $\log^+|f^*|$ 和 $\log^-|f^*|$ 二者都在 $L^1(T)$内. 因此 $\log|f^*|$ 也在 $L^1(T)$内.

这便证明了定义(1)是有意义的. 根据定理 17.16，$Q_f\in H^1$. 同时，因为 $\log|f^*|\in L^1(T)$，所以 $|Q_f^*|=|f^*|\neq 0$ a.e. 若能证明

$$|f(z)|\leqslant|Q_f(z)| \qquad (z\in U), \tag{5}$$

则 f/Q_f 将是一个内函数，并且我们获得因式分解(2).

因为 $\log|Q_f|$ 是 $\log|f^*|$ 的泊松积分，(5)式等价于不等式

$$\log|f|\leqslant P[\log|f^*|], \tag{6}$$

这就是我们现在要证明的. 我们的记号如同第 11 章中一样：$P[h]$是函数 $h\in L^1(T)$的泊松积分.

对于 $|z|\leqslant 1$ 和 $0<R<1$，令 $f_R(z)=f(Rz)$. 固定 $z\in U$，则

344 $$\log|f_R(z)|=P[\log^+|f_R|](z)-P[\log^-|f_R|](z). \tag{7}$$

因为对所有的实数 u 和 v，$|\log^+u-\log^+v|\leqslant|u-v|$ 成立，又因为当 $R\to 1$ 时 $\|f_R-f^*\|_1\to 0$(定理 17.11)，当 $R\to 1$ 时，(7)式的第一个泊松积分收敛于 $P[\log^+|f^*|]$. 因此法图引理给出

$$P[\log^-|f^*|]\leqslant \liminf_{R\to 1} P[\log^-|f_R|]=P[\log^+|f^*|]-\log|f|, \tag{8}$$

这个不等式是与(6)式相同的.

我们现在已经建立了因式分解(2). 若在(5)式中令 $z=0$，我们便得到(3)式；当且仅当 $|f(0)|=|Q_f(0)|$，即：当且仅当 $|M_f(0)|=1$ 时在(3)式里的等号成立；因为 $\|M_f\|_\infty=1$，所以这只有当 M_f 是常数时才可能.

这就完成了对 $p=1$ 时的证明.

若 $1<p\leqslant\infty$，则 $H^p\subset H^1$，因此剩下来要证明的只是 $Q_f\in H^p$. 但是当 $f\in H^p$ 时，根据法图引理，有 $|f^*|\in L^p(T)$；因此根据定理 17.16(c)，$Q_f\in H^p$.

通过定理 17.10 可以把 $p<1$ 的情况化简到 $p=2$ 的情况. ■

$\log|f^*|\in L^1(T)$这一事实有一个推论，我们在证明中已经用到过，但是它的重要性足以分开来叙述它.

17.18 定理 若 $0<p\leqslant\infty$，$f\in H^p$，且 f 不恒等于 0，则在 T 的几乎所有点上都有$f^*(e^{i\theta})\neq 0$.

证明 若 $f^*=0$，则 $\log|f^*|=-\infty$，如果在一个正测度集上发生这种情况，则

$$\int_{-\pi}^{\pi}\log|f^*(e^{it})|\,dt=-\infty. \quad ■$$

注意到定理 17.18 对于 $f\in H^p$ 的径向极限的零点的位置加上了一个定量的限制. 在 U 内

的零点也被布拉施克条件定量地限制了.

像通常一样，我们能够把上面关于零点的结果重述为一个唯一性定理：

若 $f\in H^p$，$g\in H^p$，且在 T 的某个勒贝格测度是正数的子集上有 $f^*(e^{i\theta})=g^*(e^{i\theta})$，则对所有的 $z\in U$，$f(z)=g(z)$.

17.19 让我们浏览一下类 N，目的是看看在那里定理 17.17 和定理 17.18 还有多少东西保持正确. 如果 $f\in N$，$f\neq 0$，我们能用布拉施克乘积除 f，得到一个商 g，它在 U 内不存在零点，并且它属于 N(定理 17.9). 这时 $\log|g|$ 是调和的，又因为

$$|\log|g||=2\log^+|g|-\log|g| \tag{1}$$ 345

和

$$\frac{1}{2\pi}\int_{-\pi}^{\pi}\log|g(re^{i\theta})|\,d\theta=\log|g(0)|, \tag{2}$$

我们看出 $\log|g|$ 满足定理 11.30 的假定，因此 $\log|g|$ 是一个实测度 μ 的泊松积分. 于是

$$f(z)=cB(z)\exp\left\{\int_T\frac{e^{it}+z}{e^{it}-z}d\mu(t)\right\}, \tag{3}$$

这里 c 是一个常数，$|c|=1$，B 是布拉施克乘积.

注意，$\log^+|g|$ 的积分是有界的(它是 $|g|$ 不太靠近∞的说法的定量表述)这一假定是如何蕴涵 $\log^-|g|$ 的积分的有界性(它是说 $|g|$ 不会在太多的地方太靠近 0 的).

若 μ 是一个负测度，在(3)式中的指数因式是在 H^∞ 内. 应用若尔当分解于 μ，就证明了：

对每一个 $f\in N$，对应有两个函数 b_1 和 $b_2\in H^\infty$，使得 b_2 在 U 内不存在零点，且 $f=b_1/b_2$.

因为 $b_2^*\neq 0$ a.e.，所以 f a.e. 具有有限的径向极限，同时 $f^*\neq 0$ a.e.

$\log|f^*|\in L^1(T)$成立吗？是的，并且其证明与定理 17.17 中给出的证明是一样的.

然而，定理 17.17 中的不等式(3)不再成立. 比如，若

$$f(z)=\exp\left\{\frac{1+z}{1-z}\right\}, \tag{4}$$

则 $\|f\|_0=e$，$|f^*|=1$a.e.，并且

$$\log|f(0)|=1>0=\frac{1}{2\pi}\int_{-\pi}^{\pi}\log|f^*(e^{it})|\,dt. \tag{5}$$

移位算子

17.20 不变子空间 考虑巴拿赫空间 X 上的有界线性算子 S；即是说，S 是 X 到 X 内的有界线性变换. 如果 X 的闭子空间 Y 具有 $S(Y)\subset Y$ 的性质，我们称 Y 为 S-不变子空间. 于是 X 的 S-不变子空间恰好是由 S 把自身映入自身的那些子空间.

一个算子 S 的不变子空间的知识有助于我们想象出它的作用. (这是一个非常一般的因而也是比较含糊的原则：在研究任何一类变换中，了解该变换把什么东西保持不动.)比如，若 S 是 n 维向量空间 X 上线性算子，如果 S 有 n 个线性独立的特征向量 x_1，…，x_n，由这些 x_i 中 346
的任何一个所张成的一维空间是 S-不变的. 如果我们取$\{x_1, \cdots, x_n\}$作为 X 的一个基，我们

就得到 S 的一个非常简单的描述.

我们将描述 ℓ^2 上的称为"移位算子"S 的不变子空间. 这里 ℓ^2 是所有复序列

$$x = \{\xi_0, \xi_1, \xi_2, \xi_3, \cdots\} \tag{1}$$

的空间，对于这些复序列

$$\| x \| = \left\{ \sum_{n=0}^{\infty} | \xi_n |^2 \right\}^{1/2} < \infty, \tag{2}$$

并且 S 是把(1)式中给定的元素 $x \in \ell^2$ 变为

$$Sx = \{0, \xi_0, \xi_1, \xi_2, \cdots\} \tag{3}$$

的变换. 显然 S 是一个 ℓ^2 上的有界线性算子，并且 $\| S \| = 1$.

一些 S-不变子空间可以立即看出：如果 Y_k 是所有前 k 个坐标均为 0 的 $x \in \ell^2$ 的集，则 Y_k 是 S-不变的.

为了找到另外一些不变子空间，我们利用 ℓ^2 和 H^2 之间的希尔伯特空间的同构，它把移位算子 S 化为 H^2 上的乘法算子. 要点在于乘法算子要比原来的序列空间 ℓ^2 的场合容易分析一些(因为作为全纯函数的空间 H^2 具有比较丰富的构造).

我们对(1)式给定的每一个 $x \in \ell^2$ 联系一个函数

$$f(z) = \sum_{n=0}^{\infty} \xi_n z^n \qquad (z \in U). \tag{4}$$

根据定理 17.12，它定义了一个 ℓ^2 到 H^2 上的线性一一映射. 若

$$y = \{\eta_n\}, \quad g(z) = \sum_{n=0}^{\infty} \eta_n z^n, \tag{5}$$

并且若 H^2 中的内积定义为

$$(f, g) = \frac{1}{2\pi} \int_{-\pi}^{\pi} f^*(e^{i\theta}) \overline{g^*(e^{i\theta})} d\theta, \tag{6}$$

则帕塞瓦尔定理指出$(f, g) = (x, y)$. 于是我们获得一个 ℓ^2 到 H^2 上的希尔伯特空间的同构，并且移位算子 S 转化为 H^2 上的乘法算子(我们继续用 S 记它)：

$$(Sf)(z) = zf(z) \qquad (f \in H^2, z \in U). \tag{7}$$

上面提及的不变子空间 Y_k 现在可看出它是由所有的这些 $f \in H^2$ 所组成，这些 f 在原点至少具有 k 阶零点. 这就给出一个线索：对于任何有限集$\{\alpha_1, \cdots, \alpha_k\} \subset U$，所有使得 $f(\alpha_1) = \cdots = f(\alpha_k) = 0$ 的那些 $f \in H^2$ 的空间 Y 是 S-不变的. 如果 B 是以 $\alpha_1, \cdots, \alpha_k$ 为零点的有限布拉施
347 克乘积，则当且仅当 $f/B \in H^2$ 时 $f \in Y$. 于是 $Y = BH^2$.

这就联想到无限的布拉施克乘积也可能导致 S-不变子空间，更一般地说，布拉施克乘积可用任意的内函数 φ 代替. 不难看出每一个 φH^2 是 H^2 的闭 S-不变子空间. 但是 H^2 的每一个闭的 S-不变子空间都是这种形式的空间则是一个比较深入的结果.

17.21 Beurling 定理

(a) 对每一个内函数 φ，空间

$$\varphi H^2 = \{\varphi f : f \in H^2\} \tag{1}$$

是 H^2 的闭的 S-不变子空间.

(b) 若 φ_1 和 φ_2 都是内函数，且 $\varphi_1 H^2=\varphi_2 H^2$，则 φ_1/φ_2 是常数.

(c) 除$\{0\}$以外，H^2 的每一个闭的 S-不变子空间 Y 包含一个内函数 φ，使得 $Y=\varphi H^2$.

证明 H^2 是希尔伯特空间，它的范数为

$$\| f \|_2 = \left\{ \frac{1}{2\pi}\int_{-\pi}^{\pi} | f^*(e^{i\theta}) |^2 d\theta \right\}^{1/2}. \tag{2}$$

若 φ 是一个内函数，则 $|\varphi^*|=1$a. e.，映射 $f\to\varphi f$ 因此是 H^2 到 H^2 内的一个等距；因为是等距的，它的值域 φH^2 是 H^2 的闭子空间.（证明：若在 H^2 内 $\varphi f_n\to g$，则$\{\varphi f_n\}$是一个柯西序列，因此$\{f_n\}$也是柯西序列，从而 $f_n\to f\in H^2$，所以 $g=\varphi f\in\varphi H^2$.）由于 $z\cdot\varphi f=\varphi\cdot zf$，$\varphi H^2$ 的 S-不变性也是显而易见的. 因此(a)成立.

若 $\varphi_1 H^2=\varphi_2 H^2$，则对某个 $f\in H^2$，$\varphi_1=\varphi_2 f$. 因此 $\varphi_1/\varphi_2\in H^2$. 类似地，$\varphi_2/\varphi_1\in H^2$. 令 $\varphi=\varphi_1/\varphi_2$和 $h=\varphi+(1/\varphi)$. 则 $h\in H^2$，因为在 T 上 $|\varphi^*|=1$a. e.，h^* 在 T 上几乎处处是实的. 因为 h 是 h^* 的泊松积分，这便得出 h 在 U 内是实的，因此 h 是常数. 这时 φ 必须是常数. 于是(b)得证.

(c)的证明将用到由 Helson 和 Lowdenslager 开创的一个方法. 假定 Y 是 H^2 的一个闭的 S-不变子空间，它不是单独由 0 组成. 则存在一个最小整数 k，使得 Y 包含一个下列形式的函数 f：

$$f(z) = \sum_{n=k}^{\infty} c_n z^n \qquad c_k = 1. \tag{3}$$

这时 $f\notin zY$，此处我们把形如 $g(z)=zf(z)$，$f\in Y$ 的所有的 g 的集记作 zY. 这就得出 zY 是一个 Y 的真闭子空间.（用在(a)的证明中用过的论证可得出闭性.）所以 Y 包含一个正交于 zY 的非零向量(定理 4.11). 348

这样就存在一个 $\varphi\in Y$，使得 $\|\varphi\|_2=1$ 以及 $\varphi\perp zY$. 因此 $\varphi\perp z^n\varphi$，对 $n=1, 2, 3, \cdots$成立. 根据 H^2 中的内积的定义(见 17.20(6))，这意味着

$$\frac{1}{2\pi}\int_{-\pi}^{\pi} | \varphi^*(e^{i\theta}) |^2 e^{-in\theta} d\theta = 0 \qquad (n = 1,2,3,\cdots). \tag{4}$$

如果我们对这些方程的左边用它们的复共轭代替，即，若我们用 $-n$ 代替 n，这些方程保持不变. 于是 $|\varphi^*|^2\in L^1(T)$的全体傅里叶系数除了对应于 $n=0$ 的那个等于 1 以外，其余都是 0. 因为 L^1-函数是由它们的傅里叶系数所确定的(定理 5.15)，这就得出在 T 上 $|\varphi^*|=1$a. e. 但是 $\varphi\in H^2$，所以 φ 是 φ^* 的泊松积分，因此 $|\varphi|\leqslant 1$. 我们得出了 φ 是一个内函数.

因为 $\varphi\in Y$，并且 Y 是 S-不变的，对于所有 $n\geqslant 0$ 有 $\varphi z^n\in Y$，因此对每一个多项式 P 有 $\varphi P\in Y$. 而这些多项式是在 H^2 内稠密的(根据帕塞瓦尔定理，任一 $f\in H^2$ 的幂级数的部分和依 H^2 的范数收敛于 f)，又因为 Y 是闭的，并且 $|\varphi|\leqslant 1$，这就得出 $\varphi H^2\subset Y$. 我们必须证明这个包含关系不是真正的包含. 因为 φH^2 是闭的，所以只需证明 $h\in Y$ 和 $h\perp\varphi H^2$ 的假定蕴涵着 $h=0$即可.

若 $h\perp\varphi H^2$，则对 $n=0, 1, 2, \cdots$，$h\perp\varphi z^n$，或者

$$\frac{1}{2\pi}\int_{-\pi}^{\pi} h^*(e^{i\theta}) \overline{\varphi^*(e^{i\theta})} e^{-in\theta} d\theta = 0 \qquad (n = 0,1,2,\cdots). \tag{5}$$

若 $h\in Y$，则对 $n=1, 2, 3, \cdots$，有 $z^n h\in zY$，我们对 φ 的选取表明 $z^n h\perp\varphi$，或者

$$\frac{1}{2\pi}\int_{-\pi}^{\pi} h^*(e^{i\theta})\,\overline{\varphi^*(e^{i\theta})}e^{-in\theta}d\theta = 0 \qquad (n=-1,-2,-3,\cdots). \tag{6}$$

于是 $h^*\overline{\varphi^*}$ 的所有的傅里叶系数均为 0，因此在 T 上 $h^*\overline{\varphi^*}=0$ a. e.；又因为 $|\varphi^*|=1$ a. e. 成立，我们有 $h^*=0$ a. e.，所以 $h=0$. 证明完毕. ■

17.22 评注 如果我们把定理 17.15 和定理 17.21 结合起来，就可以看出：H^2 的 S-不变子空间可用下列两组数据刻画：一个复数序列 $\{\alpha_n\}$（可能是有限的，甚至是空集），使得 $|\alpha_n|<1$ 和 $\sum(1-|\alpha_n|)<\infty$，以及 T 上的一个正的博雷尔测度 μ，它关于勒贝格测度是奇异的（从而 $D\mu=0$a. e.）. 找出用 $\{\alpha_n\}$ 和 μ 的语言叙述的条件，以保证 H^2 的一个 S-不变子空间包含另一个 S-不变子空间，这是不难的（我们把它留作练习）. 这样看得出所有的 S-不变子空间的偏序集具有极其复杂的构造，它比从 ℓ^2 上的移位算子的简单定义中所能料想到的要复杂得多.

我们用定理 17.21 的一个浅易的推论结束这一节. 这个推论依赖于定理 17.17 中所描述的

349 因式分解.

17.23 定理 假定 M_f 是 $f\in H^2$ 的内因式，Y 是包含 f 的 H^2 的最小的闭 S-不变子空间，则

$$Y = M_f H^2. \tag{1}$$

特别地，当且仅当 f 是一个外函数时 $Y=H^2$.

证明 设 $f=M_f Q_f$ 是分解 f 为它的内因式和外因式之积的分解式. 显然 $f\in M_f H^2$；又因为 $M_f H^2$ 是闭的和 S-不变的，我们有 $Y\subset M_f H^2$.

另一方面，定理 17.21 指出，存在一个内函数 φ，使得 $Y=\varphi H^2$. 因为 $f\in Y$，存在一个 $h=M_h Q_h\in H^2$，使得

$$M_f Q_f = \varphi M_h Q_h. \tag{2}$$

由于内函数的绝对值在 T 上 a. e. 为 1，(2) 蕴涵着 $Q_f=Q_h$，于是有 $M_f=\varphi M_h\in Y$，因而 Y 必须包含最小的含有 M_f 的 S-不变闭子空间. 于是 $M_f H^2\subset Y$. 这就完成了证明. ■

用两个问题小结这些结果可能是有趣的，这些结果将提供问题的答案.

如果 $f\in H^2$，那么，什么样的函数 $g\in H^2$ 能够用形如 fP 的函数依 H^2 的范数逼近？这里 P 取遍所有的多项式. 答案：恰好是使 $g/M_f\in H^2$ 的那些 g.

对于什么样的 $f\in H^2$，集 $\{fP\}$ 在 H^2 内是稠密的？答案：恰好是那些满足

$$\log|f(0)| = \frac{1}{2\pi}\int_{-\pi}^{\pi}\log|f^*(e^{it})|\,dt$$

的函数 f.

共轭函数

17.24 问题的叙述 在单位圆盘 U 内的每一个实调和函数 u 是，也仅仅是一个满足 $f(0)=u(0)$ 的函数 $f\in H(U)$ 的实部. 若 $f=u+iv$，则前一要求也可以表示为 $v(0)=0$ 的形式，v 称为 u 的共轭调和函数或者共轭函数.

现在，假定对于某个 p，函数 u 满足

$$\sup_{r<1}\|u_r\|_p<\infty, \tag{1}$$

那么，当我们用 u 取代 v 时，(1)式是否还能成立？

这也等价于问 $f\in H^p$ 能否成立？

当 $1<p<\infty$ 时，(由 M. Riesz 给出的)回答是肯定的(当 $p=1$ 和 $p=\infty$ 时答案是否定的，参看习题 24)，其精确的陈述将在定理 17.26 中给出. 350

我们回顾一下，当 $1<p<\infty$ 时，每个满足(1)的调和函数 u 都是某个 $u^*\in L^p(T)$ 的泊松积分(定理 11.30). 因此定理 11.11 给我们提示了问题的另一种表述.

若 $1<p<\infty$，又设对每个 $h\in L^p(T)$，对应于一个全纯函数

$$(\psi h)(z)=\frac{1}{2\pi}\int_{-\pi}^{\pi}\frac{e^{it}+z}{e^{it}-z}h(e^{it})\,dt \qquad (z\in U), \tag{2}$$

那么，是否所有这些函数 ψh 都属于 H^p？

习题 25 讨论了这个问题的另外一些方面.

17.25 引理 *若 $1<p\leqslant 2$，$\delta=\pi/(1+p)$，$\alpha=(\cos\delta)^{-1}$，$\beta=\alpha^p(1+\alpha)$，则*

$$1\leqslant\beta(\cos\varphi)^p-\alpha\cos p\varphi \qquad \left(-\frac{\pi}{2}\leqslant\varphi\leqslant\frac{\pi}{2}\right). \tag{1}$$

证明 若 $\delta\leqslant|\varphi|\leqslant\pi/2$，则(1)式的右边不小于

$$-\alpha\cos p\varphi\geqslant-\alpha\cos p\delta=\alpha\cos\delta=1,$$

并且当 $|\varphi|\leqslant\delta$ 时，它超过 $\beta(\cos\delta)^p-\alpha=1$. ∎

17.26 定理 *若 $1<p<\infty$，则存在一个常数 $A_p<\infty$，使得不等式*

$$\|\psi h\|_p\leqslant A_p\|h\|_p \tag{1}$$

对每个 $h\in L^p(T)$ 都成立.

更明确地说，上述结论是指(在 17.24 节中定义的)ψh 都属于 H^p，并且

$$\int_T|(\psi h)_r|^p d\sigma\leqslant A_p^p\int_T|h|^p d\sigma \qquad (0\leqslant r<1), \tag{2}$$

式中 $d\sigma=d\theta/2\pi$ 是 T 上的规范化的勒贝格测度.

注意，定理中的 h 并不要求是实函数，因此这个定理断言了 $\psi: L^p\to H^p$ 是一个有界线性算子.

证明 首先假定 $1<p\leqslant 2$，$h\in L^p(T)$，$h\geqslant 0$，$h\not\equiv 0$；又设 u 是 $f=\psi h$ 的实部. 11.5 节中的(2)式表明 $u=P[h]$，因而在 U 内有 $u>0$. 因为 U 是单连通的而 f 在 U 内没有零点，于是存在 $g\in H(U)$ 使得 $g=f^p$，$g(0)>0$. 同样，$u=|f|\cos\varphi$，这里 φ 是以 U 为定义域并且满足 $|\varphi|<\pi/2$ 的实函数.

像在引理 17.25 中那样选择 $\alpha=\alpha_p$ 和 $\beta=\beta_p$，可得出，对 $0\leqslant r<1$ 有

$$\int_T|f_r|^p d\sigma\leqslant\beta\int_T(u_r)^p d\sigma-\alpha\int_T|f_r|^p\cos(p\varphi_r)\,d\sigma. \tag{3}$$ 351

注意，$|f|^p\cos p\varphi=\mathrm{Re}\,g$，调和函数的均值性质表明(3)式中最后一个积分等于 $\mathrm{Re}\,g(0)>0$. 因为 $u=P[h]$ 蕴涵着 $\|u_r\|_p\leqslant\|h\|_p$，所以

$$\int_T|f_r|^p d\sigma\leqslant\beta\int_T h^p d\sigma \qquad (0\leqslant r<1). \tag{4}$$

这样，当 $h\in L^p(T)$，$h\geqslant 0$ 时就有

$$\|\psi h\|_p\leqslant \beta^{1/p}\|h\|_p. \tag{5}$$

若 h 是 $L^p(T)$ 中的任意一个(复)函数，则上面的结果可以分别应用于 h 的实部的正、负部和虚部的正、负部.

这就证明了 $1<p\leqslant 2$ 的情况，且 $A_p=4\beta^{1/p}$.

为完成整个证明，考虑 $2<p<\infty$. 设 $w\in L^q(T)$，这里 q 是 p 的共轭指数. 令 $\widetilde{w}(e^{i\theta})=w(e^{-i\theta})$. 利用富比尼定理并通过简单的计算知道，对任意 $h\in L^p(T)$，有

$$\int_T(\psi h)_r\widetilde{w}\,d\sigma=\int_T(\psi w)_r\tilde{h}\,d\sigma\qquad(0\leqslant r<1). \tag{6}$$

因为 $q<2$，在(2)式中以 w 和 q 取代 h 和 p 依然成立，这时由(6)式可推出

$$\left|\int_T(\psi h)_r\widetilde{w}\,d\sigma\right|\leqslant A_q\|w\|_q\|h\|_p. \tag{7}$$

现在让 w 取遍 $L^q(T)$ 的单位球并对(7)式左边取上确界，便得到

$$\left\{\int_T|(\psi h)_r|^p d\sigma\right\}^{1/p}\leqslant A_q\left\{\int_T|h|^p d\sigma\right\}^{1/p}\qquad(0\leqslant r<1). \tag{8}$$

因此(2)式再次成立，并且 $A_p\leqslant A_q$. ■

(若对 A_p 和 A_q 取最小的容许值，则最后的计算可以逆转，从而得出 $A_p=A_q$.)

习题

1. 对于上半连续的下调和函数，证明定理 17.4 和定理 17.5.
2. 假设 $f\in H(\Omega)$，证明 $\log(1+|f|)$ 是在 Ω 内下调和的.
3. 假定 $0<p\leqslant\infty$ 和 $f\in H(U)$，证明 $f\in H^p$ 当且仅当在 U 内存在一个调和函数 u，使得对所有的 $z\in U$，$|f(z)|^p\leqslant u(z)$. 证明若存在 $|f|^p$ 的这样一个调和的优函数 u，则存在一个最小的这样的函数，记作 u_f.（说明显一点，$|f|^p\leqslant u_f$ 且 u_f 是调和的；若 $|f|^p\leqslant u$ 且 u 是调和的，则 $u_f\leqslant u$.）证明 $\|f\|_p=u_f(0)^{1/p}$. 提示：对 $R<1$ 考虑在 $D(0;R)$ 上的具有边界值 $|f|^p$ 的调和函数，并且令 $R\to 1$.
4. 352 照样地证明当且仅当 $\log^+|f|$ 在 U 内有调和的优函数时 $f\in N$.
5. 假定 $f\in H^p$，$\varphi\in H(U)$，以及 $\varphi(U)\subset U$. 能够得出 $f\circ\varphi\in H^p$ 吗？用 N 代替 H^p，回答同样的问题.
6. 若 $0<r<s\leqslant\infty$，证明 H^s 是 H^r 的真子类.
7. 证明 H^∞ 是 $p<\infty$ 时所有 H^p 的交的真子类.
8. 若 $f\in H^1$ 并且 $f^*\in L^p(T)$，证明 $f\in H^p$.
9. 假定 $f\in H(U)$ 而 $f(U)$ 在平面内不是稠密的. 证明 f 在 T 的几乎所有的点上具有有限的径向极限.
10. 固定 $\alpha\in U$. 证明映射 $f\to f(\alpha)$ 是 H^2 上的有界线性泛函. 因为 H^2 是希尔伯特空间，这个泛函能表示为 f 与某个 $g\in H^2$ 的内积. 试找出这个 g.
11. 固定 $\alpha\in U$，若 $\|f\|_2\leqslant 1$，$|f'(\alpha)|$ 能够有多大？找出极值函数. 对 $f^{(n)}(\alpha)$ 同样地做.
12. 假定 $p\geqslant 1$，$f\in H^p$，并且 f^* 在 T 上几乎处处是实的，证明 f 是常数. 指出这个结果对每一个 $p<1$ 不成立.
13. 假定 $f\in H(U)$，又假定存在一个 $M<\infty$，使得 f 将每一个半径 $r<1$ 中心为 0 的圆周映到长度至多是 M 的一条曲线 γ_r 上. 证明 f 具有到 $\overline{U}$ 上的连续开拓，并且 f 在 T 上的限制是绝对连续的.
14. 假定 μ 是 T 上的复博雷尔测度，使得

$$\int_T e^{int}\,d\mu(t) = 0 \qquad (n = 1,2,3,\cdots).$$

证明或者 $\mu=0$，或者 μ 的支集是整个 T.

15. 假定 K 是单位圆周 T 的紧的真子集. 证明 K 上的每一个连续函数在 K 上能够用多项式一致逼近. 提示：应用习题 14.
16. 完成定理 17.17 对于 $0<p<1$ 时的证明.
17. 设 φ 是非常数的内函数，它在 U 内没有零点.
    (a) 证明若 $p>0$ 则 $1/\varphi\notin H^p$.
    (b) 证明至少存在一个 $e^{i\theta}\in T$，使得 $\lim\limits_{r\to 1}\varphi(re^{i\theta})=0$.
    提示：$\log|\varphi|$ 是一个非负的调和函数.
18. 假定 φ 是一个非常数的内函数，$|\alpha|<1$ 和 $\alpha\notin\varphi(U)$. 证明
$$\lim_{r\to 1}\varphi(re^{i\theta}) = \alpha$$
至少对一个 $e^{i\theta}\in T$ 成立.
19. 假定 $f\in H^1$ 和 $1/f\in H^1$. 证明 f 是一个外函数.
20. 假定 $f\in H^1$ 以及对所有 $z\in U$，$\mathrm{Re}[f(z)]>0$. 证明 f 是一个外函数.
21. 证明 $f\in N$ 当且仅当 $f=g/h$，其中 g 和 $h\in H^\infty$，h 在 U 内不存在零点.
22. 证明下面的定理 15.24 的逆定理：
    如果 $f\in H(U)$且
$$\lim_{r\to 1}\int_{-\pi}^{\pi}|\log|f(re^{i\theta})||\,d\theta = 0, \qquad (*)$$
则 f 是一个布拉施克乘积. 提示：(*)蕴涵着
$$\lim_{r\to 1}\int_{-\pi}^{\pi}\log^+|f(re^{i\theta})|\,d\theta = 0.$$
因为 $\log^+|f|\geqslant 0$，从定理 17.3 和定理 17.5 得出 $\log^+|f|=0$. 所以 $|f|\leqslant 1$. 现在 $f=Bg$，g 不存在零点，$|g|\leqslant 1$. 用 $1/g$ 代替 f，(*)仍成立. 根据前面的论证，$|1/g|\leqslant 1$，因此 $|g|=1$.
23. 找出在 17.22 节里所提到的条件. 353
24. U 到一个垂直带域上的共形映射说明关于共轭函数的 M. Riesz 定理不能推广到 $p=\infty$ 的情况. 试推证出它也不能推广到 $p=1$ 的情况.
25. 假定 $1<p<\infty$，将每一个 $f\in L^p(T)$对应于它的傅里叶系数
$$\hat{f}(n) = \frac{1}{2\pi}\int_{-\pi}^{\pi} f(e^{it})e^{-int}\,dt \qquad (n = 0,\pm 1,\pm 2,\cdots)$$
试从定理 17.26 推导下列结论：
    (a) 对于每一个 $f\in L^p(T)$，对应有一个函数 $g\in L^p(T)$，使得当 $n\geqslant 0$ 时$\hat{g}(n)=\hat{f}(n)$，但当 $n<0$ 时 $\hat{g}(n)=0$. 事实上，存在一个仅依赖于 p 的常数 C，使得
$$\|g\|_p \leqslant C\|f\|_p,$$
于是映射 $f\to g$ 是 $L^p(T)$到 $L^p(T)$内的有界线性投影. 从 f 的傅里叶级数中删去 $n<0$ 的那些项就获得 g 的傅里叶级数.
    (b) 如果我们删去 $n<k$ 的那些项，这里 k 是任意给定的正整数. 证明同样的结论是正确的.
    (c) 从(b)推导出：任一 $f\in L^p(T)$的傅里叶级数的部分和 s_n 构成 $L^p(T)$内的一个有界序列. 我们进而获得：实际上有
$$\lim_{n\to\infty}\|f-s_n\|_p = 0.$$

(d) 若 $f \in L^p(T)$，且

$$F(z) = \sum_{n=0}^{\infty} \hat{f}(n) z^n,$$

则 $F \in H^p$，并且每一个 $F \in H^p$ 都能这样得出．于是(a)中所述及的投影可以看成一个 $L^p(T)$ 到 H^p 上的映射．

26. 证明当 $p=2$ 时定理 17.26 存在一个很简单的证明，并且找出 A_2 的最佳值．

27. 假定在 U 内 $f(z) = \sum_0^{\infty} a_n z^n$ 并且 $\Sigma \mid a_n \mid < \infty$，证明

$$\int_0^1 \mid f'(re^{i\theta}) \mid dr < \infty$$

对所有的 θ 成立．

28. 证明下列命题是正确的：设 $\{n_k\}$ 是一个足够快地趋于 $+\infty$ 的正整数序列，若设

$$f(z) = \sum_{k=1}^{\infty} \frac{z^{n_k}}{k},$$

则对所有使得

$$1 - \frac{1}{n_k} < \mid z \mid < 1 - \frac{1}{2n_k}$$

成立的那些 z，有 $\mid f'(z) \mid > n_k/(10k)$ 成立．因此，虽然对几乎所有的 θ

$$\lim_{R \to 1} \int_0^R f'(re^{i\theta}) dr$$

存在(并且是有限的)．但是对每一个 θ

354

$$\int_0^1 \mid f'(re^{i\theta}) \mid dr = \infty.$$

用 U 的半径在 f 之下的象的长度对此作出几何解释．

29. 利用定理 17.11 得出当 $1 \leqslant p \leqslant \infty$ 时关于 H^p －函数的边界值的下述特征：函数 $g \in L^p(T)$ 几乎处处等于某个 $f \in H^p$ 的 f^*，当且仅当对所有负整数 n，

355

$$\frac{1}{2\pi} \int_{-\pi}^{\pi} g(e^{it}) e^{-int} dt = 0.$$

第 18 章　巴拿赫代数的初等理论

引言

18.1 定义　复代数是一个复数域上的向量空间 A，其中定义了一个可结合和可分配的乘法运算，即

$$x(yz) = (xy)z, \quad (x+y)z = xz + yz, \quad x(y+z) = xy + xz \tag{1}$$

对 x，y，$z \in A$ 成立，并且与标量乘法的关系是对 x，$y \in A$ 和标量 α，有

$$\alpha(xy) = x(\alpha y) = (\alpha x)y. \tag{2}$$

若在 A 中定义了一个范数，使 A 成为一个赋范线性空间，并且满足乘法不等式

$$\| xy \| \leqslant \| x \| \, \| y \| \, (x, y \in A), \tag{3}$$

则 A 是一个赋范的复代数，如果再加上 A 关于这一范数而言是完备度量空间，即 A 是巴拿赫空间，那么我们就称 A 为巴拿赫代数。

不等式(3)使乘法成为一个连续运算．它意味着：如果 $x_n \to x$ 和 $y_n \to y$，则 $x_n y_n \to xy$，这可以从(3)及恒等式

$$x_n y_n - xy = (x_n - x) y_n + x(y_n - y) \tag{4}$$

得出．

注意，我们未曾要求 A 是交换的，即对所有 x 和 $y \in A$，$xy = yx$．并且除非明显地提出来，以后也将不要求是交换的． 356

不过，我们将假定 A 有个单位元．这是一个元素 e，它使得

$$xe = ex = x \qquad (x \in A) \tag{5}$$

成立．容易看出，至多存在一个这样的 e($e' = e'e = e$)，并且由(3)，$\| e \| \geqslant 1$，我们将作出一个附带的假设

$$\| e \| = 1. \tag{6}$$

元素 $x \in A$ 称为可逆的，如果 x 在 A 中有一个逆元，就是说，如果存在一个元素 $x^{-1} \in A$ 使得

$$x^{-1} x = x x^{-1} = e. \tag{7}$$

再者，容易看出没有一个 $x \in A$ 能有多于一个逆元．

若 x 和 y 在 A 中都是可逆的，则 x^{-1} 和 xy 亦然，因为 $(xy)^{-1} = y^{-1} x^{-1}$．因此，可逆元对于乘法构成一个群．

一个元素 $x \in A$ 的谱是使 $x - \lambda e$ 不可逆的全体复数 λ 组成的集．我们用 $\sigma(x)$ 表示 x 的谱．

18.2　巴拿赫代数的理论包含着以代数性质为一方和以拓扑性质为另一方之间的大量的相互影响．在定理 9.21 中我们已经看到这方面的一个例子，并且还将会看到别的例子．在巴拿赫代数和全纯函数之间也有着密切的关系：$\sigma(x)$ 决不会是空集这一基本事实的最简易的证明有赖于关于整函数的刘维尔定理，而谱半径公式则由关于幂级数的定理自然得到．这就是我们着

意讨论复巴拿赫代数的原因之一．实巴拿赫代数的理论(其定义应当是很明显的，从略)是不那么合适的．

可逆元

在本节中，A 是具有单位元 e 的复巴拿赫代数，而 G 是 A 内的全体可逆元的集．

18.3 定理 若 $x\in A$ 而 $\|x\|<1$，则 $e+x\in G$，

$$(e+x)^{-1}=\sum_{n=0}^{\infty}(-1)^n x^n, \tag{1}$$

且

$$\|(e+x)^{-1}-e+x\|\leqslant\frac{\|x\|^2}{1-\|x\|}. \tag{2}$$

证明 乘法不等式 18.1(3)表明 $\|x^n\|\leqslant\|x\|^n$．设

357 $$s_N=e-x+x^2-\cdots+(-1)^N x^N, \tag{3}$$

可以看出 $\{s_N\}$ 是 A 中的柯西序列．因此，(1)中的级数(关于 A 的范数)收敛于一个元素 $y\in A$. 因为乘法运算是连续的，且

$$(e+x)s_N=e+(-1)^N x^{N+1}=s_N(e+x), \tag{4}$$

可见 $(e+x)y=e=y(e+x)$．这就给出了(1)，而(2)可从

$$\left\|\sum_{n=2}^{\infty}(-1)^n x^n\right\|\leqslant\sum_{n=2}^{\infty}\|x^n\|\leqslant\sum_{n=2}^{\infty}\|x\|^n=\frac{\|x\|^2}{1-\|x\|} \tag{5}$$

得出. ■

18.4 定理 设 $x\in G$，$\|x^{-1}\|=1/\alpha$，$h\in A$，且 $\|h\|=\beta<\alpha$，则 $x+h\in G$，且

$$\|(x+h)^{-1}-x^{-1}+x^{-1}hx^{-1}\|\leqslant\frac{\beta^2}{\alpha^2(\alpha-\beta)}. \tag{1}$$

证明 $\|x^{-1}h\|\leqslant\beta/\alpha<1$，由定理 18.3，$e+x^{-1}h\in G$；又由于 $x+h=x(e+x^{-1}h)$，故有 $x+h\in G$,且

$$(x+h)^{-1}=(e+x^{-1}h)^{-1}x^{-1}. \tag{2}$$

这样

$$(x+h)^{-1}-x^{-1}+x^{-1}hx^{-1}=[(e+x^{-1}h)^{-1}-e+x^{-1}h]x^{-1}, \tag{3}$$

在定理 18.3 中以 $x^{-1}h$ 代替 x 便得不等式(1). ■

推论 1 G 是开集，并且映射 $x\to x^{-1}$ 是 G 到 G 上的同胚．

因为，若 $x\in G$ 且 $\|h\|\to 0$，则(1)蕴涵着 $\|(x+h)^{-1}-x^{-1}\|\to 0$. 因此 $x\to x^{-1}$ 是连续的；显然它映 G 到 G 上．并且由于它本身就是它的逆映射，所以它是一个同胚．

推论 2 映射 $x\to x^{-1}$ 是可微的，它在任一 $x\in G$ 的微分是将 $h\in A$ 对应于 $-x^{-1}hx^{-1}$ 的线性算子．

这也可以从(1)看出来．注意变换的微分这一概念并不像定义 7.22 那样仅在 R^k 中，而是在任意赋范线性空间中都有意义．如果 A 是交换的，上述微分将 h 变为 $-x^{-2}h$，这和全纯函数 z^{-1} 的导数是 $-z^{-2}$ 这一事实是相一致的．

推论 3 对每个 $x\in A$，$\sigma(x)$是紧的．并且当$\lambda\in\sigma(x)$时，$|\lambda|\leqslant\|x\|$． 358

因为，若$|\lambda|>\|x\|$，由定理 18.3，$e-\lambda^{-1}x\in G$. 对于$x-\lambda e=-\lambda(e-\lambda^{-1}x)$结论也同样正确；所以$\lambda\notin\sigma(x)$. 欲证$\sigma(x)$是闭的，注意，(a)$\lambda\in\sigma(x)$当且仅当$x-\lambda e\notin G$；(b)由推论 1，$G$的余集是$A$的闭子集；(c)映射$\lambda\to x-\lambda e$是复平面到$A$内的连续映射．

18.5 定理 设Φ是A上的有界线性泛函，固定$x\in A$，并定义

$$f(\lambda)=\Phi[(x-\lambda e)^{-1}]\qquad(\lambda\notin\sigma(x)),\tag{1}$$

则f在$\sigma(x)$的余集上是全纯的，且$\lambda\to\infty$时，$f(\lambda)\to 0$.

证明 固定$\lambda\notin\sigma(x)$，在定理 18.4 中用$x-\lambda e$代替x，$(\lambda-\mu)e$代替h，可以看出存在一个依赖于x和λ的常数C，使得

$$\|(x-\mu e)^{-1}-(x-\lambda e)^{-1}+(\lambda-\mu)(x-\lambda e)^{-2}\|\leqslant C|\mu-\lambda|^2\tag{2}$$

对所有充分接近λ的μ成立．因此当$\mu\to\lambda$时，

$$\frac{(x-\mu e)^{-1}-(x-\lambda e)^{-1}}{\mu-\lambda}\to(x-\lambda e)^{-2},\tag{3}$$

并且，若我们将Φ作用于(3)两边，则Φ的连续性和线性表明

$$\frac{f(\mu)-f(\lambda)}{\mu-\lambda}\to\Phi[(x-\lambda e)^{-2}].\tag{4}$$

于是f是可微的，从而在$\sigma(x)$之外是全纯的．最后，当$\lambda\to\infty$时，由G中逆映射的连续性，有

$$\lambda f(\lambda)=\Phi[\lambda(x-\lambda e)^{-1}]=\Phi\left[\left(\frac{x}{\lambda}-e\right)^{-1}\right]\to\Phi(-e).\tag{5}$$

■

18.6 定理 对每个$x\in A$，$\sigma(x)$是紧的和不空的．

证明 我们已经知道了$\sigma(x)$是紧的．固定$x\in A$，并固定$\lambda_0\notin\sigma(x)$，则$(x-\lambda_0 e)^{-1}\neq 0$，哈恩-巴拿赫定理蕴涵着存在一个$A$上的有界线性泛函$\Phi$，使得$f(\lambda_0)\neq 0$，此处$f$如定理 18.5 中所定义．如果$\sigma(x)$是空的，由定理 18.5 就会推出$f$是一个在$\infty$处趋于 0 的整函数．因此，由刘维尔定理，对每个$\lambda$，$f(\lambda)=0$，这和$f(\lambda_0)\neq 0$矛盾．所以，$\sigma(x)$是不空的． ■

18.7 定理(Gelfand-Mazur) 如果A是具有单位元的复巴拿赫代数，其中每个非零元都是可逆的，则A就是(等距同构于)复数域． 359

每个非零元都是可逆的代数称为可除代数．注意，A的交换性并不是假设的一部分；它是结论的一部分．

证明 若$x\in A$且$\lambda_1\neq\lambda_2$，则$x-\lambda_1 e$和$x-\lambda_2 e$必定有一个是可逆的，因为它们不能同时为零．现在由定理 18.6 得知：对每个$x\in A$，$\sigma(x)$刚好由一个点组成，记它为$\lambda(x)$. 由于$x-\lambda(x)e$不可逆，它一定是 0，因此$x=\lambda(x)e$. 映射$x\to\lambda(x)$因此是A到复数域上的同构．因为对所有$x\in A$，$|\lambda(x)|=\|\lambda(x)e\|=\|x\|$，所以它也是一个等距． ■

18.8 定义 对任意$x\in A$，x的谱半径$\rho(x)$是包含$\sigma(x)$的、中心在原点的最小闭圆盘的半径(有时也称为x的谱范数；参看习题 14)：

$$\rho(x)=\sup\{|\lambda|:\lambda\in\sigma(x)\}.$$

18.9 定理(谱半径公式) 对每个$x\in A$，

$$\lim_{n\to\infty}\|x^n\|^{1/n}=\rho(x).\tag{1}$$

(极限的存在性是结论的一部分.)

证明 固定 $x\in A$，设 n 是一个正整数，λ 是复数，并假定 $\lambda^n\notin\sigma(x^n)$. 我们有

$$(x^n-\lambda^n e)=(x-\lambda e)(x^{n-1}+\lambda x^{n-2}+\cdots+\lambda^{n-1}e). \tag{2}$$

以 $(x^n-\lambda^n e)^{-1}$ 乘(2)两边，就证明了 $x-\lambda e$ 是可逆的，因此 $\lambda\notin\sigma(x)$.

这样一来，若 $\lambda\in\sigma(x)$，则 $\lambda^n\in\sigma(x^n)$ 对 $n=1,2,3,\cdots$ 成立. 定理 18.4 的推论 3 指出了 $|\lambda^n|\leqslant\|x^n\|$，因此 $|\lambda|\leqslant\|x^n\|^{1/n}$. 这就给出

$$\rho(x)\leqslant\liminf_{n\to\infty}\|x^n\|^{1/n}. \tag{3}$$

现在，若 $|\lambda|>\|x\|$，容易验证

$$(\lambda e-x)\sum_{n=0}^{\infty}\lambda^{-n-1}x^n=e. \tag{4}$$

上述级数因此就是 $-(x-\lambda e)^{-1}$. 设 Φ 是 A 上的有界线性泛函并如定理 18.5 中一样定义 f. 由(4)，展开式

360 $$f(\lambda)=-\sum_{n=0}^{\infty}\Phi(x^n)\lambda^{-n-1} \tag{5}$$

对所有使得 $|\lambda|>\|x\|$ 的 λ 都成立. 由定理 18.5，f 在 $\sigma(x)$ 外部，因而也在集 $\{\lambda:|\lambda|>\rho(x)\}$ 内是全纯的. 于是得出若 $|\lambda|>\rho(x)$，则幂级数(5)收敛. 特别对 A 上的每一个有界线性泛函 Φ，

$$\sup_n|\Phi(\lambda^{-n}x^n)|<\infty \qquad (|\lambda|>\rho(x)). \tag{6}$$

A 中任意一个元素的范数与它作为 A 的对偶空间上的线性泛函的范数相同，这一点是哈恩–巴拿赫定理(第 5.21 节)的推论. 因为(6)对每个 Φ 成立，现在我们可以应用巴拿赫–斯坦因豪斯定理并作出结论：对每个使 $|\lambda|>\rho(x)$ 的 λ 都对应有一个实数 $C(\lambda)$ 使得

$$\|\lambda^{-n}x^n\|\leqslant C(\lambda) \qquad (n=1,2,3,\cdots). \tag{7}$$

以 $|\lambda|^n$ 乘(7)并取 n 次根，若 $|\lambda|>\rho(x)$，则可给出

$$\|x^n\|^{1/n}\leqslant|\lambda|[C(\lambda)]^{1/n} \qquad (n=1,2,3,\cdots). \tag{8}$$

因此

$$\limsup_{n\to\infty}\|x^n\|^{1/n}\leqslant\rho(x). \tag{9}$$

从(3)和(9)即得本定理. ■

18.10 评注

(a) A 的一个元素是否在 A 中可逆，纯粹是一种代数性质. 所以 x 的谱及诸如谱半径之类是用 A 的代数结构来定义的，没有涉及任何度量(或拓扑)方面的考虑. 另一方面，定理 18.9 的陈述中的极限则依赖于 A 的度量性质. 这是该定理引人注意的特色之一：它断言了完全由不同的途径提出来的两个数量的相等.

(b) 我们所考虑的代数也可能是一个较大的巴拿赫代数 B 的子代数(一个例子见后)，因此很可能出现这样的情况，某个 $x\in A$，在 A 中不是可逆的，但在 B 中是可逆的. 因此 x 的谱与代数有关；利用很明显的记号，有 $\sigma_A(x)\supset\sigma_B(x)$，并且可以是真正的包含关系. 但是，$x$ 的谱半径却不受此影响，因为定理 18.9 指出它可以用 x 的幂的度量性质表示出来，而它们却与 A

之外所发生的任何事情无关．

18.11 例子 设 $C(T)$ 是单位圆周 T 上的全体复连续函数(关于点态加法、乘法及上确界范数)的代数，A 是所有 $f\in C(T)$ 的集，条件是这些 f 可以开拓为单位圆盘 U 的闭包上的连续函数 F，并使 F 在 U 内全纯．容易看出 A 是 $C(T)$ 的子代数．若 $f_n\in A$ 并且 $\{f_n\}$ 在 T 上一致 361 收敛，则最大模定理保证了相应的序列 $\{F_n\}$ 在 U 的闭包上一致收敛．这表明 A 是 $C(T)$ 的闭子代数，从而 A 本身也是巴拿赫代数．

由 $f_0(e^{i\theta})=e^{i\theta}$ 定义 f_0，则 $F_0(z)=z$. f_0 作为 A 的元素，它的谱由闭单位圆盘组成；但对于 $C(T)$，f_0 的谱仅由单位圆周组成．根据定理 18.9，这两个谱半径是相同的．

理想与同态

从现在起我们只讨论交换代数．

18.12 定义 交换的复代数 A 的子集 I 称为理想，如果：(a) I 是 A 的子空间(在向量空间的意义下)，(b)当 $x\in A$，$y\in I$ 时，$xy\in I$. 若 $I\neq A$，I 就称为真理想．极大理想是一个不能被任意一个更大的真理想所包含的真理想．注意，没有一个真理想能包含可逆元．

如果 B 是另一个复代数，A 到 B 的映射 φ 称为同态，若它是一个线性映射，同时也保持乘法运算：对所有 x、$y\in A$，$\varphi(x)\varphi(y)=\varphi(xy)$. φ 的核(或零空间)是全体使 $\varphi(x)=0$ 的 $x\in A$ 的集．验证一个同态核是理想是极容易的．其逆命题请参看 18.14 节．

18.13 定理 *若 A 是具有单位元的交换复代数，则 A 的每一个真理想都包含在一个极大理想之内．若再加上 A 是巴拿赫代数，则 A 的每一个极大理想都是闭的．*

证明 第一部分几乎是豪斯多夫极大原理的一个直接推论．(并且在任何一个具有单位元的交换环中都成立．)将所有包含 I 的 A 的真理想组成的族 $\mathscr{P}$ 根据集的包含关系偏序化．设 M 是 $\mathscr{P}$ 的某个极大线性序子族 $\mathscr{Q}$ 中诸理想之并，因为 $\mathscr{P}$ 的任何成员都不包含单位元，故 M 是一个理想(因为它是理想的线性序族之并)，$I\subset M$ 且 $M\neq A$. $\mathscr{Q}$ 的极大性可推出 M 是 A 的极大理想．

若 A 是巴拿赫代数，则 M 的闭包 $\overline{M}$ 仍是一个理想(这一命题的证明细节留给读者). 因为 M 不包含 A 的可逆元，并且全体可逆元的集是开的，故 $\overline{M}\neq A$. 于是 M 的极大性表明 $\overline{M}=M$. ∎

18.14 商空间和商代数 假定 J 是向量空间 A 的子空间，并且对每个 $x\in A$，对应一个陪集

$$\varphi(x)=x+J=\{x+y:\ y\in J\}. \tag{1}$$ 362

若 $x_1-x_2\in J$，则 $\varphi(x_1)=\varphi(x_2)$. 若 $x_1-x_2\notin J$，则 $\varphi(x_1)\cap\varphi(x_2)=\varnothing$. J 的陪集的全体用 A/J 表示．若对任意 x，$y\in A$ 和标量 λ 定义

$$\varphi(x)+\varphi(y)=\varphi(x+y),\quad \lambda\varphi(x)=\varphi(\lambda x), \tag{2}$$

则 A/J 是一个向量空间．由于 J 是向量空间，运算(2)是完全确定的．这就是说，若 $\varphi(x)=\varphi(x')$ 和 $\varphi(y)=\varphi(y')$，则

$$\varphi(x)+\varphi(y)=\varphi(x')+\varphi(y'),\quad \lambda\varphi(x)=\lambda\varphi(x'). \tag{3}$$

显然，φ 也是一个由 A 到 A/J 上的线性映射；A/J 的零元素就是 $\varphi(0)=J$.

下一步假设 A 不仅是一个向量空间而且是一个交换代数．J 是 A 的一个真理想．若 $x'-x\in J$ 且 $y'-y\in J$，则恒等式

$$x'y'-xy=(x'-x)y'+x(y'-y) \tag{4}$$

表明 $x'y'-xy\in J$. 因此在 A/J 中的乘法可以用一种协调的方式予以定义：

$$\varphi(x)\varphi(y)=\varphi(xy) \qquad (x \text{ 和 } y\in A). \tag{5}$$

容易验证 A/J 是一个代数，并且 φ 是 A 到 A/J 上的同态，其核是 J.

若 A 有单位元 e，则 $\varphi(e)$ 是 A/J 的单位元．进而，当且仅当 J 是极大理想时，A/J 是一个域．

为了看出这点，假设 $x\in A$ 而 $x\notin J$，并令

$$I=\{ax+y: a\in A, y\in J\}, \tag{6}$$

则 I 是 A 的一个理想．因为 $x\in I$，故 I 真正包含 J. 当 J 是极大时，$I=A$，于是存在某个 $a\in A$ 和 $y\in J$ 使 $ax+y=e$. 因此 $\varphi(a)\varphi(x)=\varphi(e)$；而这就是说，$A/J$ 的每个非零元都是可逆的，于是 A/J 是域．若 J 不是极大的，我们可以像上述那样选择 x，使 $I\neq A$. 因此 $e\notin I$，从而 $\varphi(x)$ 在 A/J 中不是可逆的．

18.15 商范数 假设 A 是一个赋范线性空间，J 是 A 的闭子空间，且如上所述，$\varphi(x)=x+J$. 定义

$$\|\varphi(x)\|=\inf\{\|x+y\|: y\in J\}. \tag{1}$$

注意 $\|\varphi(x)\|$ 是陪集 $\varphi(x)$ 中诸元素的范数的最大下界；这就与从 x 到 J 的距离相同．称 A/J 中由(1)定义的范数为 A/J 的商范数．它有下列性质：

(a) *A/J 是赋范线性空间．*

(b) *若 A 是巴拿赫空间，则 A/J 亦然．*

(c) *若 A 是交换巴拿赫代数而 J 是一个真闭理想，则 A/J 是交换巴拿赫代数．*

363 这些都是容易验证的．

若 $x\in J$，则 $\|\varphi(x)\|=0$. 若 $x\notin J$，则 J 是闭的这一事实蕴涵着 $\|\varphi(x)\|>0$. 显然 $\|\lambda\varphi(x)\|=|\lambda|\,\|\varphi(x)\|$. 若 x_1 和 $x_2\in A$ 且 $\varepsilon>0$，则存在 y_1 和 $y_2\in J$ 使得

$$\|x_i+y_i\|<\|\varphi(x_i)\|+\varepsilon \qquad (i=1,2). \tag{2}$$

因此

$$\begin{aligned}\|\varphi(x_1+x_2)\| &\leqslant \|x_1+x_2+y_1+y_2\| \\ &< \|\varphi(x_1)\|+\|\varphi(x_2)\|+2\varepsilon,\end{aligned} \tag{3}$$

它给出了三角不等式并证明了(a).

假如 A 是完备的且 $\{\varphi(x_n)\}$ 是 A/J 中的柯西序列，则存在子序列使得

$$\|\varphi(x_{n_i})-\varphi(x_{n_{i+1}})\|<2^{-i} \qquad (i=1,2,3,\cdots), \tag{4}$$

并存在元素 z_i 使 $z_i-x_{n_i}\in J$，且 $\|z_i-z_{i+1}\|<2^{-i}$. 这样，$\{z_i\}$ 是 A 内的一个柯西序列；由于 A 是完备的，存在 $z\in A$ 使 $\|z_i-z\|\to 0$. 由此得出在 A/J 中，$\varphi(x_{n_i})$ 收敛于 $\varphi(z)$. 但是一个柯西序列若有收敛子序列则整个序列收敛．因此 A/J 是完备的，并且证明了(b).

为证明(c)，选择 x_1 和 $x_2\in A$ 以及 $\varepsilon>0$，并选择 y_1，$y_2\in J$ 使(2)成立．注意 $(x_1+y_1)(x_2+y_2)\in x_1x_2+J$，所以

$$\|\varphi(x_1x_2)\|\leqslant\|(x_1+y_1)(x_2+y_2)\|\leqslant\|x_1+y_1\|\,\|x_2+y_2\|. \tag{5}$$

现在(2)蕴涵着

$$\|\varphi(x_1x_2)\| \leqslant \|\varphi(x_1)\| \|\varphi(x_2)\|. \tag{6}$$

最后，如果 e 是 A 的单位元，在(6)中取 $x_1 \notin J$ 而 $x_2=e$，就给出 $\|\varphi(e)\| \geqslant 1$. 但 $e \in \varphi(e)$，商范数的定义表明 $\|\varphi(e)\| \leqslant \|e\|=1$. 所以 $\|\varphi(e)\|=1$，证明完毕. ■

18.16 在论述了这些预备知识后，现在我们就能够导出有关交换巴拿赫代数的一些关键性事实了.

如前一样，假设 A 是一个有单位元的交换的复巴拿赫代数. 对于 A，我们让它对应于 A 的全体复同态的集 Δ；这些同态是 A 到复数域上的同态，或者用不同的术语，是 A 上的不恒等于零的乘法线性泛函. 如前一样，$\sigma(x)$表示元素 $x \in A$ 的谱而 $\rho(x)$是 x 的谱半径.

那么，下述关系成立：

18.17 定理

(a) A 的每个极大理想都是某个 $h \in \Delta$ 的核.

(b) $\lambda \in \sigma(x)$ 当且仅当 $h(x)=\lambda$ 对某个 $h \in \Delta$ 成立.

(c) x 在 A 中是可逆的当且仅当对每个 $h \in \Delta$，$h(x) \neq 0$.

(d) 对每个 $x \in A$ 和 $h \in \Delta$，$h(x) \in \sigma(x)$.

(e) 对每个 $x \in A$ 和 $h \in \Delta$，$|h(x)| \leqslant \rho(x) \leqslant \|x\|$. 364

证明 若 M 是 A 的极大理想，则 A/M 是域；因为 M 是闭的(定理 18.13)，A/M 是巴拿赫代数. 由定理 18.7，存在 A/M 到复数域上的同构 j. 若 $h=j \circ \varphi$，这里 φ 是 A 到 A/M 上的同态，其核为 M，则 $h \in \Delta$ 而 h 的核是 M. 于是(a)得证.

若 $\lambda \in \sigma(x)$，则 $x-\lambda e$ 是不可逆的；因此，对所有 $y \in A$，元素$(x-\lambda e)y$ 的集是 A 的一个真理想(由定理 18.13)，它位于一个极大理想之内. (a)表明存在 $h \in \Delta$ 使 $h(x-\lambda e)=0$. 由 $h(e)=1$即得 $h(x)=\lambda$.

另一方面若 $\lambda \notin \sigma(x)$，则对某个 $y \in A$ 有$(x-\lambda e)y=e$，由此得知对每个 $h \in \Delta$，$h(x-\lambda e)h(y)=1$，所以 $h(x-\lambda e) \neq 0$ 或者 $h(x) \neq \lambda$. (b)式得证.

因为当且仅当 $0 \notin \sigma(x)$时，x 是可逆的，故由(b)可得(c).

最后，(d)和(e)都是(b)的直接推论. ■

注意，(e)蕴涵着 h 作为线性泛函其范数至多是 1. 特别每个 $h \in \Delta$ 是连续的. 这已经在早些时候证明过了(定理 9.21).

应用

现在给出一些定理的例子，这些定理的陈述并不包含代数的概念，然而却可以通过巴拿赫代数的技巧来证明.

18.18 定理 设 $A(U)$是开单位圆盘 U 的闭包 $\overline{U}$ 上全体连续函数的集，这些函数在 U 上的限制是全纯的. 假设 f_1，…，f_n 是 $A(U)$的元素，使得

$$|f_1(z)|+\cdots+|f_n(z)|>0 \tag{1}$$

对每个 $z \in \overline{U}$ 成立，则存在 g_1，…，$g_n \in A(U)$使得

$$\sum_{i=1}^{n} f_i(z)g_i(z)=1 \qquad (z \in \overline{U}). \tag{2}$$

证明 由于全纯函数的和、积以及一致极限都是全纯的，故 $A(U)$赋以上确界范数时是巴拿赫代数．对 $A(U)$的任意一些元素 g_i，所有形如$\sum f_i g_i$ 的函数组成的集 J 是 $A(U)$的一个理想．我们要证明的是 J 包含 $A(U)$的单位元 1．由定理 18.13，当且仅当 J 不包含于 $A(U)$的极大理想时才会出现这情况．由定理 18.17(a)，只需证明不存在 $A(U)$到复数域上的同态 h 使得
365 $h(f_i)=0$对每个 $i(1\leqslant i\leqslant n)$成立就够了．

在确定这些同态之前，先要注意到多项式构成 $A(U)$的稠密子集．为看出这一点，设 $f\in A(U)$和 $\varepsilon>0$，因为 f 在 $\overline{U}$ 上一致连续，存在 $r<1$ 使 $|f(z)-f(rz)|<\varepsilon$ 对所有的 $z\in\overline{U}$ 成立．当 $|rz|<1$ 时，$f(rz)$关于 z 的幂级数展开式是收敛的，因此它对于 $z\in\overline{U}$ 一致收敛于 $f(rz)$．这就给出了所需的逼近．

现在设 h 是 $A(U)$的一个复同态．令 $f_0(z)=z$，则 $f_0\in A(U)$．很明显 $\sigma(f_0)=\overline{U}$．由定理 18.17(d)，存在 $\alpha\in\overline{U}$ 使得 $h(f_0)=\alpha$．因此 $h(f_0{}^n)=\alpha^n=f_0^n(\alpha)$，对 $n=1,2,3,\cdots$成立．于是，对每个多项式 P，$h(P)=P(\alpha)$．因为 h 连续而多项式的集稠密于 $A(U)$，由此得知对每个 $f\in A(U)$有 $h(f)=f(\alpha)$．

我们的假设(1)蕴涵着至少有一个指标 $i(1\leqslant i\leqslant n)$使得 $|f_i(\alpha)|>0$．因此 $h(f_i)\neq 0$．

我们已经证明对每个 $h\in\Delta$ 都至少对应有一个给定的函数 f_i，使得 $h(f_i)\neq 0$．而这一点，正如上面曾注意到的一样，足以证明本定理． ■

注 根据前述证明，我们已经确定了 $A(U)$所有的极大理想．因为其中每一个都是某个$h\in\Delta$的核：如果 $\alpha\in\overline{U}$ 且 M_α 是所有使得 $f(\alpha)=0$ 的 $f\in A(U)$的集，则 M_α 就是 $A(U)$的一个极大理想，而且 $A(U)$的全体极大理想都能由这个途径得出．$A(U)$通常被称为圆盘代数．

18.19 $A(U)$的元素在单位圆周 T 上的限制构成了一个 $C(T)$的闭子代数．这就是在例 18.11 中讨论过的代数 A．事实上 A 是 $C(T)$的一个极大子代数．说得更明确些，若 $A\subset B\subset C(T)$，且 B 是 $C(T)$的(关于上确界范数而言的)闭子代数，则 $B=A$ 或 $B=C(T)$．

从定理 11.21 得知 A 恰好由使得

$$\hat{f}(n)=\frac{1}{2\pi}\int_{-\pi}^{\pi}f(e^{i\theta})e^{-in\theta}d\theta=0\qquad(n=-1,-2,-3,\cdots)\tag{1}$$

成立的那些 $f\in C(T)$组成．因此上面提到的极大性定理可以作为一个逼近定理来叙述．

18.20 定理 假设 $g\in C(T)$，而对某个 $n<0$，$\hat{g}(n)\neq 0$，则对每个 $f\in C(T)$和 $\varepsilon>0$，都对应一个多项式

$$P_n(e^{i\theta})=\sum_{k=0}^{m(n)}a_{n,k}e^{ik\theta}\qquad(n=0,\cdots,N),\tag{1}$$

使得

366
$$\left|f(e^{i\theta})-\sum_{n=0}^{N}P_n(e^{i\theta})g^n(e^{i\theta})\right|<\varepsilon\qquad(e^{i\theta}\in T).\tag{2}$$

证明 设 B 是所有形如

$$\sum_{n=0}^{N}P_n g^n\tag{3}$$

的函数的集在 $C=C(T)$ 中的闭包．这时定理断言 $B=C$. 现在假定 $B\neq C$.

所有形如(3)的函数的集(注意 N 不是固定的)构成一个复代数．它的闭包是一个巴拿赫代数．它包含了函数 f_0，这里 $f_0(e^{i\theta})=e^{i\theta}$. $B\neq C$ 的假定蕴涵着 $1/f_0\notin B$. 如若不然，对所有整数 n，B 都会包含 f_0^n. 因而所有三角多项式都属于 B，但由于三角多项式在 C 中稠密(定理4.25)，就应当有 $B=C$.

于是 f_0 在 B 中是不可逆的．由定理18.17，存在 B 的复同态 h，使 $h(f_0)=0$. 每个到复数域上的同态都满足 $h(1)=1$；又因为 $h(f_0)=0$，所以也有

$$h(f_0^n)=[h(f_0)]^n=0 \qquad (n=1,2,3,\cdots). \tag{4}$$

我们知道 h 是 B 上的线性泛函，其范数至多是 1. 哈恩-巴拿赫定理可将 h 开拓为 C 上具有相同范数的线性泛函(仍以 h 记之)．因为 $h(1)=1$ 而 $\|h\|\leqslant 1$，5.22 节所用的论证表明 h 是 C 上的正线性泛函．特别，对于实的 f，$h(f)$ 是实的，因此 $h(\bar{f})=\overline{h(f)}$. 由于 f_0^{-n} 是 f_0^n 的共轭复数，得知(4)对 $n=-1，-2，-3，\cdots$ 也成立．这样

$$h(f_0^n)=\begin{cases}1 & 若\ n=0,\\ 0 & 若\ n\neq 0.\end{cases} \tag{5}$$

由于三角多项式的集在 C 中稠密，故 C 上只有一个满足(5)的有界线性泛函．因此 h 由公式

$$h(f)=\frac{1}{2\pi}\int_{-\pi}^{\pi}f(e^{i\theta})d\theta \qquad (f\in C) \tag{6}$$

给出.

现在当 n 是正整数时，$gf_0^n\in B$；由于 h 在 B 上是可乘的并根据(5)式，(6)给出

$$\begin{aligned}\hat{g}(-n)&=\frac{1}{2\pi}\int_{-\pi}^{\pi}g(e^{i\theta})e^{in\theta}d\theta=h(gf_0^n)\\ &=h(g)h(f_0^n)=0.\end{aligned} \tag{7}$$

这就与定理的假设矛盾． ■

我们用 Wiener 所作出的一个定理结束．

18.21 定理 假设

$$f(e^{i\theta})=\sum_{-\infty}^{\infty}c_n e^{in\theta}, \quad \sum_{-\infty}^{\infty}|c_n|<\infty, \tag{1}$$ 367

且对每一个实的 θ，$f(e^{i\theta})\neq 0$，则

$$\frac{1}{f(e^{i\theta})}=\sum_{-\infty}^{\infty}\gamma_n e^{in\theta}, 且有 \sum_{-\infty}^{\infty}|\gamma_n|<\infty. \tag{2}$$

证明 设 A 为所有在单位圆周上满足(1)的复函数的空间，赋以范数

$$\|f\|=\sum_{-\infty}^{\infty}|c_n|. \tag{3}$$

显然 A 是一个巴拿赫空间. 事实上, A 等距同构于 ℓ^1, 即整数集上的关于计数测度可积的全体复函数的空间. 但 A 对于点态乘法而言也是一个交换巴拿赫代数. 因为, 若 $g\in A$ 而 $g(e^{i\theta})=\sum b_n e^{in\theta}$，则

$$f(e^{i\theta})g(e^{i\theta}) = \sum_n \Big(\sum_k c_{n-k} b_k \Big) e^{in\theta}, \tag{4}$$

并因之有

$$\| fg \| = \sum_n \Big| \sum_k c_{n-k} b_k \Big| \leqslant \sum_k |b_k| \sum_n |c_{n-k}| = \|f\| \cdot \|g\|. \tag{5}$$

同样，函数 1 是 A 的单位元，且 $\|1\|=1$.

令 $f_0(e^{i\theta})=e^{i\theta}$ 如前，则 $f_0\in A$，$1/f_0\in A$，且对 $n=0,\pm1,\pm2,\cdots$ $\|f_0^n\|=1$. 若 h 是 A 的任意一个复同态且 $h(f_0)=\lambda$，则 $\|h\|\leqslant 1$ 的事实蕴涵着

$$|\lambda^n| = |h(f_0^n)| \leqslant \|f_0^n\| = 1 \quad (n=0,\pm1,\pm2,\cdots), \tag{6}$$

因此 $|\lambda|=1$. 换言之，对每个 h 都对应有一个点 $e^{i\alpha}\in T$，使 $h(f_0)=e^{i\alpha}$，于是

$$h(f_0^n) = e^{in\alpha} = f_0^n(e^{i\alpha}) \quad (n=0,\pm1,\pm2,\cdots). \tag{7}$$

若 f 由(1)给出，则 $f=\sum c_n f_0^n$. 这个级数在 A 中收敛；由于 h 是 A 上的连续线性泛函，从(7)可得出结论

$$h(f) = f(e^{i\alpha}) \quad (f\in A). \tag{8}$$

因此 T 上没有一个点能使 f 变为 0 这一假设说明了 f 不能属于 A 的任何一个复同态的核.
368 现在，定理 18.17 蕴涵着 f 在 A 中是可逆的. 而这恰好是本定理所断言的. ■

习题

1. 假设 $B(X)$ 是巴拿赫空间 X 上全体有界线性算子的代数，当 A，A_1 和 $A_2\in B(X)$ 时，有

$$(A_1+A_2)(x) = A_1x + A_2x, \quad (A_1A_2)(x) = A_1(A_2x),$$
$$\|A\| = \sup \frac{\|Ax\|}{\|x\|},$$

证明 $B(X)$ 是巴拿赫代数.

2. 设 n 是一个正整数，X 是全体 n 元复数序组的空间(用任一种方式赋范，只要能满足赋范线性空间的公理)，而设 $B(X)$ 如习题 1. 证明 $B(X)$ 中每一个元素的谱至多由 n 个复数组成：它们是些什么？
3. 取 $X=L^2(-\infty,\infty)$，假设 $\varphi\in L^\infty(-\infty,\infty)$，并设 M 是一个乘法算子，它将 $f\in L^2$ 变为 φf. 证明 M 是 L^2 上有界线性算子并且 M 的谱等于 φ 的本性值域(第 3 章习题 19).
4. ℓ^2 上的移位算子的谱是什么？(关于定义请参看 17.20 节.)
5. 证明巴拿赫代数中的理想其闭包仍是一个理想.
6. 若 X 是紧豪斯多夫空间，试找出 $C(X)$ 中的全体极大理想.
7. 假设 A 是一个具有单位元的交换巴拿赫代数，它由单个元素 x 生成. 也就是说 x 的多项式在 A 中稠密. 证明 $\sigma(x)$ 的余集是平面上的一个连通子集. 提示：若 $\lambda\notin\sigma(x)$，则存在多项式 P_n 使得在 A 中有 $P_n(x)\to(x-\lambda e)^{-1}$. 证明 $P_n(z)\to(z-\lambda)^{-1}$ 对于 $z\in\sigma(x)$ 一致地成立.
8. 假设 $\sum_0^\infty |c_n|<\infty$，$f(z)=\sum_0^\infty c_nz^n$，对每个 $z\in\overline{U}$ 有 $|f(z)|>0$，且 $1/f(z)=\sum_0^\infty a_nz^n$，证明 $\sum_0^\infty |a_n|<\infty$.
9. 证明巴拿赫代数 $L^1(R^1)$(见 9.19 节)的闭线性子空间当且仅当它是一个理想时，是平移不变的.

10. 证明 $L^1(T)$的乘法按

$$(f*g)(t)=\frac{1}{2\pi}\int_{-\pi}^{\pi}f(t-s)g(s)\mathrm{d}s$$

定义时是一个(没有单位元的)交换巴拿赫代数. 如定理 9.23 一样，找出 $L^1(T)$的全体复同态. 如果 E 是一个整数集且 I_E 是对所有的 $n\in E$, $\hat{f}(n)=0$ 的全体 $f\in L^1(T)$的集，证明 I_E 是 $L^1(T)$的闭理想. 证明 $L^1(T)$的每个闭理想都可按这一方式得出.

11. 具有单位元的巴拿赫代数中的元素 x 的预解式 $R(\lambda, x)$定义为

$$R(\lambda,x)=(\lambda e-x)^{-1},$$

它对所有使这个逆元素存在的复数 λ 定义. 证明恒等式

$$R(\lambda,x)-R(\mu,x)=(\mu-\lambda)R(\lambda)R(\mu),$$

并用它给出定理 18.5 的另一种证明.

12. 设 A 是具有单位元的交换巴拿赫代数. A 的根式定义为 A 的全体极大理想之交. 证明关于元素$x\in A$的下述三个命题是等价的.

(a) x 属于 A 的根式.

(b) $\lim\limits_{n\to\infty}\|x^n\|^{1/n}=0$.

(c) 对于 A 的每个复同态 h，$h(x)=0$.

13. 在巴拿赫代数 A 中，找出一个元素 x(例如，希尔伯特空间上的一个有界线性算子)使得对所有$n>0$, $x^n\neq 0$，但$\lim\limits_{n\to\infty}\|x^n\|^{1/n}=0$. 369

14. 如 18.16 节一样，假设 A 是具有单位元的交换巴拿赫代数，而 Δ 是 A 的全体复同态的集. 对每个$x\in A$，由公式

$$\hat{x}(h)=h(x)\qquad(h\in\Delta)$$

对应有 Δ 上的函数$\hat{x}$，$\hat{x}$称为 x 的盖尔范德变换.

证明映射 $x\to\hat{x}$是 A 到 Δ 上的复函数所组成的关于点态乘法运算的代数$\hat{A}$上的一个同态. 在关于 A 的什么条件下，这个同态是一个同构?(参看习题 12.)

证明谱半径 $\rho(x)$等于

$$\|\hat{x}\|_\infty=\sup\{|\hat{x}(h)|: h\in\Delta\}.$$

证明$\hat{x}$的值域恰好是谱 $\sigma(x)$.

15. 设 A 是一个没有单位元的交换巴拿赫代数，又设 A_1 是所有序对(x, λ)(这里 $x\in A$，λ 是复数)的代数，其加法和乘法按“明显的”方式定义，且 $\|(x, \lambda)\|=\|x\|+|\lambda|$. 证明 A_1 是具有单位元的交换巴拿赫代数. 并且映射 $x\to(x, 0)$是 A 到 A_1 的一个极大理想上的等距同构. 这是一个没有单位元的代数到一个具有单位元的代数的标准的嵌入.

16. 证明 H^∞ 对于上确界范数及点态的加法和乘法是一个交换巴拿赫代数. 当 $|\alpha|<1$ 时映射 $f\to f(\alpha)$是 H^∞ 的一个复同态. 证明一定还有其他的复同态.

17. 证明所有函数$(z-1)^2f$ 的集是 H^∞ 内的一个非闭的理想，这里 $f\in H^\infty$. 提示：当 $|z|<1$, $\varepsilon>0$ 时,

$$|(1-z)^2(1+\varepsilon-z)^{-1}-(1-z)|<\varepsilon.$$

18. 假设 φ 是一个内函数，证明$\{\varphi f: f\in H^\infty\}$是 H^∞ 的闭理想. 换言之，证明若 H^∞ 的序列$\{f_n\}$，使得 $\varphi f_n\to g$ 在U上一致成立，则 $g/\varphi\in H^\infty$. 370

第 19 章　全纯傅里叶变换

引言

19.1　在第 9 章，R^1 上的函数 f 的傅里叶变换定义为 R^1 上的一个函数 $\hat{f}$. 通常 $\hat{f}$ 能开拓为在平面上某区域内全纯的函数. 例如，若 $f(t)=e^{-|t|}$，则 $\hat{f}(x)=(1+x^2)^{-1}$，是一个有理函数. 这并不会太奇怪. 因为对每个实数 t，核 e^{itz} 是 z 的整函数，于是人们自然期望在 f 满足某些条件下，$\hat{f}$ 将在某个区域内全纯.

我们将描述用这种方法引出的两类全纯函数.

对于第一类，设 F 是 $L^2(-\infty,\ \infty)$ 的任意一个函数，它在 $(-\infty,\ 0)$ 上为零.（也就是说，取 $F\in L^2(0,\ \infty)$.）并定义

$$f(z)=\int_0^\infty F(t)e^{itz}\,dt \qquad (z\in \Pi^+), \tag{1}$$

此处 Π^+ 为 $y>0$ 的所有 $z=x+iy$ 的集. 若 $z\in\Pi^+$，则 $|e^{itz}|=e^{-ty}$，这表明积分(1)作为勒贝格积分存在.

若 $\operatorname{Im}z>\delta>0$，$\operatorname{Im}z_n>\delta$，且 $z_n\to z$，则控制收敛定理表明

$$\lim_{n\to\infty}\int_0^\infty |\exp(itz_n)-\exp(itz)|^2\,dt=0.$$

因为被积函数以 L^1-函数 $4\exp(-2\delta t)$ 为界，并且对每个 $t>0$，它是趋于 0 的. 因此由施瓦茨不等式推出 f 在 Π^+ 内连续. 富比尼定理和柯西定理表明，对 Π^+ 内每一条闭路径 γ，$\int_\gamma f(z)\,dz=0$. 由莫累拉定理，$f\in H(\Pi^+)$. 371

让我们改写(1)为如下形式：

$$f(x+iy)=\int_0^\infty F(t)e^{-ty}e^{itx}\,dt. \tag{2}$$

把 y 看成是固定的，并应用 Plancherel 定理. 对每个 $y>0$，我们得到

$$\frac{1}{2\pi}\int_{-\infty}^\infty |f(x+iy)|^2\,dx=\int_0^\infty |F(t)|^2e^{-2ty}\,dt\leqslant\int_0^\infty |F(t)|^2\,dt. \tag{3}$$

（注意，这里的符号与第 9 章的不同. 那里基本的测度是勒贝格测度除以 $\sqrt{2\pi}$. 此处我们用的正好是勒贝格测度. 这说明了(3)内出现的因子 $\frac{1}{2\pi}$.）这就表明：

(a) *若 f 属于形式(1)，则 f 在 Π^+ 内全纯，且它们在 Π^+ 的水平线上的限制构成了 $L^2(-\infty,\ \infty)$ 内一个有界集.*

第二类由所有形如

$$f(z)=\int_{-A}^A F(t)e^{itz}\,dt \tag{4}$$

的 f 组成. 此处 $0<A<\infty$ 且 $F\in L^2(-A,A)$. 这些函数 f 是整函数(证明同上), 并且它们满足增长条件:

$$|f(z)|\leqslant\int_{-A}^{A}|F(t)|\mathrm{e}^{-ty}\,\mathrm{d}t\leqslant\mathrm{e}^{A|y|}\int_{-A}^{A}|F(t)|\,\mathrm{d}t. \tag{5}$$

若 C 是最后一个积分, 则 $C<\infty$, 且由(5)可推出

$$|f(z)|\leqslant C\mathrm{e}^{A|z|}. \tag{6}$$

(满足(6)的整函数称为指数型的.)因而:

(b)每个属于(4)型的 f 都是满足(6)的整函数, 且它们在实轴上的限制属于 L^2(由 Plancherel 定理).

值得注意的是(a)和(b)的逆仍真. 这是定理 19.2 及定理 19.3 的内容.

Paley 和 Wiener 的两个定理

19.2 定理 假设 $f\in H(\Pi^+)$ 及

$$\sup_{0<y<\infty}\frac{1}{2\pi}\int_{-\infty}^{\infty}|f(x+\mathrm{i}y)|^2\,\mathrm{d}x=C<\infty, \tag{1}$$

则存在 $F\in L^2(0,\infty)$, 使得

372

$$f(z)=\int_0^{\infty}F(t)\mathrm{e}^{\mathrm{i}tz}\,\mathrm{d}t\qquad(z\in\Pi^+), \tag{2}$$

且

$$\int_0^{\infty}|F(t)|^2\,\mathrm{d}t=C. \tag{3}$$

注 我们寻求的函数 F 具有这样的性质, 它使 $f(x+\mathrm{i}y)$ 是 $F(t)\mathrm{e}^{-yt}$ 的傅里叶变换(我们把 y 视为一个正的常数). 应用反演公式(这样做正确与否不是主要的, 我们是在尝试引导出下面的证明), 所求的 F 应当具有形式

$$F(t)=\mathrm{e}^{ty}\cdot\frac{1}{2\pi}\int_{-\infty}^{\infty}f(x+\mathrm{i}y)\mathrm{e}^{-\mathrm{i}tx}\,\mathrm{d}x=\frac{1}{2\pi}\int f(z)\mathrm{e}^{-\mathrm{i}tz}\,\mathrm{d}z. \tag{4}$$

最后的积分是沿 Π^+ 内一条水平直线的, 并且当这一推理完全正确时, 这个积分将不依赖于我们偶然选取的特殊直线. 这暗示应当求助于柯西定理.

证明 固定 y, $0<y<\infty$. 对每个 $\alpha>0$, 令 Γ_α 为顶点在 $\pm\alpha+i$ 及 $\pm\alpha+iy$ 的长方形路径. 由柯西定理

$$\int_{\Gamma_\alpha}f(z)\mathrm{e}^{-\mathrm{i}tz}\,\mathrm{d}z=0. \tag{5}$$

我们仅考虑 t 的实数值. 令 $\Phi(\beta)$ 为 $f(z)\mathrm{e}^{-\mathrm{i}tz}$ 沿 $\beta+\mathrm{i}$ 到 $\beta+\mathrm{i}y$(β 为实数)的直线区间的积分. 若 $y<1$, 令 $I=[y,1]$, 若 $1<y$, 令 $I=[1,y]$, 则

$$|\Phi(\beta)|^2=\left|\int_I f(\beta+\mathrm{i}u)\mathrm{e}^{-\mathrm{i}t(\beta+\mathrm{i}u)}\,\mathrm{d}u\right|^2 \tag{6}$$

$$\leqslant\int_I|f(\beta+\mathrm{i}u)|^2\,\mathrm{d}u\int_I\mathrm{e}^{2tu}\,\mathrm{d}u.$$

令

$$\Lambda(\beta)=\int_I|f(\beta+\mathrm{i}u)|^2\mathrm{d}u, \tag{7}$$

由富比尼定理，(1)式表明

$$\frac{1}{2\pi}\int_{-\infty}^{\infty}\Lambda(\beta)\mathrm{d}\beta\leqslant Cm(I). \tag{8}$$

因此存在序列$\{\alpha_j\}$，使得$\alpha_j\to\infty$，并且

$$\Lambda(\alpha_j)+\Lambda(-\alpha_j)\to 0\qquad(j\to\infty). \tag{9}$$

由(6)，这蕴涵着当$j\to\infty$时，

$$\Phi(\alpha_j)\to 0,\quad \Phi(-\alpha_j)\to 0. \tag{10}$$ 373

注意，对每个t这个式子都成立，且序列$\{\alpha_j\}$不依赖于t.

定义

$$g_j(y,t)=\frac{1}{2\pi}\int_{-\alpha_j}^{\alpha_j}f(x+\mathrm{i}y)\mathrm{e}^{-\mathrm{i}tx}\mathrm{d}x, \tag{11}$$

则由(5)和(10)推导出

$$\lim_{j\to\infty}[\mathrm{e}^{ty}g_j(y,t)-\mathrm{e}^t g_j(1,t)]=0\qquad(-\infty<t<\infty). \tag{12}$$

记$f(x+\mathrm{i}y)$为$f_y(x)$. 由假设$f_y\in L^2(-\infty,\infty)$，且 Plancherel 定理断言

$$\lim_{j\to\infty}\int_{-\infty}^{\infty}|\hat{f}_y(t)-g_j(y,t)|^2\mathrm{d}t=0, \tag{13}$$

此处$\hat{f}_y$是f_y的傅里叶变换. 因此$\{g_j(y,t)\}$有一个子序列，对几乎所有的t点态收敛于$\hat{f}_y(t)$(定理 3.12). 如果我们定义

$$F(t)=\mathrm{e}^t\hat{f}_1(t), \tag{14}$$

那么，由(12)即得

$$F(t)=\mathrm{e}^{ty}\hat{f}_y(t). \tag{15}$$

注意(14)不包含y，且(15)对每个$y\in(0,\infty)$成立. Plancherel 定理能应用于(15)：

$$\begin{aligned}\int_{-\infty}^{\infty}\mathrm{e}^{-2ty}|F(t)|^2\mathrm{d}t&=\int_{-\infty}^{\infty}|\hat{f}_y(t)|^2\mathrm{d}t\\&=\frac{1}{2\pi}\int_{-\infty}^{\infty}|f_y(x)|^2\mathrm{d}x\leqslant C.\end{aligned} \tag{16}$$

令$y\to\infty$，(16)表明在$(-\infty,0)$内几乎处处有$F(t)=0$.

令$y\to 0$，(16)表明

$$\int_0^{\infty}|F(t)|^2\mathrm{d}t\leqslant C. \tag{17}$$

现由(15)得出，$y>0$时，$\hat{f}_y\in L^1$. 因此定理 9.14 给出

$$f_y(x)=\int_{-\infty}^{\infty}\hat{f}_y(t)\mathrm{e}^{\mathrm{i}tx}\mathrm{d}t \tag{18}$$

或

$$f(z)=\int_0^{\infty}F(t)\mathrm{e}^{-yt}\mathrm{e}^{\mathrm{i}tx}\mathrm{d}t=\int_0^{\infty}F(t)\mathrm{e}^{\mathrm{i}tz}\mathrm{d}t\qquad(z\in\Pi^+). \tag{19}$$

374 这就是(2). 现在由(17)及公式19.1(3)得出(3). ■

19.3 定理 假设 A 和 C 是正的常数，f 是一个整函数，使得对所有 z

$$|f(z)| \leqslant C e^{A|z|}, \tag{1}$$

且

$$\int_{-\infty}^{\infty} |f(x)|^2 dx < \infty, \tag{2}$$

则存在一个 $F \in L^2(-A, A)$ 使得对所有的 z

$$f(z) = \int_{-A}^{A} F(t) e^{itz} dt. \tag{3}$$

证明 对 $\varepsilon > 0$ 及实数 x，令 $f_\varepsilon(x) = f(x) e^{-\varepsilon|x|}$，我们将证明

$$\lim_{\varepsilon \to 0} \int_{-\infty}^{\infty} f_\varepsilon(x) e^{-itx} dx = 0 \qquad (t \text{ 是实数}, |t| > A). \tag{4}$$

因为当 $\varepsilon \to 0$ 时，$\|f_\varepsilon - f\|_2 \to 0$，Plancherel 定理蕴涵着在 L^2 内 f_ε 的傅里叶变换收敛于 f 的傅里叶变换 F.（更确切一点，是 f 在实轴上的限制.）因此，由(4)将推出 F 在 $[-A, A]$ 外为零. 这样，定理9.14表明(3)对几乎每一个实数 z 都成立. 由于(3)的每一边都是整函数，便得出(3)对每一个复数 z 成立.

这样，(4)蕴涵着本定理.

对每一实数 α，设 Γ_α 是由

$$\Gamma_\alpha(s) = s e^{i\alpha} \qquad (0 \leqslant s < \infty) \tag{5}$$

定义的路径，令

$$\Pi_\alpha = \{w: \operatorname{Re}(w e^{i\alpha}) > A\}, \tag{6}$$

并且，当 $w \in \Pi_\alpha$ 时，定义

$$\Phi_\alpha(w) = \int_{\Gamma_\alpha} f(z) e^{-wz} dz = e^{i\alpha} \int_0^{\infty} f(s e^{i\alpha}) \exp(-w s e^{i\alpha}) ds. \tag{7}$$

由(1)和(5)，被积函数的绝对值最多是

$$C \exp\{-[\operatorname{Re}(w e^{i\alpha}) - A] s\}.$$

由此得出(如在19.1节一样)，Φ_α 在半平面 Π_α 内全纯.

然而，进一步当 $\alpha = 0$ 及 $\alpha = \pi$ 时也是正确的：我们有

375

$$\Phi_0(w) = \int_0^{\infty} f(x) e^{-wx} dx \qquad (\operatorname{Re} w > 0), \tag{8}$$

$$\Phi_\pi(w) = -\int_{-\infty}^{0} f(x) e^{-wx} dx \qquad (\operatorname{Re} w < 0). \tag{9}$$

因为(2)，Φ_0 及 Φ_π 在所指定的半平面是全纯的.

函数 Φ_α 对于(4)的意义，在于下述容易验证的关系：

$$\int_{-\infty}^{\infty} f_\varepsilon(x) e^{-itx} dx = \Phi_0(\varepsilon + it) - \Phi_\pi(-\varepsilon + it) \qquad (t \text{ 为实数}). \tag{10}$$

因此我们要证明，若 $t > A$ 和 $t < -A$，则当 $\varepsilon \to 0$ 时，(10)的右边趋于零.

我们的证明，将通过证明任意两个函数 Φ_α 在它们的定义域交集内是相同的，也就是说，它们是彼此的解析延拓. 一旦做了这一点，我们就能在 $t < -A$ 时用 $\Phi_{\frac{\pi}{2}}$，而 $t > A$ 时，用 $\Phi_{-\frac{\pi}{2}}$

来代替(10)中的 Φ_0 和 Φ_π，因此当 $\varepsilon\to 0$ 时，(10)式右边的差趋于 0 就是很明显的了.

这样，假设 $0<\beta-\alpha<\pi$. 令

$$\gamma=\frac{\alpha+\beta}{2},\qquad \eta=\cos\frac{\beta-\alpha}{2}>0. \tag{11}$$

若 $w=|w|e^{-i\gamma}$，则

$$\operatorname{Re}(we^{i\alpha})=\eta|w|=\operatorname{Re}(we^{i\beta}). \tag{12}$$

于是一旦 $|w|>A/\eta$，就有 $w\in\Pi_\alpha\cap\Pi_\beta$. 考虑沿由 $\Gamma(t)=re^{it}$，$\alpha\leqslant t\leqslant\beta$ 的圆孤 Γ 的积分

$$\int_\Gamma f(z)e^{-wz}dz. \tag{13}$$

由于

$$\operatorname{Re}(-wz)=-|w|r\cos(t-\gamma)\leqslant-|w|r\eta, \tag{14}$$

(13)内的被积函数的绝对值不会超过

$$C\exp\{(A-|w|\eta)r\}.$$

若 $|w|>A/\eta$，便得出当 $r\to\infty$ 时，(13)趋于 0.

我们现在应用柯西定理. $f(z)e^{-wz}$ 沿区间 $[0, re^{i\beta}]$ 的积分等于(13)与沿 $[0, re^{i\alpha}]$ 的积分之和. 由于当 $r\to\infty$ 时，(13)趋于 0，我们最终得出，若 $w=|w|e^{-i\gamma}$ 和 $|w|>A/\eta$，则有 $\Phi_\alpha(w)=\Phi_\beta(w)$. 这样，定理 10.18 表明 Φ_α 及 Φ_β 在它们原来定义的半平面的交集内重合.

这就完成了证明. ■

19.4 评注 上述两个证明每一个都依靠柯西定理的一个典型的应用. 在定理 19.2，我们
用沿另一水平线的积分代替沿一水平线的积分来证明 19.2(15)不依赖于 y；在定理 19.3 用另 376
一条射线代替一条射线用以构成解析延拓. 这个结果确实表明这些函数 Φ_α 都是一个在 $[-Ai, Ai]$ 的余集内全纯的函数 Φ 的限制.

在定理 19.2 中所描述的函数类是在第 17 章讨论的 H^2 类的半平面类似物. 定理 19.3 将用于当茹瓦-卡尔曼定理(定理 19.11)的证明.

拟解析类

19.5 若 Ω 是一个区域且 $z_0\in\Omega$，这时每一个 $f\in H(\Omega)$ 是由数 $f(z_0)$，$f'(z_0)$，$f''(z_0)\cdots$ 唯一确定的. 另一方面，存在 R^1 上的无限次可微函数，它不恒等于零，但在某个区间上为零. 这样，我们在此得到全纯函数具有的而在 C^∞(在 R^1 所有无限次可微的复函数类)不成立的唯一性性质.

若 $f\in H(\Omega)$，序列 $\{|f^{(n)}(z_0)|\}$ 的增长，将受到定理 10.26 的限制. 因此有理由问，上述的唯一性性质，是否对 C^∞ 中导数的增长遵守某些限制的函数组成适当的子类仍然成立？这就是作出下列定义的动机. 问题的答案由定理 19.11 给出.

19.6 $C\{M_n\}$ 类 设 M_0，M_1，M_2，…是正数，我们令 $C\{M_n\}$ 为所有 $f\in C^\infty$，并满足下列不等式的类

$$\|D^n f\|_\infty\leqslant\beta_f B_f^n M_n\qquad(n=0,1,2,\cdots), \tag{1}$$

此处 $D^0 f=f$，$n\geqslant1$ 时，$D_n f$ 是 f 的 n 阶导数，范数是在 R^1 上的上确界范数，而 β_f 和 B_f 是正的常数(依赖于 f，但不依赖 n).

若 f 满足(1)，则

$$\limsup_{n\to\infty}\left\{\frac{\|D^n f\|_\infty}{M_n}\right\}^{1/n} \leqslant B_f. \tag{2}$$

这表明 B_f 是比 β_f 更有意义的量．然而，若在(1)内省略掉 β_f，则 $n=0$ 的场合将推出 $\|f\|_\infty \leqslant M_0$．这是一个不希望有的限制．而包括 β_f 在内就使 $C\{M_n\}$ 成为一向量空间．

每一个 $C\{M_n\}$ 在仿射变换下是不变的．更明确地说，假设 $f\in C\{M_n\}$ 及 $g(x)=f(ax+b)$，则 g 满足(1)，并有 $\beta_g=\beta_f$ 及 $B_g=aB_f$．

在研究时，我们将对序列 $\{M_n\}$ 作出两个补充假设：

$$M_0 = 1, \tag{3}$$

$$M_n{}^2 \leqslant M_{n-1}M_{n+1} \qquad (n=1,2,3,\cdots). \tag{4}$$

377 假设(4)也可以表示为这样的形式：$\{\log M_n\}$ 是一个凸序列．

这些假设将简化我们某些工作，并且也不会丧失一般性．（可以证明，每一类 $C\{M_n\}$ 是等于某一类 $C\{\overline{M}_n\}$，其中 $\{\overline{M}_n\}$ 满足(3)和(4)，不过我们不打算这样做．）

下列结果说明(3)及(4)的作用．

19.7 定理 每个 $C\{M_n\}$ 关于点态乘法是一个代数．

证明 假设 f 和 $g\in C\{M_n\}$，且 β_f，B_f，β_g 及 B_g 为对应的常数．微分乘积法则表明

$$D^n(fg) = \sum_{j=0}^{n}\binom{n}{j}(D^j f)\cdot(D^{n-j}g), \tag{1}$$

因此

$$|D^n(fg)| \leqslant \beta_f\beta_g\sum_{j=0}^{n}\binom{n}{j}B_f^jB_g{}^{n-j}M_jM_{n-j}. \tag{2}$$

将 $\{\log M_n\}$ 的凸性与 $M_0=1$ 结合起来，就得出对于 $0\leqslant j\leqslant n$，有 $M_jM_{n-j}\leqslant M_n$．因此，由(2)，二项式定理导出

$$\|D^n(fg)\|_\infty \leqslant \beta_f\beta_g(B_f+B_g)^nM_n \qquad (n=0,1,2,\cdots), \tag{3}$$

于是 $fg\in C\{M_n\}$． ■

19.8 定义 若条件

$$f\in C\{M_n\},(D^nf)(0)=0 \qquad (n=0,1,2,\cdots) \tag{1}$$

能推出 $f(x)=0$ 对所有 $x\in R^1$ 成立，则称类 $C\{M_n\}$ 为拟解析的．

$(D^nf)(0)$ 用 $(D^nf)(x_0)$ 代替时，对于任何给定的点 x_0，这个定义的内容当然不会改变．

因此拟解析类是具有我们在 19.6 节陈述的唯一性性质的函数类的一种．这些类中之一与全纯函数密切相关．

19.9 定理 类 $C\{n!\}$ 由所有这样的 f 组成，f 对应有一个 $\delta>0$，使得 f 在由 $|\mathrm{Im}(z)|<\delta$ 定义的带形域内能开拓为有界全纯函数．

因此，$C\{n!\}$ 是一个拟解析类．

证明 假设 $f\in H(\Omega)$，且对所有 $z\in\Omega$，$|f(z)|<\beta$．这里 Ω 由具有 $|y|<\delta$ 的所有 $z=x+iy$ 组成．由定理 10.26 得出，对所有实数 x

$$|(D^n f)(x)| \leqslant \beta\delta^{-n} n! \qquad (n = 0,1,2,\cdots). \tag{1}$$

因此，f 在实轴上的限制属于 $C\{n!\}$. 378

相反，假设 f 定义在实轴上，且 $f\in C\{n!\}$，换言之

$$\| D^n f \|_\infty \leqslant \beta B^n n! \qquad (n = 0,1,2,\cdots). \tag{2}$$

我们断言表示式

$$f(x) = \sum_{n=0}^{\infty} \frac{(D^n f)(a)}{n!}(x-a)^n \tag{3}$$

对所有 $a\in R^1$，当 $a-B^{-1}<x<a+B^{-1}$ 时是正确的. 由泰勒公式重复进行分部积分得出

$$\begin{aligned} f(x) = &\sum_{j=0}^{n-1} \frac{(D^j f)(a)}{j!}(x-a)^j \\ &+ \frac{1}{(n-1)!}\int_a^x (x-t)^{n-1}(D^n f)(t)\,\mathrm{d}t. \end{aligned} \tag{4}$$

由(2)式知(4)中最后一项(余项)被

$$n\beta B^n \left| \int_a^x (x-t)^{n-1}\,\mathrm{d}t \right| = \beta |B(x-a)|^n \tag{5}$$

所控制. 如果 $|B(x-a)|<1$，当 $n\to\infty$ 时，它就趋于 0，从而得出(3)式.

我们现在能在(3)式内用满足 $|z-a|<1/B$ 的任何一个复数 z 来代替 x. 这就在中心为 a，半径为 $1/B$ 的圆盘内定义了一个全纯函数 F_a，并且当 x 是实数，而 $|x-a|<1/B$ 时，$F_a(x)=f(x)$. 因此不同的函数 F_a 都是彼此的解析延拓，它们在带形域 $|y|<1/B$ 内构成 f 的全纯开拓.

若 $0<\delta<1/B$，且 $z=a+\mathrm{i}y$，$|y|<\delta$，则

$$\begin{aligned} |F(z)| = |F_a(z)| &= \left| \sum_{n=0}^{\infty} \frac{(D^n f)(a)}{n!}(\mathrm{i}y)^n \right| \\ &\leqslant \beta \sum_{n=0}^{\infty} (B\delta)^n = \frac{\beta}{1-B\delta}. \end{aligned}$$

这表明 F 在带形域 $|y|<\delta$ 内有界，并完成了证明. ■

19.10 定理 类 $C\{M_n\}$ 是拟解析的，当且仅当 $C\{M_n\}$ 不包含具有紧支集的非平凡函数.

证明 若 $C\{M_n\}$ 是拟解析的，$f\in C\{M_n\}$，且 f 有紧支集，则 f 和它的所有导数显然在某点为零. 因此对所有 x，$f(x)=0$.

若 $C\{M_n\}$ 不是拟解析的，则存在一个 $f\in C\{M_n\}$，使得对 $n=0$，1，2，…，$(D^n f)(0)=0$，但对某个 x_0，$f(x_0)\neq 0$. 我们可以假定 $x_0>0$. 若对 $x\geqslant 0$，令 $g(x)=f(x)$；对 $x<0$，令 $g(x)=0$，则 $g\in C\{M_n\}$. 令 $h(x)=g(x)g(2x_0-x)$. 由定理 19.7，$h\in C\{M_n\}$. 同样，若 $x<0$ 和 $x>2x_0$，则 $h(x)=0$. 但 $h(x_0)=f^2(x_0)\neq 0$. 因此，h 是 $C\{M_n\}$ 的一个具有紧支集的非平凡元素. ■ 379

我们现在完成了关于拟解析类基本定理的预备工作.

当茹瓦-卡尔曼定理

19.11 定理 设 $M_0=1$，对 $n=1$，2，3…，$M_n^2\leqslant M_{n-1}M_{n+1}$，且对 $x>0$

$$Q(x)=\sum_{n=0}^{\infty}\frac{x^n}{M_n},\qquad q(x)=\sup_{n\geqslant 0}\frac{x^n}{M_n},$$

则下列五个条件中的任何一个可推出其余四个：

(a) $C\{M_n\}$不是拟解析的.

(b) $\int_0^{\infty}\log Q(x)\frac{\mathrm{d}x}{1+x^2}<\infty$.

(c) $\int_0^{\infty}\log q(x)\frac{\mathrm{d}x}{1+x^2}<\infty$.

(d) $\sum_{n=1}^{\infty}\left(\frac{1}{M_n}\right)^{1/n}<\infty$.

(e) $\sum_{n=1}^{\infty}\frac{M_{n-1}}{M_n}<\infty$.

注 如果当 $n\to\infty$ 时，$M_n\to\infty$ 十分迅速，那么当 $x\to\infty$ 时，$Q(x)$会慢慢地趋向无穷. 这五个条件，以它们自己的方式说明，$M_n\to\infty$ 是很迅速的. 同时注意 $Q(x)\geqslant 1$ 和 $q(x)\geqslant 1$. 这样，(b)，(c)内的积分恒有定义. 可能对某些 $x<\infty$ 出现 $Q(x)=\infty$. 在这种情况下，积分(b)是$+\infty$，并且定理断言 $C\{M_n\}$是拟解析的.

若 $M_n=n!$，则 $M_{n-1}/M_n=1/n$，因此(e)被破坏了. 这时定理就断言，$C\{n!\}$是拟解析的，与定理 19.9 一致.

证明 [(a)推出 (b)] 假设 $C\{M_n\}$不是拟解析的，则 $C\{M_n\}$包含一个具有紧支集的非平凡函数(定理 19.10). 通过对变量的一个仿射变换给出一个函数 $F\in C\{M_n\}$，它在某区间$[0,A]$内具有支集，使得

$$\|D^nF\|_{\infty}\leqslant 2^{-n}M_n\qquad(n=0,1,2,\cdots),\tag{1}$$

并使得 F 不恒等于零. 定义

$$f(z)=\int_0^A F(t)\mathrm{e}^{\mathrm{i}tz}\mathrm{d}t\tag{2}$$

和

380 $$g(w)=f\left(\frac{\mathrm{i}-\mathrm{i}w}{1+w}\right),\tag{3}$$

则 f 是整函数. 若 $\mathrm{Im}z>0$，(2)内被积函数的绝对值最多是 $|F(t)|$. 于是，f 在上半平面有界；因此 g 在 U 内有界. 同时，g 在 $\bar{U}$ 上，除点 $w=-1$ 外连续. 因为 f 不恒等于 0(由傅里叶变换的唯一性定理)，g 也不恒等于 0. 定理 15.19 表明

$$\frac{1}{2\pi}\int_{-\pi}^{\pi}\log|g(\mathrm{e}^{\mathrm{i}\theta})|\,\mathrm{d}\theta>-\infty.\tag{4}$$

若 $x=\mathrm{i}(1-\mathrm{e}^{\mathrm{i}\theta})/(1+\mathrm{e}^{\mathrm{i}\theta})=\tan(\theta/2)$，则 $\mathrm{d}\theta=2(1+x^2)^{-1}\mathrm{d}x$，于是(4)与

$$\frac{1}{\pi}\int_{-\infty}^{\infty}\log|f(x)|\frac{\mathrm{d}x}{1+x^2}>-\infty\tag{5}$$

相同. 另一方面，由于 F 和它的各阶导数在 0 及 A 为零，(2)的分部积分给出

$$f(z) = (\mathrm{i}z)^{-n}\int_0^A (D^n F)(t)\mathrm{e}^{\mathrm{i}tz}\,\mathrm{d}t \qquad (z \neq 0). \tag{6}$$

现在由(1)和(6)得出

$$|x^n f(x)| \leqslant 2^{-n} A M_n \qquad (x \text{ 为实数}, n = 0,1,2,\cdots), \tag{7}$$

因此

$$Q(x)|f(x)| = \sum_{n=0}^{\infty} \frac{x^n |f(x)|}{M_n} \leqslant 2A \qquad (x \geqslant 0), \tag{8}$$

且(5)及(8)推出(b)成立. ■

证明 [(b)推出(c)] $q(x) \leqslant Q(x)$. ■

证明 [(c)推出(d)] 令 $a_n = M_n^{1/n}$，由 $M_0 = 1$ 和 $M_n^2 \leqslant M_{n-1}M_{n+1}$，容易验证对 $n > 0$，有 $a_n \leqslant a_{n+1}$. 若 $x \geqslant \mathrm{e}a_n$，则 $x^n/M_n \geqslant \mathrm{e}^n$，于是

$$\log q(x) \geqslant \log \frac{x^n}{M_n} \geqslant \log \mathrm{e}^n = n. \tag{9}$$

因此，对每一个 N，

$$\begin{aligned} \mathrm{e}\int_{\mathrm{e}a_1}^{\infty} \log q(x) \cdot \frac{\mathrm{d}x}{x^2} &\geqslant \mathrm{e}\sum_{n=1}^{N} n\int_{\mathrm{e}a_n}^{\mathrm{e}a_{n+1}} x^{-2}\,\mathrm{d}x + \mathrm{e}\int_{\mathrm{e}a_{N+1}}^{\infty} (N+1)x^{-2}\,\mathrm{d}x \\ &= \sum_{n=1}^{N} n\left(\frac{1}{a_n} - \frac{1}{a_{n+1}}\right) + \frac{N+1}{a_{N+1}} = \sum_{n=1}^{N+1} \frac{1}{a_n}. \end{aligned} \tag{10}$$

这表明(c) 推出(d). ■ 381

证明 [(d)推出(e)] 令

$$\lambda_n = \frac{M_{n-1}}{M_n} \qquad (n = 1,2,3,\cdots), \tag{11}$$

则 $\lambda_1 \geqslant \lambda_2 \geqslant \lambda_3 \geqslant \cdots$，并且若如上所述，$a_n = M_n^{1/n}$，我们便有

$$(a_n\lambda_n)^n \leqslant M_n \cdot \lambda_1\lambda_2\cdots\lambda_n = 1. \tag{12}$$

这样，$\lambda_n \leqslant 1/a_n$ 和 $\sum 1/a_n$ 的收敛性可推出 $\sum\lambda_n$ 收敛. ■

证明 [(e)推出(a)] 现在假设 $\sum\lambda_n < \infty$，其中 λ_n 由(11)给出. 我们断言函数

$$f(z) = \left(\frac{\sin z}{z}\right)^2 \prod_{n=1}^{\infty} \frac{\sin\lambda_n z}{\lambda_n z} \tag{13}$$

是一个不恒等于 0 的指数型整函数，满足不等式

$$|x^k f(x)| \leqslant M_k \left(\frac{\sin x}{x}\right)^2 \qquad (x \text{ 为实数}, k = 0,1,2,\cdots). \tag{14}$$

首先注意 $1 - z^{-1}\sin z$ 在原点具有零点. 因此，存在一个常数 B，使得

$$\left|1 - \frac{\sin z}{z}\right| \leqslant B|z| \qquad (|z| \leqslant 1), \tag{15}$$

于是得出

$$\left|1 - \frac{\sin\lambda_n z}{\lambda_n z}\right| \leqslant B\lambda_n|z| \qquad \left(|z| \leqslant \frac{1}{\lambda_n}\right). \tag{16}$$

从而级数

$$\sum_{n=1}^{\infty}\left|1-\frac{\sin\lambda_n z}{\lambda_n z}\right| \tag{17}$$

在紧集上一致收敛.（注意，因为$\sum\lambda_n<\infty$，所以当$n\to\infty$时，$1/\lambda_n\to\infty$.）因此无穷乘积(13)定义一个不恒等于零的整函数 f.

其次，恒等式

$$\frac{\sin z}{z}=\frac{1}{2}\int_{-1}^{1}\mathrm{e}^{\mathrm{i}tz}\,\mathrm{d}t \tag{18}$$

表明，若 $z=x+\mathrm{i}y$，则 $|z^{-1}\sin z|\leqslant \mathrm{e}^{|y|}$. 因此

382 $$|f(z)|\leqslant \mathrm{e}^{A|z|},\text{其中 } A=2+\sum_{n=1}^{\infty}\lambda_n. \tag{19}$$

对实数 x，我们有 $|\sin x|\leqslant|x|$，及 $|\sin x|\leqslant 1$. 因此

$$\begin{aligned}|x^k f(x)|&\leqslant|x^k|\left(\frac{\sin x}{x}\right)^2\prod_{n=1}^{k}\left|\frac{\sin\lambda_n x}{\lambda_n x}\right|\\&\leqslant\left(\frac{\sin x}{x}\right)^2(\lambda_1\cdots\lambda_k)^{-1}=M_k\left(\frac{\sin x}{x}\right)^2.\end{aligned} \tag{20}$$

这就给出了(14). 积分(14)，便得到

$$\frac{1}{\pi}\int_{-\infty}^{\infty}|x^k f(x)|\,\mathrm{d}x\leqslant M_k\qquad(k=0,1,2,\cdots). \tag{21}$$

我们已证明出 f 满足定理 19.3 的假设. f 的傅里叶变换

$$F(t)=\frac{1}{2\pi}\int_{-\infty}^{\infty}f(x)\mathrm{e}^{-\mathrm{i}tx}\,\mathrm{d}x\qquad(t\text{ 为实数}) \tag{22}$$

因此是不恒等于零的、具有紧支集的函数. 由(21)知 $F\in C^{\infty}$，并且反复应用定理 9.2(f)，便得到

$$(D^kF)(t)=\frac{1}{2\pi}\int_{-\infty}^{\infty}(-\mathrm{i}x)^k f(x)\mathrm{e}^{-\mathrm{i}tx}\,\mathrm{d}x. \tag{23}$$

因此，由(21)，$\|D^kF\|_{\infty}\leqslant M_k$. 它表明 $F\in C\{M_n\}$.

因此 $C\{M_n\}$不是拟解析的，证明完毕. ■

习题

1. 假设 f 是指数型的整函数，且

$$\varphi(y)=\int_{-\infty}^{\infty}|f(x+\mathrm{i}y)|^2\,\mathrm{d}x.$$

证明或者对所有实数 y，$\varphi(y)=\infty$，或者对所有实数 y，$\varphi(y)<\infty$，证明如果 φ 是有界函数，则 $f=0$.

2. 假设 f 是指数型的整函数，使得 f 在两条非平行直线上的限制属于 L^2. 证明 $f=0$.

3. 假设 f 是指数型的整函数，它在两条非平行直线上的限制是有界的. 证明 f 是常数.（应用第 12 章习题 9.）

4. 假设 f 是整函数. $|f(z)|<C\exp(A|z|)$，且 $f(z)=\sum a_n z^n$，令

$$\Phi(w)=\sum_{n=0}^{\infty}\frac{n!a_n}{w^{n+1}}.$$

证明：当 $|w|>A$ 时，级数收敛，若 $\Gamma(t)=(A+\varepsilon)\mathrm{e}^{\mathrm{i}t}$，$0\leqslant t\leqslant 2\pi$，则

$$f(z)=\frac{1}{2\pi i}\int_{\Gamma}\Phi(w)e^{wz}dw,$$ 383

并且 Φ 就是定理 19.3 的证明中出现的函数(也可参看第 19.4 节).

5. 假设 f 满足定理 19.2 的假设，证明柯西公式

$$f(z)=\frac{1}{2\pi i}\int_{-\infty}^{\infty}\frac{f(\xi+i\varepsilon)}{\xi+i\varepsilon-z}d\xi \qquad (0<\varepsilon<y) \tag{*}$$

成立，此处 $z=x+iy$. 证明

$$f^*(x)=\lim_{y\to 0}f(x+iy)$$

对几乎所有 x 存在. f^* 与定理 19.2 出现的函数 F 之间有什么关系？若在(*)中令 $\varepsilon=0$，且在被积函数中用 f^* 代替 f，(*)是否仍然正确？

6. 假设 $\varphi\in L^2(-\infty,\infty)$ 且 $\varphi>0$. 证明，当且仅当

$$\int_{-\infty}^{\infty}\log\varphi(x)\frac{dx}{1+x^2}>-\infty$$

时，存在一个 f，$|f|=\varphi$，使得 f 的傅里叶变换在半直线上为零. 提示：如习题 5 一样，考虑 f^*，此处 $f=\exp(u+iv)$，且

$$u(z)=\frac{1}{\pi}\int_{-\infty}^{\infty}\frac{y}{(x-t)^2+y^2}\log\varphi(t)dt.$$

7. 设 f 是平面内闭集 E 上的复函数. 证明下列关于 f 的两个条件等价：
   (a) 存在开集 $\Omega\supset E$ 和一个函数 $F\in H(\Omega)$，使得对 $z\in E$，$F(z)=f(z)$.
   (b) 对每一个 $\alpha\in E$，对应有 α 的邻域 V_α 和一个函数 $F_\alpha\in H(V_\alpha)$，使得在 $V_\alpha\cap E$ 内. $F_\alpha(z)=f(z)$.(它的一种特殊情形已在定理 19.9 证明.)
8. 证明 $C\{n!\}=C\{n^n\}$.
9. 证明存在比 $C\{n!\}$大的拟解析类.
10. 如在定理 19.11 证明中一样，令 $\lambda_n=M_{n-1}/M_n$. 取 $g_0\in C_c(R^1)$，且定义

$$g_n(x)=(2\lambda_n)^{-1}\int_{-\lambda_n}^{\lambda_n}g_{n-1}(x-t)dt \qquad (n=1,2,3,\cdots).$$

直接证明(不用傅里叶变换或全纯函数)$g=\lim g_n$ 是一个函数，它证明了定理 19.11 中的(e)推出(a)(可以任意选择 g_0 这一点是方便的).

11. 找出函数 $\varphi\in C^\infty$ 的一个明显的公式，这个函数的支集在$[-2,2]$内，并且$-1<x<1$ 时，$\varphi(x)=1$.
12. 证明对于每一个复数序列$\{\alpha_n\}$，都对应有一个函数 $f\in C^\infty$，使得当 $n=0,1,2,\cdots$时，$(D^nf)(0)=\alpha_n$. 提示：设 φ 为习题 11 中所述，若 $\beta_n=\alpha_n/n!$，$g_n(x)=\beta_nx^n\varphi(x)$，且

$$f_n(x)=\lambda_n^{-n}g_n(\lambda_nx)=\beta_nx^n\varphi(\lambda_nx),$$

则对于 $k=0,\cdots,n-1$，当 λ_n 充分大时，$\|D^kf_n\|_\infty<2^{-n}$. 取 $f=\sum f_n$.

13. 构造一个函数 $f\in C^\infty$，使幂级数

$$\sum_{n=0}^{\infty}\frac{(D^nf)(a)}{n!}(x-a)^n$$ 384

对每个 a 都有 0 收敛半径，提示：令

$$f(z)=\sum_{k=1}^{\infty}c_ke^{i\lambda_kx},$$

其中$\{c_k\}$和$\{\lambda_k\}$是正数序列，选择得使$\sum c_k\lambda_k^n<\infty$对 $n=0,1,2,\cdots$都成立，并使 $c_n\lambda_n^n$ 增大得非常迅速，要比级数$\sum c_k\lambda_k^n$ 中其余所有各项之和大得多.

例如，令 $c_k=\lambda_k^{1-k}$，并选$\{\lambda_k\}$使

$$\lambda_k > 2\sum_{j=1}^{k-1} c_j\lambda_j^k \text{ 和 } \lambda_k > k^{2k}.$$

14. 假设 $C\{M_n\}$是拟解析的，$f\in C\{M_n\}$，并且有无穷多个 $x\in[0,1]$，使 $f(x)=0$. 这能推出什么结论？
15. 设 X 是满足下列条件的整函数 f 组成的向量空间：存在 $C<\infty$，使 $|f(z)|\leqslant Ce^{\pi|z|}$，并且它在实轴上的限制属于 L^2. 将每个 $f\in X$ 对应于它在整数集上的限制. 证明 $f\to\{f(n)\}$是 X 到 ℓ^2 上的一一线性映射.
16. 假定 f 是$(-\infty,\infty)$上的可测函数，对所有 x，$|f(x)|<e^{-|x|}$. 证明它的傅里叶变换$\hat{f}$不能有紧支集.
385 除非 $f(x)=0$ a. e.

第 20 章　用多项式一致逼近

引言

20.1　设 K°是复平面内紧集 K 的内部.（依照定义，K°是所有 K 的开圆盘子集的并；当然，即使 K 是非空的，K°也可能是空集.）设 $P(K)$表示所有在 K 上是 z 的多项式的一致极限的函数集.

什么函数属于 $P(K)$？

有两个必要条件立即引起注意：如果 $f\in P(K)$，则 $f\in C(K)$和 $f\in H(K^\circ)$.

问题提出来了，这些必要条件是否也是充分条件？当 K 分离平面时(换句话说，当 K 关于平面的余集是不连通时)，回答是否定的．我们在 13.8 节曾看到过．另一方面，如果 K 是实轴上的区间(在这种情况 $K^\circ=\varnothing$)，则魏尔斯特拉斯逼近定理断言

$$P(K)=C(K).$$

当 K 是区间时，回答是肯定的．龙格定理也指出这个方向，因为它说明，对于不分离平面的紧集 K，$P(K)$至少包含所有能够全纯开拓到某个开集 $\Omega\supset K$ 的 $f\in C(K)$.

在本章中，我们将证明梅尔格良定理．它说明假若 K 不分离平面，那么，不需要再加任何多余的假设，上面提到的必要条件同样也是充分的.

构成证明的主要组分是：铁策开拓定理，一个包含卷积的光滑化过程，龙格定理和引理 20.2,其证明依赖第 14 章介绍的$\mathscr{S}$类的性质.　386

一些引理

20.2 引理　假设 D 是半径 $r>0$ 的开圆盘，$E\subset D$，E 是紧和连通的，$\Omega=S^2-E$ 是连通的，并且 E 的直径至少是 r，则存在函数 $g\in H(\Omega)$和常数 b，具有下述性质：若

$$Q(\zeta,z)=g(z)+(\zeta-b)g^2(z),\tag{1}$$

则不等式

$$|Q(\zeta,z)|<\frac{100}{r},\tag{2}$$

$$\left|Q(\zeta,z)-\frac{1}{z-\zeta}\right|<\frac{1000r^2}{|z-\zeta|^3}\tag{3}$$

对所有 $z\in\Omega$ 和所有 $\zeta\in D$ 成立.

我们回顾一下，S^2 是黎曼球面，而 E 的直径是数 $|z_1-z_2|$ 的上确界，其中 $z_1\in E$ 和$z_2\in E$.

证明　不失一般性，假设 D 的中心在原点．于是 $D=D(0;r)$.

定理 13.11 的蕴涵式(d)→(b)说明了 Ω 是单连通的．（注意，$\infty\in\Omega$.）由黎曼映射定理，因而有一个 U 到 Ω 上的共形映射 F，使 $F(0)=\infty$．F 有形如

$$F(w)=\frac{a}{w}+\sum_{n=0}^{\infty}c_nw^n \quad (w\in U) \tag{4}$$

的展开式．我们定义

$$g(z)=\frac{1}{a}F^{-1}(z) \quad (z\in\Omega), \tag{5}$$

其中 F^{-1} 是映 Ω 到 U 上的，U 是 F 的逆映射，并且我们令

$$b=\frac{1}{2\pi i}\int_{\Gamma} zg(z)\mathrm{d}z, \tag{6}$$

其中 Γ 为圆心在 0，半径为 r 的正向圆周．

依照(4)式，定理 14.15 可用于 F/a．它断定 $(F/a)(U)$ 的余集的直径至多是 4，所以 $\mathrm{diam}E\leqslant 4\mid a\mid$．因为 $\mathrm{diam}E\geqslant r$，结果是

387 $$\mid a\mid\geqslant\frac{r}{4}. \tag{7}$$

因为 g 是 Ω 到 $D(0;1/\mid a\mid)$ 上的共形映射，故(7)式表明

$$\mid g(z)\mid<\frac{4}{r} \quad (z\in\Omega). \tag{8}$$

又因为 Γ 是 Ω 内的路径，长为 $2\pi r$，所以(6)给出

$$\mid b\mid<4r. \tag{9}$$

若 $\zeta\in D$，则 $\mid\zeta\mid<r$，于是(1)，(8)和(9)式蕴涵着

$$\mid Q\mid\leqslant\frac{4}{r}+5r\left(\frac{16}{r^2}\right)<\frac{100}{r}. \tag{10}$$

这就证明了(2)式．

固定 $\zeta\in D$．

若 $z=F(w)$，则 $zg(z)=wF(w)/a$；又因为当 $w\to 0$ 时，$wF(w)\to a$，所以当 $z\to\infty$ 时，$zg(z)\to 1$．因此 g 有展开式

$$g(z)=\frac{1}{z-\zeta}+\frac{\lambda_2(\zeta)}{(z-\zeta)^2}+\frac{\lambda_3(\zeta)}{(z-\zeta)^3}+\cdots \quad (\mid z-\zeta\mid>2r). \tag{11}$$

设 Γ_0 是中心在 0 的一个大圆周；(11)(依照柯西定理)给出

$$\lambda_2(\zeta)=\frac{1}{2\pi i}\int_{\Gamma_0}(z-\zeta)g(z)\mathrm{d}z=b-\zeta. \tag{12}$$

将 $\lambda_2(\zeta)$ 的值代入(11)，则(1)表明函数

$$\varphi(z)=\left[Q(\zeta,z)-\frac{1}{z-\zeta}\right](z-\zeta)^3 \tag{13}$$

当 $z\to\infty$ 时有界．因此 φ 在 ∞ 有可去奇点．若 $z\in\Omega\cap D$，则 $\mid z-\zeta\mid<2r$，于是(2)和(13)给出

$$\mid\varphi(z)\mid<8r^3\mid Q(\zeta,z)\mid+4r^2<1000r^2. \tag{14}$$

由最大模定理，(14)对于所有 $z\in\Omega$ 成立．这便证明了(3)． ■

20.3 引理 设 $C'_c(R^2)$ 是所有具有紧支集的在全平面内连续可微的函数的空间，$f\in C'_c(R^2)$. 令

$$\bar{\partial}=\frac{1}{2}\left(\frac{\partial}{\partial x}+\mathrm{i}\frac{\partial}{\partial y}\right), \tag{1}$$

则下述"柯西公式"成立：

$$f(z)=-\frac{1}{\pi}\iint_{R^2}\frac{(\bar{\partial}f)(\zeta)}{\zeta-z}\mathrm{d}\xi\mathrm{d}\eta\quad(\zeta=\xi+\mathrm{i}\eta). \tag{2}$$ 388

证明 这可由格林定理推得. 但是，下面却是一个简单的直接证明：

设 $\varphi(r,\theta)=f(z+re^{i\theta})$，$r>0$，$\theta$ 是实数. 若 $\zeta=z+re^{i\theta}$，链式法则给出

$$(\bar{\partial}f)(\zeta)=\frac{1}{2}\mathrm{e}^{i\theta}\left[\frac{\partial}{\partial r}+\frac{\mathrm{i}}{r}\frac{\partial}{\partial\theta}\right]\varphi(r,\theta). \tag{3}$$

因此，(2)式右边等于积分

$$-\frac{1}{2\pi}\int_{\varepsilon}^{\infty}\int_{0}^{2\pi}\left(\frac{\partial\varphi}{\partial r}+\frac{\mathrm{i}}{r}\frac{\partial\varphi}{\partial\theta}\right)\mathrm{d}\theta\mathrm{d}r \tag{4}$$

当 $\varepsilon\to 0$ 时的极限.

对于每一个 $r>0$，φ 是 θ 的周期函数，周期为 2π. 于是 $\partial\varphi/\partial\theta$ 的积分为 0，并且(4)变成

$$-\frac{1}{2\pi}\int_{0}^{2\pi}\mathrm{d}\theta\int_{\varepsilon}^{\infty}\frac{\partial\varphi}{\partial r}\mathrm{d}r=\frac{1}{2\pi}\int_{0}^{2\pi}\varphi(\varepsilon,\theta)\mathrm{d}\theta. \tag{5}$$

当 $\varepsilon\to 0$ 时，$\varphi(\varepsilon,\theta)$ 一致地趋于 $f(z)$. 这就给出了(2). ■

我们将使用在证明乌雷松引理时所用的同样处置方式建立铁策开拓定理，因为它完全是这个引理的直接推论.

20.4 铁策开拓定理 假设 K 是局部紧豪斯多夫空间 X 的紧子集，并且 $f\in C(K)$，则存在一个函数 $F\in C_c(X)$，使得对所有 $x\in K$，满足 $F(x)=f(x)$.

(像在鲁金定理中一样，我们也可以安排得使 $\|F\|_X=\|f\|_K$.)

证明 假设 f 是实的，$-1\leqslant f\leqslant 1$. 设 W 是具有紧闭包的开集，使得 $K\subset W$. 设

$$K^+=\left\{x\in K:f(x)\geqslant\frac{1}{3}\right\},K^-=\left\{x\in K:f(x)\leqslant-\frac{1}{3}\right\}, \tag{1}$$

则 K^+ 和 K^- 是 W 的不相交的紧子集.

作为乌雷松引理的推论，存在函数 $f_1\in C_c(X)$ 在 K^+ 满足 $f_1(x)=\frac{1}{3}$，在 K^- 上 $f_1(x)=-\frac{1}{3}$，对所有 $x\in X$，$-\frac{1}{3}\leqslant f_1(x)\leqslant\frac{1}{3}$，并且 f_1 的支集在 W 内. 因此，

$$\text{在 } K \text{ 上}，|f-f_1|\leqslant\frac{2}{3}；\text{在 } X \text{ 上}，|f_1|\leqslant\frac{1}{3}. \tag{2}$$

用 $f-f_1$ 代替 f 重复这一构造过程：存在 $f_2\in C_c(X)$，其支集在 W 内，使得

$$\text{在 } K \text{ 上}，|f-f_1-f_2|\leqslant\left(\frac{2}{3}\right)^2；\text{在 } X \text{ 上}，|f_2|\leqslant\frac{1}{3}\cdot\frac{2}{3}. \tag{3}$$

按同样方法，我们得到 $f_n\in C_c(X)$，其支集在 W 内，使得

$$\text{在 } K \text{ 上}，|f-f_1-\cdots-f_n|\leqslant\left(\frac{2}{3}\right)^n；\text{在 } X \text{ 上}，|f_n|\leqslant\frac{1}{3}\cdot\left(\frac{2}{3}\right)^{n-1}. \tag{4}$$ 389

令 $F=f_1+f_2+f_3+\cdots$. 由(4)式可知，这个级数在 K 上收敛于 f，并且它在 X 上一致收敛. 因此，F 是连续函数，同时，F 的支集在 $\overline{W}$ 内. ■

梅尔格良定理

20.5 定理 设 K 是平面内的紧集，它的余集是连通的，若 f 是在 K 上连续，在 K 的内部全纯的复函数，并且 $\varepsilon>0$，则存在多项式 P，对于所有 $z\in K$，满足 $|f(z)-P(z)|<\varepsilon$.

若 K 的内部是空集，则假设部分无所谓满足的问题，因而结论对于所有 $f\in C(K)$ 成立. 注意 K 不必是连通的.

证明 由铁策定理，f 能开拓为一个在全平面内具有紧支集的连续函数. 我们固定这样的一个开拓，并且仍记为 f.

对于任意 $\delta>0$，设 $\omega(\delta)$ 是

$$|f(z_2)-f(z_1)|$$

的上确界，其中 z_1 和 z_2 都满足条件 $|z_2-z_1|\leqslant\delta$. 因为 f 一致连续，我们有

$$\lim_{\delta\to 0}\omega(\delta)=0. \tag{1}$$

从现在起固定 δ. 我们将证明存在多项式 P，满足

$$|f(z)-P(z)|<10000\omega(\delta)\quad(z\in K). \tag{2}$$

由(1)，这就证明了本定理.

我们的第一个目标是构造一个函数 $\Phi\in C_c'(R^2)$ 使得对所有 z，满足

$$|f(z)-\Phi(z)|\leqslant\omega(\delta), \tag{3}$$

$$|(\overline{\partial}\Phi)(z)|<\frac{2\omega(\delta)}{\delta}, \tag{4}$$

并且

390 $$\Phi(z)=-\frac{1}{\pi}\iint_X\frac{(\overline{\partial}\Phi)(\zeta)}{\zeta-z}\mathrm{d}\xi\mathrm{d}\eta\quad(\zeta=\xi+\mathrm{i}\eta), \tag{5}$$

其中 X 是所有在 Φ 的支集中与 K 的余集的距离不超过 δ 的点的集.（因此，X 不包含"深入 K 中"的点.）

我们构造 Φ 作为 f 和一个光滑函数 A 的卷积，当 $r>\delta$ 时，令 $a(r)=0$，当 $0\leqslant r\leqslant\delta$ 时，令

$$a(r)=\frac{3}{\pi\delta^2}\left(1-\frac{r^2}{\delta^2}\right)^2, \tag{6}$$

并且对所有复数 z，定义

$$A(z)=a(|z|). \tag{7}$$

很明显 $A\in C_c'(R^2)$. 我们断言

$$\iint_{R^2}A=1, \tag{8}$$

$$\iint_{R^2}\overline{\partial}A=0, \tag{9}$$

$$\iint_{R^2} |\bar{\partial} A| = \frac{24}{15\delta} < \frac{2}{\delta}. \tag{10}$$

在(6)中调整常数使(8)能够成立.（在极坐标中计算积分.）因为 A 有紧支集，故(9)很易得到. 为了计算(10)，像在引理 20.3 的证明一样，用极坐标表示 $\bar{\partial} A$，并且注意到 $\partial A/\partial\theta=0$，$|\partial A/\partial r| = -a'(r)$.

现在定义

$$\Phi(z) = \iint_{R^2} f(z-\zeta)A(\zeta)\mathrm{d}\xi\mathrm{d}\eta = \iint_{R^2} A(z-\zeta)f(\zeta)\mathrm{d}\xi\mathrm{d}\eta. \tag{11}$$

因为 f 和 A 有紧支集，于是 Φ 也有. 因为

$$\Phi(z) - f(z) = \iint_{R^2} [f(z-\zeta) - f(z)]A(\zeta)\mathrm{d}\xi\mathrm{d}\eta, \tag{12}$$

又当 $|\zeta| > \delta$ 时，$A(\zeta)=0$，所以由(8)得出(3). 因为 $A\in C_c'(R^2)$，A 的差商有界收敛于 A 的相应的偏导数. 因此，(11)的最后一个表达式可以在积分号下求导. 于是我们得到 391

$$\begin{aligned}(\bar{\partial}\Phi)(z) &= \iint_{R^2} (\bar{\partial} A)(z-\zeta)f(\zeta)\mathrm{d}\xi\mathrm{d}\eta \\ &= \iint_{R^2} f(z-\zeta)(\bar{\partial} A)(\zeta)\mathrm{d}\xi\mathrm{d}\eta \\ &= \iint_{R^2} [f(z-\zeta) - f(z)](\bar{\partial} A)(\zeta)\mathrm{d}\xi\mathrm{d}\eta.\end{aligned} \tag{13}$$

最后一个等式依赖于(9). 现在由(10)和(13)给出(4). 若用 Φ_x 和 Φ_y 代替 $\bar{\partial}\Phi$ 写出(13)式，则可看出 Φ 有连续偏导数. 因此，应用引理 20.3 于 Φ，并且，如果我们能证明在 G 内 $\bar{\partial}\Phi=0$，其中 G 是所有与 K 的余集的距离超过 δ 的 $z\in K$ 的集，那么(5)便成立. 我们将通过证明

$$\Phi(z) = f(z) \quad (z\in G) \tag{14}$$

来做到这一点. 注意，因为 f 在 G 内全纯，故在 G 内 $\bar{\partial} f=0$.（我们记住 $\bar{\partial}$ 是柯西-黎曼算子，已在 11.1 节定义.）现在，若 $z\in G$，则对于所有满足 $|\zeta|<\delta$ 的 ζ，$z-\zeta$ 在 K 的内部. 由(11)的第一个等式，调和函数的平均值性质因此给出：对所有 $z\in G$，

$$\begin{aligned}\Phi(z) &= \int_0^\delta a(r)r\mathrm{d}r\int_0^{2\pi} f(z-re^{i\theta})\mathrm{d}\theta \\ &= 2\pi f(z)\int_0^\delta a(r)r\mathrm{d}r = f(z)\iint_{R^2} A = f(z).\end{aligned} \tag{15}$$

我们现在已经证明了(3)、(4)和(5)式.

X 的定义表明，X 是紧集并且可以被有限个半径为 2δ，圆心不在 K 内的开圆盘 D_1，…，D_n 所覆盖. 因为 S^2-K 是连通的，每一个 D_j 的圆心可以被一条在 S^2-K 内的多边形路径连到∞. 结果是每一个 D_j 包含一个紧连通集 E_j，其直径至少是 2δ，使得 S^2-E_j 是连通的，

且$K\cap E_j=\varnothing$.

392 现在我们对 $r=2\delta$ 应用引理 20.2. 存在函数 $g_j\in H(S^2-E_j)$ 和常数 b_j，若

$$Q_j(\zeta,z)=g_j(z)+(\zeta-b_j)g_j^2(z),\tag{16}$$

则不等式

$$|Q_j(\zeta,z)|<\frac{50}{\delta},\tag{17}$$

$$\left|Q_j(\zeta,z)-\frac{1}{z-\zeta}\right|<\frac{4000\delta^2}{|z-\zeta|^3}\tag{18}$$

对所有 $z\notin E_j$ 和 $\zeta\in D_j$ 成立.

设 Ω 是 $E_1\cup\cdots\cup E_n$ 的余集，则 Ω 是包含 K 的开集.

令 $X_1=X\cap D_1$，对于 $2\leqslant j\leqslant n$，令 $X_j=(X\cap D_j)-(X_1\cup\cdots\cup X_{j-1})$. 定义

$$R(\zeta,z)=Q_j(\zeta,z)\quad(\zeta\in X_j,z\in\Omega)\tag{19}$$

和

$$F(z)=\frac{1}{\pi}\iint_X(\bar\partial\Phi)(\zeta)R(\zeta,z)\mathrm{d}\xi\mathrm{d}\eta\quad(z\in\Omega).\tag{20}$$

因为

$$F(z)=\sum_{j=1}^{n}\frac{1}{\pi}\iint_{X_j}(\bar\partial\Phi)(\zeta)Q_j(\zeta,z)\mathrm{d}\xi\mathrm{d}\eta,\tag{21}$$

(16)式表明 F 是函数 g_j 和 g_j^2 的有限线性组合. 因此 $F\in H(\Omega)$.

由(20)、(4)和(5)，我们有

$$|F(z)-\Phi(z)|<\frac{2\omega(\delta)}{\pi\delta}\iint_X\left|R(\zeta,z)-\frac{1}{z-\zeta}\right|\mathrm{d}\xi\mathrm{d}\eta\quad(z\in\Omega).\tag{22}$$

注意到，如果 $\zeta\in X$ 和 $z\in\Omega$，不等式(17)和(18)当用 R 代替 Q_j 时仍然正确. 因为，若 $\zeta\in X$，则对于某个 j，$\zeta\in X_j$，并且 $R(\zeta,z)=Q_j(\zeta,z)$ 对于所有 $z\in\Omega$ 成立.

现在固定 $z\in\Omega$，令 $\zeta=z+\rho e^{i\theta}$，并且当 $\rho<4\delta$ 时用(17)式，当 $4\delta\leqslant\rho$ 时用(18)式来估计(22)式中的被积函数. 可以看出(22)式的积分小于

393 $$2\pi\int_0^{4\delta}\left(\frac{50}{\delta}+\frac{1}{\rho}\right)\rho\mathrm{d}\rho=808\pi\delta\tag{23}$$

与

$$2\pi\int_{4\delta}^{\infty}\frac{4000\delta^2}{\rho^3}\rho\mathrm{d}\rho=2000\pi\delta\tag{24}$$

的和. 这样，(22)式导出

$$|F(z)-\Phi(z)|<6000\omega(\delta)\quad(z\in\Omega).\tag{25}$$

因为 $F\in H(\Omega)$，$K\subset\Omega$，且 S^2-K 是连通的，所以龙格定理指出 F 可以在 K 上用多项式一致逼近. 因此(3)和(25)证明(2)式可以成立.

这就完成了证明. ■

应该指出这个证明的一个特色. 我们要证明给定函数 f 是在 $C(K)$ 的闭子空间 $P(K)$ 中.

(我们用 20.1 节的术语.)我们的第一个步骤在于用 Φ 逼近 f. 但是这一步使我们超出了 $P(K)$ 的范围，因为 Φ 是这样构造的，使得一般说来，Φ 不是在 K 的整个内部全纯的. 因此 Φ 与 $P(K)$ 有正距离. 然而，(25)指出这个距离小于一个常数乘 $\omega(\delta)$. (事实上，在证明该定理之后，由(3)知道这个距离至多是 $\omega(\delta)$，而不是 $6000\omega(\delta)$.)(25)的证明依赖于不等式(4)和在 G 内 $\bar\partial\Phi=0$这两个事实. 因为全纯函数 φ 被 $\bar\partial\varphi=0$ 所刻画，(4)可以看成是 Φ 与全纯函数离得并不太远，并且这个解释已被(25)所证实.

习题

1. 推广梅尔格良定理到 S^2-K 有有限个分支的情况：证明每一个在 K 内部全纯的 $f\in C(K)$,可以在 K 上用有理函数一致逼近.
2. 证明习题 1 的结果不能推广到平面内任意紧集 K. 这可由详细验证下面的例子证实. 对于 $n=1，2，3，\cdots$,设 $D_n=D(\alpha_n;r_n)$是 U 内不相交的开圆盘，它们的并 V 在 U 内稠密，并满足$\sum r_n<\infty$. 令 $K=\bar{U}-V$. 设 Γ 和 γ_n 是路径

$$\Gamma(t)=\mathrm{e}^{it},\gamma_n(t)=\alpha_n+\gamma_n\mathrm{e}^{it},\quad 0\leqslant t\leqslant 2\pi,$$

并定义

$$L(f)=\int_\Gamma f(z)\mathrm{d}z-\sum_{n=1}^{\infty}\int_{\gamma_n}f(z)\mathrm{d}z\quad (f\in C(K)).$$

证明 L 是 $C(K)$上一个有界线性泛函. 证明对每一个极点在 K 外面的有理函数 R，$L(R)=0$. 并证明存在 $f\in C(K)$，使 $L(f)\neq 0$.
3. 证明在证明引理 20.2 时所构造的函数 g 在满足当 $z\to\infty$时，$zf(z)\to 1$ 的全体 $f\in H(\Omega)$中，具有最小的上确界范数.(这就给出了引理证明的线索.)
同时证明在那个证明中 $b=c_0$，因此不等式 $|b|<4r$ 可用 $|b|<r$ 替换. 事实上，b 在集 E 的凸包内. 394

附录 豪斯多夫极大性定理

我们首先证明一个引理，当它与选择公理配合时，导出定理 4.21 的一个几乎自明的证明.

如果$\mathscr{F}$是一个集族，并且$\Phi\subset\mathscr{F}$. 我们称Φ是$\mathscr{F}$的一个子链，如果Φ按集的包含关系是全序的. 显然，这意味着若$A\in\Phi$及$B\in\Phi$，则不是$A\subset B$就是$B\subset A$. Φ的并将被认为是Φ的全体成员之并.

引理 假设$\mathscr{F}$是集X的一个非空的子集族，使得$\mathscr{F}$的每一个子链的并属于$\mathscr{F}$. 假设g是一个函数，使每一个$A\in\mathscr{F}$对应于一个集$g(A)\in\mathscr{F}$，满足$A\subset g(A)$，且$g(A)-A$至多由一个元素组成，则存在$A\in\mathscr{F}$，使$g(A)=A$.

证明 固定$A_0\in\mathscr{F}$. 称$\mathscr{F}$的子族$\mathscr{F}'$为塔，如果$\mathscr{F}'$具有下述三个性质：

(a) $A_0\in\mathscr{F}'$.

(b) $\mathscr{F}'$的每一个子链的并属于$\mathscr{F}'$.

(c) 若$A\in\mathscr{F}'$，则亦有$g(A)\in\mathscr{F}'$.

所有塔的族是非空的. 因为，若$\mathscr{F}_1$是所有满足$A_0\subset A$的$A\in\mathscr{F}$的族，则$\mathscr{F}_1$是一个塔. 设$\mathscr{F}_0$是所有塔的交，则(容易证明)$\mathscr{F}_0$是塔，但$\mathscr{F}_0$的真子族没有一个是塔. 若$A\in\mathscr{F}_0$，则亦有$A_0\subset A$. 证明的思想是指出$\mathscr{F}_0$是$\mathscr{F}$的一个子链. 395

设Γ是所有这样一些$C\in\mathscr{F}_0$的族，即对每一个$A\in\mathscr{F}_0$，或者$A\subset C$或者$C\subset A$.

对于每个$C\in\Gamma$，设$\Phi(C)$是所有满足$A\subset C$或者$g(C)\subset A$的$A\in\mathscr{F}_0$的族.

Γ以及每个$\Phi(C)$都明显满足性质(a)和(b). 固定$C\in\Gamma$，并假设$A\in\Phi(C)$. 我们需要证明$g(A)\in\Phi(C)$. 若$A\in\Phi(C)$，就有三种可能：或者$A\subset C$而$A\neq C$，或者$A=C$，或者$g(C)\subset A$. 若A是C的真子集，则C不能是$g(A)$的真子集，否则$g(A)-A$至少包含两个元素；因为$C\in\Gamma$,所以$g(A)\subset C$. 若$A=C$，则$g(A)=g(C)$. 若$g(C)\subset A$，因为$A\subset g(A)$，则亦有$g(C)\subset g(A)$. 于是$g(A)\in\Phi(C)$，并且我们证明了$\Phi(C)$是塔. 现在$\mathscr{F}_0$的极小性蕴涵着对于每一个$C\in\Gamma$，$\Phi(C)=\mathscr{F}_0$.

换言之，若$A\in\mathscr{F}_0$及$C\in\Gamma$，则不是$A\subset C$就是$g(C)\subset A$. 但是，这也就是说$g(C)\in\Gamma$. 因此Γ是塔，并且$\mathscr{F}_0$的极小性表明$\Gamma=\mathscr{F}_0$. 由Γ的定义立即知道$\mathscr{F}_0$是全序的.

设A是$\mathscr{F}_0$的并. 因为$\mathscr{F}_0$满足性质(b)，$A\in\mathscr{F}_0$. 由性质(c)，$g(A)\in\mathscr{F}_0$. 因为A是$\mathscr{F}_0$的最大元及$A\subset g(A)$，由此得出$A=g(A)$. ■

定义 关于集X的一个选择函数是指一个函数f，它对X的每一个非空子集E都对应于E的一个元素：$f(E)\in E$.

用非正式语言来说，f对X的每一个非空子集“选出”一个元素.

选择公理 对于每一个集都存在一个选择函数.

豪斯多夫极大性定理 每一个非空偏序集P有一个极大全序子集.

证明 设$\mathscr{F}$是P的所有全序子集的族. 因为P的每一个只由单一元素组成的子集是全序

集，所以$\mathscr{F}$是非空的. 注意，任何全序集的链的并是全序的.

设 f 是关于 P 的一个选择函数. 设 $A\in\mathscr{F}$，定义 A^* 是在 A 的余集中满足 $A\cup\{x\}\in\mathscr{F}$ 的所有 x 的集. 如果 $A^*\neq\varnothing$，令

$$g(A)=A\cup\{f(A^*)\}.$$

如果 $A^*=\varnothing$，令 $g(A)=A$.

396 由引理，至少有一 $A\in\mathscr{F}$，使 $A^*=\varnothing$，而任何这样的 A 都是$\mathscr{F}$的一个极大元. ■

注　释

第 1 章

关于微分和积分的现代理论的第一本著作是勒贝格于 1904 年出版的"Leçons sur l'intégration".

关于构建一种合适的积分理论所进行的早期尝试的光辉历史，可以参看[42]㊀，其中包含有在关于简单的集论概念被正式定义和被人们充分了解之前，甚至是第一流的数学家们所遇到的困难的有趣讨论.

本书所提出的抽象积分处理方式，是受 Saks[28]所启发的．若用 σ −环（公理：如果对所有 $i=1, 2, 3, \cdots, A_i \in \mathscr{R}$，则 $\bigcup A_i \in \mathscr{R}$，且 $A_1 - A_2 \in \mathscr{R}$；并不要求 $X \in \mathscr{R}$)取代 σ −代数，可以得到更大的普遍性，但其代价必然是使可测性定义变得更为繁琐．这可以参看[7]的 18 节．在全部经典性的应用中，X 的可测性或多或少是自动满足的．这就是我们选择以 σ −代数为基础的比较简单的测度论的理由.

1.11 节．　$\mathscr{B}$ 的定义同[12]．在[7]中，博雷尔集族被定义为由紧集生成的 σ −环．当空间不是 σ −紧时，这个集族比我们这里定义的要小一些.

第 2 章

2.12 节．乌雷松引理通常的说法是：若 K_0 和 K_1 是正规豪斯多夫空间 X 的两个互不相交的闭集，则存在 X 上的一个连续函数，它在 K_0 上等于 0 而在 K_1 上等于 1．其证明恰如本书所述.

2.14 节．这个定理当 $X=[0, 1]$时的原始形式是 F. Riesz(1909)作出的．关于其进一步的历史，可参看[5]，pp. 373，380-381 和[12]，pp. 134-135．此处定理的陈述形式与[12]中的具有同样的普遍性．定理 2.14 的证明中，对 X 的全体子集所定义的集函数 μ，由于它的可数次可加性(第一步)，而称为**外测度**．这一概念的系统探讨(由卡拉泰奥多里开创的)可参看[25]和[28].

2.20 节．关于沿着更为古典的途径直接构造勒贝格测度的情况可参看[31]，[35]，[26]和[53]. 397

2.21 节．任意可数生成 σ −代数的势 $\leqslant c$ 的证明可以在[48]的 pp. 133-134 找到，它的势或者有限或者 $\geqslant c$ 这一点，在做过第 1 章习题 1 之后应当是很清楚的.

2.22 节．关于不可测集与在一个群的作用之下测度保持不变二者之间的关系这个论题，J. von Neumann 有一篇非常富有启发性的文章：Zur allgemeinen Theorie des Masses，*Fundamenta Math.*，vol. 13，pp. 73-116,1929．也可以参看 Halmos 发表在 *Bull. Amer. Math. Soc.* (1958 年 5 月)专门介绍 von Neumann 的工作的特辑中的文章.

2.24 节．[28]，p. 72.

2.25 节．[28]，p. 75．对于勒贝格积分理论，还有另外一种由 Daniell(*Ann. Math.*，vol. 19，pp. 279-294,1917-1918)作出的，以正线性泛函的开拓为基础的处理方式．当应用于 $C_c(X)$时它就导致这样一种结构，使得维塔利−卡拉泰奥多里定理上实质上转化为可测性的定义．参看[17]，关于完整的讨论可参看[18].

习题 8．这种现象的两种有趣的推广可以在 *Amer. Math. Monthly*，vol. 79，pp. 884-886，1972 (R. B. Kirk)和 vol. 91，pp. 564-566，1984(F. S. Cater)见到.

习题 17．这个例子出现在 *Acta Math.*，vol. 89，p. 160，1953，R. E. Edwards 的"A Theory of Radon Measures on Locally Compact Spaces"中．遗憾的是[27]中忽略了它的存在性.

习题 18．[7]，p. 231；由 Dieudonné 最先作出.

㊀ 方括号内的数字参看参考文献.

第 3 章

最普通的参考书是[9]．也可以参看[36]的第 1 章．

习题 3．*Fundamenta Math.*，vol. 1(1920)包含有与附带性注解有关的三篇文章．

习题 7．这个问题的一个非常完整的回答见于 A. Villani 的 *Amer. Math. Monthly*，vol. 92，pp. 485-487，1985．

习题 16．[28]，p. 18．当 t 取遍所有的正实数时，在所提示的证明中出现了可测性的问题．这就是把(ii)作为假设的理由．参看 W. Walter，*Amer. Math. Monthly*，vol. 84，pp. 118-119，1977．

习题 17．(b)这一部分的第二种提示性证明由 W. P. Novinger 发表于 *Proc. Amer. Math. Soc.*，vol. 34，pp. 627-628，1972．它也为 David Hall 所发现．

习题 18．在概率论中，依测度收敛性是一个很自然的概念．参看[7]的第 9 章．

第 4 章

论及希尔伯特空间理论的书很多，我们列出[6]和[24]作为主要参考书．也可参看[5]、[17]和[19]．

傅里叶级数的标准著作是[36]．作为比较简单的引论，可参看[10]，[31]，[43]和[45]．

习题 2．这就是所谓的格拉姆-施密特正交化过程．

习题 18．成为 X 中的元素(在 R^1 上)的一致极限的函数被称为**概周期函数**．

第 5 章

这方面的经典著作是[2]．更为近代的文献有[5]，[14]和[24]，也可参看[17]和[49]．

5.7 节．以测度论作为一方面与贝尔定理作为另一方面之间的关系，在[48]中有一个详尽的讨论．

5.11 节．尽管存在连续函数，它的傅里叶级数在一个稠密 G_δ 集上发散，但此发散点集的测度必须为 0．对 $L^2(T)$中的所有 f，这是由 L. Carleson(*Acta. Math.* vol. 116，pp. 135-157，1966)证明的；其证明被 R. A. Hunt 推广到了 $L^p(T)(p>1)$的情况．见[45]，特别是其中第 2 章．

5.22 节．关于表示测度的比较深入的讨论可参看 Arens 和 Singer 的 *Proc. Amer. Math. Soc.* vol. 5，pp.
398 735-745，1954．也可参看[39]和[52]．

第 6 章

6.3 节．常数 $1/\pi$ 是最好的可能值．参看 R. P. Kaufman 和 N. W. Rickert，*Bull. Amer. Math. Soc.*，vol. 72，pp. 672-676，1966，和 W. W. Bledsoe，*Amer. Math. Monthly*，vol. 77. pp. 180-182，1970(一种较简单的处理)．

6.10 节．von Neumann 的证明见于他的论文：On Rings of Operators，III，*Ann，Math.*，vol. 41，pp. 94-161，1940 的关于测度论一节，参看该文的 pp. 124-130．

6.15 节．$L^\infty \neq (L^1)^*$ 的现象由 J. T. Schwartz 在 *Proc. Amer. Math. Soc.*，vol. 2. pp. 270-275，1951，以及 H. W. Ellis 与 D. O. Snow 在 *Can. Math. Bull.*，vol. 6，pp. 211-229，1963 中讨论过，也可参看[7]，p. 131 和[28]，p. 36．

6.19 节．定理 2.14 的参考文献此处同样适用．

习题 6．参看[17]，p. 43．

习题 10(g)．参看[36]，vol. I. p. 167．

第 7 章

7.3 节．这个简单的覆盖引理看来第一次出现在 Wiener 关于遍历定理的论文中(*Duke Math. J.* vol. 5 pp. 1-18，1939)．覆盖引理在微分理论中起着中心的作用．参看[50]和[53]，一个详细的讨论见[41]．

7.4 节．极大函数是由 Hardy 和 Littlewood 在 *Acta Math*，vol. 54，pp. 81-116 首先引入的．那篇论文也包含了定理 8.18、11.25(b)和 17.11 的证明．

7.21 节．同样的结论也可以在某些较弱的假设下得到，参看[16]，定理 260-264．注意，定理 7.21 的证

明用到 f 的右导数的存在性和可积性，加上 f 的连续性．更细致的讨论见 P. L. Walker 的 *Amer. Math. Monthly*，vol. 84，pp. 287-288，1977.

7.25 节和 7.26 节．变量代换公式的这种处理方式与 D. Varberg 在 *Amer. Math. Monthly*，vol. 78，pp. 42-45，1971 中的十分类似．

习题 5. 在 *Proc. Amer. Math. Soc.*，vol. 36，p. 308，1972 中，K. Stromberg 有一个非常简单的证明．

习题 12. 每个单调函数(从而每个有界变差函数)都是几乎处处可微的一个初等证明见[24]，pp. 5-9. 在本书中，这个定理被作为勒贝格理论的出发点．再者，D. Austin 在 *Proc. Amer. Math. Soc.*，vol. 16，pp. 220-221，1965 中给出的证明更加简单．

习题 18. 这些函数 φ_n 也就是所谓的拉德马赫函数．[36]的第 5 章包含有关于它们的进一步的定理．

第 8 章

本书讨论的富比尼定理与[7]和[28]中的一样．不同的处理方式可参看[25]．8.9 节的(c)见 *Fundamenta Math.*，vol. 1，p. 145，1920.

8.18 节．哈代–李特尔伍德定理的证明(参见 7.4 节)实质上是马尔钦凯维奇内插定理的非常特殊的情况．关于后者，一个详尽的讨论可以在[36]的第 12 章找到．也可参看[50].

习题 2. 与积分是一条曲线所包围的面积这一观念相对应，勒贝格积分可以用坐标集的测度来开展讨论．这就是[16]中所做的．

习题 8. (b)这一部分，甚至在更加严格的形式之下，是勒贝格在 *J. Mathématiques*，ser. 6，vol. 1 p. 201，1905 中证明的，并且似乎已被人们遗忘．鉴于 Sierpinski 的另一个例子(*Fundamenta Math.* vol. 1，p. 114，1920)，值得注意的是，存在一个不是勒贝格可测的平面点集 E，它和每一条直线至多有两个交点．若 $f=\chi_E$，则 f 不是勒贝格可测的，尽管其所有截口 f_x 和 f^y 上半连续；事实上，它们之中每一个至多有两个不连续点．(这个例子依赖选择公理，但不依赖连续统假设．) 399

第 9 章

关于另外一种简短的介绍，可参看[36]第 16 章．[33]中有 Plancherel 定理的不同证法．[17]、[19]和[27]中讨论了群论方面的问题及与巴拿赫代数的联系．关于不变子空间(9.16 节)的进一步的知识可参看[11]. L^1 中相应问题在[27]第 7 章有所叙述．

第 10 章

一般参考书：[1]，[4]，[13]，[20]，[29]，[31]和[37].

10.8 节．积分也可以在任意的可求长曲线上定义．参看[13]，vol. I 的附录 C.

10.10 节．指数这一拓扑概念在[29]中采用了，并且在[1]中很完满地使用了它．定理 10.10 的计算性证明见于[1]的 p. 93.

10.13 节．柯西在附带假设 f' 连续的情况下于 1825 年发表了他的定理．Goursat 指出了这个假设是多余的，并把定理叙述成了现在这种形式．进一步的历史评注可参看[13]，p. 163.

10.16 节．幂级数表示以及 $f\in H(\Omega)$ 蕴涵 $f'\in H(\Omega)$ 这一事实的标准证法和本书一样都是通过柯西积分公式进行的．最近已经构造出一种利用环绕数(winding number)而不必借助于积分的证明．其细节可参考[34].

10.25 节．[26]．p. 170 有一个关于复数域的代数完备性的很初等的证明．

10.30 节．(b)部分的证明见于[47].

10.32 节．开映射定理及 $Z(f)$ 的离散性是全体非常数全纯函数类的拓扑性质．这些性质刻画这个函数类直到同胚的程度．这就是 Stoilov 定理．参看[34].

10.35 节．柯西定理整体形式这一引人注目的简单、初等的证明是由 John D. Dixon 发现的．见 *Proc.*

Amer. Math. Soc.，vol. 29，pp. 625-626，1971. [1]中的证明基于恰当微分的理论．本书第1版中则是从龙格定理推出的．这种处理更早一些在[29]，p. 177中就已采用了，然而在那里仅仅是就单连通区域来讨论的．

第11章

一般参考书：[1]Chap. 5；[20]Chap. 1.

11.14节．反射原理被H. A. Schwarz(施瓦茨)用于解决多边形区域的共形映射的问题．参看[13]的17.6节．沿着这一方向的进一步结果由卡拉泰奥多里得到；见[4]，vol II，pp. 88-92和*Commentarii Mathematici Helvetici*，vol. 19，pp. 263-278，1946-1947.

11.20节和11.25节．这是在7.4节提到的哈代–李特尔伍德的论文的主要结论．定理11.20中的第二个不等式的证明与[40]，p. 23相同.

11.23节．这种类型的第一个定理出现在法图的论文Séries trigonométriques et séries de Taylor，*Acta Math.*，vol. 30，pp. 335-400，1906. 这是将勒贝格积分理论用于研究全纯函数的第一个主要著作.

11.30节．(c)部分是由Herglotz，*Leipziger Berichte*，vol. 63，pp. 501-511，1911作出的.

习题14. 这是由W. Ramey和D. Ullrich提示的.

第12章

12.7节．进一步的例子参看[31]，pp. 176-186.

12.11节．这个定理就三角级数来说，首先由W. H. Young (1912；$q=2, 4, 6, \cdots$)和F. Hausdorff
400 (1923；$2\leqslant q\leqslant\infty$)予以证明．F. Riesz (1923)将它推广到一致有界的正交集．M. Riesz(1926)从一个一般的内插定理导出了这一推广．而G. O. Thorin(1939)则找出了M. Riesz定理的复变量时的证明．本书的证明是Calderón-Zygmund(1950)就Thorin的思想作的改写．其他内插定理的完整的参考文献和讨论可在[36]的第12章找到.

12.13节．一种稍微不同的形式见于*Duke Math. J.*，vol. 20，pp. 449-458，1953.

12.14节．这一证明实质上是属于R. Kaufman的(*Math. Ann.*，vol，169，p. 282，1967). E. L. Stout (*Math. Ann.*，vol. 177，pp. 339-340，1968)得到过一个更强的结果.

第13章

13.9节．龙格定理发表于*Acta Math.*，vol. 6，1885.（附带说一句，关于区间上的多项式一致逼近的魏尔斯特拉斯定理也正是在同一年发表的，见*Mathematische Werke*，vol. 3，pp. 1-37.）与原证明很接近的证明可参看[29]，pp. 171-177. 本书的泛函分析证法是分析学者们所熟悉的，而且近年来可能已多次独立地被发现．这是L. A. Rubel写信告诉我的．在[13]，vol. II，pp. 299-308中，注意的重点是放在当多项式的次数固定时逼近的密切程度上.

习题5和习题6. 另外一种方法可参看D. G. Cantor的*Proc. Amer. Math. Soc.*，vol. 15，pp. 335-336，1964.

第14章

一般参考书：[20]．很多特殊的映射函数在那里叙述得很详尽.

14.3节．关于线性分式变换的更多的细节可在下列文献中找到：[1]，pp. 22-35；[13]，pp. 46-57；[4]；特别是L. R. Ford的书"Automorphic Functions"，McGraw-Hill Book Company，New York，1929，第1章.

14.5节．正规族是由Montel引出的．参看[13]的第15章.

14.8节．黎曼定理的历史探讨见[13]，pp. 320-321和[29]，p. 230. 克贝的证明(习题26)见*J. für reine und angew. Math.*，vol. 145，pp. 177-223，1915，那里也讨论了双连通区域.

14.14 节．比 $|a_2|\leqslant 2$ 多得多的情况都是正确的；事实上，对所有 $n\geqslant 2$，都有 $|a_n|\geqslant n$. Bieberbach 在 1916 年猜想到这个结论，并于 1984 年由 L. de Branges 证明(*Acta Math.*, vol. 154, pp. 137-152. 1985). 进而，只要有一个 $n\geqslant 2$，使 $|a_n|=n$，那么 f 就是例 14.11 中的克贝函数之一.

14.19 节．共形映射的边界表现曾由卡拉泰奥多里在 *Math. Ann.*, vol. 73, pp. 323-370 1913，中研究过．定理 14.19 在那里就若尔当曲线围成的区域作了证明，并且引出了素端点的概念．也可参看[4]，vol. II, pp. 88-107.

习题 24. 这个证明是 Y. N. Moschovakis 作出的.

第 15 章

15.9 节．典范积与有限阶整函数之间的关系的讨论可参看[3]的第 2 章；[29]的第 7 章和[31]的第 8 章.

15.25 节．这个方向的进一步结果可参看 Szasz 的 *Math. Ann.*, vol. 77, pp. 482-496, 1916 以及[21]的第 2 章.

第 16 章

关于黎曼面的经典著作是[32](初版于 1913 年)．其他参考书有：[1]的第 6 章；[13]的第 10 章；[29]的第 6 章和[30].

16.5 节．奥斯特罗夫斯基定理见于 *J. London Math. Soc.*, vol. 1, pp. 251-263, 1926. 关于空隙级数方面的近代论述，可参看 J. P. Kahane 的 Lacunary Taylor and Fourier Series, *Bull. Amer. Math. Soc.*, vol. 70, pp. 199-213, 1964.

16.15 节．单值性定理的处理比本书第 1 版稍微简单一些．它用到了这样一个事实：每个单连通平面区域都同胚于一个凸的单连通区域，比如说 U. 现在的证明是这样安排的，使它不用修改就能应用于多复变全纯函数.（要注意，当 $k>2$ 时，R^k 中总存在一个不能同胚于任何凸集的单连通开集；球壳就提供了这样的实例.） 401

16.17 节．参考[13]的第 13 章，[29]的第 8 章和[4]的第七部分.

16.21 节．在[4]的第七部分中，借助于模函数证明了皮卡大定理．“初等”的证明可在[31]，pp. 277-284 和[29]的第 7 章找到.

习题 10. 在 Conformal Invariants and Function-theoretic Null-Sets, *Acta Math.*, vol. 83, pp. 101-129, 1950 一文中，Ahlfors 和 Beurling 讨论了各种各样可去集的类.

第 17 章

最普通的参考书是[15]．也可参看[36]的第 7 章，虽然[15]主要是讨论单位圆盘，但大多数证明都安排得使之能应用于本书所叙述的更广泛一些的场合，这些推广的一部分在[27]的第 8 章也提出来了．关于这个论题的其他书籍有[38]，[40]和[46].

17.1 节．关于下调和函数的完整论述可参看[22].

17.13 节．在[15]或者 Helson 和 Lowdenslager 在 *Acta Math.*, vol. 99. pp. 165-202, 1958 发表的文章中，有不同的证明．B. K. Øksendal 在 *Proc. Amer. Math. Soc.*, vol. 30. p. 204, 1971 找到了一个极为简单的证明.

17.14 节．“内函数”和“外函数”这两个名词是 Beurling 在一篇论文中新造出来的．在该文中也证明了定理 17.21. 这篇文章是：On Two Problems Concerning Linear Transformations in Hilbert Space. *Acta Math.*, vol. 81, pp. 239-255, 1949. 进一步的发展见[11].

17.25 节和 17.26 节．M. Riesz 定理的这一证明由 A. P. Calderón 给出．参看 *Proc. Amer. Math. Soc.*, vol. 1, pp. 533-535, 1950. 也可参看[36]，vol. I, pp. 252-262.

习题 3. 这形成了在其他区域内 H^p 空间定义的基础．参看 *Trans. Amer. Math. Soc.*, vol. 78, pp.

46-66，1955.

第 18 章

一般参考书：[17]，[19]和[23]；也可参看[14]. 这一理论是由盖尔范德(Gelfand)于 1941 年开创的.

18.18 节. 这是由 P. J. Cohen 在 *Proc. Amer. Math. Soc.*，vol. 12，pp. 159-163，1961 中以初等方式予以证明的.

18.20 节. 这个定理属于 Wermer，见 *Proc. Amer. Math. Soc.*，vol. 4，pp. 866-869，1953. 本书的证明由 Hoffman 和 Singer 给出. 参看[15]，pp. 93-94. 在那里，也给出了 P. J. Cohen 作出的极简单的证明.(参看 18.18 节所列的文献.)

18.21 节. 这是 Wiener 关于他的陶伯定理的原始证明中的主要步骤之一. 参看[33]，p. 91. 本书中给出的不费力的证明乃是盖尔范德理论的第一个辉煌成果.

习题 14. 在集 Δ 上可以给出一个紧的豪斯多夫拓扑，使得函数 $\hat{x}$ 关于这个拓扑是连续的. 这样 $x\to\hat{x}$ 是 A 到 $C(\Delta)$ 内的一个同态. A 作为连续函数代数的这一表示在研究交换巴拿赫代数时是一个最重要的工具.

第 19 章

19.2 节和 19.3 节. [21]，pp. 1-13. 也可参看[3]. 在那里指数型函数是讨论的主要对象.

19.5 节. 关于 $C\{M_n\}$ 类的更为详尽的介绍可参看 S. Mandelbrojt，"Séries de Fourier et classes quasi-analytiques，"Gauthier-Villars. Paris，1935.

19.11 节. 在[21]中这一定理的证明是基于定理 19.2 而不是定理 19.3.

习题 4. 函数 Φ 称为 f 的博雷尔变换. 见[3]，第 5 章.

习题 12. 提示性证明是 H. Mirkil 给出的. 见 *Proc. Amer. Math. Soc.*，vol. 7，pp. 650-652，1956.
402 定理由博雷尔于 1895 年证明.

第 20 章

参看 S. N. Mergelyan，Uniform Approximations to Functions of a Complex Variable，*Uspehi Mat. Nauk.* (N. S.)7，no. 2(48)，31-122，1952；*Amer. Math. Soc. Translation* No. 101，1954. 本书定理 20.5 即梅尔格良论文中的定理 1.4.

近年来，L. Carleson 在 *Math. Scandinavica*，vol. 15，pp. 167-175，1964 中发表了一个以测度论研究为基础的泛函分析的证明.

附录

1914 年豪斯多夫在他的书"Grundzüge der Mengenlehre，"p. 140 中首次陈述了极大性原理. 本书的证明仿自 Halmos 的书[8]的第 16 节. 在作出"塔"这一名词的同时，选择 g 使 $g(A)-A$ 至多有一个元素的想法在那
403 里也出现了. 其证明与良序定理的 Zermelo 证法相类似；见 *Math. Ann.*，vol. 65，pp. 107-128，1908.

参考文献

1. L. V. Ahlfors: "Complex Analysis," 3d ed., McGraw-Hill Book Company, New York, 1978.
2. S. Banach: Théorie des Opérations linéaires, "Monografie Matematyczne," vol. 1, Warsaw, 1932.
3. R. P. Boas: "Entire Functions," Academic Press Inc., New York, 1954.
4. C. Carathéodory: "Theory of Functions of a Complex Variable," Chelsea Publishing Company, New York, 1954.
5. N. Dunford and J. T. Schwartz: "Linear Operators," Interscience Publishers, Inc., New York, 1958.
6. P. R. Halmos: "Introduction to Hilbert Space and the Theory of Spectral Multiplicity," Chelsea Publishing Company, New York, 1951.
7. P. R. Halmos: "Measure Theory," D. Van Nostrand Company Inc., Princeton, N. J., 1950.
8. P. R. Halmos: "Naive Set Theory," D. Van Nostrand Company, Inc., Princeton, N. J., 1960.
9. G. H. Hardy, J. E. Littlewood, and G. Pólya: "Inequalities," Cambridge University Press, New York, 1934.
10. G. H. Hardy and W. W. Rogosinski: "Fourier Series," Cambridge Tracts no. 38, Cambridge, London, and New York, 1950.
11. H. Helson: "Lectures on Invariant Subspaces," Academic Press Inc., New York, 1964.
12. E. Hewitt and K. A. Ross: "Abstract Harmonic Analysis," Springer-Verlag, Berlin, vol. I, 1963; vol. II, 1970.
13. E. Hille: "Analytic Function Theory," Ginn and Company, Boston, vol. I, 1959; vol. II, 1962.
14. E. Hille and R. S. Phillips: "Functional Analysis and Semigroups," Amer. Math. Soc. Colloquium Publ. 31, Providence, 1957.
15. K. Hoffman: "Banach Spaces of Analytic Functions," Prentice-Hall, Inc., Englewood Cliffs, N. J., 1962.
16. H. Kestelman: "Modern Theories of Integration," Oxford University Press, New York, 1937.
17. L. H. Loomis: "An Introduction to Abstract Harmonic Analysis," D. Van Nostrand Company, Inc., Princeton, N. J., 1953.
18. E. J. McShane: "Integration," Princeton University Press, Princeton, N. J. 1944.
19. M. A. Naimark: "Normed Rings," Erven P. Noordhoff, NV, Groningen Netherlands, 1959.
20. Z. Nehari: "Conformal Mapping," McGraw-Hill Book Company, New York 1952.
21. R. E. A. C. Paley and N. Wiener: "Fourier Transforms in the Complex Domain," Amer. Math. Soc. Colloquium Publ. 19, New York, 1934.
22. T. Rado: Subharmonic Functions, *Ergeb. Math.*, vol. 5, no. 1, Berlin, 1937.
23. C. E. Rickart: "General Theory of Banach Algebras," D. Van Nostrand Company, Inc., Princeton, N. J., 1960.
24. F. Riesz and B. Sz.-Nagy: "Leçons d'Analyse Fonctionnelle," Akadémiai Kiadó, Budapest, 1952.
25. H. L. Royden: "Real Analysis," The Macmillan Company, New York, 1963.
26. W. Rudin: "Principles of Mathematical Analysis," 3d ed., McGraw-Hill Book Company, New York, 1976.
27. W. Rudin: "Fourier Analysis on Groups," Interscience Publishers, Inc., New York, 1962.
28. S. Saks: "Theory of the Integral," 2d ed., "Monografie Matematyczne," vol. 7, Warsaw, 1937. Reprinted by Hafner Publishing Company, Inc., New York.
29. S. Saks and A. Zygmund: "Analytic Functions," "Monografie Matematyzcne," vol. 28, Warsaw, 1952.

30. G. Springer: "Introduction to Riemann Surfaces," Addison-Wesley Publishing Company, Inc., Reading, Mass., 1957.
31. E. C. Titchmarsh: "The Theory of Functions," 2d ed., Oxford University Press, Fair Lawn, N. J., 1939.
32. H. Weyl: "The Concept of a Riemann Surface," 3d ed., Addison-Wesley Publishing Company, Inc., Reading, Mass., 1964.
33. N. Wiener: "The Fourier Integral and Certain of Its Applications," Cambridge University Press, New York, 1933. Reprinted by Dover Publications, Inc., New York.
34. G. T. Whyburn: "Topological Analysis," 2d ed., Princeton University Press, Princeton, N. J., 1964.
35. J. H. Williamson: "Lebesgue Integration," Holt, Rinehart and Winston, Inc., New York, 1962.
36. A. Zygmund: "Trigonometric Series," 2d ed., Cambridge University Press, New York, 1959.

补充参考书目

37. R. B. Burckel: "An Introduction to Classical Complex Analysis," Birkhäuser Verlag, Basel, 1979.
38. P. L. Duren: "Theory of H^p Spaces," Academic Press, New York, 1970.
39. T. W. Gamelin: "Uniform Algebras," Prentice-Hall, Englewood Cliffs, N. J., 1969.
40. J. B. Garnett: "Bounded Analytic Functions," Academic Press, New York, 1981.
41. M. de Guzman: "Differentiation of Integrals in R^n," Lecture Notes in Mathematics 481, Springer-Verlag, Berlin, 1975.
42. T. Hawkins: "Lebesgue's Theory of Integration," University of Wisconsin Press, Madison, 1970.
43. H. Helson: "Harmonic Analysis," Addison-Wesley Publishing Company, Inc., Reading, Mass., 1983.
44. E. Hewitt and K. Stromberg: "Real and Abstract Analysis," Springer-Verlag, New York, 1965.
45. Y. Katznelson: "An Introduction to Harmonic Analysis," John Wiley and Sons, Inc., New York, 1968.
46. P. Koosis: "Lectures on H_p Spaces," London Math. Soc. Lecture Notes 40, Cambridge University Press, London, 1980.
47. R. Narasimhan: "Several Complex Variables," University of Chicago Press, Chicago, 1971.
48. J. C. Oxtoby: "Measure and Category," Springer-Verlag, New York, 1971.
49. W. Rudin: "Functional Analysis," McGraw-Hill Book Company, New York, 1973.
50. E. M. Stein: "Singular Integrals and Differentiability Properties of Functions," Princeton University Press, Princeton, N. J., 1970.
51. E. M. Stein and G. Weiss: "Introduction to Fourier Analysis on Euclidean Spaces," Princeton University Press, Princeton, N. J., 1971.
52. E. L. Stout: "The Theory of Uniform Algebras," Bogden and Quigley, Tarrytown-on-Hudson, 1971.
53. R. L. Wheeden and A. Zygmund: "Measure and Integral," Marcel Dekker Inc., New York, 1977.

专用符号和缩写符号一览表⊖

该表中的页码为英文原书页码，与书中页边标注的页码一致.

⊖ 标准集论符号已在原书 6～8 页给出，这里没有列入.

索　引

索引中的页码为英文原书页码，与书中页边标注的页码一致.

G

H

I

J

K

L

Q

R

T

U

V

推荐阅读

数字信号处理及MATLAB仿真

作者：Dick Blandford 等 译者：陈后金 等 书号：978-7-111-48388-5 定价：95.00元

本书是美国伊凡斯维尔大学电子与计算机工程专业的DSP课程教材，注重理论与应用相结合，前7章重点讲述数字信号处理基础理论和知识，包括DSP的概述、线性信号和系统概念、频率响应、抽样和重建、数字滤波器的分析和设计、多速率DSP系统；后4章侧重于DSP应用，包括数字滤波器的实现、数字音频系统、二维数字信号处理和小波分析。本书可作为电子信息、通信、控制、仪器仪表等相关专业本科生的DSP课程教材，对初级DSP工程师也是一本实用的参考书。

数字信号处理及应用

作者：Richard Newbold 等 译者：李玉柏 等 书号：978-7-111-51340-7 定价：119.00元

本书基于真实设备与系统，研究如何进行数字信号处理的软硬件设计与实现，详细阐述了模拟和数字信号调谐、复数到实数的变换、数字信道化器的设计以及数字频率合成技术，并重点讨论了多相滤波器（PPF）、级联的积分梳状（CIC）滤波器、数字信道器等业界常用的一些的信号处理应用。本书适合即将进入信号处理领域的大学毕业生，也适合有一定DSP设计经验的业界工程师阅读。

数字信号处理：系统分析与设计（原书第2版）

作者：Paulo S. R. Diniz 等 译者：张太镒 等 ISBN：978-7-111-41475-9 定价：85.00元

英文版 ISBN：978-7-111-38253-9 定价：79.00元

本书全面、系统地阐述了数字信号处理的基本理论和分析方法，详细介绍了离散时间信号及系统、傅里叶变换、z变换、小波分析和数字滤波器设计的确定性数字信号处理，以及多重速率数字信号处理系统、线性预测、时频分析和谱估计等随机数字信号处理，使读者深刻理解数字信号处理的理论和设计方法。本书不仅可以作为高等院校电子、通信、电气工程与自动化、机械电子工程和机电一体化等专业本科生或研究生教材，还可作为工程技术人员DSP设计方面的参考书。